Methoden in der naturwissenschaftsdidaktischen Forschung

Dirk Krüger · Ilka Parchmann · Horst Schecker
Herausgeber

Methoden in der naturwissenschaftsdidaktischen Forschung

Herausgeber

Prof. Dr. Dirk Krüger
Didaktik der Biologie
Freie Universität Berlin
Berlin, Deutschland

Prof. Dr. Ilka Parchmann
Didaktik der Chemie
Leibniz-Institut für die Pädagogik der Naturwissenschaften und Mathematik (IPN) an der Christian-Albrechts-Universität zu Kiel
Kiel, Deutschland

Prof. Dr. Horst Schecker
FB 1 Physik/Elektrotechnik, Institut für Didaktik der Naturwissenschaften, Abt. Physikdidaktik
Universität Bremen
Bremen, Deutschland

ISBN 978-3-642-37826-3
ISBN 978-3-642-37827-0 (eBook)
DOI 10.1007/978-3-642-37827-0

Die Deutsche Nationalbibliothek verzeichnet diese Publikation in der Deutschen Nationalbibliografie; detaillierte bibliografische Daten sind im Internet über http://dnb.d-nb.de abrufbar.

Gedruckt auf säurefreiem und chlorfrei gebleichtem Papier.

Springer Spektrum ist eine Marke von Springer DE. Springer DE ist Teil der Fachverlagsgruppe Springer Science+Business Media
www.springer-spektrum.de

Vorwort

Bücher zur Einführung in Methoden und Verfahren quantitativer und qualitativer Forschung gibt es ebenso wie Grundlagenwerke zur Fachdidaktik. Was fehlt, ist eine Kombination aus beiden: Welche Methoden sind für welche fachdidaktischen Forschungsfragen sinnvoll nutzbar? Wie werden sie in der Naturwissenschaftsdidaktik angewendet? Um die methodischen Vorgehensweisen möglichst konkret aufzuzeigen und mit authentischen Projekterfahrungen zu verbinden, sind die Kapitel dieses Bandes als Berichte aus Forschungsvorhaben dargestellt. Dabei ähneln sich die methodischen Zugänge der fachdidaktischen Forschungen in den drei Naturwissenschaften Biologie, Chemie und Physik sehr. Dies ermöglicht die Zusammenstellung von Beiträgen in diesem gemeinsamen Handbuch zu *Methoden in der naturwissenschaftsdidaktischen Forschung*.

Wir richten uns mit diesem Werk an Bachelor- und Masterstudierende, die ihre Qualifikationsarbeiten in der Fachdidaktik schreiben, sowie an Promovierende, die mit eigenen empirischen Studien in die Wissenschaft einer Fachdidaktik einsteigen möchten. Es finden sich neben sehr grundlegenden methodischen Einführungen (z. B. in die Erstellung eines Fragebogens oder die Durchführung und Auswertung von Interviews) auch Kapitel zu formal sehr komplexen Verfahren (z. B. zur Auswertung von Kompetenztests oder zur Analyse von Distraktoren in Multiple-Choice-Aufgaben), die bereits Kenntnisse grundlegender Verfahren und Begriffe voraussetzen. Das Spektrum der Beiträge im vorliegenden Band ist daher weit und für eine breite Gruppe des wissenschaftlichen Nachwuchses interessant. Am Ende jedes Kapitels stehen konkrete Hinweise auf Literatur zur Vertiefung der behandelten Methodik. Online-Ergänzungen[1] bieten zu einigen Kapiteln weitergehende Erläuterungen, Materialien und Übungsmöglichkeiten, aber auch beitragsübergreifendes Material zu ausgewählten Verfahren der statistischen Datenauswertung.

Das Buch verbindet Forschungsmethoden mit inhaltlichen Anwendungsbeispielen aus den Fachdidaktiken der Biologie, Chemie und Physik. Alle Kapitel haben einen klaren Schwerpunkt auf den Forschungsmethoden, enthalten aber im Zusammenhang mit der zur Veranschaulichung herangezogenen Studie auch theoretische Hintergründe zu fachdidaktischen Forschungsgebieten. Die Studien stehen dabei jeweils stellvertretend auch für andere Forschungsthemen der Didaktiken der drei Naturwissenschaften, in denen die Me-

[1] http://www.springer.com/978-3-642-37826-3

thoden verwendet werden können. Dennoch spiegelt das Gesamtbild der Themen natürlich auch Schwerpunkte der derzeitigen naturwissenschaftsdidaktischen Forschung wider. Damit soll jedoch keine Gewichtung ihrer Bedeutung verbunden sein. Ebenso verhält es sich mit methodischen Positionen und Überzeugungen, die in den Beiträgen formuliert werden. Sie sollen einen Diskurs anregen, sicher aber keine grundlegende normative Bewertung darstellen.

Bei der Planung des Buches war uns wichtig, die Methodenvielfalt in den drei Fachdidaktiken möglichst breit abzubilden. Es finden sich qualitative und quantitative Verfahren, Ansätze der Grundlagenforschung und der Entwicklungsforschung, Untersuchungen im Feld und im fachdidaktischen Labor, Analysen mit einem Außenblick auf Praxis ebenso wie Designs, die Lehrkräfte als Partner in die Forschungsarbeit einbeziehen. In der Regel legt ein Kapitel den Schwerpunkt entweder auf die methodische *Planung und Vorbereitung* einer Studie, also z. B. die Entwicklung eines Datenerhebungsinstruments, oder auf die *Erhebung, Aufbereitung und Auswertung von Daten.* In der Zusammenschau bietet dies einen guten Überblick über etablierte Verfahren fachdidaktischer Forschungsmethodik. Einen Anspruch auf vollständige Abdeckung der Methoden in der naturwissenschaftsdidaktischen Forschung erheben wir jedoch nicht.

In verschiedenen Kapiteln werden Gütekriterien fachdidaktischer Forschung angesprochen, die es selbstverständlich zu beachten gilt: Woher weiß ich, dass mein Test misst, was er messen soll? Würden andere Personen meine Daten ebenso interpretieren wie ich? Wie allgemeingültig sind meine Aussagen? Hier gilt es, schon bei der Planung und Entwicklung streng zu prüfen und bei der Auswertung vorsichtig in der Verallgemeinerung zu sein. Sonst muss man gegebenenfalls am Ende einer Studie die eigene Arbeit durch Qualitätskritik in Frage stellen. Bei der Datenerhebung mit Tests und Fragebögen – um ein Beispiel zu nennen – müssen vor deren Einsatz quantitative Abschätzungen hinsichtlich der Güteparameter vorgenommen werden, etwa zur Abhängigkeit der Werte von der Stichprobengröße oder der Anzahl an Testitems. Auch zur Datenskalierung finden sich in den Kapiteln Ausführungen, die jedoch in wissenschaftlichen Arbeiten unterschiedlich streng gehandhabt werden (z. B. zur Verwendung von arithmetischen Mittelwerten bei Likert-Skalen).

Nicht näher ausgeführt werden rechtliche Fragen, die vor jeder empirischen Untersuchung geprüft werden müssen (insbesondere zum Datenschutz). Die Regelungen sind in den Bundesländern so unterschiedlich, dass spezifische Empfehlungen in diesem Band nicht gegeben werden können.

Bisher fehlte für die noch relativ jungen wissenschaftlichen Disziplinen der drei naturwissenschaftlichen Fachdidaktiken Biologie, Chemie und Physik eine Einführung in die Methoden der empirischen Forschung. Wir möchten mit diesem Buch einen Beitrag leisten, diese Lücke zu schließen. Wir bedanken uns bei allen Autorinnen und Autoren für ihre Mitarbeit und Kooperationsbereitschaft bei der Erstellung des vorliegenden Handbuchs. Wir danken dem Springer Verlag, der sich entschlossen hat, mit diesem Handbuch dem wissenschaftlichen Nachwuchs in den Fachdidaktiken eine methodische Orientierungshilfe für die Forschungsarbeit an die Hand zu geben.

Wir haben uns bemüht, an möglichst vielen Stellen geschlechtsneutrale Nomina zu verwenden. An Stellen, wo dies nicht möglich war, wird aus Gründen der leichteren Lesbarkeit das generische Maskulinum verwendet und meint beide Geschlechter gleichermaßen. In den Texten sind einige Begriffe fett gedruckt. Zu diesen Begriffen findet man im **Glossar** weitergehende Erläuterungen.

Wir wünschen allen Lesewilligen wertvolle Anregungen und eine erfolgreiche Umsetzung und Weiterentwicklung der fachdidaktischen Forschungs- und Entwicklungspraxis!

Berlin, Bremen und Kiel im April 2013

Dirk Krüger
Horst Schecker
Ilka Parchmann

Autorenverzeichnis

Prof. Dr. Claudia von Aufschnaiter Institut für Didaktik der Physik, Justus-Liebig-Universität Gießen, Karl-Glöckner-Straße 21C, 35394 Gießen, Deutschland

Prof. Dr. Elfriede Billmann-Mahecha Institut für Pädagogische Psychologie, Leibniz Universität Hannover, Schloßwenderstr. 1, 30159 Hannover, Deutschland

Prof. Dr. Susanne Bögeholz Albrecht-von-Haller-Institut für Pflanzenwissenschaften/Didaktik der Biologie, Georg-August-Universität Göttingen, Waldweg 26, 37073 Göttingen, Deutschland

Katrin Bölsterli Didaktik der Naturwissenschaften/Chemie, Pädagogische Hochschule Luzern, Pfistergasse 20, 7660, 6000 Luzern, Schweiz

Dr. Maja Brückmann Zentrum für Didaktik der Naturwissenschaften, Forschung und Entwicklung, Pädagogische Hochschule Zürich, Lagerstrasse 2, 8090 Zürich, Schweiz

Dr. Ulrike Burkard Universitätsbibliothek Mainz, Duesbergweg 10-14, 55128 Mainz, Deutschland

Prof. Dr. Maike Busker Institut für mathematische, naturwissenschaftliche und technische Bildung; Abteilung für Chemie und ihre Didaktik, Universität Flensburg, Auf dem Campus 1, 24943 Flensburg, Deutschland

Dr. Sabrina Dollny Vestisches Gymnasium Kirchhellen, Schulstr. 25, 46244 Bottrop, Deutschland

Prof. i.R. Dr. Dr. hc Reinders Duit Heisterkamp 14, 24211 Preetz, Deutschland

Dr. Sabina Eggert Albrecht-von-Haller-Institut für Pflanzenwissenschaften/Didaktik der Biologie, Georg-August-Universität Göttingen, Waldweg 26, 37073 Göttingen, Deutschland

Prof. Dr. Alfred Flint Didaktik der Chemie, Universität Rostock, Albert-Einstein-Str. 3a, 18051 Rostock, Deutschland

Prof. Dr. David-Samuel Di Fuccia Didaktik der Chemie, Universität Kassel, Heinrich-Plett-Str. 40, 34109 Kassel, Deutschland

Prof. Dr. Ulrich Gebhard Fachbereich Erziehungswissenschaft, Didaktik der Biologie, Universität Hamburg, Von-Melle-Park 8, 20146 Hamburg, Deutschland

Prof. Dr. Dittmar Graf Institut für Biologiedidaktik, Justus-Liebig-Universität Gießen, Karl-Glöckner-Str. 21c, 35394 Gießen, Deutschland

Prof. Dr. Harald Gropengießer Didaktik der Biologie, Leibniz Universität Hannover, Am Kleinen Felde 30, 30167 Hannover, Deutschland

Prof. Dr. Marcus Hammann Zentrum für Didaktik der Biologie, Westfälische Wilhelms-Universität Münster, Schlossplatz 34, 48143 Münster, Deutschland

Prof. Dr. Martin Hopf Österreichisches Kompetenzzentrum für Didaktik der Physik, Universität Wien, Porzellangasse 4, Stiege 2, 1090 Wien, Österreich

Janina Jördens Zentrum für Didaktik der Biologie, Westfälische Wilhelms-Universität Münster, Schlossplatz 34, 48143 Münster, Deutschland

Prof. Dr. Alexander Kauertz Physikdidaktik, Campus Landau, Universität Koblenz-Landau, Fortstr. 7, 76829 Landau, Deutschland

Caroline Körbs Institut für Chemie, Humboldt-Universität zu Berlin, Brook-Taylor-Str. 2, 12489 Berlin, Deutschland

Prof. Dr. Dirk Krüger Didaktik der Biologie, Freie Universität Berlin, Schwendenerstr. 1, 14195 Berlin, Deutschland

Prof. Dr. Jochen Kuhn Didaktik der Physik, Technische Universität Kaiserslautern, Erwin-Schrödinger-Str. 46, 67663 Kaiserslautern, Deutschland

Dr. Christoph Kulgemeyer Institut für Didaktik der Naturwissenschaften, Abt. Physikdidaktik, Universität Bremen, Otto-Hahn-Allee 1, 28334 Bremen, Deutschland

Dr. Markus Lücken Institut für Bildungsmonitoring und Qualitätsentwicklung (IfBQ) in Hamburg, Beltgens Garten 25, 20537 Hamburg, Deutschland

Prof. Dr. Jürgen Mayer Didaktik der Biologie, Universität Kassel, Heinrich-Plett-Str. 40, 34132 Kassel, Deutschland

Dr. Ralf Merkel Studienreferendar im Schulpraktischen Seminar Steglitz-Zehlendorf, Berlin, Deutschland

Prof. Dr. Knut Neumann Didaktik der Chemie, Leibniz-Institut für die Pädagogik der Naturwissenschaften und Mathematik (IPN) an der Christian-Albrechts-Universität zu Kiel, Olshausenstr. 62, 24118 Kiel, Deutschland

Prof. Dr. Kai Niebert Didaktik der Naturwissenschaften, Leuphana Universität Lüneburg, Scharnhorststraße 1, 21335 Lüneburg, Deutschland

Prof. Dr. Ilka Parchmann Didaktik der Chemie, Leibniz-Institut für die Pädagogik der Naturwissenschaften und Mathematik (IPN) an der Christian-Albrechts-Universität zu Kiel, Olshausenstraße 62, 24118 Kiel, Deutschland

Dr. Jürgen Petri Fakultät I, Institut für Pädagogik, Carl von Ossietzky Universität Oldenburg, 26111 Oldenburg, Deutschland

Prof. Dr. Bernd Ralle Didaktik der Chemie I, Technische Universität Dortmund, Otto-Hahn-Str. 6, 44221 Dortmund, Deutschland

Prof. Dr. Markus Rehm Didaktik der Naturwissenschaften/Chemie, Pädagogische Hochschule Heidelberg, Im Neuenheimer Feld 561, 69121 Heidelberg, Deutschland

Prof. Dr. Peter Reinhold Didaktik der Physik, Universität Paderborn, Warburger Str. 100, 33098 Paderborn, Deutschland

Dr. Tanja Riemeier Georg-Büchner-Gymnasium Seelze, Hirtenweg 22, 30926 Seelze, Deutschland

Dr. Josef Riese Didaktik der Physik, Universität Paderborn, Warburger Str. 100, 33098 Paderborn, Deutschland

Prof. Dr. Mathias Ropohl Abteilung Didaktik der Chemie, Leibniz Institut für die Pädagogik der Naturwissenschaften und Mathematik, Olshausenstr. 62, 24118 Kiel, Deutschland

Prof. Dr. Angela Sandmann Fakultät für Biologie, Didaktik der Biologie, Universität Duisburg-Essen, 45117 Essen, Deutschland

Prof. Dr. Horst Schecker FB 1 Physik/Elektrotechnik, Institut für Didaktik der Naturwissenschaften, Abt. Physikdidaktik, Universität Bremen, Otto-Hahn-Allee 1, 28334 Bremen, Deutschland

Prof. Dr. Philipp Schmiemann Didaktik der Biologie, Universität Duisburg-Essen, Universitätsstraße 2, 45141 Essen, Deutschland

Prof. Dr. Erich Starauschek Abteilung Physik und ihre Didaktik, Pädagogische Hochschule Ludwigsburg, Reuteallee 46, 71634 Ludwigsburg, Deutschland

Prof. Dr. Oliver Tepner Didaktik der Chemie, Universität Regensburg, Universitätsstr. 31, 93053 Regensburg, Deutschland

Prof. Dr. Heike Theyßen Didaktik der Physik, Universität Duisburg-Essen, Universitätsstraße 2, 45117 Essen, Deutschland

Prof. Dr. Rüdiger Tiemann Institut für Chemie, Humboldt-Universität zu Berlin, Brook-Taylor-Str. 2, 12489 Berlin, Deutschland

Prof. Dr. Annette Upmeier zu Belzen Fachdidaktik und Lehr-/Lernforschung Biologie, Humboldt-Universität zu Berlin, Invalidenstr. 42, 10115 Berlin, Deutschland

Prof. Dr. Maik Walpuski Didaktik der Chemie, Universität Duisburg-Essen, Schützenbahn 70, 45127 Essen, Deutschland

Dr. Nicole Wellnitz Didaktik der Biologie, Universität Kassel, Heinrich-Plett-Str. 40, 34132 Kassel, Deutschland

Prof. Dr. Thomas Wilhelm Institut für Didaktik der Physik, Goethe-Universität Frankfurt am Main, Max-von-Laue-Str. 1, 60438 Frankfurt am Main, Deutschland

Prof. Dr. Jörg Zabel Biologiedidaktik, Universität Leipzig, Johannisallee 21-23, 04103 Leipzig, Deutschland

Inhaltsverzeichnis

Formate und Methoden naturwissenschaftsdidaktischer Forschung

1

Horst Schecker, Ilka Parchmann und Dirk Krüger

Zur Verbesserung der Wirksamkeit naturwissenschaftlichen Unterrichts bedarf es fachdidaktischer Forschung! Diese Aussage findet in Zeiten von PISA große Zustimmung. Doch auf welchen Forschungserkenntnissen basiert Fachdidaktik? Mit welchen Methoden verfolgt sie ihre Forschungsfragen?

Seit den 1970er-Jahren haben sich die Didaktiken der drei naturwissenschaftlichen Fächer Biologie, Chemie und Physik eine hohe methodische Kompetenz in der empirischen Lehr- und Lernforschung und in der fach- und lerntheoriebasierten Erarbeitung von Lehr- und Lernarrangements erarbeitet. Parallel dazu hat sich ein Selbstverständnis als eigenständige wissenschaftliche Disziplinen mit eigenem Forschungsfeld herausgebildet. Dieses Kapitel charakterisiert die Formate fachdidaktischer Forschung in den naturwissenschaftlichen Fächern und gibt einen Überblick über die verwendeten Forschungsmethoden. Es geht uns dabei nicht um eine vollständige Darlegung des Stands der Forschung, daher wird auf das Zitieren von Forschungsarbeiten weitgehend verzichtet.

Das Kapitel wendet sich an alle, die sich über grundlegende Merkmale naturwissenschaftsdidaktischer Forschung informieren möchten. Viele der Ausführungen sind auf andere Fächer oder Fächergruppen übertragbar. In einigen Ausführungen wird daher bewusst das Adjektiv „fachdidaktisch“ allgemein verwendet.

Prof. Dr. Horst Schecker ✉
FB 1 Physik/Elektrotechnik, Institut für Didaktik der Naturwissenschaften, Abt. Physikdidaktik, Universität Bremen, Otto-Hahn-Allee 1, 28334 Bremen, Deutschland
e-mail: schecker@physik.uni-bremen.de
Prof. Dr. Ilka Parchmann
Didaktik der Chemie, Leibniz-Institut für die Pädagogik der Naturwissenschaften und Mathematik (IPN) an der Christian-Albrechts-Universität zu Kiel, Olshausenstraße 62, 24118 Kiel, Deutschland
e-mail: parchmann@ipn.uni-kiel.de
Prof. Dr. Dirk Krüger
Didaktik der Biologie, Freie Universität Berlin, Schwendenerstr. 1, 14195 Berlin, Deutschland
e-mail: dirk.krueger@fu-berlin.de

D. Krüger, I. Parchmann und H. Schecker (Hrsg.), *Methoden in der naturwissenschaftsdidaktischen Forschung*, DOI 10.1007/978-3-642-37827-0_1,

1.1 Einleitung

Noch 1993 kritisierte der Physikdidaktiker Reinders Duit in einem Plenarvortrag auf der Jahrestagung der Gesellschaft für Didaktik der Chemie und Physik, es bestehe bei Fachdidaktikern kein durchgehender Konsens, dass sich die Fachdidaktiken als eigenständige Wissenschaften etablieren sollen (Duit 1994). 20 Jahre später sehen wir diese Haltung als weitgehend überwunden an. Die forschende Fachdidaktik hat mit der systematischen Hinwendung zur inhaltsorientierten Lern- und Lehrforschung sowohl gegenüber den Fachdisziplinen als auch gegenüber der lernpsychologischen Forschung ein eigenständiges Profil gewonnen. Davon zeugt nicht zuletzt die inzwischen große Zahl naturwissenschaftsdidaktischer Promotionen. Trotz des Fehlens neuerer Statistiken – die letzte uns bekannte Erhebung der Promotionen aus der Physik- und Chemiedidaktik stammt von 2003 (Starauschek 2005) bzw. beruht für Dissertationen in der Biologiedidaktik auf einer nicht ganz aktuellen Datenbank[1] – kann man die Zahl der abgeschlossenen Promotionen in den Didaktiken der drei Naturwissenschaften auf sicher 30 pro Jahr abschätzen. Dabei hat die so genannte Gelbe Reihe (Studien zur Physik- und Chemielernen[2]), in der seit 1998 die meisten empirischen Dissertationen aus der Lehr und Lernforschung in der Chemie- und Physikdidaktik veröffentlicht werden, inzwischen die Nummer 146 erreicht (Stand April 2013). In den Beiträgen zur Didaktischen Rekonstruktion[3] sind ca. 20 Promotionsprojekte aus den Didaktiken der Naturwissenschaften veröffentlicht. Die zunehmende Anzahl Promovierender in den fachdidaktischen Disziplinen der drei naturwissenschaftlichen Fächer macht deutlich, welche Qualifikationsmöglichkeiten sich mittlerweile in diesen Bereichen eröffnen. Das gilt auch für die Fachdidaktiken anderer Fächer. Einen guten Überblick gibt die Buchreihe „Fachdidaktische Forschungen“[4], die von der Gesellschaft für Fachdidaktik[5] herausgegeben wird (insbes. Bayrhuber et al. 2012).

Schecker und Ralle (2009) haben drei große Bereiche der naturwissenschaftsdidaktischen Forschung benannt (Abb. 1.1): Grundlagenforschung zum Lehren und Lernen in den Naturwissenschaften, unterrichtsbezogene Entwicklungsforschung und Forschung zu Vermittlungsprozessen in informellen Zusammenhängen. In der bisherigen Forschungspraxis überwiegen die beiden ersten Säulen. Die dritte Säule gewinnt durch die zunehmende Rolle unterrichtsergänzender Informations- und Lernangebote (z. B. in Science Centern) jedoch zunehmend an Bedeutung.

Was macht nun das Besondere fachdidaktischer Forschung aus? Man findet in einigen Veröffentlichungen Darstellungen der Fachdidaktik als *Schnittmenge* aus Fachwissen-

[1] http://biologie.tu-dortmund.de/graf/biodid/dissertationen.htm (Technische Universität Dortmund, Didaktik der Biologie, 25.4.2013).

[2] http://www.logos-verlag.de/cgi-bin/engtransid?page=Buchreihen/szpl.html&lng=deu&id= (Logos Verlag, Berlin, 30.4.2013).

[3] http://www.uni-oldenburg.de/diz/publikationen/beitraege-zur-didaktischen-rekonstruktion/(Universität Oldenburg, Didaktisches Zentrum, 30.4.2013).

[4] Erscheint beim Waxmann Verlag, Münster (www.waxmann.com).

[5] http://www.fachdidaktik.org/ (Gesellschaft für Fachdidaktik, 30.4.2013).

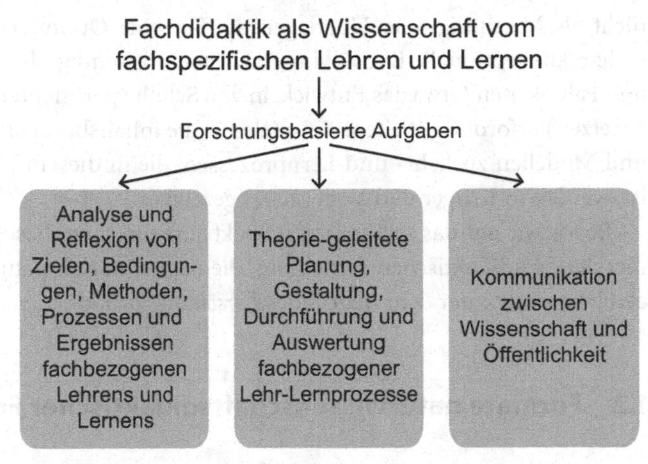

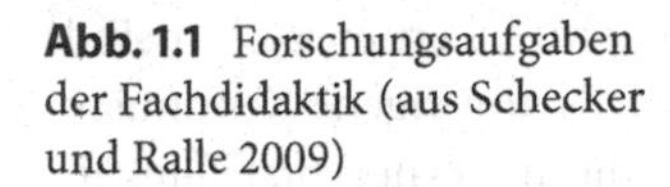
Abb. 1.1 Forschungsaufgaben der Fachdidaktik (aus Schecker und Ralle 2009)

schaft, Psychologie und Erziehungswissenschaft (z. B. Fachdidaktik als „Integrationswissenschaft": Wissenschaftsrat 2001). Dies greift jedoch zu kurz, denn es geht nicht darum, lediglich Erkenntnisse aus anderen Disziplinen additiv zusammenzuführen (vgl. Parchmann 2013). Die Fachdidaktiken der drei Naturwissenschaften haben vielmehr ein eigenständiges Feld für Forschung und Entwicklung: domänenbezogenes Lernen und Lehren. Domäne steht hier ebenso für Inhaltsbereiche eines Faches wie für Alltagskontexte, die in einer naturwissenschaftlichen Perspektive erschlossen werden sollen. Für Arbeiten in diesem Feld haben die Forschenden in den Fachdidaktiken sukzessive die Kompetenzen in qualitativen und quantitativen Methoden der empirischen Sozialforschung ausgebaut und die Methoden für ihre Fragestellungen adaptiert, insbesondere durch die Generierung domänenspezifischer Forschungsinstrumente.

Wie sieht diese ausdrücklich fachdidaktische Forschung konkret aus? An einem Beispiel der Untersuchung von Lernprozessen lässt sich dies gut veranschaulichen: Wie kann man untersuchen und verstehen, weshalb das Verständnis des Energiekonzepts so stark von Alltagserfahrungen geprägt ist und in den drei Fächern Chemie, Biologie und Physik so unterschiedlich ausfällt, obwohl das Konzept mehrfach im Fachunterricht behandelt wird? Diese Frage kann ein rein fachwissenschaftlich Forschender mit seinen Methoden nicht beantworten. Welche Tests sind geeignet, um das Verständnis adäquat und ausgehend von den Vorstellungen der Lernenden zu erfassen? Dies wiederum werden Pädagogen oder Psychologen nicht klären können, weil deren Testkonstruktionen nicht von Fachinhalten ausgehen und sich nicht an erwarteten fachbezogenen Lernfortschritten orientieren. Und welche Ansätze sind geeignet, um das Verständnis zu verbessern? Ein reines Zusammenfügen von Inhalten und fachunabhängigen Testformaten wäre daher wenig hilfreich. Erst eine am fachlichen Lernen orientierte Synthese grundlegender Datenerhebungs- und Auswertungsverfahren aus den Sozialwissenschaften unter Berücksichtigung theoretischer Annahmen über das Lernen führt zu spezifischen Instrumenten und Untersuchungsplänen für eine zielführende fachdidaktische Forschungsarbeit – wohlgemerkt als *Synthese*, nicht als Mischung oder Überlagerung. Für eine Optimierung von Lernprozessen sind zudem konzeptionelle Entwicklungsarbeiten notwendig, die wiederum eigene Kenntnisse und Fähigkeiten (etwa das Entwickeln von Schulexperimenten, die an Lernervorstellungen ansetzen) erfordern. Weitere Beispiele für die inhaltsbezogene Adaptierung von Theorien und Modellen zu Lehr- und Lernprozessen, die in diesem Zusammenhang unabdingbar ist, werden in Krüger und Vogt (2007) gezeigt.

Bevor wir auf das methodische Spektrum eingehen, beschreiben wir die Charakteristika der fachdidaktischen Forschung, die derzeit in den naturwissenschaftlichen Fächern etabliert sind, unter dem Begriff des *Forschungsformats.*

1.2 Formate naturwissenschaftsdidaktischer Forschung

Unter einem Format verstehen wir die Gesamtanlage einer Studie oder eines Untersuchungsprogramms. Das Format umfasst:

- die *Bezugsdisziplinen*, d. h. den inhaltlichen und methodischen Bezugsrahmen (z. B. Physik, Chemie, Biologie bei einer Untersuchung zu Vorstellungen zum Energiekonzept, oder Psychologie und Physik bei einer Studie über Interessenentwicklung im Physikunterricht);
- das *Erkenntnisinteresse*, d. h. die Art der angestrebten Ergebnisse (z. B. die forschungsbasierte Konzeption einer lernwirksamen Unterrichtseinheit zur Biodiversität oder die Aufklärung des Zusammenhangs zwischen Fachwissen und Interessen);
- die *methodische Grundausrichtung* (z. B. eine großflächige Erhebung mit einem schriftlichen Testinstrument oder eine videobasierte Analyse von Lernprozessen bei der Partnerarbeit an einem Experiment).

Dazu kommt ergänzend:

- die *forschungsorganisatorische Einbettung* (z. B. eine Studie in einem fächerverbindenden Verbundprojekt).

1.2.1 Bezugsdisziplinen

Der Bezugsrahmen naturwissenschaftsdidaktischer Forschung wird in Grundlagenbeiträgen immer wieder diskutiert (z. B. Dahncke 1985; Duit 1994; Gropengießer et al. 2010). Diese interdisziplinären Bezüge lassen sich in einem Diagramm beschreiben (Abb. 1.2). Zentrale Referenzdisziplinen sind demnach die jeweiligen Bezugswissenschaften, also die Biologie, Chemie oder Physik. Fachdidaktik hat selbstverständlich in ihrer Brückenfunktion bei der Vermittlung zwischen dem fachlichen Wissen und dem Verständnis von Lernenden, also dem Lehren und Lernen von Menschen, auch wesentliche Bezüge zu den

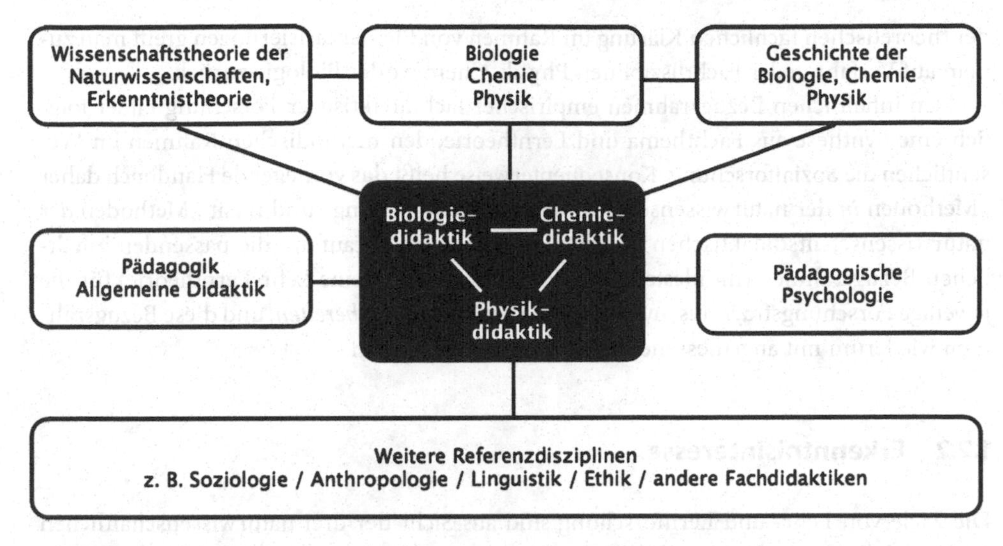

Abb. 1.2 Bezugsdisziplinen naturwissenschaftsdidaktischer Forschung (adaptiert nach Duit et al. 2007 und Gropengießer et al. 2010)

Erziehungswissenschaften, und hier besonders zu den Disziplinen der Pädagogik, der allgemeinen Didaktik sowie zur Psychologie. Bezüge der Fachdidaktik bestehen ferner zu den Metawissenschaften, also beispielsweise zur Geschichte der Fächer und damit den historischen Entwicklungen und der historischen Genese von Konzepten in den drei naturwissenschaftlichen Fächern wie auch zur Wissenschafts- bzw. Erkenntnistheorie, die beiden letzten z. B. bei Forschungen zum Aspekt *Nature of Science*. Darüber hinaus dienen als weitere Referenzdisziplinen z. B. Soziologie, Anthropologie, Linguistik und Ethik. Enge Bezüge bestehen zwischen den Didaktiken der drei Naturwissenschaften, aber auch zu anderen Fachdidaktiken.

Die Schwerpunkte der *inhaltlichen Bezüge* naturwissenschaftsdidaktischer Forschung liegen bei den Erkenntnisbeständen der Fachdisziplinen, etwa über fachlich angemessene Darstellungen naturwissenschaftlicher Begriffe und Zusammenhänge, bei der Allgemeinen Didaktik, z. B. über förderliche unterrichtliche Rahmenbedingungen des Lernens, und der pädagogischen Psychologie, z. B. über Interesse und Motivation. Natürlich stellt der Fundus vorliegender Erkenntnisse in den Didaktiken der Naturwissenschaften selbst, z. B. über Lernschwierigkeiten bei bestimmten Fachbegriffen, ebenfalls einen zentralen Bezugspunkt dar.

Betrachtet man hingegen die *methodischen Bezüge*, so verschieben sich die Gewichte. Bei empirischen naturwissenschaftsdidaktischen Forschungsprojekten stehen Methoden der Psychologie und der Sozialwissenschaften im Vordergrund (z. B. Fragebögen, Tests, Interviews, statistische Auswertungsverfahren, Textanalysen). Sie werden in Abschn. 1.3 näher aufgeschlüsselt. In der schulexperimentell-konzeptionellen Entwicklungsarbeit und der theoretischen fachlichen Klärung im Rahmen von Elementarisierungen greift man zudem auf Verfahren der Fachdisziplinen Physik, Chemie oder Biologie zurück.

Den inhaltlichen Bezugsrahmen empirischer fachdidaktischer Forschung bildet folglich eine Synthese aus Fachthema und Lerntheorie, den methodischen Rahmen im Wesentlichen die Sozialforschung. Konsequenterweise heißt das vorliegende Handbuch daher „Methoden *in* der naturwissenschaftsdidaktischen Forschung" und nicht „Methoden *der* naturwissenschaftsdidaktischen Forschung". Es kommt darauf an, die passenden inhaltlichen Bezugsrahmen (mindestens eine Fachdisziplin und eine Lehr-Lerntheorie) für die jeweilige Forschungsfrage auszuwählen und spezifisch *aufzubereiten*, und diese Bezugsrahmen wiederum mit angemessenen Methoden zu verknüpfen.

1.2.2 Erkenntnisinteresse

Die Ziele von Lehr- und Lernforschung sind aus Sicht der drei naturwissenschaftlichen Fachdidaktiken, wie der Fachdidaktik insgesamt, gegenüber einer erziehungswissenschaftlichen oder lernpsychologischen Sicht anders akzentuiert. Der Fachdidaktik geht es um das Verstehen und die Verbesserung von Lehr- und Lern-Prozessen in konkreten Domänen. Insofern ist Forschung in den Didaktiken der drei Naturwissenschaften angewandte Forschung: Sie soll eine Basis für eine Optimierung von Lehr- und Lernprozessen legen. Fachdidaktik betreibt dabei auch Grundlagenforschung. Domänenübergreifende Fragestellungen und generalisierbare Ergebnisse, z. B. über Prozesse der Entwicklung des Verständnisses naturwissenschaftlicher Konzepte oder Strukturen naturwissenschaftlicher Kompetenz, dienen der Bildung *lokaler Theorien* (Prediger und Link 2012), die für die Förderung von Lehr- und Lernprozessen in konkreten naturwissenschaftlichen Domänen genutzt werden können. Ein Beispiel einer solchen lokalen Theorie wäre eine in den theoretischen Rahmen der Konzeptwechselforschung eingeordnete, aber eben spezifisch auf das Lernen im Themenbereich Mechanik bezogene und dort empirisch abgesicherte Empfehlung über den adäquaten Umgang mit Schülervorstellungen zur Newtonschen Dynamik. Die Generalisierbarkeit der Befunde naturwissenschaftsdidaktischer Grundlagenforschung über Inhalte und Fächer hinaus ist kein primäres Ziel, anders als in der Lernpsychologie, wo globale Theorien angestrebt werden. So gilt die Person-Gegenstandstheorie zum Interesse beispielsweise allgemein und fachunabhängig, der Prozess des Interessegenerierens durch naturwissenschaftliche Experimente ist jedoch domänenbezogen (vgl. Vogt 2007).

Man kann in Analogie das Verhältnis von Natur- und Ingenieurwissenschaften heranziehen: Bauingenieure (analog Fachdidaktiker) nutzen Grundlagen der Physik (analog Fachdisziplin und Lernpsychologie), wenn diese auf der Ebene der Konstruktion von Gebäuden (analog Lehr- und Lernarrangements) konkret wirksam werden sollen. Aber nicht alle Sätze der Physik (analog Theorien der Lernpsychologie) haben bereits dieses Konkretisierungspotential, und nicht alle Entwicklungen der Ingenieure (Fachdidaktiker) basieren bisher vollständig auf entsprechenden Theorien. Auch Ingenieure betreiben daher (eben-

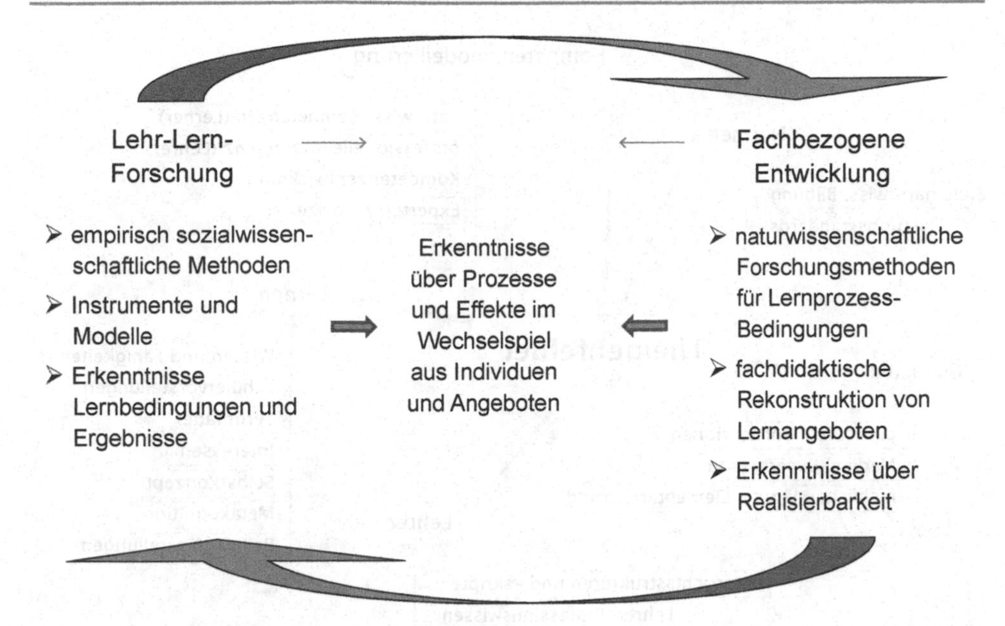

Abb. 1.3 Synergien fachdidaktischer Lehr- und Lern- sowie Entwicklungsforschung (Parchmann 2013)

so wie Fachdidaktiker) anwendungsorientierte Grundlagenforschung, indem sie Theorien z. B. hinsichtlich ihrer Spezifikation auf verschiedene Situationen weiterentwickeln.

Welches spezifische Erkenntnisinteresse liegt damit den Fachdidaktiken zugrunde? Man kann zwei grundlegende Pole oder Ausgangspunkte unterscheiden, wie in Abb. 1.3 angedeutet wird. Einen Pol fachdidaktischer Arbeiten bilden Untersuchungen zur Lehr- und Lernforschung, verbunden mit dem Erkenntnisinteresse über Lehr- und Lernvoraussetzungen, Lehr- und Lernergebnisse und den Verlauf von Lehr- und Lernprozessen. Für die Untersuchung des Zusammenspiels individueller Gegebenheiten und wirksamer Lernarrangements bildet die Entwicklungsforschung einen zweiten Pol, bei dem auf der Basis fachwissenschaftlicher Grundlagen Lernangebote rekonstruiert werden. Anzustreben ist, dass beide Seiten kontinuierlich aufeinander bezogen werden und damit eine sukzessive Weiterentwicklung von Theorie und Praxis stattfindet (vgl. Parchmann 2013).

1.2.3 Themenschwerpunkte

In Abb. 1.4 spannen wir das Themenfeld der naturwissenschaftsdidaktischen Forschung gegenüber Abb. 1.3 feiner auf. Tagungsprogramme und Publikationen aus den drei naturwissenschaftlichen Fachdidaktiken der letzten Jahrzehnte bieten einen Überblick über Schwerpunkte der jeweiligen Forschungsarbeiten. Ausgangspunkte für Entwicklungen sind zum einen methodische und theoretische Weiterentwicklungen, zum anderen aber

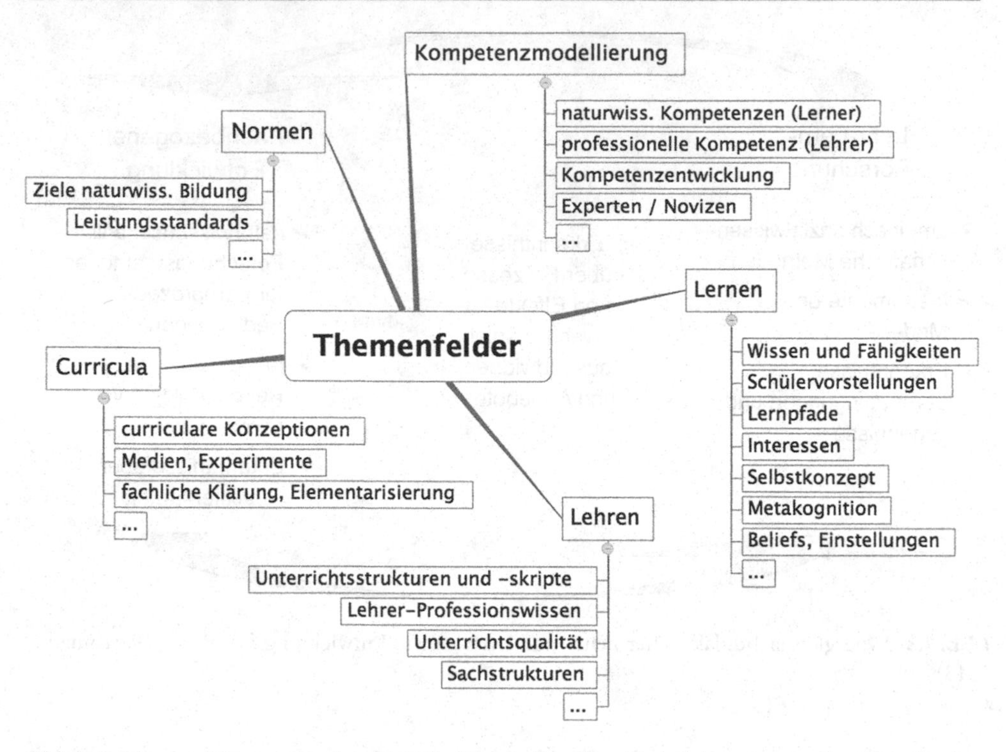

Abb. 1.4 Themenfelder naturwissenschaftsdidaktischer Forschung (ohne Anspruch auf eindeutige Zuordnungen der Themen und Trennschärfe der Kategorien)

auch bildungspolitische Veränderungen. Ein aktuelles Beispiel dafür sind Untersuchungen und Modellierungen domänenbezogener Kompetenz, die sowohl auf die Einführung von kompetenzorientierten Bildungsstandards in deutschsprachigen Ländern zurückzuführen sind als auch durch Weiterentwicklungen theoretischer Modelle und psychometrischer Verfahren beeinflusst wurden und werden (vgl. Parchmann 2013).

Dieser exemplarische Forschungsfokus der empirisch basierten Kompetenzmodellierungen (Abb. 1.4) knüpft an frühere Arbeiten an, hier insbesondere an den bedeutsamen Schwerpunkt der Schülervorstellungsforschung (Abb. 1.4: *Lernen*). In den 1970er- und 1980er-Jahren standen vermehrt konkrete Fragen zu Phänomenen und Vorstellungen im Fokus, diese wurden durch Beobachtungsstudien und Befragungen, also überwiegend qualitativ, untersucht. Daran anschließend wurden vermehrt Instrumentarien für quantitative Untersuchungen im *Large Scale* entwickelt, beispielsweise durch die Nutzung von Schülervorstellungen als Antwortalternativen (Distraktoren) für *Multiple-Choice*-Aufgaben.[6] Auf diese Weise können nicht nur einzelne Aspekte des Verständnisses naturwissenschaftlicher Konzepte, sondern auch übergreifende Strukturen des Verständnisses von Themenberei-

[6] Zum Beispiel http://assessment.aaas.org/ (American Association for the Advancement of Science; 25.4.2013).

chen oder Fächern sowie Entwicklungsverläufe über längere curriculare Abschnitte (in den USA als *Learning Progressions* bezeichnet) analysiert und ausgewiesen werden.

Weiterhin bedeutsam sind Untersuchungen zu Faktoren wie Interessen, Überzeugungen oder auch Einstellungen (Abb. 1.4: *Lernen*). Diese beeinflussen nicht nur den angestrebten Wissens- und Kompetenzerwerb, sondern stellen, z. B. als Aufbau von Interesse an den Naturwissenschaften, auch für sich Ziele von Lehr- und Lernprozessen dar.

Fachdidaktik untersucht aber nicht nur Lern-, sondern auch Lehrprozesse (Abb. 1.4: *Lehren*). Kompetenzen, die zur Planung, Gestaltung, Durchführung, Reflexion und Weiterentwicklung von Lern- und Bildungsprozessen notwendig oder hilfreich sind, werden als Professionswissen oder professionelle Kompetenzen von Lehrkräften zusammengefasst. Auch diese stellen ein bedeutsames Erkenntnisinteresse fachdidaktischer Forschung dar, das sich in unterschiedlichem Ausmaß mal auf die Lehrerweiterbildung in der Praxis, mal – wie gegenwärtig – stärker auf die Ausbildung zukünftiger Lehrkräfte bezieht.

Entsprechend der in Abb. 1.3 dargestellten zwei großen Pole fachdidaktischer Arbeiten stellt zudem die curriculare Entwicklungsforschung (Abb. 1.4: *Curricula*) einen kontinuierlichen Forschungsschwerpunkt in den Fachdidaktiken der naturwissenschaftlichen Fächer dar. Dieser greift entweder aktuelle Gebiete der Fachwissenschaften auf und erschließt sie für die Entwicklung von Lernangeboten, oder es werden etablierte Themengebiete des schulischen Curriculums aufgearbeitet, um bekannte Verständnisschwierigkeiten und Lernhindernisse abzubauen. Die so entwickelten Lernangebote sollten wieder die Basis für Lehr- und Lernstudien sein. Idealerweise verbinden sich damit die beiden Pole in einem rekursiven Prozess von Forschung und Entwicklung (*Design Based Research*).

Das Themenfeld einer normenkritisch-didaktischen Analyse von Zielsetzungen und Standards des naturwissenschaftlichen Unterrichts (Abb. 1.4: *Normen*) wird in den drei naturwissenschaftlichen Didaktiken trotz der Dynamik der Implementation von Bildungsstandards derzeit kaum bearbeitet, stellt aber ebenfalls ein bedeutsames Gebiet für Fachdidaktik dar.

1.2.4 Organisatorische Einbettung

Wenn man die Landkarte der naturwissenschaftsdidaktischen Forschungsgruppen[7] im deutschsprachigen Raum mit ihren Projektseiten betrachtet, findet man unterschiedliche Formen der organisatorischen Einbindung fachdidaktischer Forschung und Entwicklung:

- Projekte in fach- und/oder standortübergreifenden universitären Forschungsverbünden,
- Projekte in unversitären Einzelforschungsvorhaben,

[7] Interaktive Landkarten werden von der European Science Education ReserachAssociation (ESERA) und der Gesellschaft für Didaktik der Chemie und Physik bereitgestellt: http://www.esera.org/useful-links/esera-google-map/ und http://www.gdcp.eu/FDKarte.htm (beide 14.4.2013).

- Praxisprojekte in direkten Kooperationen von Arbeitsgruppen an Universitäten mit Lehrkräften und Schulen,
- Projekte externer Forschender mit Anbindung an universitäre Arbeitsgruppen.

Eng damit verknüpft sind Fragen der Forschungsfinanzierung. Im Zuge der Förderung der empirischen Bildungsforschung (u. a. eine Folge der TIMS- und PISA-Studien) haben seit Anfang des Jahrhunderts naturwissenschaftsdidaktische Projekte zugenommen, die in Verbünden von Forschungsgruppen unter dem Dach eines gemeinsamen Rahmenthemas organisiert sind. Inhaltlich stehen zurzeit empirische Studien zur Messung und Modellierung naturwissenschaftlicher Kompetenzen im Vordergrund. Diese Verbundform der empirischen Lehr- und Lernforschung wird insbesondere vom Bundesministerium für Bildung und Wissenschaft (BMBF), durch Forschergruppen und Schwerpunktprogramme der Deutschen Forschungsgemeinschaft (DFG) sowie bei internationalen Verbünden in Forschungsrahmenprogrammen durch die Europäische Gemeinschaft (EU) gefördert. Ein merklicher Teil der Dissertationen der letzten zehn Jahre in der Biologie-, Chemie- und Physikdidaktik ist im Kontext von Forschungsverbünden entstanden.

Der überwiegende Teil der empirischen Lehr- und Lernforschung und Curriculumentwicklung wird jedoch nach wie vor in Form universitärer Einzelprojekte betrieben und über reguläre Haushaltsstellen sowie Einzelanträge bei der DFG oder bei Stiftungen finanziert. Projekte dieses Typs sind die inhaltlichen Grundlagen der Mehrzahl der Beiträge in diesem Handbuch.

Praxisnahe Projekte zeichnen sich oft durch eine unmittelbare Kooperation der universitären Fachdidaktik mit Lehrkräften und Schulen bei der Curriculumentwicklung und der Evaluation neuer Unterrichtsansätze aus. Lehrkräfte sind nicht nur an Erprobungen beteiligt, sondern wirken von Beginn an bei der Klärung der Fragestellungen und der Entwicklung von Lösungsansätzen mit. Bis in die 2000er-Jahre förderte die Bund-Länderkommission für Bildungsplanung und Forschungsförderung (BLK) diesen Ansatz über Modellversuche im Bildungswesen. Zurzeit fehlen entsprechende Förderlinien weitgehend.

Eher selten findet man bei naturwissenschaftsdidaktischer Forschung externe Projekte, d. h. Forschungsvorhaben von Doktoranden, die nicht über Stellen als wissenschaftliche Mitarbeiter, über Abordnungen oder als Stipendiaten unmittelbar in eine universitäre Forschungsgruppe eingebunden sind. In externen Projekten arbeiten z. B. Lehrkräfte unter universitärer Anleitung und Betreuung an Fragestellungen aus dem unmittelbaren Kontext ihres eigenen Unterrichts. Durch die bestehenden hauptamtlichen Verpflichtungen verlängert sich die Promotionszeit i. d. R. deutlich über die sonst zu veranschlagende Dauer von drei bis vier Jahren.

1.3 Methoden

Im Vordergrund der Methodik in den hier dargestellten drei naturwissenschaftlichen Didaktiken stehen domänenbezogene Anpassungen von Instrumenten und Verfahren der empirischen Sozialforschung. Dabei wird man eher *qualitativ* ausgerichtete methodische Zugänge wählen, wenn man erfahren möchte, warum Menschen fachliche Inhalte so unterschiedlich verstehen, wenn man ein neues Forschungsfeld **explorativ** erkunden und dadurch ggf. zur Theorienbildung und -entwicklung beitragen möchte, wenn man differenzierte Einblicke in Lernprozesse erhalten will oder wenn man auf der Hypothesensuche ist. Eine wichtige Rolle spielen in qualitativen Ansätzen hermeneutische Methoden bei der Auswertung von Interviews oder Gruppendiskussionen. Ergänzende fachübergreifende Perspektiven bieten linguistische und ethnografische Methoden.

Die *quantitative* Forschung kommt z. B. bei Fragen zur Wirksamkeit von Lehr- und Lernkonzeptionen oder bei Bestandsaufnahmen von Lernständen (in Surveys wie PISA) anhand größerer Probandenzahlen zur Anwendung. Sie strebt im Unterschied zur qualitativen Forschung, die eher Fälle und Typen charakterisiert, die Absicherung verallgemeinerbarer Aussagen an (z. B. im Zusammenhang mit der Bildung lokaler Theorien). Für die Datenauswertung verwendet man statistische Verfahren aus der **Psychometrie**. Bei **Interventionsstudien** wird i. d. R. mit Versuchs- und Kontroll- bzw. Vergleichsgruppen gearbeitet.

An der Grenze zu einer eigenen Methodik liegt das Verfahren der in der Frankfurter Arbeitsgruppe von Walter Jung entwickelten Akzeptanzbefragungen, die inzwischen zu **Teaching Experiments** ausgebaut wurden. Ihr besonderes Merkmal ist die unmittelbare Verbindung von fachlicher Instruktion mit der Analyse von Schüler-Reaktionen auf die Lernangebote. Solche Lernprozessstudien, die in der Regel in Laborsettings durchgeführt werden, stellen ebenfalls bedeutsame Verfahren qualitativer Designs dar.

In den folgenden beiden Punkten schlüsseln wir das Spektrum der Methoden in der naturwissenschaftsdidaktischen Forschung weiter auf und ordnen es nach Kategorien. Bei der Darstellung unterscheiden wir zwischen:

- Verfahren der *Instrumentenentwicklung* (Fragebögen, Struktur eines Interviewleitfadens) und *Datenerhebung* (z. B. Leistungstests, Interviews), mit der damit einhergehenden Entwicklung und dem Einsatz der verwendeten Instrumente (z. B. Tests zum fachdidaktischen Wissen) und
- Verfahren der *Datenauswertung* (z. B. Rasch-Skalierung, qualitative Inhaltsanalyse), mit den dabei verwendeten Verfahren und aufbauenden Schritten.

Darüber hinaus finden sich im Buch Kapitel zu bedeutsamen fachdidaktischen Forschungsdesigns, wie Kompetenzmodellierung (Kap. 2), Design-Forschung (Kap. 3), Aktionsforschung (Kap. 4), Entwicklungsforschung (Kap. 5) und Vergleichsstudien (Kap. 6). Ebenso gibt es exemplarische Ausführungen zu wichtigen Qualitätsprüfungen wie der Validität (Kap. 9). Diese Kapitel sind in den nachfolgenden Abbildungen nicht gesondert zugewiesen, haben aber eine übergeordnete Bedeutung, die die Wahl der Methoden mit beeinflusst.

1.3.1 Verfahren der Instrumentenentwicklung und Datenerhebung

Als Standardverfahren aus der empirischen Sozialforschung für die Datenerhebung verwenden die drei naturwissenschaftlichen Fachdidaktiken Interviews, Tests, Fragebögen und verschiedene Beobachtungstechniken. Unter diesen Rubriken lassen sich jeweils eine große Anzahl einzelner Verfahren subsummieren (Abb. 1.5).

Mit Leistungstests wird das Wissen bzw. die Kompetenz der Befragten ermittelt. Es gibt richtige und falsche Antworten in dichotomen oder mehrstufigen Kodierungen. Der Begriff „Wissen" deckt gemäß seiner Verwendung in der Wissenspsychologie ein breites Spektrum von Leistungsanforderungen ab. Es erstreckt sich von der Wiedergabe von Fakten bis zur Lösung komplexer Probleme. In den drei Fachdidaktiken wurde dafür eine Vielzahl von Instrumenten entwickelt. Besonders zu nennen sind Interviews und diagnostische Tests zu Schülervorstellungen in zahlreichen Themengebieten des naturwissenschaftlichen Unterrichts. Neuere Entwicklungen für großflächige Erhebungen (PISA, Überprüfung der nationalen Bildungsstandards) gehen dahin, schriftliche Wissenstests online bearbeiten zu lassen. Dabei lassen sich auch Simulationen einbinden, was für die naturwissenschaftsdidaktische Forschung neue Fragestellungen in *Large-Scale*-Untersuchungen erschließt.

Fragebögen erkunden Interessen, Einstellungen oder Einschätzungen der Probanden. Hier gibt es prinzipiell keine richtigen oder falschen Antworten. Neben Fragen mit offenem Antwortformat werden häufig Fragen verwendet, die mit mehrstufigen Ratings beantwortet werden (z. B. „stimme vollkommen zu" bis „lehne vollständig ab", so genannte **Likert-Skalen**).

Bei den beobachtenden Datenerhebungsverfahren spielt in der naturwissenschaftsdidaktischen Forschung die Videodokumentation eine besondere Rolle. Sie hat sich nicht nur in Laborsituationen bewährt, sondern ebenso bei der Unterrichtsdokumentation, etwa im Rahmen von internationalen Vergleichsstudien zur Unterrichtsqualität. Aus Videomitschnitten können sowohl kleinskalige Handlungsverläufe bei einzelnen Personen als auch großskalige Unterrichtsmuster rekonstruiert werden.

Zur Absicherung von Forschungsaussagen werden Verfahren der **Triangulation** und *Multi-Method*-Designs gewählt. Durch die Verwendung verschiedener Methoden – auch in Verbindung mit qualitativen und quantitativen Verfahren – gewinnt man Einblicke in Prozesse und Ergebnisse aus verschiedenen Blickwinkeln und kann die gewonnenen Aussagen stärker empirisch fundieren. Eine Kombination von Methoden muss jedoch stets für die konkrete Fragestellung begründet werden, Vorgaben oder Muster dafür gibt es nicht.

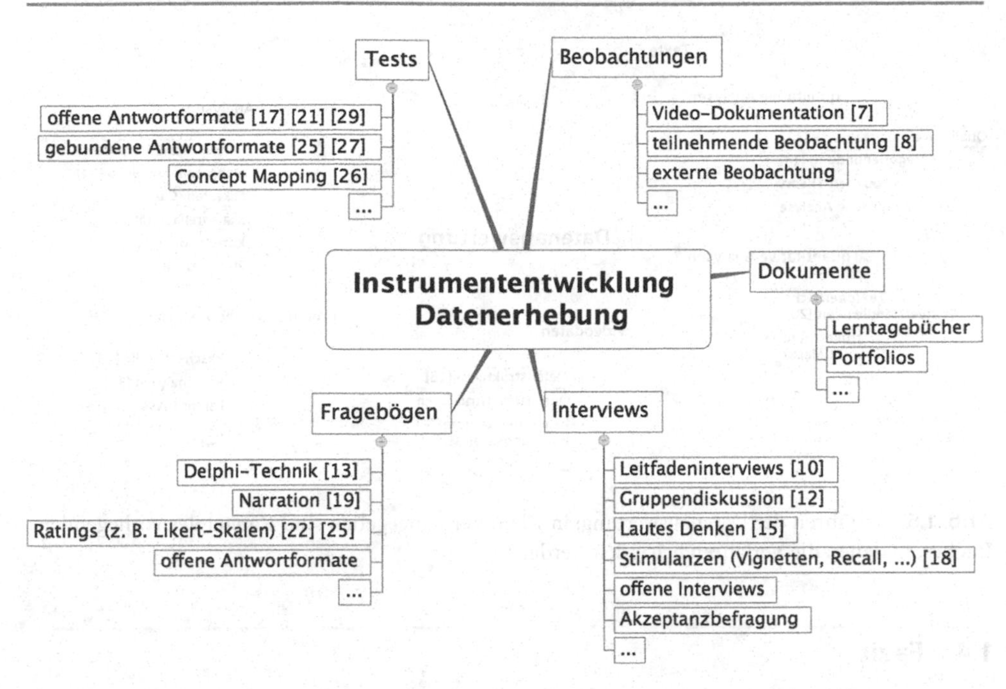

Abb. 1.5 Verfahren der Instrumentenentwicklung und Datenerhebung; *in Klammern* angegeben sind Kapitel des vorliegenden Buches, in denen die Verfahren behandelt werden

1.3.2 Verfahren der Datenauswertung

Die Wahl des Datenauswertungsverfahrens steht natürlich im engen Zusammenhang mit der Art der vorliegenden Daten. Auf Texte wird man in der Regel qualitativ-inhaltsanalytische oder hermeneutische Verfahren anwenden, auf Zahlen bzw. Ankreuzmuster bei *Multiple-Choice*-Tests quantitativ-statistische Verfahren. Der Zusammenhang zwischen der Art der Primärdaten und den Auswertungsverfahren ist oft jedoch mehrschrittig. So kann man Texte hinsichtlich ihrer Oberflächenmerkmale zunächst mit quantitativen textanalytischen Verfahren auswerten und die so erzeugten Kennwerte dann als numerische Daten mit Verfahren der klassischen Statistik weiter untersuchen. Ebenso lässt sich die Häufigkeit des Auftretens bestimmter Kategorien in einem narrativen Text, die mit qualitativer Inhaltsanalyse gefunden wurden, statistisch untersuchen. Aus Videomitschnitten erstellte Transkripte kann man wiederum qualitativen Textanalysen unterziehen. Insofern wäre eine Unterscheidung „qualitativ versus quantitativ" bei der Datenauswertung zu grob. Sie ist nur im Hinblick auf die Primärdaten sinnvoll.

Bei Fragestellungen, bei denen es darum geht, auf der Basis von theoretisch gut beschriebenen Inhalten Hypothesen zu testen, die aus diesen Theorien abgeleitet wurden, bieten sich quantitativ ausgerichtete Verfahren der Datenauswertung an. Dabei lassen sich Verfahren auf der Basis klassischer oder **probabilistischer Testtheorie** unterscheiden. Beide Herangehensweisen setzen bestimmte Datenerhebungsverfahren voraus.

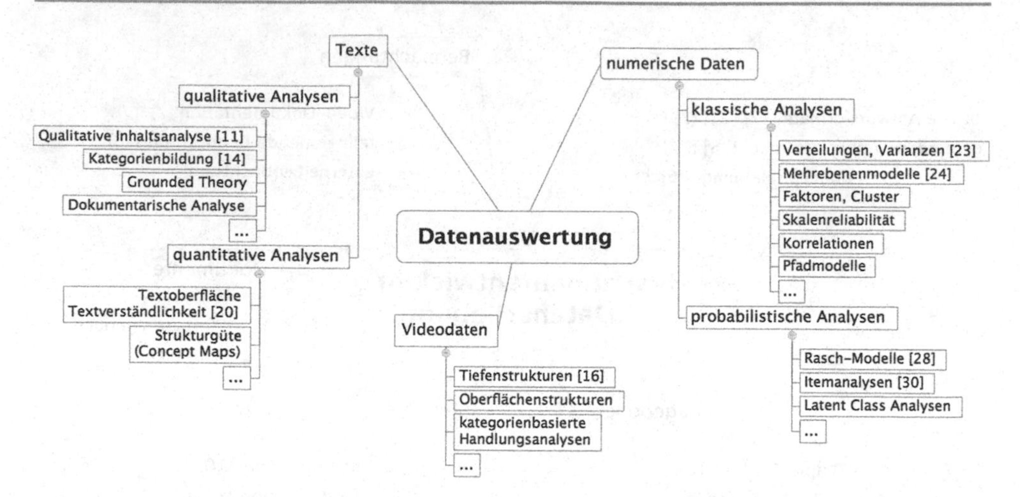

Abb. 1.6 Verfahren der Datenauswertung; in Klammern angegeben sind Kapitel des vorliegenden Buches, in denen die Verfahren behandelt werden

1.4 Fazit

In der empirischen naturwissenschaftsdidaktischen Lehr- und Lernforschung wird bei der Instrumentenentwicklung, der Datenerhebung und auch bei der Datenauswertung ein sehr breites Spektrum von Verfahren verwendet, das über die in den Abb. 1.5 und 1.6 gezeigten Verfahren hinausgeht. Neben bereits etablierten Verfahren, wie z. B. der Konzeption und Auswertung von Interviews und Tests mit klassischer Statistik, haben in den letzten zehn Jahren weitere Auswertungsverfahren, insbesondere solche aus der probabilistischen Testtheorie, an Bedeutung gewonnen. Promovierende müssen sich hier in eine Methodik einarbeiten, die in ihrem Lehramts- oder Fachstudium – anders als bei Promovierenden in der Psychologie – kaum eine Rolle gespielt haben. Ebenso ist bei der Verwendung textanalytischer Verfahren eine Qualitätsentwicklung zu verzeichnen. Vorgehensweisen, die zunächst teilweise intuitiv verwendet wurden, werden inzwischen durch explizite Bezugnahme auf ausgearbeitete Verfahrensweisen methodisch abgesichert und damit die Auswertung intersubjektiv leichter nachvollziehbar.

Für die methodische Ausbildung des wissenschaftlichen Nachwuchses in den drei naturwissenschaftlichen Fachdidaktiken gibt es zahlreiche Schulungsangebote in Form von Workshops, nicht zuletzt durch die wissenschaftlichen Fachgesellschaften (z. B. Doktorierendenkolloquium der Gesellschaft für Didaktik der Chemie und Physik[8]; Frühjahrsschule und Fachsektionstagungen der Fachsektion Didaktik der Biologie im Verband Biologie, Biowissenschaften und Biomedizin[9]; Summerschool der European Association for Rese-

[8] http://www.gdcp.eu/index.php/gdcptagungen/doktorierendenkolloq (Gesellschaft für Didaktik der Chemie und Physik, 30.4.2013).

[9] http://www.biodidaktik.de/ (Fachsektion Didaktik der Biologie, 30.4.2013).

arch in Science Education[10]). Eine Einführung in die Methodik in den drei Didaktiken der Biologie, Chemie und Physik gehört an mehreren Standorten bereits zum Studienprogramm der Masterausbildung und soll Studierende befähigen, ihre naturwissenschaftsdidaktischen empirischen Qualifikationsarbeiten zu gestalten.

Dahncke schrieb 1985: „Ich habe … den Eindruck, dass die weitere Ausarbeitung fachdidaktischer Fragestellungen früher oder später an den Punkt kommt, wo es des grundständig eigenen Methodenansatzes bedarf" (Dahncke 1985). Diese Prognose hat sich unserer Einschätzung nach nicht bestätigt, zumindest wenn man dabei an grundlegende Verfahren denkt. Die Forschung in den Didaktiken der Naturwissenschaften kann auf grundlegende Forschungsverfahren zurückgreifen, die sich in anderen Forschungsfeldern bewährt haben. Es kommt darauf an, die Methoden kompetent anzuwenden bzw. zu adaptieren, die zugeordneten Instrumente fachdidaktisch (und fachlich) sinnvoll und am Stand der naturwissenschaftsdidaktischen Forschung ausgerichtet zu entwickeln und im Sinne einer Synthese mit Theorien aus den Bezugsdisziplinen zusammenzubringen. Hierin liegt die methodische Herausforderung der empirisch forschenden Fachdidaktik. Sie bedarf originär fachdidaktischer Expertise.

Das Handbuch *Methoden in der naturwissenschaftsdidaktischen Forschung* soll Studierende darauf vorbereiten, eine Fragestellung in einer Abschlussarbeit in einer der drei Fachdidaktiken methodisch angemessen anzugehen. Dem wissenschaftlichen Nachwuchs soll das Handbuch helfen, auf dem Weg zur Promotion überzeugende methodische Lösungen zu finden.

[10] http://www.esera.org/esera-summer-school/ (European Science Education Research Association, 30.4.2013).

Teil I
Forschungsdesigns

Die Entwicklung von Kompetenzstrukturmodellen 2

Jürgen Mayer und Nicole Wellnitz

Mit der Formulierung nationaler, kompetenzorientierter Bildungsstandards gewinnen Kompetenzmodelle in den naturwissenschaftlichen Fachdidaktiken zunehmend an Bedeutung. Sie dienen der theoretischen Fundierung und empirischen Beschreibung der naturwissenschaftlichen Kompetenzen von Schülern. Bei der Entwicklung von Kompetenzmodellen werden Kompetenzen, in Abgrenzung zu motivationalen und affektiven Voraussetzungen, in der Regel als erlernbare kontextspezifische kognitive Leistungsdispositionen definiert, die sich funktional auf Situationen und Anforderungen in bestimmten Domänen beziehen (Hartig und Klieme 2006; Klieme und Leutner 2006). Kompetenzstrukturmodelle befassen sich mit der Frage, welche und wie viele verschiedene Kompetenzdimensionen in einem spezifischen Bereich differenzierbar sind.

Die Entwicklung von Kompetenzstrukturmodellen kann in vier Schritten beschrieben werden (Klieme und Leutner 2006; Wilson 2005): (1.) Zunächst müssen formulierte Kompetenzen oder Standards in theoretisch und empirisch fundierte Kompetenzkonstrukte überführt werden (theoretische Kompetenzmodelle). (2.) Die zu erfassenden **Konstrukte** werden in Messmodellen abgebildet (psychometrische Modelle). (3.) Anschließend werden die Kompetenzkonstrukte in konkrete Messinstrumente umgesetzt, d. h. durch konkrete Testaufgaben operationalisiert (Testinstrumente). (4.) Schließlich wird empirisch geprüft, inwieweit sich die theoretisch hergeleitete Struktur und deren Niveaus bestätigen lassen (empirische Prüfung). Die Schritte 1 bis 3 sollen im Folgenden am Beispiel der Entwicklung eines Kompetenzstrukturmodells zum Bereich *Erkenntnisgewinnung* dargestellt werden.

Prof. Dr. Jürgen Mayer ✉, Dr. Nicole Wellnitz
Didaktik der Biologie, Universität Kassel, Heinrich-Plett-Str. 40, 34132 Kassel, Deutschland
e-mail: jmayer@uni-kassel.de, nicole.wellnitz@uni-kassel.de

D. Krüger, I. Parchmann und H. Schecker (Hrsg.), *Methoden in der naturwissenschaftsdidaktischen Forschung*, DOI 10.1007/978-3-642-37827-0_2,

2.1 Von Bildungsstandards zu theoretischen Konstrukten

Ausgangspunkt für die Entwicklung eines Kompetenzstrukturmodells sind in der Regel naturwissenschaftlich-fachliche Inhalte oder angestrebte Bildungsziele in Form von Lernzielen oder Kompetenzen, die modelliert werden sollen. Diese curricularen Inhalte oder Bildungsstandards sind präskriptiver Natur, d. h. mit ihnen werden Anforderungen formuliert, die an Schüler gestellt werden (z. B. Die Schüler sollen ein Experiment planen können). Diese Anforderungen folgen eher einer fachlichen Logik (z. B. Basiskonzepte) oder einem Bildungskonzept (z. B. naturwissenschaftliche Grundbildung), ohne dass zunächst deutlich wird, welche Fähigkeitsmuster tatsächlich von den Schülern innerhalb eines Kompetenzbereichs entwickelt werden sollen. Da die Bildungsstandards auf normativer Basis entwickelt und legitimiert wurden, fehlt ihnen zudem die theoretische Basis und empirische **Evidenz** (Köller 2008). Insofern liegt der erste Schritt einer Kompetenzmodellierung darin, für die zugrunde liegenden Lerninhalte oder Standards einen geeigneten – an fachdidaktische Forschung angelehnten – Rahmen zu identifizieren. Dabei ist es hilfreich, sich an folgenden Fragen zu orientieren:

- Welche nationalen und internationalen Standards, Curricula und Schulleistungsstudien geben Hinweise auf eine Struktur und Differenzierung des Kompetenzbereichs?
- Welche fachdidaktischen und allgemeinpsychologischen Modelle und Theorien liegen der Forschung zu diesem Kompetenzbereich zugrunde?
- Welche empirischen Befunde (Wissen, Schülervorstellungen, Kompetenzen) liegen bezüglich des zu beschreibenden Kompetenzkonstruktes bei Schülern vor?
- Wie lässt sich das Kompetenzkonstrukt in ein Beziehungsgeflecht mit ähnlichen Konstrukten einbinden?

Einen ersten Zugang bieten bereits vorhandene Kompetenz- und Strukturbeschreibungen, sei es aus Bildungsstandards und Curricula anderer Länder, deren Evaluation oder Schulleistungsstudien wie TIMSS (*Third International Mathematics and Science Study*), PISA (*Programme for International Student Assessment*) oder ESNaS (Evaluation der Standards in den Naturwissenschaften für die Sekundarstufe I) (Abb. 2.1, siehe „1. Präskriptiver Rahmen"). Die Anlehnung an eine dort zugrunde gelegte Struktur und Dimension von Kompetenzen sichert eine gewisse fachdidaktische und unterrichtspraktische Plausibilität und internationale Anschlussfähigkeit. Bezogen auf unser Beispiel, die naturwissenschaftliche Erkenntnisgewinnung, weisen internationale Standards u. a. Beschreibungen von *Science as Inquiry*, *History and Nature of Science* und *Investigative Skills* auf (NRC 2004). Diese Kategorien dienen einer ersten vorläufigen Strukturierung des Kompetenzbereichs.

Ein nächster Schritt ist die theoretische Fundierung des Strukturmodells (Abb. 2.1, siehe „2. Theoretische Grundlagen"). Hier stellt sich die Frage, welche fachdidaktischen und allgemeinpsychologischen Konstrukte dem Kompetenzbereich zugrunde liegen. Hierzu ist eine systematische Literaturrecherche zu dem jeweiligen Kompetenzbereich notwendig. Bei der Prüfung des Forschungsstandes wird ggf. auch deutlich, dass sich unterschiedli-

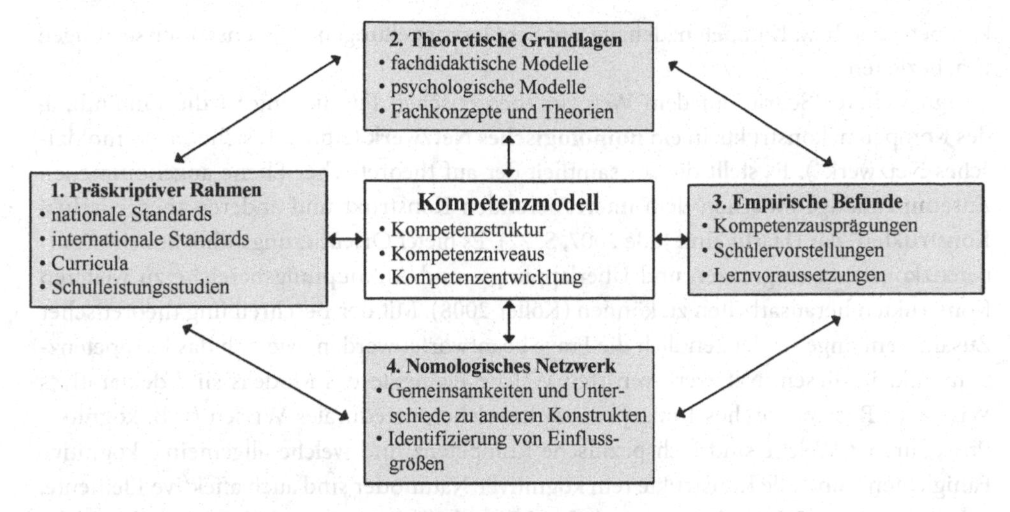

Abb. 2.1 Theoretische Fundierung eines Kompetenzmodells

che theoretische Konstrukte und Forschungsbereiche anbieten. Für den Kompetenzbereich *Erkenntnisgewinnung* sind beispielsweise als Forschungsschwerpunkte *Charakteristika der Naturwissenschaften* (Nature of Science), *Naturwissenschaftliche Untersuchungen* (Scientific Inquiry) oder *Naturwissenschaftliche Arbeitstechniken* (Practical Work) zu nennen. Insofern muss geprüft werden, inwieweit Kompetenzen eines naturwissenschaftlichen Inhaltsbereichs überhaupt kohärent mit einem Modell abgebildet werden können oder nur mit mehreren. Die Tatsache, dass die o. g. Konstrukte z. B. (wissenschaftliche) Überzeugungen, kognitive Fähigkeiten sowie praktische Fertigkeiten darstellen und in der Regel mit unterschiedlichen Instrumenten gemessen werden (Fragebögen, Testaufgaben, praktische Experimentiertests), spricht dafür, diese zwar in eine gemeinsame Rahmenkonzeption zu integrieren, die jeweilige Modellierung jedoch getrennt vorzunehmen (Mayer 2007).

Oftmals existieren in einem Forschungsbereich auch verschiedene theoretische Modelle zum gleichen Kompetenzkonstrukt. Im Forschungsschwerpunkt *Naturwissenschaftliche Untersuchungen* sind beispielsweise mehrere Modelle zu nennen: z. B. das *Scientific Discovery* als *Dual-Search*-Modell, in dem Experimentieren als Suchprozess (*Discovery*) aufgefasst wird (Klahr 2000; Hammann 2007), sowie Konstrukte, die diesen Bereich eher als konzeptuelle Schülervorstellungen verstehen, z. B. als *Concepts of Evidence* (Gott und Duggan 1998). Selbstverständlich lassen sich unterschiedliche theoretische Aspekte, sofern sie nicht unvereinbar sind, auch miteinander kombinieren, z. B. im Modell zum wissenschaftlichen Denken (Mayer 2007).

Für die Auswahl oder Kombination von theoretischen Konstrukten und deren vermutete Zusammenhänge spielen selbstverständlich die empirischen Befunde zu den jeweiligen Konstrukten eine bedeutende Rolle (Abb. 2.1, siehe „3. Empirische Befunde"). Hier können Befunde aus *Assessments* (TIMSS, PISA, ESNaS), aus Analysen zu Lernvoraussetzungen oder auch aus **Interventionsstudien** relevant sein. Die Beschreibung kann sich auf Schülerkompetenzen bzw. Kompetenzdefizite, auf Schülervorstellungen, Wissensvoraussetzungen u. ä. beziehen.

Ein weiterer Schritt auf dem Weg zur theoretischen Fundierung ist die Einbindung des Kompetenzkonstrukts in ein **nomologisches Netzwerk** (Abb. 2.1, siehe „4. Nomologisches Netzwerk"). Es stellt die „Gesamtheit der auf theoretischer Ebene angenommenen Zusammenhänge zwischen dem interessierenden Konstrukt und anderen theoretischen Konstrukten" dar (Hartig und Jude 2007, S. 22). Es bietet Orientierungshilfe, um ein Kompetenzkonstrukt eingrenzen und Überlappungs- und Anknüpfungsbereiche zu weiteren Konstrukten herausarbeiten zu können (Köller 2008). Mit der Beschreibung theoretischer Zusammenhänge soll letztendlich die Frage beantwortet werden, wie sich das Kompetenzkonstrukt in diesem Netzwerk verortet: Welche Elemente des Modells sind deklaratives Wissen (z. B. semantisches Konzeptwissen), welche prozedurales Wissen (z. B. kognitive Prozeduren)? Welche sind fachspezifische Kompetenz und welche allgemeine, kognitive Fähigkeiten? Sind alle Konstrukte rein kognitiver Natur oder sind auch affektive Elemente, wie Interesse und Werthaltungen, enthalten? Innerhalb dieser Frage klärt sich auch, welche lernpsychologischen Konstrukte ggf. einen Einfluss auf die Kompetenz haben und insofern bei dem Modell berücksichtigt werden müssen. Die Einbettung in ein nomologisches Netzwerk dient dem Ziel, domänenspezifische Kompetenzen von anderen Fachdomänen konzeptionell abgrenzen, Überschneidungen aufzeigen und beides im Idealfall im Sinne einer diskriminanten und konvergenten Validierung empirisch belegen zu können (Köller 2008) (Kap. 9).

2.1.1 Kompetenzstruktur

Hinsichtlich der Binnenstruktur des jeweiligen Kompetenzkonstruktes stellt sich die folgende Frage: *Welche und wie viele Teilkompetenzen sollen/können für das jeweilige Kompetenzkonstrukt ausdifferenziert werden?*

Bei der theoriegeleiteten Ausdifferenzierung ist zu berücksichtigen, dass je nach zugrunde liegender Konzeption mal mehr, mal weniger Differenzierungen des jeweiligen Kompetenzkonstruktes vorgenommen werden können. Hier gilt es abzuwägen, denn aus der hohen Differenzierung eines Kompetenzmodells folgt, dass letztendlich nur bestimmte Ausschnitte der Gesamtstruktur untersucht werden können (Schecker und Parchmann 2006). Dementsprechend sollte man die Literatur immer dahingehend prüfen, inwieweit bestimmte Teilkompetenzen ggf. auch disziplinübergreifend den größten Konsens besitzen, und vor allem, welche Teilkompetenzen bereits empirisch geprüft wurden beziehungsweise sich statistisch **signifikant** unterscheiden lassen. Letztendlich sollen hypothetische Teilkompetenzen generiert werden, die sich idealerweise auch als empirisch belastbar erweisen. Eine solide theoretische Basis zur Kompetenzbeschreibung ist darum vor deren Messung unabdingbar.

Kompetenzen im Forschungsschwerpunkt bzw. Kompetenzteilbereich *Naturwissenschaftliche Untersuchungen* werden in der Regel derart modelliert, dass der Prozess zur

Aufstellung und Begründung von **Hypothesen** und Theorien als forschungslogischer Ablauf mit verschiedenen Teilschritten dargestellt wird. Verschiedene Modellierungen naturwissenschaftlicher Untersuchungen weisen je nach Differenzierungsgrad drei bis fünf Teilkompetenzen auf, die teilweise noch weiter spezifiziert werden (eine detaillierte Übersicht liefern Emden und Sumfleth 2012, S. 69). Als zu fördernde Teilkompetenzen haben „Fragestellung und Hypothese formulieren", „Untersuchungen planen", „Untersuchungen durchführen", „Daten auswerten" und „Daten interpretieren" Eingang in nationale und internationale Standards und Curricula gefunden. Einige dieser Teilkompetenzen konnten bereits empirisch bestätigt werden – *naturwissenschaftliche Fragestellung formulieren, Hypothesen generieren, Untersuchungen planen* sowie *Daten analysieren und Schlussfolgerungen ziehen* (Mayer et al. 2008) –, sodass es sich anbietet, diese als Binnenstruktur des Kompetenzkonstruktes zugrunde zu legen. Dabei wird beispielsweise die Teilkompetenz *Untersuchungen planen* bzw. *Untersuchungsdesign* derart beschrieben, dass von den Schülern der erfolgreiche Umgang mit **abhängigen, unabhängigen** und weiteren zu kontrollierenden **Einflussvariablen** erwartet wird.

Bei dem gesamten Prozess der theoriegeleiteten Ableitung naturwissenschaftlicher Teilkompetenzen soll die unterrichtspraktische Anbindung nicht aus den Augen verloren werden. Für welche Altersstufe oder Schulform (Zielgruppe) werden beispielsweise Teilkompetenzen formuliert? Welche Anknüpfungspunkte für das Lernen und Lehren von Kompetenzen eröffnen sich für den Unterricht? Letztendlich sollen die beschriebenen Teilkompetenzen Leistungen so fein messen können, dass damit auch eine Kompetenzentwicklung über mehrere Jahrgangsstufen verfolgt werden kann.

2.1.2 Kompetenzniveaus

Die konkrete Beschreibung von Teilkompetenzen sagt noch nichts darüber aus, inwiefern diese mit unterschiedlichen Anforderungen einhergehen. Darum gilt zu klären, welche Graduierungen theoretisch und empirisch zu begründen sind. Die zentrale Frage lautet: *Welche qualitativen Kompetenzabstufungen lassen sich für Lernende mit beispielsweise hoher oder niedriger Kompetenz formulieren?*

Die Vorgehensweise zur Beschreibung von Kompetenzniveaus unterliegt im Wesentlichen zwei Merkmalen: dem Differenzierungs- und Abstraktionsgrad der Kompetenzniveaus und dem Zeitpunkt der Kompetenzbeschreibung (Hartig 2007). Wie viele Kompetenzniveaus beschrieben werden ist von theoretischen Überlegungen, der Testökonomie sowie von den Daten abhängig. Innerhalb der Naturwissenschaften hat sich eine Differenzierung in fünf Niveaus etabliert (Kauertz et al. 2010; Rönnebeck et al. 2008). Hinsichtlich des Zeitpunktes bestehen verschiedene Möglichkeiten Kompetenzniveaus zu generieren:

- *a priori*, d. h. theoriebasiert vor der Erhebung empirischer Daten (z. B. Mayer et al. 2008),
- *post hoc*, d. h. auf Grundlage der empirischen Daten nach der Erhebung (z. B. bei PISA, Rönnebeck et al. 2008) oder

- durch die Verbindung beider Strategien durch eine theoriebasierte **Operationalisierung** von Kompetenzgraduierung vor der Erhebung und Beschreibung von Niveaus aufgrund empirischer Daten nach der Erhebung (z. B. bei ESNaS, Wellnitz et al. 2012).

Der Vorteil, Kompetenzniveaus *a priori* zu beschreiben, besteht darin, dass bereits bei der Aufgabenkonstruktion vermutete schwierigkeitserzeugende Merkmale operationalisiert und empirisch geprüft werden können. Es eignet sich daher vor allem zur Prüfung eines Modells (vgl. Mayer et al. 2008). In internationalen Schulleistungsstudien wie PISA oder TIMSS werden dagegen auf der Grundlage der empirischen Daten zu den Aufgabenschwierigkeiten im Nachhinein, also *post hoc*, die verschiedenen Kompetenzniveaus beschrieben. Dieses Verfahren eignet sich vor allem, wenn noch keine gesicherten Annahmen über die Niveaustruktur der zu erfassenden Kompetenz vorliegen. Eine Verbindung beider Strategien findet bei der „Evaluation der Standards in den Naturwissenschaften für die Sekundarstufe I" (ESNaS) statt (Walpuski et al. 2008). Es werden *a priori* und theoriebasiert kompetenzniveaugestufte Aufgaben entwickelt und diese *post hoc* durch ein so genanntes Standardsetting zur Generierung von Kompetenzstufen herangezogen (Pant et al. 2010). Der Vorteil dieses Vorgehens ist, dass unterschiedlich schwierige Aufgaben theoriebasiert entwickelt werden können, die Beschreibungen der Kompetenzniveaus jedoch auf Basis der tatsächlich ermittelten Aufgabenschwierigkeiten erfolgt. Damit werden in den Kompetenzniveaus nicht nur die theoretisch postulierten, sondern auch andere schwierigkeitserzeugende Elemente berücksichtigt, z. B. unterschiedliche Schwierigkeit von Fachinhalten und Kontexten, Aufgabenformate oder der Einfluss von Text und Abbildung in der Aufgabe (Kap. 30).

Die Graduierung naturwissenschaftlicher Kompetenz kann nach unterschiedlichen Kriterien erfolgen, beispielsweise, indem eine ansteigende Fähigkeit von unsystematischer zu systematischer Vorgehensweise (Hammann 2004) oder mit zunehmender Komplexität des wissenschaftsmethodischen Anspruchs beschrieben wird (Kauertz et al. 2010; Mayer et al. 2008; Wellnitz 2012). Das bedeutet für unser Beispiel, dass für die Teilkompetenz *Untersuchungsdesign* (Umgang mit abhängigen, unabhängigen und weiteren zu kontrollierenden Einflussvariablen) angenommen wird, dass es für Lernende leichter sein sollte, lediglich einzelne Variablen innerhalb eines Untersuchungsdesigns zu identifizieren als den Zusammenhang zwischen zwei Variablen beschreiben zu müssen. Somit wären zwei Kompetenzniveaus beziehungsweise zwei Ausprägungen einer Kompetenz beschrieben (*Variable identifizieren* und *Zusammenhang zwischen Variablen beschreiben*), die im Idealfall mit einer zunehmenden wissenschaftsmethodischen Kompetenz korrespondieren (Mayer et al. 2008). Die für die entsprechenden Niveaus konstruierten Testaufgaben müssten sich dementsprechend in ihren mittleren Aufgabenschwierigkeiten signifikant voneinander unterscheiden, d. h. Aufgaben zu *Variable identifizieren* sollten für Schüler leichter zu lösen sein als Aufgaben zu *Zusammenhang zwischen Variablen beschreiben* (Kap. 27).

2.2 Vom Kompetenzmodell zum Messmodell

Um die zuvor beschriebene Struktur und die Niveaus eines Kompetenzmodells auch erfassen zu können, werden psychometrische Modelle, zumeist auf Basis der Item-Response-Theorie (IRT), benötigt (Kap. 27 und 28). Psychometrische Modelle vermitteln „zwischen Messoperation und Kompetenzmodell [...], d. h. begründen, wie ein Messergebnis [...] im Sinne des Kompetenzmodells zu interpretieren ist" (Klieme und Leutner 2006, S. 877). Sind ein oder mehrere theoretische Konstrukte identifiziert, stellt sich demzufolge die Frage nach deren Dimensionierung: *Wie viele Dimensionen sind für die Erfassung des Kompetenzkonstruktes sinnvoll beziehungsweise erforderlich?*

Bezogen auf das Kompetenzkonstrukt *Naturwissenschaftliche Untersuchungen* muss zunächst berücksichtigt werden, ob Fachwissen eine Teilkompetenz des Konstrukts darstellt oder ob Fachwissen ein externes Konstrukt ist, das mit der Kompetenz *Naturwissenschaftliche Untersuchungen* korreliert (nomologisches Netzwerk). Für eine externe Verortung spricht, dass damit Zusammenhänge zwischen beiden Konstrukten einer expliziten empirischen Untersuchung zugänglich gemacht werden können.

Messmodelle können ein- oder mehrdimensional sein. In Schulleistungsstudien werden oftmals aus pragmatischen Gründen eindimensionale Modelle gewählt (Hartig und Höhler 2010). Bezogen auf unser Beispiel wird die zu erfassende Kompetenz *Naturwissenschaftliche Untersuchungen* dann als ein theoretisches Konstrukt zur Erklärung von Leistungsunterschieden beschrieben und gemessen. Alle Schülerantworten auf Testaufgaben, die dieselbe Kompetenz repräsentieren, werden zu einem gemeinsamen Messwert zusammengefasst bzw. laden auf einer latenten Dimension. Mehrdimensionale Modelle beziehen komplexere theoretische Vorannahmen mit ein. Die zu erfassende Kompetenz *Naturwissenschaftliche Untersuchungen* wird in diesem Fall als ein theoretisches Konstrukt mit mehreren zugrunde liegenden Teilkompetenzen (z. B. *Hypothese*, *Untersuchungsdesign* etc.) modelliert. Zugehörige Testaufgaben laden auf verschiedenen latenten Dimensionen und repräsentieren unterschiedliche Messwerte[1]. Die Erfassung mehrerer Teilkompetenzen mit einem mehrdimensionalen Messmodell erlaubt die Prüfung der prognostizierten Kompetenzstruktur und eine differenziertere auf die Teilkompetenzen bezogene Diagnostik. Neben den inhaltsbezogenen Aufgabenmerkmalen können weitere, beispielsweise formale Aufgabenmerkmale wie Antwortformat oder Länge des Aufgabentextes, sowie erforderliche kognitive Aktivitäten etc. in die Modellierung einfließen. Mehrdimensionale Modelle müssen dementsprechend durch einen größeren *Itempool* repräsentiert werden (Kap. 27).

---

[1] Bei mehrdimensionalen Messmodellen werden *Between-Item*-Modelle und *Within-Item*-Modelle unterschieden. Beim *Between-Item*-Modell lädt jedes Item eines Tests auf einer separaten Dimension. Die erfolgreiche Lösung der Items sollte demzufolge nur von einer Teilkompetenz abhängig sein. Beim *Within-Item*-Modell laden die Items hingegen auf mehreren latenten Dimensionen gleichzeitig. Die Lösungswahrscheinlichkeit der Items kann demzufolge von einer Teilkompetenz oder mehreren Fähigkeitskomponenten abhängen (Wu et al. 2007).

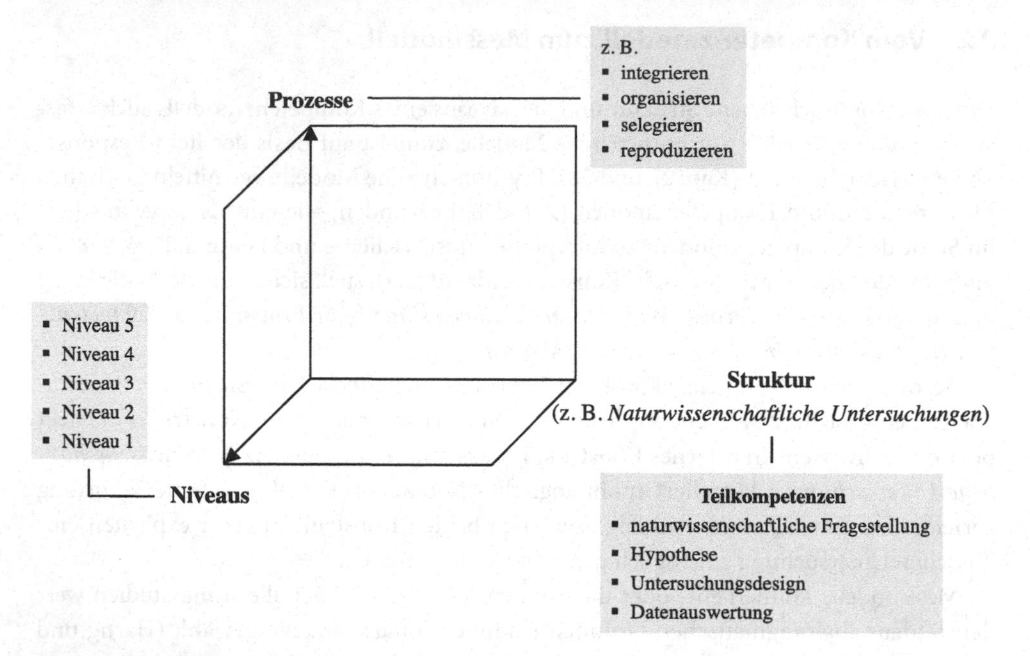

Abb. 2.2 Kompetenzmodell zur Evaluation der Bildungsstandards in den Naturwissenschaften (Kauertz et al. 2010; Wellnitz et al. 2012)

Für die theoriebasierte Modellierung naturwissenschaftlicher Kompetenzen hat sich eine dreidimensionale Kompetenzstruktur als fruchtbar erwiesen. Eine Dimension entspricht, wie in unserem Beispiel, den auf curricularen Vorgaben bezogenen Kompetenzen des Teilbereichs *Naturwissenschaftliche Untersuchungen* (Abb. 2.2). Die Dimension *Naturwissenschaftliche Untersuchungen* wird gemäß der theoretischen „Vorarbeiten" konkret ausdifferenziert, indem dem Konstrukt eine explizite Binnenstruktur, d. h. Teilkompetenzen (z. B. *Hypothese*, *Untersuchungsdesign* etc.), zugrunde gelegt wird (vgl. Kompetenzstruktur, Abschn. 2.1.1). Eine zweite Dimension beschreibt die auf die jeweiligen Teilkompetenzen bezogene Graduierung. Diese ist zunächst ebenfalls hypothetischer Natur und dient der strukturbezogenen, also auf die Teilkompetenzen bezogenen Beschreibung verschiedener als notwendig erachteter Kompetenzausprägungen (Kompetenzniveaus, Abschn. 2.1.2). Neben den Teilkompetenzen mit ihren Ausprägungen werden als dritte Dimension Prozesse oder Aktivitäten benannt, die als kognitive Anforderungen von den Schülern zur erfolgreichen Lösung einer Aufgabe benötigt werden. Beispielsweise kann die Wiedergabe (reproduzieren), das Auswählen (selegieren), das Strukturieren (organisieren) oder der Transfer beziehungsweise die Einbindung (integrieren) von Informationen aus dem Teilbereich *Naturwissenschaftliche Untersuchungen* verlangt werden (Abb. 2.2).

2.3 Überführung in konkrete Messinstrumente

Das aus der Theorie abgeleitete Kompetenzmodell und das darauf basierende psychometrische Modell muss, um es empirisch prüfen zu können, in konkrete Messverfahren überführt werden (Klieme und Leutner 2006; Kap. 27 und 28). Das bedeutet, dass die Kompetenzerwartungen operationalisiert werden, indem die Teilkompetenzen, deren Graduierungen und zur Lösung der Aufgaben benötigte kognitive Prozesse durch konkrete Aufgabenstellungen, d. h. durch Testaufgaben, abgebildet werden. Dabei gilt es Folgendes zu beachten:

- Die jeweiligen Kompetenzkonstrukte müssen im Testinstrument soweit als möglich getrennt werden. Andernfalls kann bei der Nichtbewältigung einer Aufgabe keine Aussage getroffen werden, ob der Lernende beispielsweise nicht über das Fachwissen verfügte oder es an der Fähigkeit mangelte, dieses anzuwenden. Möglichkeiten sind je nach Art der Studie (1.) möglichst einfache Fachinhalte zu wählen, die den Lernenden nach gängigen Lehrplänen bekannt sein müssten (z. B. Grube 2011), (2.) das fachliche Wissen im Aufgabenstamm zu beschreiben (z. B. Kauertz et al. 2010; Kap. 30) oder (3.) das fachliche Wissen durch eine vorherige Instruktionsphase der Lernenden zu sichern.
- Die jeweiligen Kompetenzkonstrukte und -dimensionen müssen durch unterschiedliche Aufgabentypen oder **Aufgabenfacetten** (z. B. Struktur, Niveau, Prozess; Abb. 2.2) repräsentiert sein. Je klarer ein Element des Kompetenzmodells in einem spezifischen Aspekt der Testaufgabe operationalisiert wird, desto höher die Reliabilität des Instruments.
- Für die Generierung von Kompetenzniveaus bestehen zwei Möglichkeiten: Die erste besteht darin, dass die Kompetenzniveaus in Form unterschiedlich schwieriger Aufgaben repräsentiert sind (z. B. Hammann 2004; Kauertz et al. 2010). Der Kompetenzgrad eines Schülers ergibt sich dann daraus, ob er einen bestimmten Prozentsatz dieser Aufgaben lösen kann. Eine zweite Möglichkeit besteht darin, dass die offenen Aufgaben selbst „niveauunspezifisch" sind, jedoch Antworten auf unterschiedlichen Niveaus zulassen (z. B. Mayer et al. 2008). Dies lässt sich jedoch nur mit offenen Aufgaben umsetzen. Das Kompetenzniveau ergibt sich dann aus der entsprechend codierten Schülerantwort. Dies bedeutet, dass das Kompetenzniveau nicht in der Aufgabe, sondern in der Codieranleitung zur Aufgabe abgebildet ist (Grube 2011; Kap. 14 und 29). Vorteil des zweiten Vorgehens ist, dass weniger Aufgaben benötigt werden.
- Kompetenz zeigt sich dadurch, dass Personen Anforderungen in spezifischen Situationen erfolgreich bewältigen können. Die besondere Herausforderung besteht demnach darin, dem kontextualisierten Charakter von Kompetenzen bei der Modellierung gerecht zu werden und sowohl personen- als auch situationsspezifische Komponenten zu berücksichtigen (Klieme und Leutner 2006). Die in den Aufgaben geforderten fachspezifischen Fähigkeiten müssen dementsprechend in Anwendungssituationen eingebunden sein. Hierbei muss jedoch bedacht werden, dass Kontexte selbst zu einem schwierigkeitsgenerierenden Merkmal werden können (Kap. 30). Beispielsweise erhöht das Lesen des Kontextes die Anforderungen an die Lesekompetenz; zudem müssen die inhaltli-

chen Informationen aus dem Kontext extrahiert werden. Ggf. muss sogar vom Kontext abstrahiert werden, wenn eine generelle Aussage als Aufgabenlösung verlangt wird und weniger eine konkrete, kontextbezogene. Nicht zuletzt kann in der Aufgabe ein Transfer von einem auf einen anderen Kontext verlangt werden.
- Allgemeine kognitive Fähigkeiten (Intelligenz) sowie Kompetenzen aus anderen Domänen (z. B. Lesekompetenz) müssen systematisch kontrolliert werden. Dazu gehören die Kontrolle formaler Aufgabenmerkmale, z. B. Antwortformate, Textlänge, Abbildungen, graphischer oder numerischer Output sowie die Kontrolle kognitiver Anforderungen, z. B. ob Informationen aus dem Aufgabenstamm wiedergegeben, ausgewählt, strukturiert oder angewendet werden sollen (vgl. Prenzel et al. 2002).

Dem **Item**-Umfang sind aufgrund von Testzeit und Testbelastung seitens der Schüler Grenzen gesetzt. Darum hat sich als ökonomische Alternative das so genannte Multi-Matrix-Design bewährt, welches z. B. bei PISA Anwendung findet (Adams und Wu 2002). Spezielle Verfahren der **probabilistischen Testtheorie** machen es möglich, für alle Aufgaben und Personen Parameter zu schätzen, obwohl im Multi-Matrix-Design nicht alle Probanden alle Aufgaben bearbeitet haben (Kap. 28).

Ein weiteres Problem bei der Testkonstruktion ergibt sich, wenn das Kompetenzmodell die Leistungen auf verschiedenen Schulstufen modellieren soll. Der Leistungsvergleich setzt die gleichen Items voraus. Gleiche Items für Klasse 5 bis Klasse 10 oder für Schüler der Haupt- und Realschule oder des Gymnasiums zu entwickeln, stellt jedoch eine besondere Herausforderung dar. Im Projekt „Biologie im Kontext (bik)" wurden deshalb offene Antwortformate eingesetzt, die es den Schülern erlauben, auf unterschiedlichen Niveaus zu antworten (Grube 2011). Dadurch war es möglich, Antworten von Schülern verschiedener Jahrgangsstufen zu generieren und miteinander zu vergleichen.

2.4 Schlussfolgerungen

Bei der Entwicklung von theoretischen Kompetenzstrukturmodellen gilt es die Passung des Modells auf unterschiedlichen Ebenen zu sichern. Angestrebte Bildungsziele sollen ebenso Eingang in das Modell finden wie Theorien aus Fachdidaktik, Lernpsychologie und Erziehungswissenschaft. Nicht zuletzt soll die unterrichtspraktische Anbindung gewährleistet sein, damit das Kompetenzmodell Anknüpfungspunkte für kompetenzorientiertes Lehren, Lernen und Diagnostizieren bietet. Die psychometrische Prüfung des Modells auf Basis der theoriegeleiteten Item-Konstruktion gibt mit Hilfe von Rasch-Analysen Hinweise darauf, ob die getroffenen Annahmen hinsichtlich der postulierten Kompetenzstruktur und der Kompetenzniveaus bestätigt werden können. Dabei gilt es bei der Interpretation der Daten immer zu berücksichtigen, dass die Modellgültigkeit immer im Verhältnis dazu gesehen werden muss,

- wie gut das jeweilige Modell die empirischen Daten erklärt,
- über welchen Aufwand, d. h. mit wie vielen Modelldimensionen dies erreicht wurde und
- wie gut das jeweilige Modell den aktuellen Forschungsstand repräsentiert (Rost 2004).

Literatur zur Vertiefung

Hartig J, Höhler J (2010) Modellierung von Kompetenzen mit mehrdimensionalen IRT-Modellen. In: Klieme E, Leutner D, Kenk M (Hrsg) Kompetenzmodellierung: Zwischenbilanz des DFG-Schwerpunktprogramms und Perspektiven des Forschungsansatzes, 56. Beiheft der Zeitschrift für Pädagogik Beltz, Weinheim, Basel, S. 189–198 (In dem Beitrag wird die Testung theoretischer Annahmen über Teilkompetenzen und deren Zusammenhänge über mehrdimensionale IRT-Modelle erläutert. Kurz und verständlich werden wesentliche Charakteristika verschiedener Modelle und inhaltliche Konsequenzen für die Interpretation dargestellt.)

Klieme E, Leutner D (2006) Kompetenzmodelle zur Erfassung individueller Lernergebnisse und zur Bilanzierung von Bildungsprozessen. Zeitschrift für Pädagogik 52(6):876–902 (Der Beitrag gibt einen systematischen Überblick über die Entwicklung theoretisch und empirisch fundierter Kompetenzmodelle als Ausgangspunkt adäquater Messverfahren und Instrumente.)

Wilson M (2005) Constructing Measures: An Item Response Modeling Approach. Lawrence Erlbaum, Mahwah, NJ (Wilson schlägt in diesem Buch das so genannte *Construct Modeling* als Vorgehensweise bei der Entwicklung von Testinstrumenten zur empirischen Prüfung eines postulierten Kompetenzmodells vor. Er beschreibt darin in einer Kurz- und einer Langfassung vier aufeinanderfolgende Bausteine (*Construct Map*, Item-Konstruktion, Kategorisierung, Messmodell), die einem Leitfaden gemäß umgesetzt werden können. Insbesondere das Kapitel 2 (*Construct Maps*) verdeutlicht, wie zu erfassende Kompetenzkonstrukte abgeleitet und modelliert werden können.)

Design-Forschung

3

Thomas Wilhelm und Martin Hopf

Besonders aus dem Mund von Studierenden hört man oft den Ruf nach mehr „Praxis"-Bezug der Fachdidaktik. Es ist tatsächlich eine Herausforderung für die Fachdidaktik, die schulpraktische Relevanz ihrer Grundlagenforschung herauszuarbeiten. Andererseits wird sehr praxisnaher fachdidaktischer Forschung und Entwicklung entgegengehalten, ihren Ergebnissen fehle eine systematische empirische Absicherung. Design-Forschung versucht, beiden Forderungen gerecht zu werden: Bearbeitung praxisrelevanter Fragestellungen unter Einhaltung forschungsmethodischer Standards. Nach einer Einführung in den theoretischen Hintergrund der Design-Forschung wird dies an einem Forschungs- und Entwicklungsprojekt veranschaulicht, in dem es gelang, das Lernen der newtonschen Mechanik deutlich zu verbessern.

3.1 Was ist Designforschung?

3.1.1 Theorie-Praxis-Problem

Die Autoren[1] dieses Kapitels hatten sehr ähnliche Einstiege in die Wissenschaft Physikdidaktik: Wir kamen beide nach einigen Jahren Tätigkeit als Physiklehrer in physikdidak-

[1] Der hier beschriebene Designforschunsansatz wurde maßgeblich mitgestaltet von Prof. Dr. Dr. Hartmut Wiesner (LMU München), der auch an dem vorliegenden Beitrag mitgewirkt hat.

Prof. Dr. Thomas Wilhelm ✉
Institut für Didaktik der Physik, Goethe-Universität Frankfurt am Main, Max-von-Laue-Str. 1, 60438 Frankfurt am Main, Deutschland
e-mail: wilhelm@physik.uni-frankfurt.de
Prof. Dr. Martin Hopf
Österreichisches Kompetenzzentrum für Didaktik der Physik, Universität Wien, Porzellangasse 4, Stiege 2, 1090 Wien, Österreich
e-mail: martin.hopf@univie.ac.at

D. Krüger, I. Parchmann und H. Schecker (Hrsg.), *Methoden in der naturwissenschaftsdidaktischen Forschung*, DOI 10.1007/978-3-642-37827-0_3,

tische Arbeitsgruppen. Eines der Hauptmotive, den Traumberuf Physiklehrer vorübergehend (wie wir damals noch dachten) aufzugeben, lag in der festen Überzeugung, unmittelbar zur Verbesserung der Schulpraxis und des Physikunterrichts beitragen zu können. Umso erschütterter waren wir von den ersten Erfahrungen auf Tagungen: Begriffe wie „Cronbachs", „Cohens", „Alphas", „Kappas" und „Interraterkoeffizienten" flogen uns um die Ohren. Wir waren beide sehr sicher, dass so keine Verbesserung des Physikunterrichts zu erzielen sei und beschäftigten uns lieber intensiv mit der Entwicklung von unterrichtswirksamem, direkt in der Schulpraxis einsetzbarem Material. Schnell lernten wir aber, dass viele der lieb gewonnenen Überzeugungen zu Wirkungszusammenhängen im Physikunterricht (wie z. B. der Glaube an die Lernwirksamkeit des Experimentierens) sich im Licht empirischer Forschung als wesentlich komplexer herausstellen (Hofstein und Lunetta 2004) und dass nur methodisch sauber durchgeführte empirische Untersuchungen über die Wirksamkeit von Interventionen Auskunft geben können.

Fachdidaktische Forschung hat heute eine hohe methodische Qualität, und es werden elaborierte statistische Methoden eingesetzt. Kritiker weisen aber darauf hin, dass die wissenschaftlichen Studien aus dem Umfeld von Schule und Unterricht – zur Kontrolle von Einflussfaktoren meist als Labor- oder laborähnliche Studien durchgeführt – häufig keine oder nur geringe signifikante Unterschiede bezüglich der Lernergebnisse zwischen Kontroll- und *Treatment*-Gruppen aufweisen. Aus Sicht vieler Schulpraktiker liefern wissenschaftliche Studien banale Selbstverständlichkeiten oder nichtpraktikable Vorschläge, wie z. B. die Veränderung der Länge von Unterrichtsstunden, den Einsatz – zumindest aktuell – kaum verfügbarer Medien, wie elektronischen Whiteboards, oder unrealistisch lange Unterrichtseinheiten mit nicht curriculumvaliden Inhaltsgebieten. So ist es nicht verwunderlich, dass die naturwissenschaftsdidaktische Forschung häufig nur recht eingeschränkte Auswirkungen auf die Unterrichtspraxis hat. Selbst Erfolg versprechende Forschungsergebnisse kommen kaum in die Schulpraxis.

Die Arbeiten in der Naturwissenschaftsdidaktik werden manchmal zwischen den beiden Polen *reine Grundlagenstudien* und *anwendungsbezogene Entwicklungsarbeiten* eingeordnet. Grundlagenforschung und anwendungsbezogene Forschung werden dabei als Gegensätze angesehen. Ergebnisse der Grundlagenforschung fänden in naiver Sicht von selbst ihren Weg in die Praxis; praktische Anwendungen hätten hingegen keine Auswirkung auf Fragen der Grundlagenforschung. Tatsächlich aber erfährt die Grundlagenforschung auch Anstöße aus der Praxis und entwickelt sich nicht unabhängig von der anwendungsbezogenen Forschung.

3.1.2 Design-Based Research

Ein Ansatz für eine nutzenorientierte Grundlagenforschung ist *Design-Based Research*. Design wird als theorieorientierter Prozess für die Lösung konkreter Probleme der Praxis verstanden (*Design-Based Research Collective* 2003; Fischer et al. 2005; Hopf und Wiesner 2008). Hier geht es darum, gleichzeitig gute Lernumgebungen zu entwickeln *und* eine Theorie des Lernens in diesem Themenbereich zu entwerfen oder weiterzuentwickeln. Entwicklung und Forschung finden in kontinuierlichen Zyklen aus Design, Umsetzung, Analyse und Re-Design statt. Ziel ist eine explizite Theorie zur Lösung eines praktischen Problems. Die Theorie hat Implikationen für die Praxis. Sowohl bei der Entwicklung der Lernumgebung als auch bei der Theorie müssen die jeweiligen konkreten Rahmenbedingungen des Problems berücksichtigt bzw. als explizite Komponente in die Theorie integriert werden. Dazu müssen **Interventionsmaßnahmen** im **Feld** in Zusammenarbeit von Forschern und Praktikern durchgeführt werden.

Die Begriffe „*Design-Based Research*" (Design-Based Research Collective, 2003), „*Design Research*", „fachdidaktische Entwicklungsforschung" (Prediger und Link 2012) oder „Didaktik als *Design Science*" (Fischer et al. 2005) bezeichnen alle diese Grundidee. Der Ertrag entsprechender Forschung besteht in Entwicklungsprodukten, z. B. Schulbüchern bzw. Unterrichtsmaterialien, und gleichzeitig in übertragbaren theoretischen, designbezogenen Erkenntnissen sowie empirischen Forschungsergebnissen.

Bei Forschungen gemäß *Design-Based Research* lassen sich sowohl die Entwicklungsarbeiten als auch die empirischen Ergebnisse und ebenso eine Verbindung beider Aspekte publizieren, da es jeweils referierte Journale gibt. In der internationalen Community gibt es viele Arbeitsgruppen, die Design-orientiert arbeiten und eine große Zahl interessanter Forschungs- und Entwicklungsprojekte (z. B. Kelly et al. 2008 oder Kortland und Klaassen 2010).

3.1.3 Abgrenzung zu anderen Ansätzen

Weit verbreitet in der naturwissenschaftsdidaktischen Forschung sind Ansätze, die versuchen, die Wirkungen ausgewählter einzelner Faktoren auf Lehren und Lernen zu identifizieren. Es ist dann wünschenswert, möglichst viele Variablen konstant zu halten. Oft werden dazu Laborstudien unter streng kontrollierten Bedingungen durchgeführt (Kap. 6 und 7). *Design-Based Research* geht hingegen davon aus, dass sich „funktionierende" Lernumgebungen in einem komplexen Wechselspiel verschiedener Einflussfaktoren entwickeln. Die vermutete Wirksamkeit des zu untersuchenden Unterrichtsansatzes soll durch eine zu strenge Kontrolle von Randbedingungen nicht eingeschränkt werden. Zum Beispiel ist es im Design-Ansatz durchaus erlaubt, eine neue Lernumgebung zu entwickeln, in der sowohl auf Mathematisierung verzichtet wird als auch konsequent Visualisierungen eingesetzt werden, Simulationsprogramme vorkommen und eine neue Sachstruktur verwendet wird (Abschn. 3.3). Ziel ist dann natürlich nicht, dabei herauszufinden, ob eine bestimmte dieser Maßnahmen verantwortlich für gemessene Veränderungen ist. *Design-Based Research* geht davon aus, dass es vermutlich keine solchen isolierbaren Einzelfaktoren gibt. Der Ansatz versucht, Lernumgebungen in einer Perspektive des komplexen Zusammenwirkens verschiedener Einflussfaktoren zu entwickeln und zu verbessern. Dennoch sollen gleichzeitig Beiträge zur Grundlagenforschung geliefert werden. Das kann zum Beispiel fundierte Evidenz zur Wirksamkeit unterschiedlicher Konzeptwechselstrategien sein. Diese unterscheiden sich in deutlich mehr als in einem einzelnen empirisch kontrollierbaren Merkmal.

Bei Evaluationsstudien wird die Wirksamkeit einer theoriebasiert entwickelten Lernumgebung empirisch überprüft. Solche Studien sind in der Regel nicht zyklisch in einen Entwicklungsprozess eingebunden und erheben auch keinen Anspruch darauf, zur Grundlagenforschung beizutragen. Parallelen zur Designforschung gibt es bei der „didaktischen Rekonstruktion" (Kattmann et al. 1997). Hier handelt es sich ebenfalls um ein langfristiges Forschungsprogramm. Es wird zunächst versucht, ein Thema fachlich zu klären, dann die Lernerperspektive empirisch zu erfassen und schließlich darauf aufbauend eine Lernumgebung zu gestalten. Auch die partizipative Aktionsforschung ist unserem Ansatz ähnlich (Kap. 4).

3.2 Was ist für ein Designforschungsprojekt zu bedenken?

3.2.1 Inhalte

Ausgangspunkt einer Designforschung ist ein konkretes Problem des Unterrichts. Ziel ist eine Lösung dieses Problems, die durch eine explizite Theorie abgesichert ist. Die Forschungsgegenstände können sehr unterschiedlich sein: neue Sachstrukturen, eine neue Methode oder ein neues Medium usw.

Aus Lernstandserhebungen ist bekannt, dass es dem Physikunterricht in einigen Themengebieten, z. B. der newtonschen Mechanik, nicht gelingt, dass die Mehrheit der Jugendlichen die grundlegenden Ideen verstehen und anwenden können. Ein Lösungsansatz für dieses Problem kann darin liegen, neue **Sachstrukturen** zu entwickeln und deren Wirksamkeit zu erforschen. Ein zweites Beispiel ist die aktuell geforderte Orientierung des Unterrichts an Kompetenzen statt an Inhalten. Für einen solchen Unterricht müssen neue Unterrichtsmaterialien konstruiert werden, eine Theorie der Kompetenzorientierung muss entwickelt und bestätigt werden, Instrumente für die Kompetenzmessung müssen geschaffen werden (Kap. 29 und 27). Darüber hinaus muss die grundlegende physikdidaktische Frage, ob ein solcher Unterricht denn überhaupt alle wichtigen Ziele erreicht bzw. erreichen kann, evidenzbasiert diskutiert und geklärt werden.

Eines der Hauptprobleme fachdidaktischer Forschung liegt in unseren Augen darin, dass die Ergebnisse älterer Studien zu schnell in Vergessenheit geraten. So sind z. B. die Anstrengungen, die in den 1960er- und 1970er-Jahren im Rahmen der Curriculumforschung unternommen wurden, um den naturwissenschaftlichen Unterricht zu verbessern, heute nahezu unbekannt (z. B. van den Akker 1998). Die mit hohem finanziellem Aufwand entwickelten und in der Praxis überprüften Materialien sind teilweise nicht einmal mehr antiquarisch zu beschaffen. Konzepte, die in der Geschichte der Didaktik schon einmal diskutiert wurden, werden immer wieder „neu" entwickelt. Ein gutes Beispiel ist die Diskussion über „Kompetenzen". Sichtet man Publikationen der 1970er-Jahre, so fällt auf, dass vieles von damals heutigen Publikationen stark ähnelt, wenn man Worte wie „Fertigkeiten",

„Lernziele" usw. durch heutige Konzepte wie „Handlungsaspekte", „Kompetenzentwicklung" ersetzt.

Das zyklische Vorgehen im *Design-Based Research* bindet Entwicklungen aus älteren Studien ein. Für unseren Ansatz waren die Ergebnisse der zahlreichen Entwicklungs- und Forschungsarbeiten im Bereich der Mechanik aus mehr als 40 Jahren sehr wertvoll.

Für Nachwuchswissenschaftler ist die Auswertung des vorliegenden Erkenntnisstands gleichzeitig Chance und Einschränkung. Wie am Anfang dargestellt, ist der Anspruch, „die Welt zu retten", ein starkes und immer wieder zu beobachtendes Motiv für den Beginn eines Promotionsvorhabens in der Fachdidaktik. Es ist ein schwieriger und harter Lernschritt zu erkennen, dass der Aspekt, der wirklich im Rahmen einer Forschungsarbeit systematisch bearbeitet werden kann, sehr klein ist. Bei *Design-Based Research* führt unter Umständen jeder neue zyklische Schritt zu einer neuen Dissertation. Dieses kontinuierliche Weiterentwickeln und Erforschen von Material hat im weiter unten detaillierter vorgestellten Projekt im aktuell letzten Schritt zu höchst signifikant besseren Lernleistungen von Schülern gegenüber Kontrollgruppen geführt. In einem nächsten Schritt könnte nun z. B. genauer analysiert werden, welche Aspekte der Intervention besonders stark wirken. Dabei können dann auch experimentelle Studien unter Laborbedingungen eine Rolle spielen (Kap. 6 und 7).

3.2.2 Vorgehensweise

Häufig reicht es zur Lösung eines Problems nicht, nur an kleinen Stellschrauben zu drehen, sondern zur Problemlösung müssen mehrere Aspekte verändert werden. Zudem können diese noch voneinander abhängen. So braucht man eventuell zu einer neuen Sachstruktur auch neue Experimente, neue Medien und andere Aufgaben. Es liegt auf der Hand, dass bei der Komplexität dieser Probleme eine Expertise in vielen didaktisch relevanten Bereichen erforderlich ist: insbesondere Fachkompetenz, Kenntnis fachdidaktischer Zugänge zum Inhaltsbereich, Kenntnisse der Motivations- und Lernpsychologie und Wissen über Unterrichtsmethoden sowie Bildungstheorien. Von daher ist es naheliegend, Design-Projekte in Kooperation zwischen Vertretern der verschiedenen Wissenschaften und Unterrichtspraktikern durchzuführen, die Expertise in verschiedenen Bereichen mitbringen (Kap. 4). Das bedeutet auch, dass man sich mit unterschiedlichen Vorstellungen auseinandersetzen und Kompromisse eingehen muss. So wird eine zu einseitige Ausrichtung vermieden.

Schließlich muss man auf der Basis einer Auswertung der vorliegenden Forschungsergebnisse eine vorläufige Lernumgebung entwickeln. Sehr selten wird hier eine völlige Neuentwicklung notwendig sein: Zu den meisten Aspekten des Unterrichts gibt es Vorarbeiten. Diese erschließt man sich mit intensivem Literaturstudium und durch Gespräche mit anderen Forschern und Arbeitsgruppen. Bedenken sollte man dabei, dass nicht in allen Forschungsgruppen in der Vergangenheit in einem Umfang wie heute üblich publiziert wurde. Viele interessante Forschungs- und Entwicklungsarbeiten sind zudem bis heute nicht in den Literaturdatenbanken enthalten. Eine breite Recherche sollte daher auch

Anfragen bei älteren Kollegen umfassen. Im Designforschungsprojekt zur Mechanik waren für uns neben dem umfangreichen Erkenntnisbestand über Schülervorstellungen die Theorien zum Konzeptwechsel relevant; aber auch die Ergebnisse der Interessensforschung waren von Bedeutung. Interessante Aspekte ergaben sich darüber hinaus durch Analysen des fachdidaktischen Wissens von Lehrpersonen (*Pedagogical Content Knowledge*: PCK; Kap. 18, 21 und 25).

Design-Based Research versteht sich als nutzenorientierte Grundlagenforschung, weshalb die Regeln der anwendungsorientierten Forschung und der Grundlagenforschung eingehalten werden müssen. Einzig verzichtet *Design-Based Research* auf den Anspruch, einzelne Variablen isoliert untersuchen zu wollen. Nur sorgfältige empirische Kontrolle verhindert eine mögliche Selbsttäuschung. Diese liefert auch Hinweise auf noch vorhandene Defizite und Antworten auf die Fragen: Genügt der Erfolg den Erwartungen? Wird die zugrunde gelegte Theorie gestützt oder gibt es Widersprüche?

3.2.3 Zusammenarbeit mit Lehrkräften

Für Interventionsmaßnahmen im Feld in Kooperation zwischen Forschern und Praktikern benötigt die Forschung Lehrkräfte, mit denen man eng zusammen arbeitet. Dabei sind einige Punkte zu bedenken (Kap. 4). Als Forscher tendiert man dazu, die unterrichtspraktischen Probleme der Durchführung von Interventionen zu unterschätzen. Bei der Kooperation ist zu bedenken, dass Lehrkräfte auch ohne ein solches Projekt zeitlich extrem beansprucht sind. Es ist deshalb nicht zu erwarten, dass Lehrkräfte nur grob vorgeschlagene Ideen eigenständig praktisch umsetzen sowie dazu selbst Medien und Arbeitsmaterialien entwickeln. Wir haben gute Erfahrungen damit gemacht, Medien und Schülerarbeitsmaterialien bereitzustellen, an denen die Lehrkräfte erkennen, wie der Unterricht aussehen kann. Dabei ist zu entscheiden und zu kommunizieren, was die Grundideen der Interventionsmaßnahme sind, an die sich die Lehrkräfte halten sollen, um den Kern des neuen Ansatzes nicht zu gefährden, und was nur als unverbindliches Angebot verstanden werden soll. Erfahrenen Lehrkräften darf man nicht zu enge Vorgaben machen, wenn die Kooperationsbereitschaft erhalten bleiben soll. Gleichzeitig sollen die Forschenden Rückmeldungen der Praktiker frühzeitig aufgreifen und den Unterrichtsansatz gegebenenfalls entsprechend überarbeiten.

Wenn möglich, sollen den Lehrkräften die Fahrtkosten zu gemeinsamen Arbeitssitzungen bezahlt werden und evtl. nötige Unterrichtsmaterialien wie Arbeitshefte oder Arbeitsblätter in ausreichender Anzahl zur Verfügung gestellt werden. Solche Treffen sollten als Lehrerfortbildungsveranstaltung schriftlich bestätigt werden, damit Lehrkräfte einen entsprechenden Nachweis führen können. Sinnvoll kann es sein, sich auch bei den Schulleitungen vorher oder nachher für das Engagement der Lehrkräfte zu bedanken.

3.2.4 Erhebungsinstrumente

Wenn man ein Forschungsprojekt im Feld durchführt, tendiert man dazu, viele Aspekte zu berücksichtigen und viele Faktoren gleichzeitig erheben zu wollen. Daraus ergibt sich neben Unterrichtsbeobachtungen und Einzelinterviews oftmals eine Vielzahl von Papier-und-Bleistift-Tests. Allerdings stellt sich die Frage, ob die Schüler eine Vielzahl von Tests ernsthaft ausfüllen, wenn es dafür keine Noten gibt (was z. B. bei Einstellungs-Items auch gar nicht möglich wäre). Außerdem ist zu bedenken, dass die Lehrkräfte eventuell dazu nicht bereit sind, da viel Unterrichtszeit verloren geht. Unterrichten sie zudem nach einem neuen Konzept, wissen sie nicht, ob ihnen die zur Verfügung stehende Unterrichtszeit für alle zu bearbeitenden Themen reicht. Deshalb sind hier Kompromisse zu machen und Tests auf die absolut notwendigen Datenerhebungen zu beschränken. *Nice to know*-Aspekte müssen hinter *need to know*-Fragen zurücktreten. Man kann ergänzend qualitative Forschungsmethoden einsetzen, mit denen weitere Aspekte wie z. B. das Verständnis der Lernenden oder die Akzeptanz der Intervention durch Lehrkräfte untersucht werden können. Lehrerinterviews und Schülerinterviews können außerhalb des normalen Unterrichts durchgeführt werden. Auch eine Videoanalyse von Unterricht nimmt keine zusätzliche Unterrichtszeit in Anspruch. Allerdings bedürfen Videoaufnahmen im Unterricht besonderer Zustimmung bzw. Genehmigung.

3.3 Entwicklung und Evaluation einer Unterrichtskonzeption zur Mechanik als Design-Forschung

3.3.1 Praxisproblem

Die Mechanik macht je nach Bundesland fast ein Drittel des Physikunterrichts der Sekundarstufe I aus. Grundlage dieser Mechanik ist der newtonsche Kraftbegriff. Viele Untersuchungen zeigen aber, dass die meisten Schüler auch nach dem Physikunterricht den newtonschen Kraftbegriff nicht verstanden haben (z. B. Wilhelm 2005). Häufig wurde auch keine physikalisch richtige Vorstellung des Beschleunigungsbegriffes erworben. Die newtonsche Mechanik ist damit eines der schwierigsten Inhaltsgebiete der Schulphysik, und der Unterricht ist bezüglich des Verständnisses ineffektiv.

Das Problem verschärfte sich in Bayern durch einen neuen, seit 2004 gültigen Lehrplan für das achtjährige Gymnasium. Dieser fordert bereits in der siebten Jahrgangsstufe eine erste, dynamische Einführung in die Mechanik, was Lehrkräfte früher in der elften Jahrgangsstufe verorteten. Für etliche Lehrkräfte war unklar, wie sie dies bereits in der siebten Jahrgangsstufe unterrichten sollen, so dass hier ein Praxisproblem vorlag.

Für diese Situation wurde ein neues Unterrichtskonzept erarbeitet und evaluiert. Dem Projekt gingen mehrere Zyklen aus theoriebasierter Entwicklung, Erprobung und empirischer Wirkungsforschung voraus. Zum einen waren dies mehrere Zyklen physikdidaktischer Forschung an den Universitäten Frankfurt und München (LMU), in denen Schülervorstellungen erforscht und darauf abgestimmt Konzepte entwickelt wurden. Weitere Zyklen an der Universität Würzburg befassten sich stärker mit neuen Messverfahren für physikalische Größen in der Mechanik und deren Darstellung. Beide Linien fanden im hier beschriebenen Kooperationsprojekt zusammen (Wilhelm et al. 2012), das als exemplarisches Designforschungsprojekt dargestellt wird. Im Gesamtzusammenhang bilden aber auch die Arbeiten seit den 1970er-Jahren ein übergreifendes Designforschungsvorhaben mit einem Zusammenwirken von Grundlagenforschung, Konzeptions- und Materialentwicklung, Erprobung und Weiterentwicklung.

In der Frankfurter Arbeitsgruppe wurde seit Anfang der 1970er-Jahre außerdem an neuen fachdidaktischen Untersuchungsmethoden gearbeitet. Als besonders gut geeignet hat sich die von Jung und Wiesner Mitte der 1980er-Jahre entwickelte Akzeptanzbefragung erwiesen (Wiesner und Wodzinski 1996), die heute als *Teaching Experiments* bezeichnet wird: Ein physikalisches Erklärungsangebot wird auf verschiedene Weise auf Akzeptanz bei den Schülern und auf sein Verständnis geprüft. Diese Erstellung eines praxisrelevanten Konzeptes einschließlich Materialien und gleichzeitig Grundlagenforschung zum Lernen von Physik und zu geeigneten Erhebungsinstrumenten ist typisch für *Design-Based Research.*

Design-Based Research ist jedoch nicht an Projektdauern mit Zeiträumen von Jahrzehnten gebunden. Wenn man sich auf kleinere Praxisprobleme konzentriert, lassen sich Zyklen von Entwicklung, Erprobung und Forschung auch in kürzeren Zeiträumen realisieren. Im Rahmen einer einzelnen Doktorarbeit ist das jedoch nur selten möglich.

3.3.2 Lösungsansatz

Ergebnis des Designvorhabens ist ein Unterrichtskonzept, in dem der Unterricht – im Unterschied zu herkömmlichen Ansätzen – mit der Beschreibung *allgemeiner zweidimensionaler* Bewegungen beginnt. Für den Betrag der Geschwindigkeit wird der Begriff „Tempo“ eingeführt und die Bewegungs*richtung* als wesentliches Merkmal der Geschwindigkeit von Beginn an thematisiert. Geschwindigkeit wird als vektorielle Größe immer mit einem Pfeil dargestellt. Die Zusatzgeschwindigkeit $\Delta\vec{v}$ wird als eigenständige Größe eingeführt und dient als Elementarisierung des – bewusst *nicht* explizit eingeführten – Beschleunigungskonzepts. Das zweite newtonsche Axiom wird dann in der integralen Form $\vec{F} \cdot \Delta t = m \cdot \Delta\vec{v}$ eingeführt (statt als $F = m \cdot a$): Eine Kraft $\vec{F}$ muss über einen Zeitraum Δt wirken, um den Bewegungszustand eines Körpers zu ändern. Die Statik wird nur als Spezialfall der Dynamik am Ende erwähnt (statt die Statik – wie häufig üblich – als Einstieg in die Mechanik zu wählen).

Zu dem Unterrichtskonzept wurde ein Lehrtext im Stil eines normalen Schulbuches erstellt. Für dieses Schulbuch mussten auch neue Experimentiervorschläge erarbeitet werden. Außerdem erhielten die Lehrkräfte eine DVD mit Arbeitsblättern, physikalischen Analysen videografierter Bewegungsvorgänge sowie einem Simulationsprogramm.

Abb. 3.1 Zeitplan der Studie

2008:
1 | 2 | 3 | Kontrollgruppe1 | 8 | 9 | 10 | 11 | 12
Fragebögen Materialienentwicklung Schulung Erprobungsgruppe

2009:
1 | 2 | 3 | Treatmentgruppe1 | 8 | 9 | 10 | 11 | 12
Materialienverbesserung Kontrollgruppe2 Materialienverbesserung 11 | 12

2010:
1 | Treatmentgruppe2 | 5 | 6 | 7 | 8 | 9 | 10 | 11 | 12
1 | 2 | 3 | 4 | 5 | Ergebnisveröffentlichung

3.3.3 Evaluationsstudie

In der Hauptstudie (Abb. 3.1) unterrichteten im Raum München die gleichen zehn Lehrkräfte in zwei verschiedenen Jahren im gleichen Abschnitt des Schuljahres an der jeweils gleichen Schule zweimal die Einführung in die Mechanik: zunächst in der Kontrollgruppe nach herkömmlichem Konzept und dann im Folgejahr in der *Treatment*-Gruppe nach den neu entwickelten Ideen. Auf diese Weise wurde versucht, die Lehrervariable konstant zu halten. Auch beim *Design-Based Research* kontrolliert man dort, wo es möglich ist, die vielfältigen Einflussfaktoren auf die Wirkungen einer Unterrichtskonzeption. Um die entwickelten Tests und Materialien vorab zu testen, erprobten in einer Vorstudie 14 Lehrkräfte in 19 Klassen die Lehrermaterialien und das Schülerbuch in Unterfranken. Dieser Testzyklus führte ganz im Sinne von *Design-Based Research* zu einer Überarbeitung der Materialien. Auch die Hauptstudie führte nochmals zu einer weiteren Verbesserung der Materialien, die in einer Nachfolgestudie genutzt wurden. In dieser unterrichteten nochmals acht Lehrkräfte in Kontroll- und *Treatment*-Gruppen. Für den Unterricht der Kontrollklassen wurden die Lehrkräfte gebeten, nach dem traditionell in Bayern eingeführten Curriculum zu unterrichten. Dies wurde anhand von Unterrichtstagebüchern und Interviews kontrolliert.

3.3.4 Verwendete Instrumente

Für die Datenerhebungen wurde in den Erprobungen der Konzeption eine Kombination aus quantitativen und qualitativen Verfahren gewählt. Zu den quantitativen Verfahren zählten ein fachlicher Verständnistest sowie Fragebögen zum fachspezifischen Selbstkonzept, zum Interesse am Physikunterricht und zur Selbstwirksamkeitserwartung. In allen Gruppen wurde jeweils ein Test vor dem Unterricht, ein Nachtest und ein verzögerter Nachtest drei Monate nach Abschluss der Unterrichtseinheit durchgeführt. An qualitativen Forschungsmethoden wurden Lehrerinterviews und Schülerinterviews als halbstrukturierte Leitfadeninterviews eingesetzt sowie die Videoanalyse einer ausgewählten Unterrichtsstunde. Außerdem führten die Lehrkräfte ein Unterrichtstagebuch. Die gewonnenen Daten wurden nach den üblichen Verfahren der quantitativen und qualitativen Datenanalyse (z. B. qualitative Inhaltsanalyse Kap. 11 bzw. varianzanalytische Methoden; → Zusatzmaterial online) aufbereitet und ausgewertet. Eine detaillierte Beschreibung und Diskussion der Forschungsergebnisse findet sich in Tobias (2010) und Wilhelm et al. (2012).

3.3.5 Wirkungen des Designforschungsprojekts

Lernwirkungen

Um die Wirkungen des aktuellen Stands der in einem langen Zyklus von Forschung, Entwicklung und Erprobung entstandenen Unterrichtskonzeption zu überprüfen, wurde ein Test mit 17 Aufgaben zum Verständnis der newtonschen Mechanik eingesetzt. Erwartungsgemäß war die *Treatment*-Gruppe (14 Klassen, 358 Schüler) bei den beiden Aufgaben zur neuen Sachstruktur höchst signifikant besser als die Kontrollgruppe (13 Klassen, 370 Schüler) (große **Effektstärke** $d = 1{,}30$). Überraschenderweise war bei den beiden Aufgaben zum herkömmlichen Konzept kein signifikanter Unterschied nachweisbar. Bei den 13 Aufgaben zum Grundverständnis der Mechanik, die kompatibel zu beiden Unterrichtskonzeptionen waren (um einen fairen Vergleich durchführen zu können), ergab sich zwischen Kontroll- und *Treatment*-Gruppe ein höchst signifikanter Unterschied mit mittlerer Effektstärke ($d = 0{,}56$) (Kap. 23): Durch den Unterricht nach dem neuen Lehrgang wurde ein höchst signifikant besserer Lernerfolg erreicht. Selbst Transfer- und Anwendungsprobleme wurden sehr gut gelöst.

Wirkungen bei den Lehrkräften

Im Lehrerinterview wurde ermittelt, wie viele Lernschwierigkeiten die Lehrkräfte in der Mechanik kannten. Dies ist ein wichtiger Aspekt ihres fachdidaktischen Wissens. In der Kontrollgruppe korrelierte die Anzahl der bekannten Schülervorstellungen wie erwartet positiv mit dem Lernerfolg, d. h. Schüler von Lehrkräften mit hohen Kenntnissen zeigten auch mehr Verständnis der newtonschen Mechanik. Überraschenderweise lag in der *Treatment*-Gruppe kein solcher Zusammenhang vor, d. h. diese Kenntnisse der Lehrkräfte spielten für das Verständnis auf Seiten der Lernenden keine Rolle. Hier kann man vermuten, dass die Implikationen des fachdidaktischen Wissens über Schülervorstellungen und Lernschwierigkeiten in der Mechanik bereits – wie es im Designprojekt angelegt war – in den Materialien enthalten sind. Lehrkräfte, die danach unterrichten, verhalten sich offenbar so, als hätten sie dieses fachdidaktische Wissen. Nach unseren Ergebnissen ist das Produkt eines Designforschungsvorhabens offenbar besonders effektiv in seinen Lernwirkungen. In ihm steckt eine empirisch kontrollierte Detailausarbeitung, die Lehrkräfte aufgrund ihrer Belastung nicht leisten können.

Zehn der zwölf Lehrkräfte der Vorstudie sowie alle zehn Lehrkräfte der Hauptstudie resümierten, dass sie das erprobte Konzept auch in Zukunft in ihrem Unterricht umsetzen. Damit wurde eine außergewöhnlich hohe Akzeptanz des zweidimensional-dynamischen Lehrgangs durch die Lehrpersonen erreicht. Einige Lehrkräfte fungierten an ihren Schulen erfolgreich als Multiplikatoren. Diese hohe Akzeptanz ist ebenfalls ein Hinweis darauf, dass *Design-Based Research* das Potenzial hat, konkrete Probleme der Praxis nachhaltig zu lösen.

3.4 Fazit

Zusammenfassend charakterisieren die folgenden Merkmale *Design-Based Research*:

- Ausgangspunkt ist ein praxisrelevantes Problem, für das eine praxistaugliche Lösung erarbeitet wird.
- Theoriebasierte Entwicklung, Erprobung und empirische Evaluation bilden einen langfristigen, zyklischen Forschungsprozess.
- Dessen einzelne Phasen beinhalten immer einen Rückbezug auf vorangegangene Phasen.
- Ergebnisse sind sowohl praktische Problemlösungen als auch Beiträge zu Grundlagenfragen.

Insbesondere wenn man die vorausgehenden Zyklen seit den 1970er-Jahren mit bedenkt, kann das vorgestellte Forschungsprojekt zur Mechanik als ein Projekt gemäß *Design-Based Research* betrachtet werden. Es wurden einerseits wirksame Lernumgebungen (Konzeption, Lehrer- und Schülermaterialen mit multimedialen und realen Experimenten) und anderseits Forschungsinstrumente entwickelt. Ein wesentlicher Aspekt war die fortdauernde Weiterentwicklung des Lösungsansatzes. Designorientierte Entwicklung versucht systematisch, „Stolperstellen" nach und nach auszumerzen, ohne die Grundintention der Unterrichtskonzeption aus den Augen zu verlieren, und dabei auch diejenigen Verbesserungen einzubauen, die sich im Alltagsgeschehen manchmal eher zufällig ergeben. So gelingen nach einiger Zeit immer besser funktionierende Problemlösungen, die dann einen nachhaltigen Einfluss auf den Unterricht haben.

Hinsichtlich Fragen der Grundlagenforschung weist unser Projekt nach – und dies ist in Anbetracht der weltweiten Studienlage keine Trivialität – dass es möglich ist, substantielle Lernerfolge im Bereich der Mechanik zu erzielen. Wir werten unsere Forschungsergebnisse auch als Beleg dafür, dass eine Veränderung der Sachstruktur bei gleichzeitig konsequenter Berücksichtigung der bekannten Schülervorstellungen ein Erfolg versprechender Weg zur Verbesserung von Lernergebnissen ist. Abschließend konnten wir nachweisen, dass es möglich ist, allein durch die Distribution von Unterrichtsmaterial, in dem der themenbezogene fachdidaktische Forschungsstand kondensiert verarbeitet ist, auch ohne eingehende Schulung von Lehrkräften Verbesserungen von Unterrichtswirkungen zu erzielen.

Literatur zur Vertiefung

American Educational Research Association (2003) The Role of Design in Educational Research. Educational Researcher 32:1 (Sonderheft des Educational Researcher mit verschiedenen gut geschriebenen Überblicksartikeln.)

Müller R, Wodzinski R, Hopf H (Hrsg) (2004) Schülervorstellungen in der Physik. Aulis, Köln (Überblick über die wichtigsten Schülervorstellungen als Grundlage für Design-Forschung in der Physikdidaktik.)

Prediger S, Link M (2012) Die Fachdidaktische Entwicklungsforschung – Ein lernprozessfokussierendes Forschungsprogramm mit Verschränkung fachdidaktischer Arbeitsbereiche. In: Vorstand der Gesellschaft für Fachdidaktik (GFD) (Hrsg) Formate Fachdidaktischer Forschung. Empirische Projekte – historische Analysen – theoretische Grundlegungen Waxmann, Münster (Grundideen der Design-Forschung mit einem Beispiel aus der Mathematikdidaktik.)

Wilhelm T, Tobias V, Waltner C, Hopf M, Wiesner H (2012) Design-Based Research am Beispiel der zweidimensional-dynamischen Mechanik. In: Bernholt S (Hrsg) Konzepte fachdidaktischer Strukturierung. Jahrestagung der GDCP in Oldenburg 2011. Gesellschaft für Didaktik der Chemie und Physik, Bd. 32. Lit, Münster, S 31–47 (Ausführlichere Darstellung der Design-Forschung sowie der der Mechanikstudie vorausgehenden Zyklen.)

4 Aktionsforschung als Teil fachdidaktischer Entwicklungsforschung

Bernd Ralle und David-Samuel Di Fuccia

Die Aktionsforschung ist ein auf den Amerikaner Lewin (1948) zurückgehender Ansatz der Erforschung von Effekten und Veränderungen in einem realen sozialen Umfeld. Darin spielen Zyklen von Zustandsdiagnose, Analyse und aktiver Entwicklung eine zentrale Rolle. Für einige Jahrzehnte trat diese Forschungsrichtung sowohl in der Pädagogik als auch in den Sozialwissenschaften gegenüber empirisch kontrollierten Studien in den Hintergrund. Seit den 1970er-Jahren hat sich die Aktionsforschung wieder neu als eine Forschungsmethode etabliert, die sowohl in den Fachdidaktiken als auch in vielfältigen Formen der Organisationsentwicklung eine bedeutsame Rolle spielt.

Ob bei einer gegebenen fachdidaktischen Fragestellung eine aktionsforscherische Vorgehensweise angebracht und möglich ist, hängt von einigen Prämissen und Aspekten ab, die in diesem Beitrag beleuchtet und an einem Beispiel konkretisiert werden sollen.

4.1 Aktionsforschung als Forschungsmethode der Fachdidaktiken

Elliott (1978) und – darauf aufbauend – Altrichter und Posch (1998) haben für den erziehungswissenschaftlichen Bereich den Ansatz einer Praktiker-orientierten Aktionsforschung etabliert. Hierbei steht der Praktiker, d. h. im Fall der Fachdidaktik in der Regel die Lehrkraft, als zentrale, handelnde Figur im Mittelpunkt. Das Interesse besteht im Wesentlichen an der konkreten Weiterentwicklung ihrer Praxis und/oder seiner individuellen Professionalität. Dabei ist die Einzelperson in Aktionsforschungsprozessen in der Regel in

Prof. Dr. Bernd Ralle ✉
Didaktik der Chemie I, Technische Universität Dortmund, Otto-Hahn-Str. 6,
44221 Dortmund, Deutschland
e-mail: bernd.ralle@tu-dortmund.de
Prof. Dr. David-Samuel Di Fuccia
Didaktik der Chemie, Universität Kassel, Heinrich-Plett-Str. 40, 34109 Kassel, Deutschland
e-mail: difuccia@uni-kassel.de

D. Krüger, I. Parchmann und H. Schecker (Hrsg.), *Methoden in der naturwissenschaftsdidaktischen Forschung*, DOI 10.1007/978-3-642-37827-0_4,

professionelle Lerngemeinschaften eingebunden. Wenger (2006) definiert solche Gemeinschaften „*as groups of people who share a concern or a passion for something they do and learn how to do it better as they interact regularly.*“

Woest (1995) sowie Eilks und Ralle (2002) haben aufgezeigt, wie die Aktionsforschung fachdidaktisch für die curriculare Entwicklung in der Chemie genutzt werden kann. Diese curriculare Entwicklung (Kap. 3, 5) mit Hilfe der Aktionsforschung stellt dabei eine Symbiose dar aus

- systematischer Einbeziehung der grundlegenden Erkenntnisse empirischer fachdidaktischer Unterrichtsforschung,
- systematischer Einbeziehung des Professionswissens der Lehrkräfte,
- Entwicklung alltagstauglicher und im Alltag erprobter Handlungsansätze, sowie
- der Sicherstellung akzeptabler Methoden der Qualitätssicherung.

Ausgangspunkt von Fragestellungen, die mit Hilfe der Aktionsforschung bearbeitet werden, sind in der Regel Probleme innerhalb eines sozialen Feldes, die einen hohen Grad an Komplexität aufweisen. Daher spielen hier sowohl qualitative als auch quantitative empirische Methoden der Datenerfassung und -auswertung eine Rolle. Während in standardisierten quantitativen Studien mit Prä-Post-Design sichergestellt werden muss, dass alle Bedingungen des untersuchten Feldabschnittes sowie die untersuchten **Variablen** kontrolliert werden, besteht bei der Aktionsforschung von vornherein ein Bestreben nach Veränderung von Praxis bereits *während* des Forschungsprozesses, angedeutet durch den Begriff „Aktion“. Die angestrebte Erweiterung des Wissens, der *Forschungs*anteil also, steht mit dieser Veränderung in einem nicht auflösbaren Zusammenhang.

4.2 Der Ablauf einer fachdidaktischen Aktionsforschung

Die Generierung neuen Wissens vollzieht sich in einem Wechselspiel zwischen Aktion und Forschung, welches in der Regel in fünf Schritten abläuft (James et al. 2008, S. 16–18):

1. *Diagnose der Fragestellung bzw. des Problems:* Die professionellen Lerngemeinschaften von Lehrkräften und Forschern einigen sich auf eine zu bearbeitende Fragestellung bzw. ein in der Praxis drängendes Problem und prüfen, ob dieses hinreichend wichtig ist, um ein breit angelegtes Forschungsprojekt zu rechtfertigen. In dem unten konkretisierten Beispiel geht es um das Problem der Bewertung von experimentellen Leistungen von Schülerinnen und Schülern und in diesem Zusammenhang konkret um die Frage, auf welche Weise das Experimentieren von Schülern zur Lernstandsdiagnose herangezogen werden kann.
   Grundsätzlich muss sichergestellt werden, dass das Problem häufig zu beobachten und von allgemeinem Interesse ist und eine Veränderung der unterrichtlichen Ansätze und Konzepte eine Abschwächung oder Behebung vermuten lässt. Dazu tauschen sich die im

Aktionsforschungsvorhaben zusammenarbeitenden Personen in einem ersten Schritt über ihre Erfahrungen aus, recherchieren den aktuellen Stand der fachdidaktischen Unterrichtsforschung und analysieren die Problemlage schließlich aus der Perspektive der Forscher und Praktiker. Stets ist zu berücksichtigen, dass die Beeinflussung der unterrichtlichen Praxis keine unverhältnismäßigen Risiken für die einzelnen Beteiligten erzeugen darf, falls sich die gewählte Veränderung nicht als tragfähig erweist. Insbesondere der im Projektverlauf unvermeidliche Einsatz provisorischer Konzepte erfordert, dass sich Aktionsforschung intensiv mit ihrer ethisch-moralischen Verantwortung gegenüber der beeinflussten unterrichtlichen Praxis und der darin agierenden Personen auseinandersetzt (Eilks und Ralle 2002; James et al. 2008, S. 25 ff.). Das bedeutet, dass sich alle Beteiligten zu jedem Zeitpunkt ihres Handelns über den ausgeübten Einfluss im Klaren sein müssen und dabei sicher zu stellen ist,

- dass die Änderungen möglichst frühzeitig im Kollegium bzw. zumindest in der Fachkonferenz mitgeteilt werden,
- dass die Veränderungen in der Praxis keinem der beteiligten Schüler oder Lehrer Schaden zufügen, etwa wenn die Schüler die Klasse wechseln müssen,
- dass ein Wechsel zurück zu den ursprünglichen Unterrichtskonzepten ohne unverhältnismäßige Nachteile für Lehrer und Schüler möglich bleibt,
- dass die angestrebten Ziele des Unterrichts im Vergleich zum bisherigen Vorgehen mindestens gleichwertig sind,
- dass alle Entscheidungen über Veränderungen im praktischen Handeln einvernehmlich mit der beeinflussten Praxis getroffen werden,
- dass Daten aus dem realen praktischen Handeln vertraulich behandelt werden, was insbesondere die Ergebnisse von Lernzielkontrollen betrifft,
- dass, wo immer erforderlich, vor Beginn der Aktionsforschungsphase alle erforderlichen Genehmigungen (je nach Bundesland Ministerium, Schulkonferenz, Schulleitung oder andere) eingeholt wurden.

2. *Entwicklung und Erprobung neuer Ansätze zur Lösung:* Auf der Basis dieser Erkenntnisse entwickeln die Lehrkräfte Zugänge zur Problemlösung, z. B. neue Unterrichtseinheiten und methodische Variationen von Lernprozessen, Medien etc. Sie diskutieren Wege und Formen der Reflexion und Evaluation und erproben die gemeinsam ausgearbeiteten Vorschläge zur Unterrichtspraxis möglichst individuell in ihrem Unterricht. Erfahrungen und Erkenntnisse werden vereinbarungsgemäß dokumentiert (z. B. durch ein Forschungstagebuch). Konkret erfolgt am Beginn der eigentlichen Arbeiten die Aufstellung eines Forschungsteams (der Lerngemeinschaft), das aus Forschern aus den Hochschulen sowie Lehrern aus der Schulpraxis besteht. Diese Personen sind zwar gleichberechtigt, übernehmen aber unterschiedliche Aufgaben im Forschungs- und Entwicklungsprozess (Tab. 4.1).

   In diesem Zusammenhang ist zweierlei wichtig:

   - Lehrkräfte brauchen Zeit, sich in ihre Rolle in einem solchen Forschungsprozess einzufinden. Für ein zeitlich befristet gefördertes Projekt bedeutet dies unter Umständen, nur Lehrkräfte einzubinden, die Vorerfahrungen mit Teamarbeiten besitzen. Dabei

Tab. 4.1 Rollen von Praktikern und Begleitern im Forschungsprozess (Eilks und Ralle 2002; Eilks und Markic 2011)

Praktiker	Externer Forscher
Initiierung des Forschungsprozesses	Initiierung und Koordinierung von Forschungsprozess und -team
Beiträge zur Entwicklung aus eigener Praxiserfahrung	Analyse der relevanten Literatur
Teilhabe in der Strukturierung der neuen Unterrichtskonzepte und -medien und ihre Anpassung an die Unterrichtspraxis	Strukturierung der neuen Unterrichtskonzepte und -medien
Anwendung der neuen Ansätze und Medien als Basis zur Erhebung von Evaluationsdaten	Strukturierung und Ausführung der Evaluation (Datensammlung und Analyse)
Anwendung der neuen Ansätze zur Weiterentwicklung der konkreten Unterrichtspraxis	Verbreitung der Ergebnisse durch Veröffentlichung, Lehreraus- und -weiterbildung

muss berücksichtigt werden, dass man mit einer solchermaßen gerichteten Auswahl von Lehrkräften unter Umständen eine gewisse „Verzerrung" in Bezug auf die Situation im realen Feld vornimmt.

- Da die Teilnehmer einer aktionsforscherisch tätigen Lerngemeinschaft häufig verschiedenen Schulen angehören, manchmal sogar verschiedenen Landesregionen, kann nicht davon ausgegangen werden, dass die schulischen Rahmenbedingungen für alle Lehrkräfte vergleichbar sind. Für den einzelnen Beteiligten bedeutet das, dass er versuchen muss, sich weitgehend an die zuvor getroffenen Vereinbarungen zu halten und Abweichungen, die sich aufgrund der Rahmenbedingungen ergeben, festzuhalten und zu kommunizieren (Feldman und Minstrell 2000, S. 449 ff.).

3. *Evaluation und Messungen der Ergebnisse:* Die Erprobung geht einher mit einer Überprüfung der Wirksamkeit der Maßnahme/n, etwa durch Lern- und Leistungsüberprüfungen bei den Schülern, Beobachtungen des Unterrichts und in der Regel auch durch darüber hinausgehende Schüler- und Lehrerbefragungen (Interviews, Gruppendiskussionen oder schriftliche Befragungen).
4. *Interpretation und Reflexion:* Alle Teilnehmer, auch die beteiligten Forscher, reflektieren ihren eigenen Aktionsprozess sowie – soweit schon verfügbar – die Ergebnisse der Evaluation der Interventionen. Sie bringen ihre Erkenntnisse in die Gruppe ein und diskutieren weitergehende und veränderte Vorgehensweisen.

Aktionsforscherisches Handeln erfordert in der Regel ein mehrmaliges Durchlaufen dieser Schritte, so dass die Intervention nach und nach bezüglich ihrer Wirkung optimiert wird. Besonders bedeutsam ist dabei, dass in die Reflexionen, die der sukzessiven Optimierung der Intervention sowie der Evaluation des Gesamtprozesses (Abschn. 4.3) zugrunde liegen, nicht nur die Einschätzungen der Forscher eingehen, sondern auch die Rückmeldungen der mit dem Problem im sozialen Feld unmittelbar konfrontierten Personen. Diese Informationen sind die Datengrundlage für die Wissensgenerierung im Prozess.

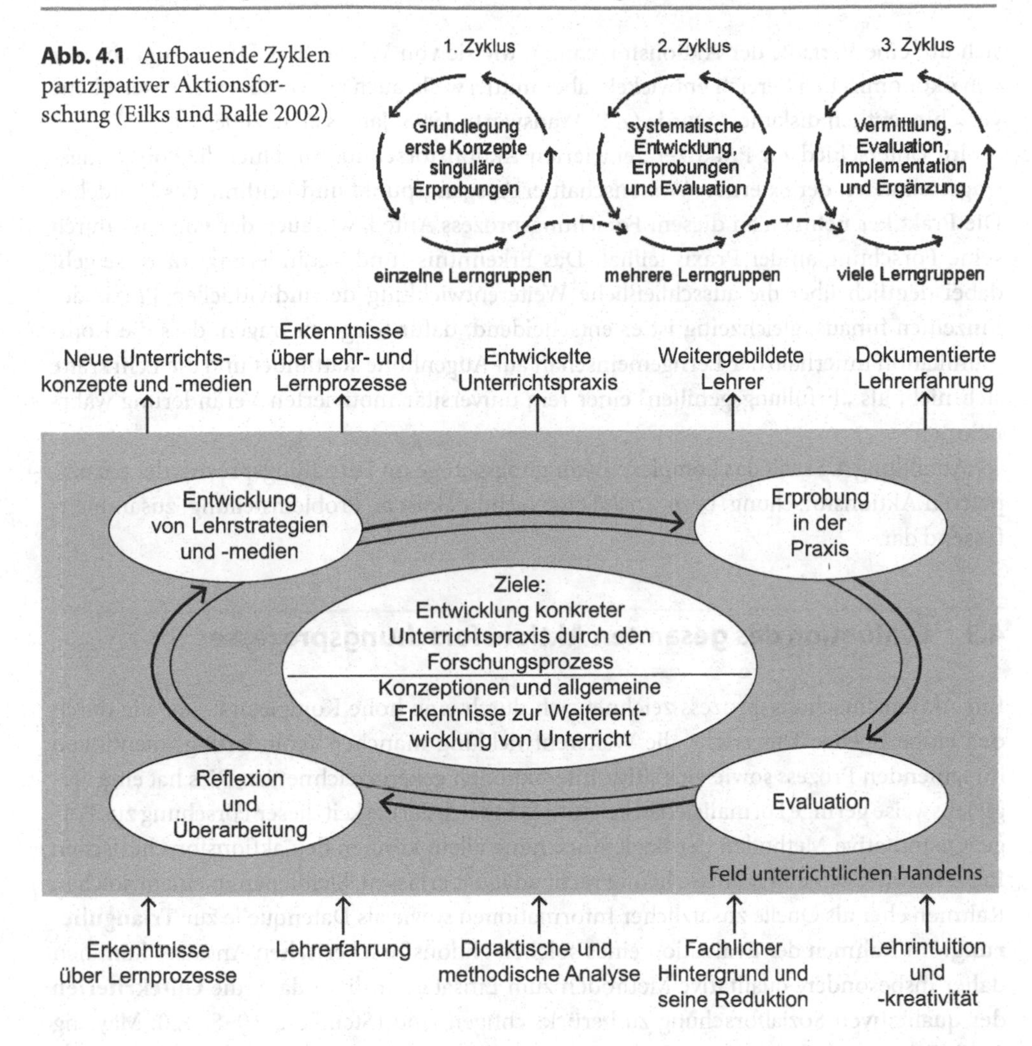

Abb. 4.1 Aufbauende Zyklen partizipativer Aktionsforschung (Eilks und Ralle 2002)

Abb. 4.2 Das Forschungsmodell der partizipativen fachdidaktischen Aktionsforschung (Eilks und Ralle 2002)

Aus diesem Grunde ist eine enge und vertrauensvolle Kommunikation zwischen Forschern und Praktikern Voraussetzung für ein erfolgreiches Betreiben von Aktionsforschung. Insbesondere für die curriculare Entwicklungs- und Implementationsarbeit ist ein iteratives Vorgehen sinnvoll, wie es in Abb. 4.1 skizziert ist. Jeder der Zyklen kann dabei mehrere Durchläufe von Phasen der Entwicklung, Erprobung, Evaluation und Überarbeitung umfassen (Abb. 4.1).

Dieses Format von Aktionsforschung, welches sich für die curriculare Entwicklung und für die Professionalisierung von Lehrkräften als geeignet herausgestellt hat, wird als *partizipative fachdidaktische Aktionsforschung* bezeichnet (Eilks und Ralle 2002). Es handelt sich um eine Variante der Aktionsforschung, wie sie von Whyte et al. (1989) zunächst für den ökonomischen Bereich entwickelt, aber mittlerweile auch auf verallgemeinerter Ebene verschiedentlich diskutiert wurde (z. B. Wadsworth 1998; James et al. 2008).

Im Unterschied zur Praktiker-zentrierten Aktionsforschung sind hier die Forschungsfragestellungen der externen Wissenschaftler Ausgangspunkt und Leitlinie des Handelns. Die Praktiker nehmen an diesem Forschungsprozess Anteil, wie auch der Forscher durch seine Forschung an der Praxis teilhat. Das Erkenntnis- und Veränderungsinteresse geht dabei deutlich über die ausschließliche Weiterentwicklung der individuellen Praxis des Einzelnen hinaus; gleichzeitig ist es entscheidend, dafür Sorge zu tragen, dass die Kommunikation innerhalb der Lerngemeinschaft auf Augenhöhe stattfindet und die Lehrkräfte sich nicht als „Erfüllungsgehilfen" einer rein universitär motivierten Veränderung wahrnehmen.

Abbildung 4.2 stellt das komplexe Bedingungsgefüge im Forschungsprozess der partizipativen Aktionsforschung, bezogen auf eine fachdidaktische Problemstellung, zusammenfassend dar.

4.3 Evaluation des gesamten Aktionsforschungsprozesses

Ein Aktionsforschungsprozess zeichnet sich durch eine hohe Komplexität aus, die durch den einbezogenen Unterricht, die Weiterentwicklung mancher Veränderungsintentionen im laufenden Prozess sowie vielfältige Interaktionen gekennzeichnet ist. Dies hat eine vergleichsweise geringe Formalisierbarkeit und Standardisierbarkeit dieser Forschung zur Folge. Quantitative Methoden der Begleitforschung allein können den aktionsforscherischen Prozess sowie seine Ergebnisse häufig nicht adäquat erfassen. Sie dienen in einem solchen Rahmen eher als Quelle zusätzlicher Informationen sowie als Datenquelle zur **Triangulierung**. Im Rahmen der Evaluation eines solchen aktionsforscherischen Ansatzes kommen daher insbesondere qualitative Methoden zum Einsatz, für die sodann die **Gütekriterien** der qualitativen Sozialforschung zu berücksichtigen sind (Steinke 2010, S. 320; Mayring 2010; Bortz und Döring 2006; James et al. 2008, S. 65 ff.; Kap. 11). Einige grundlegende Kriterien seien hier genannt:

1. *Intersubjektive Nachvollziehbarkeit*
   Für qualitative Sozialforschung kann im Unterschied zu quantitativen Methoden prinzipiell nicht der Anspruch auf intersubjektive Überprüfbarkeit erhoben werden. Die Nachvollziehbarkeit des Forschungsprozesses geschieht daher durch lückenlose Dokumentation, die Externe in die Lage versetzt, die Untersuchung Schritt für Schritt zu verfolgen. Im unten besprochenen Beispiel wurde vereinbart, dass die Dokumentation durch teilnehmende Beobachtung, Protokolle der Leiter der Lehrersets und Forscher sowie durch Fragebögen für Lehrer und Schüler sowie Interviews mit den Lehrkräften erfolgen sollte.

2. *Indikation des Forschungsprozesses*
   Hiermit ist die Angemessenheit der Forschungsmethode und der Instrumente gemeint. Dies spielt bei der Aktionsforschung insofern eine besondere Rolle, als Angemessenheit sich meist als das Ergebnis eines Aushandlungsprozesses zwischen den Beteiligten darstellt. Im unten besprochenen Beispiel war der Forschungsgegenstand auf universitärer Ebene als interessant wahrgenommen und in die Lehrergruppe hineingetragen worden. Alle weiteren Festlegungen, so zum Beispiel auch hinsichtlich der eingesetzten Forschungsinstrumente, erfolgten dann einvernehmlich nach eingehender Diskussion.
3. *Empirische Verankerung*
   Wenn aktionsforscherisches Handeln nicht nur den Anspruch hat, Veränderung von Praxis zu betreiben und zu dokumentieren, sondern auch einen Zugang zur Veränderung (lokaler) Theorien (hier: Umgang mit Experimenten zur Lernstandsdiagnostik) leisten soll, muss sie sich qualitativer und quantitativer empirischer Methoden bedienen. In dem angeführten Beispiel sind dies kodifizierte Methoden zur Auswertung der Interviews sowie Prä/Post-Fragebogenstudien an den beteiligten Schülern. Alle Ergebnisse wurden in der professionellen Lerngemeinschaft einer **kommunikativen Validierung** unterzogen, die im Rahmen der partizipativen Aktionsforschung insofern eine besondere Rolle spielt, als hier die Angemessenheit der gezogenen Schlussfolgerungen auch aus Sicht der Praktiker noch einmal hinterfragt wird. Auf diesem Wege konnten neue theoretische Aspekte zur Frage einer Diagnostik durch Schülerexperimente im Unterricht gewonnen werden.
4. *Limitation*
   Aus der Dokumentation muss hervorgehen, unter welchen Bedingungen die Ergebnisse erzielt werden und welche Punkte zum Beispiel unberücksichtigt bleiben mussten oder die Übertragbarkeit der Ergebnisse einschränken. Im unten ausgeführten Beispiel ist in diesem Zusammenhang zu nennen, dass zum damaligen Zeitpunkt der Experimentalunterricht in geteilten Klassen stattfinden konnte. Darüber hinaus wurde nicht der Versuch unternommen, mit Vergleichsgruppen zu arbeiten.
5. *Kohärenz*
   Dies fordert von den Aktionsforschern anzugeben, inwieweit die theoretischen Vorüberlegungen modifiziert werden müssen bzw. inwieweit die ursprünglichen Annahmen/Hypothesen Gültigkeit haben. Widersprüche und offene Fragen sollen deutlich angesprochen werden. Im besprochenen Vorhaben konnte so aufgezeigt werden, dass eine Lernstandsdiagnostik mithilfe von Schülerexperimenten unter bestimmten Bedingungen geeignet ist, den Lehrern zusätzliche Informationen zur Verfügung zu stellen, dass die Schüler aber häufig berichteten, von diesen Informationen keine Kenntnis zu erhalten. Warum die Lehrer ihre Erkenntnisse nicht regelmäßig weiter gegeben haben, blieb im Rahmen des Projektes weitestgehend offen.
6. *Relevanz*
   Dieses Kriterium meint die Bedeutsamkeit der behandelten Fragestellung. Sie ergibt sich direkt aus dem aktionsforscherischen Vorgehen (siehe Aspekt 2).

7. *Reflektierte Subjektivität*
   Hier ist gemeint, dass der Forscher sich gerade bei interpretativen Prozessen der Subjektivität seines Vorgehens bewusst ist und sich diese auch immer wieder bewusst macht. Dieser Aspekt ist der Vorgehensweise der Aktionsforschung ebenfalls inhärent, da alle Forschungsinteressen ausgehandelt werden.

4.4 Ein Beispiel: Schülerexperimente als Instrumente der Lernstandsdiagnose

4.4.1 Von der Idee zur Hypothese – Analyse der Sachlage

Im Zusammenhang mit der beginnenden Diskussion um Diagnose und individuelle Förderung sowie der Betonung breiterer Kompetenzbereiche, wie zum Beispiel der Erkenntnisgewinnungskompetenz, war die Frage, auf welche Weise Schülerexperimente als diagnostische Instrumente genutzt werden können, Ausgangspunkt unserer Aktionsforschung (Di Fuccia 2007). Lehrkräfte berichteten in diesem Zusammenhang von dringlichem Weiterentwicklungsbedarf (Relevanz, Abschn. 4.3).

Ausgehend von dieser ersten Idee wurden dann auf Basis einer Literaturrecherche zum Stand der Forschung und Entwicklung in diesem Bereich die folgenden Forschungsfragen formuliert:

- Wie kann mit Hilfe von Schülerexperimenten im Chemieunterricht eine Leistungsbeurteilung geschehen, die neben fachlichen auch überfachliche und soziale Kompetenzen berücksichtigt?
- Welche Auswirkungen hat die Leistungsbeurteilung anhand von Schülerexperimenten auf die Art und die Wirkung des Einsatzes der Experimente?

Mit Leistungsbeurteilung ist dabei die Feststellung von Stärken und Schwächen der Schüler gemeint, die als Grundlage einer Notengebung dienen kann, aber nicht muss. Möglich wären auch besondere Lernempfehlungen an den Schüler (vgl. Sacher 2001).

4.4.2 Von der Forschungsfrage zur Aktionsforschung

In Anbetracht der Tatsache, dass im Zusammenhang mit der Zielsetzung der Arbeit auf keine direkten Vorerfahrungen aufgebaut werden konnte, galt es **explorativ** vorzugehen. Zudem war ein Forschungsdesign zu wählen, das die Vielfalt unterrichtlicher Realitäten nicht nur wahrnimmt, sondern als natürliche Variationen versteht und nutzt.

Ein weiteres Kriterium, das die Wahl des Forschungsdesigns entscheidend beeinflusste, war das Ziel, Mittel und Wege zu einer Leistungsbeurteilung anhand von Schülerexperimenten zu entwickeln und zu erproben, die sich in einem realen, alltäglichen Unterricht von möglichst vielen Lehrern ohne großen Mehraufwand nutzen lassen und der aktuellen Forderung nach Nutzung von kompetenzorientierten, breiteren diagnostischen Materialien nachkommen. Mit dieser Arbeit sollte ein Beitrag zur Verbesserung des realen Unterrichtsgeschehens geleistet werden (Kap. 5 und 3).

Aufgrund der besonderen Passung zwischen den Zielen dieser Arbeit und der Charakteristik einer partizipativen fachdidaktischen Aktionsforschung wurde sie als Forschungsmethode dieser Arbeit gewählt (Indikation, Abschn. 4.3, Aspekt 2).

4.4.3 Zum Aufbau der professionellen Lerngemeinschaft

Um für diese Forschungsarbeit Lehrkräfte zu gewinnen, die sich über die normale Arbeitsbelastung hinaus engagieren wollten, wurden persönlich bekannte Lehrkräfte angesprochen, Lehrer aus „Chemie im Kontext"-Schulsets (Demuth et al. 2008) in Bayern und Sachsen, Lehrkräfte von Partnerschulen des Fachbereichs Chemie der Universität Dortmund sowie Teilnehmer bei Vorträgen und Veranstaltungen zur Forschungsthematik.

Auf diese Weise konnten sechs Lehrkräfte mit insgesamt acht Lerngruppen für die Teilnahme an dieser Phase der Arbeit gewonnen werden. Die geringe Zahl an Mitarbeitenden erklärt sich in diesem Beispiel nach Gesprächen mit Lehrkräften, die sich entschieden haben, nicht an dem Projekt teilzunehmen, damit, dass der Bereich der Leistungsbeurteilung ihnen zu „empfindlich" für ein derart exploratives Vorgehen schien und sie sich sorgten, zu möglicherweise falschen Schlüssen über ihre Schüler zu kommen. Abgesehen davon bedeutet die Tatsache einer Bindung an die Forschergruppe über einen längeren Zeitraum immer eine gewisse Hürde für Lehrkräfte, sich an einem solchen Projekt zu beteiligen. Durch eine möglichst detaillierte Beschreibung der angestrebten Art der Zusammenarbeit, und genügend Zeit zur Diskussion offener Punkte bei den ersten Zusammenkünften, kann die Bereitschaft der Lehrkräfte aber durchaus positiv beeinflusst werden.

Eine Besonderheit in diesem Vorhaben lag darin, dass zwei der beteiligten Lehrkräfte in Bayern und die anderen vier in Nordrhein-Westfalen unterrichteten und dadurch ein regelmäßiges persönliches Treffen erschwert wurde. Es galt also im Rahmen dieser Arbeit eine aktionsforscherische Zusammenarbeit mit nur wenigen gemeinsamen Präsenzzeiten zu realisieren. Zudem war eine Möglichkeit zu finden, den Informationsfluss in den Zeiträumen zwischen den wenigen möglichen Treffen zu gewährleisten. Dies gelang, indem zwischen dem Forscher und allen beteiligten Lehrkräften ein intensiver Telefon- und E-Mail-Kontakt aufgebaut wurde, so dass zunächst alle Erfahrungen zentral gesammelt wurden und als Grundlage der unten (Abschn. 4.4) genannten Zwischenberichte dienen konnten. Auf diese Weise ist es möglich, auch dort, wo es die zeitlichen und/oder örtlichen Gegebenheiten nicht ermöglichen, häufiger real zusammenzukommen, einen Aktionsforschungsprozess zu durchlaufen. Dabei ist aber zu berücksichtigen, dass den universitären Betreuern hier eine besondere Verantwortung zukommt, indem sie die Kommunikation in der Gruppe sicherzustellen haben, ohne zu versuchen, wertenden Einfluss auf sie zu nehmen.

Der Verlauf des Projekts hat gezeigt, dass diese Form der schriftlichen Berichterstattung geeignet ist, die Vorteile eines aktionsforscherischen Ansatzes zu nutzen, obwohl die äußeren Bedingungen zunächst für die Aufrechterhaltung kontinuierlicher Kommunikationsprozesse nicht optimal erschienen.

4.4.4 Begleitende Dokumentation und Evaluation

Im Folgenden wird erläutert, wie die partizipative fachdidaktische Aktionsforschung in diesem Beispiel ausführlich dokumentiert, durch eine Fragebogenstudie an Lehrern und Schülern begleitet und anschließend in einem Interview mit Lehrkräften noch einmal hinsichtlich ihres Verlaufs und ihrer Wirkungen analysiert wurde.

Zur Sicherstellung der intersubjektiven Nachvollziehbarkeit (Abschn. 4.3, Aspekt 1) wurde der gesamte Aktionsforschungsprozess dokumentiert. Dazu dienten die gemeinsam erstellten Materialien, die von den Schülern bearbeiteten Materialien sowie Zwischenberichte, die der Forscher auf der Grundlage seiner Beobachtung des Prozesses, der aktuellen Ergebnisse der begleitenden Fragebogenstudie (s. u.) sowie seiner Analyse der erarbeiteten Materialien und ihrer Bearbeitung durch die Schüler verfasste. Diese Zwischenberichte wurden den beteiligten Lehrern zur Prüfung, Kommentierung und gemeinsamen Diskussion zugeleitet, um eine kommunikative Validierung der dort zusammengetragenen subjektiven Einschätzungen und Folgerungen zu gewährleisten (reflektierte Subjektivität und empirische Verankerung, Kap. 3).

Im Rahmen der Fragebogenstudie wurden die Lernenden anhand von geschlossenen Fragen zu ihrer Sicht auf Schülerexperimente allgemein sowie zu ihrem Verhalten beim Experimentieren befragt. In einem Antwortformat wurden sie gefragt, was sie glauben, was ihrem Lehrer beim Experimentieren besonders wichtig ist, und welche Vor- und Nachteile beurteilte Schülerexperimente aus ihrer Sicht mit sich bringen. Die Lehrenden wurden anhand von geschlossenen Fragen befragt, was sie glauben, wie ihre Schüler Schülerexperimente allgemein sowie ihr Verhalten beim Experimentieren einschätzen. Offene Antworten konnten die Lehrkräfte auf Fragen danach geben, was ihnen beim Experimentieren ihrer Schüler besonders wichtig ist und welche Vor- und Nachteile Schülerexperimente mit Leistungsbeurteilung aus ihrer Sicht mit sich bringen.

Die Fragebögen wurden jeweils zu Beginn und am Ende eines Schulhalbjahres eingesetzt, in dem die Schüler mit neuen Entwicklungen konfrontiert wurden, und es wurde ein Vorher-Nachher-Vergleich durchgeführt. Sobald aussagekräftige Ergebnisse vorlagen, wurden diese den Lehrern in so genannten Jahresberichten mitgeteilt, damit sie bei den Überlegungen zum weiteren Vorgehen berücksichtigt werden konnten. Es wurden dabei nur diejenigen Veränderungen zwischen den beiden Testzeitpunkten referiert, die auf Grundlage des Wilcoxon-Tests (Bortz und Döring 2006; Kap. 23) als **signifikant** identifiziert worden waren. Die Antworten der offenen Fragen wurden von jeweils zwei unabhängigen Forschern gemäß der qualitativen Inhaltsanalyse nach Mayring (2010) ausgewertet (Kap. 11) und die Veränderung der relativen Häufigkeit von Nennungen der Kategorien vor und nach der Intervention betrachtet. Am Ende der Forschungsphase wurde schließlich noch ein Leitfadeninterview (Kap. 10) mit an dieser Forschungsarbeit beteiligten Lehrkräften geführt, dessen Ergebnisse mit den Resultaten der Fragebogenbefragungen sowie den von den Schülern bearbeiteten Materialien trianguliert (Flick et al. 2010) wurden.

4.4.5 Ergebnisse

Mit Hilfe der hier vorgestellten Aktionsforschung konnten gemeinsam mit den Lehrkräften verschiedene alltagstaugliche Instrumente zur Leistungsbeurteilung entwickelt und erprobt werden. (z. B. Selbstbeobachtungsbögen, Lückenversuchsvorschriften und „Prognosezwang", also die Bitte an die Schüler, vor Durchführung eines Experiments eine begründete Vorhersage über dessen Verlauf zu machen, vgl. Di Fuccia 2007, 2011; Di Fuccia und Ralle 2009), die flexibel auf die jeweilige Lehr- und Lernsituation hin angepasst werden können. Die detaillierte Beschreibung der Einsatzmöglichkeiten dieser und weiterer Instrumente sowie der bei ihrem Einsatz im Feld systematisch beobachteten Effekte stellt dabei ein wesentliches Ergebnis der aktionsforscherischen Arbeitsphase dar. Auf Grundlage dieser Beschreibungen ist es Lehrern möglich, auf ein bestimmtes Diagnoseinteresse ihrerseits hin ein Instrument zielgerichtet auszuwählen und auf ihren Unterricht anzupassen.

Zu den beschriebenen Effekten gehört dabei beispielsweise, dass Lehrer durch den Einsatz der gemeinsam entwickelten Materialien sehr viel deutlicher erkennen, mit welchen Überlegungen und Erwartungen ihre Schüler Experimente durchführen und an welchen, zum Teil unerwarteten Stellen des experimentellen Prozesses sie mit besonderem Engagement teilnehmen.

Die Einschätzung, dass die Lehrer durch eine Leistungsbeurteilung anhand von Schülerexperimenten wichtige zusätzliche Informationen erhalten, wurde von den Schülern ausdrücklich geteilt.

Die Befragung der Schüler (Abschn. 4.4) lieferte in diesem Bereich noch einen interessanten und für die zukünftige Weiterentwicklung der hier vorgestellten Wege zur Leistungsbeurteilung anhand von Schülerexperimenten wichtigen Ansatzpunkt. Sie zeigte, dass die Schüler diese Wege zwar für wertvoll für den Lehrer halten, aber gleichzeitig angeben, selbst kaum etwas über die Zusatzinformationen zu erfahren, die die Lehrerin auf diese Weise erhält (Limitation, Abschn. 4.3, Aspekt 4).

Mithilfe des Vergleichs der Fragebogenerhebung der Schüler mit der Erhebung der Lehrkräfte konnten im Hinblick auf die Frage, wie sich die Art des Einsatzes von Schülerexperimenten sowie ihre Wahrnehmung durch Lehrer und Schüler durch die Verwendung als Instrument der Leistungsbeurteilung verändert hat, zudem einige Tendenzen festgestellt werden. Die Lehrer wurden dabei immer danach gefragt, was sie glauben, wie ihre Schüler auf dic Fragen zur Wahrnehmung von Experimenten antworten würden, also ob sie diese zum Beispiel als Zeitverschwendung oder als naheliegenden Weg der Erkenntnisgewinnung sehen. Diese Lehrereinschätzungen wurden dann zu verschiedenen Messzeitpunkten mit den Antworten der Schüler verglichen. So zeigte sich zum Beispiel, dass die Lehrer in vielen Bereichen, in denen sie die Einstellung ihrer Schüler zu Schülerexperimenten am Beginn der Forschungsarbeit nicht korrekt eingeschätzt hatten, diese am Ende treffsicherer angeben können. Durch diese die Aktionsforschung begleitende Fragebogenstudie konnte so jenseits der begleitenden Beobachtung oder der Selbsteinschätzung der beteiligten Lehrkräfte abgesichert werden, mit welchen Effekten beim Einsatz der in diesem Projekt entwickelten neuen Instrumente gerechnet werden kann oder muss. Diese Information ist besonders wichtig, wenn es darum geht, auch nicht an der Aktionsforschung beteiligten Lehrkräften zur Nutzung der entwickelten Instrumente zu motivieren. Es ist auf diese Weise gelungen, im Rahmen der Aktionsforschung neue Instrumente zu entwickeln, ihre Einsatzmöglichkeiten zu beschreiben sowie die Effekte auf Grundlage der Rückmeldungen der Lehrkräfte sowie durch begleitende Erhebungsmaßnahmen zu ermitteln. Das abschließende Interview wurde schließlich dazu genutzt, die im Laufe des Projekts gewonnenen Ergebnisse und Schlussfolgerungen abzusichern und offen gebliebene Fragen zu thematisieren.

4.5 Zusammenfassung und Fazit

Die partizipative fachdidaktische Aktionsforschung stellt einen Forschungsansatz dar, mit dem es möglich ist, während des Forschungsprozesses kontinuierlich verändernd zu wirken, wobei die im Feld Tätigen aktiv an den zugrunde liegenden Entwicklungsprozessen beteiligt sind. Durch die Symbiose zwischen Praktikern und Forschern (Parchmann et al. 2006) wird einerseits die Praxistauglichkeit der zu entwickelnden Veränderung positiv beeinflusst, da jedes forscherische Handeln sich bereits in einer sehr frühen Phase an der Praxis messen und von Praktikern hinterfragen und verändern lassen muss. Andererseits werden die Umsetzung eines zuvor festgelegten Interventionsschemas sowie eine klare Kontrolle bestimmter Variablen deutlich erschwert. Aktionsforschung geschieht daher zunächst an und in einer konkreten Gruppe, und ihre Ergebnisse sind in einem ersten Zugriff auch zunächst nur für diese Gruppe gültig. Durch die Begleitung aktionsforscherischen Handelns durch qualitative und quantitative Evaluationsmaßnahmen sowie einen Übertrag der Entwicklungen auf andere Gruppen ist es jedoch möglich, die Aussagen, die aus einem solchen Forschungssetting abgeleitet werden sollen, auch über die einzelne, konkrete Gruppe hinaus zu prüfen und ihre entsprechend allgemeinere Bedeutung zu belegen. Dabei bleibt aktionsforscherisches Handeln aber in besonderer Weise auf die im Feld Tätigen bezogen und misst ihnen ein hohes Maß an Bedeutung und Mitbestimmung zu, was aktionsforscherische Ansätze gerade für Situationen, die in besonderer Weise vom persönlichen und professionellen Erfahrungsschatz einzelner Akteure mit hohem Gestaltungsspielraum geprägt sind, wie das typischerweise für das Lehrerhandeln im Unterricht zutrifft, besonders interessant erscheinen lassen.

Literatur zur Vertiefung

Altrichter H, Posch P (1998) Lehrer erforschen ihren Unterricht. Julius Klinkhardt, Bad Heilbrunn (Es wird beschrieben, auf welche Weise die handelnde Lehrkraft der Mittel- und Ausgangspunkt für die konkrete Weiterentwicklung ihrer Praxis und ihrer individuellen Professionalität sein kann. Dabei werden die gängigen Qualitätskriterien empirischer Unterrichtsforschung hinterfragt.)

Demuth R, Parchmann I, Gräsel C, Ralle B (2008) Chemie im Kontext: Von der Innovation zur nachhaltigen Verbreitung eines Unterrichtskonzepts. Waxmann, Münster (In dem Buch werden die Rahmenbedingungen und die Ergebnisse der Implementation des Curriculums „Chemie im Kontext" beschrieben. Die Arbeit mit den Lehrkräften folgte im Prinzip dem Ansatz der partizipativen Aktionsforschung im Rahmen einer symbiotischen Implementationsstrategie. Eine begleitende Evaluation beleuchtet diesen Prozess unter verschiedenen Fragestellungen und zeigt die Wechselwirkungen zwischen der Feldarbeit „vor Ort" und der Wirkung im System auf.)

Feldman A, Minstrell J (2000) Action research as a research methodology for the study of the teaching and learning of science. In: Kelly AE, Lesh RA (Hrsg) Handbook of research design in mathematics and science education Lawrence Erlbaum, Mahwah, S 429–455 (In dem Werk wird eine sinnvolle breite Definition von Aktionsforschung gegeben. Konzeptionen und mögliche Produkte und Ergebnisse werden vorgestellt. Die Konkretisierung erfolgt an einem authentischen Beispiel.)

James EA, Milenkiewicz MT, Bucknam A (2008) Participatory action research for educational leadership: Using data-driven decision making to improve schools. Sage Publications, Los Angeles (Das Buch zeigt die Entwicklung der Aktionsforschung bzw. der Praktiker orientierten Aktionsforschung hin zur partizipativen Variante der Aktionsforschung auf. Dabei wenden sich die Autoren an eine breite Leserschaft, sowohl an Lehramtsstudierende als auch an Schulleitungen und Schulentwickler. Für wissenschaftlich arbeitende Leser wird unter forschungsmethodischen Gesichtspunkten weitergehende Literatur empfohlen.)

Wenger E (2006) Communities of practice – a brief introduction. http://www.ewenger.com/theory/communities_of_practice_intro.htm (Hier findet man Hinweise und Definitionen, was professionelle Lerngemeinschaften sind, was sie leisten können und in welchen Bereichen Erfahrungen vorliegen.)

Whyte WF, Grennwood DJ, Lazes P (1989) Participatory action research: Through practice to science in social research. American Behavioral Scientist 32(5):513–551 (Der Beitrag ist für Unterrichtsforscher insofern interessant, als darin Integration der partizipativen Aktionsforschung in die traditionelle sozialwissenschaftliche, ökonomisch orientierte Forschung begründet und verteidigt wird. Der aktionsforscherische Ansatz wird dabei forschungsmethodologisch in einen größeren Kontext gestellt. Zwei Fallstudien aus dem Bereich der Betriebswirtschaft illustrieren den Prozess.)

Literatur zur Vertiefung

5 Vom didaktischen Konzept zur Unterrichtseinheit

Alfred Flint

Die schulexperimentell-konzeptionelle Entwicklungsarbeit ist angewandte Forschung, greift konkrete Probleme des Fachunterrichts auf und entwickelt dafür Lösungsvorschläge (Kap. 3 und 4). Sie beginnt z. B. bei der Entwicklung eines einzelnen, neuen Experiments und reicht über die Konzeption experimentell orientierter Unterrichtseinheiten bis hin zur Ausarbeitung und Umsetzung von grundlegenden fachdidaktischen Konzeptionen (z. B. „Chemie fürs Leben"). Letztere können wiederum die Rahmenbedingungen für die weitere Entwicklung von Experimenten und Unterrichtseinheiten zur inhaltlichen Ausgestaltung dieser Konzeptionen liefern. Grundsätzlich sind schon bei der Entwicklung einzelner Experimente neben den technischen eine Reihe weiterer Parameter zu berücksichtigen, da die Versuche kaum zur Gewinnung neuer fachwissenschaftlicher Erkenntnisse, sondern vor allem zur Förderung von Lernprozessen dienen sollen. Insofern sind sie adressatenbezogen und spezifisch sowie am jeweiligen Lernkontext auszurichten. Hinsichtlich ihrer Auswirkungen auf den Fortgang der Lernprozesse dienen sie als Basis für weitere Untersuchungen.

Um die prinzipielle Vorgehensweise bei einer schulexperimentell-konzeptionellen Entwicklungsforschung näher zu erläutern und damit auch die selbst bei der Planung eines einzelnen Experiments zu berücksichtigenden Parameter herauszuarbeiten, wird im Folgenden von der Situation ausgegangen, dass innerhalb einer bereits vorhandenen fachdidaktischen Konzeption eine kurze, neue, experimentell orientierte Unterrichtseinheit entwickelt werden soll.

Prof. Dr. Alfred Flint ✉
Didaktik der Chemie, Universität Rostock, Albert-Einstein-Str. 3a, 18051 Rostock, Deutschland
e-mail: alfred.flint@uni-rostock.de

D. Krüger, I. Parchmann und H. Schecker (Hrsg.), *Methoden in der naturwissenschaftsdidaktischen Forschung*, DOI 10.1007/978-3-642-37827-0_5,

5.1 Der „auslösende Reiz" und die Randbedingungen

Für eine schulexperimentell-konzeptionelle Arbeit kann es ganz unterschiedliche „auslösende Reize" geben. Diese können sich beispielsweise durch neue, im Handel erhältliche populäre Produkte ergeben, die Schüler zu Fragen anregen und neue Möglichkeiten schulexperimenteller Untersuchungen bieten können (z. B. die Einführung von „Oxi-Reinigern"). Es können auch gesellschaftlich relevante Frage- bzw. Problemstellungen sein, wie der Einsatz nachwachsender Rohstoffe oder die Problematik der Speicherung elektrischer Energie in ganz unterschiedlichen Formen. Zum auslösenden Faktor können ebenso neue wissenschaftliche Erkenntnisse bzw. die Entwicklung neuer Stoffklassen werden, z. B. die in jüngerer Zeit immer mehr an Bedeutung gewinnenden ionischen Flüssigkeiten. Ebenso relevant sind Erkenntnisse aus der Lehr-Lern-Forschung über Lern- und Verständnisschwierigkeiten bei verschiedenen Themen im Chemieunterricht. Ansätze bieten auch neue fachdidaktische Konzeptionen, von denen sich die Autoren bzw. Urheber generell eine Steigerung der Motivation der Lernenden und/oder ein besseres Verständnis der Sachverhalte versprechen, was es am Beispiel konkreter Unterrichtseinheiten umzusetzen gilt.

Diese Aufzählung kann sicher nicht den Anspruch auf Vollständigkeit erheben, sie soll aber zeigen, dass die Auslöser für eine solche Entwicklungsarbeit als angewandte Forschung äußerst vielfältig sein können. Um zu zeigen, wie man nach einem auslösenden Reiz sinnvoll weiter vorgeht, wird im Folgenden exemplarisch am Beispiel der Entwicklung einer Unterrichtseinheit zur Einführung der Oxidationsreaktionen im Anfangsunterricht Chemie gezeigt, welche weiteren Parameter bei der Konzeption zu berücksichtigen sind. Auslösender Reiz dabei war die neue fachdidaktische Konzeption „Chemie fürs Leben", welche u. a. mit dieser Unterrichtseinheit konkretisiert werden sollte. Um die weiteren Planungsschritte besser nachvollziehen zu können, wird im Folgenden diese Konzeption kurz vorgestellt.

5.1.1 Die didaktische Konzeption „Chemie fürs Leben"

Die Konzeption „Chemie fürs Leben" (Freienberg et al. 2001, 2002) fußt auf einer Reihe von Erkenntnissen der empirischen Unterrichtsforschung, die dem Unterrichtsfach Chemie vielfach Unbeliebtheit und verschiedene konzeptuelle Verständnisschwierigkeiten attestieren. Dieses wird u. a. auf die besonders von Lernenden in der Sekundarstufe I nicht erkennbare Allgemeinbildungsrelevanz des Faches, einen fehlenden Alltagsbezug und auch ein Zuviel an Theorie, Formeln und abstrakten Begriffen zurückgeführt (vgl. Pfeifer et al. 2002). Innerhalb der Konzeption wird deshalb durch alltagsrelevante Frage- und Problemstellungen sowie durch die möglichst umfangreiche Verwendung von Stoffen aus dem Lebensumfeld der Lernenden verstärkt darauf geachtet, dass die Schüler bereits im Chemieunterricht der Sekundarstufe I den Allgemeinbildungswert des Fachs sowie die Bedeutung chemischer Grundkenntnisse für den Alltag erkennen können. Hier wird ein Bedarf nach schulexperimenteller Entwicklungsarbeit als angewandte Forschung erkennbar: neue Alltagsprodukte müssen hinsichtlich ihrer Reaktionen und Eignung für schulische Fragestellungen sorgfältig analysiert und in umsetzbare experimentelle Konzeptionen eingebunden werden.

Weiterhin werden die kognitiven Fähigkeiten und Voraussetzungen der Lernenden insbesondere im Hinblick auf das Abstraktionsvermögen und die Fähigkeit zum formalen Denken berücksichtigt, um eine Überforderung zu vermeiden und damit einen „Ausstieg“ aus dem Unterricht nicht zu provozieren. Dennoch gilt es, die gebotene Fachlichkeit zu wahren und sich an einem bewährten und sinnvollen „roten Faden“ durch die Chemie zu orientieren.

Für die unterrichtsmethodische Umsetzung dieser Anliegen wird Lernen als ein aktiver Prozess verstanden. Das bedeutet, dass Wert auf ein problemorientiertes Vorgehen, mit möglichst viel eigener Aktivität auf Seiten der Lernenden, einschließlich zahlreicher, von den Lernenden selbst durchzuführender Experimente, gelegt wird. Dazu sind neben den einzuhaltenden Sicherheitsvorschriften und den Zielen im Bereich Fachwissen weitere Überlegungen zur Realisierung der aktiven Erkenntnisgewinnung auf Seiten der Lernenden durch geeignete Experimentiermaterialien und unterstützende Strukturen erforderlich.

5.1.2 Analyse bisher vorgeschlagener Unterrichtsgänge

Nachdem ein zu bearbeitendes Thema identifiziert und hinsichtlich der Zielsetzungen skizziert worden ist, gilt es im nächsten Schritt, eine ausführliche Literaturrecherche zu betreiben. Diese soll aktuelle und auch ältere fachdidaktische Zeitschriften, Schulbücher, Fachdidaktik-Kompendien, Publikationen der Lehr-Lern-Forschung zu dem Thema, das Internet, themenbezogene Fachliteratur sowie die aktuellen Lehrpläne berücksichtigen. Dabei geht es vor allem darum, auf die folgenden Fragen Antworten zu finden:

- Welches sind die fachlichen Hintergründe und Zusammenhänge bei diesem Thema?
- Welche bisherigen Vorschläge für solche Unterrichtsabschnitte gibt es?
- Welche Kritikpunkte/welche Lernschwierigkeiten hat die Lehr-Lern-Forschung bei diesen Vorgehensweisen herausgefunden?
- Wo im Lehrplan ist diese Thematik inhaltlich verortet?
- Welche Vorkenntnisse werden vorausgesetzt?
- Wie alt, in welchem Schulzweig und in welcher Klasse sind die Lernenden zum Zeitpunkt der Behandlung dieser Thematik?
- Was ist aus der Sicht der fachdidaktischen Konzeption an den bisherigen Vorgehensweisen zu kritisieren?

Bezogen auf das hier gewählte Beispiel, die Einführung von Oxidationsreaktionen, konnte festgestellt werden, dass diese Thematik praktisch in allen Lehrgängen im Anfangsunterricht nach den Stoffen, deren Eigenschaften, dem Mischen und Trennen sowie der Einführung der chemischen Reaktion behandelt wird. Die Lernenden sind zu diesem Zeitpunkt in der Regel in der 7. oder 8. Klasse (etwa 13 bis 14 Jahre alt). Studien aus der empirischen Unterrichtsforschung weisen die Kritik aus, dass die später im Unterricht stattfindende so genannte „Erweiterung" des Redox-Begriffes von den Reaktionen mit Sauerstoff auf die Elektronenübertragung bzw. die Oxidationszahlen nicht nur eine Erweiterung, sondern einen Konzeptwechsel erfordert, der nur von einem kleineren Teil der Lernenden tatsächlich vollzogen wird. Aus Sicht der oben benannten fachdidaktischen Konzeption fehlte zudem der Lebensweltbezug durch die Beschränkung auf die Reaktion von Metallen und das Ausklammern der im Alltag häufigsten Redoxreaktionen, die Verbrennung von fossilen Brennstoffen. Ein Grund dafür, auf die fossilen Brennstoffe zu verzichten, lag daran, dass im klassischen Unterrichtsgang organische Stoffe (dazu gehören diese Brennstoffe) erst am Ende der Sekundarstufe I behandelt werden und damit zu diesem Zeitpunkt im Chemieunterricht „tabu" waren. Ausgangspunkt der hier dargestellten angewandten Forschung waren folglich sowohl nachgewiesene Verständnis- als auch Motivationsschwierigkeiten bei der etablierten Einführung des Oxidationsbegriffs.

5.2 Die Entwicklung einer alternativen Unterrichtseinheit

Nach der beschriebenen Recherche sollte in einem ersten Planungsschritt die angestrebte fachliche Strukturierung der Unterrichtseinheit geklärt werden. Dazu sammelt man Antworten auf die folgenden Fragen:

- Auf welche fachlichen Grundlagen kann ich aufbauen?
- Welches sind die unverzichtbaren fachlichen Inhalte, die vermittelt werden sollen?
- Wie gehe ich mit existierenden Schülervorstellungen zu dieser Thematik um, die einem Lernerfolg im Wege stehen könnten?
- Wie tief steige ich fachlich ein? Welche Abstraktionsebene wird angestrebt?
- Welche Definitionen führe ich ein?

Nach der Konzeption „Chemie fürs Leben" spielen die Allgemeinbildungsrelevanz des Unterrichts, der Alltagsbezug und eine problemorientierte Vorgehensweise eine bedeutende Rolle. Da die Unterrichtseinheit innerhalb dieser Konzeption entwickelt werden soll, gilt es auch, die folgenden Fragen zu berücksichtigen:

- Welche Stoffe/Reaktionen, die zu dieser Thematik passen, sind den Lernenden aus ihrem Alltag bekannt bzw. vertraut?
- Welche davon sind (möglicherweise durch didaktische Reduktion) vom Anspruchsniveau so anzusiedeln, dass sie von den Lernenden in dem Alter und bei dem Leistungsstand auch erfasst werden können?

- Muss ich eventuell mit Traditionen in der klassischen Unterrichtsstruktur brechen, damit ich solche Stoffe/Reaktionen im Unterricht einsetzen kann?
- Wie kann ich die Sachzusammenhänge problemorientiert aufbereiten?
- Wie schaffe ich es, die Lernenden als Voraussetzung für einen Lernerfolg in ein „geistiges Ungleichgewicht" („kognitiver Konflikt", vgl. Edelmann 2000) zu bringen?
- Wie schaffe ich es, möglichst alle Kompetenzbereiche anzusprechen?

Wenn man diese Fragen beantwortet, einen didaktischen Rahmen für die Einheit entwickelt und eine Reihe sinnvoll einsetzbarer Alltagsstoffe identifiziert hat, geht es an die experimentelle Umsetzung. Dabei ist zu prüfen, welche der gewünschten Erkenntnisse experimentell gewonnen und wie diese Experimente gestaltet werden können, damit sie möglichst auch von den Lernenden selbst durchführbar sind. Davon abhängig wird die notwendige einzuplanende mediale Unterstützung (Modelle, Folien, Simulationen, Internet, …) sein.

5.2.1 Zur fachlichen Strukturierung

Nach dem Feststellen der fachlichen Grundlagen, auf die aufgebaut werden kann (in diesem Fall Stoffe, deren Eigenschaften, Mischen und Trennen von Stoffen, chemische Reaktion), versucht man zunächst die unverzichtbaren fachlichen Inhalte zu strukturieren und in eine gewünschte Reihenfolge zu bringen. Im Falle der Einführung der Oxidationsreaktionen würde das z. B. als grobe Einteilung bedeuten:

- Stoffe können auch mit einem Bestandteil der Luft (Sauerstoff) reagieren.
- Es können auch gasförmige Reaktionsprodukte entstehen.
- Bei einer chemischen Reaktion bleibt die Masse erhalten.
- Definition der Oxidationsreaktionen.

Als Nächstes sollte man die Punkte kenntlich machen, bei denen bereits existierende Schülervorstellungen in besonderem Maße berücksichtigt werden müssen. Das betrifft in diesem Fall die ersten drei Punkte. Da farblose, gasförmige Stoffe im Allgemeinen und der Sauerstoff in der Luft im Besonderen nicht sichtbar und nicht „anfassbar" sind, werden ihnen häufig auch keine „stofflichen" Eigenschaften wie Masse, Volumen usw. zugeschrieben. Insofern ist darauf zu achten, dieses sowohl bei der Reaktion mit Sauerstoff als auch bei entstehenden gasförmigen Produkten explizit zu thematisieren. Es muss nahegebracht werden, dass die Masse bei chemischen Reaktionen erhalten bleibt, bei denen gasförmige Stoffe beteiligt sind.

Anschließend kann man sich mit der angestrebten Abstraktionsebene bei der Deutung der Experimente befassen. Die einfachste besteht aus einer allgemeinen Beschreibung von Reaktionen und Ergebnissen. Für die Reaktion in einer brennenden Kerze könnte das zum Beispiel heißen:

Bei einer brennenden Kerze reagiert Wachsdampf mit dem Sauerstoff aus der Luft. Dabei entstehen Kohlenstoffdioxid und Wasserdampf.

Die nächst höhere Ebene ist in dem Formulieren von Wortgleichungen zu sehen. Eine solche Wortgleichung für das gleiche Experiment könnte lauten:

$$\text{Wachsdampf} + \text{Sauerstoff} \rightarrow \text{Kohlenstoffdioxid} + \text{Wasser}$$

Die höchste Abstraktion besteht in dieser Jahrgangsstufe schließlich im Aufstellen von stöchiometrisch korrekten Reaktionsgleichungen.

Für die Reaktion von Wachs (stellvertretend $C_{20}H_{42}$) lautet eine solche Gleichung:

$$2\,C_{20}H_{42} + 61\,O_2 \rightarrow 40\,CO_2 + 42\,H_2O$$

In dieser Klassenstufe plädiere ich dafür, im Chemieunterricht die jeweiligen Reaktionen mit Wortgleichungen zu interpretieren. Stöchiometrisch korrekte Reaktionsgleichungen erfordern mehr Vorkenntnisse und sind deutlich komplexer; sie würden den Blick auf die grundlegend neu zu erwerbenden Kenntnisse verdecken. Ein weiterer Grund für diese und keine höhere anzustrebende Abstraktionsebene ist darin zu sehen, dass Lernende in dem Alter nach Erkenntnissen der Entwicklungspsychologie zumindest noch nicht in allen Bereichen formal-operational denken können (Schröder 1989). Daraus ergeben sich zusätzliche Schwierigkeiten beim Umgang mit abstrakten Formeln und deren Interpretation.

Letztlich gilt es noch, festgestellte Verständnisschwierigkeiten zu berücksichtigen. Das betrifft in diesem Fall die Definition der Oxidationsreaktionen (Abschn. 5.1.2). Es darf also nicht definiert werden: „Eine Oxidation ist eine Reaktion mit Sauerstoff". Das ist, auch objektiv gesehen, falsch und muss später widerrufen werden. Stattdessen soll die Definition so offen gestaltet werden, dass sie später tatsächlich „erweiterbar" ist und nicht revidiert werden muss. So kann eine sinnvollere Definition z. B. lauten: „Die Reaktion mit Sauerstoff gehört zu den Oxidationsreaktionen." (Rossow et al. 2009)

5.2.2 Zur Allgemeinbildungsrelevanz und zum Alltagsbezug

Bei der Analyse der bisherigen Unterrichtsgänge wurde festgestellt, dass durch das „Verbot" der Einbeziehung organischer Substanzen in den der allgemeinen und anorganischen Chemie vorbehaltenen Anfangsunterricht in Chemie der Lebensweltbezug bei diesem Thema viel zu kurz kommt. Ich schlage deshalb vor, mit diesem „Tabu" zu brechen und auch organische Stoffe in eine thematisch orientierte Chemie im Anfangsunterricht mit einzubeziehen. Die Verbrennung von Holz, Benzin, Öl, Gas, Kerzenwachs, Spiritus usw. ist den Lernenden wesentlich vertrauter als die Korrosion von Metallen. Die genannten Reaktionen können aber nur dann mit in den Unterricht einbezogen werden, wenn man sie tatsächlich auch nur mit Wortgleichungen begleitet.

Möglichkeiten zur problemorientierten Aufbereitung und dazu, die Lernenden in ein „geistiges Ungleichgewicht" (auch „kognitiver Konflikt") zu bringen, ergeben sich an mehreren Stellen. Für das Beispiel kann man folgendes Phänomen problematisieren: Eine Kerze wird beim Brennen kleiner, ihre Masse nimmt ab. Verbrennt man dagegen Eisenwolle oder Eisenpulver, nimmt die Masse zu. Wie ist das zu erklären? (s. u.)

5.2.3 Zur schulexperimentellen Entwicklungsforschung

Die Untersuchung und konzeptionelle Ausarbeitung geeigneter, im Chemieunterricht einsetzbarer Experimente nimmt in der schulexperimentell-konzeptionellen Forschungsarbeit einen bedeutsamen Raum ein. Das liegt u. a. daran, dass dazu neben experimentellen Fähigkeiten auch fachdidaktische Rahmenbedingungen zu beachten und zu entwickeln sind. Das betrifft zum Beispiel die gewünschte didaktische Funktion des Experiments. Dabei ist zu klären:

- Soll das Experiment einen Problemgrund liefern, also eine Forschungsfrage initiieren (die Lernenden in einen kognitiven Konflikt bringen)?
- Soll das Experiment im Sinne eines induktiven Vorgehens (vgl. Schmidkunz und Lindemann 2003) eine Hypothese verifizieren oder falsifizieren?
- Soll das Experiment in einem deduktiven Vorgehen (vgl. Schmidkunz und Lindemann 2003) eine abgeleitete Erkenntnis bestätigen?
- Soll das Experiment als Anwendungsbeispiel die Übertragung gewonnener Erkenntnisse auf andere Sachverhalte ermöglichen?
- Dient das Experiment zur Übung und Verbesserung grundlegender experimenteller Fähigkeiten?

Weiterhin ist zu bedenken, dass Experimente von den Lernenden leicht zu überblicken bzw. zu durchschauen sein sollen. Sie müssen mit reproduzierbaren Ergebnissen gelingen, deutliche und eindeutige Effekte zeigen und mit einfachen (schulischen) Mitteln, möglichst kostengünstig und unter Beachtung der entsprechenden Sicherheitsvorschriften, am besten auch noch von den Lernenden selbst, durchführbar sein. Schließlich soll auch noch auf die Gesetzmäßigkeiten zur Visualisierung (Schmidkunz und Heege 1997) geachtet werden, wie der Aufbau von links nach rechts, der Figur-Hintergrund-Kontrast, das Gesetz der durchlaufenden Linien usw.

Doch nun zur experimentellen Umsetzung an einem konkreten Beispiel. Im Folgenden wird die Entwicklung eines Experimentes beschrieben, an dem gezeigt wird, worauf zu achten ist und wann einige der oben genannten allgemeinen Rahmenbedingungen Einfluss auf die Gestaltung des Experimentes nehmen können.

Zur Ausgangslage: Die Lernenden haben festgestellt, dass bei einer brennenden Kerze deren Masse allmählich abnimmt. Beim Verbrennen von Eisenwolle dagegen nimmt deren Masse zu. Sie können den Grund dafür in der Tatsache vermuten, dass bei der Kerze die Verbrennungs(Reaktions-)produkte in die Luft „entweichen" und damit nicht mit gewogen werden. Bei der Eisenwolle dagegen bleibt das Produkt (festes Eisenoxid) auf der Waage und wird mit gewogen. Durch den in der Reaktion gebundenen Sauerstoff nimmt die Masse zu. Es stellt sich damit die Frage, ob die Gesamtmasse beim Verbrennen der Kerze auch zunehmen würde, wenn man die entstehenden Produkte (Wasserdampf und Kohlenstoffdioxid) auch mit wiegt. Während diese grundsätzlichen Gedanken durchaus von den Lernenden entwickelt werden können, ist die Planung eines konkreten Experiments zur Überprüfung dieser Hypothese eine größere Herausforderung. Im Vorfeld der Verbreitung der Unterrichtskonzeption muss zudem sichergestellt werden, dass entsprechende Untersuchungen auch tatsächlich durchführbar und fachlich wie auch fachdidaktisch sinnvoll zu interpretieren sind. Dies ist Aufgabe der schulexperimentellen angewandten Forschung. Ihr Ziel ist, wie bereits zu Beginn aufgezeigt, die konkrete Entwicklung eines Lösungsvorschlags für ein fachdidaktisches Problem des jeweiligen Fachunterrichts.

Eine gute Ausgangsposition dazu liefert hier ein Experiment von Obendrauf (2003). Er schlug vor, eine Kerze in einem Grablicht auf die Waage zu stellen und in dessen obere Öffnung ein Sieb einzupassen. In dieses gibt man dann Natriumhydroxid, welches den aufsteigenden Wasserdampf und das Kohlenstoffdioxid bindet (Absorptionsmittel). Damit können dann die entstehenden Reaktionsprodukte mit gewogen werden. Wir haben diesen Aufbau mit alternativen Materialien weiterentwickelt.

Die erste Idee war, an Stelle des Grablichtes einen einfachen Glaszylinder zu verwenden. Ein solcher erwies sich aber als zu schwer: er überstieg die zulässige wägbare Masse der in Schulen anzutreffenden Waagen, die mindestens eine Messgenauigkeit von einem Milligramm haben. Eine Alternative zum Glaszylinder wurde in einer Tennisballdose gefunden, bei der man Deckel und Boden entfernt. In die Dose ließ sich oben perfekt ein Teesieb einpassen, welches zur Aufnahme des Absorptionsmittels diente. Um noch Luftzutritt zu ermöglichen, damit die Kerze möglichst lange brennt, konnte man eine solche Apparatur auf einige Korkstückchen als Abstandshalter über ein auf der Waagschale stehendes Teelicht positionieren, ohne damit das zulässige Gesamtgewicht zu überschreiten. Zu kritisieren war nur, dass die Tennisballdose nicht durchsichtig, also für die Lernenden nicht vollständig „durchschaubar" war.

Um auch das zu gewährleisten, wurde die Tennisballdose durch eine durchsichtige Plastikflasche eines Erfrischungsgetränkes ersetzt. Bei dieser wurde der Boden entfernt und der sich oben verjüngende Teil der Flasche an der Stelle abgeschnitten, an der der Durchmesser der Flasche dem des Teesiebes entsprach. Bei etwas längerem Probebetrieb stellte sich allerdings heraus, dass sich das Teesieb durch die von der Kerze aufsteigende Wärme so stark erhitzte, dass nach wenigen Minuten der obere Rand der Plastikflasche schmolz. Abhilfe schaffte ein darauf geschobener, weniger wärmeempfindlicher, aufgeschnittener Silikonschlauch als „Isolator". Da es in dem Konzept „Chemie fürs Leben" auch darum geht, so oft wie möglich „Laborchemikalien" durch Alltagsstoffe zu ersetzen, wurde an Stelle des Natriumhydroxids festes „Rohrfrei" als Absorptionsmittel eingesetzt. Dieses enthält in der Regel mehr als 50 % Natriumhydroxid und erfüllt die Funktion genauso gut.

Mit Hilfe dieser Apparatur war nun tatsächlich beim Verbrennen der Kerze auf der Waage und gleichzeitigem Auffangen der Reaktionsprodukte eine Massenzunahme zu beobachten. Bei mehrfacher Erprobung stellte sich allerdings heraus, dass mit dem verwendeten Teelicht die Massenzunahme aufgrund der relativ kleinen Flamme nur sehr langsam stattfand und durchaus auch der Verdacht nahe liegen konnte, die Massenzunahme liege an der aus der Luft absorbierten Feuchtigkeit. Um diesen Verdacht zu widerlegen, wurden Kontrollversuche mit nicht entzündeter Kerze durchgeführt (die Massenzunahme bei der brennenden Kerze verläuft schneller). Zum anderen wurde das Teelicht gegen eine „Geburtstagskerze" ausgetauscht, die mit deutlich größerer Flamme brennt. Nun war das Experiment nicht nur für die Lernenden „durch-schaubarer" als mit der Tennisballose, sondern zeigte auch deutliche und eindeutige Effekte und konnte so in die Unterrichtseinheit integriert werden. Vor Ort musste sich die Lehrkraft allerdings noch Gedanken darüber machen, wie möglichst alle Lernenden die Massenzunahme auch gut verfolgen können. Dazu wurde vorgeschlagen, entweder eine Waage mit Fernanzeige zu verwenden (falls vorhanden), oder das Display der Waage mit einer Kamera und einem Beamer an eine Leinwand zu projizieren oder die Waage an einen Laptop anzuschließen, auf dessen Monitor die Anzeige in stark vergrößerter Form abzulesen ist.

Im weiteren Verlauf der Einheit müssen sich Experimente anschließen, bei denen alle Edukte (auch der Sauerstoff) in einer geschlossenen Apparatur zur Reaktion gebracht werden. Das Wiegen der Apparatur vor und nach der Reaktion führt dann zum Gesetz der Erhaltung der Masse.

5.3 Zusammenfassung

Die vorstehenden Ausführungen zu schulexperimentell-konzeptionellen Forschungsarbeiten am Beispiel der Entwicklung einer kleinen Unterrichtseinheit zur Einführung von Oxidationsreaktionen und eines darin eingebetteten Experiments sollen zeigen, dass bei diesem konstruktiven Vorgehen eine ganze Reihe von Parametern in mehr oder minder großem Umfang beachtet werden müssen. Nach einer solchen Entwicklungsarbeit sollte das Ergebnis, sei es auch nur ein einzelnes Experiment, in der Schulpraxis erprobt und evaluiert werden. Erst dann stellt sich heraus, ob beispielsweise die Versuchsbeschreibungen so verfasst worden sind, dass auch die Adressaten (Lehrende, Lernende) das Experiment mit dem gewünschten Ergebnis durchführen können, und ob die Unterrichtseinheit zu den gewünschten Effekten bei den Lernenden führt. Die schulexperimentellen Untersuchungen sowie insbesondere die konzeptionellen Überlegungen basieren auf den Ergebnissen empirischer Untersuchungen und stellen umgekehrt auch wieder eine Basis für weitere Untersuchungen dar (Kap. 3, 4 und 10).

Literatur zur Vertiefung

Schmidt S, Rebentisch D, Parchmann I (2003) Chemie im Kontext für die Sekundarstufe I: Cola und Ketchup im Anfangsunterricht. CHEMKON 1:6–16

Schmidt S, Parchmann I (2003) Von „erwünschten Verbrennungen und unerwünschten Folgen". Der mathematische und naturwissenschaftliche Unterricht 56(4):214–221 (Eine weitere, sehr verbreitete Konzeption, nach der ebenfalls schulexperimentell-konzeptionelle Entwicklungsarbeit betrieben wird, ist „Chemie im Kontext". Neben zahlreichen inzwischen entwickelten Unterrichtseinheiten kann man z. B. in der folgenden Literatur nachlesen, wie die Entwicklungsforschung nach dieser Konzeption erfolgt.)

Methodik von Vergleichsstudien zur Wirkung von Unterrichtsmedien

6

Heike Theyßen

Die Entwicklung von Unterrichtsmedien, -inhalten oder -methoden gehört zu den Aufgaben und Arbeitsgebieten der Fachdidaktik. Ob Neuentwicklungen wirklich „besser", d. h. lernwirksamer oder motivationsfördernder sind, kann jedoch nur empirisch und nur im Vergleich mit anderen (in der Regel bereits vorhandenen) Medien oder Methoden entschieden werden. Dieser Beitrag behandelt Fragen von Medienvergleichsstudien anhand einer Studie, in der die Lernwirksamkeit verschiedener Medienkombinationen (digitale und klassische Medien) verglichen wurde. Die grundlegenden Überlegungen sind auf andere fachdidaktische Vergleichsstudien übertragbar.

6.1 Vergleichsstudien zur Wirkung von Unterrichtsmedien

6.1.1 Typische Probleme eines „fairen" Studiendesigns

Das typische Ziel einer Vergleichsstudie ist die Gegenüberstellung kognitiver bzw. motivationaler Wirkungen unterschiedlicher Unterrichtsansätze oder Medien. Zum Vergleich digitaler mit klassischen Medien liegen zahlreiche Vergleichsstudien vor, z. B. der Vergleich einer Computersimulation mit einem klassischen Medium in Form einer Sequenz von Abbildungen (Nerdel 2003). Gelegentlich werden auch zwei oder mehr digitale Medien, z. B. Computersimulation und Video oder Hypertext und linearer Text (Sumfleth und Kummer 2001), miteinander verglichen. Dabei strebt man in der Regel den Nachweis einer besseren – d. h. lernwirksameren oder motivierenderen Variante an. Man entwirft eine empirische Studie, in der verschiedene Medien gegeneinander „antreten". Für einen fairen Vergleich der Lerneffekte ist es wichtig, dass man nicht ein aufwändig neu entwickeltes

Prof. Dr. Heike Theyßen ✉
Didaktik der Physik, Universität Duisburg-Essen, Universitätsstraße 2, 45117 Essen, Deutschland
e-mail: heike.theyssen@uni-due.de

D. Krüger, I. Parchmann und H. Schecker (Hrsg.), *Methoden in der naturwissenschaftsdidaktischen Forschung*, DOI 10.1007/978-3-642-37827-0_6,

Medium – bleiben wir bei der Computersimulation – mit einem zufällig vorhandenen Medium vergleicht. Von Letzterem weiß man in der Regel nicht, welche fachdidaktischen, medien- oder gestaltpsychologischen Überlegungen in die Entwicklung eingeflossen sind. Auch die im Anfangsbeispiel genannte Abbildungssequenz muss also für einen fairen Vergleich ebenso gut durchdacht neu entwickelt werden wie die Computersimulation. Man könnte z. B. dieselben Abbildungen als Grundlage verwenden – einmal dynamisch für die Simulation und einmal statisch für die Bildsequenz. Es kann aber auch so sein, dass das vorhandene Medium breit erprobt und mehrfach optimiert wurde, so dass für einen fairen Vergleich die Neuentwicklung besonders aufwändig entwickelt werden muss.

Die oben genannten Anforderungen zeigen bereits, dass Vergleichsstudien in der Regel mit einem sehr großen Aufwand verbunden sind. Die Aussagen, die man dann erhält, sind dennoch eingeschränkt gültig. Sie gelten zunächst nur für eine Lerngruppe und ein Vergleichsmedium, in der Regel auch nur in einem Inhaltsbereich. Verallgemeinerungen vervielfachen den Aufwand. Man sollte deshalb in jedem Einzelfall prüfen, ob man tatsächlich den Vergleich benötigt, oder ob es nicht zunächst ausreicht, die Wirksamkeit eines Mediums ohne Abgrenzung gegenüber anderen Medien nachzuweisen.

Entschließt man sich für eine Vergleichsstudie, so kann man die zu vergleichenden Medien nicht völlig losgelöst einsetzen. Sie sind immer in eine Lehr- und Lern-Konzeption eingebettet, die durch eine Vielzahl von Variablen bestimmt wird: Lerngruppe, Lehrkraft, Sozialform, Raum und viele mehr. Alle diese können die Wirksamkeit der Medien beeinflussen. Ein „Fallstrick" bei der Planung einer Vergleichsstudie besteht deshalb darin, dass man diese Einflussfaktoren nicht gut genug kontrolliert. Auf jeden Fall muss man vermeiden, das neu entwickelte Medium in eine explizite, gut durchdachte Unterrichtskonzeption einzubauen, während das vorhandene Medium in einem zufällig zugänglichen Unterricht eingesetzt wird (oft als „Normalunterricht" bezeichnet). Neben diesem „groben Fehler" können auch subtilere Probleme auftreten: Die Lehrkräfte sind unterschiedlich motiviert bzw. kompetent für die beiden zu vergleichenden Konzeptionen, oder die Lernenden sind unterschiedlich gut an die zu vergleichenden Ansätze gewöhnt. In einer empirischen Studie kann man fast nie alle potenziellen Einflussfaktoren berücksichtigen und kontrollieren. Will man aus einer Vergleichsstudie verlässliche Schlussfolgerungen ziehen, so muss man für einen *fairen Vergleich*, der im Folgenden beschrieben wird, zumindest alle diejenigen Faktoren berücksichtigen, die in der Literatur für das jeweilige Untersuchungsthema als wichtige Einflussgrößen benannt werden.

6.1.2 Abhängige und unabhängige Variablen

Die Planung einer Vergleichsstudie ähnelt in wesentlichen Punkten der Planung eines naturwissenschaftlichen Experimentes mit abhängigen und unabhängigen Variablen und Variablenkontrolle. Die wichtigste Voraussetzung für ein sauberes Studiendesign ist die präzise Definition der unabhängigen und abhängigen Variablen:

Unabhängige Variable: Was genau soll verglichen werden?
Diese Frage ist keineswegs trivial. Mit neuen Medien werden häufig neue Methoden im Unterricht möglich. So können Lernende selbstständig mit Simulationen arbeiten, zu denen sie die vergleichbaren Realexperimente aus Kostengründen oder Sicherheitsaspekten nicht selbst durchführen könnten. Vergleicht man nun die Lernwirkungen der selbst durchgeführten Simulation mit denen des Demonstrationsexperiments, so hat man nicht nur das Medium, sondern auch die Methode geändert. Führt man auch die Simulation als Demonstration durch, so hat man sie vermutlich nicht ihrem eigentlichen Zweck entsprechend eingesetzt. Es ist nicht anzunehmen, dass die Unterrichtsmethoden, in denen klassische Medien ihre Wirkung gut entfalten, auch für digitale Medien gut sind. Will man nun das „Gesamtpaket" vergleichen (Kap. 2) oder nur den reinen Effekt der Medien? Beide Fragestellungen sind legitim. Wie man sich auch entscheidet, es ist wichtig, klar zu definieren, was verglichen wird. Denn das legt fest, was kontrolliert werden muss.

Abhängige Variable: Wie wird der „Erfolg" gemessen?
Die Variable „Lernerfolg" ist sehr global und kann z. B. einen Zuwachs an konzeptbezogenen oder prozessbezogenen Kompetenzen beschreiben. Auch Einstellungsänderungen oder Fragen der Effektivität (Zeitaufwand, Kosten) können den Erfolg einer Konzeption definieren. Auch hier ist also eine klare, konkret auf die Studie bezogene Definition von „Erfolg" wichtig. Diese kann sich durchaus aus mehreren Komponenten zusammensetzen, z. B. Erwerb von Fachwissen und Förderung von Motivation. Wesentlich ist, dass man die betreffende Variable überhaupt messen bzw. als **latente Variable** schätzen kann (Kap. 28). Das bedeutet, dass erprobte Instrumente vorhanden sein müssen oder selbst in angemessener Qualität entwickelt werden können (Kap. 14, 21, 22, 27 und 29).

6.1.3 Kontrolle von Randbedingungen

Will man den Einfluss der unabhängigen Variablen (z. B. des Medientyps) auf die abhängige Variable (z. B. den Zuwachs an Fachwissen) untersuchen, so müssen möglichst alle weiteren Variablen, die Einfluss auf den Erfolg der zu vergleichenden Konzeptionen haben können, kontrolliert werden. Sie bilden die Randbedingungen des Vergleichs (manchmal auch „Störvariablen" genannt). Ideal ist es, wenn man sie für beide Interventionsgruppen gleich halten kann. Dazu eignen sich Laborstudien (Kap. 7) eher als Feldstudien.

Eine große Gruppe von Randbedingungen ist durch die Anlage der Untersuchung gegeben und kann beeinflusst werden. Typische Kandidaten sind bei einem reinen Medienvergleich die fachlichen Inhalte, die Methoden, die neben den zu vergleichenden Medien eingesetzten Lernmaterialien, die Interventionsdauer und -intensität, die Lehrkraft und die Interessantheit der Intervention. Hattie (2010) gibt in seiner Metastudie Hinweise auf methodische und organisatorische Randbedingungen, die den Effekt des Medieneinsatzes erhöhen können. Zwei Randbedingungen werden im Folgenden näher betrachtet.

Neuigkeitseffekt

Insbesondere bei Medienvergleichsstudien ist der Neuigkeitseffekt zu bedenken. Ein Neuigkeitseffekt oder Eventcharakter einer neuen Konzeption im Vergleich mit traditionellem Unterricht kann Einfluss auf die Motivation auf Seiten der Lernenden (und Lehrenden) haben. Dieser Einfluss ist aber nicht originär mit der neuen Konzeption verbunden, sondern nimmt mit der Gewöhnung ab (Kerres 2001, S. 97 f.; Urhahne et al. 2000, S. 161). Ergebnisse aus einer Vergleichsstudie, in der ein einseitiger Neuigkeitseffekt vorliegt, sind also nur bedingt auf den Routineeinsatz einer neuen Konzeption übertragbar. Das Problem lässt sich im Grunde nur durch Langzeitstudien umgehen, bei denen eine Gewöhnung an die neue Konzeption dem eigentlichen Vergleich vorangeht. Für Studien mit kurzer Interventionsdauer kann man aber zumindest versuchen, alle zu vergleichenden Konzeptionen in etwa gleich interessant und attraktiv für die Lernenden zu gestalten, den Neuigkeitseffekt also bewusst in Kauf zu nehmen, aber nicht nur einseitig. Das ist die Strategie in der Studie, die in Abschn. 6.2 exemplarisch vorgestellt wird.

Lehrervariable

Eine weitere, für fast alle Vergleichsstudien relevante Einflussgröße ist die „Lehrervariable". Medienvergleichsstudien haben kleinere Effekte nachgewiesen, wenn beide Gruppen von derselben Lehrkraft unterrichtet wurden (Urhahne et al. 2000; Bayraktar 2001). Lehrkräfte mit ihren Persönlichkeitsmerkmalen, aber auch ihren Einstellungen zu den Unterrichtsmedien, üben also einen messbaren Einfluss auf den Lernerfolg aus. Man kann das Problem umgehen, indem man die Intervention selbst durchführt oder von einer allen Lernenden unbekannten Lehrkraft durchführen lässt, sofern dies organisatorisch möglich ist. Wenn die Durchführende beide **Interventionen** kennt und durchführen soll, kann es jedoch sein, dass sie für eine davon mehr motiviert oder von ihrem Erfolg mehr überzeugt ist (das gilt natürlich auch für den Forscher selbst). Auch das kann die Ergebnisse der Studie verfälschen. Ein anderer Zugang besteht darin, den Einfluss der Lehrkraft dadurch zu minimieren, dass die Lernmaterialien und Arbeitsanweisungen schriftlich an die Schüler herangetragen werden. Aber damit führt man eine weitere Variable ein, deren Einfluss auf den Lernerfolg man nicht kennt. Eine ideale Lösung gibt es nicht. Was man praktisch umsetzen kann, hängt außerdem davon ab, ob man die Intervention außerhalb des eigentlichen Unterrichtes durchführt oder man sich mit den organisatorischen Randbedingungen des Unterrichtsbetriebs arrangieren muss. In jedem Fall muss das gewählte Vorgehen nachvollziehbar dokumentiert werden. Das gilt besonders für die Gestaltung der Lernumgebung für das herkömmliche Medium. Hier reicht es nicht, auf einen diffusen „Normalunterricht" zu verweisen.

6.1.4 Aufbau einer Vergleichsstudie

Bei einer Vergleichsstudie werden die zu vergleichenden Konzeptionen in zwei (oder mehr) Interventionsgruppen durchgeführt. Relevante Lernervariablen werden vorab erhoben (Begleiterhebung; Abschn. 6.1.5).

Der Erfolg, als abhängige Variable, ist in aller Regel definiert durch eine Veränderung von Wissen, Fähigkeiten oder Einstellungen. Deshalb werden diese Variablen vor und nach der Intervention erhoben (Vor- und Nachtest bzw. Prä- und Posttest). Will man langfristige Effekte nachweisen, so wiederholt man den Nachtest mit zeitlicher Verzögerung (verzögerter Nachtest, *Follow Up*-Test). Feste Zeitvorgaben gibt es für den zeitlichen Abstand nicht. Er beträgt aber in der Regel mindestens einige Wochen. Es gilt die generelle Regel „je länger und intensiver die Intervention, desto größer der Abstand zum verzögerten Nachtest".

Vor- und Nachtest sowie verzögerter Nachtest sind geeignet, um summative Effekte zu messen. Will man die ablaufenden (Lern-)Prozesse oder situativen Effekte (z. B. Interessantheit der Intervention) vergleichen bzw. kontrollieren, so erhebt man prozessbegleitend Daten (z. B. Unterrichtsvideos, Protokolle, Kurzfragebögen). Abbildung 6.3 (Abschn. 6.2.2) veranschaulicht dieses Grundgerüst an einem Beispiel.

6.1.5 Zusammenstellung der Interventionsgruppen

Unter Abschn. 6.1.3 wurden Randbedingungen einer Intervention diskutiert, die man durch das Studiendesign beeinflussen und im Idealfall konstant halten kann. Daneben gibt es eine weitere große Gruppe von Variablen, die nicht beeinflusst werden können, die aber dennoch großen Einfluss auf die unabhängige Variable haben können: die Merkmale und Voraussetzungen der Schüler – kurz Lernervariablen. Hierzu gehören z. B. allgemeine kognitive Fähigkeiten, das Selbstkonzept (allgemein bzw. auf die Domäne der Intervention bezogen), Interesse, Motivation oder Lernstrategiewissen. Da man diese nicht beeinflussen kann, muss man sie kontrollieren und versuchen, die Probanden gemäß ihrer Merkmale gleichmäßig auf die Interventionsgruppen aufzuteilen (s. u.).

Wegen der Vielzahl der möglichen Lernervariablen einerseits und der beschränkten Testzeit andererseits muss man eine Auswahl derjenigen Variablen treffen, von denen ein Einfluss auf das Ergebnis, also die abhängige Variable, zu erwarten ist. Meist kann man anhand der vorhandenen Literatur abschätzen, welche Variablen relevant für den Erfolg der Intervention sein könnten. Das bei PISA 2000 erstellte Einflussmodell für die Mathematikleistung (Artelt et al. 2001, S. 184) lässt z. B. einen Einfluss von Selbstkonzept, Lesefähigkeit, allgemeinen kognitiven Fähigkeiten und Geschlecht auf den Lernerfolg erwarten. Dass es hier keine globale Empfehlung geben kann, liegt an der Unterschiedlichkeit der Studien. So hängt z. B. die Relevanz von Computerkenntnissen stark davon ab, ob ein Computereinsatz Teil der Intervention ist.

Wie man auf Basis dieser Daten konkret die Interventionsgruppen einteilt, hängt von der Stichprobengröße und den organisatorischen Randbedingungen ab. Die Zuweisung ganzer Klassen zu den Interventionsgruppen (**quasi-experimentelles Design**) ist organisatorisch eine einfache Lösung, führt jedoch in aller Regel nicht zu einer gleichmäßigen Besetzung der Gruppen bezüglich der Lernervariablen, weil sich Klassenverbände z. B. in Selbstkonzept oder Vorwissen signifikant unterscheiden können (Brell 2008, S. 109; Rindermann 2007). Durch ein gekreuztes Parallelklassendesign (Tepner et al. 2010) kann man solche „Klasseneffekte" zumindest teilweise umgehen. Tepner et al. (2010) vergleichen die Wirkungen von Arbeitsblättern mit Aufgaben einerseits mit Unterricht im Plenum andererseits. Die Interventionen werden nacheinander in zwei verschiedenen Inhaltsbereichen durchgeführt. Dabei wird die eine Klasse zuerst mit Aufgaben, die andere zunächst im Plenum unterrichtet; bei dem zweiten Inhaltsbereich werden die Interventionsarten zwischen den Klassen getauscht („gekreuzt"). So gehört jede Klasse einmal zu der einen und einmal zu der anderen Interventionsgruppe, und Klasseneffekte sollten sich weitgehend aufheben. Man muss bei diesem Verfahren beide Interventionen für zwei Inhaltsbereiche ausarbeiten, was den Entwicklungsaufwand in der Regel verdoppelt. Hat man die Möglichkeit, den Klassenverband für die Untersuchung aufzubrechen, so kann man die Interventionsgruppen so zusammenstellen, dass sie hinsichtlich der Lernervariablen möglichst gleichmäßig besetzt sind. Techniken hierfür sind die Randomisierung (zufällige Verteilung der Probanden; eher geeignet bei großen Stichproben) oder die Parallelisierung (Bildung von Gruppen mit gleichen Mittelwerten und Standardabweichungen bezüglich der Lernervariablen). Bei kleineren Stichproben ($n < 20$ pro Gruppe) bildet man häufig „*matched Samples*", indem man Probandenpaare mit möglichst ähnlicher Ausprägung der Lernervariablen bildet und diese Paare auf die Gruppen verteilt (Bortz und Döring 2006, S. 524 ff.).

6.2 Ein Beispiel: Lernmedien für den Optikunterricht im Vergleich

6.2.1 Grundidee und Zielsetzung

Die oben allgemein beschriebenen methodischen Überlegungen werden im Folgenden am Beispiel einer Medienvergleichsstudie konkretisiert. In der Studie ging es um den Vergleich der kognitiven Wirkung verschiedener realer und virtueller Lernmedien zur geometrischen Optik des Auges (Brell 2008). Bei den realen Lernmedien handelt es sich um ein Realexperiment und um Arbeitsblätter zur zeichnerischen Strahlengangkonstruktion am Auge. Als virtuelle Lernmedien wurden Interaktive Bildschirmexperimente (IBEs; Kirstein 1999) sowie eine Simulation zur Strahlengangkonstruktion am Auge verwendet (Abb. 6.1).

Verglichen wurden Unterrichtsszenarien, in denen je ein Medium zum Experiment (Realexperiment oder IBE) und ein Medium zur Strahlengangkonstruktion (Arbeitsblatt oder Simulation) kombiniert waren. Unter dieser Randbedingung ergaben sich durch die systematische Kombination realer und virtueller Medien vier Szenarien: eines mit rein klassischen Medien, eines mit rein virtuellen Medien und zwei gemischte („multimediale") Szenarien (Abb. 6.2).

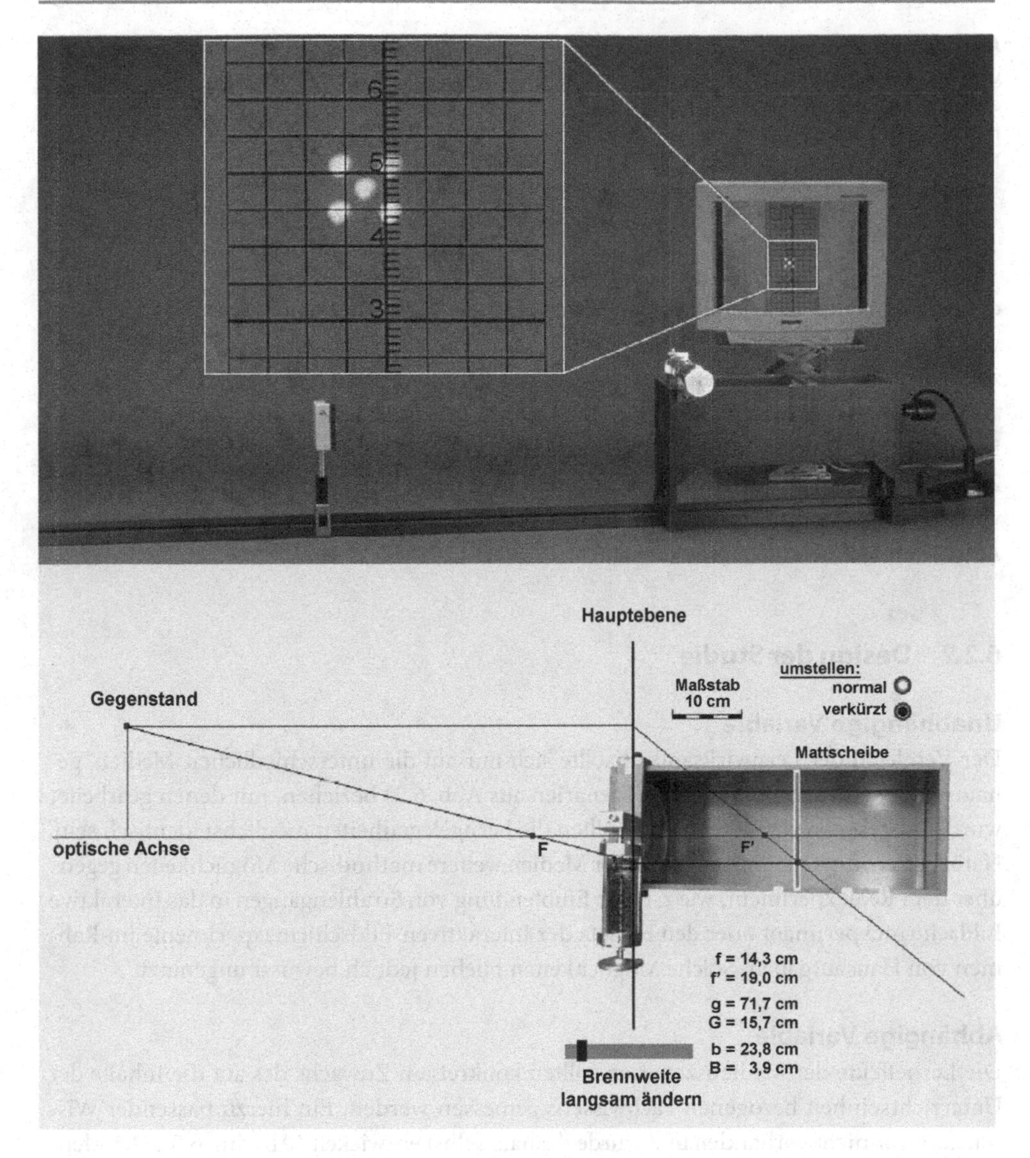

Abb. 6.1 Screenshot des IBEs (*oben*) und der zugehörigen Strahlengangsimulation (*unten*; aus Brell 2008, S. 58)

Mit jeder Medienkombination konnten die Lernenden zum einen die Phänomene der Abbildung am (realen oder virtuellen) Augenmodell untersuchen und zum anderen die Strahlengänge als Modell für die Entstehung dieser Phänomene interaktiv nachvollziehen. Ziel der Studie war der Vergleich der Lernwirksamkeit der unterschiedlichen Medienkombinationen. Lernwirksamkeit wurde dabei über einen Zuwachs an Fachwissen definiert (abhängige Variable; Abschn. 6.2.2). Die zentrale Forschungsfrage lautete: Wie unterschei-

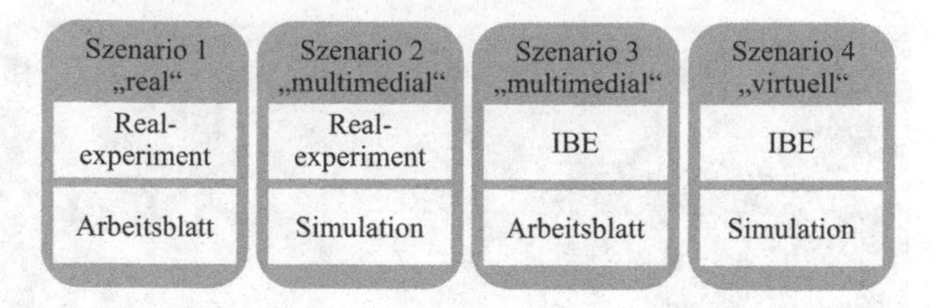

Abb. 6.2 Die vier zu vergleichenden Szenarien mit je einem Medium zum Experiment (*obere Kästen*) und einem Medium zur Strahlengangkonstruktion (*untere Kästen*)

det sich der (kurz- bzw. langfristige) Lernerfolg in den vier Interventionen? Die Ergebnisse von Metastudien zum Lernen mit neuen Medien ließen hier keine oder nur geringe Effekte zugunsten der neuen Medien erwarten (Kulik 1994; Zwingenberger 2009, S. 90).

Die Intervention bestand aus einer Unterrichtseinheit für Schüler der achten Klasse. Die Lernenden wurden kleinschrittig geführt, arbeiteten aber sehr selbstständig (Brell et al. 2007). Vorwissen aus dem vorangegangenen Unterricht zur geometrischen Optik wurde vorausgesetzt, Vorkenntnisse zum Aufbau des Auges oder zu den Strahlengängen beim Auge waren jedoch nicht erforderlich.

6.2.2 Design der Studie

Unabhängige Variable

Der Vergleich der Lernwirksamkeit sollte sich nur auf die unterschiedlichen Medien, genauer die Medienkombinationen (Szenarien aus Abb. 6.2) beziehen, mit denen gearbeitet wurde. Abgesehen von den Medien sollten die Lerngelegenheiten möglichst identisch sein. Natürlich eröffnet der Einsatz virtueller Medien weitere methodische Möglichkeiten gegenüber dem Realexperiment, wie z. B. die Einblendung von Strahlengängen in das Interaktive Bildschirmexperiment oder den Einsatz der Interaktiven Bildschirmexperimente im Rahmen von Hausaufgaben. Solche Möglichkeiten blieben jedoch bewusst ungenutzt.

Abhängige Variable

Die Lerneffekte der Medienszenarien sollten konkret am Zuwachs des auf die Inhalte der Unterrichtseinheit bezogenen Fachwissens gemessen werden. Ein hierzu passender Wissenstest war nicht vorhanden und wurde deshalb selbst entwickelt (Abschn. 6.3). Der identische Einsatz des Wissenstests als Vor- und Nachtest (unmittelbar vor und nach der Intervention) lieferte ein Maß für den Lernzuwachs. Der dritte Einsatz als verzögerter Nachtest nach ca. zwei Wochen Unterricht zu einem anderen Thema ermöglichte Aussagen über die Nachhaltigkeit des Lernerfolgs (Behaltensleistung). Zwei Wochen Abstand mag für einen verzögerten Nachtest recht kurz erscheinen. Der Zwischenzeitraum muss jedoch in das Verhältnis zur ebenfalls recht kurzen Interventionsdauer von 60 Minuten gesetzt werden.

Variablenkontrolle für die Intervention

Die Variablenkontrolle war ein wesentlicher Aspekt der Studienvorbereitung. Bis auf die eingesetzten Medienkombinationen (Abb. 6.2) sollten die Interventionen gleich sein.

Inhalte und Lerngelegenheiten: Die Unterrichtseinheit wurde für alle vier Medienkombinationen parallel ausgearbeitet. Die Lernziele, Aufgabenstellungen, Handlungsaufforderungen und Fragen waren soweit wie möglich identisch. Die Arbeitsmaterialien unterschieden sich nur in den konkreten Hinweisen zum Umgang mit den unterschiedlichen Medien.

Interessantheit: Bei allen Bemühungen um gleiche Inhalte war damit zu rechnen, dass die Arbeit mit den computergestützten Medien interessanter für die Lernenden sein würde und so ein einseitiger Neuigkeitseffekt vorliegen könnte. Deshalb wurde als Realexperiment ein möglichst attraktives Experiment gewählt, das ebenfalls einen großen Neuigkeitseffekt für die Lernenden besitzen sollte: ein aus dem Unterricht nicht bekanntes, aufwändig konstruiertes Augenmodell. Das Interaktive Bildschirmexperiment als virtuelles Gegenstück basierte auf einer Digitalisierung dieses Augenmodells und ermöglichte (soweit für die Unterrichtseinheit relevant) die gleichen Einstellungen und Beobachtungen. Als reales Gegenstück zur Computersimulation der Strahlengänge diente die klassische manuelle Strahlengangkonstruktion mit Papier und Bleistift. Um auch sie möglichst interessant zu gestalten, wurden Arbeitsblätter mit unterlegten Fotos des Augenmodells entwickelt. Die gesamte Intervention fand in Räumen der Universität Düsseldorf statt. Das sollte für alle Medienkombinationen schon alleine durch die ungewohnte Umgebung einen erheblichen Neuigkeitseffekt bewirken. Die geringere Übertragbarkeit der Ergebnisse auf reale Unterrichtssituationen wurde zugunsten besserer Vergleichbarkeit in Kauf genommen.

Der Erfolg dieser Maßnahmen zur Angleichung der Interessantheit war nicht selbstverständlich und musste empirisch überprüft werden. „Smiley-Abfragen" dienten zur formativen Erhebung der Interessantheit während der Intervention (Brell und Theyßen 2007). Mehrfach während der Intervention haben die Schüler auf einer Smiley-Skala angegeben, wie interessant die aktuelle Situation für sie war. Die Smiley-Abfrage war vorher mit Kurzfragebögen validiert worden. Darüber hinaus dokumentieren Videos stichprobenartig die Abläufe und Schülerreaktionen während der Intervention.

Lehrervariable: Um den Einfluss der Lehrermerkmale soweit wie möglich zu minimieren, wurden die schriftlichen Anleitungen so gestaltet, dass die Schüler damit weitgehend selbstständig arbeiten konnten. Für inhaltliche Rückfragen war während der Interventionen in allen Gruppen dieselbe Versuchsleitung anwesend. Zusätzlich war der jeweilige Klassenlehrer als Aufsichtsperson dabei.

Interventionsgruppen

Als Lernervariablen wurden in Begleiterhebungen das physikbezogene Selbstkonzept, ausgewählte kognitive Fähigkeiten, Computerkenntnisse und Computeraffinität, domänenspezifisches Vorwissen sowie verbale Fähigkeiten (Wortkenntnisse), Geschlecht und Klassenzugehörigkeit erhoben. Eine Literaturrecherche, die speziellen Anforderungen der

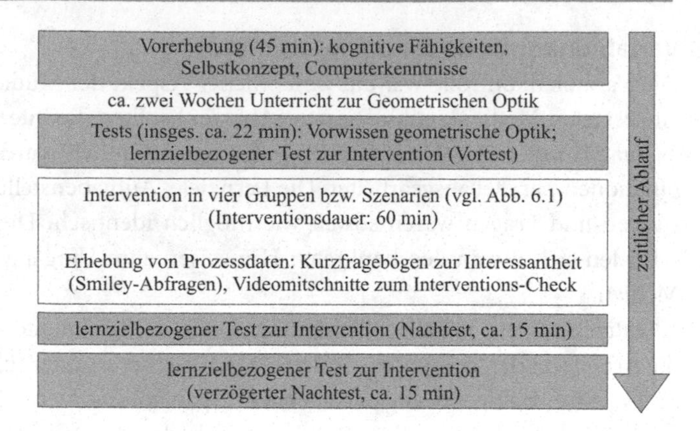

Abb. 6.3 Design der Vergleichsstudie

aktuellen Studie und die zumutbare Testzeit haben zu dieser Auswahl geführt. So wurden z. B. das Selbstkonzept, die kognitiven Fähigkeiten und das Geschlecht aufgrund der Ergebnisse von Artelt et al. (2001, S. 184) mit erhoben. Die Computerkenntnisse und -affinität sind wichtige Variablen, da in der Studie computerbasierte Medien mit realen Medien verglichen werden. Die Durchführung der Intervention in Räumen der Universität machte es leicht, Klasseneffekte zu vermeiden. Jede teilnehmende Klasse konnte auf die vier Interventionsgruppen aufgeteilt werden. Das hatte gleichzeitig den organisatorischen Vorteil, dass pro Erhebungstermin nur jeweils eine Klasse in den Räumen der Universität anwesend war. Dadurch mussten nur für die Hälfte der Klasse die Realexperimente zur Verfügung stehen.

Zeitlich stabile Personenvariablen, wie die kognitiven Fähigkeiten oder das Selbstkonzept, konnten einige Tage vor der Intervention erhoben werden und standen damit als Basis für die Gruppeneinteilung zur Verfügung (Vorerhebung, s. Abb. 6.3). Eigene Vorstudien zeigten, dass von diesen Variablen eine rechnerische Kombination aus kognitiven Fähigkeiten und Selbstkonzept die größte Korrelation mit dem Lernzuwachs aufweist (Brell et al. 2005). Die Gruppen wurden deshalb so eingeteilt, dass sie bezüglich dieses Maßes (Mittelwert und Streuung) möglichst gleich besetzt waren (Parallelisierung). Durch die sukzessive Verteilung der teilnehmenden Klassen auf die Interventionsgruppen konnten Ausfälle durch Nichterscheinen weitgehend ausgeglichen und die Interventionsgruppen mit 41 bis maximal 51 Probanden (insgesamt 182) besetzt werden.

Das Vorwissen in geometrischer Optik war in diesem Fall keine stabile Personeneigenschaft und wurde deshalb kurz vor der Intervention erhoben. Es stand somit nicht für die Gruppeneinteilung zur Verfügung, was sich jedoch rückblickend nicht als Nachteil erwies. Die nach dem beschriebenen Maß eingeteilten Interventionsgruppen waren auch bezüglich des Vorwissens gleich besetzt.

Insgesamt ergab sich aus den Überlegungen zur Variablenkontrolle das in Abb. 6.3 dargestellte Untersuchungsdesign.

6.3 Erhebungsinstrumente

6.3.1 Übernehmen oder entwickeln?

Die benötigten Instrumente ergeben sich aus dem Design der Studie. Ein Instrument (mindestens) muss natürlich die abhängige Variable erfassen. Darüber hinaus werden für alle Lernervariablen Erhebungsinstrumente benötigt. Weiterhin kann es sinnvoll sein, den Verlauf der Intervention zu dokumentieren, damit man nachvollziehen kann, wie weit die Variablenkontrolle bei der Intervention gelungen ist.

Für Fragebögen und Tests sollten soweit wie möglich erprobte Instrumente genutzt werden (Kap. 22). Das empfiehlt sich schon alleine zur Reduktion des Entwicklungsaufwandes, denn eine Vergleichsstudie ist auch ohne umfangreiche Instrumentenentwicklung bereits aufwändig genug. Darüber hinaus ist bei erprobten Instrumenten in der Regel die Qualität abgesichert, und die damit erzielten Ergebnisse erlauben eine Einordnung der Ergebnisse der eigenen Stichprobe in Ergebnisse aus anderen Erhebungen.

In dieser Studie konnten erprobte oder leicht adaptierte Instrumente zur Erhebung der kognitiven Fähigkeiten, des Selbstkonzepts und der Computerkenntnisse genutzt werden. Durch die Adaptationen verliert man zwar einen Teil der oben genannten Vorteile, reduziert aber immer noch den Entwicklungsaufwand.

Außerdem wurden zwei inhaltsspezifische Tests benötigt. Der Vorwissenstest erhob das Vorwissen in geometrischer Optik, das zur Bearbeitung der Unterrichtseinheit notwendig war. Ein weiterer Test erfasste lernzielbezogen das Fachwissen, das während der Intervention erworben werden sollte (Abb. 6.3; lernzielbezogener Test zur Intervention als Vortest, Nachtest, verzögerter Nachtest). Beide Wissenstests mussten genau auf die Inhalte der Intervention abgestimmt sein und deshalb selbst entwickelt werden. Hier war also größerer Aufwand für Entwicklung und Qualitätskontrolle notwendig.

6.3.2 Wissenstests

Aufgrund der relativ großen Stichprobe ($N = 182$) und zur Erhöhung der Auswertungsobjektivität bestanden der Vorwissenstest und der lernzielbezogene Test ausschließlich aus Aufgaben mit geschlossenem Antwortformat (Kap. 14). Dieses Format bedingt einen höheren Entwicklungsaufwand, weil attraktive Distraktoren gefunden werden müssen, reduziert aber den Auswertungsaufwand. Ein Nachteil ist die mit Multiple-Choice-Aufgaben verbundene Ratewahrscheinlichkeit. Deshalb enthielt der Test zu jeder Aufgabe eine Abfrage, wie sicher sich der Schüler bezüglich der Antwort war. Das ermöglicht es, ein strengeres Maß für den Lernzuwachs zu definieren, bei dem zusätzlich zur Richtigkeit auch die subjektive Sicherheit der Antwort berücksichtigt wird. Ein Lernzuwachs bei einer Aufgabe wurde nur dann attestiert, wenn die Antwort im Nachtest richtig *und* sicher gegeben wurde und das im Vortest nicht der Fall war (d. h. die Antwort im Vortest war entweder nicht richtig oder zwar richtig, aber nicht sicher). Dieses strenge Maß vermeidet eine durch Raten künstlich erhöhte Varianz des gemessenen Lernzuwachses.

Wie die gesamte Vergleichsstudie, so mussten auch die einzelnen Aufgaben fair konstruiert sein. Im Wissenstest zum Lernerfolg mussten alle vier Medienkombinationen prinzipiell gleich gute Lerngelegenheiten für alle Aufgaben bieten. So durfte man beispielsweise keine Beobachtungen abfragen, die sehr viel einfacher mit dem Realexperiment oder nur mit dem Interaktiven Bildschirmexperiment möglich sind.

Der lernzielbezogene Test zur Intervention war eng auf die Inhalte der Intervention abgestimmt. Es war nicht zu erwarten, dass Schüler in diesem Bereich Vorwissen mitbringen. Da man das jedoch nicht ausschließen konnte und um das oben beschriebene Maß für den Lernzuwachs realisieren zu können, wurde der Test dennoch auch vor der Unterrichtseinheit durchgeführt. Die Bearbeitung kann allerdings für die Schüler recht frustrierend werden und das Erleben der anschließenden Intervention negativ beeinflussen. Deshalb wurden im Vortest die lernzielbezogenen Aufgaben zur Intervention mit denen des Vorwissenstests, bei denen Kenntnisse zu erwarten waren, gemischt. Das sollte gleichzeitig den Wiedererkennungswert im Nachtest senken und Testwiederholungseffekten entgegenwirken.

6.3.3 Qualitätssicherung

Zur Qualitätssicherung der Instrumente und Interventionen wurden Pilotstudien mit zwei Schulklassen durchgeführt. Die Pilotierung diente der Erprobung der schriftlichen Anleitungen, der zeitlichen Abläufe, der Tests und Fragebögen. Sie zeigte, dass die Tests und Interventionen im Großen und Ganzen „funktionieren“: Die Bearbeitungszeiten waren angemessen, die Anleitungen verständlich, die Interventionen gleich interessant, und die Tests ergaben eine angemessene Streuung der Ergebnisse. Eine Ausnahme war der Fragebogen zu den Computerkenntnissen, der grundlegend überarbeitet werden musste. Offenbar ist in diesem Bereich der durchschnittliche Kenntnisstand so schnellem Wandel unterworfen, dass erprobte Instrumente auch schnell veraltete Instrumente sind. Die Validierung der Wissenstests erfolgte über Expertenbefragungen zur Passung der Aufgaben zu den Lernzielen sowie zur Qualität der Distraktoren (Kap. 30).

6.4 Ergebnisse im Überblick

Da sich andere Kapitel (Kap. 23, 28 und 30) mit Auswertungsmethoden beschäftigen, wird die Wahl der Auswertungsmethoden hier nicht näher behandelt. Die Ergebnisse werden nur in Auszügen anhand einiger Forschungsfragen dargestellt. Die vollständigen Ergebnisse der Studie sind an anderer Stelle nachzulesen (Brell et al. 2008; Brell 2008). Hier werden einige grundsätzliche Hinweise gegeben, worauf bei der Auswertung zu achten ist. Die übergeordnete Forschungsfrage, auf die das gesamte Untersuchungsdesign abgestimmt war, lautete: „Wie unterscheiden sich die (kurz- bzw. langfristigen) Lernerfolge in den vier Interventionen?“ (Szenarien nach Abb. 6.2). Um die Frage nach Unterschieden in der Lernwirksamkeit überhaupt stellen zu können, war es nötig, zunächst die grundsätzliche Lernwirksamkeit der Unterrichtseinheit nachzuweisen: „Besitzt die Unterrichtseinheit in allen vier Versionen einen kurz- bzw. langfristigen Lernerfolg?“

Für einen fairen Vergleich war es außerdem nötig, die gleiche Interessantheit der vier zu vergleichenden Interventionen sicherzustellen: „Sind die vier Interventionen für die Schüler gleich interessant?“.

Die Auswertungen ergaben, dass die Interessantheit der Interventionen vergleichbar hoch eingeschätzt wurde. Damit war eine wichtige Voraussetzung für Vergleiche gegeben. Auch die Frage nach dem grundsätzlichen Lernerfolg konnte positiv beantwortet werden: Ein signifikanter Lernzuwachs war in allen vier Interventionen kurz- und langfristig gegeben.

Bezüglich der Hauptfrage stellte sich heraus, dass die vier Interventionen keine signifikant unterschiedlichen Lernerfolge erzielen. Alle Medienkombinationen führen bei den für den Vergleich herangezogenen Lernzielen offenbar zu dem gleichen Lernzuwachs, sind also gleichermaßen geeignet, um die geometrische Optik des Auges zu vermitteln.

Literatur zur Vertiefung

Bortz J, Döring N (2006) Forschungsmethoden und Evaluation für Human- und Sozialwissenschaftler. Springer, Berlin Heidelberg New York Tokyo (Aus dem Standardwerk von Bortz und Döring sind für die Thematik von Vergleichsstudien insbesondere die Ausführungen zum Begriff der Variablen (1.1.1), und zur Unterscheidung verschiedener Untersuchungsarten relevant (2.3.2).)

Nerdel C (2003) Die Wirkung von Animation und Simulation auf das Verständnis von stoffwechselphysiologischen Prozessen. Dissertation Universität Kiel. http://eldiss.uni-kiel.de/macau/receive/dissertation_diss_00000727 (2.11.2012) (Aus der Studie kann man Anregungen für die methodische Gestaltung von Vergleichsstudien gewinnen.)

Tepner O, Roeder B, Melle I (2010) Effektivität von Aufgaben im Chemieunterricht der Sekundarstufe. Zeitschrift für Didaktik der Naturwissenschaften 16:209–234 (Aus der Studie kann man Anregungen für die methodische Gestaltung von Vergleichsstudien gewinnen.)

Literatur zur Vertiefung

7 Laborstudien zur Untersuchung von Lernprozessen

Claudia von Aufschnaiter

Möchte man das Lernen von Schülern untersuchen, liegt es zunächst nahe, dorthin zu gehen, wo Lernen vermutlich stattfindet: in den Unterricht. Leistungsmessungen und auch Videoaufzeichnungen im Klassenzimmer sollen dann Auskunft darüber geben, wie die Lernenden neue Kompetenzen aufbauen oder auch vorhandene Kompetenzen erweitern. Entsprechende Lehr- und Lernsituationen haben aber einen deutlichen Nachteil: Sie lassen sich nur schwer zu Forschungszwecken in ihrer Gestaltung kontrollieren. Lehrkräfte implementieren z. B. in verschiedenen Klassen das gleiche Lernmaterial unterschiedlich oder geben einzelnen Schülern in unsystematischer Weise Hinweise und Rückmeldungen. Als eine Alternative zur Aufzeichnung von Lernaktivitäten im Feld haben sich Laborstudien etabliert. Sie erlauben eine systematische Kontrolle der für das Lehren und Lernen relevanten Parameter. In Laborstudien werden in der Regel einzelne Lernende oder kleine Schülergruppen nach vorher festgelegten Regeln unterrichtet und dabei deren Verhalten – Aussagen und Handlungen – zu Untersuchungszwecken mit Audio oder Video aufgezeichnet. In diesem Kapitel werden die theoretischen und methodischen Überlegungen zu Laborstudien erläutert und Hinweise für das Design entsprechender Studien gegeben.

7.1 Laborstudien: Wenn Schüler in die Hochschule kommen

Der Begriff **Laborstudie** hat vor allem in der Medizin eine große Verbreitung und wird oft im Kontrast zur **Feldstudie** genannt. Ein Schlaflabor hat z. B. die Funktion, das Schlafverhalten eines Menschen unter Einbezug von physiologischen Parametern (wie Herzschlag, Blutdruck und Hirnaktivität) zu analysieren. Im „Feld", also im heimischen Schlafzimmer des Probanden, wären solche Untersuchungen nur unter erschwerten Bedingungen mög-

Prof. Dr. Claudia von Aufschnaiter ✉
Institut für Didaktik der Physik, Justus-Liebig-Universität Gießen, Karl-Glöckner-Straße 21C, 35394 Gießen, Deutschland
e-mail: cvauf@cvauf.de

D. Krüger, I. Parchmann und H. Schecker (Hrsg.), *Methoden in der naturwissenschaftsdidaktischen Forschung*, DOI 10.1007/978-3-642-37827-0_7,

lich. Zudem wäre schlecht zu kontrollieren, dass der Schlaf des Probanden nicht durch andere Geräusche oder andere Personen gestört wird.

Laborstudien in der fachdidaktischen Lehr- und Lernforschung sind vom Grundsatz her ganz ähnlich angelegt wie Laborstudien in der Medizin. Es geht darum zu untersuchen, wie sich Schüler in bestimmten Lehr- und Lernsituationen verhalten und dabei Kompetenzen aufbauen (Kap. 6). Das „Labor“ ist häufig, aber nicht immer, ein Raum in der Hochschule, der speziell für die Datenerhebung präpariert ist und zu dem die Lernenden meist am Nachmittag kommen. Das „Feld“ ist in der Regel die schulische Unterrichtssituation. Wer jedoch im Internet unter dem Schlagwort „Laborstudie“ recherchiert, wird im Zusammenhang mit Lehren und Lernen kaum fündig. Der folgende Abschnitt klärt deshalb, was in der fachdidaktischen Lehr- und Lernforschung unter einer Laborstudie verstanden werden kann.

7.1.1 Merkmale von Laborstudien

Die Laborstudie hat zunächst ein klares Merkmal: Sie findet *außerhalb der üblichen schulischen Lehr- und Lernsituation* in einer speziell für die Untersuchung geschaffenen Umgebung statt. Dieses „Labor“ soll die Kontrolle der Parameter ermöglichen, die untersucht werden sollen. Sollen z. B. Effekte des Geschlechts auf das Handeln, Denken und Lernen analysiert werden, darf es zu keiner Geschlechterdurchmischung der Gruppen im Lernprozess kommen. Wenn sich aber Jungen gerne Rat bei Mädchen holen oder Mädchen sich bei Jungen Ideen „abgucken“, dann ist der typisch gemischtgeschlechtliche Unterricht – das Feld – zur Erforschung von Geschlechterunterschieden nicht gut geeignet. In einer Laborstudie kann zudem sichergestellt werden, dass die eingesetzten Aufgaben und Instruktionen sowie die Ansagen und das Verhalten einer Lehrkraft für beide Geschlechter identisch ausfallen. Es muss an dieser Stelle aber betont werden: Mit entsprechendem Aufwand lässt sich eine Kontrolle bestimmter Parameter oft auch im schulischen Unterricht realisieren. Wenn es z. B. zwei Klassen mit jeweils ähnlichen Mädchen- und Jungenanteilen gibt, dann können diese Klassen für die Studie zusammengelegt und in zwei geschlechtshomogene Gruppen in Klassengröße aufgeteilt werden. Das erfordert allerdings, dass die Klassen parallel Unterricht haben, was wiederum Überlegungen nach sich zieht, wie der jeweils gleiche Unterricht sowohl bei den Mädchen als auch bei den Jungen von der gleichen Lehrkraft durchgeführt werden kann.

Die Laborsituation wird überwiegend genutzt, um eine kleine Gruppe von Lernenden, ggf. auch nur Einzelpersonen, bei der Bearbeitung von Aufgaben und Instruktionen zu beobachten. Der Fokus auf kleine Gruppen hat verschiedene Vorteile: Es wird kein besonders großer Raum benötigt, die Versuchsleitung kann gezielt intervenieren, schlecht kontrollierbare Interaktionen zwischen Lernenden verschiedener Gruppen entfallen, und die Datenerhebung ist auch wegen der verringerten Geräuschkulisse vereinfacht (Abschn. 7.4.2). Die Arbeitsprozesse der Lernenden verlaufen in Laborstudien nach unserer Erfahrung insgesamt deutlich ungestörter als im schulischen Unterricht (dies ist gleichzeitig auch ein

Problem der **ökologischen Validität** von Laborstudien; Abschn. 7.1.2). Der Fokus auf kleine Gruppen muss nicht bedeuteten, dass die Fallzahlen insgesamt klein sind. Wir haben in unseren Laborstudien in der Regel ca. zehn Gruppen mit jeweils drei Schülern, so dass sich insgesamt ungefähr eine Klassenstärke ergibt. Bei entsprechendem zeitlichen Rahmen und entsprechenden Möglichkeiten der Durchführung sind der absoluten Menge der Fälle im Prinzip keine Begrenzung gesetzt. Für statistische Zwecke profitiert man eher von großen Fallzahlen. Je weniger Probanden einbezogen sind, desto eher benötigt man deutliche Effekte für aussagekräftige Ergebnisse. Aber: Mit der Zahl der Schüler steigt auch der Aufwand – sowohl für die Erhebung als auch für die Auswertung.

Ein zweites Merkmal einer Laborstudie ist ihr *prozesshafter Charakter*. Eine Laborstudie soll helfen zu ergründen, wie im Detail Aufgaben und Instruktionen genutzt werden. Sie geht also der Frage nach, welches Handeln und Denken während der Bearbeitung von Aufgaben und Instruktionen entsteht. Dabei kann z. B. untersucht werden, ob Mädchen anders an physikalische Experimente herangehen als Jungen, ob möglicherweise Schüler mit Migrationshintergrund Experimentieranleitungen anders umsetzen als Schüler ohne Migrationshintergrund oder ob Schüler der 8. Klasse für Aufgaben mehr Zeit benötigen als Schüler der 11. Klasse für die gleichen Aufgaben. Um die Prozesse einer Auswertung zugänglich zu machen, wird in Laborstudien üblicherweise Videographie zur Datenerhebung genutzt (Abschn. 7.2, 7.4.1). Eine auf die Prozesse abzielende Laborstudie muss dabei nicht das einzige methodische Element der Forschung bleiben. Eine zusätzliche Fragebogenerhebung, z. B. zum Selbstkonzept, kann genutzt werden, um die verschiedenen Perspektiven abzugleichen und Abweichungen zwischen Fragebogendaten und Daten aus der Laborstudie zu untersuchen. Obwohl auch Interviews (Kap. 10) als Prozesse ablaufen, unterscheiden sie sich doch von Laborstudien in der Regel dadurch, dass Probanden Antworten auf Fragen generieren und dann neue, an diese Antworten angepasste, Fragen gestellt bekommen. Es steht dabei meist weniger der Prozess im Vordergrund, *wie* der Proband zu seiner Antwort kommt, sondern eher die Antwort selbst. Dennoch muss betont werden, dass gerade die in der naturwissenschaftsdidaktischen Forschung z. T. eingesetzten Interviewstudien, die auch Experimente nutzen (u. a. Hartmann 2004), einen fließenden Übergang zu Laborstudien zeigen bzw. vom Prinzip her wie Laborstudien angelegt werden können.

Der prozesshafte Charakter von Laborstudien zeigt sich auch in der Medizin: Ein Schlaflabor soll nicht herausbekommen, *dass* jemand schlecht schläft, sondern *wie* genau der Schlaf verläuft und worin mögliche Ursachen eines schlechten Schlafes liegen. Laborstudien dienen also in der Regel nicht einer Messung aktuell vorliegender Kompetenzen und Einschätzungen – dafür würden Leistungsmessungen und Befragungen und ggf. Interviews verwendet werden –, sondern sollen Aufschluss über das Agieren, Denken und Verstehen von Schülern liefern (vgl. Ansätze des *Teaching Experiments*; Komorek 1999; Riemeier 2005). Hier ist es hilfreich, zwischen dem Handeln, Denken und Verstehen auf der einen Seite und dem Lernen auf der anderen Seite zu unterscheiden (v. Aufschnaiter und v. Aufschnaiter 2005). Ein Schüler, der im Rahmen einer Laborstudie gebeten wird, einen einfachen Stromkreis aufzubauen, würde möglicherweise versuchen, das Lämpchen mit nur einem Kabel an eine Batterie anzuschließen. Es ließe sich daraus schließen, dass der

Schüler eine Vorstellung hat, bei der er annimmt, dass ein Kabel als Verbindung zwischen Spannungsquelle und elektrischem Bauteil genügt. Diese experimentelle Aufgabe hilft also zu identifizieren, wie ein Lernender über Stromkreise „denkt". Es kann zudem geprüft werden, ob der (falsche) Aufbau sehr schnell erfolgt – dann wäre anzunehmen, dass die Vorstellung sehr sicher gedacht wird – oder ob das Handeln einen eher ausprobierenden Charakter hat. Eine manifeste Vorstellung kann dann u. U. eher nicht unterstellt werden.

Das so dokumentierte Handeln und die Analysen zum Denken und Verstehen der Schüler ermöglichen aber keine Schlüsse auf Lernen. Dazu muss im Rahmen der Laborstudie zielgerichtet ein Lernangebot gestaltet werden. Es bietet sich z. B. an, dem Schüler zu zeigen, wie eine Lampe angeschlossen wird, und dabei explizit zu thematisieren, dass es auf ganz bestimmte Anschlusspunkte ankommt (Gewinde und Fußpunkt beim Lämpchen, beide Pole der Batterie). Anschließend kann der Schüler an verschiedenen Abbildungen identifizieren, ob eine an eine Batterie angeschlossene Lampe leuchten wird. Er könnte überlegen, wie die Anschlüsse in einer Fassung verlaufen und zum Schluss weitere elektrische Bauteile analog an eine Batterie anschließen (v. Aufschnaiter et al. 2008). Im Verlauf dieser Informationen und Lernaufgaben kann dann beobachtet werden, wie sich das Handeln, Denken und Verstehen des Schülers *verändert*. Ein Proband hat also immer dann etwas dazu gelernt, wenn sich das dokumentierte Handeln, Denken und Verstehen in Bezug auf ähnliche Aufgaben verändert hat. Wir sprechen in unserer Forschung immer dann von einem *Lernprozess*, wenn wir untersuchen, *in welcher Weise* Schüler zu neuem Wissen, neuen Fähigkeiten und Fertigkeiten gelangen und wie das Lernmaterial auf diesen Kompetenzaufbau Einfluss nimmt.

Die gerade erläuterte Unterscheidung von Handeln, Denken und Verstehen auf der einen Seite und Lernen als Veränderung von Handeln, Denken und Verstehen auf der anderen Seite, verweist auf ein drittes Merkmal der Laborstudien, die als Lernprozessstudien angelegt sind: Sie sollen Lernen bewirken, um die Bedingungen des Lernens untersuchen zu können. Solche Laborstudien müssen eine **Intervention** beinhalten. Entsprechende Laborstudien haben meist einen höheren zeitlichen Umfang als Laborstudien ohne Intervention. Die Untersuchung von Lernprozessen macht es meist notwendig, Probanden über mindestens ein bis zwei Schulstunden, möglichst aber sogar über mehrere aufeinander folgende Termine zu verfolgen.

7.1.2 Vor- und Nachteile von Laborstudien

Bereits in Abschn. 7.1.1 wurden implizit einige Vorteile von Laborstudien angesprochen. Sie liegen zum einen in der Reduktion der Zahl von Variablen, die auf Prozesse Einfluss nehmen. Dies können in **Feldstudien** z. B. Interaktionen von Mädchen mit Jungen sein (dies wäre ungünstig, wenn Geschlechterunterschiede untersucht werden sollen) oder aber unsystematische Interaktionen einer Lehrkraft mit einzelnen Lernenden. Auf der anderen Seite können für die Untersuchung relevante Parameter zielgerichtet variiert und leichter kontrolliert werden. Darüber hinaus können aufgrund der oft nur kleinen Gruppengrößen einzelne Lernende ungestörter arbeiten. Zudem ist die Datenerhebung erleichtert. Es lassen sich in einer solchermaßen „reduzierten" Umgebung Prozessmerkmale leichter identifizieren und spezifischen Parametern zuschreiben.

Die genannten Vorteile bringen aber auch Nachteile mit sich. Insbesondere bleibt in einer Laborstudie ungeklärt, ob sich die ermittelten Effekte auch im Feld einstellen (Kap. 3). Gerade die Reduktion von Variablen kann auch dazu führen, dass konfundierende Effekte, also die Wechselwirkung zwischen Variablen, nicht mehr auftreten. Das scheint zunächst von Vorteil, weil sich eine einfachere Datenstruktur ergibt. Die Reduktion kann aber den Blick auf Parameter und Wechselwirkungen verstellen, die für die unterrichtliche Praxis konstitutiv sind.

Ein weiterer Nachteil von Laborstudien besteht darin, dass Lernende für die Studie „bei der Stange" gehalten werden müssen. Schüler nehmen am Schulunterricht üblicherweise sehr regelmäßig teil, auch dann, wenn sie nicht besonders gerne in den Unterricht kommen. Eine Laborstudie ist eine freiwillige Aktivität, die jederzeit auch abgebrochen werden kann, wenn sie einem Lernenden nicht gefällt. Wir bieten deshalb den Schülern immer einen kleinen finanziellen Anreiz (Probandengelder, s. u.). Er wird nur dann ausgezahlt, wenn die Probanden keinen der Termine versäumen. Es hat sich auch als wichtig erwiesen, im Anschreiben an die Erziehungsberechtigten und die Probanden (→ Zusatzmaterial online) darauf zu achten, eine möglichst hohe Motivation zur Teilnahme zu bewirken (Abschn. 7.3.2).

Auch wenn die Lernenden angemessen motiviert werden müssen, um an der Studie bis zum Ende teilzunehmen, haben Laborstudien den Vorteil, dass ein ministerielles Genehmigungsverfahren entfällt. Datenerhebungen in der Schule benötigen üblicherweise sowohl die Zustimmung der Schulkonferenz als auch des jeweiligen Kultusministeriums oder Schulamts. Entsprechende Genehmigungsverfahren dauern nach unserer Erfahrung oft bis zu mehreren Monaten. Eine Genehmigung ist üblicherweise auch dann notwendig, wenn die Laborstudie zwar außerhalb der Unterrichtszeiten, aber in den Räumen der Schule stattfindet. Kommen die Schüler jedoch zur Datenerhebung an einen anderen Ort, z. B. in die Hochschule, müssen nur die Lernenden selbst, und bei Minderjährigkeit deren Erziehungsberechtigte, zustimmen. Laborstudien benötigen somit einen deutlich kürzeren Vorlauf als Erhebungen in der Schule. Dabei ist jedoch zu bedenken, dass die Schüler in der Nähe des Ortes der Durchführung der Studie wohnen müssen, damit ihnen eine altersgerechte Anfahrt möglich ist.

Zusammenfassend lassen sich Laborstudien durch drei Merkmale charakterisieren:

- *Laborsituation*: Die Datenerhebung findet außerhalb einer „normalen", meist schulischen, Lehr- und Lernsituation statt, typischerweise mit Kleingruppen oder einzelnen Schülern.
- *Prozesshafter Charakter*: Laborstudien sind weniger auf die Messung aktuell vorliegender Fähigkeiten, Fertigkeiten und Wissensbestände ausgerichtet, sondern haben das Ziel, das Handeln, Denken und die Verläufe des Kompetenzaufbaus von Lernenden zu untersuchen.

- *Intervention*: Laborstudien in der fachdidaktischen Lehr- und Lernforschung beinhalten i. d. R. ein Lernangebot, dessen Nutzung durch Schüler untersucht werden soll.

Da die Ergebnisse von Laborstudien meist nicht eins zu eins ins Feld übertragen werden können, eignen sich Laborstudien besonders für Fragen der Exploration oder Pilotierung. Dies ist z. B. der Fall, wenn

- Lernmaterial unter kontrollierten Bedingungen zunächst erprobt werden soll, um herauszufinden, wie Schüler grundsätzlich mit dem Material umgehen und wie dabei Lernprozesse verlaufen;
- *Hypothesen* zu bestimmten Lernaktivitäten geprüft werden sollen, z. B. wann welche alltagsnahen oder fachlichen Vorstellungen generiert werden und wie sich diese durch die Auseinandersetzung mit Lernmaterial verändern;
- sehr genau untersucht werden soll, welche Handlungs-, Denk- und Lernprozesse sich bei Schülern unter verschiedenen Randbedingungen einstellen, um daraus Hypothesen für Dynamiken im Feld abzuleiten.

Laborstudien können somit sowohl Vorläufer zu Feldstudien sein, als auch aus einer (diffusen) Befundlage von Feldstudien erwachsen. Laborstudien können dabei Feldstudien nicht ersetzen. Es sollte auf jeden Fall vermieden werden, Ergebnisse von Laborstudien als für Feldsituationen gleichermaßen gültig anzusehen. In unserer eigenen Forschung kombinieren wir aus diesem Grund Feld- und Laborstudien. Wir prüfen damit, welche Prozesse in beiden Szenarien beobachtet werden können und wo sich Abweichungen ergeben. Eine solche Kombination kann aber oft nicht im Rahmen eines einzelnen Projektes oder einer Dissertation erfolgen, sondern erfordert eine Folge von Forschungsprojekten, die auf ähnliche Fragestellungen abzielen und aufeinander aufbauen.

7.2 Aufbereitung von Interventions- bzw. Lernmaterialien

Für in Laborstudien eingesetzte Interventionen ist es notwendig, das genutzte Lernmaterial so aufzubereiten, dass eine Vergleichbarkeit zwischen den Gruppen hergestellt werden kann. Probleme in der Vergleichbarkeit ergeben sich insbesondere für alle verbalen Ansagen und Interventionen, z. B. Erklärungen. Hier ist es unverzichtbar, sowohl die Ansage selbst als ihren Zeitpunkt bzw. ihre inhaltliche Platzierung im Vorfeld zu planen und festzulegen. Es ist sehr hilfreich, die Ansage und deren Einsatz schriftlich zu verfassen und ggf. auch tatsächlich vorzulesen. Wir verzichten in unseren Laborstudien konsequent auf ein Eingreifen des Versuchsleiters im Sinne der Aktivität einer Lehrkraft, um sicherzustellen, dass alle Gruppen unter gleichen Bedingungen instruiert werden. In anderen Studien werden dagegen verbale Interventionen geplant eingesetzt (u. a. Riemeier 2005). Die Schülergruppen werden bei uns ausschließlich zu Beginn einer jeden Sitzung begrüßt und am Ende verabschiedet. Fragen, insbesondere solche inhaltlicher Natur, werden nicht verbal beantwortet. Eine Information über den Ablauf der Sitzungen wird zu Beginn der Studie allen Gruppen zwar verbal gegeben, diese aber von der Versuchsleiterin von einem Blatt abgelesen (→ Begleitmaterial online). Wir achten dabei darauf, dass die verwendeten Sätze kurz sind und auch die gesamte Information so knapp wie möglich ausfällt, da Schüler bei verbalen Ansagen oft vergleichsweise schnell nicht mehr aufmerksam zuhören. In Vorerprobungen wird sichergestellt, dass die Informationen von den Lernenden verstanden werden und es in der Regel nicht zu Rückfragen kommt. Die Laborsitzungen werden üblicherweise auf Video aufgezeichnet; bei uns sitzt der Versuchsleiter dabei in einer nicht von der oder den Kamera(s) erfassten Ecke des Raumes. Wir fertigen in den Sitzungen grobe Protokolle des Verlaufes an, die später helfen, zielgerichtet auf spezifische Stellen des Videos zuzugreifen (→ Begleitmaterial online). Sie sorgen zudem dafür, dass der Versuchsleiter beschäftigt ist und nicht „versehentlich" durch Mimik oder verbale Aussagen interveniert.

Neben verbalen Ansagen benötigen Interventionen in Laborstudien oft schriftlich formulierte Arbeitsaufträge und Informationen sowie ggf. Experimentiermaterial. Letzteres lässt sich leicht in Kisten mit Packlisten so zusammenstellen, dass alle Gruppen auf genau die gleichen Materialien zugreifen. Dabei sind Details zu bedenken: Es ist z. B. für Versuche zur Wärmelehre wichtig, dass die Gegenstände und Flüssigkeiten zu Beginn der jeweiligen Sitzung für alle Gruppen gleiche Temperaturen aufweisen. Alle Arbeitsaufträge, aber auch alle Hinweise, Hilfen und ggf. Erklärungen werden bei uns auf Karten im DIN A5-Format geschrieben (Abb. 7.1, 7.2). Als Schriftgröße wählen wir mindestens 18 Punkt, damit Gruppen von drei Schülern die Texte gut lesen können. Wenn schriftliche Antworten verlangt werden, können diese direkt auf die Karten notiert werden. Das erhöht zwar den Vorbereitungsaufwand – für jede Gruppe muss mindestens für die zu beschriftenden Karten ein eigener Kartensatz angefertigt werden –, hat sich aber in der Praxis als das zuverlässigste und für die Schüler einfachste Verfahren erwiesen. Aufgrund der Videoaufzeichnung wäre es prinzipiell vollständig verzichtbar, dass Schüler Antworten notieren. Häufig werden diese Notizen jedoch benötigt, damit die Schüler später auf ihre Überlegungen zurückgreifen können. Zudem zeigt sich, dass das Notieren von Antworten Aufschlüsse über Gruppendynamiken geben kann. Nach unserer Erfahrung sollte aber immer sehr genau überlegt werden, ob Schüler Antworten zwingend notieren müssen, da dies gerade bei jüngeren Schülern oft lange dauert und deshalb den Fluss des Arbeitsprozesses stören kann.

Die Karten werden mit der Rückseite nach oben auf einen Stapel zur Verfügung gestellt. Die Rückseite enthält eine eindeutig der Karte zuweisbare Nummer, die so groß notiert ist, dass sie gut in der Kamera sichtbar ist (Abb. 7.3, 7.4). Für die Lernenden haben die Karten den Vorteil, dass sie die Arbeitsprozesse etwas strukturieren, da immer nur eine Aufgabe sichtbar vorliegt. Für uns haben die Karten den Vorteil, dass wir jeden Aufgabenwechsel gut sehen, auch dann, wenn die Lernenden die Aufgabe selbst nicht explizit thematisieren. Dies gilt auch für Rückgriffe auf bereits bearbeitete Karten, deren Nummern wir im Prozess des Anhebens und ggf. auch Ablesens der hoch gehaltenen Karte meistens gut sehen können. Wir können somit fast immer sicher sagen, auf welchen Teil der Interventionen sich das Handeln und Denken der Lernenden gerade bezieht.

Abb. 7.1 Karte mit Aufgabe (aus Rogge 2010)

1.19

Ihr habt in Karte 1.16 mit heißem Wasser einen Löffel erwärmt. In Karte 1.17 habt ihr mit einem heißen Stabende ein Gel-Pack erwärmt. In Karte 1.18 habt ihr mit einer Rotlichtlampe ein Messer erwärmt.

Schreibt mindestens 3 weitere Dinge auf, mit denen man andere Gegenstände erwärmen kann.

Wir würdet ihr die Gruppe von Dingen nennen, mit denen man andere Gegenstände erwärmen kann?

Abb. 7.2 Karte mit Erklärung (aus Rogge 2010)

Info 5

Wärmequelle und Wärmeempfänger

Gegenstände, die Wärme an andere Gegenstände bzw. an ihre Umgebung abgeben, werden in der Physik als *Wärmequellen* bezeichnet.

Entsprechend werden Gegenstände, die Wärme aufnehmen, als *Wärmeempfänger* bezeichnet.

Aufgabe: Schreibt die Wärmeempfänger der letzten drei Karten auf!

Abb. 7.3 Rückseite einer Karte

1.19

Abb. 7.4 *Screenshot*, Stapel vorne enthält abgelegte Karten

Wir legen unsere Laborsitzungen so an, dass sie – ggf. inklusive ergänzender Befragungen – nicht mehr als 90 Minuten dauern. Nach unseren Erfahrungen kann bei Schülern der Sekundarstufen I und II von einer konzentrierten Bearbeitungszeit von ca. 60 Minuten ausgegangen werden, wenn die Intervention gut zu den Fähigkeiten und Interessen der Schüler passt. Ist dies nicht der Fall, steigen die Schüler zunehmend inhaltlich aus. Es bietet sich vor dem Hintergrund dieser Erfahrungen an, die reine Interventionszeit in einer Sitzung auf ein Zeitfenster von 60 Minuten auszulegen.

7.3 Auswahl und Rekrutierung von Probanden

Die Auswahl und Rekrutierung von Probanden erfolgt meist in mehreren Schritten. Diese Schritte umfassen zunächst die Festlegung der für die Untersuchung relevanten Personenmerkmale. Solche Merkmale können z. B. das inhaltsspezifische Vorwissen oder die Interessen, aber auch das Geschlecht oder der soziökonomische Hintergrund sein. Eine Messung der für die Erhebung relevanten Merkmale erfolgt in der Regel über entsprechende Vorbefragungen, die dann zur gezielten Auswahl von Probanden genutzt werden (Abschn. 7.3.1). Anschließend müssen Probanden für die Erhebung gewonnen werden (Abschn. 7.3.2). Hier ist es wichtig, mehr Probanden zu gewinnen, als tatsächlich für die Untersuchung notwendig sind. Zuletzt findet eine Auswahl von Probanden für die Laborstudie statt, wobei u. a. die zeitliche Verfügbarkeit der Probanden und ggf. die Ergebnisse von Vorbefragungen für die Auswahl herangezogen werden. Die im Folgenden beschriebenen Schritte bei der Auswahl und Gewinnung der Probanden sowie bei der Durchführung der Studie (Abschn. 7.4) finden sich auch in Form einer zeitlich strukturierten „Checkliste" im online Begleitmaterial.

7.3.1 Auswahl von Probanden

Der Einsatz von Vorbefragungen zur Auswahl von Probanden kann auf zwei Wegen erfolgen:

1. Es werden Lernende im schulischen Unterricht deutlich vor Beginn der Laborstudie befragt und anhand der Befunde Probanden ausgewählt. Der Vorteil dieses Vorgehens ist, dass nur Probanden in die Laborstudie aufgenommen werden, die auch tatsächlich in die Studie „hineinpassen". Der deutliche Nachteil liegt jedoch darin, dass die Befragungen in der Regel dem vollen behördlichen Genehmigungsverfahren unterliegen und damit einen relativ langen zeitlichen Vorlauf brauchen (Abschn. 7.1.2).
2. Es werden die Lernenden zu Beginn bzw. während der Laborstudie befragt. Es ist dann zumeist nicht möglich, Personenmerkmale gut zu kontrollieren; sie sind in ihren Ausprägungen aber zumindest bekannt. Werden mehr Probanden als ursprünglich für die Erhebung eingeplant in die Studie aufgenommen, kann im Nachhinein eine gezielte

Auswahl unter Reduktion der Fallzahlen erfolgen. Der Aufwand im Vorlauf wird deutlich verkleinert; gleichzeitig werden aber auch die Möglichkeiten beeinträchtigt, zu aussagekräftigen Befunden zu gelangen.

Zwischen den beiden hier genannten Verfahren der Probandenauswahl (Kap. 8) muss immer abgewogen werden. Je stärker explorativ die Laborstudie angelegt ist, desto eher ist Variante 2 einsetzbar. Eine nicht vollständig gelingende Kontrolle der Variablen kann hier sogar einen Vorteil darstellen: Es wird u. U. bei der Auswertung deutlicher, welche Bandbreite an Effekten sich einstellt. Es kann dabei aber oft nicht gut geklärt werden, welcher Parameter in welcher Weise zum Effekt beiträgt.

Wird Variante 1 gewählt, können je nach der Fragestellung z. B. Skalen des „Kognitive Fähigkeiten Tests" (KFT; Heller und Perleth 2000), inhaltsspezifische Vorwissenstests aus dokumentierten Befragungen zu Schülervorstellungen im Themenfeld, Fragebögen zum Interesse und Selbstkonzept (Items z. B. in Hoffmann et al. 1998) oder Befragungen zum Migrationshintergrund bzw. zum sozioökonomischen Status genutzt werden (Instrumente z. B. aus PISA-Erhebungen; Frey et al. 2006).

7.3.2 Rekrutierung von Probanden

Die Rekrutierung von Schülern sollte nach Möglichkeit immer in der Schule erfolgen. Wir sprechen dazu zunächst immer mit der Schulleitung und bitten um die Möglichkeit, in den von uns anvisierten Klassenstufen ca. zehn Minuten das Projekt vorstellen zu können und Rückmeldebögen an die Schüler verteilen zu dürfen. Hinzu kommt ggf. die Zeit, die für die Vorbefragung zur Probandenauswahl benötigt wird (Abschn. 7.3.1).

In Vorbereitung auf die Rekrutierung formulieren wir ein Anschreiben (→ Begleitmaterial online) für die Erziehungsberechtigten, in dem wir in wenigen Sätzen das Anliegen des Projektes sowie die geplante Studie erläutern. Wir fertigen zudem einen Rückmeldebogen an, in dem die Erziehungsberechtigten ihr Einverständnis zur Erhebung von Daten und zur Auswertung sowie Nutzung der Daten erklären (→ Begleitmaterial online). Nachdem wir zunächst immer nur pauschal gebeten hatten, der Nutzung der Daten zu Forschungs- und Ausbildungszwecken zuzustimmen, haben wir uns inzwischen entschieden, die Zustimmung in einzelnen Abschnitten zu erfassen. Dieses Vorgehen erhöht die Transparenz im Umgang mit den Daten und vermeidet im äußersten Fall rechtliche Konflikte mit den Erziehungsberechtigten. Es ist wichtig, dass die Schüler die unterzeichneten Erklärungen zur ersten Sitzung mitbringen bzw. im Vorfeld per Post (Freiumschlag verwenden) zurückschicken.

Nach unserer Erfahrung lassen sich viele Schüler mit der Idee, an einem Forschungsprojekt mitzuwirken und der Aussicht, dass etwas „Spannendes" mit ihnen passiert, für die Teilnahme motivieren. Wir haben dennoch in der Regel einen kleinen finanziellen Anreiz angekündigt, wenn die Untersuchung über mehrere Termine angelegt war. Typischerweise haben wir Schülern der Mittelstufe pro 90 Minuten ca. 8 Euro (bei vier Terminen 30 Euro),

Schülern der Oberstufe ca. 12 Euro (bei vier Terminen 50 Euro) angeboten. Wenn Geld am Ende der Untersuchung, und nur bei vollständiger Teilnahme, ausgezahlt werden soll, ist dies im Anschreiben an die Erziehungsberechtigten zu vermerken. Unabhängig, ob das Geld in bar ausgezahlt oder ein Gutschein (z. B. Buch- oder Kinogutschein) übergeben werden soll, ist mit der Hochschule der formale Ablauf, insbesondere die Quittierung der Summe, zu klären.

Während der Rekrutierung wird den Schülern das Projekt nur kurz vorgestellt, mit Hinweisen auf das grundsätzliche Anliegen, das Zeitfenster der Untersuchung und den von den Teilnehmern erwarteten Zeiteinsatz. Für die Schüler ist oft zudem wichtig zu erfahren, ob sie „gut" im jeweiligen Fach bzw. Themenfeld sein müssen – was wir in den bisherigen Untersuchungen immer verneint haben – und ob sie im Falle von Gruppenarbeit selbst entscheiden dürfen, mit wem sie zusammenarbeiten. Vor Ort müssen von den Schülern die folgenden Angaben auf einem Extrablatt schriftlich eingeholt werden (→ Begleitmaterial online):

- Im Falle der Erhebung in Kleingruppen: Mit welchen Mitschülern soll zusammen gearbeitet werden? Dieser Punkt kann entfallen, wenn Gruppen gemäß einer Vortestung zusammengesetzt werden. Nach unseren Erfahrungen ergeben sich allerdings deutlich besser nutzbare Daten, wenn die Schüler Gruppenpartner haben, mit denen sie gerne zusammen arbeiten. Hier hilft zu erfassen, wer das sein könnte, um dies bei der Zusammensetzung der Gruppen zu berücksichtigen.
- Tage und Uhrzeiten, wann die Probanden zu den Laborerhebungen kommen können. Es muss dazu geklärt sein, in welchem Zeitfenster die Sitzungen stattfinden sollen, welche Dauer sie haben und wie oft die Schüler kommen sollen. Zudem ist wichtig anzusagen, dass sich im Falle der Bildung von Gruppen die Gruppen auf einen gemeinsamen Termin verständigen sollen.
- Kontaktdaten, möglichst auch eine E-mail-Adresse.

Diese abzufragenden Punkte zeigen schon, dass sich die Logistik der Terminfindung vergleichsweise aufwändig gestaltet. Es ist deshalb sehr wichtig, mehr Schüler für die Untersuchung zu motivieren, als in die Erhebung aufgenommen werden sollen (etwa doppelt so viele). Je größer die Personenzahl ist, umso leichter lassen sich aus den Terminmöglichkeiten die Gruppen heraussuchen, die überschneidungsfrei und den Kriterien der Auswahl entsprechend an der Erhebung teilnehmen sollen. Wie viele Probanden für eine Laborstudie mindestens benötigt werden, ist dabei eine schwierige Frage, die von verschiedenen Aspekten abhängt:

- Nach unseren Erfahrungen können pro Woche ca. zehn Termine vergeben werden. Bei Gruppen von z. B. drei Schülern können somit ca. 30 Probanden aufgenommen werden. Das gilt besonders, wenn es sich um Termine handelt, die im wöchentlichen Abstand wiederholt werden sollen. Die Zahl lässt sich vergrößern, wenn die Untersuchung gestaffelt wird, also z. B. eine erste Kohorte in zwei aufeinanderfolgenden Wochen und dann eine zweite aus einer anderen Klasse, Altersstufe, Schule o. ä.

- Wir haben mit ca. 30 Schülern gute Erfahrungen gemacht. Die Zahl lässt häufig bereits grundlegende statistische Analysen zu, zeigt hinreichend gut Varianz zwischen Schülern, aber auch Gemeinsamkeiten und die Bandbreite möglicher Prozesse. Sie ist oft aber nur sehr begrenzt geeignet, um aufwändigere statistische Auswertungen durchzuführen oder aber zu generalisierbaren Aussagen zu gelangen. Zudem ist sie zu klein, wenn der Einfluss mehrerer Schülermerkmale untersucht werden soll, weil dann die Teilstichproben zu klein werden.
- Aufgrund der arbeits- und zeitaufwändigen Analysen von Prozessdaten kann die Fallzahl nicht unbegrenzt erhöht werden. Die Analyse von Videodaten ist oft sehr zeitaufwändig, so dass insbesondere transkriptgestützte Analysen im Rahmen einer Dissertation nach unseren Erfahrungen maximal 50 Stunden Videozeit umfassen können. Werden mehr Daten erhoben, müssen diese dann je nach Fragestellungen für die weiteren Analysen eingegrenzt werden.

Zwischen einer Vortestung und dem Beginn der Erhebung sollten mindestens zwei Wochen liegen, um genügend Zeit für die Testauswertung und die Zusammensetzung der Gruppen zu haben. Es muss dann immer noch mindestens eine Woche Zeit bleiben, bevor die Erhebung beginnt, damit sich die Schüler darauf einstellen können. Sowohl mit als auch ohne Vortestung muss den Schülern, die nicht an der Studie teilnehmen dürfen, abgesagt werden (→ Begleitmaterial online). Nach unserer Erfahrung sind viele traurig, wenn sie nicht ausgewählt wurden und vermuten, dass sie etwas nicht richtig gemacht hätten. Solche Annahmen müssen entsprechend abgefangen werden.

7.4 Durchführung der Studie

Auch wenn manche der folgenden Ausführungen selbstverständlich erscheinen, ist es wichtig, die Durchführung der Datenerhebungen sehr sorgfältig zu planen. Sonst können vermeidbare praktische Fehler zu Datenausfällen führen.

7.4.1 Vorbereitung des Labors

Nach Möglichkeit soll der Raum für die Erhebung in der eingerichteten Form über den gesamten Zeitraum der Datenerhebungen unverändert zur Verfügung stehen. Im Raum werden nicht nur die Arbeitsplätze für die Schüler benötigt, sondern auch ein Platz für den Versuchsleiter bzw. „Lehrer". Festgelegte Plätze für die Probanden sind notwendig, um eine möglichst optimale Kameraposition zu finden und diese auch für verschiedene Gruppen beizubehalten. Die Kamera soll dabei eine Aufnahme von schräg oben ermöglichen (Abb. 7.4) und immer bereits auf Aufnahme gestellt sein, *bevor* die

Schüler den Raum betreten, um einen unnötigen Fokus auf die Kamera zu vermeiden oder zumindest zu verringern. Bei Gruppengrößen von drei oder weniger Schülern reicht meist eine Kamera aus, die so positioniert sein muss, dass sie die Aktivitäten aller Gruppenmitglieder und möglichst auch die Mimik angemessen erfasst (Abb. 7.4). Größere Gruppen können u. U. eine zweite Kamera erfordern. Mehrere Kameras haben den Vorteil, dass ein eventueller Bildausfall einer Kamera kompensiert werden kann. Es ist dabei aber zu bedenken, dass mehr Kameras oft auch mehr Platz benötigen und das Risiko steigt, dass sie vermehrt während der Erhebung von den Schülern wahrgenommen werden. Der Vorbereitungsaufwand erhöht sich und damit auch die Wahrscheinlichkeit, dass Fehler gemacht werden. Die Befürchtung, dass Kameras die Schüler ablenken oder dass sie sich in der Untersuchungssituation durch die Videoaufzeichnung gehemmt fühlen, sind unbegründet. In unseren zahlreichen Datenerhebungen hat sich gezeigt, dass die Kamera(s) von den Lernenden nur punktuell wahrgenommen werden.

Ist der Raum vergleichsweise klein, reicht oft das Mikrophon an der Kamera aus. Bessere Tonqualität wird erreicht, wenn entweder ein spezielles Aufsteckmikrophon verwendet wird oder das Mikrophon direkt am Platz steht. Wir hängen in der Regel ein Funkmikrophon von der Decke gerade etwas oberhalb der Köpfe der Probanden. Dies hat den Vorteil, dass die Schüler das Mikrophon nicht versehentlich verdecken oder verschieben.

7.4.2 Erhebung der Daten

Wenn möglich, sollten die Schüler an einem einfach zu findendem Punkt im Gebäude abgeholt werden (z. B. an der Eingangstür) und zum Erhebungsraum gebracht werden. Damit wird vermieden, dass die Probanden durch ein für sie unbekanntes Gebäude irren und schon vor Beginn der Erhebung frustriert oder gestresst sind. Die Erhebung soll möglichst ohne Umschweife beginnen, damit sich keine (weitere) Nervosität aufbauen kann. Sollten Befragungen geplant sein, müssen diese nicht immer vor der ersten Intervention durchgeführt werden. Während inhaltsspezifisches Vorwissen immer vorab erfasst werden muss, lassen sich z. B. allgemeine kognitive Fähigkeiten auch zu einem späteren Zeitpunkt messen, wenn das in Abschn. 7.3.1 vorgestellte Verfahren 2 gewählt wird. Eine Verteilung von Fragebögen über die Erhebung und dabei auch möglichst über verschiedene Termine hinweg erhöht die Abwechslung und trägt dazu bei, dass die Schüler konzentriert an der Sache arbeiten (vgl. die Ausführungen zur Dauer einer Sitzung in Abschn. 7.2).

Wenn es von der Zahl der Probanden her möglich ist, sollen die ersten ca. zwei Gruppen in einem inhaltlich gleichen Zyklus möglichst als Übungsgruppen für die Versuchsleitung fungieren. Dies gilt ganz besonders, wenn die Versuchsleitung in systematischer Weise mit den Gruppen verbal intervenieren soll. Es hat sich in unserer Arbeit gezeigt, dass in der Regel ca. zwei Anläufe gebraucht werden, bis ein angemessenes systematisches Verhalten produziert werden kann.

7.4.3 Auswertung der Daten

Bei den in einer Laborstudie erhobenen Daten handelt es sich in fachdidaktischen Forschungsfeldern um qualitative Daten, insbesondere um Videomitschnitte und Tonaufzeichnungen. Dies entspricht dem Anliegen vieler Laborstudien, Lern*prozesse* zu erfassen (Abschn. 7.1.1, 7.1.2). Hinweise zum Vorgehen bei der Auswertung von Videodaten finden sich z. B. in v. Aufschnaiter und v. Aufschnaiter (2001; Kap. 16).

Begleitmaterial online

- Anschreiben an die Schüler und deren Erziehungsberechtigte mit Einverständniserklärung und Bogen zur Erfassung der Personaldaten (basierend auf Rogge 2010)
- Anschreiben an die teilnehmenden Probanden (basierend auf Rogge 2010)
- Absageschreiben an potenzielle Probanden, die nicht zu einer Laborsitzung eingeladen werden sollen (basierend auf Rogge 2010)
- Checkliste über den Ablauf einer Laborsitzung inkl. Ansagen der Versuchsleitung (Rogge 2010)
- Raster für das Ablaufprotokoll einer Laborsitzung (basierend auf Rogge 2010)
- Checkliste für den zeitlichen Ablauf der Vorbereitung und Durchführung einer Laborstudie

Literatur zur Vertiefung

Zur Methode von Laborstudien in der fachdidaktischen Forschung finden sich in der Literatur leider keine Vertiefungen.

Fallstudien zur Analyse von Lernpfaden

8

Jürgen Petri

Individuelle Entwicklungen des Verständnisses von naturwissenschaftlichen Begriffen oder Zusammenhängen lassen sich in Fallstudien systematisch rekonstruieren. Diese Fallstudien an einzelnen Lernenden basieren auf den Erkenntnissen der Schülervorstellungs- und der Konzeptwechselforschung.

Der Beitrag diskutiert methodische Grundfragen von Fallstudien und veranschaulicht die Methodik an einer Studie zu der Frage, in wieweit es im Unterricht gelingt, Schüler in der gymnasialen Oberstufe davon zu überzeugen, sich Atome nicht nur wie ein winziges Planetensystem vorzustellen.

8.1 Einleitung

Seit Ende der 1970er-Jahre befasste sich die fachdidaktische Lehr- und Lernforschung intensiv mit Analysen und Beschreibungen von Schülervorstellungen zu zentralen Themenbereichen und Begriffen der Naturwissenschaften (Duit 2009; z. B. Schecker 1985). Dies führte bezogen auf die unterrichtliche Behandlung bestimmter Konzepte zur detaillierten Beschreibung von typischen Lernausgangs- und End*zuständen*. Den darauf aufbauenden Schritt zur Analyse von individuellen Abfolgen von Zwischenschritten bezeichneten Niedderer et al. (1992, S. 21) als Übergang von „Prä-Post-Momentaufnahmen" zu „stroboskopartigen Bildern des Lernprozesses". Hierzu wurden methodisch Einzelfallstudien konzipiert und durchgeführt. Diese Fallstudien verwenden zur Beschreibung der Abfolge von individuellen konzeptuellen Entwicklungsschritten den Begriff *Lernpfad* bzw. *Conceptual Pathway* (Scott 1992).

Dr. Jürgen Petri ✉
Fakultät I, Institut für Pädagogik, Carl von Ossietzky Universität Oldenburg,
26111 Oldenburg, Deutschland
e-mail: juergen.petri@uni-oldenburg.de

D. Krüger, I. Parchmann und H. Schecker (Hrsg.), *Methoden in der naturwissenschaftsdidaktischen Forschung*, DOI 10.1007/978-3-642-37827-0_8,

Die Untersuchung von Lernpfaden gab mir die Möglichkeit, meine Interessen an domänenspezifischen, erkenntnistheoretischen und entwicklungspsychologischen Fragen miteinander zu verknüpfen. Ein derartiges Interessenspektrum erwies sich für eine Fallstudie im Bereich der Lehr-Lernforschung als sehr zweckmäßig. Ich komme hierauf in Abschn. 8.2.1 zurück. Im Folgenden werden unter allgemeiner Perspektive die mit einer Fallstudie verbundenen methodischen Fragen diskutiert.

8.2 Fallstudien

8.2.1 Fallstudien sind keine Fallgeschichten

Fallstudien sind zunächst von Fallgeschichten oder Fallbeschreibungen abzugrenzen. Letztere widmen sich an einem ausführlich dargestellten Beispiel lediglich der *Illustration* oder *Veranschaulichung* eines bestimmten Sachverhaltes. „Eine Fallstudie geht darüber hinaus, insofern sie die Information über eine bestimmte Person wissenschaftlich analysiert, d. h. auf methodisch kontrollierte (…) Weise den Einzelfall mit vorhandenen allgemeinen Wissensbeständen in Beziehung setzt, um zu prüfen, was am Fall aus diesen Wissensbeständen heraus erklärbar ist und was an den Wissensbeständen (…) gegebenenfalls zu korrigieren ist" (Fatke 2010, S. 162). Yin (2012) unterscheidet in diesem Zusammenhang zwischen *beschreibenden* Fallstudien und *erklärenden* Fallstudien, wobei die Fallstudie im oben definierten Sinn mit der erklärenden Fallstudie, die nach dem „wie" und „warum" fragt, zu identifizieren ist. Als dritte Kategorie nennt Yin **explorative** Fallstudien, die in der Vorbereitung einer Hauptstudie der Klärung von Voraussetzungen und Gewinnung von Hypothesen dienen (Yin 2012, S. 29 ff.).

Die *Fallstudie* ist ebenfalls zu unterscheiden von der praxisbezogenen *Fallarbeit* (Kap. 17), in der beispielsweise versucht wird, einen verhaltensauffälligen Schüler dabei zu unterstützen, unangemessene Verhaltensweisen zu ändern. In der Fallarbeit werden konkrete, auf Recherchen, Beobachtungen und Befragungen basierende Schritte unternommen und auf ihre Wirksamkeit hin überprüft.

Fallstudien zielen also auf wissenschaftlichen Erkenntnisgewinn. Meist beziehen sie sich auf Individuen. Soziale Gruppen, etwa eine Familie oder eine Schulklasse, aber auch eine bestimmte Organisation, sind ebenfalls als Untersuchungseinheiten möglich. Wesentlich ist dabei, dass diese Einheit in allen relevanten Dimensionen untersucht wird. Eine Reduktion auf einzelne Variablen wäre unangemessen, da Fallstudien auf die umfassende und detaillierte Analyse einer alltagsnahen sozialen Wirklichkeit zielen. „Fallstudie" ist somit keine Bezeichnung für eine Datenerhebungsmethode, sondern meint einen Forschungsansatz. Dieser Forschungsansatz kombiniert mehrere Methoden wie z. B. Beobachtung, Interview oder Dokumentenanalyse. Diese Kombination ist sowohl im Hinblick auf die Zielsetzung als auch auf die Qualitätskriterien konstitutiv (Lammek 2010, S. 272 ff.).

Die Erhebungsmethoden müssen kommunikativ sein, wollen sie soziale Wirklichkeit erfassen. Wenn man beispielsweise eine Kleingruppe von Lernenden als Untersuchungseinheit wählt, wird man die Lernenden folglich persönlich kennenlernen, sich mit ihnen spontan oder geplant unterhalten und sie im Unterricht begleiten. Selbstverständlich wird man in diesen Situationen nicht unvoreingenommen im Sinne von „unvorbereitet und unwissend“ sein. Ohne eine „theoretische Brille“ könnte man nichts systematisch erkennen. Diese theoretische Basis sollte möglichst breit sein, um offen für neue Erfahrungen, Interpretationen und Erkenntnisse zu sein. Analysiert man Daten mit einem zu eingeschränkten theoretischen Raster, läuft man Gefahr, nur das zu sehen, was schon bekannt und vertraut ist. Gerade das die Fallstudie kennzeichnende intensive Eingehen auf den Einzelfall soll verfrühte Deutungen verhindern, die innerhalb des anfänglichen theoretischen Rahmens verbleiben (Lammek 2010, S. 298 f.). Eine breite theoretische Basis erfordert es, sich umfassend über die Lerngruppe zu informieren und sich in verschiedene relevante Gebiete einzuarbeiten (Oswald 2010, S. 198). Neben einschlägigen fachlichen und fachdidaktischen Wissensbeständen und den bereits erwähnten Kenntnissen über Erkenntnistheorie, Kognitions- und Entwicklungspsychologie denke man hier z. B. an Befunde zu den wichtigen Determinanten von Schulleistungen in den Bereichen der individuellen Lernvoraussetzungen, der Unterrichtsqualität und des soziokulturellen Umfeldes.

8.2.2 Einzelfall und Allgemeingültigkeit

Wenn Einzelfallstudien über den betreffenden Fall hinaus bedeutsame Erkenntnisse generieren sollen, ist zu diskutieren, ob bzw. wie dieser Schritt vom Fall zu fallüberschreitenden Aussagen möglich ist. Letztlich verweist diese Frage auf die Ebene wissenschafts- und erkenntnistheoretischer Positionen. Eine Antwort kann hier lediglich im Rahmen der gängigen Unterscheidung von quantitativer und qualitativer Sozialforschung skizziert werden. Die Abgrenzung von quantitativer und qualitativer Forschung ist jedoch nicht so kategorisch möglich, wie es die beiden Begriffe suggerieren. Einerseits sind für die Interpretation z. B. von Beobachtungsprotokollen Quantitäten wie beispielsweise die Häufigkeit bestimmter Merkmale oder Handlungen durchaus relevant. Statistiken mit zentralen Tendenzen und Streumaßen sprechen auf der anderen Seite nicht für sich selbst. Quantitative Daten müssen im Anschluss an eine standardisierte Erhebung und Auswertung interpretiert, also in Qualität übersetzt werden. Nach Oswald (2010) liegen qualitative und quantitative Methoden grundsätzlich auf einem Kontinuum. Will man einen Unterschied betonen, der für viele Forschungsvorhaben zutrifft, lässt sich mit Oswald formulieren: „Qualitative Sozialforschung benutzt nichtstandardisierte Methoden der Datenerhebung und interpretative Methoden der Datenauswertung, wobei sich die Interpretation der Daten nicht nur, wie (meist) bei quantitativen Methoden, auf Generalisierungen und Schlussfolgerungen bezieht, sondern auch auf die Einzelfälle“ (Oswald 2010, S. 187).

Fallstudien lassen sich nun sowohl aus dem Blickwinkel der quantitativen als auch der qualitativen Sozialforschung heraus betrachten: Im Rahmen einer dezidiert quantitativ ausgerichteten Forschung, die mit Hilfe von Experimenten und standardisierten Auswertungsverfahren zu Antworten auf entsprechend eng eingegrenzte Fragen kommt (Kap. 6), spielen Fallstudien nur eine untergeordnete Rolle. Im Vorfeld oder im Anschluss an quantitative Studien werden sie als hilfreich angesehen, indem sie etwa zur Ermittlung einer angemessenen Zugangsweise oder zur Präzisierung von Forschungsfragen das Feld sondieren bzw. bereits abgesicherte Hypothesen im Nachhinein illustrieren (s. o.: explorative bzw. beschreibende Fallstudien). Da es sich bei Fallstudien typischerweise um Feldstudien ohne kontrollierte Stichproben und ohne experimentelles Design handelt, besteht aus der Sicht quantitativer Forschungsprogramme ein grundsätzliches Validitätsproblem. Man argumentiert, dass es unter den genannten typischen Voraussetzungen ungewiss bleiben muss, ob die aus der Datenauswertung gezogenen Schlussfolgerungen über den untersuchten Einzelfall hinaus zutreffen oder nicht (Rost 2007, S. 117 ff.).

Im Kontext qualitativ orientierter Forschung wird eine deutlich andere Bewertung vorgenommen. Fatke (2010, S. 166 ff.) argumentiert, dass Fallstudien dort, wo sie lediglich zur Veranschaulichung bereits abgesicherter Hypothesen genutzt werden, Gefahr laufen, Indizien für weiterführende, neue Aspekte zu übersehen. Gerade in der Möglichkeit der Korrektur bisheriger Erkenntnisse und damit in der Theoriebildung liege ihr eigentliches Potenzial: „Aus dem Besonderen des Einzelfalles lässt sich stets noch anderes von allgemeiner Relevanz ableiten als nur das, was dem Theoretiker in seinen kategorialen Blick gelangt" (Fatke 2010, S. 167). Auch wenn eine Theorieentwicklung durch einen Einzelfall selbstverständlich nur vorläufig geschehen könne, sei letztlich nicht die Anzahl weiterer Fallstudien entscheidend, sondern deren jeweilige Qualität. Auch Lammek (2010, S. 284 f.) unterstreicht, dass es in wissenschaftlichen Einzelfallstudien prinzipiell nicht nur darum gehen kann, sich auf Beschreibungen der Besonderheiten des jeweiligen Einzelfalles zu beschränken. Der Anspruch auf Basis von Einzelfallanalysen Ergebnisse zu formulieren, die typische Handlungsmuster und generelle Strukturen beschreiben, sei geradezu das Kriterium, das wissenschaftliche Abhandlungen von alltäglichen Schilderungen abgrenzt. Yin hebt hervor, dass sowohl bei Fallstudien als auch bei sozialwissenschaftlichen Experimenten die Verallgemeinerungsfähigkeit von Ergebnissen nicht über statistische Betrachtungen erreicht wird, sondern über ihre logische und analytische Überzeugungskraft (Yin 2012, S. 18 f.). Während für die Verallgemeinerungsfähigkeit von deskriptiven Studien Repräsentativität und Messgenauigkeit ausschlaggebend sind, hängt sie bei explanativen Studien demnach davon ab, wie eindeutig die Ursachen der dokumentierten Resultate identifiziert werden können. Fallstudien einerseits und experimentelle Studien andererseits erscheinen hier hinsichtlich ihrer Verallgemeinerungsfähigkeit „auf Augenhöhe".

8.2.3 Fallstudien genügen Qualitätskriterien

Die eben diskutierte Frage der Generalisierbarkeit von Aussagen, die aus Einzelfallstudien gewonnen werden, ist eng verknüpft mit der externen, der über den Einzelfall selbst hinausgehenden Validität (Kap. 9). Diese setzt die Zuverlässigkeit und Vollständigkeit der erhobenen Daten sowie die Eindeutigkeit und Nachvollziehbarkeit der Interpretation voraus. Validität ist für qualitative Forschung wie für fachdidaktische Studien insgesamt das wichtigste Gütekriterium. Fragen der Objektivität und der Reliabilität lassen sich als Teilaspekte der internen Validität diskutieren.

Objektivität drückt sich hier in der transparenten Darstellung des methodischen Vorgehens und dem Grad der Übereinstimmung der Dateninterpretationen verschiedener Auswertender aus. Da sich die Ergebnisse von Fallstudien naturgemäß nicht durch eine exakte Wiederholung der Studie „nachmessen" lassen, wird eine hohe Reliabilität erreicht, indem Ergebnisse auf möglichst vielen und mit unterschiedlichen Methoden erhobenen Daten basieren. Beispielsweise wird überprüft, inwieweit sich die Ergebnisse einer Befragung in Übereinstimmung mit Feldbeobachtungen oder Testergebnissen befinden. In Anlehnung an eine exaktere Bestimmbarkeit von Entfernungen mit Hilfe trigonometrischer Verfahren in der Landvermessung bezeichnet man diese Vorgehensweise als methodologische **Triangulation** (Schründer-Lenzen 2010, S. 149 f.).

Menge und Vielfalt der Daten allein reichen noch nicht. Es muss zusätzlich gewährleistet sein, dass Beobachtungsprotokolle nicht durch die Voreingenommenheit oder Inkompetenz des Beobachtenden verzerrt sind und dass Interviewäußerungen authentisch sind. Es soll ausgeschlossen sein, dem Interviewten in plausibler Weise Motive unterstellen zu können, die Unwahrheit zu sagen. Natürlich darf der Interviewer andererseits in seinen Fragen nicht bereits eine bestimmte Antwort suggerieren oder vorwegnehmen (Bortz und Döring 2006, S. 326 ff.; **soziale Erwünschtheit**).

Oswald (2010) sieht die Validierung qualitativer Forschungsergebnisse relativ zu quantitativen Studien lediglich als Problem einer schwierigeren Praxis. Zeitaufwand und schriftstellerische Anforderungen für qualitative Studien würden häufig unterschätzt bzw. nicht erfüllt.

Wie die Ideengeschichte nicht nur der Quantenphysik lehrt, entwickeln sich wegweisende neue Erkenntnisse oft aus Denkansätzen und Geistesblitzen, die den Rahmen dessen überschreiten, was aus bisherigen Theorien oder experimentellen Daten sicher deduziert werden kann. Die Einfälle sind auch weitreichender als das induktive Schließen von bekannten Fällen auf ähnliche Fälle. Man spricht hier vom „abduktiven Schluss", mit dem neues Wissen generiert werden kann (Bortz und Döring 2006, S. 301). Fallstudien haben durch ihren Anspruch, Situationen und Prozesse in allen relevanten Aspekten und detailliert zu analysieren, auf diese Weise ein hohes Potenzial, zunächst „auf Bewährung" theoriebildend zu wirken.

In diesem Zusammenhang ist ein weiteres wichtiges Unterscheidungsmerkmal von qualitativer und quantitativer Forschung zu nennen: Bei quantitativen Untersuchungen wird die Repräsentativität der untersuchten Stichprobe angestrebt oder eine Zuweisung von Probanden zur Versuchs- bzw. Kontrollgruppe wird ausgelost. Man spricht von einer „statistischen" Zusammenstellung der Gruppen (Lammek 2010, S. 286: ***statistical Sampling***). Im Gegensatz dazu erfolgt bei qualitativer Forschung eine „theoriebezogene" Zusammenstellung, bei der die Probanden nach bestimmten Kriterien im Hinblick auf die Untersuchungsziele ausgewählt werden (***theoretical Sampling***). Auch bei Fallstudien ist zu überlegen, welche der in Betracht kommenden Personen beispielsweise der typischste und interessanteste Fall sein könnte. Dabei ist mitgedacht, dass sich im Laufe der Untersuchung – etwa mit Blick auf Qualitätskriterien – Gesichtspunkte ergeben können, welche die anfängliche Wahl in Frage stellen. Fallstudien können sich folglich in der Datenerhebungs- und -auswertungsphase nicht von vornherein ausschließlich auf eine Person bzw. Untersuchungseinheit beschränken, und die beiden genannten Phasen dürfen hier nicht zeitlich getrennt erfolgen (Lammek 2010, S. 286 f.; Oswald 2010, S. 193).

8.3 Eine Fallstudie zum Verständnis der Quantenphysik

Aufbauend auf Untersuchungen des Vorverständnisses von Schülern zum quantenphysikalischen Atommodell (insbes. Bethge 1988), lautete meine Forschungsfrage vereinfacht formuliert „Welche Aufschlüsse über Lernpfade in der Atomphysik lassen sich mit Fallstudien gewinnen?". Die Frage weist bereits darauf hin, dass es nicht darum ging, querschnittlich an größeren Stichproben gewonnene Erkenntnisse durch längsschnittliche Einzelfallstudien lediglich veranschaulichen und besser verstehen zu wollen. Die Annahme war vielmehr, dass nur durch längsschnittliche qualitative Studien zu klären sei, welchen Bedingungen erfolgreiche Lernpfade in der Quantenphysik unterliegen. Es sollte untersucht werden, ob bzw. wie und wo das „Gelände" (die physikalische Sachstruktur oder die Unterrichtsgestaltung) es beispielsweise erzwingen, dass ein zielführender *kognitiver Pfad* bestimmte *konzeptuelle Stationen* passieren muss. Der beschriebene Lernpfad stellt dann den Entwurf einer Theorie einer individuellen kognitiven Entwicklung dar. Die Begriffe und Relationen, in denen ich den Lernpfad eines Schülers konstruiert bzw. rekonstruiert habe, konnten daher nicht komplett von Anfang an unveränderlich feststehen. Sie sind in wesentlichen Punkten selbst Ergebnis der Datenauswertung und -interpretation. Ein derartiger Theorieentwurf kann dazu beitragen, Lernpfade sowie deren Ergebnisse – in diesem Fall zu atom- und quantenphysikalischen Konzepten – über den untersuchten Fall hinaus zu erklären. Auf dem Gebiet der Atom- und Quantenphysik lagen hierzu bereits Fallstudien von Lichtfeldt (1992) vor, zu denen ein Bezug hergestellt werden konnte bzw. musste.

8.3.1 Design und Vorbereitung

Parallel zur Aufarbeitung des auf die Untersuchungsziele und -methoden bezogenen Forschungsstandes und der Erarbeitung der „theoretischen Brille" im Sinne von Abschn. 8.2.1, stehen zu Beginn eines Untersuchungsvorhabens Planungs- und Entwicklungsaufgaben im Vordergrund: Die Untersuchungsziele müssen mit den gegebenen zeitlichen, personellen und materiellen Ressourcen abgeglichen und die Untersuchung organisatorisch vorbereitet werden. Bei einer auf den schulischen Alltag abzielenden Fallstudie muss man eine geeignete und kooperationsbereite Schule bzw. Lerngruppe finden, aus der die Person, die den Fall verkörpern soll, nach noch zu erörternden Kriterien gewählt wird. Der mögliche Untersuchungszeitraum ist durch den Schuljahresrhythmus und curriculare Vorgaben weitgehend festgelegt. Zeitlich wird bei qualitativen Studien mit nicht-standardisierten Erhebungsmethoden und Auswertungsverfahren empfohlen, nach Abschluss der Datenerhebung noch mehr als die Hälfte der Projektzeit für die weitere Datenauswertung und „das Schreiben" zur Verfügung zu haben (vgl. Oswald 2010, S. 183).

Das hier vorgestellte Beispiel basierte auf einer Erprobung des Bremer Unterrichtskonzepts zur Quanten-Atomphysik (Niedderer et al. 1994). In dieser Untersuchungskonstellation konnten die Lernenden auch außerhalb von Interviewsituationen über eine entsprechende Unterrichtsgestaltung zu zahlreichen auf das Untersuchungsthema bezogenen Äußerungen angeregt werden. Solche etwa aus Partnerarbeit von Schülern resultierenden mündlichen oder schriftlichen Daten sind auch mit Blick auf die Validität besonders wertvoll, da angenommen werden kann, dass die Daten nicht dadurch verzerrt werden, dass die Lernenden versuchen, den von ihm angenommenen Antworterwartungen des Interviewenden zu entsprechen.

8.3.2 Durchführung und Datenauswertung

Hospitationen in der zu untersuchenden Lerngruppe vor Beginn der eigentlichen Untersuchung erfolgten zu zwei Zwecken: Zum einen habe ich gegen Ende der 12. Jahrgangsstufe das thematische Vorverständnis zur Atomphysik sowie die epistemologischen Orientierungen qua Beobachtung und Interview bzw. Fragebogen erhoben. Zum anderen sollten hierbei die für die Studie interessanten und geeigneten Kandidaten in der Lerngruppe identifiziert werden. Die diesbezüglichen Eignungskriterien beginnen beim Einverständnis der Betreffenden. In diesem Fall genügte die Bereitschaft der bereits volljährigen Schüler. Die Kriterien reichen weiter von möglichst geringen Fehlzeiten im Unterricht über die Neigung, sich im Unterricht und in Interviews oft und syntaktisch sowie akustisch verständlich zu äußern, bis zum Leistungsniveau in Physik. Dieses Leistungsniveau sollte nicht wesentlich über dem mittleren Bereich liegen. Schließlich möchte man erfahren, ob auch bei eher schwächeren Lernenden der Gruppe die Unterrichtsziele zu erreichen sind. Vier des mit insgesamt acht Schülern damals nicht ungewöhnlich kleinen Physik-Leistungskurses kamen am Ende des 12. Jahrgangs in die Vorauswahl. Diese vier Jungen bildeten zwei feste Tischgruppen, die jeweils in den Partnerarbeitsphasen zusammenarbeiteten. Eine endgültige Festlegung auf den Schüler Carl erfolgte im Sinne der kriterienorientierten Auswahl erst nach der Sichtung und Bewertung eines Großteils der gesamten in der Studie zu diesen vier Schülern erhobenen Daten (zur Probandenrekrutierung, Kap. 7).

Der Kurs – beim Start der Untersuchung mittlerweile in Jahrgangsstufe 13 – wurde über 15 Wochen gemäß dem „Bremer Unterrichtskonzept zur Quanten-Atomphysik" (Niedderer et al. 1994) unterrichtet. Insgesamt wurden 75 Schulstunden video- und audiographiert. Dabei wurden die Lehrkraft sowie die beiden vorausgewählten Tandems durchgehend erfasst. Zusätzlich, über insgesamt ein Jahr, wurden mit allen acht Lernenden sechs halbstrukturierte Interviews durchgeführt: vor, am Ende und drei Monate nach Abschluss der Unterrichtseinheit sowie nach bestimmten Teilabschnitten des Unterrichts. Weitere kürzere Befragungen wurden spontan während der Partnerarbeitsphasen durchgeführt, um so zur Verbalisierung und Begründung von problemlösenden Vorgehensweisen anzuhalten.

Die transkribierten Video- und Tonbandaufzeichnungen sowie weitere schriftlich vorliegende Arbeitsergebnisse der Lernenden wurden in einem iterativen, hermeneutischen Interpretationsverfahren ausgewertet (Niedderer 2001). Eine erste Analyse und Interpretation der Daten lieferte bereits neue Erkenntnisse und Ideen, die meine Forscherperspektive veränderten. Z. B. wurde in einem Interview deutlich, dass Carl schon einige Unterrichtsstunden vorher bearbeitete Textmaterialien in einer nicht antizipierten Variante interpretiert hatte. Mit der „verbesserten Brille" wurden die entsprechenden Videotranskripte erneut ausgewertet. Auf diese Weise wurden mehrere, verschieden große, teils ineinander verschachtelte Interpretationsschleifen durchlaufen bis sich schließlich ein stabiles und konsistentes Bild des Lernpfades ergab (Kap. 11).

Ein unter Qualitätsaspekten kritischer Punkt sind die personellen Ressourcen. Häufig muss man als Doktorand oder als Masterkandidat die Aufnahme, Aufbereitung, Analyse und Interpretation der Daten alleine durchführen. Lediglich die wichtigsten Belege für zentrale Ergebnisse können zu zweit oder zu dritt mit Mitdoktoranden, Hilfskräften oder dem Betreuer diskutiert werden. Mit Blick auf die Objektivität wurde daher besonderer Wert auf die Transparenz der Vorgehensweise und die Benennung der die Ergebnisse beeinflussenden Faktoren gelegt.

Die Reliabilität einer Fallstudie hängt wesentlich vom Umfang der Daten, die die Ergebnisse tragen, und der Vielfalt der Quellen ab. In der hier gewählten Beispielstudie trugen dazu insbesondere die zahlreichen in den Unterricht integrierten Denkaufgaben bei, die durch die bereits erwähnte Möglichkeit zur Mitplanung der Unterrichtsgestaltung in den Unterricht eingebracht werden konnten[1]. Des Weiteren war eine passende, auf die freie Äußerung und Diskussion von Vorstellungen, Vermutungen und Begründungen angelegte Gesprächsführung im Unterricht wichtig, um zu interpretierbaren Daten zu gelangen. Wechselnde Sozialformen mit einem hohen Anteil an Gruppenarbeit, und die Entscheidung für einen verbal sehr aktiven „Hauptdarsteller" gewährleisten umfangreiches und vielfältiges Datenmaterial. Ein weiterer für die interne Validität der Studie wichtiger Schritt bestand darin, die *Prozess*analyse des Lernpfads von „Carl", der den Fall darstellte, in Relation zu den Ausgangs- und Endpunkten (Lern*zustände*) der übrigen Lerngruppe zu diskutieren.

Die externe Validität einer derartigen Studie misst sich daran, inwiefern ihre Ergebnisse im Lichte des bisherigen Forschungsstandes sowie in der Forschergemeinschaft akzeptiert werden. An den Punkten, wo die Ergebnisse über den bisherigen Kenntnisstand hinausgehen oder ihn in Frage stellen, müssen sie – ebenso wie sozial- oder naturwissenschaftliche Experimente – einer kritischen Reanalyse standhalten und durch nachfolgende Studien be-

[1] Unter *Denkaufgaben* versteht man Problemstellungen, deren Bearbeitung die *qualitative* Anwendung von naturwissenschaftlichen Begriffen und Konzepten erfordert. Denkaufgaben unterscheiden sich von quantitativen Aufgaben, die auf eine Anwendung von Formeln, Routinen und Rechenverfahren abzielen („Rechenaufgaben").

stätigt werden können. Dabei soll man sich nicht auf die Rezeption von Veröffentlichungen beschränken. Für die Diskussion von (Zwischen-) Ergebnissen sollen Tagungen, gegenseitige Besuche und Kolloquiumsvorträge genutzt werden. Hinsichtlich des Lernens der Atom- und Quantenphysik waren Arbeiten in der Gruppe von Fischler und Lichtfeldt (z. B. Lichtfeldt 1992) ein wichtiger Referenzpunkt.

8.3.3 Ergebnisse

Am Beispiel des Schülers Carl gelang es, einen Lernpfad zu dokumentieren, der einen den Unterrichtszielen entsprechenden Konzeptwechsel beschreibt. Lernpfad und Konzeptwechsel ließen sich aus den Wechselwirkungen des Unterrichtsangebotes mit Carls Lernvoraussetzungen und weiteren Kontextbedingungen erklären („erklären" im Sinne einer plausiblen Rekonstruktion).

Eine detaillierte inhaltliche Darstellung von Carls Lernpfad, der ihn von einem planetensystemartigen Konzept hin zu einem quantenmechanischen Konzept führte, würde hier zu weit führen (s. hierfür Petri und Niedderer 1998a). Zwei Beispiele sollen jedoch zeigen, welche Art von Aufschlüssen über den Konzeptwechsel durch die qualitative Fallstudie gewonnen werden konnten, die man anhand punktueller Tests so nicht erhalten hätte. Dies betrifft zunächst die Bedeutung der Passung von Persönlichkeitsmerkmalen der Lernenden und Merkmalen des Unterrichts für einen erfolgreichen Konzeptwechsel. Der Unterricht war durch relativ lange Gruppenarbeitsphasen zu anspruchsvollen, überwiegend qualitativen Aufgabenstellungen geprägt. Mehrere Schüler wurden durch die aus ihrer Sicht unbefriedigenden Ergebnisse solcher Arbeitsphasen verunsichert. Die Schüler waren aus dem vorhergehenden Unterricht „exakte" Rechnungen mit quantitativen Ergebnissen gewohnt. Der neue Unterrichtsstil war für mehrere Schüler affektiv inakzeptabel. Sie sperrten sich hier zugleich gegen die damit behandelten neuen quantenphysikalischen Ideen. Auch Carl war anfangs skeptisch. Seine Distanz baute sich jedoch in dem Maße ab, wie er sich auch in Nicht-Rechenaufgaben als erfolgreich erlebte. In Carls Selbstkonzept spielten die Identifikation mit einem naturwissenschaftlichen Weltbild und der daraus resultierende Ehrgeiz, in der modernen Physik kompetent zu sein, eine entscheidende Rolle. Carls Motivationsstruktur war der Katalysator für seinen erfolgreichen Konzeptwechsel.

Des Weiteren konnte gezeigt werden, dass Carls Konzeptwechsel in der Quantenphysik, der natürlich als eine Differenzierung und Erweiterung, nicht als Austausch seiner alten Planetenmodell-Vorstellung zu verstehen ist, die eigene Reflexionsfähigkeit des erweiterten Konzeptes mit einschließen musste. Die neu erarbeiteten Konzeptanteile waren zunächst noch relativ schwach im Denken verankert. In Anwendungssituationen mussten sich die neuen, von Carl als hochwertiger erachteten Erkenntnisse gegen ältere, schon sehr gut elaborierte Wissensbestände durchsetzen. Carls Konzeptwechsel äußerte sich daher wesentlich darin, seine differenziertere Konzeptstruktur gegen die ältesten Teile dieser Struktur zu verteidigen. Im Interview am Ende der Unterrichtseinheit schloss Carl seine bilanzierende Bewertung verschiedener Atommodelle mit einer Bemerkung, in der er mit gewissem Stolz quasi von außen auf die Bewältigung seines inneren Konfliktes blicken konnte: „Also ähm, das Bohrsche Atommodell, das könnt ich auch meiner Schwester erklären, und die ist zwölf. Das würde ich schaffen, ohne Probleme. Aber das mit dem quantenphysikalischen, da würde die mir sagen: Du hast doch 'nen Vogel" (Petri und Niedderer 1998b, S. 12).

Prozessanalysen mit dieser Tiefe der Betrachtung kognitiver und affektiver Komponenten einer Begriffsentwicklung lassen sich nur im Rahmen von Fallstudien anstellen, in denen Probanden über einen längeren Zeitraum intensiv begleitet werden.

8.4 Fazit

Fallstudien bilden ein gutes Komplement zu quantitativen Studien mit großen Probandenzahlen. Durch eine nachvollziehbar plausible und theoriebasierte Rekonstruktion einzelner Fälle ergeben sich Aufschlüsse, die in breit angelegten Erhebungen untergehen können. Im Rahmen einer fallbasierten qualitativen Evaluation einer Lehrveranstaltung, die auf einen Arbeitsaufwand von nur 100 Stunden begrenzt war, gelangten Kuckartz et al. (2008) bereits zu einer Reihe von Erkenntnissen, die einen deutlichen Mehrwert gegenüber vorangegangenen quantitativen Erhebungen ergaben. An zentraler Stelle stand dabei die durch Interviews mit Einzelpersonen realisierte Fallorientierung. Die Autoren sehen dadurch die Gefahr von Fehlschlüssen aus quantitativen Daten verringert und gleichzeitig das Potenzial für erfolgreiche Änderungsmaßnahmen deutlich erhöht (Kuckartz et al. 2008, S. 66 ff.). Es ist davon auszugehen, dass Fallstudien in naturwissenschaftsdidaktischen Forschungsprojekten, beispielsweise zur Analyse individueller Kompetenzentwicklungen, in gleicher Weise notwendig sind.

Bedingt durch ihren kommunikativen Charakter, ihre Prozessorientierung und die verwendeten Datenerhebungs- bzw. Beobachtungsmethoden sind unterrichtsbezogene Fallstudien als Abschluss- oder Qualifikationsarbeiten besonders interessant, wenn die Autoren später als Lehrkräfte in Schulen arbeiten. Die Entwicklung pädagogischer Diagnosekompetenz beinhaltet eine auf angemessener Grundlage erfolgte Beurteilung einzelner Schüler und die bereits in einer guten Unterrichtsplanung angelegte Diagnostik von Lernprozessen und Lernerfolg (Kiper und Mischke 2006, S. 110 ff.). Aufgabenstellungen und Gesprächsführungsstile, die Rückschlüsse auf Konzepte und Kompetenzen von einzelnen Lernenden erlauben, sind für die Leistungsbeurteilung, für auf definierte Lernschritte abgestimmte Hilfestellungen sowie für die Reflexion der eigenen Unterrichtsdurchführung und -planung gut geeignet.

Die Analyse von Unterrichtstranskripten, Interviews und weiteren Datenquellen im Rahmen einer Fallstudie kann als äußert spannende „Detektivarbeit" empfunden werden. Die interessante Phase beginnt dann, wenn man die Fleißarbeit hinter sich hat, d. h. die Transkripte durchgearbeitet und soweit verinnerlicht hat, dass sich eine profunde Übersicht über die Gesamtdatenlage einstellt. Abduktive Schlüsse zur Interpretation der Daten stellen sich erst dann ein, wenn man sich wirklich gut in den Daten auskennt. Solche „Geistesblitze“ und damit einhergehende Glücksgefühle dürfen allerdings nicht davon abhalten, vermutete Zusammenhänge nochmals kritisch zu prüfen und gegebenenfalls auch Gegenbelege zu dokumentieren.

Literatur zur Vertiefung

Kuckartz U, Dresing T, Rädiker S, Stefer C (2008) Qualitative Evaluation. Der Einstieg in die Praxis, 2. Aufl. VS Verlag für Sozialwissenschaften, Wiesbaden (Auf nur ca. 100 Seiten bieten Kuckartz et al. (2008) eine gut nachvollziehbare Beschreibung der Erhebung und Auswertung qualitativer Daten am Beispiel einer kleinen, fallbasierten Evaluation.)

Lammek S (2010) Qualitative Sozialforschung, 5. Aufl. Beltz, Weinheim Basel (Zur Orientierung in methodischer Hinsicht ist ein Einstieg über bewährte Lehrbücher sinnvoll. Lammek bietet ein eigenes Kapitel zu Fallstudien mit zahlreichen Beispielen.)

Yin RK (2009) Case Study Research – Design and Methods, 4. Aufl. Sage Publications, Los Angeles London, New Delhi Singapore Washington DC (Der auch im deutschsprachigen Raum viel zitierte Autor diskutiert in diesem Band die grundsätzlichen methodischen Fragen im Detail.)

Yin RK (2012) Applications of Case Study Research, 3. Aufl. Sage Publications, Los Angeles London New Delhi Singapore Washington DC (Der anwendungsbezogene Band erläutert und vertieft alle wichtigen Aspekte von Fallstudien an Beispielstudien.)

Validität – Misst mein Test, was er soll?

9

Philipp Schmiemann und Markus Lücken

Die Entwicklung und Anwendung von wissenschaftlichen Tests gehören zum grundlegenden Handwerkszeug in der naturwissenschaftsdidaktischen Forschung. Dies gilt gleichermaßen für Leistungstests wie auch für Fragebögen. Spätestens bei der Interpretation der Ergebnisse, die mit dem Test gewonnen wurden, stellt sich die Frage: „Misst der Test überhaupt das, was er messen soll?" Hinter dieser scheinbar einfachen Frage steht das komplexe Testgütekriterium der Validität.

9.1 Warum Validität?

Die Validität oder auch Gültigkeit sollte man natürlich nicht erst betrachten, wenn der Test bereits fertig ist, sondern schon während des Entwicklungsprozesses. Die Validität wird vor der Objektivität und der Reliabilität als das grundlegendste der drei Hauptgütekriterien wissenschaftlicher Tests angesehen. So kann beispielsweise ein Test trotz hoher Reliabilität völlig unbrauchbar sein, weil er nicht „gültig" ist. Er misst dann möglicherweise ein bestimmtes Merkmal sehr genau, jedoch nicht das eigentlich zu untersuchende, z. B. Leseverstehen statt Fachwissen. Im Vergleich zu den beiden anderen Gütekriterien ist die Validität allerdings schwieriger zu überprüfen. Die Prüfung wird daher manchmal sträflich vernachlässigt. Aufgrund der zentralen Stellung der Validität in der pädagogisch-psychologischen Diagnostik wird im Folgenden dargestellt, wie anhand verschiedener Aspekte die Qualität eines Tests im Sinne der Validität überprüft und beschrieben werden kann.

Prof. Dr. Philipp Schmiemann ✉
Didaktik der Biologie, Universität Duisburg-Essen, Universitätsstraße 2, 45141 Essen, Deutschland
e-mail: philipp.schmiemann@uni-due.de
Dr. Markus Lücken
Institut für Bildungsmonitoring und Qualitätsentwicklung (IfBQ) in Hamburg, Beltgens Garten 25, 20537 Hamburg, Deutschland
e-mail: Markus.Luecken@li-hamburg.de

D. Krüger, I. Parchmann und H. Schecker (Hrsg.), *Methoden in der naturwissenschaftsdidaktischen Forschung*, DOI 10.1007/978-3-642-37827-0_9,

9.2 Was ist Validität?

Für die Validierung eines Tests gibt es leider kein standardisiertes Routineverfahren. Das liegt unter anderem daran, dass die Validität selbst ein theoretisch komplexes Gebilde ist, das zudem einem gewissen zeitlichen Wandel unterliegt (z. B. Kane 2001). In einer weit verbreiteten Definition ist die Validität das Ausmaß, in dem ein Test das misst, was er zu messen vorgibt (z. B. Rost 2004). Die Validität ist hier also eine Eigenschaft des Tests. Im Gegensatz dazu wird sie in der aktuellen Definition der AERA-/APA-Standards (2002) als Eigenschaft der Test*werte* aufgefasst. In diesem Sinne gibt sie an, inwieweit die Interpretation der Testwerte durch empirische Belege und theoretische Argumente gestützt werden (Messick 1989; Wilhelm und Kunina 2009). Den Ausgangspunkt für dieses Urteil bilden ein theoretisches **Konstrukt** oder eine operationale Merkmalsdefinition, auf denen der Test beruht. Oder vereinfacht die Frage: *Was* und *wozu* soll überhaupt gemessen werden? Mit den meisten Tests in der naturwissenschaftsdidaktischen Forschung wird versucht, nicht direkt sichtbare, so genannte latente Merkmale von Personen zu erfassen, z. B. das Fachwissen in Biologie. Diese latenten Merkmale, die mit dem Test erfasst werden sollen, werden aufgrund theoretischer Überlegungen festgelegt und daher als theoretisches Konstrukt bezeichnet.

Vor der eigentlichen Testkonstruktion ist also erst einmal Theoriearbeit zu leisten. Diese ist für die Validitätsprüfung besonders wichtig, denn nur wenn man genau festlegt, was und zu welchem Zweck gemessen werden soll, kann man auch überprüfen, inwieweit die Ergebnisse die Interpretation stützen. Als Beispiel dient im Folgenden ein Leistungstest zum biologischen Fachwissen. Zwar unterscheiden sich Leistungstests und Persönlichkeitstests („Fragebögen") konzeptionell (Kap. 22 und 27), dennoch gelten die folgenden Erklärungen in analoger Weise auch für Fragebögen. Mit unserem Beispiel-Leistungstest wollen wir überprüfen, über welches biologische Vorwissen Studierende am Beginn des ersten Semesters verfügen. Die Ergebnisse sollen dazu genutzt werden, den Studierenden eine Rückmeldung über mögliche Wissenslücken zu geben, um diese bereits am Beginn des Studiums gezielt schließen zu können. Zu diesem Zweck entwickeln wir also einen entsprechenden Test.

Die folgenden Überlegungen zur Testvalidierung werden anhand von drei Validitätsaspekten strukturiert, die in der Literatur weit verbreitet sind (z. B. Schnell et al. 2011):

- Bei der *Inhaltsvalidität* wird theoretisch begründet und anhand von Plausibilitätsüberlegungen erläutert, inwieweit die verwendeten **Items** des Tests das theoretische Konstrukt abbilden.
- Für die *Kriteriumsvalidität* wird geprüft, wie groß der Zusammenhang des Tests mit einem oder mehreren anderen Informationen ist, die für den Test praktisch relevant sind.
- Bei der *Konstruktvalidität* werden theoretisch fundierte **Hypothesen** über die Struktur und den Aufbau des zu messenden Konstrukts formuliert und empirisch überprüft.

Diese Einteilung wird im Rahmen der Validitätstheorie auch kritisch diskutiert (z. B. Messick 1995), z. B. hinsichtlich Überschneidungen zwischen den Aspekten und einer übergeordneten Stellung der Konstruktvalidität. Mit diesen Aspekten sind verschiedene Maßnahmen verbunden, mit deren Hilfe die Validität eines Tests eingeschätzt werden kann. Es geht jeweils darum, Argumente zu finden, die aufzeigen, „inwieweit die Interpretation der Ergebnisse eines Tests gerechtfertigt" ist (Hartig et al. 2008, S. 161). Es wird sozusagen ein **nomologisches Netz** aufgebaut, in das das zu messende Konstrukt mit Hilfe von Theoriearbeit und empirischen Befunden widerspruchsfrei eingebettet werden kann (Wilhelm und Kunina 2009, S. 318). Dabei sind auch Hinweise von Bedeutung, die gegen eine spezifische Interpretation der Testwerte sprechen (Kane 2001), z. B. erwartungswidrige Ergebnisse (Abschn. 9.5.4).

9.3 Inhaltsvalidität

Unter dem Aspekt der Inhaltsvalidität wird betrachtet, inwieweit die Inhalte des Tests das zu messende Konstrukt erfassen. Für unseren Fachwissenstest heißt das: Die Items müssen alle relevanten Inhaltsbereiche abdecken und dürfen möglichst nur unter Nutzung biologischen Wissens zu lösen sein. Aber wie kann man das prüfen?

9.3.1 Entwicklung der Test-Items

Die Inhaltsvalidität muss bereits vor der Entwicklung der Test-Items beachtet werden. Als Erstes ist eine möglichst exakte Beschreibung des Konstrukts notwendig. Nur dann kann entschieden werden, ob die Test-Items repräsentativ sind für alle theoretisch denkbaren Items, die zur Erfassung des Konstrukts geeignet wären (Repräsentationsschluss nach Michel et al. 1982). Da dies häufig schwierig ist, kann man gegebenenfalls auch erst einmal mit einer Arbeitsdefinition starten, die im Rahmen der Testentwicklung immer weiter verfeinert und präzisiert wird (Bühner 2011). Bei unserem Beispiel stehen wir zunächst vor dem Problem, dass wir zum biologischen Fachwissen eine unglaublich große Menge von Test-Items konstruieren müssten, wenn wir an die Vielfalt biologischen Wissens denken. Daher ist es sinnvoll, das Konstrukt „biologisches Fachwissen" für unsere Zwecke stärker einzugrenzen. Da unser Test ein Eingangstest zum Studium sein soll, beschränken wir uns auf das Wissen, das die Studierenden in der Schule erworben haben sollen. Außerdem sollen in unserem Test zunächst nur die Inhaltsbereiche Ökologie und Genetik berücksichtigt werden, da diese im ersten Semester behandelt werden. Eine solche Festlegung des Inhaltsbereichs kann durchaus sinnvoll sein, wobei zugleich der Geltungsbereich eingegrenzt wird. In unserem Fall handelt es sich jetzt also nicht mehr um einen allgemeinen Test zum biologischen Fachwissen, sondern einen Test zum Schulwissen in den Bereichen Ökologie und Genetik. Alle Aussagen beziehen sich damit nur auf diesen Bereich. Generalisierte

Aussagen über das gesamte biologische Fachwissen sind dann ohne einen entsprechenden Nachweis nicht möglich.

Auf dieser Grundlage können jetzt passende Test-Items entwickelt werden. Im Interesse der Inhaltsvalidität empfehlen Murphy et al. (1998, S. 151) bei der Item-Entwicklung festzulegen, welche Inhaltsbereiche durch welche Items gemessen werden. In unserem Fall würden wir also alle Items den Bereichen Ökologie oder Genetik zuordnen. Dabei sollte bezogen auf die Inhaltsbereiche auch die Anzahl der Items in etwa gleich verteilt sein. Wenn wir innerhalb dieser beiden Bereiche weitere Unterbereiche annehmen (z. B. Mendelsche Regeln, Molekulargenetik), dann sollten auch hier die Anzahl der Items gleich verteilt sein. Dabei müssen wir aufpassen, dass wir keinen relevanten Aspekt des Konstrukts vergessen, z. B. die Gentechnik, denn auch durch die Wahl der Inhaltsbereiche kann die Inhaltsvalidität beeinflusst werden.

9.3.2 Überprüfung der Items

Nachdem nun die Items entwickelt wurden, erfolgt die inhaltliche Überprüfung. Dazu wird die Struktur des Tests, z. B. die Verteilung der Items auf verschiedene Inhaltsbereiche, mit der Struktur des Konstrukts, z. B. den theoretisch festgelegten Inhaltsbereichen, verglichen (Murphy et al. 1998, S. 151). Hierfür muss die Struktur des Konstrukts zuvor eindeutig festgelegt werden, z. B. in Form eines Modells oder eines Begriffsnetzes. Ganz praktisch wird für jedes einzelne Item geprüft, wie gut es das präzisierte Konstrukt abbildet. Da sich unser Test ja auf das Schulwissen beziehen soll, muss auch jedes einzelne Item das Schulwissen erfassen. Dies können wir beispielsweise dadurch überprüfen, dass wir jedes Item mit dem Biologie-Lehrplan abgleichen. Aber mit welchem Lehrplan? Da wir das Schulwissen zum Beginn der Studienzeit erfassen wollen, ziehen wir die Einheitlichen Prüfungsanforderungen für die Abiturprüfung (EPA; KMK 2004c) und die Oberstufen-Lehrpläne aller Bundesländer zu Rate. Damit haben wir einen Referenzrahmen realistischer Anforderungen für Studierende aus verschiedenen Bundesländern.

In vielen Fällen sind wir allerdings nicht in der komfortablen Lage, einen Referenzrahmen – anders als bei den EPA und bei Lehrplänen – hinzuziehen zu können. Dann empfiehlt es sich, Experten zu Rate zu ziehen, die die Eignung der Items einschätzen können. In unserem Fall wären Biologielehrkräfte mit Erfahrungen in der Oberstufe bzw. im Abitur geeignet. Sie können einschätzen, inwieweit die Items das Konstrukt valide abbilden. Dabei profitieren wir nicht nur von der fachlichen Expertise unserer Experten, sondern insbesondere von ihrer externen Perspektive. Da diese Experten nicht direkt an der Entwicklung der Items beteiligt waren, entdecken sie häufig Ungereimtheiten, die uns als direkt beteiligte Testentwickler möglicherweise nicht mehr auffallen, z. B. wenn wir einen wichtigen Inhaltsbereich vergessen haben. Die Experten sollen für jedes Item zu einer Einschätzung kommen, inwieweit es geeignet ist, die zu erfassende Personeneigenschaft – also in unserem Fall das oben definierte Fachwissen – angemessen zu erfassen. Dafür müssen sie das theoretische Konstrukt genau kennen. Die Experten sollen dann im Sinne eines „Konsens der

Kundigen" (Lienert et al. 1998, S. 11) für jedes Item zu einer Entscheidung kommen, inwieweit es geeignet ist, das Konstrukt zu erfassen. Nicht geeignete Items können im Test nicht verwendet werden. Ein vollständiger Konsens ist allerdings praktisch kaum zu erreichen, da auch die Experteneinschätzungen subjektiv sind (Bortz und Döring 2006). Daher ist es z. B. sinnvoll, die Übereinstimmung der Experten als Interrater-Reliabilität zu berechnen und einen Grenzwert festzulegen, ab dem ein (weitgehender) Konsens angenommen werden kann. Als grobe Richtlinie kann beispielsweise für Cohens κ ein Wert zwischen 0,6 und 0,75 als gute und darüber sogar als sehr gute Übereinstimmung betrachtet werden (Wirtz und Caspar 2002, S. 59 f.). Die Höhe des Grenzwertes sollte dennoch für jede Studie gesondert festgelegt werden, da die Übereinstimmungsmaße von vielen studienspezifischen Faktoren abhängen.

9.3.3 Erprobung der Test-Items

Bevor die von den Experten überprüften Items in einer Studie eingesetzt werden, sollen sie erprobt werden. Auch wenn sie für die Entwickler und Experten valide erscheinen, ist nichts darüber bekannt, wie sie auf die Probanden wirken. Eine sehr aufschlussreiche Möglichkeit, die Wahrnehmung der Items durch die Probanden näher zu erforschen, ist die Methode des lauten Denkens (Ericsson und Simon 1980, 1993; Kap. 15). Dabei äußern die Probanden ihre Gedanken bei der Bearbeitung laut, so dass diese ausgewertet werden können. Aus den verbalisierten Überlegungen beim Bearbeiten eines Items kann man darauf schließen, ob tatsächlich biologisches Fachwissen aktiviert wurde, oder ob andere Überlegungen im Vordergrund stehen. Studierende können z. B. bei einem *Multiple-Choice*-Test die Auswahlantwort wählen, die am „wissenschaftlichsten" klingt oder die meisten biologischen Fachbegriffe enthält.

Ein weiteres Ziel der Erprobung kann darin liegen, eine möglicherweise unterschiedliche Wirkung einzelner Items bei verschiedenen Untergruppen der Stichprobe aufzuklären. Beispielsweise könnten Studierende aus unterschiedlichen Ländern einzelne Items unterschiedlich verstehen und dadurch benachteiligt werden. Die Items würden das Konstrukt dann je nach Gruppe unterschiedlich gut erfassen.

9.3.4 Dokumentation der Inhaltsvalidität

Die inhaltliche Validität sollte auch für Außenstehende nachvollziehbar gemacht werden – sei es bei einem wissenschaftlichen Vortrag oder in einem Fachartikel. Sie kann nicht einfach als ein numerischer Wert ausgedrückt werden, denn die inhaltliche Validität wird durch „theoretische Argumente gestützt" (Hartig et al. 2008, S. 136). Auch die Einschätzung der Inhaltsvalidität mit Expertenrating ist weder absolut noch endgültig (Murphy et al. 1998, S. 151). Daher ist die Inhaltsvalidität nicht so sehr als Testgütekriterium zu betrachten, sondern eher als Ziel für die Testentwicklung. Um im Sinne guter wissenschaftlicher Praxis die Inhaltsvalidität für Außenstehende transparent zu machen, werden repräsentative Items angeführt, z. B. zwei unterschiedlich schwierige Items aus unseren beiden Inhaltsbereichen. An diesen Item-Beispielen können wir im Detail begründen, warum wir diese für geeignet halten, und zeigen, zu welcher Einschätzung unsere Experten kamen.

9.4 Kriteriumsvalidität

Hinter der Kriteriumsvalidität oder kriterialen Validität steht die Idee, die Annahmen von Zusammenhängen zwischen dem Ergebnis unseres Tests und einem oder mehreren externen Kriterien zu überprüfen, die für die diagnostische Entscheidung praktisch relevant sind (Hartig et al. 2008). Solche Kriterien könnten beispielsweise das Ergebnis in einem bereits etablierten Leistungstest zur Biologie oder die Abiturnote im Fach Biologie sein. Der Zusammenhang zu dem in unserem Test erreichten Leistungswert wird in Form einer **Korrelation** berechnet und kann dann – im Gegensatz zur Inhaltsvalidität – als numerischer Wert in Form des Korrelationskoeffizienten ausgedrückt werden. Dieses Verfahren setzt allerdings voraus, dass es mindestens ein solches – selbst valide erfasstes – Außenkriterium gibt, das mit dem Test sinnvoll in Beziehung gesetzt werden kann. Das ist häufig nicht der Fall (Bortz und Döring 2006, S. 201). Was aber eignet sich grundsätzlich als externes Validitätskriterium? Diese Frage ist vor allem unter Bezug auf die praktische Relevanz der Außenkriterien zu beantworten. Grundsätzlich lassen sich bezüglich des Messzeitpunktes drei Arten von kriterialer Validität unterscheiden.

9.4.1 Übereinstimmungsvalidität

Für die Übereinstimmungsvalidität oder konkurrente Validität werden der Test und die Erhebung des externen Kriteriums *zum gleichen Messzeitpunkt* durchgeführt. Genau genommen wird natürlich nicht zum genau gleichen Zeitpunkt getestet, sondern in unmittelbarer zeitlicher Nähe. Eine typische und relativ einfache Situation liegt vor, wenn man einen bereits vorhandenen Test aus durchführungspraktischen Gründen verkürzen will, z. B. weil die Bearbeitungszeit des vollständigen Tests zu lang ist. In einer solchen komfortablen Situation sind wir in unserem Beispiel nicht.

9.4.2 Vorhersagevalidität

Zur Erfassung der prognostischen oder prädiktiven Validität wird der Test mit einem Außenkriterium in Beziehung gesetzt, das erst zu einem späteren Zeitpunkt erfasst wird. In unserem Beispiel können wir unseren Test etwa mit dem Studienerfolg in Beziehung setzen. Dabei stellt sich allerdings die Frage, wie dieser erfasst werden kann, d. h. was genau als Außenkriterium dienen soll. Als erste Näherung können wir beispielsweise erfassen, ob die Studierenden, die wir mit unserem Test zu Beginn des Studiums erfassen, ihr Studium abschließen oder nicht. Allerdings wäre dies in mehrfacher Hinsicht ungünstig: Erstens ist die Unterscheidung zwischen abgeschlossenem und nicht abgeschlossenem Studium wenig differenziert. Wenn wir zusätzlich die mehrstufige Abschlussnote berücksichtigen, würden wir vermutlich ein genaueres Bild erhalten. Zweitens würde die Validierung unseres Tests wahrscheinlich länger dauern als die Regelstudiendauer, denn erst dann können wir mit einer ausreichenden Stichprobe das Außenkriterium erfassen. Längere Zeiträume sind ein grundsätzliches Problem der Vorhersagevalidität. Drittens – und das ist hier der entscheidende Punkt – bleibt fraglich, ob unser inhaltlich eingeschränkter Fachtest überhaupt geeignet ist, etwas so Komplexes wie den Studienerfolg zu prognostizieren. Dafür müssten wir unsere Testkonzeption grundsätzlich verändern (was aber nicht unsere Intention ist), denn beim Studienerfolg spielen weitere Einflussfaktoren wie z. B. die soziale Herkunft oder die Studienbedingungen eine Rolle (z. B. Blüthmann et al. 2008). Möglicherweise wäre unser Test aber auch geeignet, den Erfolg der Studierenden in den Vorlesungsklausuren zur Genetik und Ökologie vorherzusagen. Dazu würden die Ergebnisse unseres Tests am Semesteranfang mit den Klausurergebnissen am Semesterende korreliert. Bei einer hohen Übereinstimmung wäre auch die Vorhersagevalidität hoch. Um die Beziehung zwischen dem Test und den Klausuren möglichst unverfälscht erfassen zu können, erfolgt im Rahmen der Validierung des Fachwissenstests eine Rückmeldung der Ergebnisse erst nach den Abschlussklausuren – also wenn die eigentliche Validierung abgeschlossen ist. Wenn sich die Vorhersagevalidität des Tests bezüglich der Klausurergebnisse als ausreichend hoch (Abschn. 9.4.4) erweist, können wir den Test in den Folgejahren nutzen, um den Studierenden (und auch Dozenten) Rückmeldung zum aktuellen Wissensstand zu Beginn der Veranstaltung zu geben.

9.4.3 Retrospektive Validität

Bei der retrospektiven Validität wird ein korrelativer Zusammenhang zwischen dem Test und einem externen Kriterium hergestellt, das bereits zuvor erfasst wurde. In unserem Fall wäre es beispielsweise naheliegend, die Abiturnote heranzuziehen. Aus naheliegenden Gründen würden wir die Note im Fach Biologie verwenden, die wir bei den Studierenden erfragen können. Auch wenn Noten relativ häufig als externe Kriterien für Leistungstests im Schulkontext genutzt werden, ist dabei Vorsicht geboten (Wilhelm et al. 2009, S. 326). Denn bei der Notenvergabe spielen weitere Aspekte, wie z. B. das Sozialverhalten, eine Rolle und nicht nur die reine Fachleistung (vgl. z. B. Schrader und Helmke 2002). Die Zusammenhänge zwischen Leistungstests und Noten sollten wir daher etwas zurückhaltend interpretieren (vgl. z. B. mittlere Korrelation der Noten mit der naturwissenschaftlichen Kompetenz bei PISA; Schütte et al. 2007, S. 139). Für unseren Test können wir außerdem beschließen, nur die Note der Abiturklausur zu verwenden, weil sie normalerweise unter verhältnismäßig objektiven Bedingungen zustande kommt. Allerdings muss sich diese nicht zwingend auf einen unserer Inhaltsbereiche bezogen haben (KMK 2004c), so dass die Aussagekraft wiederum eingeschränkt ist. Außerdem stellt sich die Frage, wie wir mit den unterschiedlich hohen Anforderungen in Grund- und Leistungskursen und mit Studierenden umgehen, die das Fach Biologie nicht bis zum Abitur belegt hatten. Für unseren Test scheint also auch aus Perspektive der retrospektiven Validität kein besonders geeignetes Außenkriterium vorzuliegen – zumindest nicht in Form der Noten.

9.4.4 Dokumentation der Kriteriumsvalidität

Die Auswahl des Außenkriteriums muss aufgrund einer begründeten Entscheidung erfolgen und nachvollziehbar sein. Dann kann die Kriteriumsvalidität als Korrelationskoeffizient berechnet und in dieser Form in Publikationen berichtet werden. Der Wert sollte möglichst deutlich über Null und idealerweise nahe bei Eins liegen. Je nach Quelle werden Werte zwischen 0,3 und 0,6 als mittel und darüber als hoch bezeichnet (vgl. Weise 1975, S. 219; Bortz und Döring 2009, S. 606). Erfahrungsgemäß sind die Korrelationen bei der Übereinstimmungsvalidität höher als bei der Vorhersagevalidität, weil nur ein geringer zeitlicher Abstand zwischen den Erhebungen liegt, in dem zusätzliche Veränderungen, insbesondere Lerneffekte, möglich sind (Kubiszyn und Borich 2007, S. 313).

Die Höhe der Korrelation hängt von der Übereinstimmung der beteiligten Instrumente und auch von deren Reliabilitäten ab (Reliabilitäts-Validitäts-Dilemma; vgl. Lienert und Raatz 1998, S. 255; Rost 2004, S. 392). Die maximal erreichbare Validität kann auf Basis der beiden Reliabilitäten berechnet und ggf. mit der Verdünnungsformel (*Correction for Attenuation*; Bortz und Döring 2006, S. 202) korrigiert werden.

Die Übereinstimmung zwischen den beteiligten Tests selbst kann durch verschiedene äußere Faktoren, z. B. die verwendeten Methoden, beeinflusst sein (Schermelleh-Engel und Schweizer 2003). In unserem Test verwenden wir beispielsweise nur *Multiple-Choice*-Aufgaben, also ein geschlossenes Antwortformat. Wenn wir unseren Test nun mit einem vergleichbaren Test in Beziehung setzen, der ebenfalls dieses Format nutzt, ist die Korrelation vermutlich größer als bei Beobachtung der Studierenden im Genetikpraktikum. Außerdem wird die Korrelation auch durch die Varianz innerhalb der Stichprobe beeinflusst: Hohe Korrelationen ergeben sich eher aus heterogenen Stichproben als aus homogenen (Kubiszyn et al. 2007, S. 313).

Wie sich zeigt, ist es gar nicht so einfach, eine Kriteriumsvalidierung durchzuführen. In der Praxis scheitert diese Überprüfung der externen Validität häufig daran, dass es eben keine relevanten oder nur unzureichend erfasste Außenkriterien gibt. Wenn ein geeignetes, valide erfasstes, externes Kriterium vorliegt, ist das wiederum ein Anlass, die Notwendigkeit des neuen Messinstruments kritisch zu hinterfragen (Wegener 1983). Darüber hinaus ist eine Validierung nur aufgrund eines Außenkriteriums als problematisch anzusehen und es besteht die Gefahr von Zirkelschlüssen (Hartig et al. 2008, S. 158). Entscheidend ist hier eine schlüssige Argumentation, warum mögliche Außenkriterien geeignet bzw. nicht geeignet sind.

9.5 Konstruktvalidität

Wie wir gesehen haben, kann die Bestimmung der Inhalts- und der Kriteriumsvalidität schwierig sein. Daher kommt der Konstruktvalidität eine ganz besondere Bedeutung zu. Sie ist sogar von so zentraler Bedeutung, dass sie die anderen Validitätsaspekte in vielen Definitionen der Validität mit einschließt (z. B. Anastasi 1986; Messick 1995). Bei der Konstruktvalidität steht – wie der Name bereits andeutet – das theoretische Konstrukt im Mittelpunkt. Auf Grundlage eben dieses theoretischen Konstrukts werden fundierte präexperimentelle Annahmen formuliert und dann empirisch überprüft (Rost 2004, S. 35). Solche Annahmen beziehen sich in vielen Fällen auf Zusammenhänge zu anderen Tests, die dem Konstrukt sehr ähnlich (konvergente Validierung; z. B. verschiedene Intelligenztests) oder eher fremd (diskriminante Validierung; z. B. Leseverstehen und Fähigkeiten in Integralrechnung) sind. Die Zusammenhänge werden wie bei der Kriteriumsvalidität als Korrelationen berechnet. Dabei ist es wichtig, vorher auf Grundlage theoretischer Überlegungen konkrete Grenzwerte festzulegen, ab denen ein Zusammenhang als gegeben oder nicht gegeben betrachtet wird. Neben direkten Korrelationen können z. B. auch Annahmen über schwierigkeitserzeugende Aufgabenmerkmale aussagekräftig geprüft werden (Kap. 30). In diesem Sinne liegt der Überprüfung der Konstruktvalidität ein hypothetisch-deduktiver Ansatz zugrunde (Hartig et al. 2008, S. 148).

9.5.1 Konvergente Validierung

Für eine konvergente Validierung wird ein Zusammenhang zwischen dem zu validierenden Test und einem oder mehreren anderen Instrumenten hergestellt, die ähnliche Konstrukte erfassen. In unserem Fall können wir beispielsweise einen schon existierenden Test verwenden, der die Kenntnis von biologischen Fachbegriffen überprüft, indem diese definiert werden müssen. Es ist anzunehmen, dass unser Test eine relativ hohe Korrelation zu diesem Instrument aufweist, wenn wir daraus nur die Inhaltsbereiche berücksichtigen, die auch in unserem Test vorkommen.

Auf den ersten Blick erscheint dafür eine sehr hohe Korrelation von nahezu eins besonders erstrebenswert. Sie kann aber in einigen Fällen zu einem Paradox führen: Wenn unser neu entwickelter Test zu den (fast) identischen Ergebnissen kommt wie ein schon vorhandener, stellt sich wiederum die Frage, welchen Zugewinn unser neuer Test überhaupt bietet. Der Vorteil kann beispielsweise in der Verkürzung der Bearbeitungszeit durch weniger Items liegen. Allerdings ist die Wahrscheinlichkeit einer so hohen Übereinstimmung in der Praxis eher gering, wenn nicht gerade ein bestehender Test optimiert wird.

Ein anderes Instrument, das zur konvergenten Validierung unseres Tests eingesetzt werden kann, sind Begriffsnetze zur Erfassung der Wissensvernetzung (*Concept Maps*; Überblick z. B. bei Fischler und Peuckert 2000; Kap. 26). Dies setzt aber voraus, dass unsere theoretische Konzeption und damit unser Test insbesondere auf die Wissensvernetzung in Biologie fokussiert, was (zumindest bisher) nicht der Fall ist. Verschiedene

Methoden – hier *Multiple-Choice*-Aufgaben und Begriffsnetze – werden auch im Rahmen des *Multitrait-Multimethod*-Matrizen-Ansatzes (MTMM) genutzt, der eine sehr systematische Validitätsüberprüfung ermöglicht (Überblick z. B. bei Eid et al. 2006; zur Validierung bei Schermelleh-Engel und Schweizer 2003).

9.5.2 Diskriminante Validierung

Hinter der diskriminanten Validierung steht die Idee, zusammen mit dem Test weitere Variablen zu erheben, die aus theoretischer Perspektive nicht oder nur in einem geringen Zusammenhang mit dem Test stehen sollten. Auch hier ist eine geschickte Auswahl entscheidend, denn es wäre wohl keine Überraschung, wenn unser Test beispielsweise keinen Zusammenhang zu einem Hörverstehenstest in Spanisch aufweisen würde. Es geht also nicht nur einfach darum, dass kein oder ein geringer Zusammenhang zu irgendeinem anderen Instrument besteht. Vielmehr gilt es nachzuweisen, dass kein oder nur ein geringer Zusammenhang zu einem – möglicherweise ähnlichen – Konstrukt besteht, das aber eben nicht erfasst werden soll. Häufig wird der Zusammenhang zu allgemeinen kognitiven Fähigkeiten überprüft, um zu sehen, ob das neue Instrument wirklich fachliches Verständnis erfasst oder z. B. logisches Denken oder Textanalyse für die erfolgreiche Bearbeitung ausreichen. Da unser Test textbasiert ist, könnten Fähigkeiten des Leseverstehens eine Rolle bei der Bearbeitung spielen (Kap. 30). Es ist daher sinnvoll, das Leseverstehen mit einem standardisierten Test zu erfassen und mit unserem Test zu korrelieren. Diese Korrelation sollte möglichst niedrig sein, da wir ja das biologische Fachwissen erfassen wollen. Ein gewisser Zusammenhang ist allerdings zu erwarten, da die Fachwissens-Items ja gelesen werden und in schriftlicher Form beantwortet werden müssen (vgl. z. B. hohe Korrelation von Lese- und naturwissenschaftlicher Kompetenz bei PISA; Prenzel et al. 2001, S. 221).

9.5.3 Validierung durch konstruktimmanente Annahmen

Wie auch bei der kriterialen Validität werden für die konvergente und diskriminante Validierung geeignete und gut gesicherte Instrumente benötigt, die für die Korrelationen herangezogen werden können. Es besteht aber auch die Möglichkeit, auf Basis des Konstrukts Hypothesen zu formulieren, die geprüft und als Validitätshinweis interpretiert werden können (Embretson 1998). Aufgrund theoretischer Überlegungen können wir beispielsweise annehmen, dass die Schwierigkeit der Genetik-Items davon abhängt, welches Verständnisniveau sie ansprechen (vgl. Schmiemann 2010, S. 47 ff.). Die Hypothese könnte dann lauten: Genetik-Items, die sich auf die Mendelschen Regeln beziehen, sind leichter als solche zur Molekulargenetik. Um diese Hypothese zu prüfen, würden wir Items für beide Niveaus konstruieren, die ansonsten möglichst ähnlich sind. Damit hätten wir dann ein (potenziell) schwierigkeitsbestimmendes Aufgabenmerkmal – nämlich das fachliche Anspruchsniveau – definiert und in den Items systematisch variiert. Wenn wir damit nun empirisch nachweisen können, dass unsere Hypothese zutrifft, können wir diese erfolgreiche Vorhersage der Aufgabenschwierigkeit als Validitätshinweis betrachten (Hartig und Jude 2007, S. 31; Kap. 30).

Zusätzlich können wir noch eine begründete Annahme über die Struktur unseres Tests formulieren. Wir könnten annehmen, dass die Subtests zu den beiden Inhaltsbereichen eigenständige Dimensionen darstellen. Für eine solche Überprüfung können konfirmatorische Faktorenanalysen (Einführung bei Bühner 2011) oder auch probabilistische Testmodelle (IRT-Modelle; Kap. 28) genutzt werden. Mit diesen kann u. a. die (relative) Passung verschiedener Testmodelle miteinander verglichen werden.

9.5.4 Erwartungswidrige Ergebnisse

In der Praxis bestätigen sich nicht immer alle zur Konstruktvalidierung formulierten Annahmen, z. B. hohe Korrelationen bei konvergenten Validierungen. Ein solcher Befund lässt verschiedene Interpretationen zu (Schnell et al. 2011): Erstens kann die formulierte Hypothese über den konvergenten Zusammenhang falsch sein. In diesem Fall sollte zunächst ihre Herleitung aus der Theorie überprüft werden. Zweitens kann die Untersuchung selbst fehlerhaft sein. Dies gilt sowohl für die theoretische Konzeption als auch für die praktische Durchführung. Hier sind viele Fehlerquellen denkbar, insbesondere muss die **Operationalisierung** des Konstrukts durch die Items gründlich geprüft werden (Abschn. 9.2). Drittens kann das hinzugezogene externe Instrument ungeeignet sein. Letztlich besteht natürlich auch die Möglichkeit, dass tatsächlich keine Konstruktvalidität vorliegt. In jedem Fall sind Überprüfungen aller Arbeitsschritte und eventuell weitere Untersuchungen notwendig. Aber auch bei Bestätigung der Hypothesen gilt aufgrund des hypothetisch-deduktiven Ansatzes, dass die Konstruktvalidität grundsätzlich nie endgültig bewiesen werden kann, sondern nur der Nachweis so lange begründet ist – bis er falsifiziert wurde.

Literatur zur Vertiefung

Bühner M (2011) Einführung in die Test- und Fragebogenkonstruktion. Pearson, München (Komprimierter Überblick über die Validitätsaspekte, ihrer Bedeutung für die Testentwicklung und mögliche Gründe für mangelnde Validität. Eher zur Wiederholung und zum schnellen Nachschlagen bzgl. Validität als Testeigenschaft.)

Hartig J, Frey A, Jude N (2008) Validität. In: Moosbrugger H, Kelava A (Hrsg) Testtheorie und Fragebogenkonstruktion Springer, Berlin Heidelberg New York Tokyo, S 135–163 (Gut verständlicher Überblick mit Beispielen und praktischen Hinweisen. Gut zur Vertiefung und zum Nachschlagen weiterführender Informationen bzgl. Validität als Interpretation von Testwerten.)

Kane MT (2001) Current Concerns in Validity Theory. Journal of Educational Measurement 38(4):319–342 (Prägnanter Überblick über die Geschichte der Validität und Diskussionspunkte zur Weiterentwicklung der Validitätstheorie.)

Lienert GA, Raatz U (1998) Testaufbau und Testanalyse. Beltz, Weinheim (Kapitel 11 gibt einen Überblick über Maßnahmen, mit denen die Validität eines Tests systematisch geprüft werden kann.)

Messick S (1995) Validity of Psychological Assessment. American Psychologist 50(9):741–749 (Kritische theoretische Auseinandersetzung mit der traditionellen Einteilung der Validitätsaspekte. Interessant für Diskursinteressierte.)

Schermelleh-Engel K, Schweizer K (2003) Diskriminante Validität. In: Kubinger KD, Jäger RS (Hrsg) Schlüsselbegriffe der Psychologischen Diagnostik Beltz, Weinheim, S 103–110 (Prägnante Einführung zur Prüfung der diskriminanten (und z. T. konvergenten) Validität. Einstieg und methodische Entscheidungshilfe bezüglich Multitrait-Multi-Method-Analysen.)

Teil II
Arbeit mit qualitativen Daten

Leitfadengestützte Interviews

10

Kai Niebert und Harald Gropengießer

Die Vermittlung von fachlich angemessenen Vorstellungen und Kompetenzen steht im Kern naturwissenschaftlichen Unterrichts. Nicht erst seit der Einbindung des Konstruktivismus als Erkenntnistheorie in die fachdidaktische Forschung hat sich dabei die Überzeugung durchgesetzt, dass bei der Vermittlung die Vorstellungen und Interessen der Lernenden berücksichtigt werden müssen. Im Vergleich mit den angezielten fachlichen Vorstellungen – den naturwissenschaftlichen Theorien und Konzepten – zeigen sich dann die Lernbedarfe (Kattmann et al. 1997). Zum Erfassen prä- und post-instruktionaler Vorstellungen, Interessen und mit Einschränkungen auch Emotionen sind Interviews eine probate Methode, wie auch Richard White und Richard Gunstone (1992) unterstreichen: „*[An] interview is the most direct method, among all the probes, of assessing a person's understanding*". Es sollte dabei jedoch klar sein, dass es Selbstauskünfte der Interviewpartner sind und sich deren Äußerungen nicht von selbst erschließen, sondern einer Interpretation bedürfen.

10.1 Einführung

Gut geführte Interviews gehören zu den anspruchsvollsten Forschungsmethoden, da die Offenheit und Freiheit in der Interviewsituation leicht zu einer Steuerung verleiten. Im

Prof. Dr. Kai Niebert ✉
Didaktik der Naturwissenschaften, Leuphana Universität Lüneburg, Scharnhorststraße 1,
21335 Lüneburg, Deutschland
e-mail: niebert@leuphana.de
Prof. Dr. Harald Gropengießer
Didaktik der Biologie, Leibniz Universität Hannover, Am Kleinen Felde 30,
30167 Hannover, Deutschland
e-mail: gropengiesser@idn.uni-hannover.de

D. Krüger, I. Parchmann und H. Schecker (Hrsg.), *Methoden in der naturwissenschaftsdidaktischen Forschung*, DOI 10.1007/978-3-642-37827-0_10,

Extremfall erhebt man dann nicht die Vorstellungen, Einstellungen oder Interessen seines Gegenübers, sondern die eigenen.

Durch Leitfaden strukturierte Interviews sind geeignet, wenn alltägliches und wissenschaftliches Wissen zu rekonstruieren ist und dafür eine große Offenheit gewährleistet sein soll – aber gleichzeitig auch die vom Interviewer eingebrachten Themen den Erhebungsprozess strukturieren sollen. Ein Ausschnitt aus einem Interview über Alltagsvorstellungen zum Klimawandel (Niebert 2010) soll dies verdeutlichen:

Interviewer: Beschreibe einmal, was dir zum Thema Klimawandel einfällt.

Jakob: Der Klimawandel kommt durch den Schadstoffausstoß von CO_2. Es entsteht eine Treibhausgasschicht in der Atmosphäre. Die wird immer dichter und wirft die abgestrahlte Wärmestrahlung von der Erde wieder zurück. Dadurch wird es wärmer und die Polkappen schmelzen. Ich habe mal gelesen, dass es 15 Grad wärmer wird. Aber da gehen die Meinungen auseinander. [...]

Interviewer: Du hast vorhin CO_2 als Schadstoff erwähnt. Bitte beschreibe einmal, was du damit meinst.

Jakob: Das CO_2 ist so ein Giftgas. Es kommt von den Autos und Fabriken, die Abgase in die Luft stoßen. Ich habe gelesen, dass es früher auch schon Klimawandel gab, aber dieser CO_2-Ausstoß ist unnatürlich. Den haben wir gemacht. Den gab es bei einem früheren Klimawandel nicht, der wurde anders verursacht. [...]

Interviewer: In dem Film „Eine unbequeme Wahrheit" gibt Al Gore den Rat: „Reduzieren Sie Ihre CO_2-Emissionen auf Null." Was meinst du dazu?

Jakob: Ich glaube nicht, dass man seinen CO_2-Ausstoß auf Null reduzieren kann. Dazu ist der Mensch viel zu abhängig davon. Höchstens, wenn man nur noch Elektroauto fährt. Ich weiß nicht, ob man diese CO_2-Moleküle irgendwie spalten kann, dass die nicht mehr gefährlich sind. [...]

Dem Interview geht eine kurze Einführungsphase voraus, in der sich Interviewer und Proband kennenlernen und der Rahmen des Interviews umrissen wird. Wichtig ist es dabei, eine entspannte und damit offene Gesprächsatmosphäre zu schaffen. Das vorliegende Interview diente der Erhebung von Alltagsvorstellungen zum Klimawandel mit einem Fokus auf den Vorstellungen zum Kohlenstoffkreislauf und den damit verknüpften Vorgängen in der Atmosphäre (Treibhauseffekt).

Der Interviewausschnitt zeigt ein übliches Vorgehen in leitfadengestützten Interviews: Am Anfang unseres Beispiels steht eine weite, erzählgenerierende Aufforderung, die den Probanden die Möglichkeit gibt, ihre Vorstellungen zum Thema zu entfalten. Im optimalen Fall kann der Interviewer die Vorstellungen des Probanden bereits während des Interviews mit dem vorher aufgearbeiteten Stand der Forschung abgleichen und auch neue Vorstellungen entdecken.

Im Anschluss an den weiten Einstieg folgen spontane Interventionen wie vertiefende Nachfragen oder Impulse, in denen der Interviewer Äußerungen der Probanden aufgreift und um weitere Erläuterungen bittet. Dadurch kann der Proband seine Vorstellungen an dieser Stelle noch einmal ausführlicher ausbreiten, und der Interviewer hat bessere Möglichkeiten zum Verstehen der Vorstellungen seines Gegenübers (Fremdverstehen).

Darüber hinaus wird deutlich, dass nach einem allgemeinen Einstieg in das Thema eine immer stärkere Fokussierung erfolgt. Um gezielt Vorstellungen zu erheben, werden häufig auch vorbereitete Stimuli eingesetzt, wie zum Beispiel das Zitat von Al Gore, mit denen Vorstellungen noch einmal vertieft erfasst werden können.

10.2 Interviews in der Lehr-Lernforschung

Eine Forschungsmethode kann nur mit Blick auf die jeweilige Fragestellung und den Forschungsgegenstand gewählt werden. Als Kriterium für die Entscheidung für oder gegen eine Methode nennen Flick et al. (2010) die Gegenstandsangemessenheit. Will man zum Beispiel lebensweltliche Vorstellungen zu einem Themenbereich erheben, besteht die Aufgabe im Erfassen der Breite, Tiefe und Qualität individueller Denkstrukturen. Es kommen dabei nur Methoden in Frage, mit denen auch unbekannte individuelle Vorstellungen entdeckt, erfasst und interpretativ erschlossen werden können. Eine adäquate Methode wird damit durch Problemzentrierung, Offenheit und Interaktivität gekennzeichnet. Damit sind qualitative Forschungsmethoden angemessen.

Die Interpretation von Interviewdaten ist immer ein Fremdverstehen, bei dem Forscher den Äußerungen Anderer Sinn verleihen. Gegenstand fachdidaktischer Forschung ist somit in der Regel nicht ein fachliches Phänomen an sich (Perspektive erster Ordnung), sondern Vorstellungen über ein fachliches Phänomen (Perspektive zweiter Ordnung; Marton 1981). Qualitativ Forschende nehmen dabei die Perspektive zweiter Ordnung ein, indem sie das Denken der Befragten methodisch kontrolliert rekonstruieren. Gegenstand der Rekonstruktion ist das Denken Anderer in deren Perspektive erster Ordnung, d. h. deren Wahrnehmung und Verstehen der Welt (Marton 1981). Die ausführliche und nachvollziehbare Dokumentation des Forschungsprozesses und der angewandten Methoden ist aus diesem Grunde unverzichtbar.

Um die Validität der Datenerhebung sicherzustellen, werden vier an Mayring (2010) angelehnte Gütekriterien zugrunde gelegt:

- Verfahrensdokumentation: Die Bedingungen und Verfahren bei der Erhebung, Aufbereitung und Auswertung der Daten müssen z. B. durch Verweise auf die Originaldaten an jeder Stelle einer Forschungsarbeit nachvollziehbar und detailliert dargestellt werden.
- Datendokumentation: Die Entscheidung, ob die Daten als Audio- oder Videodatei aufgezeichnet werden, hängt von der Fragestellung ab. Ist eine eindeutige Sprecheridentifizierung notwendig oder sind nonverbale Äußerungen wichtig, dann ist die Videographie angezeigt. Das Datendokument ist Ausgangspunkt eines schrittweisen und methodisch kontrollierten Vorgehens, welches mit der Aufbereitung beginnend (Transkript) bis hin

zur Auswertung führt. Dabei reicht es nicht, auf Standardwerke zu verweisen, vielmehr muss die Anwendung der Methode im Kontext deutlich werden (Kap. 11; Niebert 2010).

- Mitwirkung der Probanden: Die Mitwirkung der Lerner ist eine maßgebliche Voraussetzung für die Qualität der Ergebnisse aus Interviewstudien. In der Erhebung der Daten wird davon ausgegangen, dass die Äußerungen der Probanden authentisch und ehrlich sind. Wichtig ist es somit, eine vertrauensvolle Atmosphäre zu schaffen. Die Lerner werden deshalb u. a. mehrfach darauf hingewiesen, dass es in der Vorstellungsforschung nicht um Leistungsmessung geht, sondern dass alle Äußerungen zum Untersuchungsgegenstand gewünscht und wertvoll sind.
- Interne **Triangulation**: Die Interviews sollten so gestaltet werden, dass an mehreren Stellen auf gleiche Aspekte rekurriert wird. Dadurch können Äußerungen der Probanden zu verschiedenen Zeitpunkten – angeregt durch unterschiedliche Impulse – miteinander verglichen werden, was die Validität der Interpretation sinngleicher Aussagen erhöht.

10.2.1 Varianten von Leitfadeninterviews

Unter der Bezeichnung *Interview* werden sehr unterschiedliche Erhebungsmethoden zusammengefasst. Flick (2007) schafft ein wenig Ordnung in der Vielfalt, indem er die Varianten von Leitfadeninterviews nach den ihnen innewohnenden Merkmalen charakterisiert. In Tab. 10.1 sind in der Fachdidaktik übliche Varianten von Leitfadeninterviews anhand ihrer Einsatzmöglichkeiten und Eigenschaften beschrieben. Die Bezeichnungen der Interviewtypen entspringen der Praxis unterschiedlicher Forschungstraditionen und beziehen sich auf hervorstechende Merkmale – sind also nicht kriterienstet.

Eine zentrale Entscheidung bei der Durchführung von Interviews betrifft die Frage, ob Einzel- oder Gruppeninterviews durchgeführt werden. Der große Vorteil des Einzelinterviews besteht darin, dass der Interviewte seine Äußerungen direkt kommentieren kann und jeweils die Möglichkeit der Nachfrage besteht. Gruppeninterviews hingegen sind offener und weniger standardisiert, was von Hoffmann-Riem (1980) und Bohnsack (1999) als methodische Kontrolle des Verfahrens gedeutet wird: Je weniger der Versuchsleiter in die Interviewsituation eingreift, desto unbeeinflusster sind Äußerungen der Interviewten. Zu beachten ist, dass Gruppeninterviews von Gruppendiskussionen zu unterscheiden sind. Im Gegensatz zu Gruppeninterviews fokussieren Gruppendiskussionen auf kollektive Orientierungen und Dynamiken in einer Gruppe (Kap. 12).

Die Intention des Interviews ist in der Regel vorrangig ermittelnd und nicht vermittelnd. Jedoch bedeutet jede Ermittlung immer auch Vermittlung, da zum Beispiel die eingesetzten sprachlichen Impulse oder Materialien als Gesprächsinterventionen Vorstellungen, Interessen o. ä. generieren können. Dies ist im Auswertungsprozess entsprechend zu berücksichtigen (Gropengießer 2007).

Der häufig explorative Charakter der qualitativen Forschung schließt eine starke Standardisierung aus. Die Festlegung des Wortlauts und der Reihenfolge der Fragen würde voraussetzen, dass die Struktur des Problemfeldes vollständig bekannt ist. Es müsste si-

Tab. 10.1 Varianten von Leitfadeninterviews (in Anlehnung an Flick 2007)

Interviewtyp	Beschreibung	Erhebung von … (z. B.)
Experteninterview (Bogner et al. 2005)	Größeres Interesse am Experten als am Menschen; meist Einzelinterviews	Wissenschaftlervorstellungen
Narratives Interview (Schütze 1977)	Offenes Erzählen von autobiographischen Schlüsselerlebnissen; meist Einzelinterviews; Gliederung in Erzähl-, Rückgriffs- und Bilanzierungsphase	Subjektive Theorien
Dilemma-Interview (Colby und Kohlberg 1987)	Erfassung von Urteilen und Bewertungen; in der Regel stark strukturierte Reihenfolge von Fragen; Einzel- oder Gruppeninterviews	Bewertungen, Urteile
Problemzentriertes Interview (Witzel 1989)	Gegenstandsbezogen auf ein (naturwissenschaftliches) Phänomen; Fokus auf Erfahrungen, Wahrnehmungen, Vorstellungen und Reflexionen des Befragten zu einem Problem oder Gegenstandsbereich	Alltagsvorstellungen, wissenschaftsorientierte Vorstellungen
Fokussiertes Interview (Merton 1946)	Reflexion einer erlebten Situation (z. B. ein Naturobjekt erkunden, einen Artikel lesen, einen Film schauen, auf Exkursion gehen); häufig Gruppeninterviews	Emotionen, Interessen, Vorstellungen

cher sein, dass alle relevanten Fragen gestellt und möglichst alle Antworten antizipiert werden können. Dies ist in der Vorstellungs-, Einstellungs- oder Interessenforschung nur insofern möglich, als sich die mentalen Konstrukte zwar zu Kategorien zusammenfassen lassen, die Äußerungen aber immer individuell bleiben. Deshalb ist eine mündliche Kommunikationsform das Mittel der Wahl, mit der Freiheit des Interviewers, die Reihenfolge der Interventionen je nach Situation zu wählen und frei zu formulieren, wie auch mit der Möglichkeit, neu auftauchenden Aspekten mit *Ad-hoc*-Eingriffen oder -Impulsen nachzugehen. Um in der komplexen Situation des Interviews den Überblick zu behalten, ist eine schnelle Orientierung notwendig, welche Themen bereits angesprochen wurden und welche Interventionen noch ausstehen. Dies leistet ein Leitfaden mit zugehörigem Material, der die Interviewsituation strukturiert.

10.2.2 Die Rolle von Interviewleitfäden

Während der Fragebogen eines standardisierten Interviews den Gesprächsverlauf festlegt, soll ein Leitfaden orientieren, aber den Gesprächsfluss nicht einengen. Der Leitfaden eröffnet so einen Zugang zu einer sich entfaltenden Vorstellungs-, Interessen- oder Gefühlswelt des Probanden in einem vom Interviewer angezielten Themenbereich. Das setzt eine Vertrautheit mit dem theoretischen Ansatz, den Fragestellungen und dem Forschungsstand des Projekts voraus. Nur dann können Interviewer einschätzen, wann es angemessen ist, vom Leitfaden abzuweichen, und an welchen Stellen intensives Nachfragen oder Vertiefungen notwendig sind. Deshalb sollten Interviews nur von Personen durchgeführt werden, die verantwortlich in den jeweiligen Forschungsprojekten mitarbeiten (Hopf 1995).

An einen guten Interviewleitfaden werden folgende Anforderungen gestellt:

- Der Interviewleitfaden soll übersichtlich gestaltet sein, um dem Interviewer einen schnellen Überblick zu ermöglichen. Der Leitfaden soll lenken und nicht ablenken. Die einzelnen Interventionen sollen nicht abgelesen werden. Vielmehr soll eine natürliche Gesprächsatmosphäre aufgebaut werden.
- Der Interviewleitfaden soll nicht überladen sein. Eine Fokussierung auf ein unrealistisches Pensum an Einzelaspekten führt meist zu einer oberflächlichen Erhebung.
- Der Leitfaden soll einer logischen Struktur folgen. Es soll aber klar sein, dass die Sachstruktur des zu erfassenden Bereichs (z. B. Klimawandel) nicht unbedingt der Denkstruktur der Befragten entsprechen muss.
- Die im Leitfaden festgehaltenen Impulse sollten in einer angemessenen Alltagssprache formuliert sein. Fachsprache kann das Interview behindern. Der Wortschatz und (antizipierte) Vorstellungshorizont des Interviewten soll Beachtung finden.
- Der Leitfaden soll lenken, aber nicht einschränken.

Grundsätzlich gilt: Ziel des Interviews ist es, die Vorstellungen des Interviewpartners zu verstehen. Der Interviewleitfaden ist dazu Mittel und Hilfe, aber kein Selbstzweck. Solange das Gespräch um das Thema kreist, besteht die Aufgabe des Interviewers darin, sich die Äußerungen des Probanden durch *Ad-hoc*-Interventionen deutlicher und verständlich machen zu lassen. Die Bedeutungen, die der Interviewer den Äußerungen der Interviewpartner zuweist, können dadurch überprüft werden, dass – ausgehend von den Formulierungen des Probanden – Fragen oder Aufforderungen zur variierten Wiederholung gestellt werden. Es darf aber nicht die Deutung des Interviewers zur Diskussion gestellt werden, weil dies dessen eigene Vorstellungen in das Interview trüge.

Nachfragen kann nützlich sein, wenn damit etwas geklärt werden kann. Insistieren kann aber auch Artefakte erzeugen, wenn ein Interviewpartner aus einer Erklärungsnot heraus sich äußert.

10.3 Von der Forschungsfrage zur Intervention

Forschungsfragen sind keine Interviewfragen. Forschungsfragen müssen so **operationalisiert** und übersetzt werden, dass ein Interview geführt werden kann, dessen Auswertung die Fragestellung beantwortet (Helfferich 2009). Fragen sind auch nicht die einzigen Interventionen, die Interviewer einsetzen können. Weitere Interventionen sind beispielsweise Impulse, Aufforderungen oder Materialien, die zu bearbeiten sind.

Als Motto für die Gestaltung von Leitfäden kann gelten: „So offen wie möglich, so strukturiert wie notwendig“. Die im Leitfaden aufgeführten Interventionen werden vorbereitet, um im Interview Sicherheit zu haben oder in Einzelfällen eine gewünschte Vergleichbarkeit über alle Interviews hinweg zu erlangen. Dabei sind die Ansprüche von größtmöglicher Offenheit mit der notwendigen Strukturierung auszubalancieren.

10.3.1 Sammeln von Interventionen

Ausgehend von der Fragestellung der eigenen Untersuchung und dem Stand der Forschung zum jeweiligen Gegenstandsbereich werden zunächst alle Interventionen gesammelt, die von Interesse sein könnten. Alle Bedenken bezogen auf die Eignung der konkreten Formulierung der Intervention werden zunächst zurückgestellt. Dabei sollen alle Interventionsmodi (s. u.) in Betracht gezogen werden.

10.3.2 Prüfen und ordnen der Interventionen

Eine Liste mit einer großen Vielfalt und Vielzahl an Interventionen stellt noch keinen Interviewleitfaden dar. Dazu müssen die Interventionen verdichtet und geordnet werden. Jeder Impuls des Leitfadens wird dabei aus Perspektive der Forschungsfrage geprüft.

Novizen versuchen häufig möglichst viele Fakten in Erfahrung zu bringen. Dieses Interesse ist legitim, aber es sollte nicht dazu führen, dass der Leitfaden zu einer Liste von Faktenfragen wird. Detaillierte Formulierungen, wie „Um wie viel Grad Celsius soll es denn im Klimawandel wärmer werden?“ werden gestrichen. Zwar spielt Faktenwissen in Vorstellungskonstrukten auch eine Rolle, dies kann jedoch mit Fragebogenstudien weniger aufwändig erhoben werden. Interessanter wären vielmehr die Konzepte und Zusammenhänge, in denen ein Befragter Vorstellungen verortet: „Du hast gesagt, dass es wärmer wird. Beschreibe doch einmal die Folgen.“

Interventionen, die darauf zielen, dass die Befragten die Forschungsfrage direkt beantworten sollen, sind meist zu komplex: „Wie sind denn deine Alltagsvorstellungen vom Klimawandel“. Die Befragten sind weniger in einem fachlichen oder fachdidaktischen Diskurs verortet, als in ihrer Lebenswelt. Somit ist eine Übersetzung der Forschungsfrage notwendig, die den Vorstellungshorizont und die Sprache der Befragten aufgreift: „Du hast gerade den Treibhauseffekt erwähnt. Beschreibe bitte mal, was du darunter verstehst.“

10.3.3 Sortieren und redigieren der Interventionen

Im nächsten Schritt werden die verbleibenden Interventionen und Stichworte nach einer überschaubaren Anzahl an Kategorien und Bereichen sortiert, die den zu erfassenden Inhaltsbereich strukturieren. In einer Studie zum Klimawandel haben wir Vorstellungen zu 1. den Ursachen, 2. den Mechanismen und 3. den Folgen des Klimawandels erhoben. Als sich während der ersten Interviews zeigte, dass 4. persönliche und 5. politische Handlungsmöglichkeiten gegen den Klimawandel für die Lerner ebenfalls eine große Rolle spielten, haben wir den Leitfaden entsprechend ergänzt. Sollten sich in der Forschungsliteratur bereits Kategorien abzeichnen, die der untersuchten Personengruppe eigen sind, bietet sich eine entsprechende Strukturierung des Leitfadens an.

In diesem Schritt erhält der Leitfaden seine besondere Form. Es gilt nun für jede vorher formulierte Kategorie (z. B. Folgen des Klimawandels) eine möglichst weite und einfache Aufforderung zu finden. Gesucht wird eine erzählgenerierende und wenig Vorannahmen enthaltende Intervention, z. B.: „Beschreibe bitte einmal, was deiner Meinung nach passiert, wenn sich das Klima erwärmt."

10.4 Der Interviewleitfaden

Ein Interviewleitfaden (Tab. 10.2) ist zur besseren Übersichtlichkeit tabellarisch aufgebaut und thematisch gegliedert. Für uns hat sich eine Ordnung angeboten, die in der mittleren Spalte mögliche Formulierungen für die Interventionen enthält. In der linken Spalte sind verschiedene erwartete Vorstellungen gesammelt, die wir aufgrund einer Analyse vorhandener empirischer Untersuchungen zum Untersuchungsgegenstand erwarten. In der rechten Spalte finden sich Hinweise auf Anknüpfungen, Varianten oder auch Material.

Im Original besteht dieser Leitfaden aus vier DIN-A4-Seiten im Querformat mit einer auch aus einiger Entfernung lesbaren Schrift. Pro Kategorie wurde ein Blatt verwandt. Das schafft nicht nur Übersichtlichkeit, sondern lässt auch Platz für Notizen. Bei der Durchführung ist es von zentraler Bedeutung, dass die Interviewer mit dem Leitfaden so vertraut sind, dass sie sich mit einem einzigen Blick eine Orientierung verschaffen können.

10.4.1 Interventionsmodi

Die einzelnen in einem Leitfaden zur Anwendung kommenden Interventionen lassen sich formal einteilen in (Gropengießer 2007):

- *Offene Einstiegsimpulse*: „Beschreibe einmal, was du unter dem Klimawandel verstehst." Es sind weite Interventionen, die den Befragten Gelegenheit geben, ins Gespräch zu kommen und ihre Auffassung zu entwickeln, ohne dass inhaltliche Vorgaben gemacht werden.
- *Aufgabenstellungen mit und ohne Material*, wie z. B. „Bitte zeichne, was du dir unter dem Kohlenstoffkreislauf vorstellst" oder Gedankenexperimente wie „Stell dir vor, es würden ausschließlich erneuerbare Energieträger genutzt. Gibt es dann noch CO_2 in der Atmosphäre?"
- *Interpretation* von Texten, Tabellen oder Diagrammen durch Zusammenfassen, Markieren von Unklarheiten, Erläutern von Ideen und Bezügen, detailliertes oder alternatives Interpretieren und kritisches Erörtern.

Tab. 10.2 Auszug aus einem Interviewleitfaden über Alltagsvorstellungen zum Klimawandel

Interventionen	Erwartete Vorstellungen	Bemerkungen
Einstiegsimpuls		
Beschreibe einmal, was dir zum Thema Klimawandel einfällt	Klimawandel ist … Luftverschmutzung, Treibhauseffekt, Ozonloch	Genannte Begriffe erläutern lassen.
Ursachen des Klimawandels (Kohlenstoffkreislauf)		
Al Gore gibt in seinem Film „Eine unbequeme Wahrheit" den Rat: „*Reduzieren Sie Ihre CO_2-Emissionen auf Null.*" Nimm einmal Stellung dazu.	CO_2 aus Verbrennung ~~CO_2 aus Atmung~~ (Denkfigur: Künstliches CO_2)	Material: Al-Gore-Zitat
Biosprit, also aus Pflanzen gewonnener Treibstoff, gilt als umweltfreundlich. Was meinst du dazu? Bitte begründe deine Antwort.	Lang- und kurzfristiger Kohlenstoffkreislauf	Biodiversität, Düngung und Monokulturen nicht vertiefen. An Fragestellung orientieren.
Du hast zwischen künstlichem und natürlichem CO_2 unterschieden. Bitte erkläre mir einmal, was du damit meinst.	Natürliches vs. künstliches CO_2	Erläutern lassen, worauf sich die Bewertung natürlich vs. künstlich bezieht: Stoff, Prozess, Ursache
Bitte beschreibe einmal, warum das Abholzen von Regenwald zugunsten von Ackerland den Klimawandel verstärkt.	Ungleichgewicht im Kohlenstoffkreislauf	Material: Speichergrößen und Flussraten für Ökosysteme Tropischer Regenwald und Ackerfläche. Wird mit Speichern oder Flüssen argumentiert?
(…)		

- *Vertiefende Interventionen*, die im Anschluss an die Einstiegsfragen und die Aufgabenstellungen das Gespräch in eine bestimmte Richtung steuern sollen, wie „Du hast vorhin CO_2 als Schadstoff erwähnt. Bitte beschreibe einmal, was du damit meinst."
- *Validierungs-Interventionen* zielen mit weiteren Interventionsmodi auf bereits erfasste Bereiche. So bietet es sich z. B. an, 1. einen allgemein gehaltenen Sondierungsimpuls zu geben: „Wodurch wird der Klimawandel verursacht." 2. Eine Vorlage zeichnerisch ergänzen zu lassen: „Bitte zeichne einmal, was du unter dem Treibhauseffekt verstehst." Und 3. abschließend aufzufordern: „Bitte fasse noch einmal zusammen: Was stellst du dir vor, passiert bei der globalen Erwärmung". Die so erhobenen, unterschiedlich aspektierten Äußerungen können in der Auswertung miteinander verglichen werden. Diese interne Triangulation sichert die Interpretation der Äußerungen.
- *Schluss-Intervention*: Die Befragten sollen Gelegenheit bekommen, für sie Relevantes hervorzuheben und den Interviewverlauf zu kommentieren: „Haben wir etwas vergessen, was du gerne noch ansprechen möchtest?"

- *Ad-hoc-Interventionen*, also Fragen, Bemerkungen und Hinweise auf Gegensätze, die während des Interviews frei formuliert werden und die Verständlichkeit der Äußerungen verbessern sollen.

10.4.2 Evolution eines Interviewleitfadens

Nach der Entwicklung eines ersten Entwurfes des Interviewleitfadens sollte der Leitfaden auf seine Praktikabilität getestet werden: Sowohl beim Führen eines Interviews als auch bei der Erstellung eines Interviewleitfadens tastet man sich an den Untersuchungsgegenstand heran. Tauchen in den ersten Interviews Schwierigkeiten auf, oder werden neue Vorstellungen gefunden, wird der Leitfaden begründet weiterentwickelt. Dies ist zu dokumentieren. Beispielhaft sei die prozessbegleitende Evolution eines Leitfadens über Alltagsvorstellungen zum Klimawandel dargestellt:

1. *Erste Fassung und Probeinterviews.* Aufbauend auf dem oben dargestellten Verfahren entwickelten wir einen Leitfaden, der die Kategorien Ursachen, Mechanismen und Folgen des Klimawandels umfasste. Diese erste Version testeten wir in Probeinterviews mit Studierenden des ersten Semesters.
2. *Zweite Fassung auf Grundlage neu gefundener Vorstellungen.* Im Anschluss an die Probeinterviews entwickelten wir den Leitfaden weiter und verbesserten die Impulse, bei denen sich handwerkliche Fehler wie zu eng gefasste oder missverständliche Interventionen im Probeinterview zeigten. Wir begannen schließlich Interviews mit Schülern zu führen und diese inhalts- und metaphernanalytisch auszuwerten. Dabei konnten wir Vorstellungen erfassen, die bisher nicht publiziert waren. Außerdem zeigte sich, dass die Interviewten immer wieder Aspekte aufgriffen, die nicht im Kern der ursprünglichen Forschungsfrage standen, wie persönliche und politische Interventionen gegen den Klimawandel.
3. *Dritte, weiterentwickelte Fassung zur Erhebung der Vorstellungen.* Auf Grundlage der gefundenen Vorstellungen wurde der Leitfaden weiterentwickelt. Ziel war es, nicht nur die bereits gefundenen Vorstellungen besser zu verstehen, sondern insbesondere die in der zweiten Fassung neu gefundenen Vorstellungen tiefgehend zu ergründen. Deshalb wurden ergänzende Interventionen zur zielgenaueren Erfassung der neu gefundenen Kategorien in den Leitfaden eingefügt.

10.5 Durchführung des Leitfadeninterviews

Neben der inhaltlichen Entwicklung des Leitfadens sind noch weitere relevante Aspekte zu antizipieren und entsprechende Vorbereitungen zu treffen:

- Wie kann ein entspanntes und angenehmes Gesprächsklima hergestellt werden?
- Welche Anreden verwenden Interviewer und Probanden (Du, Sie, Vorname, Nachname). Welche Sprache ist angemessen? Die konkreten Bezeichnungen, die der Proband verwendet, haben Vorrang.
- Welche Haltung sollten die Interviewenden in welcher Phase des Interviews einnehmen? Zunächst sollte die Haltung eine interessierte Naivität sein: Fachwörter, Bezeichnungen und Beschreibungen – auch wenn sie selbstverständlich erscheinen – soll man sich erklären lassen.
- Wie kann trotz eigener Zurückhaltung die Kommunikation aufrecht erhalten werden? Eine Möglichkeit ist der Sprung auf die Metaebene: „Ich weiß, du hast das schon einmal erläutert, aber du hilfst mir, das besser zu verstehen, wenn Du das jetzt nochmal beschreibst."
- Wie ist mit Pausen umzugehen? Möglichst keine neue Frage oder Formulierung hinterherschieben, sondern die Pause aushalten und so dem Probanden genügend Zeit geben, auf die Interventionen zu reagieren. Wenn es nicht weitergeht, die Metaebene anbieten: „Sag mal, woran du jetzt denkst."
- Unabhängigkeit vom Interviewleitfaden: Man verinnerlicht den Leitfaden vor dem Interview so weit, dass man ihn im Gespräch nicht als Fragebogen, sondern als Anregung nutzen kann.

Grundsätzlich müssen beim Führen von Interviews rechtliche Fragen (Abschn. 10.1) mit den Interviewten oder gegebenenfalls mit deren Sorgeberechtigten geklärt und eine Anonymisierung der Daten sichergestellt werden. Die Anonymisierung ist zum frühestmöglichen Zeitpunkt durchzuführen – möglichst schon während der Transkription. Personenbezogene Einzelangaben dürfen dann nicht mehr einer „bestimmten oder bestimmbaren natürlichen Person" zugeordnet werden können.

Grundsätzlich kann jeder Ort für ein Interview gewählt werden, solange die Bedingungen einer möglichst ungestörten Aufmerksamkeit und ausreichender Akustik erfüllt sind. Um den nichtschulischen Charakter des Interviews zu betonen und eine angenehme Situation zu schaffen, haben wir in der Regel einen neutralen öffentlichen Ort gewählt (z. B. ein ruhiges Café). Das zur Aufnahme des Gesprächs genutzte Aufnahmegerät (z. B. ein MP3-Recorder) wird auf den Tisch gestellt und seine Funktionsweise erprobt. Dem Interviewpartner wird Anonymität zugesichert. Anschließend sollte der Rahmen des Interviews umrissen werden, bevor das eigentliche Interview beginnt:

„Wir sitzen hier, weil mir deine Vorstellungen zum Klimawandel wichtig sind. Mit unserer Unterhaltung möchte ich herausfinden, wie du darüber denkst. Ich arbeite an der Universität. Das Ziel meiner Untersuchung ist die Verbesserung des Unterrichts. Deine Angaben werde ich vertraulich behandeln und anonymisieren.

Wenn ich zwischendurch Bemerkungen mache oder dir Material vorlege, so dient das dazu, deine Aufmerksamkeit in eine neue Richtung zu lenken und dir Gelegenheit zu geben, deine Vorstellungen für mich deutlicher in Worte zu fassen. Es wäre schön, wenn du von dir aus erzählst, was dir dazu einfällt, ohne dass du dich an meiner Zurückhaltung störst: Ich möchte ja gerade deine Ansichten kennenlernen. Selbstverständlich bin ich gern bereit, nachher auch deine Fragen zu beantworten. Hast du noch Fragen?"

Nachdem der Interviewleitfaden erstellt, erprobt und weiterentwickelt ist, kann es losgehen: „Beschreibe einmal, was dir zum Thema Klimawandel einfällt ..."

Literatur zur Vertiefung

Hermanns H (2000) Interviewen als Tätigkeit. In: Flick U, Kardorff E, Steinke I (Hrsg) Qualitative Forschung – Ein Handbuch Rowohlt, Reinbek, S 360–369 (Der Beitrag gibt einen guten Überblick über die Erstellung von Interviewleitfäden und insbesondere die Gestaltung der Interviewsituation.)

Hopf C (2000) Qualitative Interviews – ein Überblick. In: Flick U, Kardorff E, Steinke I (Hrsg) Qualitative Forschung – ein Handbuch Rowohlt, Reinbek, S 349–360 (Überblicksartikel, der prägnant die Varianten von Leitfadeninterviews mit den für sie typischen Interventionstypen beschreibt.)

Kvale S (2007) Doing Interviews. Sage, London (Überblick über die theoretische Fundierung von Interviews, deren ethische Implikationen, die Erstellung von Leitfäden und die Auswertung.)

Witzel A (1985) Das problemzentrierte Interview. In: Jüttemann G (Hrsg) Qualitative Forschung in der Psychologie Beltz, Weinheim, S 227–255 (Witzel analysiert die für fachdidaktische Forschung wohl häufigste Interviewvariante sehr ausführlich und geht sowohl auf verschiedene Interventionen als auch Grundpositionen ein.)

Die qualitative Inhaltsanalyse – eine Methode zur Auswertung von Interviews 11

Dirk Krüger und Tanja Riemeier

Ein Interview ist eine Befragung, bei der ein Interviewer durch Gesprächsimpulse einen Interviewten zum Sprechen anregt. Dies geschieht mit dem Ziel, persönliche Informationen, Einstellungen, Haltungen, Wissen oder Vorstellungen zu ermitteln. Vorstellungen lassen sich besonders gut in Situationen erheben, in denen Befragte viele Möglichkeiten besitzen, ihre Ideen und Einstellungen zu einem Thema ausführlich zu präsentieren. Das leitfadengestützte Interview ist eine solche Möglichkeit, komplexe Denkstrukturen und damit Vorstellungen von Personen zu erheben. Die Aufbereitung und Auswertung von sprachlichem Datenmaterial, das in Gesprächssituationen gewonnen wurde, wird im Folgenden beschrieben. Mit dem Verfahren der qualitativen Inhaltsanalyse wird ein systematisches, regel- und theoriegeleitetes Vorgehen vorgestellt, das Gütekriterien wie Objektivität, Reliabilität und Validität sichern soll. Zur Veranschaulichung wird eine Untersuchung herangezogen, die sich mit Schülervorstellungen zur Klonierung als biotechnischem Verfahren befasst.

11.1 Verfahren in der qualitativen Sozialforschung

Die qualitative Inhaltsanalyse nach Mayring (2010; Beispiele vgl. Mayring und Gläser-Zikuda 2008) ist eine systematische Methode zur Textanalyse, die in der Tradition der **Hermeneutik** steht. Sie ermöglicht beispielsweise eine regelgeleitete Auswertung von Interviewdaten mit dem Ziel, individuelle Vorstellungen zu einem Aspekt zu rekonstruieren. Daneben gibt es weitere Textanalysemethoden in den Sozialwissenschaften wie z. B. die

Prof. Dr. Dirk Krüger ✉
Didaktik der Biologie, Freie Universität Berlin, Schwendenerstr. 1, 14195 Berlin, Deutschland
e-mail: dirk.krueger@fu-berlin.de
Dr. Tanja Riemeier
Georg-Büchner-Gymnasium Seelze, Hirtenweg 22, 30926 Seelze, Deutschland
e-mail: tanja.riemeier@googlemail.com

D. Krüger, I. Parchmann und H. Schecker (Hrsg.), *Methoden in der naturwissenschaftsdidaktischen Forschung*, DOI 10.1007/978-3-642-37827-0_11,

Grounded Theory (Glaser und Strauss 1979), die vor allem auf die Theoriebildung aus gesammelten Daten und die sozialen Phänomene abzielt, die subjektiven Sichtweisen zugrunde liegen. Bei der Metaphernanalyse (Schmitt 2011) geht es darum, die kognitiven Strukturen durch die Analyse von metaphorischen Wendungen in der Sprache aufzudecken. Die dokumentarische Methode (Bohnsack 2007) ist ein Verfahren, das in zwei Interpretationsschritten implizit handlungsleitende sowie explizierbare Wissensbestände, so genannte Orientierungen einer Person oder Gruppe, freizulegen versucht. Dabei geht es auch mit Blick auf eine Typenbildung darum, aus den Interviewdaten herauszuarbeiten, *was* zu einer Problemstellung gesagt wurde und im zweiten Schritt zu interpretieren, *wie* die Problemstellung bearbeitet wurde. In diesem Beitrag beschränken wir uns auf die Beschreibung von Schritten, die sich weitgehend an die Methode der qualitativen Inhaltsanalyse nach Mayring (2010) anlehnen. Das Ziel ist es, bei diesem Vorgehen theoriebasiert, regelgeleitet und systematisch, und damit für einen Dritten nachvollziehbar, Vorstellungen aus Interviewdaten zu rekonstruieren.

11.2 Aspekte der Datenerhebung

Bei qualitativen Methoden der Datenerfassung und Dateninterpretation sind, ebenso wie bei quantitativen Ansätzen, von vornherein bestimmte Maßnahmen zu ergreifen, um die Qualität der Verfahren zu sichern, und damit zur Sicherheit der Ergebnisse beizutragen (Mayring 2010, Gropengießer 2008). Bereits die Auswahl der Probanden ist abhängig vom theoretischen Hintergrund und der Fragestellung. So kann es beispielsweise darum gehen, die Vorstellungen von Novizen und Experten – und damit von Extremfällen – oder auch die in einer typisch gemischten Gruppe wie einer Schulklasse zu identifizieren. Die Datenerhebung erfolgt in mehreren Zyklen, zwischen denen jeweils Phasen der Datenaufbereitung und -auswertung (s. u.) liegen. Das Ende der Datenaufnahme ist dann erreicht, wenn eine Sättigung vorliegt, d. h. in weiteren Interviews keine neuen Vorstellungen mehr hinzukommen. Dabei wird es vorkommen, dass nicht alle möglichen Denkstrukturen erfasst werden. Eine größere Fallzahl an Interviews entwertet die bis dahin identifizierten Vorstellungen allerdings nicht, sondern führt höchstens zu Ergänzungen. Beruhigend darf angenommen werden, wie Gropengießer (2008) ausführt, dass die in großen Populationen vorkommenden prominenten Vorstellungen aufgrund von gleichartigen neuronalen Strukturen, ähnlichen Erfahrungen und gemeinsamer Sprache wahrscheinlich auch in Teilstichproben identifiziert werden.

11.3 Aussagegültigkeit von Interviewdaten

Bei der Auswertung von Interviewphasen stellen die verbalen Äußerungen der Probanden die Grundlage der Interpretation dar. Des Weiteren können beschriftete Zeichnungen und deren Erläuterungen zum Datenmaterial hinzugehören. Ton- und Videoaufzeichnungen ermöglichen es zudem, Bedeutungen durch die Berücksichtigung von besonderen Betonungen oder Gestik und Mimik zu erschließen. Der Interpretationsprozess dieses Datenmaterials ist ein methodisch kontrolliertes Fremdverstehen, durch das die Bedeutung der Äußerungen erfasst werden soll und der Forscher den Erfahrungen Anderer einen Sinn verleiht (Bohnsack 2008). Dabei besteht stets die Gefahr, dass die Bedeutungszuweisung des Forschers von der des Probanden abweicht. Um diesem Problem zu begegnen, kann man nach der Auswertung die Probanden zu den Interpretationen befragen und sie das Ergebnis rückspiegeln lassen (**kommunikative Validierung**). Gleichzeitig soll stets eine kritische Reflexion des Interpretationsprozesses erfolgen. Dazu müssen die folgenden fünf Gütekriterien qualitativer Forschung eingehalten werden (Mayring 2010): Nachvollziehbare Verfahrensdokumentation, schrittweises Vorgehen, das von einer unabhängigen Person kontrolliert und ergänzt wird (Interrater-Reliabilität, s. u.), argumentative Interpretationsabsicherung, vertrauensvolle Mitwirkung der Probanden sowie interne methodologische **Triangulation**.

11.4 Vorgehensweise bei der Aufbereitung und Auswertung des Datenmaterials

Die qualitative Analyse der Daten lässt sich grundsätzlich in drei Schritte gliedern: Erhebung (Kap. 10), Aufbereitung und Auswertung des Materials. Die Datenaufbereitung lässt sich in zwei Schritte (Transkription, Redigieren der Aussagen) und die Datenauswertung in drei Schritte (Ordnen der Aussagen, Explikation, Einzelstrukturierung) gliedern. Dieses aufeinander aufbauende Vorgehen, bei dem jeder Schritt durch wenigstens eine weitere Person auf seinen Inhalt zu prüfen ist, wird an folgendem Beispiel verdeutlicht.

11.5 Aufbereitung der Daten

Schritt 1: Transkription Im Transkript (lat.: *transcribere*: umschreiben) werden die mündlichen Äußerungen, die auf einem Tonträger digital aufgezeichnet wurden, in einen Fließtext überführt. Die interviewte Person erhält einen fiktiven Namen, um ihre Anonymität zu gewährleisten. Grundsätzlich ist neben der Beachtung des Datenschutzes die rechtliche Situation im Bundesland zu klären, ab welchem Alter Genehmigungen zum Interview von Schülern von den Eltern eingeholt werden müssen, wie lange das Material aufgehoben und ob es auf Tagungen präsentiert werden darf. Um die einfache Bezugnahme auf bestimmte Transkriptausschnitte zu ermöglichen, werden Zeilennummern eingefügt (Box 11.1).

Grundsätzlich sollte zunächst entschieden werden, ob ein Gesamttranskript oder ein Teiltranskript angefertigt werden soll. Während im ersten Fall jede Äußerung des Daten materials verschriftlicht wird, werden im Teiltranskript – nach wiederholtem Abhören des Interviews – lediglich die Sequenzen bzw. Szenen transkribiert, die im Sinne der Fragestellung inhaltstragend sind. Dies bedeutet, dass beispielsweise Sequenzen wie die Begrüßung oder Unterbrechungen der Interviewsituation nicht in das Transkript aufgenommen werden. Das Transkript ist dadurch kürzer und zumeist „handlicher" als ein Gesamttranskript. Diese Reduktion beinhaltet bereits eine Interpretation des Datenmaterials. Ist man im Zweifel, ob bestimmte Ereignisse während des Interviews – wie z. B. Störungen durch eine weitere Person – bei der anschließenden Auswertung von Bedeutung werden könnten, wird man sie vorsichtshalber auch transkribieren.

Bei der Wortprotokollierung, dem zweiten Teilschritt der Transkription, muss zunächst entschieden werden, ob ein vorliegender Dialekt bereinigt werden soll oder nicht, also z. B. ob aus „nich" ein „nicht" oder aus „ne Rolle" „eine Rolle" werden soll. Eine Bereinigung des Dialektes führt zwar zu besser lesbaren Probandenäußerungen, jedoch kann die Authentizität der Situation dadurch auch beeinträchtigt werden. Der Sprachstil der interviewten Person wird nicht geglättet, und auch Satzbaufehler bleiben erhalten. Wiederholungen, Sprechpausen und Rezeptionssignale wie „Mh" sollten in das Transkript aufgenommen werden, da diese Hinweise für die Interpretation liefern können. Insgesamt liegt es im Ermessen des Forschers zu entscheiden, welche Transkriptregeln gelten sollen und diese entsprechend zu dokumentieren. So können längere Sprechpausen z. B. mithilfe eines Pausenzeichens „-" pro Sekunde gekennzeichnet und auch reine Pausenfüller wie „Äh" als Pausen behandelt werden. Im letzten Teilschritt der Transkription wird das reine Wortprotokoll um eine Kommentierung erweitert. Soweit sie von Bedeutung sein können, werden verlegenes Räuspern, Lachen, zustimmendes Brummen oder Ähnliches als Kommentare in eckigen Klammern aufgenommen. Technische Hinweise (z. B. über Material, das als Gesprächsanlass im Interview verwendet wird) werden ebenfalls in eckige Klammern notiert. Besonders betonte Aussprache kann, wenn sie bedeutungsvoll für die Auswertung erscheint, durch Unterstreichung hervorgehoben werden.

Box 11.1. Transkriptausschnitt eines Interviews mit Lena (Gymnasialschülerin des 12. Jahrgangs, verändert nach Braun 2013)

(…)
1 Interviewer: Dann fangen wir gleich an mit der ersten Frage. Beschreibe doch einmal,
2 was du
3 dir unter einem Klon vorstellst.
4 Lena: Einem Klon? [Lachen] - - - Einen Menschen der das komplett genetisch
5 identische
6 Material hat wie ich. Also wirklich - - da würde ich auf das Buch zurückgreifen,
7 Blueprint. - Da
8 geht es darum, dass ein Mädchen geklont wird, von ihrer Mutter, die Mutter Iris, sie
9 heißt
10 Tochter Siri. Und wird wirklich ohne Vater geklont, hat das komplett identische
11 Material wie
12 sie, hat also nur ein - also quasi nur ein [unverständlich] Gen von einem bekommen. -
13 Das ist
14 für mich ein Klon. Muss aber nicht unbedingt die gleichen Charaktereigenschaften
15 haben wie
16 ich, er kann ja auch in einer anderen Umgebung aufwachsen. Hauptsache er ist
17 wirklich
18 genetisch gleich.
19 Interviewer: Ok. Das heißt - die Eigenschaften können sich unterscheiden bei einem
20 Klon.
21 Lena: Ja er kann charakterlich auf jeden Fall anders sein [stark betont], da es ja immer
22 auf die
23 Umgebung und auf die Umstände ankommt und das muss ja nicht zwangsläufig
24 komplett das
25 Gleiche sein bzw. kann es ja gar nicht.
26 Interviewer: Mhm - - wie stellst du dir das vor, dass ein Klon entsteht?
27 Lena: Ähm, ich glaube das geht nur im Labor. Es gibt zwar natürlich Lebewesen, die
28 sich
29 eingeschlechtlich fortpflanzen können - wie Bakterien, aber das ist für mich kein Klon,
30 das ist
31 für mich die eingeschlechtliche Fortpflanzung. Ein Klon kann für mich nur im Labor
32 erzeugt,
33 also hergestellt werden, weil ansonsten geht das ja nicht, dass man wirklich jedes Gen
34 identisch macht. Weil man das künst-, also wenn man es im realen Leben macht, wird
35 in
36 jedem Fall Rekombination und Mutation stattfinden, und dann kann ein Klon gar
37 nicht
38 hergestellt werden.
39 [Unterbrechung aufgrund einer Ansage durch den Schullautsprecher]

40 Interviewer: Und welche - welche - - Organismen sind dir bekannt, die - diese
41 eingeschlechtliche Fortpflanzung durchführen?
42 Lena: Also Bakterien - Viren glaub ich nicht. - Ja ich glaube nur ein paar Arten von
43 Bakterien
44 machen eingeschlechtliche Fortpflanzung, oder? [verlegenes Lachen].
45 (...)
55 Interviewer: Mhm. [5 sek] Wie genau nennt man diesen Vorgang? Wie würdest du
56 den nennen
57 - einen Klon herzustellen?
58 Lena: Klonierung? Duplikation? Ja - - - ja bei Bakterien eingeschlechtliche
59 Fortpflanzung. Das
60 wars.

Schritt 2: Redigieren der Aussagen In diesem Schritt wird das Transkript ausgehend von der Fragestellung redaktionell bearbeitet, um die Aussagen klarer werden zu lassen. Es werden vier Operationen vorgenommen: Paraphrasieren, Selegieren, Auslassen und Transformieren. Der Vorteil der redigierten Aussagen gegenüber dem Wortprotokoll liegt darin, dass der Text durch eine zweite Reduktion des Datenmaterials akzentuierter auf die Fragestellung bezogen wird. Damit einher geht bereits eine Interpretation der Originalaussagen. „In Zweifelsfällen ist der Rückgriff auf das Transkript oder sogar die originale Tonaufnahme notwendig. Für den Auswerter von Interviews ist diese Prozedur nützlich, weil sie ihn zwingt, mit Blick auf den Verstehensprozess genau zu lesen und eventuell wiederholt hinzuhören." (Gropengießer 2008)

Beim Paraphrasieren (griech.: *pará*: daneben, dabei; *phrázein*: reden, sagen) erfolgt eine leichte Glättung der Äußerungen, weil sprachliche Aussagen in Interviewsituationen selten in grammatikalisch akzeptabler Form geäußert werden. Ganze Sätze werden formuliert, wobei der Sprachstil des Probanden erhalten bleibt (Box 11.2). Der Schritt des Selegierens (lat.: *seligere*: auswählen) beinhaltet die Identifikation von für die Fragestellung relevanten Informationen und bedeutungstragenden Aussagen. Häufig werden diese in freier Rede in längeren Argumentationsketten geäußert, in denen unterschiedliche Aspekte, Redundanzen oder auch Nebensächlichkeiten enthalten sind. Inhaltsgleiche bzw. ähnliche Äußerungen werden beim Selegieren zusammengestellt, wobei die Reihenfolge wie in den Originalaussagen erhalten bleibt. Da hierbei auch Füllwörter und Redundanzen ausgelassen werden, kommt es zu einer Kürzung des Textes gegenüber dem Transkript. Dies erleichtert ein Lesen und ein Verstehen der Argumentationen. Werden einzelne Wörter beim Versuch zu präzisieren, sich selbst zu korrigieren oder etwas einzuschränken variiert, dann kann man diese im Transkript als Alternativen in runden Klammern hinzufügen.

Schließlich wird der Text transformiert, was bedeutet, dass die Äußerungen des Interviewpartners so verändert werden, dass sie unabhängig von den Beiträgen des Interviewers werden. Sie sind somit eigenständig verständlich. Die Fragen, Hinweise und Einwürfe des Interviewers werden in geschweiften Klammern notiert.

Box 11.2. Redigierte Aussagen des Transkriptausschnitts

Zeile 1–14: {Unter einem Klon stelle ich mir einen Menschen vor}, der das komplett genetisch identische Material hat wie ich. Da würde ich auf das Buch Blueprint zurückgreifen. Da geht es darum, dass ein Mädchen geklont wird, von ihrer Mutter, die Mutter heißt Iris, die Tochter Siri. Und {sie} wird wirklich ohne Vater geklont, hat das komplett identische Material wie {die Mutter}, hat also nur ein Gen von einem bekommen. {Der Klon} muss aber nicht unbedingt die gleichen Charaktereigenschaften haben wie ich, er kann ja auch in einer anderen Umgebung aufwachsen. Hauptsache er ist wirklich genetisch gleich. Er kann charakterlich auf jeden Fall anders sein, da es immer auf die Umgebung und auf die Umstände ankommt und das muss ja nicht zwangsläufig komplett das Gleiche sein bzw. kann es ja gar nicht.

Zeile 15–22: Ich glaube {ein Klon kann nur} im Labor {entstehen}. Es gibt zwar Lebewesen, die sich eingeschlechtlich fortpflanzen können, wie Bakterien, aber {dabei entsteht meiner Meinung nach} kein Klon, das ist für mich die eingeschlechtliche Fortpflanzung. Ein Klon kann für mich nur im Labor erzeugt {bzw.} hergestellt werden, weil ansonsten geht das ja nicht, dass man wirklich jedes Gen identisch macht. Im realen Leben wird in jedem Fall Rekombination und Mutation stattfinden und dann kann ein Klon gar nicht {entstehen}.

Zeile 24–27: {Ich glaube} Viren machen keine eingeschlechtliche Fortpflanzung. Nur ein paar Arten von Bakterien machen eingeschlechtliche Fortpflanzung, oder? [verlegenes Lachen].

Zeile 55–58: {Die Herstellung eines Klons würde ich als} Klonierung, Duplikation, bei Bakterien als eingeschlechtliche Fortpflanzung {bezeichnen}.

Schritt 3: Ordnen der Aussagen Beim Ordnen der Aussagen werden Passagen, Sätze oder Teilsätze der Probanden aus der redigierten Fassung nach thematischen Sinneinheiten zusammengefasst, d. h. es wird eine Bündelung bedeutungsgleicher oder -ähnlicher Aussagen vorgenommen. Innerhalb der Sinneinheiten werden die Aussagen in Codes bzw. Kategorien gesammelt, die deduktiv aus der Theorie und dem Forschungsstand abgeleitet werden. Weitere, neuartige und weiterführende Aussagen, die nicht den bestehenden Kategorien zugewiesen werden können, werden in induktiv ergänzte Kategorien eingeordnet. Dabei kommt es vor, dass Aussagen die Inhalte mehrerer Kategorien betreffen und daher auch verschiedenen Kategorien zugeordnet werden.

Die Aussagen innerhalb der jeweiligen Kategorien werden abschließend mit Bezug auf die Fragestellung in eine sinnvolle Reihenfolge gebracht und Wiederholungen von verschiedenen Stellen in einer Aussage gebündelt. Variationen von Wörtern oder Satzabschnitten können, wenn sie als bedeutsam für die Interpretation des Gesagten erachtet werden, auch in runden Klammern erhalten bleiben. Grundsätzlich sollen beim Ordnen einzelne Argumentationsketten mit Blick auf die Fragestellung erhalten bleiben.

Eine Software, die sich als sehr hilfreich für das Ordnen der Interviewaussagen erwiesen hat, ist zum Beispiel MaxQDA, da hiermit die Zuweisungen der Codes bzw. Kategorien übersichtlich und transparent gestaltet werden können. Aber auch andere Programme (z. B. atlas.ti,
NVivo) bieten diese Möglichkeiten. Des Weiteren übernimmt die Software die automatisierte Zusammenstellung der Textpassagen zu einem Code. Ferner lassen sich mit der Software Übereinstimmungen zweier Codierer berechnen, die so genannte Interrater-Reliabilität. Der Kappa-Wert ist ein Maß dafür, wie gut die Zuordnungen von Aussagen zu den Kategorien bei zwei Codierern übereinstimmen. Seine Berechnung wird z. B. bei Bortz und Döring (2006, S. 276 f.) beschrieben (Kap. 14).

Mit einer abschließenden Kohärenzprüfung (lat.: *kohaerent*: zusammenhängen) der geordneten Aussagen wird festgestellt, ob die Aussagen der Interviewten in verschiedenen Passagen des Interviews miteinander verträglich sind und zusammenhängen oder sich unterscheiden, gegensätzlich sind, sich ggf. widersprechen. Kohärente Aussagen werden in einem gemeinsamen Absatz zusammengestellt und diesem wird eine Überschrift vorangestellt. Widersprüche in den Aussagen einzelner Personen, ob sie selbst erkannt oder unentdeckt geblieben sind, werden in separaten Absätzen geordnet und mit einer entsprechenden Überschrift gekennzeichnet (Box 11.3). Die Herkunft der Aussagen wird durch die Anfangs- und End-Zeilennummern aus dem Transkript dokumentiert.

Mit dem Ordnen der Aussagen ist eine dritte Reduktion des Datenmaterials verbunden. Nutzt ein Interviewpartner mehrere Beispiele, um eine Vorstellung zu erläutern, wird eine Verallgemeinerung hierfür verwendet, sofern die Beispiele nicht charakteristisch oder bedeutungstragend sind.

Box 11.3. Geordnete Aussagen des Transkriptausschnitts
Klone mit identischem Genmaterial

- (1–8,10) {Unter einem Klon stelle ich mir einen Menschen vor}, der das komplett genetisch identische Material hat wie ich. Da würde ich auf das Buch Blueprint zurückgreifen. Da geht es darum, dass ein Mädchen geklont wird. Und {sie} wird wirklich ohne Vater geklont, hat das komplett identische Material wie {die Mutter}, hat also nur ein Gen von einem bekommen. Hauptsache er ist wirklich genetisch gleich.

Ungleiche Charaktereigenschaften

- (8–9, 12–14) {Der Klon} muss aber nicht unbedingt die gleichen Charaktereigenschaften haben wie ich, er kann ja auch in einer anderen Umgebung aufwachsen. Er kann charakterlich auf jeden Fall anders sein, da es immer auf die Umgebung und auf die Umstände ankommt und das muss ja nicht zwangsläufig komplett das Gleiche sein bzw. kann es ja gar nicht.

Klonproduktion nur im Labor

- (15–16, 18–22, 55–58) Ein Klon kann für mich nur im Labor erzeugt {bzw.} hergestellt werden, weil ansonsten geht das ja nicht, dass man wirklich jedes Gen identisch macht. Im realen Leben wird in jedem Fall Rekombination und Mutation stattfinden und dann kann ein Klon gar nicht {entstehen}. Es gibt zwar Lebewesen, die sich eingeschlechtlich fortpflanzen können, wie Bakterien, aber {dabei entsteht meiner Meinung nach} kein Klon, das ist für mich die eingeschlechtliche Fortpflanzung.

Bakterien mit eingeschlechtlicher Fortpflanzung

- (16–18, 24–27) Es gibt zwar Lebewesen, die sich eingeschlechtlich fortpflanzen können, wie Bakterien, aber {dabei entsteht meiner Meinung nach} kein Klon, das ist für mich die eingeschlechtliche Fortpflanzung. {Ich glaube} Viren machen keine eingeschlechtliche Fortpflanzung. Nur ein paar Arten von Bakterien machen eingeschlechtliche Fortpflanzung, oder? [verlegenes Lachen].

Schritt 4: Explikation Innerhalb der Explikation (Box 11.4) werden die Vorstellungen des Probanden in einem Fließtext ausgelegt und erläutert. Auf der Grundlage des theoretischen Rahmens wird versucht, die Quellen dieser Vorstellungen, die auf Erfahrungen beruhen können, zu interpretieren (Mayring 2010; Gropengießer 2007). Hierbei können fachwissenschaftliche Vorstellungen den Vorstellungen der Interviewten gegenübergestellt werden (Kontrastierung). Dabei geht es allerdings nicht darum, ein fachliches Raster über die Äußerungen der Interviewten zu legen und damit die fachliche Angemessenheit zu prüfen. Vielmehr dient der Vergleich dazu, für die Strukturierung von Vermittlungssituationen Anknüpfungsmöglichkeiten zu identifizieren. Des Weiteren kann eine Analyse der Sprache, Metaphern, Analogien und Termini vorgenommen werden (Gropengießer 2007). Dies hilft, die möglichen Quellen der Vorstellungen zu identifizieren – seien sie aus lebensweltlichen oder fachlichen Zusammenhängen. Auch individuelle Widersprüche, ob sie selbst bemerkt werden oder unbemerkt nebeneinander bestehen, Verständnisschwierigkeiten, Probleme und Interessen am Thema der Probanden werden dokumentiert und analysiert.

Insgesamt hilft das Herausarbeiten der sprachlichen Zusammenhänge, das Verstehen der Interviewten besser zu beschreiben und lernhinderliche oder -förderliche Bedingungen für die Vermittlung zu bestimmen. Innerhalb der Explikation werden die Vorstellungen der Probanden so dargestellt, dass die in der anschließenden Einzelstrukturierung (s. u.) formulierten Konzepte und größere zusammenhängende Vorstellungskonstrukte, so genannte Denkfiguren, im Text bereits benannt sind. Beispielsweise kann nach der Erläuterung einer bestimmten Vorstellung der dazugehörige Konzeptname (zum Hervorheben kursiv) in Klammern ergänzt werden. Damit bereitet die Explikation die Einzelstrukturierung vor.

Box 11.4. Explikation des Transkriptausschnitts

Lena stellt sich unter einem Klon einen Menschen vor, der „das komplett genetisch identische Material" (Zeile 3) wie der Ausgangsorganismus hat. Die genetische Identität ist für sie das Hauptmerkmal eines Klons (Konzept *Genetische Identität*). Im gesamten Interview verbindet Lena den Terminus Klon vor allem mit dem Mensch. Tiere bezieht sie teilweise in ihre Vorstellungen ein, während Pflanzen in ihrer Vorstellungswelt zum Thema Klonen nicht vorkommen. Die starke Verknüpfung des Themas mit dem Mensch ist vermutlich darin begründet, dass Lena – wie sie selbst angibt – das Buch Blueprint gelesen hat. Inhalt dieses Buchs ist eine fiktive Geschichte zum ersten geklonten Menschen. Lena kommt während des gesamten Interviews immer wieder auf dieses Buch zurück. So lässt sich vermutlich auch ihre Vorstellung davon, dass Klon und Ausgangsorganismus zwar genetisch identisch jedoch charakterlich unterschiedlich sind, auf dieses Buch zurückführen, da dies hier dargestellt wird. Das Konzept *Charakterliche Identität* lehnt Lena somit ab. Der Charakter eines Klons ist ihrer Vorstellung nach deshalb unterschiedlich, da der Klon niemals unter den gleichen Umständen aufwachsen kann wie sein Ausgangsorganismus. Hierbei wird deutlich, dass Lena nicht nur die Gene für die Ausprägung der phänotypischen Merkmale verantwortlich macht, sondern sich ein Zusammenwirken von Genen und Umwelt vorstellt (Denkfigur *Zusammenwirken von Genen und Umwelt*).

In Bezug auf die Entstehung eines Klons stellt Lena explizit heraus, dass dies nur im Labor geschehen könne (Zeile 16). Eine natürliche Entstehung verneint sie deshalb (Konzept ~~Natürliche Klonproduktion~~), da bei einem natürlichen Vorgang Rekombination und Mutation stattfinden würden (Zeile 21). Sie stellt dabei selbstständig einen Bezug zur „eingeschlechtlichen Fortpflanzung" (Zeile18) her, lehnt aber anfangs konsequent ab, dass dabei ein Klon entstehen könnte. Ihre Nachfrage sowie ihr verlegenes Lachen machen deutlich, dass sie sich hierbei nicht sicher ist, ob sich nur Bakterien ungeschlechtlich fortpflanzen (Konzept *Ungeschlechtliche Fortpflanzung nur bei Bakterien*). Zu einem späteren Zeitpunkt des Interviews widerspricht Lena jedoch ihrer Vorstellung, wenn sie davon spricht, dass sie die

Herstellung eines Klons bei Bakterien auch als eingeschlechtliche Fortpflanzung bezeichnen würde (Zeile 57). Dies bedeutet, an dieser Stelle des Interviews geht sie bei Bakterien doch von einer natürlichen Entstehung von Klonen aus (Konzept *Natürliche Klonproduktion*).

Schritt 5: Einzelstrukturierung Grundsätzlich kann die Strukturierung (Box 11.5) verschiedene Ziele verfolgen, indem eher formale, inhaltliche, typisierende oder skalierende Aspekte herausgearbeitet werden sollen (Mayring 2010). Im Rahmen der hier vorgestellten Fragestellung geht es um eine inhaltliche Strukturierung, bei der die rekonstruierten Lernervorstellungen als Vorstellungseinheiten gebündelt werden. In unserem Fall geschieht dies auf der Ebene von *Konzepten* (Vorstellungen, in denen mindestens zwei Begriffe zueinander in Beziehung gesetzt werden; vgl. Riemeier 2005) und *Denkfiguren* (Vorstellungen, in denen mehrere Konzepte zusammen vereinigt sind, vgl. Riemeier 2005; Gropengießer 2003). Maßgeblich für die Auswahl und Anzahl der auszuwertenden Ebenen ist selbstverständlich die Fragestellung.

Jedes Konzept oder jede Denkfigur wird durch einen treffenden Namen gekennzeichnet und kurz beschrieben. Innerhalb der Kommunikationssituation können die Interviewten einerseits Vorstellungen äußern, die sie persönlich als richtig ansehen. Andererseits können die Probanden Vorstellungen auch fragend diskutieren oder explizit ablehnen. Dies kennzeichnen wir innerhalb der Einzelstrukturierung folgendermaßen:

- vom Lerner zustimmend vertreten „•"
- vom Lerner ablehnend vertreten „~~durchgestrichen~~"
- vom Lerner fragend diskutiert „?"

Die Einzelstrukturierung erleichtert eine vergleichende Betrachtung der Vorstellungen mehrerer Probanden und auch den Vergleich mit fachlichen Vorstellungen. Dazu ist es notwendig, dass die Analyse der fachlichen Vorstellungen auf den gleichen Komplexitätsebenen vorgenommen wird wie die Analyse der Interviews. In der Regel erfolgt die Analyse der fachlichen Vorstellungen aus Lehrbuchtexten, wobei auch historische Quellen aufschlussreich sind. Es wird unterstellt, dass die Autoren dieser Texte bemüht waren, gute fachliche Formulierungen gefunden zu haben.

Die Kategorienbildung wird bewusst nicht an einer fachlichen Perspektive ausgerichtet, sondern orientiert sich an den Vorstellungen, die die befragten Personen präsentieren. Dies schützt vor der Einteilung in falsch oder richtig. Die Beurteilungen der Konzepte und Denkfiguren beziehen sich unter fachlicher Perspektive darauf, wie belastbar und nützlich die Vorstellungen zur Erklärung von fachlich relevanten Phänomenen sind und unter didaktischer Perspektive danach, inwieweit sie beim Lernen der fachlichen Ansichten förderlich oder hinderlich sein können.

Box 11.5. Einzelstrukturierung des Transkriptausschnitts
Vorstellungen vom Zusammenhang Klon und Ausgangsorganismus

- Genetische Identität
  Ein Klon ist genetisch komplett identisch zu seinem Ausgangsorganismus.
- ~~Charakterliche Identität~~
  Ein Klon hat dieselben Charaktereigenschaften wie sein Ausgangsorganismus.

Vorstellungen zur Entstehung eines Klons

- Genetische Identität
- ~~Natürliche Klonproduktion~~
  Klone können in der freien Natur entstehen.
- ? Ungeschlechtliche Fortpflanzung nur bei Bakterien
  Bakterien pflanzen sich – im Gegensatz zu anderen Lebewesen – ungeschlechtlich fort.
- Natürliche Klonproduktion
  Klone können in der freien Natur entstehen.

Denkfiguren

- Zusammenwirken von Genen und Umwelt
  Bei der Ausprägung des Phänotyps sind sowohl die Gene als auch die Umwelt beteiligt.

11.6 Güte qualitativer Inhaltsanalyse

Für die Auswertung von qualitativen Daten unter wissenschaftlichen Kriterien sind genauso wie bei quantitativen Daten Gütekriterien zu erfüllen. Das Vorgehen der qualitativen Inhaltsanalyse soll dabei helfen. Die Auswertungs- und Interpretationsobjektivität wird gewährleistet, indem die einzelnen Schritte jeweils unabhängig durch mindestens eine weitere Person durchgeführt und die Ergebnisse verglichen werden (Interrater-Reliabilität). Die Durchführungsobjektivität bei den Interviews kann anhand der Ton- oder Videoaufzeichnungen beurteilt werden. Sie kann durch standardisierte Instruktionen, die in einem Interviewleitfaden notiert sind (Kap. 10) und die Durchführung durch einen Interviewer erreicht werden.

Die Reliabilität als Konsistenzprüfung (Split-Half-Reliabilität) ist gewährleistet, wenn die Ergebnisse anhand von Daten mehrerer interviewter Personen abgesichert werden. Dabei ist aber zu berücksichtigen, dass manche individuellen Vorstellungen selten auftreten und deren Zuverlässigkeit sich qualitativ nicht ökonomisch prüfen lässt. Hierfür eignen sich dann auch anschließende quantitative Befragungen, in denen die qualitativ erhobenen Vorstellungen präsentiert werden und danach gefragt wird, inwieweit die Vorstellung vertreten oder dieser zugestimmt werden kann. Außerdem lässt sich durch eine wiederholte Ordnung von Aussagen zu den Kategorien durch eine Person (Intrarater-Reliabilität) überprüfen, wie gut die Ergebnisse reproduziert werden können. Dabei werden ca. 15 % der Interviews z. B. nach einem Monat erneut bearbeitet, ohne auf die ehemalige Kodierung zu sehen.

Die qualitative Inhaltsanalyse bietet Möglichkeiten, auch die Validität zu prüfen. Grundsätzlich werden Vorstellungen ermittelt, indem von der erfassten Sprache auf das Denken der Probanden geschlossen wird (vgl. Gropengießer 2007). Die Inhaltsvalidität wird dabei vom theoretischen Rahmen gestützt, indem von einem Zusammenhang von Sprache und Denken ausgegangen wird. Auch die kommunikative Validierung ist eine Möglichkeit, sich über die Stimmigkeit und Gültigkeit der Interpretationsergebnisse zu versichern. Diese Validität drückt sich nicht nur über die Zustimmung der Interviewten zur vorgelegten Analyse aus, sondern dient im Dialog als grundsätzliche Rückversicherung über die vorgenommene Auswertung. Von Übereinstimmungsvalidität kann gesprochen werden, wenn die Vorstellungen korrelieren, die in verschiedenen Gesprächssituationen identifiziert wurden.

Insgesamt stellt die qualitative Inhaltsanalyse ein systematisches und theoriegeleitetes Auswertungsverfahren dar, das unter Berücksichtigung wissenschaftlicher Gütekriterien die Nachvollziehbarkeit, Wiederholbarkeit und auch Kritik einer empirischen Untersuchung ermöglicht und verlässliche Rückschlüsse auf Vorstellungen von Menschen erlaubt, die in Vermittlungssituationen von Bedeutung sind.

Literatur zur Vertiefung

Flick U, von Kardorff E, Steinke I (Hrsg) (2009) Qualitative Forschung. Ein Handbuch. Rowohlt, Hamburg (Das Handbuch gibt einen Überblick über wichtige Forschungsstile, Theorien und Methoden in der qualitativen Forschung. Dabei werden praktische Fragen der Datenerhebung und Analyse auch mit Unterstützung von Software bearbeitet.)

Mayring P (2010) Qualitative Inhaltsanalyse – Grundlagen und Techniken, 11. Aufl. Beltz, Basel (Dieses Standardwerk beschreibt das theoriegeleitete, systematische und strukturierte Vorgehen bei der Analyse sprachlichen Materials.)

Mayring P, Gläser-Zikuda M (Hrsg) (2008) Die Praxis der qualitativen Inhaltsanalyse, 2. Aufl. Beltz, Basel (Stellt konkrete Anwendungsbeispiele der qualitativen Inhaltsanalyse nach Mayring aus den unterschiedlichsten Disziplinen (u. a. aus der Fachdidaktik Biologie) vor.)

Die Methode der Gruppendiskussion zur Erfassung von Schülerperspektiven

12

Elfriede Billmann-Mahecha und Ulrich Gebhard

In diesem Beitrag geht es um eine qualitative Methode zur Erfassung von Schülerperspektiven. Wir werden die Methode der Gruppendiskussion mit ihren Verfahrensschritten an zwei Anwendungsbeispielen verdeutlichen, die exemplarisch Bezug auf ethische Fragestellungen einerseits und intuitive Vorstellungen zu naturwissenschaftlichen Themen andererseits nehmen. Nach einer kurzen Skizzierung des Konzepts der Alltagsphantasien, das für ein inhaltliches Verständnis der gewählten Beispiele erforderlich ist, wird das Verfahren zunächst auf allgemeiner Ebene vorgestellt und im Anschluss daran anhand von zwei empirischen Beispielen aus der Grundschule und aus der gymnasialen Oberstufe. Damit soll gezeigt werden, wie und inwiefern die Methode geeignet ist, Schülerperspektiven zu diesen oder ähnlichen Bereichen zu rekonstruieren.

12.1 Schülerperspektiven

Zu den Zielen naturwissenschaftlichen Unterrichts gehört heute nicht nur, fachliche Inhalte und wissenschaftliche Erklärungsmodelle zu vermitteln, sondern auch, die Reflexionsfähigkeit in Bezug auf die mit naturwissenschaftlichen Themen verbundenen Welt- und Menschenbilder und ethischen Problemstellungen zu fördern. Um die methodische Möglichkeit der empirischen Rekonstruktion diesbezüglicher „Schülerperspektiven" geht es in diesem Beitrag.

Prof. Dr. Elfriede Billmann-Mahecha ✉
Institut für Pädagogische Psychologie, Leibniz Universität Hannover, Schloßwenderstr. 1, 30159 Hannover, Deutschland
e-mail: Billmann@psychologie.uni-hannover.de
Prof. Dr. Ulrich Gebhard
Fachbereich Erziehungswissenschaft, Didaktik der Biologie, Universität Hamburg, Von-Melle-Park 8, 20146 Hamburg, Deutschland
e-mail: Ulrich.Gebhard@uni-hamburg.de

D. Krüger, I. Parchmann und H. Schecker (Hrsg.), *Methoden in der naturwissenschaftsdidaktischen Forschung*, DOI 10.1007/978-3-642-37827-0_12,

Dazu gehören nicht nur die im Rahmen der *Conceptual-Change*-Forschung thematisierten Alltagsvorstellungen über naturwissenschaftliche Phänomene, sondern auch die durch naturwissenschaftliche Inhalte aktualisierten Vorstellungen, die über die jeweils fachliche Dimension hinausgehen. Dabei geht es um die Fähigkeit, naturwissenschaftliche Themen in gesellschaftliche, biografische und auch philosophische Kontexte einzubetten.

Das Konzept „Alltagsphantasien" (Gebhard 2007) zielt in diesem Zusammenhang auf ein vertiefendes Verständnis der individuellen Aneignungs- und Bewertungsprozesse in der Auseinandersetzung mit fachlichen Inhalten. Es stützt sich auf subjektorientierte Ansätze der Vorstellungs- und Interessensforschung, die die Bedeutsamkeit individueller Zugänge und Verarbeitungsprozesse hervorheben (Krapp und Ryan 2002, Treagust und Duit 2008). Alltagsphantasien als besondere Form von Alltagsvorstellungen beeinflussen fachliches Lernen, und ihre Explikation kann mit einem Zugewinn an Sinnbezug und Aufmerksamkeit einhergehen. Themen beispielsweise, die an den „Kern" des Lebens und der lebendigen Natur rühren, können ein reichhaltiges Spektrum an Vorstellungen, Hoffnungen und Ängsten aktivieren. Dieses Spektrum an Vorstellungen umfasst sowohl explizite Vorstellungen, die im Fokus der Aufmerksamkeit liegen und die sprachlich artikuliert werden können, als auch implizite Vorstellungen, die sich in Form von Assoziationen oder Intuitionen äußern (Haidt 2001).

Durch die explizite Thematisierung der Alltagsphantasien, die ein Lerngegenstand hervorruft, kann ein Bezug zwischen fachlichem Wissen und lebensweltlichen Vorstellungen bzw. kulturellen Bildern begünstigt werden. Da Alltagsphantasien zum Teil weit über die jeweils thematisierte fachliche Dimension hinaus gehen und aufgrund ihrer Bedeutungstiefe Einfluss auf Werthaltungen, Interessen und Verhaltensweisen nehmen (Combe und Gebhard 2012), müssen methodische Verfahren auf diese Anforderungen abgestimmt sein. Die Methode der Gruppendiskussion ist für diese Tiefendimension von Vorstellungswelten deshalb geeignet, weil sie die Erfassung von Widersprüchen, sozialen Aushandlungsprozessen und persönlichen Bezügen nicht nur nicht ausschließt, sondern systematisch in den Blick nimmt.

12.2 Die Methode der Gruppendiskussion

12.2.1 Vorbemerkung zur qualitativen Forschung

Die Gruppendiskussion ist ein Verfahren zur Datenerhebung im Rahmen der qualitativen empirischen Forschung. Mithilfe qualitativer Forschung ist es möglich, empirisch begründete theoretische Aussagen zu generieren (vgl. Strauss und Corbin 1996): Ausgehend von einer theoretischen Sensibilisierung für das untersuchte Themenfeld werden zunächst erste Fälle im Feld erhoben und einzeln sowie vergleichend ausgewertet, bevor weitere Entscheidungen zur Stichprobe getroffen werden (Abb. 12.1; Kap. 8). Das heißt, die Auswahl der Stichprobe erfolgt nicht nach dem Zufallsprinzip, sondern sukzessive nach theoretischen Gesichtspunkten („theoretisches Sampling"). Die Erhebung ist abgeschlossen, wenn

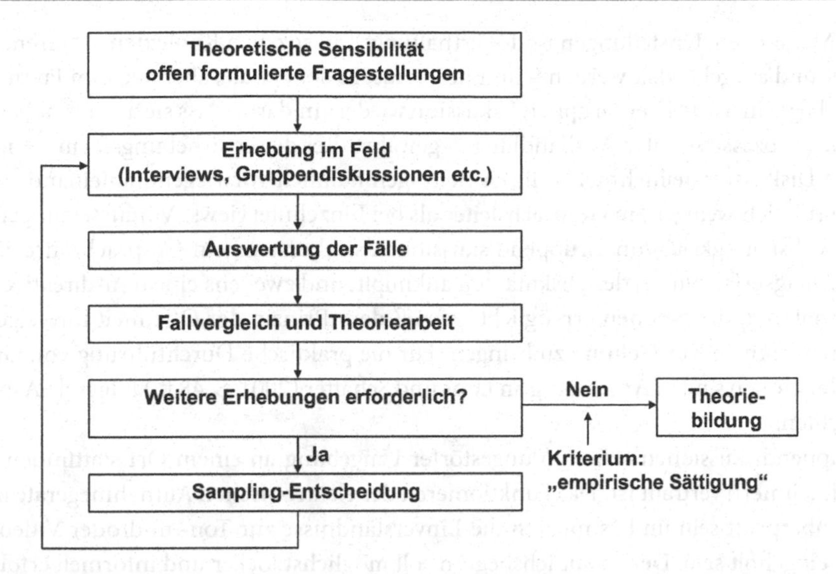

Abb. 12.1 Idealtypisches Ablaufschema der Theorieentwicklung

weitere Fälle keine neuen, theoretisch relevanten Kategorien mehr erbringen („empirische Sättigung").

12.2.2 Die Methode der Gruppendiskussion

Die Methode der Gruppendiskussion wurzelt in unterschiedlichen Theorietraditionen und kommt in verschiedenen Bereichen der qualitativen Forschung zum Einsatz (vgl. Kölbl und Billmann-Mahecha 2005, Przyborski und Riegler 2010). Charakterisiert werden kann die Gruppendiskussion als ein Verfahren, „in dem in einer Gruppe fremdinitiiert Kommunikationsprozesse angestoßen werden, die sich in ihrem Ablauf und der Struktur zumindest phasenweise einem ‚normalen' Gespräch annähern" (Loos und Schäffer 2001, S. 13). Gruppendiskussionen ermöglichen Einblicke in die Erfahrungen, Wissensbestände, Einstellungen und Werthaltungen von Kindern und Jugendlichen zu einem bestimmten Themenbereich. Das können Einzelinterviews im Prinzip zwar auch leisten, aber bei Einzelinterviews besteht die Gefahr, dass Kinder und Jugendliche sich in ihren Antworten stärker an den vermuteten Erwartungen des Interviewers orientieren (Problem der **sozialen Erwünschtheit**). Gerade Kinder können sehr zurückhaltend in ihren Aussagen erwachsenen Personen gegenüber sein. Ist das Kind hingegen auskunftsfreudig, liegt der Vorteil von Einzelinterviews darin, dass sich der Interviewer mehr als bei Gruppendiskussionen sensibel auf das einzelne Kind oder den einzelnen Jugendlichen einstellen kann und über vertiefende Nachfragen ein Verständnis der kindlichen/jugendlichen Gedankenwelt erreichen kann (vgl. das „Klinische Interview" im Sinne Piagets; Piaget 1980).

Da Meinungen, Einstellungen und Werthaltungen in sozialen Kontexten erfahren, ausgebildet und ausgehandelt werden – im Elternhaus, in der Schule, aber auch im Freundeskreis –, liegt ein Vorteil der Gruppendiskussion wiederum darin, dass sie auch Einblicke in die Mikroprozesse sozialer Aushandlungen gewährt. Bei dieser Erhebungsform beziehen sich die Diskussionsteilnehmer in ihren Beiträgen nämlich vorwiegend aufeinander und orientieren sich weniger am Gesprächsleiter als bei Einzelinterviews. Voraussetzungen für diese „Selbstläufigkeit" von Gruppendiskussionen sind erstens ein Gesprächsanreiz, der an die Alltagserfahrungen der Diskutanten anknüpft, und zweitens eine non-direktive Gesprächshaltung, die es ihnen ermöglicht, gemäß dem Prinzip der Offenheit ihre eigenen Relevanzsetzungen zur Geltung zu bringen. Für die praktische Durchführung von Gruppendiskussionen sind in Anlehnung an Loos und Schäffer (2001, S. 48 ff.) folgende Aspekte zu beachten:

Gruppendiskussionen sollen in ungestörter Umgebung an einem Ort stattfinden, der den Teilnehmern vertraut ist. Das Funktionieren der elektronischen Aufnahmegeräte muss vorher überprüft sein und es müssen die Einverständnisse zur Ton- und/oder Videoaufnahme eingeholt sein. Der Gesprächsbeginn soll möglichst locker und informell erfolgen. Man kann den Gesprächsteilnehmern z. B. sagen, dass sie sich möglichst so miteinander unterhalten sollen, wie sie das sonst auch tun. Der eigentliche Gesprächsanreiz schließlich soll die Forschungsfrage in geeigneter Weise zum Thema machen und die Diskussionsteilnehmer dazu anregen, sich zu positionieren und schnell miteinander ins Gespräch zu kommen. Hierfür eignen sich insbesondere Dilemma-Geschichten, aber auch Filmszenen, Zeitungsausschnitte, Fotos etc. Dilemma-Geschichten können alltagsnahe, szenische Darstellungen sein, in denen kontroverse Einstellungen, Werthaltungen und Handlungsorientierungen zum Ausdruck gebracht werden (vgl. Beispiel in Abschn. 12.3.1).

Eine non-direktive Gesprächsleitung besagt, dass man sich nach der Darbietung des Gesprächsanreizes mit eigenen inhaltlichen Beiträgen zurückhält und über aktives Zuhören Interesse an den Beiträgen der Diskutanten bekundet. Eventuell notwendige Interventionen sollten betont vage bleiben und nur dazu dienen, das Gespräch in Gang zu halten. Wenn die Diskutanten sehr schnell über einen Aspekt hinweggehen bzw. einen wichtigen Aspekt zwar nennen, aber nicht weiter ausführen, kann man an geeigneter Stelle nachfragen, soll aber nur aufgreifen, was die Gruppe bereits von sich aus eingebracht hat. Das heißt, wenn inhaltliche Interventionen seitens des Gesprächsleiters erforderlich erscheinen, sollen sie sich möglichst nur auf Redebeiträge der Diskutanten beziehen. Dies gilt auch für Widersprüche, die sich während der Diskussion gezeigt und die die Teilnehmer nicht selbst aufgelöst haben. In solchen Fällen kann der Diskussionsleiter am Ende der Diskussion noch einmal – die Beiträge aufgreifend – nachfragen. Abschließend sollte der Diskussionsleiter auf jeden Fall fragen, ob aus Sicht der Teilnehmer noch etwas offen geblieben sei.

Da es bei der Methode der Gruppendiskussion vor allem um die Relevanzsetzungen der Teilnehmer im Hinblick auf die Forschungsfragestellung geht, wird in der Regel auf einen Leitfaden verzichtet (Kap. 10). Ein Leitfaden verführt zu stark dazu, die Gruppendiskussion im Sinne der eigenen Relevanzsetzungen zu lenken und die non-direktive Gesprächsführung zu verlassen.

Die Anknüpfung an die Alltagspraxis sozialer Interaktion und Kommunikation wird vor allem dann gelingen, wenn so genannte Realgruppen untersucht werden, also Gruppen, die zumindest partiell einen gemeinsamen Erfahrungshintergrund haben, wie z. B. Freundschafts- und Freizeitgruppen oder Klassenkameraden. Die **ökologische Validität** bei der Untersuchung von Realgruppen kann aber nur dann verteidigt werden, wenn die Teilnehmer einer Gruppendiskussion den thematisch gesetzten Anreiz als für sich selbst relevant annehmen und sich entsprechend engagieren. Die gegenseitige soziale Beeinflussung ist in einem solchen Fall kein Produkt der spezifisch arrangierten Untersuchungssituation und auch kein zufällig erzieltes, quasi beliebiges Ergebnis, sondern Ausdruck jener Mikroprozesse der sozialen Meinungsbildung, die auch im Alltag der untersuchten Gruppen wirksam sind (zu verschiedenen Typen sozialer Aushandlungsprozesse vgl. Billmann-Mahecha 2005).

Die Methode der Gruppendiskussion sollte nicht angewandt werden bei individualdiagnostischen Fragestellungen (wenn es z. B. um die Erfassung individueller Problemlösekompetenzen geht) oder wenn zu erwarten ist, dass sich einzelne Mitglieder in einer Gruppensituation nicht frei zu äußern wagen, wie etwa bei gesellschaftlich tabuisierten Themen.

12.2.3 Auswertung von Gruppendiskussionen und Gütekriterien

Für die Auswertung von auf Tonband aufgezeichneten und wörtlich transkribierten Gruppendiskussionen stehen verschiedene Methoden zur Verfügung, z. B. die qualitative Inhaltsanalyse (Mayring 2010; Kap. 11), die dokumentarische Methode (Bohnsack 2007), die objektive Hermeneutik (Wernet 2009), Diskurs- oder Konversationsanalysen sowie Verfahrensweisen der *Grounded Theory* (Stauss und Corbin 1996). In Orientierung an letzterer hat es sich als sinnvoll erwiesen, in folgenden vier Schritten vorzugehen:

1. Sequenzierung des Gesprächsverlaufs in thematische Einheiten und offene Codierung dieser Sequenzen. D. h., das Protokoll wird Wort für Wort durchgegangen, und dann, wenn ein neuer Gedanke oder ein neuer Gesichtspunkt erwähnt wird, wird dies am Rand mit einem Stichpunkt – möglichst textnah – markiert (z. B. „Unkraut/natürlicher Garten").
2. Erstellung einer thematischen Übersicht, die die am Rand des Protokolls notierten Stichpunkte nicht mehr chronologisch, sondern systematisch nach Ober- und Unterpunkten ordnet. Dabei können auch markante Kurzzitate aus dem Protokoll eingefügt werden. Wichtig ist, die zugehörigen Zeilennummern des Protokolls zu vermerken, um bei der weiteren Auswertung jederzeit auf das Originaltranskript zurückgreifen zu können.
3. Vertiefende Interpretation ausgewählter, theoretisch relevanter Textpassagen in Form einer **hermeneutischen Textanalyse**.
4. Fallvergleichende Interpretation. Sind genügend Einzelfälle ausgewertet, werden sie miteinander verglichen, um theoretisch relevante Kategorien herauszuarbeiten und

ggf. weitere Erhebungen durchzuführen. In Bezug auf naturethische Fragestellungen hat sich in einem unserer Projekte z. B. die Anthropomorphisierung von Tieren und Pflanzen als stabile theoretische Kategorie bei Kindern herausgeschält (vgl. Gebhard et al. 2003), während bei Jugendlichen zusätzlich mechanistische Deutungsmuster zu finden sind (vgl. Billmann-Mahecha et al. 1998).

Selbstverständlich spielen auch in der qualitativen Forschung Gütekriterien eine wichtige Rolle, auch wenn sie anders als in der klassischen Testtheorie gefasst werden müssen (Flick 2010; Kap. 11). Insbesondere ist nach intersubjektiver Nachvollziehbarkeit, Gültigkeit und Verallgemeinerbarkeit zu fragen: Die intersubjektive Nachvollziehbarkeit erfordert es, den gesamten Prozess von der Auswahl der Gesprächsteilnehmer über die Erhebung der Daten bis hin zu ihrer Auswertung genau zu dokumentieren. Die empirisch gewonnenen Aussagen können dann Gültigkeit für sich beanspruchen, wenn die Gesprächsteilnehmer ihre Meinungen, Werthaltungen, Orientierungen und Deutungsmuster in möglichst unverzerrter bzw. authentischer Art und Weise äußern konnten, so wie sie es dem Sinn nach auch außerhalb der Erhebungssituation getan hätten. Verallgemeinerbarkeit kann dann behauptet werden, wenn bei den analysierten Fällen eine empirische Sättigung erreicht ist und auf der Basis der vergleichenden Analysen – für einen bestimmten empirischen Bereich – theoretisch relevante Kategorien herausgearbeitet sind.

12.3 Beispiele

Die nun folgenden Beispiele sind mehr als die Illustrierung der soeben dargestellten Methode. Qualitative, hermeneutisch orientierte Forschungsmethoden sind nicht nur ein technisch-methodisches Instrumentarium zur Gewinnung von Daten, sie gewinnen ihre Überzeugungskraft auch, wenn nicht vor allem, durch die ausführliche Abarbeitung an exemplarischen Fällen. Die „Objektive Hermeneutik" (Oevermann 1993, Wernet 2009) beispielsweise und auch die „Dokumentarische Methode" (Bohnsack 2007) bereichern die methodologische Diskussion stets mit eben dieser Kombination von ausführlich ausgebreiteten Beispielen und dem zugeordneten technischen Verfahren. Auf diese Weise wird die Tiefe des möglichen Verstehens nicht nur exemplarisch gezeigt, sondern in gewisser Weise paradigmatisch ausgebreitet. Wir wählen zwei sehr unterschiedliche Beispiele. Damit zeigen wir zum einen, wie breit das Themenspektrum ist, das mit dieser Methode in den Blick geraten kann. Zum anderen soll damit vorgeführt werden, dass und wie die Methode der Gruppendiskussion gleichermaßen für ganz junge Kinder (Elementar- und Primarbereich) und Jugendliche und Erwachsene fruchtbar genutzt werden kann.

12.3.1 Grundschule: Lebewesen gehören sich selbst

Das erste Beispiel ist einem Projekt zu naturethischen Werthaltungen von Kindern entnommen (vgl. Billmann-Mahecha und Gebhard 2009, Gebhard et al. 2003). Sechs Mädchen einer dritten Klasse diskutieren darüber, ob man eine Hornisse, die einem möglicherweise gefährlich werden kann, töten darf. Angeregt wurde diese Diskussion durch folgende Dilemma-Geschichte, die den Kindern vorgelesen wurde (Box 12.1).

Box 12.1: Dilemma-Geschichte
Maren und Kai frühstücken in der Sonne auf der Terrasse. Plötzlich brummt eine dicke Hornisse an Maren vorbei, und sie schreit auf. „Kai, eine Hornisse! Pass' auf. Hol' die Fliegenklatsche!" Kai schlürft seinen Kakao ruhig vor sich hin. „Mit Fliegenklatschen habe ich nichts im Sinn", sagt er fest entschlossen. „Hornissen sind nützliche Tiere. Sie fressen andere Insekten. Man darf sie nicht einfach töten. Außerdem sind sie gefährdet. Es gibt nicht mehr allzu viele Hornissen heutzutage." „Nein", ruft Maren. „Das geht mir zu weit! Hornissen sind gefährlich. Weißt Du, dass der Stich einer Hornisse tödlich sein kann? Ich habe gesehen, wo das Vieh verschwunden ist, und ich rufe sofort den Kammerjäger an!"

„Wenn sie nicht so selten geworden wären, würde ich Dir eher zustimmen", meinte Kai. „Auch ich habe etwas Angst vor Hornissen, obwohl mein Biolehrer uns gesagt hat, dass sie nicht so gefährlich sind, wie man denkt." „Lass' jemand anders sie schützen", erwiderte Maren. „In unserem Garten bestimme ich, was ich will, und ich will keine Hornissen haben. Als nächstes wirst Du wahrscheinlich auch noch die Mücken und Spinnen schützen wollen. Bald wird es nur noch solches Krabbelzeug auf der Erde geben!" „Hör' zu", antwortet Kai. „Ich will einen Garten haben, der möglichst natürlich ist, und dazu gehören auch Hornissen."

Nach der Transkription der Gruppendiskussion wurde das Protokoll zunächst offen codiert (Schritt 1 der Auswertung). Auf dieser Basis wurde die folgende thematische Übersicht erstellt (Schritt 2, Box 12.2), die alle von den Kindern angesprochenen Aspekte und Argumente mit entsprechenden Zeilenangaben thematisch geordnet auflistet. Die thematische Übersicht ist Teil der ordnenden Auswertung. Die Hauptüberschriften bündeln im Sinne von Kategorien thematisch zusammengehörige Einzelaussagen. Sie werden in diesem Schritt noch alltagssprachlich formuliert und erst bei der späteren Auswertung theoretisch gefasst. Die jeweils repräsentativen Aussagen der Kinder werden so textnah wie möglich paraphrasiert oder ggf. wörtlich übernommen (und dann auch in Anführungszeichen gesetzt).

Box 12.2: Auszug aus der Themenliste „Hornissenleben"

1. **Hornissen/„natürlicher" Garten**
   - Hornissen gehören in einen natürlichen Garten, weil alle Tiere einen Nutzen haben (18–23), weil Bienen einen Nutzen haben (Honig) und Hornissen die Verwandten von Bienen sind (35–40).
   - Zu einem natürlichen Garten gehört auch Unkraut (213–214/221–227).
   - (...)
2. **Rechte von Tieren/Zootiere**
   - Hornissen sind Lebewesen und Lebewesen haben ein Recht zu leben, weil sie irgendeine Fähigkeit haben (65–66).
   - Tiere in den Zoo zu bringen, ist nicht natürlich/ist Tierquälerei (291–300).
   - Zootiere haben Nachwuchsprobleme aufgrund des fremdartigen Futters (339–346).
   - (...)
3. **Vergleich mit Menschen/Perspektivenwechsel**
   - Tiere sind Lebewesen wie Menschen (29–31).
   - Das Stechen ist für Hornissen genauso wie für den Menschen das Gehen, das Trinken oder das Hauen (144–147).
   - Tiere gehören sich selbst wie auch Menschen sich selbst gehören (430–443).
   - (...)

Aus der Vielfalt der von den Kindern engagiert diskutierten Themen wollen wir hier nur eines näher herausgreifen und exemplarisch betrachten (Auszug aus Schritt 3 der Auswertung; die Namen der Kinder sind geändert). Es geht um das Sich-selbst-Gehören (ein Teil des dritten Hauptthemas aus der Themenliste). Gehören auch Tiere sich selbst?

Rebecca: Also mein Nachbar, die haben Hühner und die schlachten die auch, denn wenn die Menschen eigene Tiere haben, und die wollen die töten und verkaufen, dann ist das ihre Sache. [...]

Julia: Nein, nein, die Tiere gehören sich selbst. [...]

Lena: Die gehören sich selbst. Auch so: Ich gehöre nicht meinen Eltern, ich gehöre mir selbst. [...]

Julia: Also, wenn jetzt meine Eltern, die müssen ja für mich sorgen, aber trotzdem kann ich ja mein Leben bestimmen und sagen, ich will jetzt zum Beispiel Lehrerin werden. Und meine Eltern sagen aber, du sollst Kindergärtnerin werden. Das ist ja mein Leben und ich kann da selber drüber bestimmen, deswegen gehöre ich mir auch selber.

Der hier gekürzt wiedergegebene Auszug wird, um zu einer weiterführenden Interpretation zu gelangen, zunächst zusammenfassend paraphrasiert (Box 12.3):

Box 12.3: Zusammenfassende Paraphrase
Rebecca vertritt die Auffassung, die Menschen könnten Hühner, die ihnen gehören, durchaus töten und verkaufen (vgl. auch die Gründe, die die Kinder an einer späteren Stelle des Gesprächs für das Töten von Tieren anführen). Das lassen Julia und Lena nicht gelten: Tiere gehören nicht den Menschen, sondern sich selbst. Um diese Auffassung zu untermauern, übertragen sie das Selbstbestimmungsrecht, das sie sich selbst zuschreiben, auf Tiere.

In der zusammenfassenden Paraphrase (Box 12.3) wurde bereits über die konkreten kindlichen Äußerungen hinausgegangen, indem erstens angesichts der gesamten Gruppendiskussion auf weitere relevante Textstellen verwiesen wird (Gründe für das Töten von Tieren), und zweitens der abstrakte Begriff des Selbstbestimmungsrechts eingeführt wurde. Um in der Interpretation noch einen Schritt weiter zu kommen, wird nun das Auffällige und Besondere herausgehoben (Box 12.4):

Box 12.4: Interpretation der zusammenfassenden Paraphrase
Bemerkenswert ist an dieser Textpassage zum einen, mit welcher Selbstverständlichkeit bereits acht- bis neunjährige Kinder den modernen, kulturell geprägten Gedanken des autonomen Subjekts formulieren und für sich in Anspruch nehmen, und zum anderen, wie umstandslos sie Tiere in diese Sichtweise einbeziehen: Auch „die Tiere gehören sich selbst". Menschen und Tiere sind für sie im Hinblick auf das Sich-selbst-Gehören von einer Art. Dieser Gedanke wird im weiteren Gesprächsverlauf von den Kindern an anderen Beispielen noch vertieft.

Ausgehend von ihrem eigenen Selbstverständnis in unserer modernen Gesellschaft, demgemäß ihre Autonomie auch von den Eltern, von denen sie abhängig sind, nicht beschnitten werden kann, begründen Kinder das Selbstbestimmungsrecht allein mit der biologisch autonomen Existenz und beziehen dies auch auf Tiere.

Solche Interpretationsschritte sind im Zweifelsfall immer am Text zu belegen, also nicht beliebig, und idealerweise in Gruppen durchzuführen, um sich wechselseitig zu korrigieren. In weiterführender, theoriebildender Absicht ist ein Fallvergleich erforderlich, aber man kann (als Teil von Schritt 4 der Auswertung) bereits diesem kurzen Gesprächsausschnitt *einen* möglicherweise wichtigen Aspekt naturethischer Vorstellungen von Kindern im Grundschulalter entnehmen, nämlich den des Selbstbestimmungsrechtes von Mensch und Tier (Box 12.5):

Würde man die Ausführungen der Kinder nicht in *theoriebildender* Absicht interpretieren, wofür die qualitative Forschung steht, sondern bereits *theoriegeleitet*, also zum Beispiel aus der Perspektive von Piagets Entwicklungstheorie, so könnte man die Textpassage schnell und theoriekonform als Beispiel für die Anthropomorphisierung von Tieren einordnen. Das wäre in dem analysierten Beispiel auch nicht falsch, aber das hier vorgestellte Verfahren geht darüber hinaus und kann zusätzliche wichtige Aspekte herausfinden, z. B. welche kognitiven Konzepte bei Kindern im Grundschulalter der Anthropomorphisierung zugrunde liegen.

12.3.2 Alltagsphantasien zum Thema „Klonen" (Sekundarstufe 2)

In diesem Beispiel geht es um eine Gruppendiskussion zum Thema „Klonen" – ein bioethisch relevantes Thema, das zudem eine Reihe von Alltagsphantasien und die damit verbundenen Welt- und Menschenbilder aktualisiert. Das Gespräch wurde mit vier Jugendlichen, zwei Mädchen und zwei Jungen im Alter von 17 Jahren, an einem Hamburger Gymnasium geführt. Aus dieser Gruppendiskussion werden im Folgenden anhand der Aussagen der Teilnehmer/innen zwei Themenkomplexe exemplarisch und zusammenfassend mit Blick auf die Methode der Gruppendiskussion skizziert.

Durch Klonen ist die Integrität des einzigartigen Individuums bedroht.
„Schlimm ist es erst recht, wenn es die nächste Generation gibt, wenn es schon eine Generation gibt, die einmal geklont wurde, und diese Klone dann wieder selber entscheiden, ob wieder welche geklont werden. Dann sollte es eine Welt von Menschen geben, die alle gleich sind. Das ist die Abschaffung des Individualismus."

Wenn es eine Welt von Menschen gibt, die alle gleich sind, ist das *„die Abschaffung des Individualismus"*. Mit der drohenden Auflösung des individuellen Selbst, die freilich in modernen Gesellschaften nicht nur durch Gentechnik und Klonen droht, ist eines der zentralen Konstrukte der abendländischen Tradition in Gefahr, nämlich die Bedeutung des einzigartigen Individuums. Hier wird besonders deutlich, dass und wie in Alltagsphantasien Menschenbildaspekte transportiert werden. Genmanipulation und Klonen auf der einen Seite ebenso wie Kulturindustrie und soziale Anpassungsmechanismen auf der anderen Seite bedrohen die Konstitution des Selbst und es werden entsprechende Probleme phantasiert.

Hier zeigt sich die besondere Chance der Methode der Gruppendiskussion: nämlich dass sich durch die jeweilige Gesprächsdynamik auch und gerade ohne Leitfragen die Tiefendimension der Welt- und Menschenbilder inszenieren kann. Diese bisweilen durchaus auch kontroverse Dynamik „zwingt" in gewisser Weise die Gruppenmitglieder, ihre jeweiligen normativen Bezugspunkte zu explizieren. Deshalb ist es sinnvoll, wie bereits in Abschn. 12.2.2. dargelegt, an die Alltagspraxis sozialer Interaktion und Kommunikation anzuknüpfen und – wenn möglich – lebensweltliche Realgruppen zu untersuchen.

„Heilsvorstellung Gesundheit" und „Unsterblichkeit"
Obwohl es in der präsentierten Geschichte um ein fortpflanzungstechnisches Problem ging, kam von den Jugendlichen eine Reihe von Argumenten, die eher die Gentechnik betreffen. Hier sind Überlegungen hinsichtlich körperlicher Unversehrtheit, Gesundheit, Verlängerung des Lebens, ja Unsterblichkeit besonders häufig. Diese Vorstellungen in Bezug auf die Gentechnik werden zudem eingebettet in Phantasien zur Überwindung des Todes. Entsprechende Vorstellungen sind allerdings weniger religiös getönt als vielmehr wissenschaftlich und technisch.

Ähnliches gilt für die Hoffnungen auf Gesundheit, wobei Gene als Schlüssel für die Gesundheit angesehen werden. Dadurch wird die Suche nach den „schädlichen Genen" legitimiert: „*Kann man dadurch nicht Krankheiten vorbeugen, irgendwie in den Genen alles ausmerzen?*" Auffällig ist die Verknüpfung des aggressiv getönten Begriffs „ausmerzen" mit der Heilsvorstellung der ewigen Gesundheit. Auf der anderen Seite finden sich gerade bei der Bewertung der Gentherapie naturalistische und evolutionsbiologische Konzepte (Alltagsphantasie „Natur als sinnstiftende Idee"): „*Für das Individuum eine optimale Lösung. Für die Menschheit als Ganzes aber an sich nicht nur gut. Bisher gelten die Gesetze des Stärkeren – er überlebte.*" „*Finde ich positiv, wenn es kranken Menschen eine Erleichterung bringt. Doch wo bleibt dann eine natürliche Auslese?*"

„Natürliche Auslese" und „Selektion" werden bemerkenswert häufig als Kategorien zur Bewertung der Gentherapie verwendet. Solche eugenischen, z. T. auch sozialdarwinistischen Vorstellungen offenbaren sich in der Befürchtung, dass sich die „Stärkeren" nicht mehr durchsetzen könnten, wenn durch gentherapeutische Möglichkeiten kranke Menschen geheilt werden.

Derartige Vorstellungen – die in gewisser Weise „politisch nicht korrekt" sind (Sozialdarwinismus, Rassismus) – dürften in einem zielorientiert geführten Interview oder gar einem Fragebogen zumindest mit deutlich geringerer Wahrscheinlichkeit offenbart werden. In einer Gruppendiskussion, die eine eigene, vom Erwartungsdruck eines Interviewers relativ befreite Gruppendynamik aufweist, ist die „Zensur" zumindest geschwächt. Das eröffnet die Möglichkeit, an Vorstellungsqualitäten heranzukommen, deren Explikation und Reflexion dem (naturwissenschaftlichen) Unterricht eine besondere Tiefendimension eröffnen könnte, eben weil damit die Ebene der Welt- und Menschenbilder berührt wird.

12.4 Fazit

Mit diesen kurzen Beispielen und den entsprechenden methodischen Kommentaren wollen wir andeuten, welche Potenziale in der Methode der Gruppendiskussion liegen und welche Art von Erkenntnissen damit ermöglicht wird. Es sollte gezeigt werden, dass und in welcher Hinsicht mit der Methode der Gruppendiskussion die Tiefendimension von Schülervorstellungen mit dazugehörigen Schattierungen und Ambivalenzen rekonstruierbar sind. Bei dem ersten Beispiel mit den jüngeren Kindern wurde gewissermaßen die Beziehungsdimension von Naturvorstellungen herausgearbeitet, die in anthropomorphen

Argumentionsfiguren und deren Verwendung in moralischen Positionierungen deutlich wird. Die Methode der Gruppendiskussion ist deshalb für die Rekonstruktion dieser Figuren geeignet, weil sie durch das spezifisch offene und relativ zensurfreie Setting zur Artikulation solcher persönlich bedeutsamen und emotionalen Äußerungen einlädt. Bei der Gruppendiskussion über das Klonen mit Jugendlichen wurde ein anderer Aspekt herausgearbeitet: Es konnte gezeigt werden, dass mit dieser Methode die mit naturwissenschaftlichen Themen implizit verbundenen Welt- und Menschenbilder rekonstruiert werden können.

Abschließend soll noch kurz angedeutet werden, welche Relevanz die auf diese Weise erhobenen Schülerperspektiven – im Sinne einer anwendungsorientierten Forschung – für den naturwissenschaftlichen Unterricht haben können:

Die Gruppendiskussion aus der Grundschule zeigt nicht nur, dass bereits Kinder dieser Altersstufe Naturphänomene im Hinblick auf moralische Kriterien bedenken. Darüber hinaus wird auch deutlich, welche Vorstellungen dabei bedeutsam sind. Das Beispiel aus der gymnasialen Oberstufe unterstreicht neben zentralen bioethischen Bezugspunkten sehr eindrücklich, dass und wie die gleichsam philosophische Ebene der Welt- und Menschenbilder bei der Vermittlung von naturwissenschaftlichen Themen wirksam ist. Mit dieser Art von Schülerperspektiven und deren empirischer Rekonstruktion kommt die ethische Dimension naturwissenschaftlicher Erkenntnisse bzw. Anwendungen in besonders differenzierter Weise in den Blick (Dittmer und Gebhard 2012). Für die empirische Rekonstruktion von entsprechend differenzierten und kontroversen Schülerperspektiven ist die Methode der Gruppendiskussion gut geeignet.

Literatur zur Vertiefung

Kölbl C, Billmann-Mahecha E (2005) Die Gruppendiskussion. Schattendasein einer Methode und Plädoyer für ihre Entdeckung in der Entwicklungspsychologie. In: Mey G (Hrsg) Handbuch Qualitative Entwicklungspsychologie Kölner Studien Verlag, Köln, S 321–350 (Dieser Aufsatz gibt einen Überblick über Begriff, Geschichte, Begründung und Methodik der Gruppendiskussion. Zudem wird das Verfahren an mehreren entwicklungspsychologisch relevanten Beispielen veranschaulicht.)

Loos P, Schäffer B (2001) Das Gruppendiskussionsverfahren. Theoretische Grundlagen und empirische Anwendung. Leske, Opladen (Dieses Buch stellt die Methodik des Gruppendiskussionsverfahrens von der Begründung über die Erhebung bis hin zur Auswertung ausführlich und an Fallbeispielen dar.)

Przyborski A, Riegler J (2010) Gruppendiskussion und Fokusgruppe. In: Mey G, Mruck K (Hrsg) Handbuch Qualitative Forschung in der Psychologie VS Verlag für Sozialwissenschaften, Wiesbaden, S 436–448 (Dieser Aufsatz gibt einen Überblick über die Einordnung des Verfahrens in die qualitative Sozialforschung sowie über Prinzipien, Verfahrensweisen und mögliche Einsatzfelder.)

13 Curriculare Delphi-Studien

Ulrike Burkard und Horst Schecker

Die Erfahrungen, die Experten im Laufe ihrer Arbeiten in einem bestimmten Gebiet gesammelt haben, bilden einen Wissensschatz, aus dem wichtige Informationen für neue Fragestellungen extrahiert werden können. Ein Ansatz diese Wissensbasis zu erschließen, ist die Delphi-Technik. Die Methode wurde 1960 von der Rand Corporation[1] für Voraussagen zum Auftreten technischer Neuerungen entwickelt, was der Methode auch den Namen gab: Der griechischen Mythologie zufolge wurde das Orakel von Delphi befragt, um etwas über die Zukunft zu erfahren. Heute werden unter dem Begriff Delphi-Technik Vorgehensweisen zusammengefasst, bei denen durch eine systematische mehrstufige Befragung von Experten Informationen oder Einschätzungen zu einem bestimmten Thema gewonnen werden. Curriculare Delphi-Studien, um die es in diesem Kapitel im Besonderen geht, dienen dazu, Informationen im Kontext der Festlegung von Bildungszielen, Lehrplaninhalten oder auch Kompetenzstandards zu gewinnen.

[1] Die RAND Corporation (*Research and Development*) ist eine in den USA gegründete Non-Profit-Organisation, die zu vielfältigen wirtschaftlichen, gesellschaftlichen und militärischen Fragen Expertisen erstellt; http://www.rand.org.

Dr. Ulrike Burkard ✉
Universitätsbibliothek Mainz, Duesbergweg 10-14, 55128 Mainz, Deutschland
e-mail: U.Burkard@ub.uni-mainz.de
Prof. Dr. Horst Schecker
FB 1 Physik/Elektrotechnik, Institut für Didaktik der Naturwissenschaften, Abt. Physikdidaktik, Universität Bremen, Otto-Hahn-Allee 1, 28334 Bremen, Deutschland
e-mail: schecker@physik.uni-bremen.de

D. Krüger, I. Parchmann und H. Schecker (Hrsg.), *Methoden in der naturwissenschaftsdidaktischen Forschung*, DOI 10.1007/978-3-642-37827-0_13,

13.1 Ziele

Die Delphi-Technik wird insbesondere angewendet, wenn für anstehende Entscheidungen die Expertise von Personen mit unterschiedlichen Perspektiven auf eine Fragestellung genutzt werden soll (Ammon 2009). Eine Delphi-Studie in der Naturwissenschaftsdidaktik aus den 1980er-Jahren erkundete im Hinblick auf ein Rahmencurriculum für den Physikunterricht die Frage, welche Bereiche physikalischer Bildung für ein Mitglied einer modernen Gesellschaft als sinnvoll und wünschenswert angesehen werden (Häußler et al. 1988). Das Spektrum der Befragten erstreckte sich von Publizisten über Physiklehrern bis zu Bildungspolitikern. Bolte (2003) führte eine vergleichbare curriculare Delphi-Studie durch, um Informationen zur chemiebezogenen Bildung zu erhalten.

Curriculare Delphi-Studien werden aber auch für engere Fragestellungen eingesetzt. Hier kann das Spektrum der Experten schmaler gefasst werden So hat Burkard (2009) Unterrichtsexperten zu Möglichkeiten der Weiterentwicklung des Quantenphysikunterrichts durch Multimedia-Elemente befragt. Aus dieser Studie stammen unsere Beispiele zur Veranschaulichung der Methode.

13.2 Methodik

Delphi-Studien werden als mehrmalige Befragung einer Gruppe von in der Regel ca. 50 bis 100 Experten durchgeführt. Die Auswahl und Zusammensetzung der Teilnehmenden ist von zentraler Bedeutung für die Aussagekraft der Untersuchung: Eine Delphi-Studie ist nur dann erfolgreich, wenn die Befragten breite Erfahrungen im Themengebiet der Untersuchung aufweisen und wenn die Gruppe so zusammengesetzt ist, dass ein möglichst großes Spektrum von Perspektiven und Meinungen vertreten ist (***theoretical Sampling***). Darüber hinaus sollen die Experten über das notwendige Durchhaltevermögen verfügen, um über mehrere Runden von Befragungen hinweg ihre Einschätzungen einzubringen. Typischerweise erstreckt sich eine Befragung nach der Delphi-Technik über drei (manchmal aber auch zwei oder vier) Befragungsrunden. Die Fragen sind anfangs eher offen und allgemein gehalten und werden im Lauf der Befragungen geschlossen und spezifischer. Durch diese iterative Vorgehensweise können die zentralen Aussagen der Experten herauskristallisiert und die Ideen immer weiter zusammengefasst werden.

Für die Befragung müssen die Teilnehmenden nicht persönlich anwesend sein; die Befragung kann auch auf schriftlichem Weg (E-Mail, Brief, Fax) oder über Online-Fragebögen geschehen. Dies bietet den Vorteil, dass die Aussagen der Experten zwischen den Befragungsrunden in Ruhe gebündelt und fokussiert werden können, ohne dass dies durch gruppendynamische Prozesse im Kreis der Befragten beeinflusst wird.

Befragungsrunde 1 Die erste Befragungsrunde dient dem Brainstorming. Dazu wird ein Fragebogen mit offenem Antwortformat erstellt, mit dem möglichst viele Ideen zur Fragestellung gesammelt werden sollen. Um eine möglichst schnelle und einfache Beantwortung der Fragebögen für die Teilnehmenden zu ermöglichen, sollen die Fragen so gestellt werden, dass kurze und präzise Antworten möglich sind. Ein Beispiel: „Nennen Sie in Stichworten Elemente des Quantenphysikunterrichts, die sich aus Ihrer Sicht bewährt haben (z. B. Einstiegsthemen, Experimente, Kernbegriffe, ...)!" statt „Was hat sich aus Ihrer Sicht beim Quantenphysikunterricht bewährt?". Mit klaren Fragen erhöht man die Bereitschaft zur Mitwirkung an der Untersuchung. Experten, die in der ersten Runde nicht antworten, kann man in nachfolgenden Runden nur schwer aktivieren.

Im Zuge der Auswertung der Fragebögen dieser ersten Runde werden die Aussagen aller Teilnehmenden zu den einzelnen Fragen gruppiert und in Aussagenbündeln zusammengefasst (Abschn. 13.3). Diese Kategorienbildung erfolgt nach den Grundsätzen der qualitativen Inhaltsanalyse (Kap. 11). So erhält man einen Überblick über die verschiedenen Facetten der Fragestellung.

Befragungsrunde 2 Die Fragen der zweiten Befragungsrunde werden aus den Antworten der ersten Runde generiert. Dazu wird beispielsweise für jedes Aussagebündel aus der ersten Runde eine repräsentative Aussage den Teilnehmenden wieder vorgelegt und zur Bewertung gestellt. Die Experten können entweder gebeten werden, die Aussagen offen zu kommentieren, oder man legt eine **Likert-Skala** („trifft absolut nicht zu" bis „trifft vollkommen zu") für die Bewertung der Aussage vor. Zudem wird die Möglichkeit gegeben, die Aussage zu modifizieren oder auch neue Aussagen zu formulieren.

Wenn die zweite Runde zu quantitativen Daten führt, können für die Strukturierung und zur Zusammenfassung der Aussagen bereits hier multivariate Auswertungsverfahren wie beispielsweise die Faktorenanalyse oder Clusteranalyse zum Einsatz kommen (Kap. 22).

Befragungsrunde 3 und weitere Runden In weiteren Runden können nach Bedarf die zur Diskussion und Bewertung vorgelegten Aspekte immer weiter verdichtet werden, bis hin zur Formulierung abstrakter konzeptioneller Aussagen. Die weiteren Fragebögen fassen die Antworten des jeweils vorherigen Schrittes zusammen und geben Möglichkeiten für zusätzliche Erklärungen, Bewertungen und für neue Ideen. In der Regel reichen drei Befragungsrunden aus, um ein breites Spektrum an Informationen zu sammeln und eine Sättigung der Aussagen zu erreichen. Spätestens in der dritten Runde wird man Likert-Skalen für die Bewertung von Aussagen vorlegen.

Bei den wiederholten Befragungsrunden besteht die Gefahr eines **Drop-outs** der Teilnehmer. Man kann die Quote gering halten, wenn bei der Teilnehmerauswahl darauf geachtet wird, dass diese ein starkes Interesse an der Thematik haben, wenn die Fragebögen kurz gehalten sind und die Befragungen eher kurz aufeinander folgen. Es empfiehlt sich jedoch, einen Schwund von 20 % bis 40 % pro Runde einzukalkulieren.

Auflösung Wenn sich bei der Auswertung zeigt, dass die Expertenantworten zu klaren und aussagekräftigen Aussagen zum behandelten Thema führen, und sich keine neuen Aussagen mehr finden lassen, wird die Umfrage beendet. Die Ergebnisse können beispielsweise in Form einer Erläuterung der wichtigsten kondensierten Aussagen (z. B. zu Elementen naturwissenschaftlicher Bildung) mit den dazugehörigen abschließenden Bewertungen der Experten veröffentlicht werden.

13.3 Anwendungsbeispiel: Expertenbefragung zum Quantenphysikunterricht

In einer curricularen Delphi-Studie untersuchten wir Perspektiven für die Weiterentwicklung des Quantenphysikunterrichts, insbesondere im Hinblick auf den Einsatz von Multimedia (Burkard 2009). Dabei sollten bewährte Elemente des Quantenphysikunterrichts identifiziert werden – sei es in Form von grundlegenden Konzepten oder als thematische Schwerpunkte – und Ansatzpunkte für seine Weiterentwicklung erfragt werden. Ein Schwerpunkt war der mögliche Beitrag von Multimedia. Mit der Untersuchung sollten Anregungen für die Gestaltung eines Medienservers erlangt werden, der Lehrkräfte bei der Gestaltung ihres Quantenphysikunterrichts unterstützt.

Die Delphi-Studie war als zweistufige Befragung angelegt. Als Teilnehmende wurden 70 Personen ausgewählt, die über besondere Erfahrungen und Kompetenzen in den Bereichen Quantenphysik und Multimedia in der Schule verfügten. Da das Wissen von Unterrichtsexperten im Hinblick auf das Ziel der Untersuchung eine besondere Rolle spielte, wurde die Zusammensetzung der Befragten so gewählt, dass drei Viertel einen direkten Bezug zur Schulpraxis hatten, d. h. Lehrkräfte, Fachleiter oder Lehrplanautoren waren. Ein Viertel der Teilnehmenden waren als Hochschullehrende tätig. Für ein unterrichtsbezogenes Thema findet man potenzielle Teilnehmende auf Basis einer Literaturrecherche, insbesondere von einschlägigen Veröffentlichungen in Unterrichtszeitschriften. Uns halfen zudem bestehende Kontakte aus anderen fachdidaktischen Arbeitszusammenhängen. Man kann auch auf Fachtagungen potenzielle Teilnehmende gezielt direkt ansprechen. In unserem Fall erhielten alle Angeschriebenen die gleichen offenen Fragebögen unabhängig von der Gruppenzugehörigkeit.

Die Fragebögen wurden auf dem Postweg versandt. Es ist zunehmend üblich, Befragungsunterlagen per E-Mail-Verteiler zu versenden oder die Teilnehmenden zu bitten, ihre Antworten direkt in Eingabemasken in Online-Datenbanken einzutragen. Das verringert die Versandkosten und vereinfacht die Datenerfassung. Der Aufforderungscharakter zur Teilnahme wird jedoch durch einen postalischen Versand besonders unterstrichen. Optimal ist es, beide Verfahren zu verbinden. Man gibt damit den Teilnehmenden die Möglichkeit, entweder per Rücksendung des Fragebogens oder per Eingabe direkt am PC zu antworten. Unserem Schreiben war eine CD-ROM beigelegt, die zum einen den offenen Fragebogen in elektronischer Form enthielt und zum anderen Beispiele für Medien für den Quantenphysikunterricht, auf die bei einer Frage des Fragebogens eingegangen werden sollte. Als Antwortzeitraum waren drei Wochen angegeben. Ein frankierter Rückumschlag war beigelegt. Durch ein freundliches Anschreiben und einen möglichst einfachen Rücksendeweg erhöht man die Aussicht, dass die Angeschriebenen sich die Zeit für die Befragung nehmen. Die Rekrutierung der Teilnehmer ist jedoch bei Delphi-Studien oft ein Problem.

Befragungsrunde 1 In der ersten Frage des Fragebogens sollten sich die Befragungsteilnehmer selbst einer Gruppen zuordnen: Lehrer, Fachleiter bzw. Lehrplanautor, Fachdidaktiker und „Andere". Auf freiwilliger Basis konnten der Name und eine E-Mail-Adresse als Kontaktdaten angegeben werden. Diese Informationen sind sinnvoll, wenn man plant, als Ergänzung zur Delphi-Studie vertiefende Interviews mit einigen Teilnehmenden zu führen. Um den Rücklauf der Fragebögen zu kontrollieren und gegebenenfalls bei Terminüberschreitung nachzufragen, kann man die Rücksendeumschläge codieren.

Der Hauptteil des Fragebogens enthielt bezogen auf den Quantenphysikunterricht acht Fragen zu inhaltlichen Weiterentwicklungen, zur Rolle von Multimedia und zu Eigenschaften des geplanten Medienservers. Hintergrund für die Fragen waren Ergebnisse einer eigenen Fragebogenerhebung zum Status Quo des Quantenphysikunterrichts (Burkard und Schecker 2004), die Literatur zu Konzeptionen für den Quantenphysikunterricht mit digitalen Medien (z. B. Zollman et al. 2002) sowie ein Erfahrungshintergrund über offene fachdidaktische Fragen, der sich insbesondere aus Fachtagungen und Gesprächen mit Kollegen speiste. Bei Delphi-Befragungen leitet man die Fragen nicht direkt und eng aus einem etablierten Forschungsstand ab (dann bräuchte man eigentlich keine Delphi-Studie), sondern wählt eher einen **explorativen Ansatz** – natürlich auf Basis der eigenen Eingebundenheit in den laufenden wissenschaftlichen Diskurs. Es geht darum, die Sichtweisen von Experten zu erschließen, nicht darum, Hypothesen theoriegeleitet zu prüfen. Hierfür sind klassische Fragebogenerhebungen geeigneter (Kap. 22).

Die Anzahl von Fragen, deren Beantwortung man den Experten vom Umfang her zumuten kann, lässt sich abschätzen, wenn man eine Bearbeitungsdauer im Bereich von bis zu maximal 60 Minuten für die erste Delphi-Runde ansetzt (möglichst weniger). Bei deutlich darüber hinausgehenden Bearbeitungszeiten muss man mit sinkender Bereitschaft zur Mitarbeit rechnen. Fairerweise gibt man die grobe Bearbeitungsdauer im Anschreiben mit an. Um einen realistischen Wert zu ermitteln, soll man in einer Pilotierung einige Experten aus dem Umkreis der eigenen Forschungsgruppe um eine Bearbeitung bitten, bei der die Zeit gestoppt wird. Man kann dann gegebenenfalls durch Begrenzung der Fragenzahl einer zeitlichen Überlastung entgegenwirken.

Der Fragebogen war so gestaltet, dass für jede Antwort eine eigene Seite zur Verfügung stand, um sicherzustellen, dass die Befragungsteilnehmer genug Raum hatten, ihre Ideen und Meinungen zu äußern. Dabei wurde kein Aussagenformat vorgegeben, allerdings wurde der Anfang eines möglichen Antwortsatzes angegeben, der die Frage nochmals aufgriff. Abbildung 13.1 zeigt die Formulierung einer solchen Frage.

Von den versandten 70 Fragebögen wurden 35 beantwortet zurückgesandt. 30 Teilnehmende hatten auch ihre Kontaktdaten für Rückfragen angegeben. Der angestrebte Anteil von Lehrerkräften, Fachleitern bzw. Lehrplanautoren an den Befragungsteilnehmern wurde mit zwei Dritteln in etwa erreicht. 35 Teilnehmende sind für eine Delphi-Studie eine geringe Zahl (s. o.). Man kann in solchen Fällen zunächst diejenigen, die nicht geantwortet

Abb. 13.1 Frage 4 des Fragebogens der ersten Runde

4) Welchen Beitrag erwarten Sie von **Multimedia** für eine Verbesserung des Quantenphysik-Unterrichts?
(Beispiele für Multimedia-Einsatz im Quantenphysik-Unterricht finden Sie im Anhang und auf der beigelegten CD-ROM)

Den Beitrag von Multimedia sehe ich ...

haben, nochmals anschreiben und um Teilnahme bitten, oder man versucht, durch weitere Recherchen nach potentiellen Teilnehmenden den Kreis zu erweitern. Da allerdings in unserem Falle die Gruppe der einschlägigen Experten aus den Bereichen Physikdidaktik, Schulbuchautoren und Fachleitern weitgehend ausgeschöpft war, haben wir uns entschlossen, mit der Zahl von 35 Experten weiterzuarbeiten – zumal es sich um eine vergleichsweise spezifische inhaltliche Fragestellung handelte. In Delphi-Studien zu grundlegenden Fragen naturwissenschaftlicher Bildung sind größere Expertenzahlen erforderlich. An der Studie von Bolte (2003) zur chemiebezogenen Bildung waren ca. 100 Personen beteiligt.

Zweite Runde Die Fragen bzw. die zur Diskussion gestellten Aussagen für die zweite Befragungsrunde wurden, den Prinzipien der Delphi-Technik folgend, aus den Antworten der ersten Befragungsrunde gewonnen. Dazu wurde wie folgt vorgegangen: Ähnliche Antworten auf eine Frage wurden gruppiert, und es wurde eine Antwort formuliert, die die Gruppe repräsentiert. Für jede Frage der ersten Runde erhielt man auf diese Weise sechs bis zwölf Antworten als Repräsentanten für typische Antwortkategorien. Abbildung 13.2 verdeutlicht die Vorgehensweise bei der Erzeugung der Fragen der zweiten Befragungsrunde.

In der zweiten Runde wurden alle 70 eingangs zusammengestellten potentiellen Teilnehmenden nochmals angeschrieben – also auch diejenigen, die in der ersten Runde nicht geantwortet hatten. Sie erhielten die Kategorien zur Bewertung vorgelegt. Dabei konnten die Teilnehmenden für jede Kategorie auf einer fünfstufigen Likert-Skala festlegen, inwieweit diese Aussage ihrer Meinung nach zutrifft (Abb. 13.3). Durch dieses Vorgehen wurden die Bewertungsüberlegungen fokussiert. Jeder Experte erhielt alle Kategorien vorgelegt, d. h. nicht nur diejenigen, die ihre Antworten in der ersten Runde repräsentierten.

In der zweiten Fragerunde gingen 33 Antworten ein. Darunter waren zehn Experten, die in der ersten Runde nicht geantwortet hatten. Allerdings haben auch zwölf Teilnehmende der ersten Runde den Fragebogen in der zweiten Runde nicht beantwortet. Für die Delphi-Technik ist ein Wechsel der Zusammensetzung der Teilnehmerschaft – im Unterschied etwa zu Vor-Nach-Tests in der Lehr- und Lernforschung – kein prinzipielles Problem. Es muss jedoch gesichert sein, dass die Befragungsteilnehmer an den verschiedenen Durchgängen hinsichtlich ihrer Expertise vergleichbar sind. Wenn man statistisch absichern will, dass die Zusammensetzung der Gruppen sich nicht signifikant unterscheiden, kann man den Chi-Quadrat-Test einsetzen.

Auflösung Zur Auswertung der zweiten Befragungsrunde wurden Standardverfahren der deskriptiven Statistik verwendet (Kap. 23). Je nach Skalierbarkeit der Aussagen wurde ent-

1. Runde

Frage: Welchen Beitrag erwarten Sie von Multimedia für eine Verbesserung des Quantenphysik-Unterrichts?

Antworten: Cluster „Schüler-Aktivierung“:

- Aktivierung
- Erhöhung des Intensitätsgrades der Beschäftigung
- Multimedia als schüleraktive Seite des QP-Unterrichts
- Simulierte Experimente, die Schüleraktivitäten zulassen
- Zeitintensive Beschäftigung der Schüler mit den Gedankenexperimenten und Realexperimenten der QP
- ...

Repräsentative Antwort: **Aktivierungspotential, um eine eigenständige Auseinandersetzung der Schüler mit Quantenphänomenen zu ermöglichen**

2. Runde

Frage: Multimedia-Elemente können Eigenschaften aufweisen, durch die sie zur Weiterentwicklung des Unterrichts beitragen können.
Bewerten Sie die folgenden Eigenschaften bezüglich ihrem Potenzial zur Weiterentwicklung des Quantenphysikunterrichts

Aktivierungspotential, um eine eigenständige Auseinandersetzung der Schüler mit Quantenphänomenen zu ermöglichen	1 ☐ 2 ☐ 3 ☐ 4 ☐ 5 ☐

Abb. 13.2 Konstruktion der Fragen für die zweite Runde der Delphi-Befragung

weder die durchschnittliche Bewertung oder die Verteilung der Bewertungen betrachtet. Für die Betrachtung der Verteilung wurde das fünfstufige Bewertungsschema des Fragebogens angesichts der recht geringen Teilnehmerzahl auf ein dreistufiges Bewertungsschema reduziert. Eine solche Datenreduktion ist angemessen, wenn mindestens eine der Antwortoptionen aus den Paaren „trifft absolut nicht zu“/„trifft nicht zu“ bzw. „trifft teilweise zu“/„trifft zu“ von weniger als fünf Personen gewählt wird. Bei 35 Probanden tritt ein solcher Fall leicht ein.

Nach dieser Auswertung ergab sich die Frage nach einer weiteren Befragungsrunde. Wir hatten jedoch den Eindruck, dass wir durch die ersten beiden Runden für unsere Fragerichtung – Struktur, Inhalte und Einsatzmöglichkeiten eines Quantenphysik-Medienservers –

3. Die folgende Tabelle führt einige mögliche Ansätze für eine Weiterentwicklung des Quantenphysikunterrichts auf.
Bewerten Sie das Potenzial dieser Ansätze.

Ansätze für eine Weiterentwicklung des Quantenphysikunterrichts	Ist wichtig für eine Weiterentwicklung des Quantenphysikunterrichts **1**: trifft absolut nicht zu **2**: trifft nicht zu **3**: trifft teilweise zu **4**: trifft zu **5**: trifft absolut zu	
	LK	**GK**
Formalisierungsgrad reduzieren	1 2 3 4 5	1 2 3 4 5
Verstärkt Bezüge zu modernen Themen der Quantenphysik herstellen	1 2 3 4 5	1 2 3 4 5
Philosophische und erkenntnistheoretische Aspekte stärker betonen	1 2 3 4 5	1 2 3 4 5
Schüleraktivierende Multimedia-Elemente einsetzen	1 2 3 4 5	1 2 3 4 5
Experimentelle Seite der Quantenphysik betonen (Realexperimente, IBEs, Filme von Realexperimenten, Simulationen von Experimenten)	1 2 3 4 5	1 2 3 4 5
Anwendungen der Quantenphysik z.B. in der Technik vorstellen	1 2 3 4 5	1 2 3 4 5

Abb. 13.3 Beispielfrage aus der zweiten Runde der Delphi-Befragung

ein umfassendes Bild gewinnen konnten. So entschlossen wir uns, statt einer weiteren Delphi-Runde nach Fertigstellung des Servers eine Befragung mit Evaluationscharakter anzuschließen. Damit unterscheidet sich diese Befragung von dem Vorgehen von Häußler et al. (1988) oder Bolte (2003), bei denen weitere Befragungen durchgeführt wurden, um die verdichteten Ergebnisse der Auswertung der zweiten Runde von den Teilnehmenden bewerten zu lassen.

Die Evaluation führten wir als Ergänzung der Delphi-Studie in Form einer schriftlichen Befragung durch. Die Experten wurden sowohl um eine Bewertung des Servers gebeten als auch der Strategie, dem Aufbau des Servers eine Delphi-Studie zugrunde zu legen. Die Delphi-Befragung wurde von den Teilnehmern als sehr sinnvoll für eine solche curriculare Entwicklung bewertet.

13.4 Fazit

Die curriculare Delphi-Studie als Strategie zur Ermittlung von Grundlagen für die Entwicklung eines Medienservers (Struktur und Inhalte) hat sich in unserer Studie als ertragreich erwiesen. Durch die Nutzung der Expertenhinweise konnte die Gestaltung des Servers optimiert werden. So wurden beispielsweise aufgrund von Einschätzungen der Experten Mehrwertdienste in Form von Arbeits- und Aufgabenblättern für die Medien entwickelt und über den Server bereitgestellt. Außerdem wurde die Verbreitung des Servers unterstützt, indem durch die Einbeziehung von Personen des potenziellen Nutzerkreises, insbesondere aus dem Bereich der Lehreraus- und -fortbildung, Multiplikatoren gewonnen wurden. Schon in der Entwicklungsphase fragten Teilnehmer an der Delphi-Studie nach einem Zugang zu unserem Medienserver für ihre Lehrerausbildungsveranstaltungen.

Eine einstufige Expertenbefragung hätte gegenüber der iterativen Vorgehensweise der Delphi-Technik ein weniger zutreffendes Bild über die unterrichtlichen Rahmenbedingungen für die Nutzung des Servers geliefert. Eine Reihe von Aspekten, die sich aus den offenen Antworten der ersten Runde ergeben hatten, wurde durch die Rating-Ergebnisse aus Runde 2 relativiert. So ergab beispielsweise die erste Runde eine Häufung von Aussagen der Art, dass moderne Themen der Quantenphysik (z. B. Quantenkryptographie oder Quantencomputer) inzwischen Einzug in den Unterricht gehalten hätten. Die Bewertung einer entsprechenden Aussage auf der Ratingskala in Runde 2 bestätigte diesen Eindruck jedoch nicht. Auch erweckten die Aussagen der Experten in der ersten Runde den Eindruck, als gebe es im Physikunterricht eine Hinwendung zu einer quantitativen Behandlung der Quantenphysik, was sich in der zweiten Runde ebenfalls nicht bestätigte.

Die im Zuge dieser Arbeit entworfene und mit dem Medienserver QUAMS umgesetzte Vorgehensweise, die Entwicklung und Bereitstellung von Unterrichtsmaterialien durch eine Delphi-Studie zu unterstützen, bietet sich besonders für solche Themengebiete an, für die es noch keine fest etablierten Unterrichtskonzeptionen gibt. So können die Erfahrungen von Experten zusammengetragen und durch die Delphi-Methode auf besonders geeignete Ideen fokussiert und verdichtet werden.

Literatur zur Vertiefung

Ammon U (2009) Delphi-Befragung. In: Kühl S, Strodtholz P, Taffertshofer A (Hrsg) Handbuch Methoden der Organisationsforschung VS Verlag für Sozialwissenschaften, Wiesbaden, S 458–476 (Ammon beschreibt auf eine kompakte und doch umfassende Weise das Vorgehen bei einer Delphi-Studie – von der Datenerhebung über die Datenaufbereitung bis hin zur Datenanalyse und Interpretation – und erläutert dies an einem Beispiel.)

Häder M (2009) Delphi-Befragungen: Ein Arbeitsbuch. VS Verlag für Sozialwissenschaften, Wiesbaden (Dieses Buch gibt sehr detaillierte Informationen zu den verschiedenen Möglichkeiten, die einzelnen Schritte einer Delphi-Studie zu gestalten.)

Häußler P, Frey K, Hoffmann L, Rost J, Spada H (1980) Physikalische Bildung: eine curriculare Delphi-Studie, Teil I: Verfahren und Ergebnisse. IPN, Kiel (Die Studie von Häußler et al ist, obwohl inzwischen lange zurückliegend, eine viel rezipierte Delphi-Studie der Naturwissenschaftsdidaktik. Zur Vertiefung sind insbesondere die methodischen Erläuterungen zur Vorgehensweise geeignet.)

14 Offene Aufgaben codieren

Marcus Hammann und Janina Jördens

Offene Aufgaben werden häufig in Tests eingesetzt, um Wissen und Verständnis zu messen. Lösungswege sind bei offenen Aufgaben nicht vorgegeben. Dies ermöglicht einerseits differenzierte Einblicke in das der Aufgabenlösung zugrundeliegende Verständnis, erschwert allerdings aufgrund der Individualität der Aufgabenbearbeitung die Codierung. Für die Auswertung offener Aufgaben benötigt man Kategorien, die entweder deduktiv gewonnen werden oder aus den Antworten induktiv abgeleitet werden. Die Entwicklung eines Codierleitfadens ist wesentlich für die Umwandlung von offenen Antworten in Daten, die statistisch analysiert werden können. Der Codierleitfaden ermöglicht die Zuordnung vielgestaltiger Antworten zu einer begrenzten Anzahl von Antwortkategorien. Er besteht aus den folgenden Elementen: Definition der Kategorien, Beschreibung von Codierregeln und Beispielen. Bei der Codierung von offenen Aufgaben sind die Gütekriterien qualitativer Forschung zu berücksichtigen. Dabei muss auch die Interrater-Reliabilität sichergestellt werden, indem ermittelt wird, wie einig sich zwei unabhängige Codierer bei der Zuordnung von Antworten zu Kategorien sind. Weitere Gütekriterien sind Reliabilität und Validität. Letztere kann durch **Triangulation** von unabhängigen Indikatoren für dasselbe **Konstrukt** untersucht werden.

14.1 Worin bestehen die Vorteile und Nachteile offener Aufgaben?

Offene Aufgaben besitzen gegenüber Aufgaben mit halboffenen oder geschlossenen Antwortformaten Vor- und Nachteile. Die Vorteile offener Aufgaben liegen auf der Hand. Offene Aufgaben erlauben Einblicke in Denk- und Argumentationsweisen, die sich bei Aufgaben mit geschlossenen Antwortformaten nicht – oder nur eingeschränkt – bieten.

Prof. Dr. Marcus Hammann ✉, Janina Jördens
Zentrum für Didaktik der Biologie, Westfälische Wilhelms-Universität Münster, Schlossplatz 34, 48143 Münster, Deutschland
e-mail: hammann.m@uni-muenster.de, joerdens@uni-muenster.de

D. Krüger, I. Parchmann und H. Schecker (Hrsg.), *Methoden in der naturwissenschaftsdidaktischen Forschung*, DOI 10.1007/978-3-642-37827-0_14,

Insbesondere zeichnen sich Aufgaben mit offenen Antwortformaten dadurch aus, dass ihre Beantwortung ein aktives Hervorbringen und Konstruieren von Bedeutungszusammenhängen erfordert. Darin liegt ein wesentlicher Unterschied zu Aufgaben mit geschlossenen Antwortformaten, in denen die richtige Lösung nicht produziert, sondern lediglich ausgewählt werden muss. Zudem ist es möglich, anhand offener Aufgaben qualitativ unterschiedliche Verständnisstufen differenziert zu beschreiben und diese hinsichtlich inhaltlich begründeter Antwortkategorien zu charakterisieren. Dies ist bei geschlossenen Aufgaben nur eingeschränkt möglich. Allerdings erschwert die Vielgestaltigkeit der Antworten zu offenen Aufgaben ihre Auswertung. So sind offene Aufgaben zeitaufwändiger zu codieren, und sie erfordern Maßnahmen zur Überprüfung und Gewährleistung der Objektivität und Reliabilität der Auswertung. Dennoch sind offene Aufgaben in der empirischen Forschung unverzichtbar und werden häufig eingesetzt, sogar in **Large-Scale**-Studien. Beispielsweise waren im internationalen Naturwissenschaftstest der PISA-Studie 2006 ein Drittel der **Items** Aufgaben mit offenem Antwortformat. Ein weiteres Drittel bestand aus *Multiple-Choice*-Aufgaben und das letzte Drittel aus Aufgaben mit halboffenen Antwortformaten (OECD 2006).

14.2 Wie werden offene Aufgaben codiert?

Ziel der Codierung ist die Transformation der Antworttexte in Daten, die quantitativ oder qualitativ ausgewertet werden können. Die Vorgehensweise lässt sich folgendermaßen beschreiben: Die freien Antworten der Personen zu den Aufgaben werden den Antwortkategorien zugeordnet und damit in Zahlen verschlüsselt. Man unterscheidet bei diesem Vorgehen zwischen *Kategorienbildung* und der eigentlichen *Codierung* (Rost 2004). Die Bildung von Kategorien ist notwendig, um die Antworten – oder auch Antwortteile, auch Codiereinheiten genannt – in Bedeutungs-Gruppen einzuteilen, also zu klassifizieren. Codiereinheiten können beispielsweise Wörter, Sätze oder Sinneinheiten sein (Bortz und Döring 2006). Der eigentliche Schritt der Zuordnung zu den Kategorien wird dann als Codierung bezeichnet. Beide Schritte sind mit einer Reduktion der Daten verbunden, da die Vielzahl unterschiedlicher Antworten wenigen Kategorien zugeordnet wird. Im ersten Schritt gehen mögliche Verbindungen zwischen aufeinanderfolgenden Codiereinheiten verloren. Im zweiten Schritt wird die individuelle Ausformulierung zugunsten einer Standard-Formulierung, wie sie durch die Kategorie vorgegeben ist, aufgegeben. Die Kategorien werden in einem Codierleitfaden ausführlich beschrieben. Zudem werden die vorgenommenen Codierungen in den Originalantworten gekennzeichnet, um das methodische Vorgehen transparent und nachvollziehbar zu gestalten.

Bei der *Kategorienbildung* müssen theoretisch begründbare und empirisch sinnvolle Auswertungskategorien gefunden werden. Eine wesentliche Frage besteht darin, wie viele Kategorien verwendet werden sollen. Es gilt dabei der Grundsatz: Kategorien müssen logisch voneinander unabhängig sein (Rost 2004, S. 79). Das heißt, dass die Zuordnung einer Codiereinheit zu einer Kategorie nicht an die Zuordnung der gleichen Einheit zu einer anderen Kategorie gebunden sein darf. Logische Abhängigkeiten verschiedener Antwortteile würden bei den späteren Auswertungen zu statistischen Abhängigkeiten führen und Ergebnisse möglicherweise verfälschen, insbesondere wenn über Korrelationen zwischen Kategorien berichtet wird. Logisch abhängige Codiereinheiten müssen daher in einer gemeinsamen Antwortkategorie zusammengefasst werden. Logische Abhängigkeiten bestehen beispielsweise, wenn bei einer offenen Aufgabe zu den Vorteilen der Verwendung von Kondomen die folgenden drei Kategorien verwendet werden:

- „Kondome verhindern sexuell übertragbare Krankheiten",
- „Kondome verhindern ungewollte Schwangerschaften" und
- „Kondome verhindern sexuell übertragbare Krankheiten und ungewollte Schwangerschaften".

Die dritte Kategorie beinhaltet die beiden ersten Kategorien, so dass es aufgrund logischer Abhängigkeiten nicht gerechtfertigt wäre, Korrelationen zwischen den drei Variablen zu berechnen. Es ist gleichzeitig oft der Fall, dass eine Codiereinheit mehreren disjunkten Kategorien zugeordnet werden kann. So kann die Aussage: „Kondome verringern das Risiko einer ungeplanten Schwangerschaft, sind aber nie ganz sicher" sowohl der Kategorie „Kondome verhindern ungewollte Schwangerschaften" zugeordnet werden, als auch einer anderen Variablen, mit der die Sicherheit des Verhütungsmittels erfasst wird.

Zudem gilt der Grundsatz, dass bei der Kategorienbildung die Zielsetzungen der Untersuchung beachtet werden müssen. Beispielsweise ist es möglich, offene Antworten lediglich dahingehend zu untersuchen, ob ein bestimmter Aspekt genannt wird oder nicht. Diese relativ einfache Codierung reicht bei bestimmten Fragestellungen aus. Sollen allerdings verschiedene Niveaus des Verständnisses komplexer Zusammenhänge beschrieben werden, ist eine größere Anzahl an Kategorien zu verwenden. Beide Vorgehensweisen werden in dem folgenden Abschnitt genauer dargestellt. Zu beachten ist dabei, dass komplexe Kategoriensysteme nachträglich durch Zusammenfassung von Kategorien wieder vereinfacht werden können, beispielsweise durch Dichotomisierung (d. h. Reduzierung der Gesamtheit der Kategorien auf zwei Gruppen). In dem oben verwendeten Beispiel kann man die Kategorien „Kondome verhindern sexuell übertragbare Krankheiten", „Kondome verhindern ungewollte Schwangerschaften" und „keine Nennung von Vorteilen der Kondomverwendung" dahingehend zusammenfassen, ob Vorteile genannt werden oder nicht. Man bildet dabei eine dichotome Kategorie mit den Ausprägungen „Vorteile werden genannt" und „Vorteile werden nicht genannt". Wenn man von vornherein nur dichotom kategorisiert, im Nachhinein aber feststellt, dass für die Auswertung doch die differenzierten Antworten interessieren, kann nur durch eine Neucodierung eine Aufschlüsselung von Kategorien erfolgen. Das bedeutet, dass z. B. die Kategorie „Vorteile werden genannt" durch Kategorien ersetzt wird, welche die Vorteile inhaltlich aufschlüsseln. Für einen solchen Schritt muss aber sichergestellt sein, dass das Testinstrument diese Differenzierung auch zulässt.

14.3 Wie werden Kategorien gebildet?

Ziel der Kategorienbildung ist die Gewinnung theoretisch fundierter und empirisch sinnvoller Kategorien zur Auswertung offener Aufgaben. Für offene Aufgaben gelten damit ähnliche Maßstäbe wie für die Auswertung von Interviews (Kap. 11). Die Verfahren der qualitativen Inhaltsanalyse (Mayring 2000) sind auch auf die vergleichsweise kurzen Antworten zu offenen Aufgaben anwendbar. Grundsätzlich lassen sich Kategorien sowohl deduktiv als auch induktiv gewinnen. Mit der Unterscheidung zwischen deduktiver und induktiver Kategorienbildung wird der Tatsache Rechnung getragen, dass die Auswertungskategorien „nicht oder zumindest nicht ausschließlich schon vor der Erhebung bestimmt und festgelegt werden" können (Schmidt 1997, S. 547). Vielmehr bestehen in den meisten Fällen einige theoriegeleitete Kategorien von Anfang an, andere werden erst nach der Erhebung aus dem Material heraus entwickelt oder verwendet, um die ursprünglichen Kategorien zu modifizieren.

Bei der deduktiven Kategorienbildung werden Kategorien vor der Auswertung festgelegt, die aus Theorien gewonnen wurden. Beim Messen des Verständnisses naturwissenschaftlicher Phänomene mit offenen Aufgaben können die deduktiven Kategorien insbesondere aus den verschiedenen Aspekten des fachlichen Verständnisses abgeleitet werden. Liegt das Erkenntnisinteresse beim Einsatz offener Aufgaben auf den Schülervorstellungen, so können auch in diesem Fall Auswertungskriterien vorab festgelegt werden, die aus den Theorien und empirischen Befunden zu Schülervorstellungen stammen.

Bei der induktiven Kategorienbildung werden Kategorien aus dem gewonnenen Material heraus gewonnen und definiert. Dies erfolgt u. a. durch systematisches Vergleichen der Antworten und durch die interpretative Ermittlung von Ähnlichkeiten und Unterschieden im Verständnis. Lassen sich die Ähnlichkeiten und Unterschiede nicht auf bereits bestehende theoriegeleitete Kategorien beziehen, müssen diese verändert werden, oder es müssen neue Kategorien aus dem Material induktiv definiert werden.

Die Verfahren der deduktiven und induktiven Kategorienbildung sollen anhand einer offenen Aufgabe dargestellt werden, in der Schüler der 13. Klasse den evolutiven Wandel des Kabeljaus erklären sollten. Dies erfolgte im Rahmen einer Studie, in der die Wirkungen einer Simulation zum Thema „vom Menschen verursachte Evolution" untersucht wurden. Vor und nach der Simulation wurde das Verständnis der Schüler mit offenen Aufgaben gemessen. Die Fragestellung zum Kabeljau lautete:

„Die Durchschnittsgröße der im Nord-Ost-Atlantik gefangenen Kabeljau-Individuen ist in den letzten 60 Jahren von 95 cm auf 65 cm zurückgegangen. Hierfür wird der Fischfang verantwortlich gemacht. Erklären Sie, wie die Körpergröße des Kabeljaus durch den Fischfang abnehmen konnte."

Eine solche Aufgabenstellung ist typisch für ein allgemeines Konstruktionsprinzip offener Aufgaben: Es wird ein Ausgangszustand und ein Endzustand beschrieben und die Schüler sollen den dazwischenliegenden Prozess erläutern.

Der fachliche Hintergrund der Aufgabenstellung soll kurz umrissen werden: Grundsätzlich variieren die Individuen einer Population im Merkmal Körpergröße. Dies ist genetisch bedingt, denn an der Ausprägung der Körpergröße sind eine ganze Reihe verschiedener Gene beteiligt. Von jedem Gen kann es in einer Population eine Reihe verschiedener Varianten (Allele) geben, die sich in ihrem jeweiligen Beitrag zur Ausprägung des Merkmals „Körpergröße" unterscheiden. Übt der Mensch durch die Befischung einen gerichteten Selektionsdruck aus, bewirkt dies, dass die größten Fische und ihre Gen-Varianten (Allele) über einen längeren Zeitraum konsequent aus der Population entfernt werden. Hierdurch verändert sich die Zusammensetzung des Genpools. Die Fische werden kleiner und die Art verändert sich. Man bezeichnet dieses Phänomen als „vom Menschen verursachte Evolution", da der Selektionsdruck anders als bei der natürlichen Selektion vom Menschen und nicht von den Faktoren der belebten und unbelebten Umwelt ausgeübt wird.

Prinzipiell ließe sich der Rückgang der Körpergröße des Kabeljaus auch damit erklären, dass die Fische wegen der ständigen Befischung nicht mehr zu voll ausgewachsenen Fischen heranwachsen können, weshalb ihre Größe insgesamt abnimmt. Allerdings beobachteten die Biologen, dass, nachdem die Befischung der Kabeljau-Bestände gestoppt wurde, die Durchschnittsgröße der Individuen in der Population nur langsam oder gar nicht wieder anstieg. Diese Information wurde den Schülern gegeben, so dass ein indirekter Hinweis bestand, dass eine evolutionäre Erklärung des Phänomens gefordert war. Aufgrund der fachlichen Hintergründe des dargestellten Phänomens erwarteten wir, dass die Schüler die Variation der Körpergröße zwischen den Fischen erwähnen und beschreiben, dass der Mensch durch die Maschengröße der Netze einen Selektionsdruck ausübt. Weil der Mensch die großen Fische aus der Population entfernt, haben kleinere Fische einen höheren Reproduktionserfolg und nehmen dementsprechend anteilsmäßig in der Population zu. Dies führt zu einer Veränderung der Häufigkeit des Auftretens bestimmter Gen-Varianten für die Ausbildung des Merkmals Körpergröße.

Unsere Kategorien zur Codierung der Antworten lassen sich somit folgendermaßen deduktiv benennen:

- Variation, Selektion und differentieller Reproduktionserfolg.

Als wesentliche Bedingung für die Definition der Kategorien wurde bereits die logische Unabhängigkeit der Kategorien betont, die in diesem Fall gegeben ist.

Bei der Analyse der Antworten wurde zunächst lediglich das Vorhandensein oder nicht Vorhandensein der Kategorie in der Antwort unterschieden. Bei der Analyse der Schülerantworten zeigte sich jedoch, dass beim Vorhandensein der Kategorie qualitative Unterschiede in der Komplexität der Antworten auftraten. Während einige Schüler beispielsweise nur beschrieben, dass es in der Population große und kleine Fische gibt, erklärten andere, dass die Körpergröße aufgrund genetischer Unterschiede variiert. Somit wurde das Kategoriensystem induktiv weiter differenziert, indem für jede Kategorie drei Niveaus fachlicher Erklärung bestimmt wurden. Unterschieden wurde für Variation, Selektion und differentiellen Reproduktionserfolg zwischen:

Tab. 14.1 Beispiel für die Unterteilung der Kategorie „Selektion" in drei Erklärungsniveaus. Die beiden anderen Kategorien „Variation" und „Differentieller Reproduktionserfolg", die in der Tab. nicht aufgeführt werden, wurden gleichermaßen gestuft codiert. Insgesamt konnten in der Aufgabe sechs Punkte erzielt werden

Kategorie	Beschreibung des Erklärungsniveaus	
	0	Selektion wird nicht berücksichtigt
Selektion	1	Beschreibung von Selektion und ihrer Konsequenzen auf Ebene des Phänotyps
	2	Beschreibung von Selektion und Erklärung ihrer Konsequenzen auf Ebene des Genotyps

1. fehlender Berücksichtigung der Kategorie,
2. Beschreibung der Kategorie auf Ebene des Phänotyps und
3. Erklärung der Kategorie auf Ebene des Genotyps.

Diese zusätzliche Unterteilung der Kategorien findet ihre Entsprechung in theoretischen Überlegungen zu Verständnisstufen der Evolutionstheorie. Evolutiver Wandel kann nämlich auf rein phänotypischer Ebene beschrieben werden und zusätzlich durch die Berücksichtigung der genetischen Grundlagen evolutiven Wandels erklärt werden. Um die verschiedenen Verständnisstufen angemessen abbilden zu können, wurde ein Codier-Modell verwendet, das drei Erklärungsniveaus berücksichtigte (Tab. 14.1). Derartige Codier-Modelle werden als „*partial-credit*"-Modelle bezeichnet, weil die Antworten nicht als „vollständig unzutreffend/ungelöst" bzw. „vollständig zutreffend/gelöst" (0/1) codiert werden, sondern der zusätzlichen Möglichkeit Rechnung getragen wird, die Aufgabe teilweise richtig lösen zu können (*partial credit* = teilweise gelöst; Kap. 28 und 29).

Während der Analyse der Schülerantworten anhand des ersten Kategoriensystems wurde darüber hinaus deutlich, dass sich die Qualität der Antworten in einem weiteren Aspekt unterschied: Einige Schüler formulierten Vorstellungen, die von den fachlichen Vorstellungen zur Evolution abwichen, wohingegen andere dies nicht taten. Aus diesem Grund wurde ein weiteres Kategoriensystem deduktiv entwickelt, das auf Grundlage empirischer Ergebnisse verschiedene von den fachlichen Vorstellungen abweichende Schülervorstellungen zur Evolution definierte (z. B. Essentialismus, Intentionalismus und Teleologie; vgl. Nehm et al. 2010). Dieses Kategoriensystem wurde unabhängig von der ersten Kategorisierung auf das Material angewendet. Durch Dichotomisierung wurde bei den folgenden Auswertungen zwischen Antworten unterschieden, in denen Schülervorstellungen auftreten, die von den fachlichen Vorstellungen abweichen (A) und Antworten, in denen keine von den fachlichen abweichenden Vorstellungen auftreten (B).

14.4 Wie sieht ein Codierleitfaden aus?

Codierleitfäden ermöglichen die Zuordnung von Antworten oder ihren Teilen zu Auswertungskategorien. Codierleitfäden bestehen nach Mayring (2000) aus vier Komponenten: Bezeichnung der Kategorie, Definition der Kategorie, Beispiele und Codierregeln.

Zunächst werden die Kategorien mit einer griffigen und verständlichen *Bezeichnung* versehen. Diese ist nicht mit dem späteren Variablenlabel zu verwechseln, das bei der Dateneingabe verwendet wird und eine Verkürzung der Kategorienbezeichnung darstellt. Dann wird die Kategorie in einer *Definition* präzise charakterisiert, so dass eine eindeutige Zuordnung der Codiereinheit zu nur einer Kategorie möglich ist. Angeleitet wird der Vorgang der Kategorisierung durch *Codierregeln*. In diesen wird dargestellt, warum eine Antwort – oder ein Antwortteil – einer bestimmten Kategorie zugeordnet wird. Dabei werden auch Abgrenzungsregeln formuliert, also Regeln, die erkennen lassen, worin wichtige Unterschiede zwischen den Kategorien liegen. Schließlich folgen illustrierende *Beispiele*. Meistens sind dies authentische Beispiele aus dem Pool der gewonnenen Antworten, welche die Vielgestaltigkeit der Aufgabenlösungen und den Sprachgebrauch der Probanden widerspiegeln. Man unterscheidet zwei Typen von Beispielen: *Ankerbeispiele* illustrieren die wesentlichen Aspekte der Definition. Sie stellen typische Beispiele dar, die eine Zuordnung von Codiereinheiten zu den Kategorien ermöglichen sollen. Andererseits können aber auch untypische Beispiele als *Abgrenzungsbeispiele* ergänzt werden, die dazu beitragen, dass gerade bei Zweifelsfällen und unklaren Formulierungen im Überschneidungsbereich zweier Kategorien richtig codiert wird (Kap. 11).

Ein beispielhafter Auszug aus der Codieranleitung (Tab. 14.2) für die Kabeljau-Aufgabe soll verdeutlichen, wie Codierregeln, Ankerbeispiele und Abgrenzungsbeispiele eine Zuordnung von Codiereinheiten zu den verschiedenen Kategorien ermöglichen. Darüber hinaus kann es im Rahmen der Codierregeln sinnvoll sein, Schlüsselwörter zu benennen, die es den Codierern erleichtern, eindeutige Zuordnungen vorzunehmen.

14.5 Wie wird ein Codierleitfaden optimiert?

Codierleitfäden werden zunächst von ihren Entwicklern selbst auf Praxistauglichkeit erprobt. Hierzu dient eine bestimmte Anzahl offener Antworten, die den Kategorien zugeordnet werden, um zu überprüfen, ob diese eindeutig definiert wurden, und ob sie sich vor dem Hintergrund der Auswertungsziele als geeignet erweisen. Anschließend wird der Codierleitfaden gegebenenfalls modifiziert. Die Erfahrungen haben gezeigt, dass die hiermit verbundene Ausschärfung von Kategorien und die Auswahl treffender Anker- und Abgrenzungsbeispiele zeitaufwändige Prozesse sind, die sich aber direkt auf die Qualität des Codierleitfadens auswirken.

Zwei weitere Aktivitäten sollten genutzt werden, um den Codierleitfaden zu optimieren. Einerseits ist es empfehlenswert, die Intrarater-Reliabilität der Codierung zu überprüfen. Dabei ordnet ein Codierer dieselben offenen Antworten zu verschiedenen Zeitpunkten den

Tab. 14.2 Auszug aus der Codieranleitung zur Aufgabe „Warum wird der Kabeljau immer kleiner?"

Kategorie: Selektion			
Code	Definition	Codierregel	Beispiele
0	Selektion wird nicht berücksichtigt	Antworten dieses Typs enthalten keine Benennung oder Beschreibung der Selektion auf das Merkmal Körpergröße durch den Fischfang. Fehlen die Schlüsselwörter „Netz", „Fischfang", „Auswahl", „Selektion", wird die Antwort mit 0 codiert, auch wenn Gene erwähnt werden. Ein reiner Hinweis auf das Aussterben von Fischen einer bestimmten Größe ist unzureichend, da Selektion nicht erwähnt wird.	„Womöglich war das Gen, welches große Fische bestimmt, soweit ausgestorben, dass die Gene für kleine zu vorherrschend wurden." (Abgrenzungsbeispiel)
1	Beschreibung von Selektion und ihrer Konsequenzen auf Ebene des Phänotyps	Antworten dieses Typs enthalten Beschreibungen, dass der eine Phänotyp durch den Selektionsfaktor Fischfang beeinflusst wird, während ein anderer unberührt bleibt. Gültig sind auch Beschreibungen, die sich auf die Beeinflussung durch Selektion nur eines Phänotyps beziehen. Auf die genetischen Grundlagen wird bei diesem Antworttyp nicht eingegangen.	„Da kleinere Fische nicht so leicht gefangen werden können wie große Fische. Kleine Fische können besser durch die Netze entwischen." (Ankerbeispiel)
2	Beschreibung von Selektion und Erklärung ihrer Konsequenzen auf Ebene des Genotyps	Antworten dieses Typs gehen über die Beschreibung des Einflusses der Selektion auf Häufigkeiten von Phänotypen hinaus. Die Veränderung der Häufigkeiten von Genen oder Allelen wird zusätzlich erwähnt.	„Da beim Fischfang nur die größten Individuen herausgefischt wurden, verschwanden die Allele [Gen-Varianten] für die größere Größe mehr und mehr. Daher wurden vermehrt Gene für die kleinere Körpergröße vererbt und ausgeprägt." (Ankerbeispiel)

gleichen Kategorien zu. Ergeben sich Abweichungen, ist dies ein Hinweis darauf, dass die Codieranleitung nicht eindeutig ist und überarbeitet werden muss. Weiterhin können zwei (oder mehr) unabhängige Codierer dieselben offenen Antworten codieren. Hierdurch wird die Interrater-Reliabilität geprüft. Die Intrarater-Reliabilität und die Interrater-Reliabilität werden auf dieselbe Art und Weise berechnet (Abschn. 14.5).

Ergeben sich bei der Prüfung der Interrater-Reliabilität Probleme durch ein zu geringes Maß der Übereinstimmung unabhängiger Codierer, so lässt dies Rückschlüsse auf die Qualität des Codierleitfadens zu, der dann modifiziert werden sollte. Zu niedrige Übereinstimmungsmaße können aber ebenso das Ergebnis eines mangelnden Trainings der Codierer in der Anwendung des Leitfadens sein. Dann sollte man die Codierer nachschulen und die Interrater-Reliabilität an anderen Datensätzen überprüfen. Für das Training kann man die Rater z. B. an einen Tisch bringen, um über unterschiedliche Codierungen zu diskutieren. Dabei wird die Interpretation des Leitfadens gemäß den Intentionen seiner Entwickler geklärt.

14.6 Wie wird die Interrater-Reliabilität geprüft?

Der Interrater-Reliabilitätskoeffizient bezeichnet das Maß, mit dem mehrere Personen, die unabhängige Codierungen vornehmen, offene Antworten denselben Antwortkategorien zuordnen. Die Interrater-Reliabilität wird auch als „Signierobjektivität" bezeichnet (Rost 2004). Ist die Interrater-Reliabilität gegeben, wird ein Beitrag zu dem Gütekriterium der Objektivität geleistet. Nach Bortz und Döring (2006, S. 326) meint Objektivität den „interpersonalen Konsens, d. h., unterschiedliche Forscher müssen bei der Untersuchung desselben Sachverhalts mit denselben Methoden zu vergleichbaren Resultaten kommen können".

Ein viel verwendetes – aber auch manchmal kritisiertes – statistisches Maß der Interrater-Reliabilität ist der Cohens Kappa (benannt nach Jakob Cohen 1960). Er unterscheidet sich von der prozentualen Beobachterübereinstimmung und wird nach einer Formel berechnet, welche den gemessenen Wert der Übereinstimmung der beiden Codierer und die zufällig erwartete Übereinstimmung berücksichtigt (→ Zusatzmaterial online). Ein Cohens Kappa von 1 bedeutet, dass die beiden Codierer in allen Fällen übereinstimmen. Liegt der Cohens Kappa über 0,75, besteht nach Greve und Wentura (1997) eine gute bis ausgezeichnete Interrater-Reliabilität. Andere Autoren sprechen bei Werten zwischen 0,6 und 0,75 von einer guten Übereinstimmung (Bortz und Döring 2006, S. 277). Wird mit Codierungen gearbeitet, die unter diesem Wert liegen, werden die Beurteilungsunterschiede, die zu dem geringen Cohens Kappa führten, in die folgenden Schritte der Datenauswertung hineingetragen und führen dazu, dass alle weiteren Berechnungen fehlerbehaftet sind.

14.7 Wie können weitere Gütekriterien geprüft werden?

Reliabilität ist die Zuverlässigkeit einer Messung; die *Validität* eines Tests beschreibt das Ausmaß, zu dem der Test das intendierte Konstrukt erfasst (Kap. 9).

Durch die Entwicklung zweier unabhängiger Kategoriensysteme für die offenen Antworten zur Evolution des Kabeljaus wurde versucht, eine interne Validierung der Daten durchzuführen. Im ersten Kategoriensystem wurde der fachliche Gehalt der Antworten untersucht, um Rückschlüsse auf das Verständnis evolutiver Prozesse ziehen zu können (Aspekt erkannt, phänotypische und/oder genotypische Perspektive eingenommen). Hierbei handelt es sich um eine ordinalskalierte Variable. Durch die zusätzliche Analyse der Schülerantworten hinsichtlich des Auftretens von Schülervorstellungen (Essentialismus, Intentionalität, Teleologie), die von den fachlichen Vorstellungen abweichen, konnte ein weiterer Indikator gefunden werden, der einen Hinweis auf das Verständnis evolutiver

Prozesse liefert. Hierbei handelt es sich um eine nominalskalierte Variable. Zusammenhänge zwischen den beiden Variablen wurden anhand von Kreuztabellen untersucht, um Aussagen über die Validität der Codierungen zu treffen. Diese Vorgehensweise lässt sich begründen, da das Auftreten von Schülervorstellungen als Indikator für geringes fachliches Wissen betrachtet werden kann.

Die Validität wird als Korrelationskoeffizient der beiden Kategoriensysteme angegeben. In diesem Fall wurde der nicht-parametrische Korrelationskoeffizient nach Spearman berechnet, da es sich um eine ordinalskalierte und eine nominalskalierte Variable handelt. Der Korrelationskoeffizient betrug $r_s = 0{,}60$. Dies ist als ein Zusammenhang mittlerer Stärke zu beurteilen. Über die Höhe der geforderten Validität bestehen unterschiedliche Angaben. Während Bühner (2011) bei einer *konvergenten Validierung* (Kap. 9) einen Korrelationskoeffizienten von $r > 0{,}50$ angibt, gilt nach Jürgen Rost (persönliche Mitteilung), dass ein valider Test einen Korrelationskoeffizient von $r > 0{,}70$ aufweisen sollte. Grundsätzlich kann ein Test mit einer geringen Messgenauigkeit (Reliabilität) nicht valide sein (Rost 2004, S. 33). Über die Reliabilität der eingesetzten Einzelaufgabe lassen sich keine Angaben machen. Allerdings könnte es aber auch an den Voraussetzungen für die interne Validierung mangeln, da es offensichtlich Lerner gibt, die entweder abweichende Schülervorstellungen äußern und gleichzeitig das Phänomen fachlich angemessen erklären oder keine abweichenden Schülervorstellungen äußern und das Phänomen wenig differenziert erklären. Die Frage, ob eine externe Validierung der Aufgabe Erfolg versprechender ist als die gewählte interne Validierung, konnte in der vorliegenden Studie nicht überprüft werden.

Literatur zur Vertiefung

Bortz J, Döring N (2006) Forschungsmethoden und Evaluation für Human- und Sozialwissenschaftler, 4. Aufl. Springer, Berlin Heidelberg New York Tokyo (Das Werk beschreibt differenziert die drei Testgütekriterien Objektivität, Reliabilität und Validität.)

Bühner M (2011) Einführung in die Test- und Fragebogenkonstruktion, 3. Aufl. Pearson Studium, München (Bühner erläutert die Vor- und Nachteile der offenen Aufgabenformate „Ergänzungsaufgabe“ und „Kurzaufsatz“.)

Rost J (2004) Testtheorie Testkonstruktion. Huber, Bern Göttingen Toronto Seattle (Rost gibt detaillierte Einblicke in die Vorgehensweisen bei der Codierung offener Aufgaben und illustriert die Berechnung des Cohens Kappa mit einem Beispiel.)

Lautes Denken – die Analyse von Denk-, Lern- und Problemlöseprozessen

15

Angela Sandmann

Lautes Denken ist eine Forschungsmethode aus der Kognitionspsychologie, die wie kaum eine andere den Zugang zu den kognitiven Prozessen ermöglicht, die während einer Handlung ablaufen. Sie wird vornehmlich zur Analyse von Denk-, Lern- und Problemlöseprozessen angewandt, ist aber auch für die Analyse von Unterricht und für die Kompetenzmodellierung hilfreich. Beim lauten Denken verbalisiert die Versuchsperson möglichst alle Gedanken, die in der Regel zeitgleich während einer Handlung entstehen. Beim retrospektiven lauten Denken werden die Gedanken direkt nach der Handlung beschrieben, z. T. mit Hilfe von Film- oder Tonaufnahmen als ***Stimulated Recall***. Bei der Datenerhebung entstehen Video- bzw. Audiodateien, die transkribiert werden. Die Protokolle des lauten Denkens (so genannte verbale Daten) werden im Hinblick auf theoretische **Konstrukte** kategoriengeleitet analysiert und können mit statistischen Verfahren **evidenz**basiert und unter Berücksichtigung weiterer Datenquellen ausgewertet werden.

15.1 Lautes Denken – Verbale Daten

Wenn Menschen über etwas intensiv nachdenken, kommt es häufiger vor, dass sie ihre Gedanken laut aussprechen. Sie verfolgen damit keine Kommunikationsabsicht, sondern äußern mehr oder weniger laut und mehr oder weniger vollständig, was sie gerade gedanklich beschäftigt. Sie denken spontan laut. Typische Situationen sind z. B., wenn etwas im Kopf ausgerechnet oder geschätzt werden soll. Auch beim intensiven, konzentrierten Durcharbeiten von Lehrtexten und anderen Lernmaterialien oder beim Lösen anspruchsvoller Aufgaben findet spontanes lautes Denken statt. Die in solchen Situationen geäußerten Gedanken sind nicht zwingend logisch oder gut strukturiert, vielmehr spiegeln sie, mehr oder

Prof. Dr. Angela Sandmann ✉
Fakultät für Biologie, Didaktik der Biologie, Universität Duisburg-Essen, 45117 Essen, Deutschland
e-mail: sandmann.office@uni-due.de

D. Krüger, I. Parchmann und H. Schecker (Hrsg.), *Methoden in der naturwissenschaftsdidaktischen Forschung*, DOI 10.1007/978-3-642-37827-0_15,

Im Lernmaterial wird die folgende Aufgabe präsentiert: „*35 Träger eines autosomal dominant vererbten Merkmales haben insgesamt 40 Kinder. 15 Kinder sind wieder Träger des Merkmales. Berechnen Sie die Penetranz des diesem Merkmal zugrunde liegenden Gens.*" Nach der Aufforderung zum lauten Denken äußert die Schülerin ihre Gedanken zur Lösung des Problems (Anm.: Der Lösungstext des Lernmaterials wird an dieser Stelle nicht wiedergegeben, da er hier zunächst nicht zum Lernen bzw. Problemlösen von der Schülerin genutzt wurde):

"*Wenn 35 Träger dieses Merkmals sind, wenn das dominant ist, müssen sie ja nicht doppelt dominant sein, können sie auch heterozygot sein. Mhmm, ja. Wenn nur 15 von den 40 Kindern wieder Träger sind, so eine blöde Aufgabe. Nee, wenn ich nicht weiß, ob die homozygot oder heterozygot sind, dann kann ich doch auch nicht ausrechnen, welcher Erwartungswert das ist bei den Kindern, wie die wieder krank sind. Mhmm. Wenn, wenn ich jetzt annehme, dass die homozygot sind, dann müssten ja alle 40 Kinder auch krank sein, also dieses Merkmal tragen. Wenn es dann nur 15 tun, sind, mhmm, ja wie viel Prozent sind denn das von 40? 15 durch 0,4 teilen, dann sind das 37,5 %. Ja wenn, wenn also diese Träger homozygot sind alle, dann müssten theoretisch 100 % der Kinder auch dies Merkmal tragen. Wenn das dann nur 15 tun, dann sind das nur 37,5 % von diesen Kindern, das heißt, es wäre dann die Penetranz auch 37,5 %, wenn das homozygot ist. ...*"

Abb. 15.1 Beispiel für einen ungekürzten Ausschnitt eines Protokolls lauten Denkens, erhoben beim Lösen eines Problems aus der Genetik. Die *Unterstreichungen* entsprechen der Codierung kognitiver Operationen nach Kroß und Lind (2001):
Schlussfolgern/Wenn-Dann-Beziehungen, Abruf von Vorwissen aus dem Gedächtnis, weiterführende Inferenzen, wie Ideen, Zweifel, Fragen, methodische Bemerkungen, inhaltliche Bewertung von Information, Rechenoperationen, Metakognition

weniger vollständige Ausschnitte von Denkhandlungen wider. Vielfach sind diese Gedankenausschnitte aber gut nachvollziehbar, so dass detaillierte Erkenntnisse über die während einer Handlung stattfindenden Denkprozesse gewonnen werden können.

Für die Analyse von Denk-, Lern- und Problemlöseprozessen in der pädagogisch-psychologischen und fachdidaktischen Lehr-Lernforschung werden die Personen meist zum lauten Denken durch einfache Instruktion explizit aufgefordert (Abschn. 15.4): „Denke bitte laut! Sprich alles laut aus, was Dir durch den Kopf geht." Der Ausschnitt verbaler Daten (Abb. 15.1) entstand durch lautes Denken beim Lernen aus Beispielaufgaben zur Genetik (vgl. Kroß und Lind 2001, Lind und Sandmann 2003). Die dargestellten Gedankenäußerungen, die zeitgleich während der Lösung eines fachlichen Problems erhoben wurden, vermitteln einen Einblick in den Informationsgehalt verbaler Daten.

15.2 Lautes Denken als Forschungsmethode

Lautes Denken hat als Forschungsmethode zur Analyse von Denken, Lernen und Problemlösen eine lange Tradition (vgl. Weidle und Wagner 1994). Bereits Bühler (1907) und Duncker (1935) forderten zur Analyse kognitiver Prozesse in Problemlöseexperimenten die Versuchspersonen (Professoren, Schüler bzw. Studierende) auf, alles zu Protokoll zu geben, was ihnen beim Problemlösen einfällt. Aufgrund lautstarker Kritik der Behavioristen an der Objektivität verbaler Daten geriet das laute Denken dann jedoch für viele Jahre in den Hintergrund pädagogisch-psychologischer Forschung, um dann mit der kognitiven Wende in den 1970er-Jahren in der Problemlöseforschung wieder aufzuleben. Der große Vorteil der Erhebung verbaler Daten durch lautes Denken für die Denk- und Problemlöseforschung liegt darin, dass handlungsnah „prozedurale und dynamische Aspekte kognitiver Prozesse sichtbar werden" (Funke und Spering 2006, S. 26).

Per Definition ist *lautes Denken* das laute Aussprechen von Gedanken simultan zur Bearbeitung einer Aufgabe (vgl. Ericsson und Simon 1993; Huber und Mandl 1994; Knoblich und Ollinger 2006). Die Methode ermöglicht wie kaum eine andere Methode die Erhebung handlungsnaher Daten bei Denk-, Lern- und Problemlöseprozessen, d. h. das Generieren von Daten über kognitive Prozesse, die zeitgleich zur Handlung oder auch unmittelbar danach (retrospektives lautes Denken oder auch *stimulated recall*) verbalisierbar sind. Beim lauten Denken zeitgleich zur Handlung werden vornehmlich Inhalte des Kurzzeitgedächtnisses verbalisiert, wogegen das retrospektive laute Denken unmittelbar nach der Handlung Interpretationen und Erklärungen von Gedankenschritten und Verläufen beinhaltet (vgl. Konrad 2010). In beiden Varianten werden durch lautes Denken *verbale Daten* oder auch so genannte *Protokolle lauten Denkens* (vgl. Ericsson und Simon 1993) in Form von Video- oder Audiodaten erhoben. Diese werden für die Analyse in aller Regel verschriftlicht (transkribiert), häufig zielorientiert reduziert und dann kategoriengeleitet analysiert. Da beim lauten Denken auch emotional-motivationale Prozesse zur Sprache kommen, können auch solche Variablen in die Datenanalysen einbezogen werden.

Ericsson und Simon (1993) gaben dem lauten Denken, basierend auf dem allgemeinen Modell der Informationsverarbeitung, seine theoretische Fundierung: „*The basic assumption of our model is that the information in focal attention is vocalized directly (in the case of an oral encoding) or vocalized after an initial encoding into oral verbal code. The obvious implication of this for analyzing recorded verbalizations is that the originally heeded information should be recovered by decoding the 'encoded' verbalizations (i. e. those not originally in oral forms).*" (Ericsson und Simon 1994, S. 257).

Aus dem Verbalisierungsmodell leiten sie vier grundlegende Schlussfolgerungen für die Analyse verbaler Daten ab (Ericsson und Simon 1994):

1. Als erstes ist die Analyseeinheit bzw. -größe zu identifizieren, die den verbalisierten kognitiven Prozessen bzw. mentalen Repräsentationen entspricht (z. B. Begriffe, Sinneinheiten, Sätze, vollständige Gedankengänge).

2. Jede dieser Analyseeinheiten ist im Zusammenhang zu betrachten mit den direkt zuvor und danach verbalisierten Einheiten.
3. Jede Verbalisierung ist in Bezug auf das zu codieren, was sie zum Ausdruck bringt bzw. wofür sie theoriekonform steht (z. B. eine Prozessbeschreibung, einen Wissensabruf, eine Metakognition).
4. Verbalisierungen können unterschiedlich motiviert und verschiedenster Art sein (Abschn. 15.3). Für die Analyse heißt das, dass die Codierung stets in Relation zu den zugrunde liegenden Mechanismen und theoretischen Annahmen erfolgt, d. h. die Codierung der Verbalisierungen immer ein in-Beziehung-setzen der Verbaldaten mit den Theorien und Annahmen der Forschenden ist.

15.3 Forschungsfragen und typische Designs

Lautes Denken wird in der pädagogisch-psychologischen und naturwissenschaftsdidaktischen Lehr-Lernforschung vor allem im Bereich der Problemlöse- und Lernstrategieforschung bzw. in der Forschung zum selbstregulierten Lernen genutzt. Es findet seine Anwendung aber auch in der Unterrichtsforschung, in der Kompetenzmodellierung sowie auf dem Gebiet der Spracherwerbs- und Leseforschung, hier beispielsweise in der Deutsch- und Fremdsprachendidaktik (z. B. Stark 2010; Heine 2005).

In der *Problemlöse- und Lernstrategieforschung* wird lautes Denken meist zeitgleich zur Lernhandlung für die Analyse, Erklärung und Modellierung von Problemlöseroutinen bzw. Lernstrategien eingesetzt (z. B. Funke und Spering 2006; Artelt 1998, 1999; Lind und Sandmann 2003; Lind et al. 2004). In den Lernsitzungen werden typischerweise eher gut strukturierte Lernmaterialien wie einfache und komplexere Problemlöseaufgaben, Beispielaufgaben oder Lehrtexte zum Lernen genutzt. Zur Kontrastierung verschiedenartigen Strategiegebrauchs sind Extremgruppendesigns (erfolgreiche vs. weniger erfolgreiche Problemlöser, erfolgreiche vs. weniger erfolgreiche Lernende, Personen mit umfangreichem oder weniger domänenspezifischem Vorwissen) häufig, in denen dann Variablen wie der Problemlöse- bzw. Lernerfolg, Quantität und Qualität der Strategienutzung oder auch der Strategietransfer sowie metakognitive Strategien in Relation gesetzt werden zu traditionellen Begleitvariablen wie Motivation, Interesse, Selbstkonzept, Intelligenz, etc.

Im Bereich der *Kompetenzmodellierung* und Testentwicklung ist lautes Denken ein probates Mittel zur Prüfung der Aufgabengüte und Item-Validierung (Kap. 9). Für die Item-Prüfung während der **Pilotierungen** ist es sehr hilfreich, Informationen darüber zu erhalten, wie **Items** von Testpersonen wahrgenommen werden. So können beispielsweise missverständliche Formulierungen und unerwünschte Verstehensprobleme im Item-Text und bei Abbildungen genauso identifiziert werden wie Unklarheiten in der Instruktion. Protokolle lauten Denkens liefern diesbezüglich sehr konkrete, inhaltliche Hinweise für die Item-Optimierung. In den meisten Fällen wird dazu das laute Denken zeitgleich zur Aufgabenlösung genutzt. In den Fällen, wo spontanes lautes Denken eher ungewöhnlich ist bzw. sehr komplexe Aufgaben zu bearbeiten sind, ist retrospektives lautes Denken ein sinnvolles Verfahren (vgl. Kulgemeyer und Schecker 2012; Johnstone et al. 2006).

Die *Unterrichtsanalyse* ist ein typisches Anwendungsfeld für retrospektives lautes Denken, hier anhand von Videografien von Unterricht, da die zeitgleiche Ausführung der Unterrichtshandlungen und des lauten Denkens praktisch ausgeschlossen ist (z. B. Wagner et al. 1977). Die retrospektiv erhobenen Verbalisierungen beziehen sich dann auf die Interpretation und Beschreibung der Handlung durch die handelnde Person selbst. Sie können u. a. Informationen darüber liefern, was die betrachtete Handlung motiviert hat bzw. welche Einflussgrößen für die Art der Handlungsausführung von Bedeutung waren.

Das Beispiel in Abb. 15.1 entstammt einer Studie der fachdidaktischen Lehr-Lernforschung, speziell der Problemlöse- und Lernstrategieforschung. Die fachübergreifende Studie hatte das Ziel, den Einfluss des Vorwissens auf die Quantität und die Qualität von Selbsterklärungen (Chi und Bassok 1989), erhoben durch lautes Denken bei der Auseinandersetzung mit biologischen und physikalischen Beispielaufgaben, so genannte *worked-out examples*, zu untersuchen (Kroß und Lind 2001; Lind und Sandmann 2003). In einem weiteren Projekt wurden die Daten zur Analyse fachspezifischer Problemlöseprozesse genutzt (Lind et al. 2004). Das Forschungsdesign der Studie war ein Extremgruppenvergleich. Es wurden die Lern- und Problemlöseprozesse von Schülern untersucht, die als Experten in Biologie bzw. Physik auf dem Niveau der Oberstufe anzusehen waren. Die so genannten Biologieexperten verfügten über umfangreiches biologisches Fachwissen (Abb. 15.1) und wenig Physikwissen, die Physikexperten hatten profundes Wissen in Physik, aber kaum Biologiewissen. Alle Versuchspersonen lernten einmal mit biologischen und einmal mit physikalischen Beispielaufgaben, so dass sie in einer Lernsitzung als Fachexperte und in der anderen Lernsitzung als Novize lernten. Es gab keine Versuchspersonen, die in beiden Fächern Experte bzw. Novize waren. Durch diese Versuchsanlage wurde das Fachwissen variiert (**unabhängige Variable**) und die Lernerfahrung konstant gehalten, da alle Versuchspersonen in dem einen oder anderem Fach über umfangreiche Lernexpertise verfügten.

15.4 Erhebung verbaler Daten: Denke bitte laut!

Protokolle lauten Denkens werden in der Regel in Laborexperimenten (Kap. 7) zu individuellem Lernen bzw. Problemlösen erhoben. Unter Berücksichtigung der Gruppendynamik und der stattfindenden Kommunikationsprozesse kann lautes Denken jedoch auch für die Analyse von Denkprozessen in Partner- und Kleingruppensitzungen eingesetzt werden. Prototypisch wird im Folgenden auf das laute Denken beim individuellen Lernen eingegangen.

Wie in jedem pädagogisch-psychologischen Experiment sind auch beim lauten Denken die *Versuchspersonen* in Abhängigkeit vom Forschungsziel und den Forschungsfragen auszuwählen. Die Erfahrung zeigt, dass bereits Lernende der Klassen 7 bis 9 problemlos laut denken (vgl. z. B. Mackensen-Friedrichs 2004). Neben grundlegenden organisatorischen

DENKE BITTE LAUT!

Erzähle bitte alles, was du denkst, wenn du das Lernmaterial zum ersten Mal siehst. Erzähle so lange, bis alle im Text aufgeworfenen Fragestellungen für dich vollständig geklärt sind.

LIES zu diesem Zweck LAUT.

Du solltest im Idealfall ohne Unterbrechung, also möglichst PAUSENLOS deine Gedanken zu den gerade bearbeiteten Textstellen SPRECHEN.

Du solltest deine Äußerungen vor dem Sprechen jedoch nicht besonders ordnen oder deine Gedanken besonders verständlich wiedergeben und auch nicht dem Versuchsleiter das Problem oder deine Gedanken erklären.

Stelle Dir vor, Du wärst GANZ ALLEIN IM RAUM und sprichst nur zu dir selbst. Wichtig ist, dass du möglichst IMMER REDEST.

Abb. 15.2 Instruktion zum Lauten Denken (verändert nach Mackensen-Friedrichs 2004)

Rahmenbedingungen (angemessene Lernsituation, Ruhe, etc.) sind die *Lernmaterialien*, mit denen sich die Versuchspersonen auseinandersetzen, entscheidend für den Informationsgehalt der Protokolle lauten Denkens. Optimal gestaltete Lernmaterialien regen kontinuierlich den Denkprozess der Lernenden an (ggf. auch durch integrierte Lernimpulse), sodass pauschale und meist unsystematisch eingesetzte Aufforderungen zum lauten Denken unnötig sind. Die Lernmaterialien sollen altersangemessen, gut strukturiert sowie möglichst interessant und anregend gestaltet sein. Zu beachten ist, dass im Thema unerfahrene Versuchspersonen (meist jüngere, mit relativ wenig Vorwissen) häufig mehr inhaltliche Anregung (ggf. auch zusätzliche Lernimpulse; vgl. Mackensen-Friedrichs 2009) benötigen als erfahrene Versuchspersonen (meist Ältere mit umfangreicherem Vorwissen, Abb. 15.1). Altersangemessen heißt in diesem Zusammenhang insbesondere vorwissensangemessen, da Äußerungen beim lauten Denken vielfach ihren Ursprung in der Verknüpfung von Information aus dem Lernmaterial mit dem Vorwissen haben. Typische Lernmaterialien für lautes Denken sind Lerntexte, **Beispielaufgaben** und (Problem-)Aufgaben.

Empfehlenswert ist es, dem Lernmaterial eine Instruktion zum lauten Denken voranzustellen und ggf. auch ein bis max. drei Übungsaufgaben. Ein Beispiel für eine kurze Instruktion für lautes Denken beim Lernen mit Beispielaufgaben zeigt Abb. 15.2 (verändert nach Mackensen-Friedrichs 2004).

Als Vorübung zum lauten Denken bieten sich kurze Aufgabenstellungen mit Alltagsbezug an, deren Lösungen kein fachliches Vorwissen benötigen, z. B. kurze Kopfrechenaufgaben oder Aufgaben, bei denen etwas geschätzt werden soll (Abb. 15.3).

Die typische *Lernsitzung* für die individuelle Auseinandersetzung mit einem Lernmaterial und mit lautem Denken verläuft wie folgt:

1. Einführung in die Lernsitzung
2. Erklärung des Ziels der Lernsitzung und der Lernaufgabe
3. Instruktion zum lauten Denken
4. Übungsaufgaben zum lauten Denken
5. Bearbeitung des Lernmaterials
6. Technische Datensicherung

Materialien zur Erhebung weiterer Variablen (Fragebögen, Leistungstests, etc.) können vor der Instruktion zum lauten Denken bzw. nach Bearbeitung des Lernmaterials eingefügt werden. Zu beachten ist, dass in Abhängigkeit vom Alter der Versuchspersonen eine Lernsitzung die Dauer von 60 bis 90 Minuten möglichst nicht überschreiten soll, da dann Ermüdungseffekte eintreten.

Während der Bearbeitung des Lernmaterials (bzw. kurz danach beim retrospektiven lauten Denken) werden die verbalen Daten als Audio- oder Videodatei aufgenommen. Prinzipiell ist eine Aufzeichnung der Äußerungen per Audiodatei für die Transkription und Datenauswertung ausreichend. Eine (ggf. zusätzliche) Aufzeichnung als Video erhöht zwar den technischen Aufwand, ist jedoch zur Datensicherung sinnvoll und nahezu unerlässlich, wenn Partner- oder Kleingruppenprozesse aufgezeichnet werden sollen. Häufig ist es nicht ganz einfach, ausschließlich mit einem Audiomitschnitt die Äußerungen den entsprechenden Versuchspersonen zuzuordnen. Ein Videomitschnitt ist auch dann notwendig, wenn auch die schriftlichen Elaborationen im Lernmaterial, Lernhandlungen wie das Unterstreichen, das Vor- und Zurückblättern im Lernmaterial oder nonverbale Aktionen analysiert werden sollen.

Beispiele für Vorübungen zum lauten Denken:

1) Multipliziere bitte 12 mal 13 im Kopf und erzähle alles, was dir dabei durch den Kopf geht.

2) Versuche zu schätzen, wie viele Fenster (Türen) in deiner Wohnung sind und erzähl alles, was dir dabei durch den Kopf geht.

3) Versuche zu schätzen, wie viele Stühle in deinem Biologieraum stehen und erzähl alles, was dir dabei durch den Kopf geht.

4) Erzähle bitte, was Du bei der Bearbeitung der Aufgabe gedacht hast (retrospektives Lautes Denken).

Abb. 15.3 Beispiele für Vorübungen zum lauten Denken (verändert nach Mackensen-Friedrichs 2004)

15.5 Datenaufbereitung

Protokolle lauten Denkens werden vor der Analyse in der Regel transkribiert, d. h. verschriftlicht. Das Anfertigen von detaillierten, schriftlichen Protokollen des lauten Denkens ist meist ein sehr zeitaufwändiger Prozess. Durchschnittlich werden für die *Transkription* einer Aufnahmestunde drei bis fünf Stunden Transkriptionszeit benötigt (professionelle Dienstleister nicht berücksichtigt). Dieser Aufwand lohnt sich, wenn Lern- und Problemlösehandlungen im Detail analysiert und beschrieben werden sollen (Abb. 15.1). Die Daten liefern reichhaltige Informationen, wie sie kaum eine andere Erhebungsmethode ermöglicht, mit einer großen Vielfalt an Auswertungsmöglichkeiten.

Vor Beginn der Transkription ist es unerlässlich, sich in Abhängigkeit von den Forschungsfragen bzw. Analysezielen Gedanken über einige Transkriptionsregeln zu machen. In der Forschung werden zum Teil sehr aufwändige Transkriptionssysteme verwandt (z. B. für nonverbale Gestik und Mimik), aber auch schlichtere, wenn es um verbale Äußerungen geht (vgl. ausführlicher zu Transkriptionsregeln und auch Transkriptionssoftware Heine und Schramm 2007). In letzterem Fall wird alles transkribiert, was gesprochene Sprache ist, das heißt, zunächst einmal unabhängig vom fachlichen Bezug. Dazu gehören u. a. auch Pausen und Äußerungen wie beispielsweise „hm" und „Äh" oder „Mhmm", die u. a. Anzeichen für motivationale Prozesse während des Lernprozesses sein können (Kap. 11).

Der Ausschnitt aus einem Protokoll lauten Denkens in Abb. 15.1 folgt vergleichsweise einfachen Transkriptionsregeln. Für diese Studie wurden ausschließlich die verbalen Äußerungen transkribiert, dies jedoch sehr detailliert und vollständig. Bei der Transkription wurde lediglich zwischen Lernmaterial und Äußerung des Lernenden unterschieden, sowie gängige, hilfreiche Abkürzungen genutzt. Über die verbalen Statements hinaus wurden in der Studie auch die schriftlichen Elaborationen der Lernenden aus dem Lernmaterial transkribiert und diese wie Verbaläußerungen gleichwertig betrachtet.

15.6 Datenauswertung

Für die Codierung und Auswertung der Transkripte lauten Denkens steht Software zur Verfügung (Kap. 11), die es lohnt anzuwenden, wenn entsprechend große Datenmengen vorliegen, die mit statistischen Verfahren ausgewertet werden sollen (z. B. Wortschatz- bzw. Inhaltsanalysen).

Bevor die Codierung beginnen kann, ist auf Grundlage der Forschungsfragen die Analyseeinheit zu definieren; ebenso müssen die Codierkategorien abgeleitet, beschrieben und festgelegt werden (Abschn. 15.2). In dem vorgestellten Beispiel ist die kleinste Analyseeinheit jede in sich abgeschlossene, für sich stehende gedankliche Inferenz, z. B. „*... wenn ein Elternteil heterozygot ist und eins homozygot rezessiv, dann wären es 75 %.*" In dieser Studie waren absolute Wortzahlen weniger von Interesse, sodass eine Analyseeinheit in Bezug auf die Wortanzahl sehr unterschiedlich groß sein konnte. Das entscheidende Kriterium für die Analyseeinheit war der in sich abgeschlossene, nachvollziehbare Gedankenschritt.

Codierkategorien können sowohl theorie- und hypothesenprüfend, also theoriegeleitet entwickelt sein, als auch theorie- und hypothesengenerierend, d. h. induktiv aus den Daten abgeleitet werden. Beide Verfahren haben in Abhängigkeit vom Studienziel ihre Berechtigung und werden vielfach auch gemeinsam eingesetzt (Kap. 11 und 14). Zur Analyse der Protokolle lauten Denkens in dem hier beispielhaft beschriebenen Projekt wurde ein Kategoriensystem auf der Grundlage von Lerntheorien entwickelt (Kroß und Lind 2001; Lind und Sandmann 2003). Im präsentierten Ausschnitt (Abb. 15.1) wird die Codierung zentraler Kategorien kognitiver Operationen exemplarisch gezeigt.

Die Entwicklung des Kategoriensystems ist der theoretische Schritt, der über die Qualität der Datenauswertung und damit über die Aussagekraft und Generalisierbarkeit der Erkenntnisse aus den Protokollen lauten Denkens entscheidet. Insofern ist die Kategorienentwicklung meist ein mehrphasiger Schritt der Kategorienanwendung und Adaptation (Kap. 11 und 14). Da die Daten handlungsnah erfasst werden, wird in der Regel davon ausgegangen, dass es sich um Daten von hoher Validität handelt, das heißt, die erhobenen Daten stehen in enger Beziehung zu den zu erhebenden kognitiven Prozessen. Die zuverlässige Einordung der Äußerungen in das Kategoriensystem, also die Reliabilität der Daten, ist als die „Archillesferse" der Auswertung anzusehen. Eine möglichst sorgfältige und detaillierte Beschreibung des Codiersystems mit Beispielcodierungen ist eine Grundlage für eine hohe Reliabilität der Daten. Geprüft wird diese durch anteilige Doppelcodierungen und die Prüfung von Inter- (Codierung durch eine zweite Person) und Intra-Rater- (wiederholte Codierungen durch eine Person nach frühestens zwei Wochen) Übereinstimmungen (Kap. 14). Letztlich bleibt die Qualität der Daten abhängig von der Qualität der Analysekategorien sowie einer möglichst sicheren und trennscharfen Interpretation und Zuordnung der Äußerungen zu den Kategorien. Hoch valide und reliable Daten aus Protokollen lauten Denkens lassen sich nach Abschluss der Codierung bei einer angemessenen Stichprobe (die in der Regel deutlich kleiner ist als bei Fragebogenerhebungen oder Kompetenztest) auf Basis einer meist großen Anzahl codierter Äußerungen sehr gut mit statistischen Verfahren auswerten. So lernten in dem Projekt, aus dem das Beispiel stammt, 40 Versuchspersonen in 2 Lernsitzungen, d. h. es wurden ca. 80 Protokolle lauten Denkens erhoben und auf dieser Basis ca. 20.000 Äußerungen codiert, die dann inferenzstatistisch ausgewertet wurden (Kroß und Lind 2001; Lind und Sandmann 2003).

15.7 Methodische Grenzen

Obwohl mit dem lauten Denken handlungsnah sehr inhaltsreiche Daten zu Lern- und Problemlöseprozessen erhoben werden können, ist diese Methode der Datenerhebung auch spezifischen Einschränkungen unterworfen (vgl. Weidle und Wagner 1994; Funke und Spering 2006):

- Es ist nicht auszuschließen, dass die Verbalisierung der kognitiven Prozesse zur Beeinträchtigung derselben führt und in Folge dessen zu geringerem Lern- bzw. Problemlöseerfolg.
- Es ist nicht davon auszugehen, dass wirklich alle kognitiven Prozesse erhoben werden können, da immer ein Teil von ihnen auch unbewusst (routiniert) und damit nicht verbalisierbar ablaufen. Davon ist vor allem bei routinisierten und automatisierten Lernprozessen von Experten auszugehen.
- Auch Einflüsse der Lernsituation oder der **sozialen Erwünschtheit** sind beim lauten Denken nicht auszuschließen.
- Letztlich ist fraglich, inwieweit das Verbalisierungsvermögen von Versuchspersonen einen Einfluss auf die Protokolle lauten Denkens hat.

Trotz dieser methodischen Grenzen ist das laute Denken eine der wenigen Methoden, mit deren Hilfe mentale Operationen während einer Handlung beschrieben werden können. Mit Funke und Spering (2006) gesprochen liefert das laute Denken einen „Online-Zugang" zu handlungsleitenden Kognitionen.

Literatur zur Vertiefung

Ericsson KA, Simon HA (1993) Protocol Analysis. Verbal reports as data. MIT Press, London (Dieses Buch ist das Standardwerk zur Erfassung und Analyse verbaler Daten. In sehr gut lesbarer Form werden die theoretischen und methodischen Grundlagen erörtert sowie detaillierte praktische Empfehlungen zur Datenerhebung und Datenanalyse gegeben.)

Heine L, Schramm K (2007) Lautes Denken in der Fremdsprachenforschung: Eine Handreichung für die empirische Praxis. In: Vollmer HJ (Hrsg) Synergieeffekte in der Fremdsprachenforschung Lang, Frankfurt, S 167–206 (In dem Beitrag werden sehr detaillierte, ausführliche Tipps und praktische Empfehlungen zur Datenerhebung, Transkription und Datenauswertung gegeben.)

Huber GL, Mandl H (1994) Verbale Daten. Eine Einführung in die Grundlagen und Methoden der Erhebung und Auswertung. Psychologie VerlagsUnion, Weinheim (Das Buch gibt einen Einblick in Verbalisierungsmethoden mit Fokus auf Forschungsdesigns und methodische Möglichkeiten und Grenzen des Einsatzes.)

Konrad K (2010) Lautes Denken. In: Mey G, Mruck K (Hrsg) Handbuch Qualitative Forschung in der Psychologie VS, Wiesbaden, S 476–490 (In dem Beitrag wird ein Überblick gegeben über Entstehungsgeschichte, theoretische Grundannahmen, Anwendungsgebiete sowie Möglichkeiten und Grenzen des lauten Denkens als Forschungsmethode zur Analyse kognitiver Prozesse.)

Videobasierte Analyse unterrichtlicher Sachstrukturen 16

Maja Brückmann und Reinders Duit

Videostudien haben sich als fruchtbare Forschungsmethode erwiesen, die Praxis von Unterricht zu erkunden. In diesen Studien stehen Analysen des unterrichtsmethodischen Ablaufs im Mittelpunkt. Es wird u. a. untersucht, welche Unterrichtsmethoden zum Einsatz kommen und wie Lernen unterstützt wird. Es geht darum, typische „Skripte" des Unterrichts zu identifizieren. Wir erläutern im Folgenden zunächst, was zu beachten ist, wenn solche videobasierten Studien durchgeführt werden. Wir wenden uns dann einem Aspekt zu, dem in den bisher durchgeführten Videostudien weniger Aufmerksamkeit geschenkt worden ist, nämlich wie der fachliche Inhalt in den verschiedenen Klassen, die an der Videostudie teilnehmen, strukturiert wird. Es geht um eine Methode, die fachliche Sachstruktur aus Videoaufzeichnungen zu rekonstruieren.

16.1 Zur Konzeption einer Videostudie

Unterrichtsvideos sind aussagekräftige Datenquellen, um Aufschlüsse über Unterrichtsverläufe und -strukturen zu erhalten. Die TIMSS-Videostudien zum Mathematikunterricht (Stigler et al. 1999) und zum naturwissenschaftlichen Unterricht (Roth et al. 2006) haben Maßstäbe für eine Reihe von Videostudien im internationalen Raum gesetzt. In Deutschland haben sich beispielsweise Studien zur Praxis des Physikunterrichts am Vorbild der TIMSS-Mathematikstudie orientiert (Prenzel et al. 2001; Brückmann et al. 2007). Auch eine

Dr. Maja Brückmann ✉
Zentrum für Didaktik der Naturwissenschaften, Forschung und Entwicklung, Pädagogische Hochschule Zürich, Lagerstrasse 2, 8090 Zürich, Schweiz
e-mail: maja.brueckmann@phzh.ch
Prof. i.R. Dr. Dr. hc Reinders Duit
Heisterkamp 14, 24211 Preetz, Deutschland
e-mail: rduit@t-online.de

D. Krüger, I. Parchmann und H. Schecker (Hrsg.), *Methoden in der naturwissenschaftsdidaktischen Forschung*, DOI 10.1007/978-3-642-37827-0_16,

Vergleichsstudie zum Physikunterricht in Finnland, der Deutsch-Schweiz und Deutschland steht in dieser Tradition (Neumann et al. 2009).

Videostudien können auch im Zusammenspiel mit Lehrplananalysen, Fragebogenerhebungen und Interviews mit Lehrkräften eingesetzt werden. Es ist unbedingt notwendig, sich zu Beginn des Forschungsprojektes genau zu überlegen, welche Informationen mit Hilfe der Unterrichtsvideos erhoben werden sollen, denn Unterrichtsmitschnitte dokumentieren komplexe Lehr- und Lernprozesse. In der Literatur zur videobasierten Forschung finden sich viele Hinweise, welche Forschungsfragen mit Hilfe einer Videostudie beantwortet werden können (vgl. Janík und Seidel 2009; Derry et al. 2010; Clausen 2002). Bisher wurden z. B. die Rolle von Experimenten (Tesch und Duit 2004), die konstruktivistischen Sichtweisen vom Lehren und Lernen (Widodo und Duit 2004), der Einfluss des Aufgabeneinsatzes im Biologieunterricht auf die Lernleistung der Schüler (Jatzwauk et al. 2008) oder die Merkmale der Tiefenstruktur von Physikunterricht und der Zusammenhang zur Leistung untersucht (Geller et al. 2008).

16.1.1 Regeln und Verfahren

Für die Konzeption einer Videostudie sind Regeln und Verfahren wichtig, die den Forschungsprozess moderieren und handhabbar machen (Bortz und Döring 2006). Grundsätzliche Regeln und Hilfestellungen zur Konzeption einer Videostudie sind in Form von zwei technischen Berichten zur IPN-Videostudie zusammengestellt worden (Seidel et al. 2004; Prenzel et al. 2003). Zu den dort dokumentierten Erhebungs- und Auswertungsinstrumenten gibt es detaillierte Anweisungen und Hinweise, die eine standardisierte Durchführung der Videoaufnahmen garantieren sollen. Dabei hat man sich u. a. an Beobachtungsverfahren der TIMSS-Videostudie orientiert (Stigler et al. 1999; Roth et al. 2006). Die dort erarbeiteten Regeln liefern eine gute Grundlage, um eine Videostudie zu planen. Grundsätzlich ist es sinnvoll zwei Videokameras (eine lehrerzentrierte und eine auf die Schüler gerichtete Kamera) zu verwenden, um den gesamten Unterrichtsverlauf zu dokumentierten und nicht auf selektive Unterrichtsausschnitte fokussieren zu müssen. Ein besonderes Augenmerk muss auf die Tonqualität gelegt werden. Hier hat sich bewährt, der Lehrperson ein eigenes drahtloses Mikrofon zu geben und mehrere Mikrofone im Klassenraum zu verteilen. Die Tonspuren können dann getrennt oder gemeinsam ausgewertet werden. Weiterhin sollen die verwendeten Unterrichtsmaterialien (Arbeitsblätter, Ausschnitte aus dem Schulbuch, OHP-Folien usw.) ebenfalls zur Verfügung stehen. Für die weitere Auswertung werden die Unterrichtsvideos transkribiert und aus Datenschutzgründen auch anonymisiert. Es kann sinnvoll sein, sich auf einzelne Unterrichtsausschnitte zu konzentrieren und nur den Teil zu transkribieren, der für die jeweilige Forschungsfrage interessant ist (z. B. beim Experimentieren). Falls die Erhebung von Schülerleistungsdaten geplant ist, soll dies zeitnah zu den Videoaufnahmen erfolgen, um den Einfluss der Unterrichtsgestaltung auf den Lernerfolg untersuchen zu können.

16.1.2 Beobachtungsschemata

Die Daten, die durch die Analyse von Unterrichtsvideos erhoben werden, sind grundsätzlich zunächst beschreibender (deskriptiver) Natur. Man kann zum Beispiel erheben, ob ein Ereignis stattgefunden hat oder nicht. Diese Einschätzung hängt immer auch davon ab, wer das Unterrichtsgeschehen mit Hilfe von Videos beobachtet. Es ist daher notwendig, ein standardisiertes Vorgehen zu entwickeln, mit dem sichergestellt werden kann, dass unterschiedliche Beobachter bei der Beschreibung eines Ereignisses hinsichtlich eines Merkmals zum gleichen Ergebnis kommen.

Für die Auswertung von Videos werden häufig Rating-Fragebögen bzw. kategoriengeleitete Codiersysteme eingesetzt. Fragebögen in Rating-Verfahren (Schätzverfahren) werden meist dann genutzt, wenn es um die Einschätzung von Aspekten der Unterrichtsqualität geht (Bolte 1996; Seidel et al. 2005). Sie werden am Ende einer festgelegten Videosequenz (z. B. einer Aussage eines Lehrers, einer Experimentiersequenz o. ä.) verwendet und befragen den Rater nach seiner Einschätzung der gerade gesehenen Sequenz. Dabei unterscheidet man zwischen ***hoch inferenten*** bis ***niedrig inferenten*** Einschätzungen. Häufig werden diese Einschätzungen über vierstufige **Likert-Skalen** (z. B.: trifft gar nicht zu – trifft teilweise zu – trifft größtenteils zu – trifft vollständig zu) abgefragt. Sind die abgefragten Einschätzungen sehr abstrakt (z. B. „Handelt es sich um einen kontextorientierten Unterricht?"), spricht man von *hoch inferent*. In solchen Fällen sind die Fragen an den Rater komplex, und man muss bei der Entwicklung des Ratingbogens sehr sorgfältig über die Formulierung nachdenken. Der Rater muss bei der Einschätzung interpretieren und spezielles Hintergrundwissen einsetzen. Daher sind hoch inferente Rating-Verfahren anfälliger für abweichende Einschätzungen zwischen mehreren Ratern als niedrig inferente Beurteilungen. Niedrig inferente Ratings beschränken sich auf Aspekte des spezifischen, beobachtbaren Verhaltens, die einfach zu beobachten sind (z. B. wer gerade spricht oder welcher Schüler sich meldet usw.). Vertiefende Erläuterungen und Beispiele zu den Rating-Verfahren sind bei Seidel et al. (2004) zu finden.

In den letzten Jahren sind kategorienbasierte Beobachtungsschemata bzw. Codiersysteme eingesetzt worden. Ein Codiersystem kann sowohl einfache ja-/nein-Fragen enthalten (z. B. die Lehrperson spricht oder spricht nicht), als auch tiefergehende Beobachtungen des Unterrichtsgeschehens abbilden. Oft wird zunächst auf der Ebene von direkt zugänglichen Merkmalen (Sichtstrukturen) eine erste Codierentscheidung getroffen (z. B. bietet die Lehrperson ein Demonstrations- oder Schülerexperiment an), um dann auf einer tieferen zweiten Ebene eine inferentere Codierung vorzunehmen, z. B. ob das Experiment als offen oder geschlossen eingestuft wird (Tesch 2005).

Videodaten werden digital aufgezeichnet. Die Auswertung wird durch Transkriptions- und Analysesoftware unterstützt. Dies hat den Vorteil, dass die Analysedaten ebenfalls digital vorliegen und für statistische Analysen sofort weiterverwendet werden können. Gängige Programme, die zur digitalisierten Auswertung in Videostudien herangezogen werden sind: interact[1], Videograph[2], ELAN[3] oder Observer XT[4]. Zuerst ist zu entscheiden, ob zeitbasiert (z. B. alle 10 Sekunden) oder Event-basiert (z. B. jeder Satz oder jede zusammenhängende Aussage einer Person) codiert werden soll. Gegenüber einer zeitintervallbasierten Auswertung hat das Event-basierte Vorgehen den Vorteil, dass fachliche Äußerungen in der Form codiert werden können, wie sie im Unterricht als Sinneinheiten dargeboten werden und es zu keinen Verzerrungen bei Äußerungen kommt, die über die festgelegten Intervallgrenzen hinausgehen. Für die Nutzung unterschiedlicher Codierungen bietet sich aus Vergleichbarkeitsgründen die zeitbasierte Codierung an. Hier müssen die Zeitintervalle klein genug sein (10 bis 30 Sekunden), um Verzerrungen zu reduzieren. Wir haben mit dem Programm Videograph gearbeitet und aus Gründen der Vergleichbarkeit mit anderen Kategoriensystemen der Studie in 10-Sekunden-Intervallen codiert.

16.1.3 Gütekriterien und Übereinstimmungsmaße

Um das Ausmaß an Subjektivität bei der Codierung zu kontrollieren, müssen mehrere Auswerter den gleichen Ausschnitt eines Videos auswerten (v. Aufschnaiter und Welzel 2001; Seidel et al. 2003). Eine Ausbildung aller Beobachter ist unverzichtbar und soll helfen, den Codierprozess zu optimieren. Die Kommunikation der an der Beobachtung beteiligten Personen (Forscherin sowie Codierer) wird durch Codieranleitungen gesteuert. Unklarheiten werden geklärt, ungenaue oder missverständliche Formulierungen in der Anleitung korrigiert und verbessert. Die Anwendbarkeit der Codieranleitungen wird anhand von wenigen Testvideos (15 bis 20 % der Datenbasis) überprüft. Für die Beurteilung, wie gut oder schlecht zwei Codierer oder Rater übereinstimmen, muss darauf geachtet werden, ob **nominale, ordinale oder intervallbasierte Daten** vorliegen. Für mindestens nominal skalierte Daten stehen als statistische Reliabilitätsmaße Cohens Kappa (Kap. 14; → Zusatzmaterial online) oder Scotts Tau zur Verfügung; für mindestens ordinal skalierte Daten kommen Rangkorrelationskoeffizienten nach Spearman und Kendall in Betracht (Wirtz und Caspar 2002). Neben der direkten prozentualen Übereinstimmung, haben wir zur Überprüfung der Beobachterübereinstimmung Cohens Kappa (κ) verwendet. Kappa-Werte, die größer als 0,75 sind, werden als hohe Übereinstimmung eingestuft, bei Werten zwischen 0,40 und 0,75 ist die Übereinstimmung als mäßig bis gut und bei Werten unter 0,40 als schlecht bzw. gering zu bewerten (Wirtz und Caspar 2002).

Neben der Überprüfung der Reliabilität ist auch im Rahmen von Videostudien die Überprüfung der Validität von zentraler Bedeutung. Sie gibt an, inwieweit die Beobachtungsschemata das messen, was gemessen werden soll bzw. was sie zu messen vorgeben (Kap. 9). Unterrichtsbeobachtungen mit Videos wird in der Regel aufgrund des Da-

[1] http://www.mangold-international.com/de/software/interact.html (Stand: 11.07.2013).
[2] http://www.ipn.uni-kiel.de/aktuell/videograph/htmStart.htm (Stand: 11.07.2013).
[3] http://tla.mpi.nl/tools/tla-tools/elan/ (Stand: 11.07.2013).
[4] http://www.noldus.com/office/de/observer-xt (Stand: 11.07.2013).

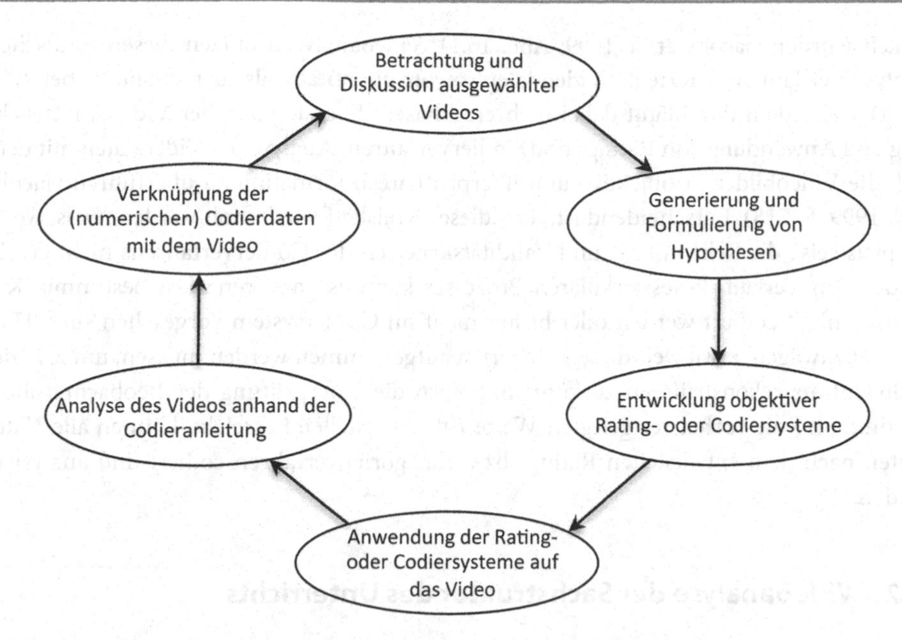

Abb. 16.1 Codier-Analyse-Kreislauf von Videodaten (nach Jacobs et al. 1999, S. 719)

tenmaterials eine hohe Validität zugeschrieben. Allerdings gilt dies zunächst nur für Beschreibungen und Beobachtungen, die relativ häufig auftreten und sich auf didaktische und methodische Aspekte des Unterrichts beziehen. Sollen Beschreibungen und Bewertungen auf der Grundlage von eher selten auftretenden Ereignissen (z. B. Beurteilung der diagnostischen Kompetenz von Lehrpersonen) vorgenommen werden, verringert sich die Validität (Waldis et al. 2010). Dies gilt auch für die Betrachtung von einzelnen Fallstudien (Kap. 8), denn es kann nicht ohne weiteres überprüft werden, ob die Beobachtungsschemata für eine größere Stichprobe genutzt werden können. Entscheidend sind die Eindeutigkeit und die Generalisierbarkeit der Analysedaten bzw. der Ergebnisse, die nur durch eine gründliche theoretische Fundierung der Fragestellungen und der Beobachtungsschemata erreicht werden können.

16.1.4 Optimierung des Verfahrens

Das Erreichen einer akzeptablen Beobachterübereinstimmung bei der Videoanalyse kann schwierig sein. Viele Erfolge bzw. Misserfolge können mit den Beschreibungen in der Codieranleitung oder dem Training der Beobachter zu tun haben. Dabei kann es einen Unterschied machen, ob fachfremde Codierer Unterrichtsstunden inhaltlich codieren oder erfahrene Fachlehrer. Grundsätzlich ist der Entwicklungs- und Optimierungsprozess von videobasierten Beobachtungsschemata zyklisch angelegt, insbesondere wenn sie neu entwickelt wurden (Jacobs et al. 1999; Abb. 16.1). Videoanalysen nutzen diesen zyklischen Analysekreislauf, indem sie die Videodaten sowohl quantitativ als auch qualitativ betrachten. Der Kreislauf durchläuft dabei mehrere Phasen: Beobachtung der Videos, Entwicklung und Anwendung von Rating- und Codierverfahren, Analyse der Videodaten mit dem Ziel, die Videobilder in objektive und überprüfbare Information zu überführen (Jacobs et al. 1999, S. 718). Entscheidend ist, dass dieser Kreislauf wiederholt werden muss, wenn beispielsweise die Reliabilitäts- und Validitätskriterien des Codierverfahrens nicht erfüllt werden. Im Verlauf dieses zirkulären Prozesses kann es passieren, dass bestimmte Kategorien nicht codiert werden oder bisher nicht im Codiersystem vorgesehen sind. Hier gilt es abzuwägen, inwieweit diese Kategorien aufgenommen werden müssen, um z. B. die **Sachstruktur** rekonstruieren zu können. Sofern die Überprüfung der Beobachterübereinstimmung die vorher festgelegten Werte zufriedenstellend erreicht, können alle Videodaten nach dem entwickelten Rating- bzw. Kategorienverfahren codiert und analysiert werden.

16.2 Videoanalyse der Sachstruktur des Unterrichts

16.2.1 Sachstrukturen im naturwissenschaftlichen Unterricht

Unter dem Begriff *Sachstruktur* für den Unterricht wird die sachliche, unter logischen und systematischen Gesichtspunkten gegliederte Struktur der fachlichen Inhalte verstanden. Diese fachlichen Inhalte beziehen sich sowohl auf Begriffe, Konzepte, Modelle und Prinzipien als auch auf Methoden, Denk- und Arbeitsweisen sowie Vorstellungen über die Natur der Naturwissenschaften. Historische, technische und gesellschaftliche Aspekte der fachlichen Inhalte müssen ebenfalls berücksichtigt werden. Wichtig ist, dass es nicht die *eine* Sachstruktur gibt, die das inhaltliche Angebot des Unterrichts beschreibt. Eine Sachstruktur muss dynamisch interpretiert werden. Dies bedeutet, dass eine Lehrkraft das Unterrichtsangebot für ihren Unterricht und somit für eine bestimmte Lerngruppe erarbeitet. Demzufolge kann man nicht davon ausgehen, dass Unterrichtsvideos verschiedener Lehrkräfte zum gleichen Thema die gleiche Sachstruktur zeigen. Doch wie lässt sich untersuchen, welche Sachstruktur eine Lehrkraft in ihrem Unterricht anbietet?

Der Sachstrukturbegriff gibt zwei Untersuchungsschwerpunkte vor, die *Sache* und die *Struktur* des Unterrichts. Die Auswahl der Unterrichtsinhalte, die eine Lehrkraft Schülern während des Unterrichts anbietet, wird durch unterschiedliche Faktoren geprägt. Das staatliche Steuerungsinstrument Lehrplan hat einen Einfluss auf die Praxis und bildet in der Regel die Basis für inhaltliche Entscheidungen der Lehrkräfte (Vollstädt 2003). Brophy und Good (1986) stellten fest, dass Lehrkräfte, die sich enger an die curricularen Vorgaben hielten, einen größeren Lernerfolg vorweisen konnten. Es ist also sinnvoll, die Lehrpläne als einen Ausgangspunkt für die Sachstruktur des Unterrichts zu wählen (Brückmann 2009). Auch Schulbücher haben einen Einfluss auf das, was in der Schulpraxis unterrichtet wird (Wüsten et al. 2010).

Die Erfahrung mit Studien zur Analyse des unterrichtlichen Angebots hat gezeigt, dass es sinnvoll ist, sich auf einen engen Inhaltsbereich zu beschränken. Nur so kann man das Verfahren reliabel und valide gestalten und den zeitlichen Aufwand für die Entwicklung des Analyseverfahrens in Grenzen halten. Wir haben uns auf zwei Unterrichtsthemen beschränkt: Einführung in den Kraftbegriff und Einführung in optische Instrumente.

Der zweite Untersuchungsschwerpunkt betrifft die *Struktur* der Sachstruktur. Empirische Studien haben gezeigt, dass nicht nur die Auswahl geeigneter Unterrichtsinhalte für einen positiven Lernerfolg verantwortlich ist, sondern auch die Strukturierung dieser Inhalte kohärent und schlüssig sein muss (Hattie, 2010; Kap. 3). Daher spielen Unterrichtsmerkmale wie Vernetzung der Inhalte, Vorwissensaktivierung und Zielorientierung eine wichtige Rolle.

16.2.2 Entwicklung eines videobasierten Verfahrens zur Sachstrukturanalyse

Die Rekonstruktion der Sachstruktur mit Hilfe von Videodaten basiert auf einem Regelwerk mit vergleichsweise groben Richtlinien, das schrittweise das Vorgehen zur Rekonstruktion beschreibt. Dabei verwenden wir logische Flussdiagramme, wie sie im Rahmen der Curriculumrevision in den 1970er- und 1980er- Jahren für die Unterrichtsplanung entwickelt wurden (Duit et al. 1981). Für die Rekonstruktion wurden das Unterrichtsvideo, das Transskript und die eingesetzten Unterrichtsmaterialien (Arbeitsblätter, Tafelbilder usw.) verwendet. Zu Beginn werden die Fachbegriffe und übergeordneten fachlichen Konzepte codiert. Der videografierte Unterricht wird anschließend nach Inhaltsblöcken strukturiert (Abschn. Vom Kategoriensystem zur Sachstruktur). Dabei wird der Unterricht in größere inhaltliche Abschnitte zusammengefasst, z. B. Merksätze, Definitionen, Experimente, Tafelanschriften, etc. Dieses Angebot wird in der im Unterricht verwendeten Formulierung in die Inhaltsblöcke übernommen.

Wie kommt man nun zu einem verlässlichen Kategoriensystem, das solche Analysen der Videodaten ermöglicht? Dies soll im Folgenden mit der Entwicklung eines handbuchbasierten Verfahrens zur Rekonstruktion der Sachstruktur dargestellt werden. Um zwischen den Unterrichtsinhalten („Was?“) und den Unterrichtsmethoden („Wie?“) trennen zu können, ist das Rekonstruktionsverfahren in zwei Analysebereiche eingeteilt und wird dementsprechend in zwei Codieranleitungen dargestellt. Die erste Anleitung beschäftigt sich mit der Frage „Was wird unterrichtet?“. Die zweite Anleitung konzentriert sich auf die Aspekte der Sequenzierung und der Strukturierung des inhaltlichen Angebots, und somit auf die Frage „Wie wird der Inhalt unterrichtet?“. Insgesamt besteht die Methode zur Rekonstruktion der Sachstruktur mit Hilfe von Videodaten aus vier Schritten (Abb. 16.2), die im Folgenden beschrieben und begründet werden.

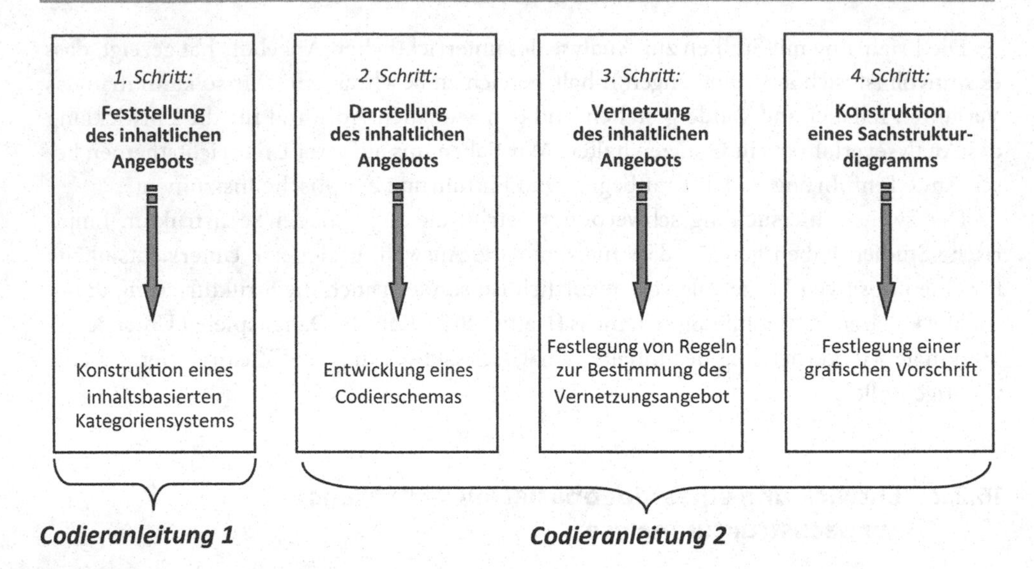

Abb. 16.2 Rekonstruktionsverfahren im Überblick

Vom Lehrplan zum Kategoriensystem

Im ersten Schritt der Entwicklung des Sachstrukturanalyseverfahrens (Codieranleitung 1) haben wir uns an Lehrplänen orientiert und die dort genannten Begriffe und Konzepte der Sachstruktur herausgeschrieben. Das im Folgenden beschriebene Vorgehen kann auch auf die Analyse der Sachstruktur anderer Quellen, z. B. Schulbücher, angewendet werden. Obwohl für unsere Untersuchung lediglich Unterrichtsvideos der Klassenstufe 9 zur Verfügung standen, wurden die Lehrpläne für den Inhaltsbereich in den Klassenstufen 7, 8 und 9 ausgewertet. Diese Ausweitung ist sinnvoll, da auf den in Klasse 7 und 8 behandelten Begriffen und Konzepten in Klassenstufe 9 aufgebaut wird. Erstes Ergebnis der Lehrplananalyse ist eine Liste der fachsystematischen Begriffe und Konzepte, die in den beteiligten Bundesländern in den Lehrplan aufgenommen wurden. Diese Begriffe werden als inhaltlicher Input einer Lehrkraft angesehen und sind somit potentiell im Unterrichtsvideo beobachtbar. Alternativ zu den Lehrplänen können auch Schulbücher oder andere Materialien für eine Sachanalyse genutzt werden.

Es ist schwierig, die Videos auf der Basis der entstandenen Begriffsliste zu codieren, da viele Entscheidungen in einem kleinen Zeitabschnitt (z. B. 10 Sekunden) getroffen werden müssen. Daher ist es zweckmäßig, die Begriffe neu zu ordnen und fachsystematisch in Gruppen und Untergruppen einzuteilen. Dies verringert die Anzahl der Entscheidungen pro Zeitintervall, und es können Missverständnisse bei der Codierung reduziert werden.

Unser Kategoriensystem weist zwei Ebenen aus. Dem Codierer stehen zunächst die Kategorien der Ebene A für eine grobe inhaltliche Orientierung zur Verfügung. Hat man sich für eine Kategorie der Ebene A entschieden, wird eine weitere thematische Eingrenzung

Kategoriensystem A1: **Kraftbegriff**	
0	Keine
1	Physikalischer/ Nichtphysikalischer Kraftbegriff
2	**Formändernde/ Bewegungsänd. Kraftwirkung**
3	Vektoreigenschaft
4	Newtonsche Axiome
5	Sonstige

Kategoriensystem B12: **Formändernde/ Bewegungsänd. Kraftwirkung**	
0	Keine
1	Verformung (allg.)
2	Beschleunigung (allg.)
3	Verformung „dauerhaft“
4	Verformung „vorübergehend“
5	**Beschleunigung „schneller machen“**
6	Beschleunigung „langsamer machen“
7	Beschleunigung „Richtung ändern“
8	Sonstige

Abb. 16.3 Ausschnitt aus dem Kategoriensystem zum Thema „Kraft“

mit den Kategorien der Ebene B vorgenommen (Abb. 16.3). Bei der Codierung bestimmter Inhaltsangebote bietet es sich an, einzelne Inhaltsangebote jeweils einer bestimmten Kategorie zuordnen zu können. Diese disjunkte Codierung stellt sicher, dass sich die Codierungen jeweils auf einen Begriff bzw. ein Konzept zurückführen lassen. Das bedeutet, dass jede Videosequenz pro Kategoriensystem, z. B. jedes 10-Sekunden-Intervall, mit genau einer Kategorie codiert wird. Das Kategoriensystem zur Erfassung des inhaltlichen Angebots besteht somit aus mehreren disjunkten Kategorien. Die detaillierte Beschreibung der Kategorien und eine Übersicht über ihren Aufbau finden sich im online-Begleitmaterial.

Vom Kategoriensystem zur Sachstruktur

Im zweiten Schritt des Rekonstruktionsverfahrens wird der Unterrichtsverlauf in *Inhaltsblöcke* eingeteilt (Codieranleitung 2). Grundsätzlich gilt: Jedes Mal, wenn ein Begriff oder Konzept in einen neuen Zusammenhang gebracht wird, wird ein neuer Inhaltsblock codiert. Definiert beispielsweise eine Lehrperson den Begriff Trägheit zunächst in einem Merksatz, wird dies in einem Block festgehalten, und lässt sie anschließend die Schüler eine Aufgabe lösen, in der sie den Trägheitsbegriff verwenden müssen, wird dies in einem weiteren Block festgehalten (Block 7 und 8 in Abb. 16.4). Jedes schriftliche Angebot der Lehrperson wird als Unterstützung für die Vermittlung von Inhalten gedeutet und dementsprechend (verkürzt) als inhaltliche Beschreibung eines Blocks verwendet. Ergebnis dieser Codierung ist eine Abfolge von Inhaltsblöcken, die beschreiben, wie ein Fachbegriff oder Konzept im Unterricht von der Lehrperson angeboten wurde.

Um eine bessere Übersichtlichkeit der Inhaltsblöcke auch grafisch zu gewährleisten, werden die codierten Inhaltsblöcke einheitlich beschriftet (Abb. 16.4). Die Überschriften der Inhaltsblöcke entsprechen dabei den Kategorienbezeichnungen, die aus dem inhaltsbasierten Kategoriensystem entnommen werden. Die Nummerierung der Blöcke gibt an, wann und in welcher Abfolge die einzelnen Inhaltsblöcke im Unterricht angeboten wur-

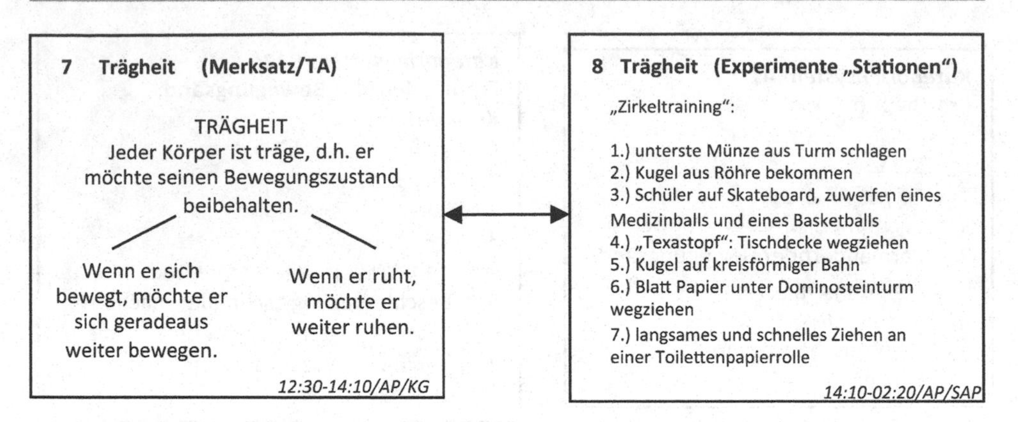

Abb. 16.4 Zwei Inhaltsblöcke aus einem rekonstruierten Sachstrukturdiagramm[5]

den. Zeitraum, Anwendungsbezug und Sozialform werden in der rechten unteren Ecke jedes Inhaltsblockes angegeben (Abb. 16.4).

Im dritten Schritt des Rekonstruktionsverfahrens wird der Unterrichtsverlauf im Hinblick auf die Vernetzung der codierten Inhaltsblöcke analysiert. Die Inhaltsblöcke können mit Hilfe der Nummerierung chronologisch geordnet werden. Anschließend wird untersucht, wie die Inhaltsblöcke untereinander vernetzt sind. Eine wechselseitige Vernetzung liegt vor, wenn die Lehrperson zwei Inhaltsblöcke ausdrücklich miteinander in Beziehung setzt. Diese Vernetzung wird in Form eines Doppelpfeils veranschaulicht. Verweist die Lehrperson lediglich auf den Inhalt eines Blocks, liegt eine lineare Vernetzung vor und es wird ein einfacher Pfeil verwendet.

Im Schritt 4 werden die Abfolge der Blöcke und ihre Vernetzungen nach festgelegten Regeln in einen Gesamtzusammenhang gebracht. Es entsteht ein *Sachstrukturdiagramm*. Abbildung 16.5 zeigt in vereinfachter Form als Beispiel das Sachstrukturdiagramm einer Doppelstunde zum Thema „Einführung in den Kraftbegriff". Im mittleren Abschnitt eines Sachstrukturdiagramms stehen die Fachbegriffe und Konzepte, um die es im Unterricht geht. Oberhalb der gestrichelten Linie stehen die inhaltlichen Voraussetzungen (das Vorwissen der Schüler), auf die zurückgegriffen wird. Unterhalb der gepunkteten Linie sind die Erkenntnisse zu finden, die am Ende einer Stunde oder Unterrichtseinheit erarbeitet wurden. Weitere Anleitungen und genaue Codierregeln, sowie zwei Beispiele für ein komplexes Sachstrukturdiagramm können dem online-Begleitmaterial entnommen werden.

16.2.3 Schrittweise Überprüfung des Rekonstruktionsverfahrens

Um die Frage nach der zufriedenstellenden Rekonstruktion der Sachstruktur beantworten zu können, muss für jeden Schritt des Verfahrens (Abb. 16.2) die Beobachterüberein-

[5] TA: Tafelanschrift; SAP: Schülerarbeitsphase; AP: Alltagsphänomen; KG: Klassengespräch.

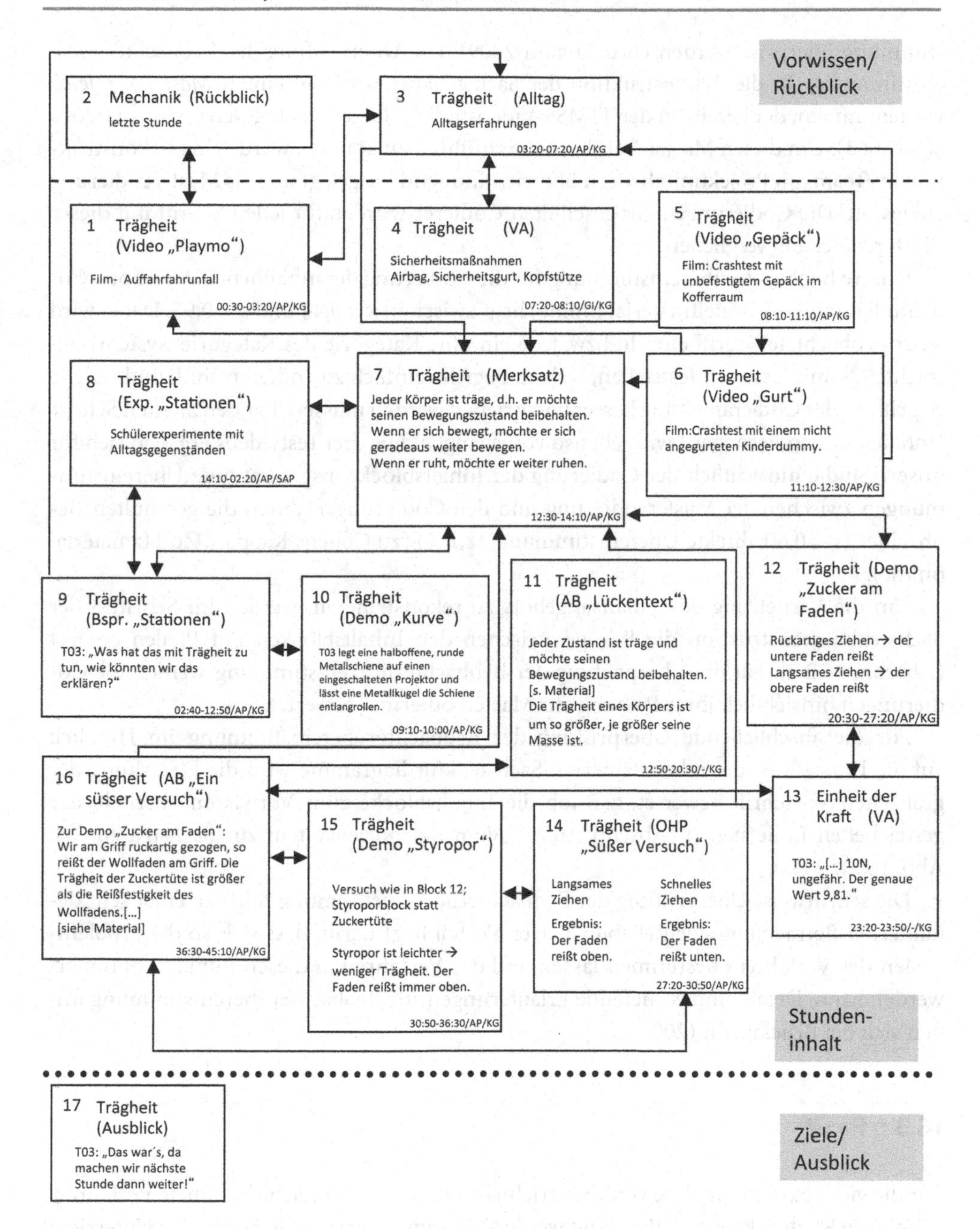

Abb. 16.5 Beispiel für ein vereinfachtes Sachstrukturdiagramm

stimmung überprüft werden (Brückmann 2009). Die Überprüfung der Beobachterübereinstimmung für die Rekonstruktion der Sachstruktur wird mit einem *Master-Vergleich* vorgenommen, der bereits in der TIMSS-Videostudie erfolgreich eingesetzt wurde (Jacobs et al. 2003). Um diesen Master-Vergleich durchführen zu können, wurde eine Rekonstruktion im Team mit Projektmitgliedern übereinstimmend festgelegt und als Mastercodierung eingestuft. Die Codierungen der geschulten Codierer wurden für jeden Schritt mit dieser Mastercodierung verglichen.

Unsere Beobachterübereinstimmung für die Codierung des inhaltlichen Angebots (Codieranleitung 1; → Begleitmaterial online) liegt zwischen $\kappa = 0{,}44$ und $\kappa = 0{,}95$. Dabei wird jeder beobachtete Begriff einzeln bzw. jede einzelne Kategorie des Kategoriensystems betrachtet. Somit lässt sich feststellen, welche Begriffe einfach zu codieren sind, und welche Begriffe in der Codieranleitung besser beschrieben werden müssen. Für den zweiten Schritt (Inhaltsblockcodierungen) wird ebenso vorgegangen. Für drei Testvideos ergaben sich für unsere Studie hinsichtlich der Codierung der Inhaltsblöcke insgesamt gute Übereinstimmungen zwischen der Mastercodierung und den Codierungen durch die geschulten Beobachter ($\kappa = 0{,}60$; direkte Übereinstimmung 72,1 %) (zu Cohens Kappa s. Zusatzmaterial online).

Um die Vernetzung des Inhaltsangebots zu rekonstruieren, werden im Schritt 3 der Sachstrukturkonstruktion die Bezüge zwischen den Inhaltsblöcken mit Pfeilen codiert (Abschn. 16.2.2). Für die Überprüfung der Beobachterübereinstimmung werden die Codierungen hinsichtlich ihrer Passung zur Mastercodierung bewertet.

Für die abschließende Überprüfung der Beobachterübereinstimmung im Hinblick auf die Darstellung der rekonstruierten Sachstrukturdiagramme wird die Einhaltung der grafischen Vorschrift bewertet, z. B. ob die Inhaltsblöcke zum Vorwissen oberhalb der gestrichelten Linie stehen (Abschn. 16.2.2 „Vom Kategoriensystem zur Sachstruktur“ u. Abb. 16.5).

Die schrittweise Überprüfung der Beobachterübereinstimmung führt zu einer sehr detaillierten Betrachtung der Reliabilität. Der Vorteil liegt darin, dass sich so die Problemstellen des Verfahrens bestimmen lassen und das Verfahren in diesen Punkten optimiert werden kann. Details und vertiefende Erläuterungen zur Beobachterübereinstimmung finden sich bei Brückmann (2009).

16.3 Fazit

Für die videobasierte Analyse von Unterrichtskripts gibt es zahlreiche bewährte Verfahren. In solchen Studien konnte z. B. gezeigt werden, dass im naturwissenschaftlichen Unterricht in Deutschland relativ enge Varianten eines fragend-entwickelnden Unterrichts in vielen Klassen vorherrschen. Wie der *fachliche Inhalt* in der Praxis strukturiert wird, lässt sich mit den vorliegenden Verfahren nicht untersuchen. Wir haben deshalb ein videobasiertes Verfahren für die Rekonstruktion der Sachstrukturen von Unterricht entwickelt und evaluiert. Ein Themenbereich war der Kraftbegriff, der als schwieriger Begriff im Physikunterricht gilt. Es zeigte sich, dass in Deutschland in den einzelnen Ländern unterschiedliche Varianten des Zugangs zu diesem Begriff – je nach Schwerpunkten in den Lehrplänen – zu finden sind. Weiterhin wurde deutlich, dass in der Deutschschweiz der traditionelle Weg zum statischen Kraftbegriff (z. B. Kräfte können Federn gedehnt halten) nach wie vor gepflegt wird, während in allen einbezogenen deutschen Bundesländern ein Kraftbegriff vermittelt wird, der statische *und* dynamische Aspekte (Kräfte können die Richtung eines sich bewegenden Körpers ändern) zu finden waren; Kap. 3). Wir konnten mit unserem Verfahren fachdidaktische Schwächen und Stärken der den Unterricht bestimmenden Sachstrukturen aufdecken. Feinanalysen zeigten, dass in einer Reihe von Videos fachdidaktisch problematische Zugänge gewählt wurden. Die von uns durchgeführten Analysen lassen erwarten, dass sich das Verfahren nicht allein im naturwissenschaftlichen Unterricht einsetzen lässt, sondern ganz generell in strukturierten Wissensbereichen.

Begleitmaterial online

- Codieranleitung zur Rekonstruktion der Sachstruktur (Codieranleitungen 1 und 2)
- Zwei Sachstrukturdiagramme

Literatur zur Vertiefung

Derry SJ, Pea RD, Barron B, Engle RA, Erickson F, Goldman R et al (2010) Conducting video research in the learning sciences: Guidance on selection, analysis, technology, and ethics. Journal of the Learning Sciences 19(1):3–53, doi:10.1080/10508400903452884 (Überblicksbeitrag zur Vertiefung hinsichtlich unterschiedlicher Aspekte videobasierter Forschung.)

Jacobs J, Kawanaka T, Stigler JW (1999) Integrating qualitative and quantitative approaches to the analysis of video data on classroom teaching. International Journal of Educational Research 31:714–724, doi:10.1016/S0883-0355(99)00036-1 (Umgang mit den verschiedenen Herangehensweisen an videobasierte Unterrichtsforschung, insbesondere der Umgang mit qualitativen und quantitativen Analysedaten.)

Prenzel M, Duit R, Euler M, Lehrke M, Seidel T (Hrsg) (2001) Erhebungs- und Auswertungsverfahren des DFG-Projekts „Lehr-Lern-Prozesse im Physikunterricht – eine Videostudie". IPN, Kiel (Übersichtliche Einführung in die Konzeption einer Videostudie mit vielen praktischen Hinweisen.)

Seidel T, Prenzel M, Duit R, Lehrke M (2004) Technischer Bericht zur Videostudie „Lehr-Lern-Prozesse im Physikunterricht". IPN, Kiel (Verfügbar unter: http://www.ipn.uni-kiel.de/aktuell/buecher/buch_videostudie2.html. (Ergänzung zu Prenzel et al., 2001 mit vielen praktischen Hinweisen.)

Wirtz M, Caspar F (2002) Beurteilerübereinstimmung und Beurteilerreliabilität: Methoden zur Bestimmung und Verbesserung der Zuverlässigkeit von Einschätzungen mittels Kategoriensystemen und Ratingskalen. Hogrefe, Göttingen (Einführung und Erläuterung zu den unterschiedlichen Gütekriterien.)

[illegible]

[illegible]

Literatur zur Vertiefung

[illegible]

17 Einsatz von Fällen in der Lehr- und Lernforschung

Annette Upmeier zu Belzen und Ralf Merkel

Fälle innerhalb der Lehr- und Lernforschung sind problemhaltige Darstellungen der unterrichtlichen Wirklichkeit. Ursprünglich wurden Fälle bzw. *cases* für die Vermittlung von Rechtsgrundlagen an juristischen Fakultäten verwendet. Der Falleinsatz im Bereich der Lehreraus- und -weiterbildung ist erst seit den 1980er-Jahren zu finden. Hier wurden und werden Fälle nicht nur als Lernmethode, sondern auch als Test- und Diagnoseinstrument verwendet. Der Einsatz von unterrichtsnahen Fällen als Test- und Diagnoseinstrument in der Lehrerausbildung ist mit dem Ziel verbunden, Informationen über das unterrichtsbezogene Reflexionsvermögen angehender Lehrkräfte zu gewinnen. In diesem Zusammenhang können Fälle im Bereich des pädagogischen, fachdidaktischen oder fachlichen Wissens verwendet werden.

Für den pädagogischen Bereich können beispielsweise Konflikte bei der Bildung von Teams für eine Gruppenarbeit Bestandteil eines Falls sein. Im biologisch-fachdidaktischen Kontext kann die **Konfundierung abhängiger und unabhängiger Variablen** beim Experimentieren thematisiert werden. Die Verwendung falscher Merkmale bei der Bestimmung von Pflanzenfamilien ist ein Beispiel für ein fachwissenschaftliches Problem, welches mit einem Fall thematisiert werden kann. Bei problemhaltigen Fällen dieser Art wird in Erfahrung gebracht, inwieweit Studierende in der Lage sind, eine durch Kriterien geleitete Analyse der Problemsituation durchzuführen und darauf aufbauend alternative Handlungsmöglichkeiten zu entwickeln. In Bezug auf die Konfundierung von Variablen könnten Hilfekarten mit Hinweisen für die Planung von Experimenten in Verbindung mit der Bildung leistungsheterogener Gruppen eine mögliche Alternative darstellen.

Prof. Dr. Annette Upmeier zu Belzen ✉
Fachdidaktik und Lehr-/Lernforschung Biologie, Humboldt-Universität zu Berlin, Invalidenstr. 42, 10115 Berlin, Deutschland
e-mail: annette.upmeier@biologie.hu-berlin.de
Dr. Ralf Merkel
Studienreferendar im Schulpraktischen Seminar Steglitz-Zehlendorf, Berlin, Deutschland
e-mail: ralf.merkel@biologie.hu-berlin.de

D. Krüger, I. Parchmann und H. Schecker (Hrsg.), *Methoden in der naturwissenschaftsdidaktischen Forschung*, DOI 10.1007/978-3-642-37827-0_17,

Der Artikel stellt einen Ansatz der fallbasierten Lehr- und Lernforschung vor, in dem eine Konstruktionsanleitung zur systematischen und theoriebasierten Entwicklung von Fällen für die Erforschung und Weiterentwicklung von Lernprozessen im Rahmen der Lehrerbildung hergeleitet wird. Aufbauend auf die ursprüngliche Nutzung von Fällen als Lerninstrument wird in diesem Artikel der Einsatz von Fällen als Lern- und Testinstrument dargestellt. Ein ähnliches Verfahren für die Erfassung von Lehrerkompetenzen ist der so genannte Vignettentest (Kap. 18), bei dem schriftlich oder in Form eines Kurzvideos Beobachtungen aus einer konstruierten kollegialen Beratung präsentiert werden, die vom Probanden in Form eines Feedbacks an den fiktiven Kollegen zu beurteilen sind. Abzugrenzen von der hier vorgeschlagenen Fallarbeit, in der Fälle unterrichtliche Realität repräsentieren, sind die so genannten Fallstudien (Kap. 8), bei denen die Situation unmittelbar und somit ohne Stellvertreter analysiert wird.

17.1 Falldefinition im Kontext der Lehr- und Lernforschung

In der Forschung wie in der Lehre werden Fälle unterschiedlich aufgefasst und damit nicht einheitlich definiert. In diesem Zusammenhang stellt L. S. Shulman (1992, S. 2) fest: „*The case method of teaching does not exist*“. Eine allgemeine Definition von Fällen nimmt Levin (1995) vor, indem sie einen Fall als detaillierte Erzählung von Unterrichten und Lernen, in der die Komplexität von Unterrichtsprozessen dargestellt wird, definiert. Dabei zeigt ein Fall „nur“ einen Ausschnitt unterrichtlicher Wirklichkeit (Well 1999).

Neben diesen praxisbezogenen Eigenschaften von Fällen stellt L. S. Shulman (1986) die theoretische Fundierung eines Falls als wesentlichen Bestandteil heraus. Dabei können mehrere theoretische Aspekte (Sykes u. Bird 1992) aus dem fachwissenschaftlichen Bereich, aus der Fachdidaktik oder aus der Pädagogik aufgegriffen werden. Vor diesem Hintergrund kann ein Fall auch als unterrichtsbezogenes Modell aufgefasst werden. Lind (2001, S. 9) spricht in diesem Zusammenhang von einem „*model of knowledge in action*“. Die zunehmende theoretische Fundierung von Fällen schafft die Grundlage für den Einsatz von Fällen in der Bildungsforschung.

Für die Verbindung von Theorie und Praxis in einem Fall unterscheiden Sykes u. Bird (1992) zwei Herangehensweisen. Fälle als *instances of theory* basieren auf verschiedenen theoretischen Konzepten, die im Rahmen einer Reflexion vom Bearbeitenden aus dem Fall herauszulösen sind (deduktiver Ansatz). Die in den Fällen berücksichtigte Theorie wird bei der Fallanalyse praxisbezogen erfasst. Eine entgegengesetzte Herangehensweise verfolgt der als *problems for deliberate and reflective action* bezeichnete Fallansatz (induktiver Ansatz). Hier wird von den im Fall vorhandenen praxisnahen Problemsituationen ausgegangen. Diese werden unter Hinzunahme von Theorie analysiert und reflektiert. Die oben genannte deduktiv geprägte Sichtweise geht von einer Steuerung des Lehrerhandelns auf der Grundlage theoretischer Prinzipien aus. Dagegen sind im induktiven Ansatz vielfältige aus der Unterrichtspraxis gewonnene Erfahrungen die Basis des Lehrerhandelns.

Zur Darstellung der Unterrichtssituation folgt ein Fall einer bestimmten Struktur, in der relevante Rahmenbedingungen und Schwierigkeiten aufgezeigt werden. Auf deren Grundlage erfolgt die Reflexion des Falls.

In diesem Sinne wird ein Fall als eine detaillierte Darstellung einer problemhaltigen Unterrichtssituation verstanden, die auf einen domänenspezifischen Ausschnitt der unterrichtlichen Wirklichkeit fokussiert und dabei sowohl mit Theorie angereichert ist (*instances of theory*) als auch die Komplexität einer realitätsnahen Unterrichtssituation wiedergibt. Damit sind Fälle neben der Nutzung als Lerninstrument zur Überprüfung von Fähigkeiten zur flexiblen Anwendung theoretischen Wissens auf Unterrichtssituationen geeignet.

17.2 Ursprünge des Falleinsatzes

Fälle wurden bereits als Lernmethode in den 1870er-Jahren an der Harvard University Law School eingesetzt und dienten der Vermittlung von Rechtsgrundlagen (Shulman 1986). In der durch die Harvard Corporation 1908 gegründeten Graduate School of Business Administration wurden ebenfalls Fälle bzw. *cases* in Verbindung mit Diskussionen als Lernmethode etabliert (Merseth 1991). 1915 fand dieses auch als *case method* bezeichnete Vorgehen in den meisten juristischen Fakultäten der USA Anwendung (Merseth 1991). Heute ist der Einsatz der Fallmethode wesentlich im angloamerikanischen Raum in der Ausbildung von Rechtswissenschaftlern, Medizinern und im Bildungsbereich etabliert.

Der vermehrte Einsatz von Fällen in der Lehrerbildung ist erst seit den 1980er-Jahren zu finden (Carnegie Corporation 1986). In diesem Zusammenhang stellt L. S. Shulman (1986, 1987) die Eignung des Falleinsatzes für die Lehr- und Lernforschung heraus. Neben dem ursprünglichen Einsatzgebiet als Lerninstrument bieten theoretisch aufgeladene Fälle die Möglichkeit, als aufeinander abgestimmte Lern- und Testinstrumente verwendet zu werden. Diesen kombinierten Einsatz findet man vermehrt in Untersuchungen seit den 1990er-Jahren. Beispiele sind die Studien von Kleinfeld (1991) an der University of Alaska, in denen mit Lern- und Testfällen die Veränderung von Fähigkeiten zur Fallanalyse untersucht wurden (Kleinfeld 1991), oder die Studie von Harrington (1995) an der University of California, in der die Fähigkeiten von Studierenden in Bezug auf das Ziehen von Schlussfolgerungen durch den Einsatz von Testfällen geschult und analysiert werden konnten. Neben diesem kombinierten Einsatz können Fälle auch als eigenständiges Testinstrument, ähnlich dem Einsatz der Vignettentests, verwendet werden (Kap. 18).

17.3 Fallkonzeption

Vor der Erstellung eines textbasierten Falls, der die Anforderungen einer Theoriebasierung und eines Praxisbezuges erfüllt, werden die verfolgten Forschungsziele definiert und die Fallinhalte sowie die Struktur des Falls festgelegt. Weiterhin werden die für den Fall bestimmten praxisbezogenen Inhalte auf der Basis einer theoretischen Grundlage gewon-

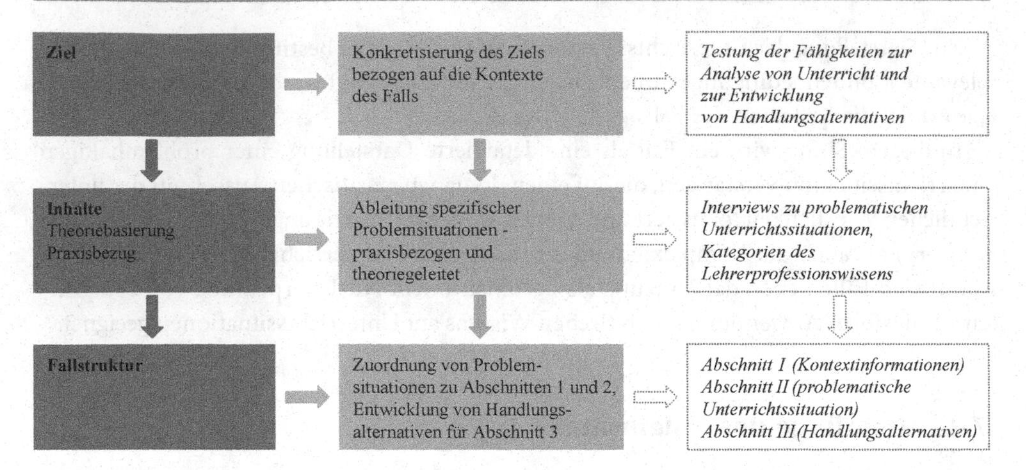

Abb. 17.1 Schritte der Fallkonstruktion (verändert nach Shulman 2004)

nen und geordnet. Hierfür kann beispielsweise die Einteilung des Lehrerprofessionswissens nach L. S. Shulman (1986) herangezogen werden. Auf der Grundlage dieser Vorüberlegungen erfolgt die Fallkonstruktion in den Abschnitten I, II und III durch die Integration von Zielen, Inhalten und Struktur in der schriftlichen Darstellung des Falles (Abb. 17.1).

Die folgenden Kapitel zur konkreten Fallerstellung sind jeweils in zwei Teile untergliedert. Nach der abstrakten Beschreibung des Vorgehens sowie deren Anwendung folgt ein konkretes Beispiel (▸ eingerückt dargestellt).

17.3.1 Fall-Ziel

Am Beginn der Fallerstellung steht die Festlegung des verfolgten Forschungsinteresses (Abb. 17.1). Aus den bisher durchgeführten Studien zum Falleinsatz als Testinstrument in der Lehrerbildung können folgende Ziele abgeleitet werden:

- Testung der Fähigkeiten zur Kriterien geleiteten Analyse von Unterricht (Levin 1995);
- Testung der Fähigkeiten zur Entwicklung von Handlungsalternativen für einzelne Unterrichtssituationen (Harrington 1995);
- Testung der Fähigkeiten zur Verknüpfung von Theorie und Praxis (Kleinfeld 1991; Hammerness und Darling-Hammond 2002).

▸ In unserer fallbasierten **Interventionsstudie** setzten wir Fälle als Test- sowie als Lerninstrument im Rahmen einer Intervention mit Vor- und Nachtest ein. Mit der im biologisch-fachdidaktischen Bereich angesiedelten Studie verfolgten wir das Ziel, die Effektivität unserer Intervention in Bezug auf die Förderung der

Fähigkeiten Studierender zur retrospektiven theoriebezogenen Analyse von Unterricht sowie die Weiterentwicklung der Fähigkeiten zur prospektiven Entwicklung von Handlungsalternativen für die präsentierte Situation zu untersuchen (Merkel und Upmeier zu Belzen 2012).

17.3.2 Fall-Inhalt

Als Leitfrage für die inhaltliche Gestaltung eines Falls formuliert L. S. Shulman (2004, S. 464) „*What is the case of*?" Unter Beachtung dieser Frage werden, je nach Fokus des Falls, pädagogische, didaktische und fachliche Aspekte theoriebasiert und dabei praxisbezogen „inszeniert" für die dargestellte Unterrichtssituation ausgewählt.

J. H. Shulman (1991) lässt in ihrer Studie Lehrkräfte Fälle zu problemhaltigen Unterrichtssituationen schreiben und diese anschließend von verschiedenen Expertengruppen (zum Beispiel Wissenschaftler und Fachbereichsleiter) kommentieren. In dieser Variante der Fallerstellung wird die Primärerfahrung (*first order experience*) von Unterrichtenden in eine Sekundärerfahrung und damit in einen Fall transformiert. Durch die Zusammenarbeit mit Experten können Verbindungen zu weiteren Fällen sowie eine Einbindung des Falls in übergeordnete theoretische Muster oder Kategoriensysteme (*abstraction from experience*) erfolgen (Shulman 2004). Dieser Ansatz zur inhaltlichen Ausgestaltung entspricht dem von Sykes und Bird (1992) dargestellten *problems for deliberate and reflective action*-Ansatz (induktiver Ansatz) und spiegelt somit die von L. S. Shulman (2004) genannte Verbindung von theoretischen und praktischen Aspekten in einem Fall wider.

Eine weitere Möglichkeit der Fallerstellung bietet die Verwendung verschiedener Kategorien des Lehrerprofessionswissens in Verbindung mit Experteninterviews (Merkel u. Upmeier zu Belzen 2011). Als Basis für die Gliederung des Lehrerprofessionswissens kann die Arbeit von L. S. Shulman (1987) verwendet werden. Er unterteilt das Lehrerprofessionswissen in die Bereiche *content knowledge, general pedagogical knowledge, curriculum knowledge, pedagogical content knowledge, knowledge of learners and their characteristics, knowledge of educational contexts und knowledge of educational ends, purposes, and values*. Aufbauend auf dieser Untergliederung verwenden verschiedene Studien zum Lehrerprofessionswissen (COACTIV, COACTIV-R, TEDS-M) eine Gliederung in die Bereiche *content knowledge, pedagogical knowledge* und *pedagogical content knowledge* (Baumert u. Kunter 2006; König u. Blömeke 2009; Voss u. Kunter 2011). Neben dieser theoretischen Grundlage der Fallerstellung können für die Praxisnähe Interviews zu Erfahrungen in schwierigen Unterrichtssituationen durchgeführt werden. Als Interviewpartner sind erfahrene Lehrkräfte, Junglehrer oder auch Studierende, die erste Unterrichtserfahrungen sammeln, denkbar. Eine anschließende Strukturierung der Informationen aus den Interviews nach den zuvor aufgestellten Kategorien des Lehrerprofessionswissens bildet eine theoretisch fundierte und gleichzeitig praxisnahe inhaltliche Grundlage für die Fallerstellung (Abb. 17.1). Auch in diesem Ansatz werden Primärerfahrungen gesammelt und in Fällen als Sekundärerfahrungen gebündelt. Die Bezugnahme auf zuvor festgelegte Kategorien sichert dabei die theoretische Anbindung des Falls (*abstraction from experience*, vgl. Shulman 2004). Dieses Vorgehen bei der inhaltlichen Fallgestaltung kann dem von Sykes u. Bird (1992) genannten *instances of theory*-Ansatz zugeordnet werden.

Die dargestellten Möglichkeiten für die Erstellung von Fällen können auf Fälle als Testinstrumente sowie für die Erstellung von fallbasierten Lernaufgaben bezogen werden.

▸ In unserem Beispiel wurde die inhaltliche und theoretische Fundierung des fachdidaktisch-biologischen Falls durch unterrichtsrelevante Kategorien des Lehrerprofessionswissens im Bereich der Biologie in Anlehnung an Baumert u. Kunter (2006) sowie Schmelzing et al. (2009) gebildet. Dabei wurden z. B. die Bereiche fachgemäße (biologische) Arbeitsweisen, Diagnose von Schülerleistungen und Rückmeldungen im Unterricht, geeignete Unterrichtsmethoden und Sozialformen, Einsatz fachspezifischer Medien und Planung und Strukturierung von Unterricht identifiziert. Zur Gewährleistung des Praxisbezugs dienten sieben Interviews mit Novizen und Experten zu biologiespezifischen problematischen Unterrichtssituationen (Abb. 17.1).

17.3.3 Fall-Struktur

Die Struktur eines Falls soll nach L. S. Shulman (2004) die folgenden vier Komponenten berücksichtigen:

- *intention* (Vorhandensein eines Plans bzw. einer Absicht);
- *chance* (Vorhandensein eines unerwarteten, problematischen Ereignisses);
- *judgment* (Treffen einer Handlungsentscheidung);
- *reflection* (Prüfung der Konsequenzen getroffener Handlungsentscheidungen).

Diese vier Komponenten eines Falls sind in den verwendeten drei Fallabschnitten enthalten.

Fallabschnitt I beschreibt die schulischen Rahmenbedingungen und die räumlichen Gegebenheiten für die geschilderte Situation im Sinne einer Situierung. Des Weiteren werden die Ziele für die Unterrichtseinheit bzw. -stunde und deren Planung dargestellt sowie das erwartete Szenario des Unterrichts in Bezug auf das Unterrichten und das Lernen skizziert. Dieser erste Abschnitt realisiert die von L. S. Shulman (2004) genannte Komponente *intention*. In Abschnitt II wird die aktuelle (Unterrichts-)Situation mit unerwarteten Schwierigkeiten präsentiert. Diese Darstellung kann im Gegensatz zum ersten Abschnitt detaillierte Dialoge und Interaktionen enthalten. Das Ende dieses zweiten Abschnitts ist offen gestaltet, dargestellte Probleme und Schwierigkeiten bleiben ungelöst. Er realisiert damit die Komponente *chance*. Fälle, in denen keine Lösungen für die beschriebenen Probleme dargestellt sind, werden *open-ended cases* genannt (Kleinfeld 1992). Dieses offene Ende bietet einen Anlass für vielfältige Diskussionen. Fälle mit einem „geschlossenen"

Ende besitzen einen dritten Abschnitt, in dem mögliche Lösungen dargestellter Probleme beschrieben werden. Abschnitt III enthält somit die Auflösung sowie eine Reflexion des Falls und dient der Umsetzung von *judgment* und *reflection* (Shulman 2004). Bei der Verwendung von *open-ended cases* wird der dritte Abschnitt nicht schriftlich vorgegeben, sondern durch die Lernenden erstellt. Die Verwendung eines vierten Abschnitts, in dem Expertenkommentare zum Fall dargestellt sind, ist umstritten, da diese zur ungewollten Beeinflussung der Fallbearbeiter führen können (vgl. Wassermann 1993; Tab. 17.1). Aus diesem Grund enthält die hier vorgestellte Fallkonzeption drei Abschnitte.

▸ Unsere Gestaltung des biologiespezifischen Falls erfolgte getrennt in drei Abschnitten.
Der erste Abschnitt enthält Informationen zur Klasse. Die Schüler in unserem Fall besuchen die zehnte Klasse einer Berliner Schule. In der Unterrichtsstunde wird ein Experiment zur Samenkeimung durchgeführt. Das Ziel der Stunde ist die Durchführung und Auswertung dieses Experiments. Weiterhin werden im ersten Abschnitt die verwendeten Medien sowie ein tabellarischer Verlaufsplan vorgestellt. Dieser untergliedert sich in die Phasen Einstieg, Erarbeitung und Reflexion. In der Darstellung des ersten Abschnitts sind bereits Hinweise auf mögliche fachdidaktische Probleme, wie beispielsweise eine zu kurze Erarbeitungsphase, enthalten.
Die Darstellung der Unterrichtssituation mit verschiedenen fachdidaktischen Problemsituationen erfolgt in Abschnitt II anhand eines Fließtextes. Darin bestätigen sich teilweise die in Abschnitt I antizipierten Probleme. Zusätzlich werden weitere fachdidaktische Probleme deutlich, wie beispielsweise das Vergessen eines Kontrollansatzes durch die Schüler beim Experimentieren.
Abschnitt III entsteht bei der Bearbeitung des Falls durch die Studierenden. Daher kann dieser Fall als *open-ended case* bezeichnet werden. In diesem Zusammenhang werden für den dritten Abschnitt keine Materialien vorbereitet. Vielmehr ist es die Aufgabe der Studierenden, auf Grundlage der Abschnitte I und II Handlungsalternativen zu entwickeln (Tab. 17.1). In unserem Fall ist das übergeordnete Ziel die Testung der Vernetzungsfähigkeit der Studierenden. Zur besseren Charakterisierung von Vernetzungsfähigkeit wird im Beispiel das Modell des vernetzten Denkens (Schroder et al. 1975; Möller 1999) verwendet. Dieses Modell unterscheidet die Komponenten Differenziertheit, Diskriminiertheit und Integriertheit. Differenziertheit beschreibt Fähigkeiten, Informationen einer komplexen Unterrichtssituation in verschiedene Bereiche fachdidaktischen Wissens aufgliedern zu können, wobei die Fähigkeit zur Unterteilung innerhalb dieser Kategorien als Diskriminiertheit verstanden wird. Die Integriertheit beschreibt die Fähigkeit, Alternativen zu finden, Lösungen zu vergleichen und die Vor- und Nachteile gefundener Lösungen abzuwägen. Dies erfolgt unter Verwendung der zuvor identifizierten Informationen aus den Abschnitten I und II. Dieses Modell schafft eine enge Verbindung mit den von L. S. Shulman (2004) genannten Fallkomponenten (Tab. 17.1).

Tab. 17.1 Beispiel zu Fallbestandteilen und möglichen Inhalten

Fallbestandteil/ Fallkomponente	Inhalt	Inhalte des Beispiels	Geförderte Komponenten vernetzten Denkens
Abschnitt I *intention*	Kontext (räumliche und schulische Rahmenbedingungen, Unterrichtsplanung)	Jahrgangsstufe Ort Unterrichtsziel Verwendete Medien Tabellarischer Unterrichtsverlaufsplan Vorbereitete Unterrichtsmaterialien	Differenziertheit Diskriminiertheit
Abschnitt II *chance*	Unterrichtssituation (unerwartete Probleme und Schwierigkeiten)	Darstellung der Unterrichtssituation mit mehreren Problemen unterschiedlicher fachdidaktischer Bereiche, dialogische sowie beschreibende Darstellung im Fließtext	Differenziertheit Diskriminiertheit
Abschnitt III *judgment reflection*	Problemlösung	Entwicklung möglicher Lösungsansätze durch die Studierenden	Integriertheit

17.3.4 Fall-Konstruktion

Die Konstruktion eines praxisorientierten und theoretisch fundierten Falls erfolgt unter Beachtung der mit dem Falleinsatz verfolgten Ziele, der inhaltlichen Themen sowie der beschriebenen Strukturierung eines Falls (Abschnitte I, II, III). Ausgehend von den verfolgten Forschungsinteressen werden aus der theoretisch fundierten und praxisorientierten Datengrundlage (siehe 17.3.2: Fall-Inhalt) spezifische Inhalte für die Darstellung problemhaltiger Unterrichtssituationen abgeleitet. Anhand dieser erfolgt eine Auswahl an problematischen Unterrichtsaspekten, die mit dem Fall thematisiert, somit analysiert und diskutiert werden sollen.

▸ Das Ziel in unserem Beispiel war, die Fähigkeiten zur Analyse von Fällen sowie zur Bildung von Handlungsalternativen, in denen verschiedene biologisch-fachdidaktische Bereiche miteinander kombiniert werden (Vernetzungsfähigkeit), zu testen. Der inhaltliche Fokus wurde auf den fachdidaktischen Bereich der biologischen Arbeitsweisen gelegt. Dazu wurden Probleme aus wissenschaftlichen Untersuchungen zu Problemen im Unterricht beim Experimentieren (Hammann et al. 2006) mit den in den Interviews dargestellten Problemsituationen der Lehrkräfte kombiniert.

Im nächsten Schritt wird eine Unterrichtssequenz konstruiert, in die die zusammengetragenen, praxisrelevanten und theoretisch begründeten problematischen Aspekte inte-

Tab. 17.2 Visualisierung der inhaltlichen Ausgestaltung eines Falls

Fallbestandteil	Probleme / Handlungsalternativen	Wissensfacetten des Lehrerprofessionswissens									
		1	2	3	4	5	6	7	8	9	10
Abschnitt I	Problem 1	X									
	Problem 2	X									
Abschnitt II	Problem 3	X									
	Problem 4	X									
Abschnitt III	Handlungsalternative zu Problem 1	X ↔			X ↔			X			
	Handlungsalternative zu Problem 2	X									
	Handlungsalternative zu Problem 3	X ↔				X					
	Handlungsalternative zu Problem 4	X ↔							X		

griert werden. Dieser Konstruktionsschritt wird getrennt nach Abschnitt I (Unterrichtsplanung-Kontext) und Abschnitt II (Unterrichtsdurchführung-Unterrichtssituation) durchgeführt (Tab. 17.1). Auch die Integration problematischer Aspekte in den Unterricht erfolgt, je nach Schwerpunkt des Problems, spezifisch zu Abschnitt I oder Abschnitt II (Abschnitt I: Fokus Unterrichtsplanung, Abschnitt II: Fokus Unterrichtsdurchführung).

Eine Möglichkeit zur Visualisierung der Überlegungen zur inhaltlichen Ausgestaltung des Falls ist die Erstellung einer Übersicht, in der die Probleme und die Handlungsalternativen den entsprechenden Wissensfacetten, geordnet nach Abschnitten I, II und III, zugeordnet werden.

Tabelle 17.2 zeigt die Struktur eines Falls mit vier Problemsituationen. Die Probleme stammen aus Wissensfacette 1 (*fachgemäße (biologische) Arbeitsweisen*) und sind durch ein „x" dargestellt. Diese werden den Abschnitten I und II zugeordnet. Für Fallabschnitt III sind Handlungsalternativen zu den Problemen abgebildet, in denen eine Wissensfacette zur Erstellung einer Handlungsalternative verwendet wird (z. B. bei Problem 2) oder verschiedene Wissensfacetten des Lehrerprofessionswissens miteinander verbunden werden (z. B. bei Problem 1 auf 4 und 7, bei Problem 3 auf 5 und bei Problem 4 auf 8). Die Verbindungen verschiedener Facetten des Lehrerprofessionswissens in den Lösungsansätzen sind in Tab. 17.2 durch Pfeile dargestellt.

17.4 Falleinsatz

17.4.1 Fall-Einsatz als Testinstrument

Sykes und Bird (1992) sehen den Schwerpunkt des Einsatzes von Fällen als Test- und Diagnoseinstrument in der Überprüfung der Effektivität von Interventionsmaßnahmen. Der Einsatz von Fällen erfolgt in diesem Zusammenhang meist schriftlich zu Beginn und zum Ende des Semesters (Harrington 1995).

▸ Im unserem Beispiel wurden in einem Mastermodul der Biologiedidaktik verschiedene Fälle als Methode zu unterschiedlichen Zeitpunkten eingesetzt. Zur Überprüfung der Effektivität der fallbasierten Intervention haben wir Testfälle zu Beginn und zum Ende des Semesters verwendet. Die als Prä-Post-Test-Design angelegte Studie hatte das Ziel, Informationen zur Effektivität der Fallmethode in Bezug auf die Förderung der Vernetzungsfähigkeit der Studierenden zu gewinnen.

17.4.2 Fall-Auswertung der Tests

Für die Auswertung schriftlich durchgeführter Fallanalysen eignen sich qualitative Auswertungsverfahren wie beispielsweise die strukturierende qualitative Inhaltsanalyse. Grundlage dieser Auswertungen bilden Kategoriensysteme, die abhängig von der Fragestellung strukturiert werden (Kap. 11).

Die Testfälle wurden anhand eines Codiermanuals, welches auf der Grundlage verschiedener fachdidaktischer Kategorien entwickelt wurde, ausgewertet. Dabei wurde in Erfahrung gebracht, welche Probleme die Studierenden aus welchen fachdidaktischen Bereichen identifizierten (Differenziertheit und Diskriminiertheit) und welche fachdidaktischen Bereiche durch die Studierenden zur Erstellung von Handlungsalternativen miteinander verknüpft werden konnten (Integriertheit). Dadurch konnten wiederum Informationen zur Qualität und Quantität der Fallanalysen sowie zu den gebildeten Handlungsalternativen gewonnen werden.

Literatur zur Vertiefung

Baumert J, Kunter M (2006) Stichwort: Professionelle Kompetenz von Lehrkräften. Zeitschrift für Erziehungswissenschaften 9(4):469–520 (Der Artikel gibt einen Überblick über die Strukturierung des Lehrerprofessionswissens in Fachwissen, allgemeinpädagogisches Wissen und fachdidaktisches Wissen. Damit bietet er Basisinformationen zu Untersuchungen zum Lehrerprofessionswissen.)

Shulman LS (2004) Just in case. Reflections on learning from experience. In: Shulman LS (Hrsg) The wisdom of practice. Essays on teaching, learning, and learning to teach Jossey-Bass, San Francisco, S 463–482 (Der Artikel beschreibt die Strukturierung von Fällen und das Vorgehen bei der inhaltlichen Ausgestaltung von Fällen.)

Sykes G, Bird T (1992) Chapter 10: Teacher education and the case idea. Review of Research in Education 18(1):457–521 (Das Werk gibt einen Überblick über verschiedene Ansätze zur Fallentwicklung, die Verbindung von Theorie und Praxis in Fällen sowie den Einsatz von Fällen als Test- und Interventionsinstrument.)

Entwicklung von Unterrichtsvignetten 18

Markus Rehm und Katrin Bölsterli

In jüngster Zeit werden zunehmend Fragebögen und Tests zur Erfassung von Kompetenzen bei Lehrpersonen entwickelt. Viele Studien in diesem Bereich verwenden Fragebögen, um zeitökonomisch große Stichproben zu erreichen. Quantitativ ausgerichtete Fragebögen stehen jedoch wegen ihres Mangels an **ökologischer Validität** (bzw. externer Validität) in der Kritik, weil sie die handlungsrelevanten Fähigkeiten angehender Lehrkräfte nicht abbilden würden. Eine validere Alternative wäre die direkte Beobachtung des Lehrerhandelns im Unterricht, gestützt durch Videografie. Dies ist jedoch aufgrund der qualitativen Ausrichtung der Methode sehr zeit- und ressourcenintensiv. Vignettentests hingegen ermöglichen die zeitökonomische Erhebung valider Daten. Im Vignettentest werden angehenden Lehrkräften kurze Unterrichtsszenen in schriftlicher oder verfilmter Form dargeboten, die sie bewerten sollen. Aus der Reaktion einer angehenden Lehrkraft versucht man dann auf ihre Kompetenzen zu schließen. Die Fähigkeiten angehender Lehrkräfte werden so möglichst nahe an authentischen Unterrichtssituationen geschätzt.[1]

[1] Der Beitrag wird von allen Mitgliedern der „Luzerner Gruppe" vertreten: Dorothee Brovelli, Katrin Bölsterli, Markus Rehm und Markus Wilhelm.

Prof. Dr. Markus Rehm ✉
Didaktik der Naturwissenschaften/Chemie, Pädagogische Hochschule Heidelberg, Im Neuenheimer Feld 561, 69121 Heidelberg, Deutschland
e-mail: rehm@ph-heidelberg.de
Katrin Bölsterli
Didaktik der Naturwissenschaften/Chemie, Pädagogische Hochschule Luzern, Pfistergasse 20, 7660, 6000 Luzern, Schweiz
e-mail: katrin.boelsterli@phlu.ch

D. Krüger, I. Parchmann und H. Schecker (Hrsg.), *Methoden in der naturwissenschaftsdidaktischen Forschung*, DOI 10.1007/978-3-642-37827-0_18,

18.1 Theorien zur Professionalisierung von Lehrpersonen und deren Anwendung in fachdidaktischen Studien

Eine Profession zeichnet sich durch das Kennen universeller Regeln aus, mit Hilfe derer eine Person eine Situation durchdringen, Handlungsalternativen abwägen und handeln kann. Professionell ist eine Person dann, wenn sie diese Aspekte nicht nur miteinander verschränkt, sondern wenn sie eine situativ und personenspezifisch angemessene Handlungseinheit aus diesen Aspekten herstellt (vgl. Reinisch 2009). Erfahrene Lehrkräfte können dies besser als unerfahrene. Experten und Novizen haben somit ein unterschiedliches Niveau in ihrer Professionalität.

Die meisten quantitativ arbeitenden fachdidaktischen Studien zur Professionalität von Lehrpersonen stützen sich auf den kompetenztheoretischen Ansatz (z. B. Baumert und Kunter 2006; Kap. 21 und 25). Dieser Professionalisierungsansatz nimmt neben der Motivation, den Überzeugungen und den selbstregulativen Fähigkeiten von Lehrpersonen auch deren Professionswissen auf. Der Ansatz von Shulman (1986, 1987, 2004) zum Professionswissen ist im Rahmen der kompetenztheoretischen Professionalisierungsdebatte von Lehrpersonen der wohl meistdiskutierte. Shulman unterscheidet sieben Formen professioneller Kompetenz. Die drei wichtigsten sind:

- fachliche Fähigkeiten (*content knowledge*: CK),
- fachdidaktische Fähigkeiten (*pedagogical content knowledge*: PCK),
- pädagogische Fähigkeiten (*pedagogical knowledge*: PK).

Das COACTIV-Projekt, das professionelle Kompetenzen von Mathematiklehrpersonen erhoben hat, konnte einen prädiktiven (vorhersagbaren) Zusammenhang zwischen dem fachlichen und dem fachdidaktischen Wissen empirisch belegen (Baumert et al. 2010; Kunter et al. 2011). Es wurde zudem gezeigt, „dass das fachdidaktische Wissen (PCK) [...] Vorhersagekraft für den Lernfortschritt von Schülern hat und maßgeblich die Unterrichtsqualität beeinflusst." (Baumert und Kunter 2011, S. 183). Um Konstrukte wie fachliches und fachdidaktisches Wissen valide messen zu können, müssen die beteiligten Wissenschaftler bestimmten methodischen Herausforderungen gerecht werden. Diese werden im Folgenden in Bezug auf die Kompetenzerhebung angehender Lehrpersonen erörtert.

18.2 Methodische Herausforderungen

Um die wichtigsten Punkte der „methodischen Herausforderungen" bei der Kompetenzerhebung von Lehrpersonen zu überblicken, empfehlen wir den Artikel von Kunter und Klusmann (2010) in der Fachzeitschrift „Unterrichtswissenschaft": Die Autorinnen differenzieren hier zwischen einer „objektiven" und einer „subjektiven" sowie zwischen der so genannten „distalen" und der „proximalen" Kompetenzerhebung. Kunter und Klusmann

(2010) schreiben: „Bei einer subjektiven Erfassung nimmt das zu untersuchende Individuum selbst eine Einschätzung seiner Kompetenz vor [...]. Bei einer objektiven Erfassung erfolgt die Erhebung ‚von außen' anhand von externen Kriterien. Es wird davon ausgegangen, dass das Ergebnis unabhängig vom jeweiligen Beurteiler ist. Der objektive Ansatz lässt sich wiederum nach einem weiteren Kriterium systematisieren: der distalen und der proximalen Erfassung" (Kunter und Klusmann 2010, S. 75). Distale (entfernte) Indikatoren, wie Ausbildungsstand, Zertifikate und Noten, sind Indikatoren, die in großem Abstand zur eigentlichen Datenerhebung generiert wurden. Proximale (nahe) Indikatoren werden direkt im Test oder im Fragebogen generiert. Es existieren die folgenden Indikatoren:

subjektiv distal: z. B. Selbstauskunft über Zertifikate und Noten;
subjektiv proximal: z. B. subjektive Selbsteinschätzung von Kompetenzen;
objektiv distal: z. B. Zertifikate und Noten;
objektiv proximal: z. B. Kompetenzmessung im Vignettentest.

Für eine Kompetenzerhebung erscheinen proximale Indikatoren als besonders erstrebenswert, weil sie die zu erhebenden Kompetenzen direkt adressieren (Frey 2008).

Da wir bereits die subjektive Selbsteinschätzung der professionellen Kompetenz angehender Lehrkräfte via Fragebögen durchgeführt hatten (vgl. Brovelli et al. 2011), war unsere Absicht ein Erhebungsinstrument zu entwickeln, das nun einen objektiven Zugang zum Feld mit proximalen Indikatoren ermöglicht. Wir stießen auf das Format des Vignettentests.

18.2.1 Erhebung von Kompetenzen naturwissenschaftlicher Lehrkräfte durch Vignettentests

Um einen neu etablierten Studiengang zu evaluieren, hatte sich an der Pädagogischen Hochschule Luzern eine Gruppe zusammengefunden, um den LUZERNer-Vignettentest zu entwickeln.

Unterrichts- bzw. Lehrpersonenvignetten sind kurze Szenen aus dem Alltag des Unterrichts bzw. der Lehrpersonen, die kritische Probleme aufzeigen, zu deren erfolgreicher Bewältigung bestimmte Kompetenzen notwendig sind.

Der Einsatz von Vignetten wurde bereits an folgenden Studien erprobt: Das fachdidaktische Professionswissen in den naturwissenschaftlichen Unterrichtsfächern wurde über Vignetten erhoben. So erzeugten Riese und Reinhold (2010) unter anderem mittels schriftlicher Unterrichtsvignetten ein Modell zur Relevanz universitären Wissens. Schmelzing et al. (2010) konzipierten ein durch Videovignetten gestütztes Instrument zur Erfassung der Reflexionsfähigkeit von domänenspezifischen Lehr-/Lernsituationen im Biologieunterricht.

Will man sich über den Einsatz von Vignetten informieren, lohnt auch ein Blick in die Studien von Baer et al. (2007) für schriftliche Vignetten zur Planungskompetenz von

Lehrpersonen bzw. von Oser et al. (2010) für Filmvignetten zum Kompetenzprofil „Gruppenunterricht". Bedeutend sind zudem die Studien von Seidel und Prenzel (2007) zum Instrument *Observer*, mit dem die Wahrnehmungskompetenz von Lehrpersonen erhoben wird (vgl. z. B. Jahn et al. 2011; für weitere Beispiele vgl. Brovelli et al., im Druck). Die letztgenannten Studien verwenden konkrete Unterrichtssituationen in Form von verfilmten Vignetten zur Erfassung der „professionellen Kompetenz". Diese Studien gehen davon aus, dass sich mit Vignettentests Kompetenzen von Lehrpersonen für das tatsächliche berufliche Handeln valider abbilden lassen als mit reinen Papier-Bleistift-Tests zum fachlichen, fachdidaktischen oder pädagogischen Wissen. Ein Grund hierfür ist der prinzipielle Unterschied zwischen Wissen und Können. Gerade dieser Unterschied stellt eine große Herausforderung an die Erhebungsformate der Testinstrumente dar.

18.2.2 Das Erhebungsformat des Vignettentests

Der Vignettentest unserer Gruppe besteht aus acht schriftlichen Vignetten und zwei Filmvignetten und enthält Unterrichtssituationen zu zentralen naturwissenschaftsdidaktischen Fähigkeitsaspekten. Er deckt Inhalte aus den drei naturwissenschaftlichen Fächern Physik, Chemie und Biologie sowie integrierte Themen ab (vgl. Brovelli et al., im Druck).

Die Kompetenzerhebung des LUZERNer-Vignettentests sollte in Anlehnung an das Verfahren der „advokatorischen Kompetenzmessung" (vgl. Oser et al. 2010) stattfinden. Mit „advokatorisch" ist gemeint, dass die angehenden Lehrkräfte das in einer Vignette dargestellte Unterrichtshandeln einer anderen Lehrperson beurteilen. Die Qualität der Urteile erlaubt nach Oser et al. (2010) Aussagen über die Kompetenz der Testpersonen. Während die Befragten in der Studie von Oser et al. (2010) *Rating*-Items auf einer metrischen Skala ankreuzten (Kap. 23), arbeiteten wir ähnlich wie Baer und Buholzer (2005) – mit einem offenen Beurteilungsformat. In unserem Verfahren wurden die Probanden gebeten, die Situation frei zu bewerten und Verbesserungsvorschläge zu machen, d. h. sie erhielten offene Fragen wie folgende: „Geben Sie bitte stichwortartig Ihre Rückmeldung zu dieser Unterrichtssequenz." Wir haben die Erfahrung gemacht, dass die Offenheit dieser Aufforderung einerseits den Realitätscharakter der Situation gewährleistet und damit die externe Validität des Tests erhöht, andererseits aber die Schwierigkeiten einer nicht hinreichend konkreten Handlungsaufforderung an die Probanden entsteht, was sich ungünstig auf die interne Validität (Kap. 9) auswirkt. Um letzteres zu vermeiden, und um auf der Seite der Testpersonen klarzustellen, was diese im Test leisten sollen, empfehlen wir in einer Pilotphase unterschiedliche Aufforderungsformate zu testen, z. B.: „Geben Sie bitte *kritisch* Ihre Rückmeldung zu dieser Unterrichtssequenz." oder „Geben Sie bitte stichwortartig und *kritisch* Ihre Rückmeldung zu dieser Unterrichtssequenz und machen Sie *konstruktive Verbesserungsvorschläge.*"

Da Lehrpersonen in Unterrichtssituationen zeitlich eingeschränkt handeln müssen, hatten die Teilnehmer je nach Komplexität der jeweiligen Vignetten maximal fünf bis zehn Minuten Zeit, eine offene Antwort zu formulieren. Fünf der acht schriftlichen Vignetten enthalten komplexe Unterrichtssituationen (siehe Abb. 18.1); weitere drei Vignetten bestehen aus komplexitätsreduzierten Unterrichtssituationen, so dass die Bearbeitungszeit der schriftlichen Vignetten 65 Minuten (5 mal 10 min plus 3 mal 5 min) nicht überstieg. Die Filmvignetten mit je zwei bis vier Minuten Laufzeit benötigten zusätzlich je zehn Minuten Bearbeitungszeit. Mit diesem Zeitformat haben wir sehr gute Erfahrungen gemacht, da sich der Test in 90-minütigen Lehrveranstaltungen „einbauen" lässt. Dieses Vorgehen ist anstelle einer möglichen online-gestützten Bearbeitung zu empfehlen, um einen hohen Rücklauf erzielen zu können und bei Verständnisfragen, z. B. zum Ablauf der Studie, unterstützen zu können.

18.2.3 Die Entwicklung und das Format der Vignetten

Wir empfehlen, Vignetten auf der Grundlage von realem Unterricht zu entwickeln. Das heißt, man beobachtet Unterricht, legt Transkripte der Beobachtung an oder videografiert den Unterricht, und analysiert diese Daten zunächst unter der allgemeinen Leitfrage (z. B. unter der Fragestellung, ob die Unterrichtssequenzen den Kriterien „guten" Unterrichts genügen). Dabei hat sich gezeigt, dass es einfacher ist, sich über „Mängel" im Unterricht zu einigen als über „gute" Unterrichtsbeispiele, insbesondere weil „guter" Unterricht meist nur im Gesamten, d. h. beim Betrachten einer gesamten Unterrichtslektion sichtbar wird. Aus diesem Grund gingen wir auf die Suche nach „verbesserungsbedürftigen" Unterrichtssequenzen. Je nach Forschungsfrage der jeweiligen Vignettenstudie kann die Leitfrage weiter zugespitzt werden, z. B.: Sind kritische Unterrichtsszenen zum Experimentieren, zum Umgang mit Modellen etc. auffindbar?

Für die Entwicklung unserer Vignetten wurden

1. zwölf Doppelstunden von Lehramtsstudierenden in der Schulpraxis videografiert,
2. beobachtete Unterrichtssituationen von Lehramtsstudierenden in der Schulpraxis und von Referendaren transkribiert sowie
3. teilnehmende Beobachtungen unterrichtsbezogener Kommunikation von Lehrkräften in Lehrerzimmern schriftlich festgehalten.

Aus 1. und 2. entwickelten wir die acht schriftlichen Vignetten, aus 3. entstanden zwei Drehbücher für Filmvignetten.

Das Auswahlkriterium der Unterrichtssituationen für die schriftlichen Vignetten orientierte sich einerseits an den Kriterien für „guten" Unterricht (z. B. Wilhelm 2007; Helmke 2009; Fend 2011) und andererseits an den Kategorien des Professionswissens von Shulman (1987, 2004; Abschn. 18.2.1). Wir suchten empirisch nach verbesserungsbedürftigen Lehr-Lern-Arrangements und entsprechend nach verbesserungsbedürftigem Handeln der Lehrpersonen, zu deren Identifikation und zu deren Optimierung professionelle Kompetenzen der Studienteilnehmenden nötig sind. Längere Unterrichtssequenzen mit bedeuten-

Vignette 4: Fortpflanzung bei Pflanzen
Bei einer kollegialen Unterrichtshospitation einer 7. Klasse machen Sie folgende Beobachtung:
Die Schülerinnen und Schüler wurden von der Lehrperson aufgefordert eine stilisiert gezeichnete Tulpe zu beschriften. Nachdem sie dafür einige Minuten Zeit gehabt haben, fordert die Lehrperson die Schülerinnen und Schüler auf, gemeinsam zu korrigieren. Dazu hat sie von der stilisierten Tulpe eine Folie für den Tageslichtprojektor vorbereitet. Sie geht nun schrittweise alle Teile der Tulpe durch.

LP: „Wie heisst dieser Teil? – Das ist doch ganz einfach."
Bekim: „Kelch oder so."
LP: „Wer hat etwas anderes?"
Anna: „Kronblätter"
LP: „Schreibt Blütenblätter"
Anna: „Was ist der Unterschied von Kelch- und Kronblättern?"
LP: „Das spielt keine Rolle. Wir schreiben ja Blütenblätter. – Was ist das hier? – Also, das müsst ihr nun wirklich wissen. – Ali, was hast du aufgeschrieben?"
Ali: „Ähm, Blatt. Nein, ähm, weiss ich nicht."
LP: „Blatt stimmt sicher nicht. Wie heisst dieser Teil da? – Ruhe! – Konzentriert euch! – Das kann doch nicht so schwer sein!"
Jana: „Stempel"
LP: „Ja, das ist der Stempel" – Was habt ihr hier aufgeschrieben?"
Jana: „Pollensäcke".
LP: „Fast. Aber wie sagen wir zu dem?" – „Denkt an den Text im Buch, den ihr auf heute studieren musstet." – „Pollenblätter".

Geben Sie bitte stichwortartig Ihre Rückmeldung zu dieser Unterrichtssequenz.

Abb. 18.1 Beispiel für eine schriftliche Vignette

den Problemen stellten wir zusammengefasst dar. So sollen beispielsweise folgende Probleme in einer Unterrichtssequenz (Vignette) entdeckt werden:

1. eine in einen Unterricht zeitlich ungünstig eingebettete Experimentierphase mit zusätzlich falsch verstandener Offenheit (vgl. z. B. Priemer 2011);
2. fachliche Fehler der Lehrperson in einem Unterrichtsgespräch, (vgl. z. B. Lindner 2011);
3. von der Lehrperson missachtete Präkonzepte (vgl. z. B. Duit 2008) oder
4. mangelnde kognitive Aktivierung der Schüler (vgl. z. B. Olszewski et al. 2010).

Alle in den schriftlichen Vignetten enthaltenen Probleme betreffen die Gestaltung von naturwissenschaftlichem Unterricht mit biologischen, chemischen, physikalischen oder naturwissenschaftlich-integrierten Aspekten.

Die schriftlichen Vignetten haben ein Format von maximal einer halben DIN-A4-Seite. Die Lesezeit der Aufgaben ist in den Beurteilungsprozess integriert. Wir passten die Bearbeitungszeiten für den Beurteilungsprozess an die unterschiedliche Komplexität der schriftlichen Vignetten an, wobei wir von einer mittleren Lesekompetenz für 20-jährige Lehramtsstudierende ausgingen. Ein Beispiel für eine schriftliche Vignette zeigt Abb. 18.1.

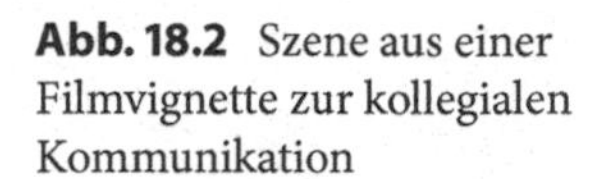

Abb. 18.2 Szene aus einer Filmvignette zur kollegialen Kommunikation

Die Probanden wurden nach dem Kennenlernen der Unterrichtsvignette aufgefordert, stichwortartig ihre Rückmeldung zu dieser Unterrichtssequenz zu geben, ohne dass explizit nach einer Begründung oder Optimierung gefragt wurde.

Die Filmvignetten (siehe Abb. 18.2) wurden in der Abspieldauer auf zwei bis vier Minuten begrenzt und enthalten Szenen zur kollegialen Lehrerkommunikation, zur Unterrichtsplanung sowie zur erhöhten Arbeitsbelastung. Um die durch das Medium Film erhöhte Komplexität zu reduzieren, wurden die Filmvignetten mit nicht mehr als drei von den Testpersonen aufzufindenden Problemen ausgestattet. Während der Erhebung spielten wir die Filmvignetten den Probanden komplett vor und starteten dann den schriftlichen, offenen Beurteilungsprozess.

Die Vignetten (Filmvignetten und schriftliche Vignetten) enthalten zwischen drei und neun aufzufindende Probleme, die es zu erkennen gilt, bzw. zu denen eine Stellungnahme verlangt wird. Nach unserer Erfahrung führen mehr als neun kritisierbare Probleme zu einer zu großen Komplexität der Vignette, so dass die Probleme im Einzelnen nicht mehr erkennbar sind. Filmvignetten sind nach unserer Erfahrung für eine Überdimensionierung durch zu viele Probleme anfälliger als schriftliche Vignetten.

18.2.4 Das Entwickeln eines Codier-Manuals

Zur Auswertung der Daten wurde ein Codier-Manual (Kap. 14) entwickelt. Darin sind die in den Vignetten enthaltenen Probleme (die zu entdeckenden Probleme) detailliert aufgeschlüsselt. Das Manual dient dazu, die Qualität der Probandenurteile zu bestimmen.

Die Bestimmung der Qualitätsmerkmale für die Problembeurteilung wurde eng verknüpft mit der Validierung der Unterrichtssituationen in den Vignetten. In unserem Fall entwickelten wir die Qualitätsmerkmale zunächst theoriegeleitet anhand von Kriterien „guten" Unterrichts (Abschn. 18.2.2). Diese lauten z. B.

1. effiziente Unterrichtsstrukturierung;
2. kognitive Aktivierung der Schüler;
3. fachliche Beweglichkeit der Lehrperson;
4. Abstimmung des Unterrichtsverlaufs mit den motivationalen und emotionalen Bedürfnissen der Schüler;
5. Schülerorientierung und Differenzierung der Inhalte;
6. Berücksichtigung der Präkonzepte der Schüler usw.

Anschließend wurden die in den Vignetten enthaltenen Probleme anhand der oben genannten Kriterien „guten" Unterrichts detailliert bestimmt und als Problem paraphrasiert (Kap. 11): z. B. 1. zu große Lerngruppen beim Experimentieren, 2. mangelnde kognitive Aktivierung, 3. mangelnde Fachkompetenz der Lehrperson etc. ...

Danach baten wir acht erfahrene Lehrpersonen in einem gruppendiskursiven Prozess (vgl. Kunter und Klusmann 2010; Oser et al. 2007; Baer und Buholzer 2005; Kap. 12) unabhängig von unserer theoretischen Herleitung die in den Vignetten enthaltenen Probleme zu bestimmen. Wir passten dann die Probleme in den Vignetten auf das Ergebnis der Gruppendiskussion an und differenzierten das Manual aus. Dabei waren nur wenige Anpassungen notwendig, was uns darin bestärkte, dass die zunächst empirisch ermittelten und durch Theorie gestützten Problemsituationen in den Vignetten gut mit der täglichen Praxis im Einklang stehen.

In einer **Pilotstudie** mit 22 Studierenden wurden zudem neu hinzukommende Antworten, die nicht zu den in den Vignetten bereits enthaltenen Problemen passten, zusätzlich mit in das Manual aufgenommen, da sie aus theoretischer Perspektive sinnvoll erschienen.

Die nachstehende Tab. 18.1 zeigt exemplarisch 3 von insgesamt 9 Problemen der in Abb. 18.1 dargestellten Vignette zur Fortpflanzung bei Pflanzen

18.3 Methode der Datenauswertung

Um die Qualität der Probandenurteile differenziert bestimmen zu können, entschieden wir uns, ein Vergabesystem von 0, 1 oder 2 Punkten pro Problem einzuführen. Diese Ratingskala kann grundsätzlich auch feiner gestuft sein; die Abstufung hängt einerseits von den Inhalten der Vignetten, andererseits vom angestrebten Output bzw. Zweck des Ratings ab: Mit der dreistufigen Skala bezweckten wir, ein Manual-gestütztes Rating durchführen zu können, das sowohl die Tiefe der Antworten (Qualität der Beurteilung) als auch die Breite (Anzahl der erkannten Probleme) berücksichtigt. Wir schulten vier Personen als Rater. Die erste Auswertungsrunde ermöglichte es, aus 152 Studierendenantworten jedem Problem mehrere Ankerbeispiele für mögliche 0-Punkteantworten, 1-Punkteantworten sowie 2-Punkteantworten beizufügen. Zur Erhebung der Gesamtkompetenz wurden alle Punkte der einzelnen Probleme addiert. Da alle Datensätze unabhängig voneinander doppelt geratet wurden, diente dieser Durchgang auch dazu, die Interraterreliabilität (Cohens Kappa, → Zusatzmaterial online) zu bestimmen. Da der zeitliche Aufwand mit zunehmender Rou-

Tab. 18.1 Probleme der Vignette „Fortpflanzung bei Pflanzen"

Vignette 4: Fortpflanzung bei Pflanzen Diese Vignette weist folgende Probleme auf, die von den Testpersonen erkannt werden können.
Problem 1: Vorwissen bleibt unberücksichtigt Die Lehrperson geht von den Inhalten des Schulbuchs bzw. ihrem eigenen Wissen aus und nicht vom Vorwissen der Schülerinnen und Schüler.
Problem 2: Lehrerzentrierter Unterricht – keine Schülerorientierung Die Lehrperson geht nicht auf Rückfragen ein. Sie berücksichtigt die Überlegungen der Schülerinnen und Schüler nicht.
Problem 3: Begriffslernen statt Konzeptlernen Die Lehrperson fragt nach bestimmten Begriffen und lässt nur diese zu. Es soll lediglich Begriffslernen stattfinden, während die Funktion der Pflanzenteile nicht thematisiert wird. [...]
Problem 5: Mangelnde kognitive Aktivierung Die Lehrperson langweilt und unterfordert oder demotiviert die Schülerinnen und Schüler durch ihr „Frage-Antwortspiel". [...]
Problem 8: Mangelndes Fachwissen der Lehrperson Die Kelch- und Kronblätter besitzen je eine andere Funktion.

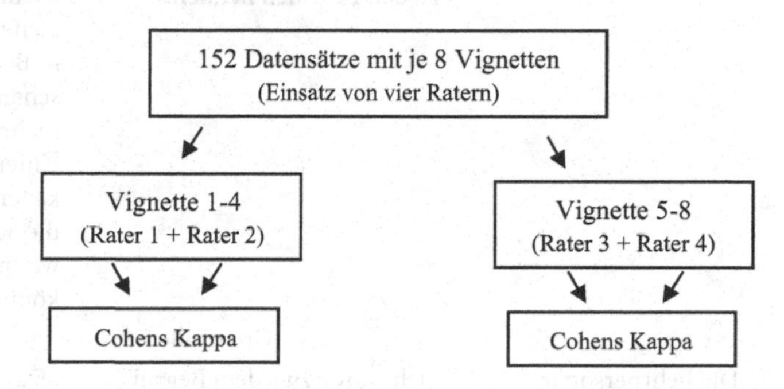

Abb. 18.3 Ratingverfahren am Beispiel der schriftlichen Vignetten

tine beim Raten der schriftlichen Daten deutlich sank, wurde jede Vignette doppelt geratet (Abb. 18.3).

Während des Auswertungsprozesses entstanden anfänglich Schwierigkeiten der Rater im Umgang mit den Problemen in den Vignetten. Es bestand vor allem Uneinigkeit über den theoretischen Hintergrund der Qualitätsmerkmale „guten" Unterrichts. Daraufhin wurde die begriffliche Verwendung der Qualitätsmerkmale mit den Ratern in mehreren Diskussionsrunden präzisiert. So wurde z. B. geklärt, was unter „kognitiver Aktivierung" genau zu verstehen und welche Literatur hierzu hinzuzuziehen sei. Dieser Prozess kann als eine Nachschulung der Rater aufgefasst werden. Das Manual wurde als Folge davon begrifflich geschärft. Auch die Qualität der Antworten, d. h. die Einigung darüber, ob eine Antwort 1 oder 2 Punkte gibt, wurde vor allem bei Grenzfällen diskutiert. Zur einheitlichen und **trennscharfen** Punktvergabe wurden auch Ankerbeispiele zu Grenzfällen ins Ratingmanual (Tab. 18.2) aufgenommen. Die Bestimmung der Interraterreliabilität von Cohens Kappa (vgl. Cohen, 1960) über alle Vignetten lag dann bei 0,75.

Tab. 18.2 Auszug aus dem Ratingmanual

Problem 3: Begriffslernen statt Konzeptlernen Es findet lediglich Begriffslernen statt, während die Funktionen der Pflanzenteile im Unterricht nicht thematisiert werden.		
0 Punkte	1 Punkt	2 Punkte
Das Problem wird nicht erkannt. ODER Der Unterricht wird ohne Begründung als schlecht bewertet.	Das Problem wird erkannt, aber ohne Verbesserungsvorschlag oder Begründung. ODER Es wird ein passender Verbesserungsvorschlag ohne Begründung angeführt.	Das Problem wird erkannt und begründet (z. B. mangelnder Lerneffekt) ODER Es wird ein begründeter Verbesserungsvorschlag angegeben.
	Datenbeispiele	
„Sie sagt klar, was hier richtig und falsch ist." „Die Lehrperson unterrichtet schlecht."	„Was die einzelnen Bestandteile sind und welche Funktionen diese haben, erklärt sie nicht." „Ich würde noch die Funktionen zu den Begriffen nennen."	„Die Schülerinnen und Schüler werden das Begriffenotieren auf dem Blatt wenig sinnhaft finden. Was bringen einem die Begriffe alleine ohne Funktion?" „Ich würde die Begriffe unbedingt in Bezug auf ihre Funktion anschauen oder die Pflanzenteile mehrerer Blumen vergleichen, um Unterschiede oder Gemeinsamkeiten herauszufinden. Dies, damit die Schülerinnen und Schüler etwas mit den Begriffen anfangen können."
	Grenzfälle	
„Die Lehrperson macht langweiligen Unterricht." **Oberer Grenzfall:** Langweilig geht bereits in die richtige Richtung, des Problems. Dennoch wird dafür hier kein Punkt gegeben, da die Antwort zu unpräzise ist. Die Person bekam jedoch Punkte für diese Antwort.	„Ich würde zu jedem Begriff auch noch die Funktion die Kinder auswendig lernen lassen, damit sie sich die Begriffe besser merken können." **Oberer Grenzfall:** Es wird erkannt, dass Begriffe mit einer Funktion verknüpft werden sollen, jedoch ist der Fokus immer noch auf dem Begriffslernen.	„Das Begriffslernen in dieser Übung ist sinnlos, falls die Begriffe nachher nicht mehr angewendet werden." **Unterer Grenzfall:** Es wird gesagt, Begriffslernen sei sinnlos, doch ist das Wort „Anwendung" etwas schwammig. Meint die Testperson damit, dass der Begriff z. B. mit einer Funktion verknüpft werden soll oder meint sie, dass der reine Begriff repetiert werden soll?

18.4 Vorgehen bei der empirischen Validierung des Instruments

Bei Tests sind Validierungen durchzuführen, d. h. es ist zu überprüfen, ob der Test spezifisch das testet, was getestet werden soll (Kap. 9). In unserem Fall sollte die Fähigkeit „Naturwissenschaften unterrichten zu können" getestet werden.

Eine Möglichkeit zur Validierung besteht darin, mit Kontrollgruppen zu arbeiten. Wir hatten zwei Studierendengruppen als Kontrollgruppen ausgewählt, die entweder nur das Merkmal „Naturwissenschaften" oder nur das Merkmal „Lehramt" trugen.

Kontrollgruppe 1: Lehramtsstudierende ohne naturwissenschaftliche Fächer Zur Validierung untersuchten wir, ob der Test zwischen Lehramtsstudierenden der Naturwissenschaften (**Treatmentgruppe**) und den Lehramtsstudierenden ohne Naturwissenschaften (Kontrollgruppe-1; Kap. 6) unterscheidet und somit in Bezug auf das Unterrichtsfach valide ist.

Die Treatmentgruppe und die Kontrollgruppe-1 sollen sich somit möglichst nur in der zu untersuchenden Variablen, hier „Unterrichtsfach Naturwissenschaften", unterscheiden. Um diesem Anspruch gerecht zu werden, achteten wir darauf, dass die Studierenden an derselben Hochschule studierten und der erziehungswissenschaftliche bzw. allgemeindidaktische Ausbildungsanteil der PH-Studierenden (Treatmentgruppe und Kontrollgruppe-1) dem gleichen Curriculum folgten. Somit unterschied sich das Studium der beiden Gruppen nur in der Fächerkombination der Unterrichtsfächer (Naturwissenschaften/keine Naturwissenschaften).

Zudem beachteten wir, dass die Studierenden der Treatment- und der Kontrollgruppe-1 in etwa die gleiche Anzahl an Modul-Leistungspunkten erreicht hatten. Als Treatmentgruppe wurden 95 Lehramtsstudierende mit Naturwissenschaften und als Kontrollgruppe-1 29 Lehramtsstudierende ohne Naturwissenschaften des 6. und 8. Semesters ausgewählt.

Die Kompetenzerhebung mit dem Vignettentest zeigte, dass die Treatmentgruppe signifikant höhere Kompetenzwerte bei der PCK-Skala erreichte. Dies werten wir als Hinweis, dass der Vignettentest die Kompetenzen differenziert misst. Das heißt der Test zeigt die Unterschiede der fachdidaktischen Fähigkeiten in Abhängigkeit vom Studienfach an (Naturwissenschaften/keine Naturwissenschaften).

Kontrollgruppe 2: Naturwissenschaftsstudierende ohne Lehramt Zur Validierung testeten wir zudem, ob der Test zwischen Lehramtsstudierenden der Naturwissenschaften (**Treatment**) und Studierenden, die Naturwissenschaften ohne Lehramt (Kontrollgruppe-2) studierten, unterscheidet und somit in Bezug auf das Lehramtsstudium valide ist. Die Treatmentgruppe und die Kontrollgruppe-2 sollen sich erneut möglichst nur in der zu untersuchenden Variablen „Lehramt" unterscheiden.

Wir verglichen daher Studierende, die eine vergleichbare Anzahl an Leistungspunkten in der fachlichen Ausbildung hatten. Weiter achteten wir darauf, dass alle Studierende Veranstaltungen in allen Fächern der Naturwissenschaften, d. h. in Physik, Biologie und

Chemie, besuchten. Somit entschieden wir uns als Kontrollgruppe-2 Studierende einer Schweizer Technischen Universität auszuwählen, die Umweltnaturwissenschaften studierten und Veranstaltungen zu allen drei naturwissenschaftlichen Fächern besuchten. Sie studierten im 4. Semester (Kontrollgruppe-2, $N = 13$) und wurden mit PH-Studierenden der Naturwissenschaften im 8. Semester (Treatmentgruppe, $N = 49$) verglichen. Die Anzahl besuchter fachwissenschaftlicher Lehrveranstaltungen war in beiden Gruppen vergleichbar.

Trotz der kleinen Stichprobe, die aus praktischen Gründen lediglich 13 Studierende umfasste (Kontrollgruppe-2), erreichte die Treatmentgruppe signifikant höhere Testresultate mit großen Effekten (Kap. 23). Was die Stichprobengröße der Kontroll- und Treatmentgruppen anbelangt, empfehlen wir im Vorfeld die Bestimmung der Teststärke (vgl. Bortz und Döring 2006). Hier kann z. B. das Programm GPower angewendet werden (vgl. z. B. Erdfelder et al. 2004; Kap. 23).

Treatmentgruppe: Lehramtsstudierende mit naturwissenschaftlichen Fächern Eine weitere Möglichkeit der Testvalidierung ist, zu überprüfen, ob der Test fähig ist, Kompetenzunterschiede innerhalb der Treatmentgruppe zu messen. In unserer Studie bedeutet dies, dass der Test auch auf den Fortschritt im Verlaufe des Studiums ansprechen sollte. Es sollte also gezeigt werden, dass Studierende der Treatmentgruppe in einem hohen Semester bessere Testergebnisse aufweisen als Studienanfänger. Hierzu verglichen wir Lehramtsstudierende der Naturwissenschaften im ersten Semester mit Studierenden des dritten und des fünften Semesters.

Es ergaben sich **signifikante** Kompetenzanstiege über das Studium hinweg mit großem Effekt. Eine Kompetenzzunahme nur aufgrund des Alters konnte zumindest für die hier untersuchte Altersspanne ausgeschlossen werden. Auch das Geschlecht alleine konnte die Kompetenzentwicklung nicht erklären.

18.5 Fazit

Vignettentests sind eine valide Alternative zu herkömmlichen Papier- und Bleistifttests. Auf der Grundlage gut validierter Tests, die mit Vignetten arbeiten, können Fähigkeiten von Lehrpersonen (z. B. Handeln im Unterricht) nahe an authentischen Handlungssituationen erhoben werden. Über die oben erwähnten Validierungsmaßnahmen hinaus schlagen wir vor, die Fremdbeurteilung des realen Unterrichts der Studienteilnehmer durch geschulte Beobachter heranzuziehen. Dies wurde für unseren Vignettentest noch nicht durchgeführt.

Literatur zur Vertiefung

Kocher M, Wyss C, Baer M (2013) Unterrichten im Berufseinstieg – Wirkung der Praxiserfahrung und Vergleich mit erfahrenen Lehrpersonen. Unterrichtswissenschaft 41(2):126–152 (Im Forschungsprojekt werden neben *Stimulated Recall Interviews*, Unterrichtsvideos etc. auch Vignetten eingesetzt. Die Auswertungsmethode der Vignetten erfolgt hier inhaltsanalytisch. Im Längsschnitt werden so die Kompetenzniveaus von Lehrkräften mit unterschiedlicher Erfahrungsdauer zu drei Zeitpunkten erhoben.)

Oser F (Hrsg) (2013) Ohne Kompetenz keine Qualität. Entwickeln und Einschätzen von Kompetenzprofilen bei Lehrpersonen und Berufsbildungsverantwortlichen. Klinkhardt, Bad Heilbrunn (Der Band geht u. a. der Frage nach, wie Qualität der beruflichen Bildung von Lehrkräften festgestellt und gemessen werden kann. Dabei sind Kompetenzprofile entstanden, die Lehrkräfte benötigen, um erfolgreich zu unterrichten. Es wird gezeigt wie diese Kompetenzprofile empirisch sichtbar und deren Qualität messbar gemacht werden kann.)

Literatur zur Vertiefung

[illegible]

[illegible]

19 Auswertung narrativer Lernerdaten

Jörg Zabel

Das Wort „narrativ" kann eine Textsorte bezeichnen oder eine Unterrichtsmethode. Aber es steht auch für einen Modus der Wirklichkeitskonstruktion und einen neuen theoretischen Blickwinkel beim Verstehen von Lern- und sogar Forschungsprozessen. Je nachdem, was das Erzählen jeweils leisten soll, wofür es eingesetzt wird, ergeben sich verschiedene Forschungsfragen und Methoden. Zum Thema Narration sind in der Naturwissenschaftsdidaktik bereits einige theoretische und programmatische Veröffentlichungen erschienen, aber nur wenige empirische Studien.

19.1 Narration

Worin liegt der Wert der Narration als Forschungsmethode für die Naturwissenschaftsdidaktik? In diesem Beitrag wird vorgeschlagen, Geschichten zur Erhebung von Schülervorstellungen zu nutzen, insbesondere von Erklärungen für ein biologisches Phänomen. Die Lerner bekommen die Aufgabe, dieses Phänomen entweder mittels eines Sachtexts oder einer Geschichte zu erklären. So weit, so einfach. Aber gleichzeitig wird der von Bruner (1996) beschriebene „narrative Denkmodus" auch als theoretischer Hintergrund, als heuristisches Werkzeug genutzt, um Denk- und Verstehensprozesse der Lerner zu interpretieren. Narration ist also, auch in diesem Beitrag, zweierlei: produktionsorientierte *Methode* zur Erhebung von Schülervorstellungen, und eine *theoretische Perspektive*, die dabei hilft, die Spannung zwischen dem Alltagsdenken der Lerner und dem naturwissenschaftlichen Denkmodus besser zu verstehen. Diese Doppelrolle von Narration zwischen einem konkreten Verfahren („Nun erzähl doch mal …") und einem Modus der Wirklichkeitskonstruktion ist dem komplexen Thema Narration inhärent. Wenn es nur darum ginge, im

Prof. Dr. Jörg Zabel ✉
Biologiedidaktik, Universität Leipzig, Johannisallee 21-23, 04103 Leipzig, Deutschland
e-mail: joerg.zabel@uni-leipzig.de

D. Krüger, I. Parchmann und H. Schecker (Hrsg.), *Methoden in der naturwissenschaftsdidaktischen Forschung*, DOI 10.1007/978-3-642-37827-0_19,

Unterricht hin und wieder eine Geschichte zur Motivation und Auflockerung vorzulesen, könnte man wohl kaum von einer eigenen Forschungsmethode sprechen.

Das Potenzial des Erzählens für viele Gedächtnis- und Lernfunktionen ist empirisch belegt, ebenso wie der regelhafte Bau von Alltagserzählungen (Labov und Valetzky 1973). Narrative Psychologie ist seit den 1980er-Jahren eine eigene Forschungsrichtung (vgl. Echterhoff und Straub 2003/2004). Die Konstruktions-, aber auch die Rezeptionsregeln von Geschichten sind universell und werden früh erlernt, aber auch die Alltagskommunikation Erwachsener ist noch weitgehend narrativ strukturiert. Der Lernpsychologe Jerome Bruner (1996, S. 130 ff.) führt dies auf die „narrative Auslegung der Wirklichkeit" (*narrative construal of reality*) zurück. Geschichten sind weit mehr als nur ein äußeres Format, eine „Verpackung" für eine fachliche Information. Vielmehr ähnelt das fachliche Verständnis der Lerner, das sie in einem Interview darstellen, strukturell stark den Geschichten, die diese Lerner zuvor verfasst haben (Zabel 2009, S. 274 f.) Die Ursache liegt möglicherweise darin, dass die Lerner ihre Erfahrungen, auch fachliche, zur Grundlage einer narrativ ausgelegten Wirklichkeit gemacht haben.

Die Bausteine dieser Art von Wirklichkeitskonstruktion sind narrative Strukturen wie Handlungen, Motive und Erzählschemata (s. u.), ja ganze Genres wie z. B. „Kriminalgeschichten" (Bruner 1996, S. 130 ff.). Die Identifizierung solcher narrativen Strukturen in den Lernerdaten ermöglicht es, die Vorstellungen der Lerner umfassender und, hinsichtlich der Sinndimension des Lernens, tiefergehend zu interpretieren, als es bisher üblich war. Der vorliegende Beitrag kann nur einen Ausschnitt der methodischen Möglichkeiten darstellen, die eine narrative Perspektive für die naturwissenschaftsdidaktische Forschung bietet. Die Rolle, welche die Narration für die Beantwortung der jeweiligen Forschungsfrage spielt, wird jeweils kurz erläutert. Alle genannten Forschungsfragen aber zielen auf Verstehensprozesse im naturwissenschaftlichen Unterricht, die mit narrativen Schülertexten und ergänzenden Interviews erschlossen werden sollen. Als theoretische Grundlagen beim Umgang mit Narration sind Bruners Idee eines „narrativen Denkmodus" im Kontrast zum naturwissenschaftlichen Denken (1996) sowie Gebhards Konstrukt der Alltagsphantasie (2007), ferner auch die Theorie des erfahrungsbasierten Verstehens (vgl. Gropengießer 2007), besonders geeignet.

19.2 Forschungsfragen und Planung der Untersuchung

Ausgangspunkt der Untersuchung, die im Weiteren zur Veranschaulichung der Narration als Forschungsmethode verwendet wird, ist ein naturwissenschaftliches Unterrichtsthema, dessen Verständnis den Lernern üblicherweise schwerfällt. Dazu gehören in der Biologie beispielsweise die Mechanismen der Evolution oder komplexe physiologische Zusammenhänge im Stoffwechsel von Organismen wie z. B. beim Menschen. Mögliche Forschungsfragen im Zusammenhang mit Narration können dann sein:

- *Wie erklären die Lerner das naturwissenschaftliche Phänomen?* Das heißt: Welche lebensweltlichen Konzepte, narrativen Strukturen und Erklärungsmuster nutzen sie, um bei diesem Thema Verständnis zu erlangen?
- *Welche individuelle Bedeutung geben die Lerner diesem Thema?* Das heißt: Wie erfüllen sie es für sich selbst mit Sinn?

Sind diese Fragen in Bezug auf das ausgewählte Thema beantwortetet, dann können aus den Ergebnissen Konsequenzen für eine durch Narration unterstützte Vermittlung dieses Themas abgeleitet werden. Die entsprechende Forschungsfrage lautet:

- *Welche Geschichten oder narrativen Strukturen* können bei der Vermittlung des Themas hilfreich sein?

Die Untersuchung leuchtet die Lernerperspektive zu dem ausgewählten Fachthema aus, und sie tut dies unter Vermittlungsabsicht. Sie nutzt dabei die Narration als sinnstiftende Kommunikationsform, als Perspektive auf das Datenmaterial und als potenzielles Verstehenswerkzeug. Im Sinne der Didaktischen Rekonstruktion (Kattmann 2007) steht einer solchen Erkundung der Lernerperspektive stets auch eine fachliche Klärung des gewählten naturwissenschaftlichen Zusammenhangs gegenüber, sodass anschließend beide Perspektiven miteinander verglichen werden können. Zudem soll man den aktuellen Forschungsstand zu Lernervorstellungen und Lernschwierigkeiten im gewählten Kontext kennen.

19.3 Generierung der Daten

19.3.1 Erhebungsmethode und Stichprobengröße

Die Lerner bekommen die Aufgabe, ein bestimmtes Phänomen aus dem gewählten Fachkontext zu erklären. Dazu dürfen sie entweder einen Sachtext oder eine Geschichte verwenden. Man gestattet ihnen ausdrücklich, auch aus der Perspektive von Tieren, Pflanzen oder sogar unbelebten Objekten wie z. B. Atomen zu erzählen. Natürlich kann eine vergleichbare Aufgabe auch mündlich gestellt werden. Aus dreierlei Gründen ist es aber vorzuziehen, wenn die Lerner diese erste Erklärung in Form einer Schreibaufgabe verfassen: Erstens entsteht durch die Muße beim Niederschreiben eine planvollere und ausgereiftere Erzählung bzw. Erklärung als bei einer spontanen mündlichen Antwort. Zweitens erhält man so die Möglichkeit, den Textautor später in einem zusätzlichen Interview zu seinem Text zu befragen. Und nicht zuletzt fällt auch ins Gewicht, dass gerade bei hohen Stichprobenzahlen Texte deutlich zeitsparender zu generieren und auszuwerten sind als Interviews, die im Gegensatz zur Schreibaufgabe erst noch transkribiert werden müssen. Schreibaufgaben sind außerdem wie andere *paper-and-pencil*-Tests deutlich unproblematischer in den Unterricht zu integrieren als Interviewstudien.

Die Datenaufnahme kann einmalig stattfinden oder aber nach einer Instruktionsphase wiederholt werden, um Daten im Sinne eines Prä-Post-Designs aufzunehmen. Stichprobengröße und Auswertungsmethode richten sich danach, wie man den Schwerpunkt der Forschungsfrage wählt. Für die Beantwortung der ersten eingangs genannten Frage kann und sollte ein Design mit großen Stichprobenzahlen gewählt werden, denn die Analyse der Erklärungsmuster kann sich ausschließlich auf Lernertexte als Datenquelle stützen. Bei solchen Textanalysen sind Stichproben von $n \geq 100$ mit vertretbarem Aufwand realisierbar. In den meisten Fällen wird man damit ein hinreichend differenziertes Bild der gefundenen Erklärungsmuster erreichen, ohne dazu zeitaufwändige Interviews führen zu müssen. Die Stichprobengröße, bei der die erwünschte Genauigkeit tatsächlich eintritt, wird sicher durch die Komplexität des zu erklärenden Phänomens, vor allem aber durch die „Korngröße" der verwendeten Erklärungskategorien beeinflusst (s. u.). Mit einer dreistelligen Zahl ausgewerteter Schülertexte werden in der Regel gut belastbare Aussagen möglich sein. Ergänzende Interviews mit den Textautoren sind bei dieser Teilfragestellung zwar wünschenswert, denn sie erhöhen die Auswertungstiefe, unbedingt notwendig sind sie aber nicht. Die Frage nach der individuellen Sinnkonstruktion lässt dagegen nur ein qualitatives Design mit kleiner Probandenzahl zu (ca. 5–10).

19.3.2 Erfahrungen aus der Beispielstudie

Erhoben wurden Lernervorstellungen zur Evolution im Biologieunterricht der Sekundarstufe I. Die Schüler ($n = 107$, Alter 13,2 J.) verfassten ihre Texte als schriftliche Hausaufgabe zu Beginn bzw. am Ende der Unterrichtssequenz. Die Schreibaufgabe vor dem Evolutionsunterricht wurde in den letzten zehn Minuten der vorausgehenden Stunde gestellt.

Box 19.1. Schreibaufgabe

Das Bild zeigt unten einen heute lebenden Wal, den Blauwal. Darüber siehst du zwei seiner Vorfahren. Sie leben heute nicht mehr, aber man konnte sie aus fossilen Knochen rekonstruieren, die man gefunden hat. Der älteste Vorfahre der Wale (ganz oben) lebte vor 50 Millionen Jahren und war ein Landtier. Einige Millionen Jahre später gab es Tiere wie das in der Mitte: Sie lebten bereits halb im Wasser, halb auf dem Land.

Aufgabe: Schreibe einen Text, der erklärt, wie aus den urzeitlichen Landtieren die heutigen Wale entstehen konnten. Du kannst dich dabei für eine von zwei Textarten entscheiden: einen Sachtext, so wie er zum Beispiel in einem Biologiebuch vorkommt, *oder* eine Geschichte, erzählt aus der Sicht eines Wals oder seiner Vorfahren.

Zu den beiden Schreibaufgaben gehörte jeweils eine Abbildung, die zwei Walvorfahren und einen rezenten Blauwal zeigt, sowie ein kurzer Informationstext (Box 19.1). Nach dem Unterricht wurde diese Aufgabe erneut und fast identisch gestellt, lediglich ergänzt durch den Satz: „Du hast in den letzten Wochen im Biologieunterricht vieles über die Evolution gelernt. Schreibe nun noch einmal einen Text, der erklärt" … usw.

Die narrative Option der Schreibaufgabe regt zu Vermenschlichungen naturwissenschaftlicher Objekte an. Es ist aber nicht zu befürchten, dass Lerner der Sek. I beim Umgang mit Geschichten Realität und Fiktion verwechseln (Kattmann 2005, Tamir und Zohar 1991). Sieke (2005) belegt, dass bereits 13-Jährige in ihren anthropomorphen Aussagen deutlich zwischen Prozessen bei Pflanzen und Menschen differenzieren können.

Den Schülern wurde mitgeteilt, dass ihre Texte nicht benotet werden. Einige der zu Beginn der Unterrichtsreihe entstandenen Texte wurden im Unterricht vorgelesen und gaben Impulse für das Unterrichtsgespräch. Im Folgenden wird auf diese Studie Bezug genommen, um Erfahrungen mit der hier skizzierten narrativen Methode bzw. Perspektive zu veranschaulichen.

19.4 Auswertung narrativer Lernerdaten

19.4.1 Analyse von Erklärungen in narrativen Texten

Die Rolle der Narration für die Beantwortung der Forschungsfrage

Bei der gewählten Vorgehensweise wird den Schülern die Möglichkeit gegeben, eine Geschichte zu verfassen, denn Geschichten offenbaren die alltagsnahen Denkmuster und Erklärungen der Lerner oft besser als das übliche Sachtextformat. In der Auswertung interessiert die Narrativität als solche jedoch nicht weiter. Das Forschungsinteresse ist ganz auf die von den Schülern benutzten Erklärungsmuster gerichtet. Die narrative Option bei der Texterstellung verbessert lediglich den Zugriff auf die Denkwelt der Lerner.

Tab. 19.1 Die Erhebung von vorunterrichtlichen Erklärungen für Naturphänomene gelingt besonders gut mittels narrativer Texte. Den Lernern sollte aber auch die Option gelassen werden, einen Sachtext zu formulieren

	Material	Erkenntnisinteresse	Methoden
Erklärungen der Lerner qualitativ und quantitativ $n \geq 100$	Lernertexte, narrativ und nicht-narrativ	Kategorien der in den Lernertexten formulierten **Erklärungen** für ein naturwissenschaftliches Phänomen	Induktiv-deduktive Kategorienbildung (Erklärungen) Häufigkeitsanalyse Signifikanztests

Analyse von Erklärungsmustern in Textdaten

Die Textanalyse erfolgt im Wesentlichen nach dem Verfahren der Qualitativen Inhaltsanalyse (Mayring 2010, vgl. Gropengießer 2005; Kap. 11). Ziel ist es, die Erklärungen der Lerner (Tab. 19.1) für das gewählte Phänomen zu identifizieren und ihre Häufigkeit einzuschätzen. Dazu wird in einem mehrschrittigen Verfahren ein Kategoriensystem entwickelt.

Mayring unterscheidet zwischen induktivem und deduktivem Vorgehen (2010). Da die Lernervorstellungen zum gewählten Thema bereits in einer Reihe anderer empirischer Studien beschrieben wurden, erscheint es sinnvoll, ein induktiv-deduktives Mischverfahren zu wählen: Im ersten Arbeitsschritt werden die Erklärungsmuster am Material orientiert formuliert, also induktiv. Im zweiten Arbeitsgang formuliert man die so gebildeten Kategorien mit Blick auf den aktuellen Forschungsstand zu Lernervorstellungen im gewählten Kontext noch einmal neu, Kap. 11).

Der Auswertungsprozess soll letztlich zu einer einvernehmlichen Codierung führen. Dabei werden die Kategoriendefinitionen ein letztes Mal ausgeschärft und Codierregeln im Einzelfall neu formuliert. Ein Text kann mehrere verschiedene Erklärungen enthalten, also auch mehreren Kategorien zugeordnet werden. Von beiden Codierern als prägnant bewertete Texte werden als Ankerbeispiele benutzt (Kap. 14).

„Korngröße" der Erklärungskategorien

Wie genau soll die Denkwelt der Lerner abgebildet werden? Gegen eine übertrieben genaue Auffächerung der Erklärungskategorien sprechen neben der Forschungsökonomie auch noch andere Aspekte, nämlich der theoretische Hintergrund der Methode, der von einer begrenzten Zahl an erfahrungsbasierten Denkfiguren in den Schülerköpfen ausgeht. Das Ziel der Analyse qualitativer Lernerdaten in diesem Fall ist es ja nicht, die Denkwelt jedes Lerners möglichst genau abzubilden – dies kann allenfalls ein Zwischenschritt sein. Vielmehr geht es darum, das Allgemeine im Besonderen zu erkennen und damit den Lehrenden wenige, aber effektive Schlüssel für die Rekonstruktion von Vorstellungen in der Vermittlungspraxis in die Hand zu geben.

Die folgenden zwei Erklärungsmuster aus der Beispielstudie sollen das Vorgehen illustrieren. Kursiv gedruckt ist jeweils das Ankerbeispiel aus einem der Lernertexte. Insgesamt wurden neun solcher Muster formuliert.

Gezielte individuelle Anpassung Evolutive Veränderungen sind das Resultat des absichtsvollen und zielgerichteten Handelns von Individuen oder ihrer Körper. Die Absicht des Individuums, sich anzupassen, steht im Mittelpunkt der Erklärung. Ein veränderter Organgebrauch kann Folge dieser Absicht sein, aber nicht Ausgangspunkt der Erklärung wie bei „Organgebrauch". „*Im Meer merkten wir jedoch, dass wir auch hier Feinde hatten. Deshalb wollten wir noch größer werden, und in der Zeit von da an bis jetzt wurden wir zu dem, was wir heute sind.*"

Organgebrauch Die Merkmale der Lebewesen verändern sich durch Gebrauch und Nichtgebrauch ihrer Organe. Im Unterschied zur „Gezielten Anpassung" geschieht dies aber nicht aus dem Entschluss heraus, sich anzupassen, es ist also kein gezieltes „Training". „*Der Wal lebte während der 2. Stufe nicht mehr ausschließlich an Land, sondern auch schon im Wasser. Dadurch wurden die Hinterbeine wenig und dann gar nicht mehr benutzt. Sie wurden schwächer und dann ganz zurückgebildet.*"

Die Häufigkeit der einzelnen Erklärungsmuster kann zwischen Teilstichproben und natürlich vor allem zwischen den Erhebungszeitpunkten Prä- und Posttest verglichen werden, bei genügend großen Stichproben auch mit statistischen Verfahren. Dadurch ergibt sich ein detailliertes Bild der Ausgangslage hinsichtlich der Schülervorstellungen sowie auch des Lernfortschritts. Diese Befunde können perspektivisch zu einer differenzierteren Vermittlungsstrategie in der Lerngruppe führen, indem zumindest auf die populärsten Vorstellungen der Lerner spezifisch reagiert wird. Interessant ist auch die Möglichkeit der grafischen Darstellung von Lernstand und Lernfortschritt der Gruppe auf einer „Landkarte der Schülervorstellungen" (vgl. Zabel und Gropengießer 2011).

19.4.2 Rekonstruktion von Verstehensprozessen durch Analyse narrativer Strukturen

Die Rolle der narrativen Perspektive bei der Analyse der Lernerdaten

Durch die Bedeutung des narrativen Modus für das alltägliche Denken (Bruner 1996) finden sich narrative (Tiefen-)Strukturen oft auch in nicht-narrativen Texten. Die Beziehung des Lerners zum Lerngegenstand und seine intuitiven Vorstellungen dazu (Gebhard 2007) können durch die Analyse dieser narrativen Strukturen (Tab. 19.2) deutlich werden. Als Beispiel dient dazu die Analyse von Annas Text (Abb. 19.3): Die Schülerin (13 J.) erzählt die Geschichte der Wale als Abenteuer des Überlebens in schwierigen Zeiten, nach dem Erzählschema „Eine gefährliche Herausforderung meistern". Abschließend formuliert sie als „Moral" der Geschichte eine subjektive Sinnzuweisung, nämlich einen Appell zum Schutz der Wale, die ja schon so vieles überstanden hätten. Für die ethische Bewertungskompetenz der Lerner sind solche Sinnzuweisungen offensichtlich von großer Bedeutung. Vom Einbeziehen der Subjektivität können aber auch die fachlichen Lernziele profitieren – dies hat die vergleichende Unterrichtsstudie von Born (2007) am Beispiel der Gentechnik nachgewiesen. Der analytische Blick durch die „narrative Brille" kann das Sinn stiftende Potenzial der

Tab. 19.2 Die Rekonstruktion von Verstehensprozessen erfordert eine kleine Stichprobe und eine vertiefte Analyse, bei der außer den bereits erhobenen Lernertexten (Abschn. 19.3.1) noch Interviews mit den Textautoren als zweite Datenquelle genutzt werden. Die narrativen Strukturen werden in Tab. 19.3 näher erläutert

	Material	Erkenntnisinteresse	Methoden
Rekonstruktion von Verstehen-sprozessen qualitativ $n \approx 5$–10	Lernertexte und Einzelinterviews mit den Textautoren	Individuelle Verstehensprozesse und die Rolle narrativer Strukturen dabei, u. a. Erzählschemata Motive Narrative Syntax	Qualitative Inhaltsanalyse (Mayring 2010, Gropengießer 2005) Motivanalyse u. a. hermeneutische Verfahren Interpretation aus verschiedenen theoretischen Perspektiven

Lernerdaten erhellen, selbst wenn es sich bei diesen Daten nicht explizit um Geschichten handelt.

Die Rekonstruktion individueller Verstehensprozesse entspricht einer vertieften hermeneutischen Analyse von Lernerdaten ähnlich der qualitativen Inhaltsanalyse (Kap. 11). Die Auswertung ist ausschließlich qualitativ angelegt. Das Verfahren kombiniert idealerweise Text- und Interviewdaten bei der Analyse miteinander und erreicht dadurch eine wesentlich größere Auswertungstiefe. Der Preis dieser aufwändigen Methode liegt in der geringen Stichprobengröße. Es entsteht eine Reihe von Fallstudien, in denen jeweils individuelle Verstehensprozesse akkurat nachgezeichnet und unter bestimmten theoretischen Gesichtspunkten ausgewertet werden können (Kap. 8).

Rekonstruktion von Verstehensprozessen mithilfe narrativer Strukturen

Das Verfahren beruht auf dem Vergleich von Text- und Interviewdaten desselben Lerners unter vorher definierten Kriterien. Semantische (also bedeutungstragende) Einheiten für diesen Vergleich sind im einfachsten Fall einzelne Begriffe (Tab. 19.3, Anpassung), aber auch größere kognitive Elemente (Konzept, Denkfigur, Theorie; Kap. 11). Die Narration als Analyseperspektive erweitert hier den Blickwinkel. Es kommen narrative Strukturen als weitere semantische Einheiten hinzu, wie z. B. das Motiv oder das Erzählschema, das einem Lernertext zugrunde liegt (Tab. 19.3). Diese narrative Perspektive auf die Lernerdaten folgt einem alltäglichen Denkmodus (Bruner 1996), einer Weise, wie Menschen ihre Erfahrungen natürlicherweise strukturieren und kommunizieren. Der Blick durch die Perspektive der Narration ist deshalb in einigen Fällen in der Lage, das Denken und Verstehen der Lerner anders abzubilden als es eine klassische qualitative Inhaltsanalyse könnte, weil sie Vorstellungen auch nach ihrer kommunikativen Funktion ordnet.

Kategorien der narrativen Strukturanalyse

Wie können narrative Strukturen in den Lernerdaten erfasst und interpretiert werden? Zur psychologischen Dimension des Erzählens gehört vor allem die erzählte Handlung mit ih-

Tab. 19.3 Auswahl narrativer Strukturen für die Analyse von Lernertexten. Auch in Interviews können narrative Elemente identifiziert werden, wenn es darin längere erzählende Passagen gibt. In der Regel wird man aber zunächst Texte erheben und sie evtl. durch Interviews mit den Textautoren ergänzen. Die Kategorie „Begriff" ist universell und nicht an Narration gebunden

Kategorie	Beispiel	Erläuterung
Begriff	*Anpassung*	Vorstellung eines einzelnen Objektes oder einer Handlung
Motiv	*Fressen und Gefressenwerden*	Allgemeines Thema, typische bedeutungsvolle Situation
Erzählschema	*Eine gefährliche Herausforderung meistern*	Gestalthafte, kulturell verankerte „Konstruktionsmuster" für die Verarbeitung und das Kommunizieren menschlicher Erlebnisse und Erfahrungen in Geschichtenform
Narrative Syntax	Handlungselemente: Orientierung, Komplikation, Entwicklung, Auflösung. Nicht-Handlungselemente: Evaluation, Coda *(konkretes Beispiel siehe unten Abb. 19.3, Text von Anna)*	Sechs notwendige Bausteine jeder Geschichte, die z. B. Aufschluss über die Sinnzuweisung und Bewertung durch den Erzähler geben

ren Figuren, Motiven und Ereignissen. Diese Elemente konstituieren gemeinsam auch das zentrale Problem (Komplikation), um das sich die Geschichte dreht, ein dramatisches Ungleichgewicht, das für die Spannung sorgt und nach Auflösung drängt. Die klassischen Arbeiten von Labov und Valetzky (Labov und Valetzky 1973, Labov 1977) liefern Kategorien für die strukturelle Analyse narrativen Materials, die so genannte „narrative Syntax". Nach diesem Strukturmodell besitzen vollständige Erzählungen insgesamt sechs inhaltliche Elemente oder Funktionen, die sich strukturell klar voneinander unterscheiden lassen. Zur eigentlichen Erzählhandlung gehören demnach immer eine Orientierung, eine Komplikation und eine Auflösung. Diese und andere Elemente können nun einzelnen Sequenzen des Materials zugeordnet werden, um einen analytischen Zugriff darauf zu bekommen. Aber auch kleinere Analyseeinheiten wie Begriff und Motiv tragen zur Interpretation bei. Empfohlen werden für eine narrative Analyse von Lernerdaten vor allem die in Tab. 19.3 dargestellten Analysekategorien, ohne Anspruch auf Vollständigkeit zu erheben.

Der Begriff

Beispiel „Anpassung" Ein großer Teil der Lerner nutzte bei der Erklärung des Evolutionsphänomens den Begriff der „Anpassung". Sie verbinden mit diesem Begriff in der Regel die Vorstellung eines gezielten, individuellen Prozesses und folgen damit dem alltäglichen kognitiven Modell „Anpassung", das Weitzel detailliert beschreibt (2006, S. 29 f.). Charles Darwin hingegen erklärte Anpassung im Rahmen seiner Evolutionstheorie als einen nicht

"Fressen und Gefressenwerden"	**Vor 50 Millionen Jahren, als meine Vorfahren noch an Land lebten.** Die meisten von uns lebten an Land, aber es wurde schwieriger für uns, Fressen zu finden, da die großen Dinosaurier uns das Futter wegfraßen. Es gingen wenige von uns ins Wasser. Da sie dort nicht so gefressen wurden, überlegten sich einige von uns auch ins Wasser zu gehen. Da die Landwale ausstarben und nur wir überlebten, passten wir uns an. (...)

Abb. 19.1 Beispiel für ein im Lernertext diagnostiziertes Motiv. Die markierten Teile in diesem Lernertext von Denise (post-test) wurden als Ausdruck des Motivs „Fressen und Gefressenwerden" interpretiert

zielgerichteten Prozess auf Populationsebene. Der von den Schülern genutzte Anpassungsbegriff ist also erfahrungsbasiert und alltagsnah, aber fachlich inadäquat. Er ist vom biologischen Anpassungsbegriff semantisch so verschieden, dass er ein Verstehen der Selektionstheorie stark erschwert.

Das Motiv

Das Motiv ist „die kleinste thematische Einheit der Handlung" (Martinez und Scheffel 2012). Nach von Wilpert (1989, S. 591) ist es eine „strukturelle inhaltliche Einheit als typische, bedeutungsvolle Situation, die allgemeine thematische Vorstellungen umfasst (...) und Ansatzpunkt menschlicher Erlebnis- und Erfahrungsgehalte in symbolischer Form werden kann". Motive weisen potenziell auf Prozesse der Sinnzuweisung durch Symbolisierung hin. Sie können dem Lerner dazu dienen, den Lerngegenstand mit einem wichtigen Thema des eigenen Lebens zu verbinden (Zabel 2009, S. 164 ff.).

Beispiel „Fressen und Gefressenwerden" Im Text der Schülerin Denise (13 J., *post-test;* Abb. 19.1) finden sich wiederholt Aussagen mit dem Thema „Fressen und Gefressenwerden". Im ersten Teil des Textes fällt gleich drei Mal das Wort „Fressen". Dies erfolgt stets im Zusammenhang mit einer Bedrohung für die Wale, deren Evolution Denise erklären soll. Deren Nahrung sei knapp geworden, da sie ihnen von großen Dinosauriern „weggefressen" wurde.

Ein Teil der Walvorfahren entkommt durch die Flucht in den neuen Lebensraum sowohl den Nahrungskonkurrenten als auch der Gefahr, selbst von den übermächtigen Feinden gefressen zu werden. Das Motiv des Fressens nimmt in Denises Text eine Schlüsselstellung ein, die es im Unterricht niemals hatte. Mit seiner Hilfe konstruiert die Schülerin eine logische und konsistente, aber fachlich falsche Erklärung. Zum Vorgehen bei der Motivanalyse (vgl. Zabel 2009, S. 162 ff.).

Erzählschema	EINE GEFÄHRLICHE HERAUSFORDERUNG MEISTERN
Komplikation	Den/dem Helden droht Gefahr durch Mangel, Feinde o. Ä.
Entwicklung	Der Held/die Helden begegnet/n der Gefahr mit List, Kampf o. Ä.
Auflösung	Die Gefahr wird gebannt.

Abb. 19.2 Das Erzählschema „Eine gefährliche Herausforderung meistern" diente vielen Lernern als „Bauplan" für ihre Erklärung der Walevolution

Das Erzählschema

Beispiel „Eine gefährliche Herausforderung meistern" Die Geschichten der Lerner folgen häufig verbreiteten Erzählschemata (Abb. 19.2), die uns im Alltag wieder und wieder begegnen und damit eine Deutungsvorlage für neue Fakten liefern.

Geschichten werden im *Top-Down*-Modus konstruiert, d. h. das übergreifende, von dem Erzähler ausgewählte Erzählschema bestimmt die Funktion der einzelnen Handlungselemente (Echterhoff und Straub 2003/2004, S. 338). Wenn also ein Lerner die Evolution der Wale als eine Heldengeschichte konzipiert, bei der die Akteure gefährlichen Bedrohungen trotzen und am Ende ihr Überleben sichern, hat das Folgen für die Darstellung und das Verständnis der einzelnen Handlungsschritte, also des Ablaufs und Mechanismus der Evolution.

Die narrative Syntax

In Alltagserzählungen von Kindern oder Jugendlichen identifizierte man neben den Elementen der Handlung (*action elements*) auch so genannte Nicht-Handlungselemente als pragmatisch notwendige Bestandteile des Erzählens (Labov und Valetzky 1973, Sutton-Smith 1981). In diesen Abschnitten der Erzählung drückt der Erzähler beispielsweise seine Bewertung der Handlung aus (Evaluation) oder schlägt am Ende wieder eine Brücke zur gegenwärtigen Kommunikationssituation (Coda). Auch diese Elemente können Aufschluss über das naturwissenschaftliche Verständnis des Lerners geben, vor allem darüber, wie er den jeweiligen Zusammenhang bewertet und einordnet. Die Analyse der Lernerdokumente differenziert also sinnvollerweise zwischen Handlungs- und Nicht-Handlungselementen (Abb. 19.3).

19.4.3 Welche Geschichten oder narrativen Strukturen könnten bei der Vermittlung des Themas hilfreich sein?

Noch ist das Forschungsthema Narration im naturwissenschaftlichen Unterricht zu jung; es existiert noch kein „Inventar" lernförderlicher Geschichten zu wichtigen naturwissen-

Vorbereitung	Handlungselemente			Nicht-Handlungs-elemente
Orientierung und anfängliches Gleichgewicht	*Komplikation*	*Entwicklung*	*Auflösung*	*Abschließende Erläuterung, Coda und Moral*
Die Wale. (...) Das alles liegt 50 Millionen Jahre zurück. Weit, weit vor unserer Zeit. Der Wal war ein Landtier, das so wohl Pflanzen wie auch Fleisch aß.	Das Meer breitet sich aus und verkleinert den Lebensraum der Wale. Die Nahrung wird knapp.	Die Wale beginnen amphibisch zu leben. Ihre Gliedmaßen werden zu Flossen umgebildet.	Das Wasser bietet ihnen Nahrung und Sicherheit vor Feinden. Schließlich leben sie nur noch im Wasser.	Wale besitzen heute noch immer Säugetiermerkmale. Heute sind sie vom Aussterben bedroht. Wir sollten sie schützen.

Evaluation:
„Wie aber lebten ihre Vorfahren?" (Z. 5) Diese Frage soll der Text beantworten.
„Dies ist natürlich nur ein Theorie" (Z. 28) zeigt hypothetischen Charakter des Erzählten.
„... wie wir nun wissen, sind die Wale ganz prächtige Tiere. Sie haben eine lange Geschichte hinter sich. Und wir sollten alles tun ..." (Z. 31f.) bekräftigt die Moral, d. h. den Appell zum Schutz.

Abb. 19.3 Aufbau von Annas Text (13 J., pre-test). Die Analyse basiert auf dem soziolinguistischen Modell einer „narrativen Syntax" von Labov (1977) und Sutton-Smith (1981). Die Orientierung gehört zur Handlung, auch wenn noch nichts „passiert". Es wird ein anfängliches Gleichgewicht beschrieben, das die Komplikation dann gefährdet oder zerstört

schaftlichen Themen. Der Wert bestimmter Erzählschemata oder anderer narrativer Strukturen für die Vermittlung dieser Themen wurde bisher nur vereinzelt empirisch geprüft.

Aus Sicht der Lehr-Lernforschung ist zunächst interessant, welcher Motive und Erzählschemata sich die Lerner selbst bedienen, um sich einen bestimmten fachlichen Inhalt zu erschließen, ähnlich wie bei Metaphern und Analogien. Im Sinne des Modells der Didaktischen Rekonstruktion (Kattmann 2007) sollten diese Motive dann auf ihre lernförderlichen bzw. -hinderlichen Eigenschaften untersucht werden: erst dann kann man generelle Empfehlungen für den Unterricht aussprechen. Agentengeschichten oder Krimis eignen sich gut für die Darstellung der Immunabwehr (Zabel 2006, 2010). Reiseerzählungen erlauben es, sich Kreisläufe zu erschließen, nicht nur im Fach Biologie. Der fiktive „Erzähler" ist dann z. B. ein Atom oder eine einzelne Zelle und durchläuft sukzessiv die Stationen eines Systems. So werden gleichzeitige, komplexe Vorgänge zu einem erzählbaren, linearen Handlungsablauf verarbeitet und dadurch verständlicher. In seiner Novelle „Kohlenstoff" stellt der Chemiker Primo Levi (2005) den Kohlenstoffkreislauf aus der Sicht eines einzelnen Atoms dar.

19.5 Fazit

Die vorgestellte narrative Forschungmethodik basiert auf empirischen Ergebnissen unter anderem der narrativen Psychologie (Echterhoff und Straub 2003/2004) sowie der Idee Bruners von einer universellen narrativen Disposition des Menschen, einem „narrativen Modus" (1996, S. 130 ff.). Am Beispiel der Evolutionstheorie wurde gezeigt, wie mithilfe narrativer Texte Lernervorstellungen erhoben werden können. In einem weiteren Schritt wurden aus Text- und Interviewdaten Lernprozesse rekonstruiert und die Rolle narrativer Strukturen wie Erzählschemata und Motive für das fachliche Verstehen der Lerner ermittelt.

Die Methode schlägt in mancher Hinsicht Brücken zwischen verschiedenen Disziplinen. Analysekategorien aus der Erzähltheorie und Linguistik wurden mit etablierten Methoden der Lehr-Lernforschung verbunden, quantitative und qualitative Methoden verknüpft. Dadurch können einerseits Verstehensprozesse bei einer theoriegeleiteten kleinen Stichprobe in wünschenswerter Genauigkeit nachgezeichnet werden. Andererseits erlaubt es der Blick auf die Gesamtheit von über 100 Lernern aber auch, die Relevanz der in den Fallstudien identifizierten Phänomene und Strukturen sowie die durch den Unterricht verursachten Vorstellungsänderungen einzuschätzen und grafisch darzustellen (Zabel und Gropengießer 2011). Die Narration erweitert damit das methodische Repertoire der Lehr-Lernforschung um neue Wege der Datenerhebung und der Analyse.

Literatur zur Vertiefung

Bruner J (1996) The Culture of Education, 2. Aufl. Harvard Univ Press, Cambridge (MA) London (Bruner beschreibt in Kap. 7 den „narrativen Modus" der Wirklichkeitskonstruktion und dessen Rolle beim Verstehen naturwissenschaftlicher Inhalte. Ein wichtiges theoretisches Fundament für die Interpretation narrativer Lernerdaten.)

Elliott J (2005) Using Narrative in Social Research: Qualitative and Quantitative Approaches. Sage, London (Breit angelegte und praxisnahe Einführung in narrative Forschungsmethoden der Sozialwissenschaft; allerdings geht die Autorin nicht speziell auf Lernforschung ein.)

Martinez M, Scheffel M (2012) Einführung in die Erzähltheorie, 9. Aufl. Beck, München (Vermittelt knapp und übersichtlich das Handwerkszeug der Erzähltextanalyse. Die dabei üblichen Analysekategorien sind auch aus der Perspektive der Lernforschung nützlich.)

Zabel J (2009) Biologie verstehen: Die Rolle der Narration beim Verstehen der Evolutionstheorie. Didaktisches Zentrum, Oldenburg (Empirische Untersuchung in der Sek. I, bei der narrative Forschungsmethodik qualitativ und quantitativ genutzt wird. Narration ist Untersuchungsgegenstand und Methode der Datenerhebung.)

Analyse der Verständlichkeit naturwissenschaftlicher Fachtexte

20

Christoph Kulgemeyer und Erich Starauschek

Texte spielen in der naturwissenschaftsdidaktischen Forschung, z. B. bei Testaufgaben, und bei der Entwicklung von Lehrmaterialien, z. B. von Schulbüchern, eine wichtige Rolle. Dieser Beitrag erläutert, welche Kriterien herangezogen werden können, um die Verständlichkeit solcher Texte zu analysieren. „Einfach verständlich" zu sein ist als Eigenschaft eines Textes nicht direkt beobachtbar, sondern erfordert – ohne textstrukturelle Hilfsmaße – ein hohes Maß an Interpretation. Man spricht dann von einer „hoch inferenten" Charakterisierung des Textes. Wünschenswert ist es, eine solche Charakterisierung auf direkt beobachtbare Eigenschaften zurückzuführen. Unser Beitrag erläutert an Beispielen, welche Textoberflächenmerkmale zur Analyse von Textverständlichkeit herangezogen werden können und welche numerischen Maße verständliche Texte charakterisieren. Hier liegen Erfahrungswerte vor, die zum Teil empirisch untersucht sind und sich als „brauchbar" erwiesen haben.

20.1 Warum die Analyse von Texten in der naturwissenschaftsdidaktischen Forschung notwendig ist

Texte werden in der naturwissenschaftsdidaktischen Forschung vor allem in zwei Zusammenhängen verwendet: Bei der Gestaltung von Lehr-Lernmaterialien (Kap. 5) und von Testinstrumenten (Kap. 21, 22, 25, 27 und 30). Haben die Probanden Schwierigkeiten, Tests

Dr. Christoph Kulgemeyer ✉
Institut für Didaktik der Naturwissenschaften, Abt. Physikdidaktik, Universität Bremen,
Otto-Hahn-Allee 1, 28334 Bremen, Deutschland
e-mail: kulgemeyer@physik.uni-bremen.de
Prof. Dr. Erich Starauschek
Abteilung Physik und ihre Didaktik, Pädagogische Hochschule Ludwigsburg, Reuteallee 46,
71634 Ludwigsburg, Deutschland
e-mail: starauschek@ph-ludwigsburg.de

D. Krüger, I. Parchmann und H. Schecker (Hrsg.), *Methoden in der naturwissenschaftsdidaktischen Forschung*, DOI 10.1007/978-3-642-37827-0_20,

zu verstehen, so ist eine Messung im besten Fall durch die Variable Textverständlichkeit **konfundiert**. Im Extremfall misslingt die Messung, da die Probanden die Aufgaben nicht bearbeiten können, weil sie diese nicht verstehen.

„Verständlich" zu sein, ist als Eigenschaft eines Textes aber nicht direkt beobachtbar, ebenso wenig wie das Textverstehen der Leser. Lesen ist als eine Relation zwischen Leser und Text zu denken: Im Text ist Information kodiert. Die Textoberfläche muss beim Lesen zuerst wahrgenommen werden. Dann konstruiert der Leser „die Bedeutung". Sowohl die Eigenschaften des Textes als auch die lesende Person beeinflussen somit die Verständlichkeit. Allein durch Textoberflächenmerkmale, z. B. Wortwahl und Satzlänge, lässt sich die Verständlichkeit eines naturwissenschaftlichen Textes aber nicht erklären. Das Vorwissen des Lesers moderiert die Textverständlichkeit. Der Inhalt selbst hat einen wesentlichen Einfluss: Ein Text über Relativitätstheorie ist bei gleicher Textoberflächenbeschaffenheit schwerer zu verstehen als die Gegenstandsbeschreibung eines experimentellen Aufbaus. Direkt beobachtbare Textoberflächenmerkmale können eine „hoch inferente" Beurteilung eines Textes daher nicht ersetzen. Aber da die kognitive Verarbeitung eines Textes auch durch Eigenschaften des Gehirns bestimmten Grenzen unterworfen ist, kann durch die Gestaltung der Textoberfläche die kognitive Verarbeitung unterstützt werden.

20.2 Einfache Modellvorstellungen zum Textverstehen

Die Aufgabe, die Verständlichkeit von Texten zu bewerten, hat zu verschiedenen Ansätzen geführt. Oftmals wurde die Textverständlichkeit allein auf Basis des Textes bewertet. In diesem Zusammenhang spricht man von der *Lesbarkeit* eines Textes im Gegensatz zu seiner *Verständlichkeit*. Bei der Verständlichkeit wird die Text-Leser-Relation mit berücksichtigt. Auch um Verständlichkeit zu beschreiben, gibt es verschiedene Modelle. Modelle aus der Kognitionspsychologie sind am weitesteten verbreitet (z. B. Kintsch und van Dijk 1978; Groeben 1982). Gemeinsam ist allen Ansätzen, dass sie kognitive Prozesse zum Aufbau mentaler Wissensrepräsentationen annehmen. Bei diesen Prozessen werden Reize aus der Umwelt im Arbeitsgedächtnis verarbeitet, um sie im Langzeitgedächtnis zu speichern und von dort abrufbar zu machen. Wir werden im Folgenden ein reduziertes pragmatisches Modell für die Textverarbeitung benutzen, das psychologischen Grundannahmen genügt (z. B. Schnotz 2011):

- Es gibt Suchprozesse des Lesers im Text mithilfe seiner Augen.
- Im Arbeitsgedächtnis werden Informationen zwischengespeichert und verarbeitet. Das Arbeitsgedächtnis hat eine begrenzte Kapazität. Eine Information besteht i. d. R. aus einzelnen Informationseinheiten (Propositionen, *Chunks*) die im Arbeitsgedächtnis verbunden werden. Informationseinheiten hängen vom Vorwissen ab: je nach Vorwissen können mehr oder weniger Informationen zu einer Einheit zusammengefasst werden.
- Das Langzeitgedächtnis speichert Informationen dauerhaft. Aus diesem können Informationen abgerufen und im Arbeitsgedächtnis verarbeitet werden.

Aus diesem Modell lässt sich eine Reihe von Textoberflächenmerkmalen ableiten, die das Textverstehen beeinflussen. Textverstehen insgesamt lässt sich mit diesem einfachen Modell allerdings nur ansatzweise fassen. Ein Beispiel soll die Grenzen des Modells illustrieren: Erscheint in einem physikalischen Sachtext etwa das Wort „Kraft", so wird ein Physiklehrer das physikalische Konzept abrufen. Ein Schüler wird eher an „stark sein" denken. Beide identifizieren einen bestimmten Kontext und rufen Informationen aus ihrem Langzeitgedächtnis ab. Unser Modell kann nicht erklären, warum im einen Fall der physikalische und im anderen Fall der Alltagskontext aufgerufen wird – dies ist die Ebene des Inhalts, nicht die der Textoberflächenmerkmale.

20.3 Textoberflächenmerkmale verständlicher Texte – die sprachstatistische Methode

Wir zeigen im Folgenden, wie die Oberflächenmerkmale von naturwissenschaftlichen Sachtexten dahingehend analysiert werden können, in welchem Maße sie das Textverstehen unterstützen oder behindern.

Nehmen Sie an, Sie erstellen bei Ihrer Forschung einen Text – sei es als Lehrmaterial oder für eine Testentwicklung. Anhand des von uns vorgeschlagenen Analyseschemas können Sie in etwa einschätzen, ob Ihr Text für Schüler verständlich ist. Wir empfehlen aber ausdrücklich, die Texte zusätzlich mit einer kleinen Schülergruppe mit Interviews vor dem Einsatz im Feld oder im Labor auf ihre Verständlichkeit zu prüfen.

Die Kriterien folgen aus unserem einfachen Modell, das wir oben beschrieben haben. Wesentlich ist die begrenzte Kapazität des Arbeitsgedächtnisses. Dies führt dazu, dass die Sätze nicht zu lang sein dürfen. Ein Satz soll beim Leser eine mentale Repräsentation seines Inhalts erzeugen, i. d. R. mehrere Propositionen[1]. Je länger der Satz ist, desto mehr Informationseinheiten müssen zu Propositionen verarbeitet werden, und desto mehr Kapazität ist belegt. Hinzu kommt, dass ein Leser mehrere Sätze verarbeiten muss, um einen Textzusammenhang herzustellen. Verschiedene Teile eines Textes müssen vom Leser – auch mittels des Langzeitgedächtnisses – verbunden werden; *Textkohärenz* oder kurz *Kohärenz* wird hergestellt. Texte gelten als umso verständlicher, je weniger Information eine lesende Person aus dem Langzeitgedächtnis hinzuziehen muss (so genannte Inferenzen), um Kohärenz herzustellen. Einfach gesagt: Sätze müssen sich aufeinander beziehen, damit sie miteinander vernetzt werden können. Der Zusammenhang soll nicht erst deutlich werden, wenn man inhaltlich schon weiß, was die Sätze beschreiben. Taucht in einem Satz das Wort „Trägheitsprinzip" und im nächsten „erstes newtonsches Axiom" auf, benötigt die Verbindung eine Inferenz, die nur Experten problemlos vornehmen können.

[1] Unter einer Proposition versteht man die kleinste Wisseneinheit, die ohne Bezug auf andere Informationen eine Aussage hat und somit als „wahr" oder „falsch" bezeichnet werden kann. Sie besteht aus mehreren „Argumenten", deren Verbindung durch „Prädikate" dargestellt wird. Beispiel: „Ich mag Physik". Hier bilden „Ich" und „Physik" die Argumente, ihre Verbindung wird durch das Prädikat „mag" hergestellt.

Zwei Ebenen müssen unterschieden werden: Bei der mentalen Herstellung des Zusammenhangs zwischen zwei aufeinanderfolgenden Sätzen wird von *lokaler Kohärenz* gesprochen. Wenn zwei Sätze oder Textteile, die im Text weit auseinander liegen, aufeinander bezogen werden, spricht man von *globaler Kohärenz*. Die Kohärenzbildung zu unterstützen, ist insbesondere bei Sachtexten Aufgabe des Autors und gelingt über die Gestaltung der Textoberfläche. Die stärkste Hilfe zur Kohärenzbildung bei der Suche der Augen auf der Textoberfläche liefern die Substantive. Ihr Wiedererkennungswert ist optimal: Die Kohärenzbildung zwischen zwei Sätzen gelingt besonders gut (Schnotz 1994, S. 265), wenn dieselben Substantive in ihnen auftauchen. Zudem wird die Kapazität des Arbeitsgedächtnisses weniger belastet, da weniger Inferenzen notwendig sind, wenn Teile der Propositionen identisch sind. In diesem Zusammenhang ist von lokaler oder globaler substantivischer Kohärenz zu sprechen.

In der Literatur zu diesem Thema findet man manchmal die Unterscheidung zwischen *Kohärenz* und *Kohäsion*, die aus unterschiedlicher Wortwahl in der Linguistik und der Psychologie herrührt. Kohärenz im engeren kognitionspsychologischen Sinne ist eine Eigenschaft einer mentalen Repräsentation und demzufolge beim Leser zu verorten. Kohäsion beschreibt den linguistisch sichtbaren Zusammenhang im Text.

Aus diesem Ansatz können schon erste Maße abgeleitet werden, die Verständlichkeit beeinflussen: (1.) Die mittlere Satzlänge in Worten oder Zeichen. (2.) Die lokale substantivische Textkohäsion als Verhältnis der lokal substantivisch verbundenen Satzpaare zur Gesamtzahl der Sätze. (3.) Die globale substantivische Kohärenz über die Zahl der mehrfach im Text verwendeten Substantive.

Die Rolle des Langzeitgedächtnisses und damit die des Vorwissens ist weitaus schwieriger über Textoberflächenmerkmalen zu charakterisieren. Unsere erste Argumentation führt über die Listen der im Deutschen am häufigsten verwendeten Wörter (http://wortschatz.uni-leipzig.de/html/wliste.html). Bei der Betrachtung der Listen fällt auf, dass diese Worte überwiegend aus einer oder zwei Silben bestehen. Da mit ca. 1300 Worten 85 % des gebräuchlichen Wortschatzes erfasst werden (Pfeffer 1975, S. 13), lässt sich annehmen, dass der gebräuchliche Wortschatz von Schülern überwiegend aus ein- und zweisilbigen Worten besteht. Dieser Wortschatz ist im Langzeitgedächtnis als Teil des Vorwissens gespeichert. Werden drei- und höhersilbige Worte in einem Text verwendet, werden sie für Schüler eher unbekannt sein. Es entstehen beim Verstehensprozess Lücken, falsche Inferenzen treten auf und das Textverstehen wird verhindert. Wieder lässt sich ein leichtes Maß für Verständlichkeit definieren: Der Anteil der drei- und mehrsilbigen Wörter an der Zahl aller Wörter des Textes, oder auch die Zahl der Silben, bezogen auf die Zahl der Wörter.

Unter Zuhilfenahme des gleichen Arguments, dass unbekannte Wörter das Textverstehen verhindern, kann auch die Rolle der Fachwörter beim Textverstehen diskutiert werden. In einem Lehrtext sollten daher erstens nicht zu viele neue Fachwörter benutzt werden. Sollen Lehrtexte den Umgang mit Fachwörtern erklären, so sollten die Fachwörter zweitens wiederholt verwendet werden, damit Lernende die Gelegenheit erhalten, die Bedeutung der Fachwörter aus dem Kontext zu erkennen. Die Differenz der Zahl der mehrfach und der Zahl der einfach verwendeten Fachwörter bezogen auf die Gesamtzahl der verwendeten Wörter können daher als weitere Maße zur Einschätzung der Textverständlichkeit verwendet werden. Mit diesem Kriterium gehen wir aber über die Textoberflächenmerkmale hinaus. Im konkreten Fall ist es manchmal schwierig zu entscheiden, welches Wort für Schüler ein Fachwort ist. Inhaltsverzeichnisse von Fachbüchern können als Orientierungshilfe dienen. Ein letzter Hinweis zur Textverständlichkeit: Nominalisierungen (z. B. „Bei einer Absenkung der Temperatur ... " statt „Wenn die Temperatur sinkt ... ") und Passivkonstruktionen (z. B. „... wird im Diagramm gezeigt" statt „Das Diagramm zeigt .... ") treten in naturwissenschaftlichen Fachtexten öfters auf. Beide Merkmale erschweren die Textverständlichkeit und sollten vermieden werden.

Als nächsten Schritt wird an einem Beispiel die einfache Analyse der Textoberflächenmerkmale gezeigt. Wir beginnen mit einem Ausschnitt aus einem Beispieltext, der in einem Projekt an der Pädagogischen Hochschule Ludwigsburg verwendet wird[2]. Schüler sollen in Texten aus dem Internet widersprüchliche Aussagen erkennen. Unterschiedliche Texte wurden hierzu aus Wikipedia entnommen und mit Widersprüchen versehen. Die unterschiedlichen Texte sollten dabei gleich verständlich sein. Als Maßstab für die Vergleichbarkeit der Texte dient das Set der eben genannten Textoberflächenmerkmale.

Analyse der Textoberflächenmerkmale anhand eines Beispieltextes Wir wollen zeigen, dass sich dem Set oder „Tupel" ($s, ms, K, lsk, gsk, fw, fw_1$) – ($s$: mittlere Satzlänge, ms: mittlere Zahl der drei- und mehrsilbigen Wörter, K: Verständlichkeitsindikator, lsk: Grad der lokalen substantivischen Textkohäsion, gsk: Grad der globalen substantivischen Textkohäsion, fw: Anteil der Fachwörter, fw_1: Anteil der einmal verwendeten Fachwörter) – ein Sachtext sprachstatistisch charakterisieren lässt.

Box 20.1 Beispieltext

Es gibt zwei unterschiedliche Bauarten von geostationären Satelliten[3]: Spinstabilisierte Satelliten sind trommelförmig, und ihre Mantelfläche ist mit Solarzellen bedeckt. Nachrichtensatelliten dieses Typs haben in der Regel auf ihrer Oberseite ein Antennenmodul mit fest auf bestimmte Gebiete der Erde ausgerichteten Richtantennen. Die Schubdüse des Apogäumsmotors ragt aus der Unterseite des Satelliten.

Dreiachsenstabilisierte Satelliten haben einen quaderförmigen Hauptkörper. Die Vorderseite des Hauptkörpers ist zur Erde ausgerichtet. Der Apogäumsmotor ragt aus der Rückseite hinaus. Die nach Norden und Süden zeigenden Seiten tragen die Solarzellenflügel die, während der Satellit um die Erde kreist, der Sonne nachgeführt werden. Die Vorderseite trägt die zur Erde ausgerichteten Instrumente.

[2] http://forschung.ph-ludwigsburg.de/druck_projekt.php?id=317.

[3] Die Unterstreichungen sind nur zu Analysezwecken vorgenommen (s. u.). Im Text der Studie waren sie nicht vorhaben.

Bestimmung von *s*, ms und *K* Im ersten Schritt werden die Zahl der Wörter W und die Zahl der Sätze S bestimmt. Hieraus lässt sich die mittlere Satzlänge berechnen: $s = W/S$. Die Wörter können z. B. mit einem Textverarbeitungsprogramm gezählt werden: $W = 101$. Bei der Zahl der Sätze führen Doppelpunkte und Semikola zu kleinen Konflikten. Im vorliegenden Fall ist die Entscheidung klar, zwei Sätze zu zählen. Bei Aufzählungen nach dem Doppelpunkt können die Worte in der Aufzählung mit den vorhergehenden auch zu einem Satz zusammengefasst werden. Im Allgemeinen werden Doppelpunkte und Semikola wie ein Punkt behandelt. In unserem Beispiel erhalten wir $S = 9$ und die mittlere Satzlänge mit $s = W/S = 101/9$ zu $s = 11{,}2$. Zahlen werden als Wort gezählt. Ob Formeln oder Gleichungen bei seltenem Auftreten als Wort gezählt werden, muss durch eine klare Regel festgelegt werden.

Die Anzahl der drei- und mehrsilbigen Wörter MS wird durch Auszählen bestimmt und deren prozentualer Anteil an der Gesamtzahl der Wörter mit $ms = MS/S \cdot 100$ berechnet. Wir erhalten für unseren Beispieltext $MS = 37$. Die Lesbarkeitsforschung hat empirisch versucht, die Textoberflächenmerkmale Satzlänge und Silbenzahl der Wörter in so genannte Lesbarkeitsformeln zusammenzufassen (vgl. Bamberger und Vanacek 1984). Für Sachtexte hat sich die so genannte *Vierte Wiener Sachtextformel* (Bamberger und Vanacek 1984, S. 67) als praktische Größe erwiesen, welche die Klassenstufe K abschätzen soll, für deren Schüler der Text verständlich sein soll:

$$\text{(F1)} \quad K = 0{,}2656 \cdot W/S + 0{,}2744 \cdot MS/W \cdot 100 - 1{,}694 \,.$$

K kann die Klassenstufe nicht vorhersagen, stellt aber einen guten Indikator dar, ob ein Text in den Augen von Schülern verständlich ist. Für unseren Beispieltext ergibt sich:

$$K = 0{,}2656 \cdot 101/9 + 0{,}2744 \cdot 37/101 \cdot 100 - 1{,}694 = 11{,}34 \approx 11{,}3 \,.$$

Damit ist $K = 11{,}3$. Dies ist ein relativ hoher Wert für Schüler der Sekundarstufe I.

Bestimmung von *lsk* und *gsk* Beginnen wir mit der lokalen substantivischen Kohäsion und bestimmen deren Grad *lsk*. Dazu müssen Sie nur zählen, wie oft im nachfolgenden Satz ein Substantiv aus dem Vorgängersatz auftaucht. In unserem Bespiel schreiben Sie Sätze untereinander auf und zählen.

Wir haben im Text oben diese Substantive bereits unterstrichen. Die Satzpaare (1) (2), (4) (5), (5) (6) und (8) (9) sind lokal substantivisch verbunden. Die Zahl der lokal substantivischen kohäsiv verbundenen Satzpaare LSK beträgt damit $LSK = 4$. Der Text besteht insgesamt aus $S = 9$ Sätzen. Damit berechnet sich der Grad der lokal substantivischen Textkohäsion mit

$$lsk = LSK/S \cdot 100\,\% \quad \text{zu} \quad lsk = 4/9 \cdot 100\,\% = 44\,\% \,.$$

Für die Bestimmung des Grades der globalen substantivischen Kohäsion isolieren Sie aus den Sätzen die Substantive und eliminieren die Substantive, die zwei Mal oder häufiger auftreten:

1. Bauarten ~~Satelliten~~
2. ~~Satelliten~~ Mantelfläche Solarzellen
3. Nachrichtensatelliten Typs Regel Oberseite Antennenmodul Gebiete ~~Erde~~ Richtantennen.
4. Schubdüse ~~Apogäumsmotors~~ Unterseite ~~Satelliten~~.
5. ~~Satelliten Hauptkörper~~
6. ~~Vorderseite Hauptkörpers Erde~~
7. ~~Apogäumsmotor~~ Rückseite
8. Norden Süden Seiten Solarzellenflügel ~~Satellit Erde~~ Sonne
9. ~~Vorderseite Erde~~ Instrumente

Verwandte Substantive werden dabei als unterschiedlich gezählt, z. B. Seite und Rückseite. Probleme bei der Berechnung des Grades des globalen substantivischen Textkohäsion gsk treten bei der Unterscheidung bzw. der Vermischung von lokaler und globaler substantivischer Textkohäsion auf, wie es im Beispiel für „Hauptkörper" (Sätze 5 und 6) zu beobachten ist. Die bisherige Erfahrung hat gezeigt, dass insbesondere bei längeren Texten die folgende einfache Berechnung mit *SUB* (Zahl aller Substantive) und SUB_2 (Zahl der Substantive, die zwei Mal oder öfter im Text auftauchen) ihren Zweck erfüllt:

$$gsk = SUB_2 / SUB \cdot 100\,\% \,.$$

In unserem Beispiel treten $SUB = 34$ Substantive auf, davon werden 15 Substantive einmal verwendet ($SUB_1 = 19$), und damit ist $SUB_2 = SUB - SUB_1 = 34 - 19 = 15$; 15 Substantive werden zwei Mal verwendet. Der Grad der globalen substantivischen Textkohäsion beträgt damit $gsk = 15/34 \cdot 100\,\% = 44\,\%$.

Bestimmung von fw und fw_1 Die Bestimmung der Zahl der Fachwörter *FW* geht über eine mechanische Textstatistik hinaus. Es wird eine Liste angelegt, die für eine Untersuchung konsistent sein sollte. Aber ist z. B. das Wort „Satellit" als Fachwort zu betrachten? Eher nicht: Schüler wissen aus ihrem Alltag, dass ein Satellit ein Gegenstand ist, der um die Erde kreist. Wie steht es mit dem Wort „Solarzelle"? Dieses ist inzwischen ebenfalls ein Wort aus der Alltagssprache. Es könnte aber sein, dass Schüler noch nie eine Solarzelle aus der Nähe gesehen. Hier spielt auch die didaktische Intention eine Rolle, zumindest wenn Lernprozesse untersucht werden sollen. Dann ist „Solarzelle" ein Fachterminus. Von Doppeldeutigkeiten – „Kraft" ist sowohl ein Alltags- als auch Fachwort – sei hier abgesehen. Für unser Beispiel schlagen wir die folgende Liste vor: Solarzellenflügel, Schubdüse, Apogäumsmotor, Antennenmodul, Nachrichtensatelliten, Solarzellen, Instrumente, Hauptkörper, Solarzellenflügel. Hinzu kämen die Adjektive spinstabilisiert und dreiachsenstabilisiert, insgesamt also $FW = 11$ Fachwörter. Die Fachwörter Apogäumsmotor und Hauptkörper werden zwei Mal verwendet. Daher beträgt die Zahl der einmal verwendeten Fachwörter $FW_1 = 9$. Hieraus lassen sich der Grad der verwendeten Fachwörter $fw = FW / W \cdot 100\,\%$ und der Grad der einfach verwendeten Fachwörter $fw_1 = FW_1 / W \cdot 100\,\%$ sowie deren Differenz berechnen. Bestehen Zweifel bei der Bestimmung der Liste der Fachwörter, so kann auch ein Intervall angegeben werden. In unserem Beispiel sind $fw = 11 / 101 \cdot 100\,\% = 11\,\%$ bzw. $fw_1 = 9 / 101 \cdot 100\,\% = 9\,\%$. Dies kann als Hinweis auf eine hohe Textschwierigkeit interpretiert werden: Der Anteil der Fachworte ist insgesamt nicht sehr hoch (Tab. 20.1); sie werden aber nur einmal verwendet.

Damit ist eine Aufgabe, die sich in der fachdidaktischen Forschung immer wieder stellt, zumindest in einer ersten Näherung gelöst: Zwei Texte sind von ihrer Verständlichkeit vergleichbar, wenn die Maßzahlen ihrer beiden Sets ähnlich sind. Die Sets für verständliche Texte lassen sich nur als Ganzes interpretieren. In der Regel sollte das Set (K, lsk, gsk, fw, fw_1) verwendet werden, s und ms bieten dann keinen zusätzlichen Aufklärungswert.

Es bleibt die Frage, ob sich auch absolute Werte angeben lassen, um die Verständlichkeit eines naturwissenschaftlichen Textes abzuschätzen. Für die Klassen 8 bis 10 gibt es ein Physiklehrbuch, das von Schülern als sehr verständlich eingeschätzt wurde. Dieses wurde mit den genannten Textoberflächenmerkmalen analysiert (Starauschek 1998; Rabe et al. 2005, Starauschek 2006) und kann als Referenz dienen. In einem zweiten Schritt wurden Texte zum Physiklernen erstellt, die den ermittelten Maßzahlen für verständliche Texte entsprechen. Auch diese wurden von Schülern der Klassenstufen sieben und zehn als gut verständlich eingeschätzt (Starauschek 2006). Dabei mag jedoch auch eine Rolle gespielt haben, dass die Texte stark bebildert waren.

Wir geben nun Orientierungswerte an und spalten dafür unser Kriterienset in zwei Sets: Eine erste grobe Näherung mit einem 2-Tupel und als zweite Näherung das Regelset (Tab. 20.1).

Das Set für unseren Beispieltext lautet ($K = 11{,}3$, $lsk = 44\,\%$, $gsk = 44\,\%$, $fw = 11\,\%$, $fw_1 = 9\,\%$). Der Vergleich mit den Orientierungswerten aus Tab. 20.1 zeigt ein nichtoptimales Bild. Der Lesbarkeitsindikator ist hoch, ebenso der Anteil der Fachwörter.

Wir möchten zur Vorsicht bezüglich einer Verallgemeinerbarkeit der Orientierungswerte mahnen. Die Orientierungswerte sind mehr oder weniger singulär bestimmt und nehmen bislang die Stellung von Faustregeln ein – auch wenn sie deutlich unter den bekannten Werten für unverständlich eingeschätzte physikdidaktische Texte liegen (vgl. Merzyn 1994).

Insgesamt steht ein Werkzeug zur objektivierten Textoberflächenanalyse zur Verfügung, mit dem Einschätzungen der Textverständlichkeit vorzunehmen sind. Zur Bestimmung der Textoberflächenmerkmale sollten die Texte einen bestimmten Umfang haben. Die Texte sollten mindestens 300 Wörter umfassen, wenn möglich mehr (etwa 700 Worte). Längere Texte können entweder vollständig oder über Textabschnitte von 300 bis 700 Worten analysiert werden. Für die Bestimmung der substantivischen Textkohäsion sollte der Text sechs Sätze umfassen (Starauschek 2006). Bei kürzeren Texten kann die Analyse an Aussagekraft verlieren; die Textkohäsion sollte dann beschreibend analysiert werden.

Tab. 20.1 Orientierungswerte der Maße der Textoberflächenmerkmale für verständliche naturwissenschaftsdidaktische Texte (*W*: Zahl der Wörter; *S*: Zahl der Sätze; *zs*: Zahl der Silben pro hundert Worte; $ms = MS/W$: Grad der drei- und mehrsilbigen Wörter, mit *MS*: Anzahl der drei- und mehrsilbigen Wörter; *LSK*: Zahl der lokalsubstantivisch kohäsiv verbundenen Sätze; *SUB*: Zahl der Substantive; SUB_2: Zahl der Substantive, die mehr als zwei Mal auftreten; *FW*: Zahl der Fachwörter; FW_1: Zahl der einmal verwendeten Fachwörter)

Textoberflächenmerkmal	Symbol	Maßzahl	Orientierungswerte	Quelle und Hinweise
Erste Näherung: 2-Tupel				
Mittlere Satzlänge	*s*	$s = W/S$	$s < 12$	Heijnk (1997); beide Kriterien zusammen bilden einen Indikator für einen „normal verständlichen" Text
Mittlere Silbenzahl	*zs*	*zs*	$zs < 180$	
Zweite Näherung: 5-Tupel bzw. 6-Tupel (mit *pa*)				
4. Wiener Sachtextformel	*K*	s. (F1)	$K = 7$; $5{,}4 < K < 8{,}4$	Starauschek (2001, S. 80)
Grad der lokal substantivischen Textkohäsion	*lsk*	$lsk = LSK/S \cdot 100\,\%$	$lsk = 51\,\%$; $41\,\% < lsk < 65\,\%$	Starauschek (2006, S. 138): Mehr als sechs Sätze; ansonsten verbale Beschreibung der Textkohärenz. Auch ein Text mit $lsk = 15\,\%$ wurde als in Verbindung mit den anderen „guten" Indikatoren als verständlich eingeschätzt (s. auch Rabe 2007)
Grad der global substantivischen Textkohäsion	*gsk*	$gsk = SUB_2/SUB \cdot 100\,\%$	$gsk = 80\,\%$; $70\,\% < gsk < 89\,\%$	Starauschek (2006, S. 138): Mehr als sechs Sätze; ansonsten verbale Beschreibung der Textkohärenz.
Anteil der Fachwörter	*fw*	$fw = FW/W \cdot 100\,\%$	$fw < 7\,\%$	Rabe et al. (2005, S. 4)
Anteil der einmal verwendeten Fachwörter	fw_1	$fw_1 = FW_1/W \cdot 100\,\%$	$fw_1 < 3\,\%$	Rabe et al. (2005, S. 4)

20.4 Charakterisierung der Textverständlichkeit mit Expertenrating: Das Hamburger Verständlichkeitskonzept

Eine eher qualitative Methode zur Identifizierung von verständlichen Texten, die Makrostrukturen des Textes und damit die globale Textkohärenzbildung erfassen soll, wurde mit dem *Hamburger Verständlichkeitskonzept* (Langer et al. 1974) entwickelt. Im Hamburger Verständlichkeitskonzept werden entgegen unserer bisherigen Annahmen auch bildliche Darstellungen wenigstens nominal erfasst (vgl. Wellenreuther 2005). Dieses Konzept hat bis heute eine weite Verbreitung. Es hat sich empirisch bewährt, auch wenn es ursprünglich keine kognitionspsychologische Theorie der Textverarbeitung zur Grundlage hatte. Vereinzelt finden sich in der Physikdidaktik Ansätze, die zur Textgestaltung das Hamburger Verständlichkeitskonzept verwenden (Feldner 1997, Apolin 2002).

Im Hamburger Verständlichkeitskonzept wird die Verständlichkeit eines Textes mithilfe eines Expertenratings ermittelt. Das hat den Vorteil, dass auch Kriterien, die einer gewissen Interpretation bedürfen, mit beurteilt werden können – aber auch den Nachteil gegenüber der Lesbarkeitsforschung, dass die Messungen weniger objektiv erfolgen. Die Bewertung eines Textes erfolgt über 16 Gegensatzpaare, wie z. B. „anregend" versus „nüchtern" oder „gute Unterscheidung von Wesentlichem und Unwesentlichem" versus „schlechte Unterscheidung von Wesentlichem und Unwesentlichem". Experten müssen auf einer vierstufigen Skala bewerten, wo der Text zwischen den Gegensatzpaaren zu verorten ist.

Die Kriterien für die Textverständlichkeit lassen sich nach vier Dimensionen ordnen. Verbindungen zur Sprachstatistik sind zu erkennen:

1. *Einfachheit*: Dieses Kriterium bezieht sich sowohl auf eine einfache Wortwahl (z. B. durch für die Zielgruppe bekannte Worte) als auch auf eine einfache Satzstruktur mit kurzen Sätzen.
2. *Gliederung/Ordnung*: Hierunter wird die geordnete und übersichtliche Darstellung des Inhaltes verstanden.
3. *Kürze/Prägnanz*: Dies meint eine weder zu lange noch zu kurze Darstellung eines Sachverhalts. Das Optimum ist hier also eine ausgewogene Darstellung.
4. *Zusätzliche Stimulanz*: Darunter werden zusätzliche Elemente verstanden, die den Text beleben. Darunter können wörtliche Rede, lebensnahe Beispiele oder auch Bilder fallen.

Die Kriterien sind teilweise interpretationsbedürftig, z. B. bleibt offen, was die geschulten Rater als „das Wesentliche" des Textes empfinden. Es bedarf einiger Übung an Beispieltexten, um eine intersubjektive Übereinstimmung zu erreichen. Das Hamburger Verständlichkeitskonzept vertraut darauf, dass die Experten, die einen Text bewerten, ein Bild vom Adressaten des Textes haben, um z. B. lebensnahe Beispiele als solche zu erkennen oder zu wissen, welche Worte als bekannt vorausgesetzt werden können. Das Konzept ist ein sehr pragmatischer Ansatz, um Textschwierigkeit vorauszusagen. Es konnte gezeigt werden, dass eine Optimierung von Schulbuchtexten im Sinne des Konzepts zu besseren Behaltensleistungen führt (z. B. Schulz von Thun; Göbel und Tausch 1973). In der Praxis führt das Vorgehen empirisch zu guten Vorhersagen, wenn die Experten gut ausgewählt sind. Die Experten müssen den Sachverhalt, der im Text ausgedrückt werden soll, und die Adressatengruppe gut kennen. Für die naturwissenschaftsdidaktische Forschung bedeutet dies, dass Anfänger die Hilfe erfahrener Kollegen oder erfahrener Lehrkräfte in Anspruch nehmen sollten. Man benötigt mindestens zwei Experten, um über die Intercoderreliabilität (→ Zusatzmaterial online) die Zuverlässigkeit der Einschätzungen in allen vier Dimensionen einzeln zu bestimmen (Leitfaden zum Vorgehen; → Begleitmaterial online).

Wir wollen an einem Beispiel zeigen, wie das Hamburger Verständlichkeitskonzept bei der Analyse von PISA-Aufgabentexten eingesetzt wurde. Viele PISA-Aufgaben sind textlastig, und außerdem unterscheiden sich die Testhefte unterschiedlicher PISA-Durchgänge in der Textgestaltung stark (vgl. Kulgemeyer und Schecker 2007). In der Studie von Kulgemeyer (2009) wurden 72 PISA-Aufgaben verschiedener Jahrgänge unter der Fragestellung analysiert, ob sich Unterschiede zwischen den Testdurchläufen PISA 2000 bis 2006 in der Aufgabenkonzeption finden lassen. Die Textverständlichkeit war einer der Faktoren. Zur Anwendung kamen die pragmatischen Kriterien des Hamburger Verständlichkeitskonzepts kombiniert mit dem Kriterium der Kohärenz. Das Textoberflächenmerkmal der substantivischen Textkohäsion wurde dafür bestimmt.

Nach den genannten Kriterien sollen jetzt zwei kurze Beispiele (Box 20.2) analysiert werden. Es handelt sich um eine heuristische Anwendung, da sowohl das Hamburger Verständlichkeitskonzept als auch das Textoberflächenmerkmal substantivische Textkohäsion eigentlich längerer Texte bedürfen.

Box 20.1

Beispielaufgabe 1: Lebewesen benötigen Energie, um zu überleben. Die Energie, die das Leben auf der Erde erhält, stammt von der Sonne. Diese strahlt auf Grund ihrer enormen Hitze Energie ins All ab. Ein winziger Teil dieser Energie erreicht die Erde.[4]

Beispielaufgabe 2: Die Atmosphäre ist ein Ozean aus Luft und eine wertvolle natürliche Ressource für die Erhaltung des Lebens auf der Erde. Leider schädigen menschliche Aktivitäten, die auf nationalen/persönlichen Interessen beruhen, diese gemeinsame Ressource vor allem dadurch, dass sie die empfindliche Ozonschicht zerstören, die als Schutzschild für das Leben auf der Erde dient.[5]

---

[4] Quelle: Beispielaufgabe „Treibhaus" zu PISA 2006, abrufbar unter http://pisa.ipn.uni-kiel.de/PISA06_Science_Beispielaufgaben.pdf (Abruf Oktober 2012).

[5] Quelle: Beispielaufgabe „Ozon" zu PISA 2000, abrufbar unter http://www.mpib-berlin.mpg.de/Pisa/Beispielaufgaben_Naturwissenschaften (Abruf Oktober 2012).

Einfachheit und Gliederung/Ordnung: Diese Kriterien haben bei diesen Aufgabenbeispielen keinen Aufklärungswert, da beide Aufgaben aus nur einem Absatz bestehen.

Zusätzliche Stimulanz: Beide Aufgaben verwenden keine zusätzliche Stimulanz.

Kürze/Prägnanz: Die erste Aufgabe schneidet hier besser ab. Die Sätze sind im Schnitt mit 9,5 Worten pro Satz deutlich kürzer als in der zweiten Aufgabe (26 Worte pro Satz). Dies liegt vor allem an dem sehr komplexen Satzgefüge im zweiten Satz.

Kohärenz: Die erste Aufgabe zeigt ein hohes Maß an lokaler Kohäsion. In jedem der vier Sätze taucht das Substantiv „Energie" auf. Dies führt dazu, dass der Index für lokale substantivische Textkohäsion *lsk* gleich 75 % ist (optimaler Wert, Tab. 20.1). Beschreibend heißt dies: Text 1 ist bezüglich der lokalen Textkohäsion optimiert. Aufgabentext 2 erreicht einen Wert von $lsk = 50\,\%$. Hier zeigt sich – wie auch bei Aufgabe 2 –, dass der Indikator für lokale substantivische Textkohäsion so konstruiert ist, dass er nur für längere Texte funktioniert. Text 2 ist ebenfalls bezüglich der lokalen Textkohäsion optimiert, da die beiden Sätze verbunden sind. Für den Text 1 ist eine Beschreibung der linguistischen Eigenschaften aufschlussreich. Aufgabentext 1 weist eine nahezu optimale Thema-Rhema-Gliederung auf: Das Rhema des ersten Satz (Energie) ist das Thema des zweiten Satzes. Dann wird durch ein Demonstrativpronomen (diese) das Rhema des zweiten Satzes als Thema wieder aufgegriffen und im vierten Satz dann das Rhema (Energie) wiederum als Thema verwendet. Dies entspricht der natürlichen Satzbildung im Deutschen: Es wird immer erst das Bekannte (Thema) und dann das Neue (Rhema) genannt. Die bei Britton und Gülgöz (1991) genannten Hauptkriterien „Wiederaufgreifen eines Wortes" und „klare Satzstruktur" sind in der ersten Aufgabe nahezu optimal umgesetzt worden.

Der Vollständigkeit halber ergänzen wir die übrigen sprachstatistischen Maßzahlen, auch wenn sie bei der ursprünglichen Untersuchung nicht eingesetzt wurden: Die Maßzahlen für die Silbenzahlen betragen $zs_1 = 176$ und $zs_2 = 208$. Der zweite Text liegt auch hinsichtlich der Kriteriums Häufigkeit der mehrsilbigen Worte über dem Orientierungswert und dem ersten Text. Die Indikatoren $K_1 = 7{,}3$ und $K_2 = 14{,}7$ (nach Wiener Sachtextformel, s. o.) zeigen entsprechend die Differenz zwischen den Texten noch einmal sehr deutlich; K_1 ist dabei optimal. Die Analyse der Fachwörter ist nicht ergiebig. Unser Beispiel zeigt, dass bei kurzen Texten das Hamburger Verständlichkeitskonzept nicht zwingend notwendig ist, und die Verständlichkeit über eine einfache Sprachstatistik und eine Analyse der Textkohärenz vorgenommen werden kann.

Insgesamt ist die Aufgabe 1 gegenüber Aufgabe 2 gemäß den Kriterien Kürze und Textkohäsion besser gestaltet und sollte verständlicher sein. Zwischen lokaler und globaler Kohäsion kann, wie zu erwarten, nicht sinnvoll unterschieden werden. Kulgemeyer und Schecker (2007) konnten zeigen, dass diese Tendenz für alle veröffentlichten PISA-Aufgaben zutrifft: die *Scientific Literacy*-Aufgaben aus PISA 2006 sind verständlicher als die aus PISA 2000 oder PISA 2003. Dies macht allerdings einen Vergleich der Testergebnisse verschiedener Jahrgänge problematisch, weil sie unterschiedliche „Hürden" für das Textverständnis aufstellen.

20.5 Schlussbemerkungen

Beim Verfassen dieses Beitrages ist uns noch einmal deutlich geworden, wie schwierig die Einschätzung der Textverständlichkeit und des Grades der Kohärenzbildungshilfen eigentlich ist. Wir schlagen nach dem augenblicklichen Stand der Forschung in aller Vorläufigkeit zwei Verfahren vor, die auf einer Reihe von Faustregeln oder hoch inferenter Bewertungen beruhen. Welches Verfahren Sie wählen, oder gar beide, wird auch von Ihrer Forschungsfrage abhängen: In der Regel sind in der naturwissenschaftsdidaktischen Forschung entweder zwei Texte zu vergleichen oder die Verständlichkeit eines Textes einzuschätzen. Einige weitere Faustregeln und Hinweise zur Gestaltung von verständlichen naturwissenschaftlichen Fachtexten finden Sie in der vertiefenden Literatur.

Forschungsarbeiten zur Frage der Textgestaltung und der Rolle der Sprache beim naturwissenschaftlichen Lernen mit Texten sind noch in erheblichem Umfang zu leisten. Zum Beispiel zeigen jüngere Arbeiten, dass die physikalische Sachstruktur, die eben durch Texte und einzelne Worte vermittelt wird, einen Einfluss auf den Wissenserwerb hat (Starauschek 2011, Crossley 2012). Diese Arbeiten wären ohne die Kriterien zur Vergleichbarkeit von Texten und damit die Kontrolle der Variable Text gar nicht möglich gewesen und stellen ein weiteres Beispiel für den Einsatz der Statistik der Textoberflächenmerkmale dar.

Begleitmaterial online

- Leitfaden für die Vorgehensweise bei der Analyse der Verständlichkeit von Texten auf Basis des Hamburger Verständlichkeitskonzepts
- Intercoderreliabilität

Literatur zur Vertiefung

Kulgemeyer C, Schecker H (2007) PISA 2000 bis 2006 – Ein Vergleich anhand eines Strukturmodells für naturwissenschaftliche Aufgaben. Zeitschrift für Didaktik der Naturwissenschaften 13:199–220 (Beschreibung eines möglichen Vorgehens bei der Textschwierigkeitsanalyse von Testaufgaben)

Rabe T (2007) Textgestaltung und Aufforderung zur Selbsterklärung beim Physiklernen mit Multimedia. Logos, Berlin (Sehr ausführliche Darstellung der Eigenschaften physikalischer Texte und ihrer schwierigkeitsbestimmenden Faktoren inklusive empirischer Anwendung)

Starauschek E (2006) Der Einfluss von Textkohäsion und gegenständlichen externen piktoralen Repräsentationen auf die Verständlichkeit von Texten zum Physiklernen. Zeitschrift für Didaktik der Naturwissenschaften 12:127–157 (Eine gute Begründung quantitativer Textkohäsionsmaße)

Wellenreuther M (2005) Lehren und Lernen – aber wie? Empirisch-experimentelle Forschung zum Lehren und Lernen im Unterricht. Schneider, Hohengehren (Sehr übersichtliche und grundlegende Darstellung verschiedener Konzepte der Textschwierigkeitsanalyse inklusive empirischer Anwendungsbeispiele)

Teil III
Klassisches Testen

21 Entwicklung eines Leistungstests für fachdidaktisches Wissen

Josef Riese und Peter Reinhold

Die Entwicklung von Tests zur Überprüfung der Leistung von Schülern gehört im Zusammenhang mit der Benotung zum Alltag von Lehrkräften und wird dementsprechend in der Lehramtsausbildung thematisiert. Sollen jedoch objektive und valide Tests zur Erfassung der Kompetenz von Lehrenden entwickelt werden – etwa zur Evaluation bestimmter Phasen der Lehramtsausbildung – benötigt man komplexere Erhebungsinstrumente. Dieses Kapitel zeigt ein mögliches Vorgehen bei der Entwicklung solcher Tests am Beispiel der Entwicklung eines fachdidaktischen Wissenstests. Das grundsätzliche methodische Vorgehen ist auf andere Leistungstests übertragbar.

21.1 Vorarbeiten: Von der Forschungsfrage zum Test

Die Entwicklung von Kompetenztests ist mit einem erheblichen Aufwand verbunden. Es ist daher notwendig, im Vorfeld eine präzise und begründete Forschungsfrage zu formulieren. Nur durch zielgerichtetes Vorgehen kann gewährleistet werden, dass die Untersuchung nicht zu einem unkontrollierten „Schuss ins Blaue" wird, der letztlich ohne Erkenntnisse bleibt. Das Formulieren einer solchen Forschungsfrage setzt natürlich eine Kenntnis des Untersuchungsgegenstandes (hier: des professionellen Wissens von Lehrenden) voraus. Wesentliche Grundlage ist eine Literaturrecherche über den zu untersuchenden Bereich. Im folgenden Abschnitt berichten wir kurz über die für die Konstruktion unseres Tests wichtigsten Ergebnisse.

Dr. Josef Riese ✉, Prof. Dr. Peter Reinhold
Didaktik der Physik, Universität Paderborn, Warburger Str. 100, 33098 Paderborn, Deutschland
e-mail: josef.riese@upb.de, preinhol@mail.uni-paderborn.de

D. Krüger, I. Parchmann und H. Schecker (Hrsg.), *Methoden in der naturwissenschaftsdidaktischen Forschung*, DOI 10.1007/978-3-642-37827-0_21,

21.1.1 Professionelles Wissen von Lehrkräften

Dass Lehrende über das Fachwissen verfügen müssen, das sie vermitteln wollen, ist sicherlich unstrittig. Aber über welches Wissen sollen Lehrende darüber hinaus verfügen? In der Lehrerbildungsforschung besteht weitgehend der Konsens, dass Lehrkräfte neben *Fachwissen* auch *fachdidaktisches Wissen* (z. B. Wissen über fachspezifische Schülerlernprozesse oder die schülergerechte Aufbereitung von Lehrstoff) und allgemeines *pädagogisches Wissen* (z. B. Wissen über sinnvolle erzieherische Maßnahmen) benötigen (vgl. z. B. Baumert und Kunter 2006) (Kap. 18 und 25). Es wird angenommen, dass dieses Wissen positiv auf das Lehrerhandeln und die Schülerleistungen wirkt (Lipowsky 2006). Als gleichbedeutsam mit dem Wissen betrachten Baumert und Kunter (2006) auch Überzeugungen (z. B. über Lehren und Lernen), motivationale Orientierungen (z. B. Berufswahlmotive) und selbstregulative Fähigkeiten (z. B. Engagement) zur professionellen Kompetenz von Lehrkräften. In der Regel wird man sich bei der Testentwicklung jedoch auf einen begrenzten Kompetenzausschnitt fokussieren müssen. Der Aufwand für die Entwicklung, Pilotierung und Überarbeitung eines validen und reliablen Tests darf nicht unterschätzt werden. Für unsere Studie haben wir uns auf die Erfassung der drei erstgenannten Wissensbereiche konzentriert (Fach, Fachdidaktik, Pädagogik).

21.1.2 Forschungsfragen und Hypothesen

Beispiele aktueller Forschungsfragen im Zusammenhang mit der Erfassung professionellen Wissens von Lehrkräften sind (vgl. z. B. Kunter et al. 2011; Riese 2009):

- *Gibt es Unterschiede im Fachwissen bei verschiedenen Gruppen von Lehramtsstudierenden?*
  Durch den Vergleich zweier Gruppen mit vergleichbaren Ausgangslagen kann z. B. überprüft werden, ob eine neue universitäre Lehrmethode effektiver als die bisherige ist.
- *Welche Faktoren beeinflussen den Erwerb fachdidaktischen Wissens?* Insbesondere: *Hängt die tatsächliche Lernzeit an der Universität mit dem Umfang des fachdidaktischen Wissens zusammen?*
  Wenn die Einflussfaktoren der Kompetenzentwicklung identifiziert werden, können diese als Stellschrauben zur gezielten Verbesserung entsprechender Studienanteile genutzt werden.

Die Forschungsfragen sollen in konkrete, prüfbare **Hypothesen** umgesetzt werden, die aus der Theorie abgeleitet werden. Hierbei werden Eigenschaften einer Population postuliert (z. B. Unterschiede zwischen Teilgruppen oder Zusammenhangshypothesen bezüglich mehrerer Merkmale), um davon ausgehend mit Hilfe stichprobenartig erhobener Daten zu überprüfen, inwieweit die theoretisch angenommenen Eigenschaften der Population tatsächlich vorhanden sind (vgl. Bortz und Schuster 2010). Aus der Tatsache, dass es dem

Physikunterricht der gymnasialen Oberstufe (vgl. Baumert et al. 2000) und der physikalischen Fachausbildung in der Universität (vgl. Riese 2009) nicht gelingt, Frauen und Männer zu gleichen Lernerfolgen zu führen, kann man z. B. folgende Hypothese ableiten:

> Lehramtsstudentinnen in Physik haben gegenüber ihren männlichen Kommilitonen ein geringeres physikdidaktisches Wissen.

21.1.3 Beschreibung des Wissensbereichs

Bevor Testaufgaben für den ausgewählten Wissensbereich formuliert werden können, muss dieser im Vorfeld auf der Grundlage entsprechender Literaturrecherchen präziser beschrieben werden. Hierzu wird üblicherweise ein (zumindest grobes) Strukturmodell über die einzelnen im Wissensbereich enthaltenen Facetten aufgestellt (man spricht von einem Kompetenzstrukturmodell; Klieme und Leutner 2006; Kap. 2, 27 und 29). Neben einfachen Modellen finden sich in der Literatur zum Teil auch komplexe Modelle wie z. B. das dreidimensionale Modell zum mathematischen Fachwissen von Blömeke et al. (2008). Dort wird zwischen verschiedenen Inhaltsgebieten, Anforderungsklassen und kognitiven Aktivitäten unterschieden, um die Testaufgaben sehr zielgerichtet entwickeln und differenziert auswerten zu können.

Ansatzpunkte für die deduktive Entwicklung solcher Modelle können vorhandene Strukturierungen in der Fachliteratur, universitäre Curricula, fachbezogene Bildungsstandards oder auch Strukturierungen aus bereits vorhandenen Studien sein. Ausgehend von der Beschreibung des Wissensbereichs mit Hilfe eines Strukturmodells ist es dann möglich, den ausgewählten Anforderungsbereich zielgerichtet und gleichmäßig mit Aufgaben abzudecken.

Wir haben in unserer Studie fachdidaktisches Wissen insbesondere im Anforderungsbereich „Experimentieren im Physikunterricht" erhoben (vgl. Riese und Reinhold 2010). Im Zuge der Entwicklung wurden zunächst Strukturierungen aus anderen Bereichen (z. B. Blömeke et al. 2008; Magnusson et al. 1999) genutzt. Daneben wurden Interviews mit Fachdidaktikexperten an Studienseminaren und Universitäten sowie erfahrenen Lehrkräften geführt, um sicherzustellen, dass die von uns berücksichtigten Elemente physikdidaktischen Wissens auch die Perspektive der Unterrichtspraxis möglichst gut widerspiegeln (was bei einigen anderen Kompetenzbereichen, wie etwa beim Fachwissen oder bei selbstregulativen Fähigkeiten, weniger bedeutsam wäre). Folgende Teilaspekte lagen schließlich unserer Entwicklung des Fachdidaktiktests zugrunde:

- Wissen über allgemeine Aspekte physikalischer Lernprozesse,
- Wissen über den Einsatz von Experimenten,
- Gestaltung von Lernprozessen,
- Beurteilung und Reflexion von Lernprozessen,
- adäquate Reaktion in kritischen Unterrichtssituationen.

21.2 Entwicklung des Testinstruments

Ist der Wissensbereich bzw. ein Ausschnitt daraus näher beschrieben, können die einzelnen Facetten in Testaufgaben umgesetzt werden. Dazu sind Leistungstests unumgänglich. Selbsteinschätzungen der eigenen Fähigkeiten der Art „Wie kompetent fühlen Sie sich im fachdidaktischen Kompetenzbereich xy?" haben sich allein als nicht aussagekräftig herausgestellt (vgl. z. B. Kunter und Klusmann 2010). Solche Einschätzungen basieren naturgemäß auf subjektiven Eindrücken der selbst wahrgenommenen Kompetenz. Sie spiegeln nicht zwangsläufig die wahre Leistungsfähigkeit wider, sondern erfassen lediglich eine spezifische Selbstwahrnehmung oder gar die subjektiv erlebte Relevanz von Studieninhalten. Es ist beispielsweise anzunehmen, dass sich leistungsschwache Studierende mit vergleichsweise geringem Studienengagement besser einschätzen als leistungsstärkere Studierende, denen eher bewusst ist, was ihnen noch fehlt: Wenn man etwas nicht kennt, weiß man auch nicht, dass es einem fehlt. Daher sind aussagekräftige Ergebnisse nur mit echten Leistungstests zu erzielen.

Im Folgenden werden zunächst Hinweise zur Zusammenstellung eines solchen Wissenstests (Abschn. 21.2.1) gegeben, bevor im Weiteren die Überarbeitung bzw. Verbesserung des Instruments im Vordergrund steht (Abschn. 21.2.2).

21.2.1 Zusammenstellung des Testinstruments

Struktureller Aufbau

Leistungstests sind in der Regel nach einem einheitlichen Grundmuster aufgebaut (vgl. Neuhaus und Braun 2007; → Begleitmaterial online). Üblicherweise steht eine Einleitung bzw. Instruktion am Anfang, die Informationen über die Ziele und Hinweise zur Durchführung der Untersuchung, Kontaktdaten der durchführenden Person oder Institution, Hinweise zur Anonymität (falls gegeben) und ein Dank für die Teilnahme enthält. Häufig ist auch ein anonymisierter Code anzugeben, der im Falle einer erneuten Befragung (Vor- und Nachtest) die Zuordnung verschiedener Testhefte zu einer Person ermöglicht. Bewährt haben sich Kombinationen einzelner Buchstaben aus dem Namen der Mutter und des Geburtsorts mit anderen stabilen Kenndaten der Person (z. B. Geburtsmonat, Geburtsjahr). Hieran schließen sich normalerweise Fragen zum soziodemographischen Hintergrund der Befragten an (z. B. Alter, Geschlecht, Studiengang, schulisches Vorwissen und Abschlussnoten, Studienfortschritt und -umfang), die wichtig für die spätere teilgruppenspezifische Interpretation der Daten sind. Schließlich folgen die eigentlichen Aufgaben des Leistungstests.

Erstellen einer Aufgabensammlung

Wie bei der Beschreibung des Wissensbereichs mittels vorhandener Strukturmodelle (Abschn. 21.1.3) ist es natürlich auch für die Testaufgaben selbst sinnvoll, bereits in der Literatur verfügbare Tests zu sichten und zu prüfen, inwieweit Aufgaben adaptiert, übersetzt oder sogar unverändert unter Angabe der Herkunft übernommen werden können. Einige Studien veröffentlichen ganze Skalenhandbücher, in denen alle Aufgaben mit Kennwerten enthalten sind (z. B. Frey et al. 2006). Ist dies nicht der Fall, lohnt im Zweifelsfall eine Anfrage bei den Autoren einer Studie, ob Testaufgaben zur Verfügung gestellt werden können. Falls bestimmte Wissensbereiche bzw. ausgewählte Facetten des zugrunde gelegten Strukturmodells mit vorhandenen Aufgaben noch nicht angemessen abzudecken sind, ist eine Neuentwicklung weiterer Aufgaben nötig. Grundsätzlich gilt hierbei jedoch: Je größer der Anteil der Eigenentwicklungen im Test, desto größere Sorgfalt ist bei der Erprobung bzw. Pilotierung nötig (Abschn. 21.2.2).

Insbesondere bei Eigenentwicklungen ist zu beachten, dass die Aufgaben klar und eindeutig formuliert, inhaltlich und sprachlich korrekt sowie vom Anforderungsniveau her für die Probandengruppe geeignet sind. Auch eine mögliche **soziale Erwünschtheit** bei bestimmten Fragen sollte bedacht werden. Schließlich sollten die Lebenswelt und die Sprache der Testpersonen berücksichtigt werden, indem etwa unnötige Fremdworte oder Fachbegriffe, doppelte Verneinungen, mehrdeutige Begriffe und komplizierte Aussagen vermieden werden (vgl. Neuhaus und Braun 2007, S. 143 ff.; Kap. 22). Zudem ist ein Erwartungshorizont mitsamt Bewertungsschlüssel für die Aufgaben zu formulieren (Abschn. 21.2.2 „Objektivität"), wobei neben einer „falsch/richtig-Codierung" der gesamten Aufgabe auch Teilpunkte für Teilleistungen vergeben werden können. Sollte für die Analyse der Daten jedoch ein Modell der **probabilistischen Testtheorie** (z. B. das Rasch-Modell, Kap. 28) verwendet werden, ist zu beachten, dass die Bepunktung von Teilleistungen aufwändigere Modelle erfordert. Eventuell bietet es sich an, mehrere Testhefte mit denselben Aufgaben in unterschiedlicher Reihenfolge zu verwenden, um mögliche Abschreibe-Effekte bei der Bearbeitung des Tests zu minimieren, und um sicherzustellen, dass weiter hinten stehende Aufgaben nicht allein auf Grund von Müdigkeit oder nachlassender Motivation schlechter bearbeitet werden.

Es müssen auf jeden Fall mehr Aufgaben entwickelt werden, als später im Test eingesetzt werden sollen, da sich manche Aufgaben im Zuge der Erprobung möglicherweise als unbrauchbar erweisen. In unserem Test waren dies etwa 15 % der Aufgaben. Auch reicht es in der Haupterhebung nicht aus, für jeden Wissensbereich nur eine Aufgabe zu verwenden (ebenso wenig würde man in der Schule eine Zeugnisnote geben, die nur auf der Bearbeitung einer einzigen Aufgabe beruht). Um Messfehler des Instruments zu minimieren, sollten daher immer mehrere Aufgaben, die zusammen eine Skala bilden (Kap. 22), zur Erfassung einer Teilfähigkeit genutzt werden. Erst auf Grundlagen von Skalenwerten (Mittelwert oder Summenwert einer Skala) können die Fähigkeiten einer Person einigermaßen zuverlässig geschätzt werden. Im obigen Beispiel (Abschn. 21.1.3) haben wir daher zu jeder fachdidaktischen Teilfacette mindestens drei Aufgaben entwickelt, um später auch die Möglichkeit zu haben, den Test differenziert nach Teilfacetten auswerten zu können.

Aufgabenformate

Grundsätzlich lassen sich offene und geschlossene Aufgabenformate unterscheiden. Während die Probanden bei offenen Aufgaben die Antworten bzw. Lösungen selbstständig formulieren müssen, können sie bei geschlossenen Aufgaben zwischen mehreren Möglichkeiten auswählen (Multiple-Choice-Aufgaben). Es sind auch Zwischenformen möglich (z. B. Lückentexte oder einfache Rechenaufgaben), so dass beide Aufgabentypen eher als Extrempole eines Kontinuums gesehen werden können (Hartig und Jude 2007). Die Formulierung offener Aufgabenstellungen erscheint zunächst einfacher als die Konstruktion von Auswahlantworten bei *Multiple-Choice*-Aufgaben. Dies ist jedoch eine Fehleinschätzung. Gerade bei offenen Aufgaben muss man sicherstellen, dass die Probanden die Intention des Testkonstrukteurs erkennen: Wozu genau soll Stellung genommen werden? Wie umfangreich soll die Antwort ausfallen? Aus welcher Perspektive soll geantwortet werden? Bei offenen Aufgaben ist zudem die Auswertung zeit- und arbeitsaufwändig und erfordert eine besonders sorgfältige Dokumentation der Bewertungskriterien in Form einer Codieranleitung, um eine angemessene Objektivität des Tests sicherzustellen (Kap. 14). Geschlossene Aufgabenformate sind einfach und objektiv auszuwerten. Allerdings ist eine besonders sorgfältige Konstruktion sowohl der falschen Antworten (Distraktoren) als auch der richtigen Antworten (Attraktoren) nötig, um die Ratewahrscheinlichkeit zu minimieren. So soll ein guter Distraktor nicht trivial auszuschließen sein, sondern für einen Unwissenden als plausibel oder richtig erscheinen (indem z. B. eine bekannte Schülervorstellung aufgegriffen wird). Auch die einzelnen Attraktoren sollen nicht zu leicht oder zu schwierig sein (Abschn. 21.2.2 „Analyse deskriptiver Aufgabenstatistiken"; Kap. 30). Welcher Aufgabentyp letztlich angebracht ist, hängt von vielen Kriterien ab und kann nicht eindeutig beantwortet werden. Um die Vorteile beider Verfahren zu vereinigen, haben wir in unserem fachdidaktischen Leistungstest beide Aufgabenformate verwendet (→ Begleitmaterial online).

Weiterhin ist zu bedenken, dass handlungsnahes Wissen von Lehrkräften nur sehr begrenzt mit Fragen nach Fakten, Anwendungen oder Begründungen erfasst werden kann (Kap. 17, 18). In den letzten beiden Facetten unseres fachdidaktischen Strukturmodells (Abschn. 21.1.3 „Beurteilung und Reflexion von Lernprozessen", „Adäquate Reaktion in kritischen Unterrichtssituationen") geht es beispielsweise eher um die Analyse einer gegebenen Unterrichtsituation oder um eine sinnvolle Reaktion darauf. Dazu ist es nötig, die Aufgaben in möglichst realistische, prototypische Unterrichtsszenarien einzubetten. Aus diesem Grund haben wir in diesen Fällen Aufgaben verwendet, denen vor der eigentlichen Fragestellung die Schilderung eines Unterrichtsausschnitts vorgeschaltet ist. Abbildung 21.1 zeigt einen solchen Unterrichtsausschnitt aus unserem fachdidaktischen Test. Darin analysieren die Probanden das Verhalten der Lehrkraft und diagnostizieren fachlich nicht korrekte Schüleräußerungen.

Solche vergleichsweise praxisnahen Testfragen sind im Gegensatz etwa zu reinen Fachwissensaufgaben verhältnismäßig schwierig auszuwerten. Eindeutig richtige Lösungen sind aus der fachdidaktischen oder allgemeinpädagogischen Literatur nicht immer ableitbar. Hier kann es erforderlich werden, die Aufgaben vorab von Fachdidaktikexperten bearbeiten zu lassen. Im Falle eines Konsenses der Experten können aus deren Lösungen Teile des Erwartungshorizonts abgeleitet werden (Kap. 25).

Bei der Einführung des Prinzips „Actio = Reactio" (9. Klasse) versucht der Lehrer, das dritte newtonsche Axiom mit Hilfe einer Anordnung aus Feder und Gewicht zu demonstrieren. Es spielt sich folgende Szene ab:

Lehrer: Wenn ich das Gewicht an die Feder hänge, wird sie ein bestimmtes Stück ausgelenkt. Nehme ich das Gewicht weg und ziehe stattdessen mit einem Kraftmesser, dann muss ich mit etwa 10 N ziehen, damit die Feder genauso weit ausgelenkt wird. Das ist die Kraft, mit der das Gewicht an der Feder zieht. Wie ihr seht, muss ich mit derselben Kraft am Gewicht ziehen, damit es nicht nach unten fällt. Die Kraft, mit der die Feder am Gewicht zieht, ist also genauso groß.

(Schüler signalisieren Zustimmung.)

Lehrer: Stellt euch jetzt einmal vor, ein Apfel hängt an einem Baum. Wo haben wir hier jetzt Actio und Reactio?

Schüler A: Na is doch klar, der Apfel zieht am Ast und der Ast hält den Apfel oben!

Lehrer: Ja richtig – schön ihr habt es verstanden! Was ist denn dann, wenn der Apfel jetzt herunterfällt? Also während des Fallens, wo ist da Actio und Reactio?

Ein Gemurmel stellt sich ein.

Schüler B: Ja gilt das denn dann überhaupt noch? Ich meine, ist doch immer nur ideal dass das gilt?!

Schüler A: Klar hast du noch Actio und Reactio, nur Actio wird halt immer größer, der Apfel wird ja schließlich schneller beim Fallen!

Schüler B: Ich dachte, die müssen gleich sein? Wo willst du überhaupt Reactio haben, der fällt doch frei und wird nicht mehr gehalten!?!

Schüler A: Hm. Na, Actio hast du auf jeden Fall schon mal, er bewegt sich ja. Und er wird ja auch nicht beliebig schnell, die Luftreibung bremst ihn ja. Das ist deine Reactio!

---

a) *Offensichtlich haben die Schüler die Ausführungen des Lehrers nicht richtig verstanden: Der Übertrag auf die Situation mit dem frei fallenden Apfel funktioniert nicht. Analysieren Sie die Szene: Inwiefern ist das Vorgehen des Lehrers nicht optimal?*

b) *In den Aussagen der Schüler werden einige fachlich nicht korrekte Vorstellungen deutlich. Welche können Sie jeweils bei den Schülern entdecken?*

Abb. 21.1 Unterrichtsausschnitt im fachdidaktischen Test zur Facette „Beurteilung und Reflexion von Lernprozessen"

21.2.2 Optimierung des Instruments

Ist ein Test zu Erfassung professionellen Wissens zusammengestellt, muss dieser zunächst **pilotiert**, d. h. empirisch erprobt und wahrscheinlich überarbeitet werden. Unter optimalen Bedingungen soll der Test dazu vor dem eigentlichen Testdurchlauf in einer Gruppe von mindestens 40 Personen eingesetzt werden, um klassische psychometrische Kennwerte wie **Trennschärfen** berechnen zu könnten. (Ermittlung von Gruppengrößen: Kap. 23; für eine Rasch-Analyse gelten 100 bis 400 Bearbeitungen einer Aufgabe als Orientierung; Kap. 28) Dabei empfiehlt es sich, eine Gruppe mit möglichst hoher Varianz zu befragen (also nicht bloß eine Lehrveranstaltung, in der alle Studierenden zur selben Alters- und Fachsemester-Gruppe gehören), damit ein möglichst breiteres Fähigkeitsspektrum abgedeckt werden kann. Wir haben unseren fachdidaktischen Test bei Lehramtsstudierenden niedriger und hoher Semester an vier Universitäten sowie bei Lehrkräften getestet. Dies hatte zur Folge, dass wir etwa 15 % unserer Aufgaben verwerfen mussten und bei nahezu der Hälfte der Aufgaben die Formulierung oder den Erwartungshorizont optimiert haben. Im Folgenden sollen Analyseschritte im Zusammenhang mit einer Pilotierung und entsprechende Testgütekriterien vorgestellt werden, die Hinweise zur Optimierung des Tests und zum Auffinden ungeeigneter Aufgaben geben können.

Analyse deskriptiver Aufgabenstatistiken

Zunächst ist es nötig, die Daten in einen Computer einzugeben, um statistische Betrachtungen einfach und schnell vornehmen zu können Kap. 23). Alle hierzu nötigen Funktionen bietet z. B. das Softwareprogramm SPSS (Bühl 2012). Einzelne Betrachtungen lassen sich auch mit einem gängigen Tabellenkalkulationsprogramm wie Microsoft Excel durchführen. Um einen Eindruck von der Güte der Daten (und damit des Tests) zu erhalten, wird zu Beginn der Analysen die Häufigkeitsverteilung der Lösungen der bearbeiteten Aufgaben betrachtet. Vorher wird der Datensatz auf fehlende und unlogische Werte hin überprüft. Anschließend wird im Zuge der Betrachtung von Schiefe und Lage der Verteilungen eine Selektion vorgenommen, indem Aufgaben mit einem deutlichen **Boden- oder Deckeneffekt** aus dem Test entfernt werden (d. h. Aufgaben, bei denen die Mehrzahl der Testpersonen keine oder alle möglichen Punkte erlangt haben). In diesem Zusammenhang soll auch die Schwierigkeit der Aufgaben bzw. die mittlere relative Lösungshäufigkeit überprüft werden. Sie soll möglichst im Bereich zwischen 20 % und 80 % liegen. Neben dem Ausschluss von (Teil-)Aufgaben besteht hier auch die Möglichkeit, Aufgaben umzuformulieren, indem z. B. der Aufgabenstamm verändert wird oder weitere Hinweise gegeben werden. Gegebenenfalls kann die Schwierigkeit der Aufgaben auch durch das Weglassen von Informationen oder durch das Öffnen der Aufgabe erhöht werden.

Objektivität

Ein Test sollte objektiv sein, d. h. er sollte sowohl unabhängig von der konkreten Erhebungssituation (Durchführungsobjektivität) als auch der auswertenden Person (Auswertungsobjektivität) sein. Dementsprechend ist zunächst für vergleichbare Testbedingungen bei allen Datenerhebungen für alle Testpersonen zu sorgen. Dazu dient eine genaue Durchführungsanleitung für die Testleiter. Aber auch der Erwartungshorizont sowie die Bewertungsvorschrift der jeweiligen Teilaufgaben im Test muss präzise formuliert werden (man spricht hier von Codieranleitungen, -manualen bzw. *Codebooks*), um eine möglichst objektive, kriterienorientierte Bewertung der Testleistungen zu gewährleisten. Darüber hinaus ist die Objektivität zu prüfen, indem zumindest stichprobenweise bearbeitete Aufgaben von verschiedenen Personen bewertet werden und anschließend die Beurteilerübereinstimmung bestimmt wird (→ Zusatzmaterial online). Gegebenenfalls sind die Codieranleitungen zu präzisieren. In unserem Fall haben wir mit Hilfe von SPSS die so genannte Interklassenkorrelation berechnet, da sie gegenüber dem einfachen Korrelationskoeffizienten den Vorteil bietet, die Übereinstimmung zweier Variablen nicht nur bezüglich ihrer Richtung, sondern auch bezüglich des mittleren Niveaus der Variablen zu bestimmen (vgl. Bühl 2012).

Reliabilität

Ein weiteres Merkmal guter Tests bzw. einer guten Skala ist eine hohe Messgenauigkeit bzw. Zuverlässigkeit der Ergebnisse. Unter konstanten Bedingungen sollen die Ergebnisse reproduzierbar sein (Bortz und Döring 2006). In der Regel wird die Reliabilität einer Skala dabei mit Hilfe des Cronbach α Koeffizienten als Maß für die innere Konsistenz einer Skala geschätzt, d. h. der Ähnlichkeit, mit der die Aufgaben der Skala gelöst werden (→ Zusatzmaterial online). Als Schwellenwert für einen guten Bereich gilt $\alpha = 0{,}8$ (Bortz und Döring 2006, S. 199); bei kürzeren Skalen (6 Aufgaben oder weniger) werden in der Literatur auch noch Werte ab $\alpha = 0{,}6$ verwendet (z. B. Blömeke et al. 2008). Im Falle unseres fachdidaktischen Tests ergibt sich für den Gesamttest ein Wert von $\alpha = 0{,}74$. Eine alternative Methode zur Bestimmung der Reliabilität besteht z. B. darin, den eingesetzten Test in der Hälfte zu teilen und die Ergebnisse beider Testteile miteinander zu korrelieren (Bortz und Döring 2006, Abschn. 4.3.3; zur Berechnung von Skalenreliabilitäten).

Validität

Schließlich ist für die Qualität eines Tests entscheidend, dass er auch wirklich das Merkmal misst, das er messen soll (Validität; Kap. 9). Beispielsweise wäre ein fachdidaktischer Test schlecht, wenn jemand allein aufgrund eines hohen IQ gut abschneiden würden, ohne über spezifisches fachdidaktisches Wissen zu verfügen.

Wir haben unseren Test Studierenden, Referendaren sowie Fachleitern vorgelegt, um zu überprüfen, inwieweit sich eine als höher angenommene Expertise in höheren Testleistungen widerspiegelt. Ebenso kann im Zuge einer Konstruktvalidierung überprüft werden, inwieweit die Testergebnisse theoretisch begründeten Erwartungen entsprechen. Hierzu haben wir den fachdidaktischen Test neben Lehramtsstudierenden auch von Studierenden des Vollfachs Physik bearbeiten lassen. Hätten letztere besser abgeschnitten, wäre die Validität des Tests anzuzweifeln gewesen.

Weitere Analysen

Fortgeschrittene Testentwickler sollen Analysen der **Trennschärfe** der Aufgaben (inwieweit eine einzelne Aufgabe mit der gesamten Skala korreliert) und der Faktorstruktur (inwieweit die hypothetisch angenommenen Skalen tatsächlich vom Datensatz repräsentiert werden) der Aufgaben vornehmen (hierzu z. B. Backhaus et al. 2008; Bühner 2006; Kap. 22 und 23).

21.3 Einsatz des Testinstruments

Ist die Entwicklung und Erprobung des Tests abgeschlossen, kann der eigentliche Testeinsatz bzw. die Haupterhebung beginnen. Dabei ist darauf zu achten, dass die Stichprobenzusammensetzung und -größe der Fragestellung bzw. Hypothese angemessen sind. Sollen beispielsweise bestimmte Teilgruppen miteinander verglichen werden, muss eine bestimmte Zahl von Probanden je Teilgruppe befragt werden, um sicherzugehen, dass festgestellte Leistungsunterschiede nicht bloß zufällig sind. Die Probandenzahl hängt von der erwarteten Größe der Gruppenunterschiede und weiteren Faktoren ab (Testpower: Kap. 23). In unserem Fall haben wir in der Hauptstudie etwa 300 Lehramtsstudierende der Physik befragt, wofür es nötig war, Daten an insgesamt elf Universitäten zu erheben. Eine Herausforderung stellte hierbei die Rekrutierung der Testpersonen dar. Während Schüler noch vergleichsweise einfach gewonnen werden können (Kap. 7), indem man deren Lehrkräfte anspricht, ist es sehr viel schwieriger, Lehrkräfte bzw. Studierende zu gewinnen. Gegebenenfalls kann hier bei Hochschullehrenden angefragt werden, ob diese ihre Lehrveranstaltungen zur Verfügung stellen (insbesondere, wenn gezielt ein didaktischer Ansatz einer bestimmten Lehrveranstaltung evaluiert werden soll). Ansonsten müssen Freiwillige über Aushänge o. ä. gewonnen werden. Dies kann vor allem dann nötig werden, wenn eine zeitlich sehr umfangreiche Befragung geplant ist, die den zeitlichen Rahmen einer üblichen Lehrveranstaltung sprengen würde. Unabhängig davon ist es sinnvoll, ein „Werbeschreiben" (→ Begleitmaterial online) mit Kontaktdaten zu verfassen, in welchem der Zweck der Befragung bzw. das Ziel der Untersuchung erläutert wird. Um die Objektivität der Untersuchung sicherzustellen (Abschn. 21.2.2 „Objektivität"), muss der Test unter Aufsicht und festgelegten Bedingungen eingesetzt werden.

21.4 Auswertung

Wenn Testbögen ausgefüllt vorliegen, wertet man sie mit Hilfe der erstellten Codieranleitungen (Abschn. 21.2.2 „Objektivität") aus und gibt die Daten in ein Statistik-Softwareprogramm ein. Zunächst werden wieder deskriptive Aufgabenstatistiken und Testgütekriterien (Abschn. 21.2.2) betrachtet, um die Qualität der Daten beurteilen zu können. Auch bei sorgfältig pilotierten Tests ergeben sich manchmal in der Haupterhebung noch neue Erkenntnisse, die dazu führen können, Aufgaben aus der weiteren Auswertung auszuschließen. Anschließend können die im Zusammenhang mit der Fragestellung aufgestellten Hypothesen mit geeigneten statistischen Verfahren getestet werden (Kap. 22 und 23).

In unserer Studie haben wir beispielsweise t-Tests zur Überprüfung von Unterschiedshypothesen beim Vergleich von Stichprobenmittelwerten genutzt, etwa beim Vergleich der Leistungswerte von Männern und Frauen oder von Studierenden verschiedener Studiengänge. Daneben haben wir Regressionsanalysen (Kap. 30) verwendet, um zu prüfen, inwieweit fachliche und fachdidaktische Leistungswerte durch Merkmale des Vorwissens, der allgemeinen kognitiven Leistungsfähigkeit, des Geschlechts und der Lernzeit an der Universität vorhergesagt werden können. In Bezug auf unsere Beispielhypothese zu Unterschieden im fachdidaktischen Wissen (Abschn. 21.1.2) zeigt sich dabei, dass Frauen hier keine Nachteile haben, wenn man Gruppen mit ähnlichem Fachwissen vergleicht. Geschlechtsbezogene Unterschiede resultieren also offenbar aus unterschiedlichem Fachwissen.

Begleitmaterial online

- Auszug aus dem Testinstrument zum fachdidaktischen Wissen mit Kodieranleitung
- Werbeschreiben an Studierende für die Teilnahme am Test

Literatur zur Vertiefung

Backhaus K, Erichson B, Plinke W, Weiber R (2008) Multivariate Analysemethoden. Eine anwendungsorientierte Einführung, 12. Aufl. Springer, Berlin Heidelberg New York Tokyo (Einführung in multivariate Verfahren wie z. B. Faktoranalysen für Anwender und Einsteiger.)

Bortz J, Döring N (2006) Forschungsmethoden und Evaluation für Human- und Sozialwissenschaftler, 4. Aufl. Springer, Berlin Heidelberg New York Tokyo (Kompaktes Überblickswerk für empirische Untersuchungen mit Praxisbeispielen.)

Bortz J, Schuster C (2010) Statistik für Human- und Sozialwissenschaftler, 7. Aufl. Springer, Berlin Heidelberg New York Tokyo (Umfassendes Lehrbuch der allgemeinen Statistik als Grundlage für die Auswertung empirischer Studien.)

Bühl A (2012) SPSS 20: Einführung in die moderne Datenanalyse, 13. Aufl. Pearson Studium, München (Sehr anwendungsorientierte Einführung in die Grundlagen von SPSS um umfassendem Beispielmaterial.)

Bühner M (2006) Einführung in die Test- und Fragebogenkonstruktion, 2. Aufl. Pearson Studium, München (Sehr gutes Grundlagenwerk zur Einführung in die Testkonstruktion mit vielen Beispielen.)

Hartig J, Jude N (2007) Empirische Erfassung von Kompetenzen und psychometrische Kompetenzmodelle. In: Hartig J, Klieme E (Hrsg) Möglichkeiten und Voraussetzungen technologiebasierter Kompetenzdiagnostik BMBF, Berlin, S 17–36 (Überblicksbeitrag zur vertieften Befassung mit Fragen der Kompetenzmodellierung und Kompetenzmessung.)

Neuhaus B, Braun E et al (2007) Testkonstruktion und Erhebungsstrategien – praktische Tipps für empirisch arbeitende Didaktiker. In: Bayrhuber H (Hrsg) Kompetenzentwicklung und Assessment Studienverlag, Innsbruck, S 135–165 (Einfacher und anwendungsorientierter Überblicksbeitrag mit vielen praktischen Tipps für die Testentwicklung und Testanalyse.)

22 Entwicklung eines Fragebogens zur Untersuchungen des Fachinteresses

Maike Busker

Lernen wird von verschiedenen Faktoren beeinflusst, von kognitiven Faktoren wie dem Vorwissen der Lernenden ebenso wie von affektiven Faktoren. Das Interesse oder auch das Selbstkonzept der Lernenden sind zwei Beispiele dafür. Die empirische Untersuchung des Interesses hat für den schulischen Bereich in den naturwissenschaftlichen Fächern bereits eine längere Tradition. Das Interesse gehört auch in Leistungsstudien zu den häufig miterhobenen **Kovariaten.**

Mit Beginn des so genannten Bologna-Prozesses geriet auch die Qualität der Lehre an deutschen Hochschulen (erncut) in den Fokus. Für Untersuchungen kann auf Erfahrungen, Erkenntnisse und Methoden aus dem Bereich des schulischen Lernens zurückgegriffen werden; diese sind jedoch zu adaptieren. Im Folgenden soll dieser Prozess der Adaption eines Messinstrumentes am Beispiel der Untersuchung des Interesses von Studienanfängern im Fach Chemie näher dargestellt werden.

22.1 Ausgangspunkte und erste Fragen

Ausgangspunkt der hier dargestellten methodischen Überlegungen und Vorgehensweisen war eine konkrete Fragestellung aus dem universitären Lehrbetrieb: Wie kann die Einführungsveranstaltung im Fach Chemie so optimiert werden, dass sie die Voraussetzungen unterschiedlicher Studierender besser berücksichtigt? Die Einführungsveranstaltung richtet sich in der Regel an Studierende verschiedener Studienrichtungen. In dem hier untersuchten Fall besuchten Studierende der Bachelor-Studiengänge Chemie, Lehramt Chemie, Biologie, Lehramt Biologie und Umweltwissenschaften das Modul zur Einführung in die Chemie. Aus der Erfahrung der Dozenten fiel es insbesondere den Nebenfach-Studierenden

Prof. Dr. Maike Busker ✉
Institut für mathematische, naturwissenschaftliche und technische Bildung; Abteilung für Chemie und ihre Didaktik, Universität Flensburg, Auf dem Campus 1, 24943 Flensburg, Deutschland
e-mail: maike.busker@uni-flensburg.de

D. Krüger, I. Parchmann und H. Schecker (Hrsg.), *Methoden in der naturwissenschaftsdidaktischen Forschung*, DOI 10.1007/978-3-642-37827-0_22,

schwer, einen Einstieg in die universitäre Chemie zu finden. Für die Optimierung der Veranstaltung sollten folglich empirische Untersuchungen unter anderem die folgenden Fragen klären:

- Mit welchen Voraussetzungen starten die Studierenden in die Veranstaltung?
- Wie können diese in der universitären Lehre differenziert berücksichtigt werden?

Als erstes Ziel am Anfang der Arbeit stand damit die Untersuchung der (Lern-) Voraussetzungen der Studierenden zu Beginn der Einführungsveranstaltung Chemie. Die erste Ausgangsfrage wurde zunächst in Richtung verschiedener, aus der schulischen Forschung bekannter Einflussfaktoren weiter konkretisiert:

- Mit welchem Vorwissen in Chemie (Verständnis von Basiskonzepten, Vorstellungen) starten Studienanfänger in ihr Studium?
- Wie können Selbstwirksamkeitserwartungen der Studienanfänger charakterisiert werden?
- Welche (unterschiedlichen) Interessenstrukturen weisen Studierende auf?

Am Beispiel der Interessenerhebung wird nachfolgend aufgezeigt, wie wir in unserer Arbeitsgruppe zunächst zur Auswahl eines geeigneten Modells zur Beschreibung von Interessenstrukturen kamen und darauf aufbauend ein Erhebungsinstrument entwickelt und hinsichtlich seiner Güte überprüft haben. Mögliche Auswertungsschritte wie Gruppenvergleiche werden bei Tiemann und Körbs (Kap. 23) dargestellt.

22.2 Die Recherche: Klärung des theoretischen Hintergrunds

Um die Untersuchungsrichtung weiter zu präzisieren, steht zuerst der Blick in die Literatur an. Zur Beschreibung von Interessenstrukturen mit Bezug zur Chemie haben wir auf zwei Forschungsfelder zurückgegriffen: zum einen auf Arbeiten zum allgemeinen Interessensbegriff aus der pädagogischen Psychologie, zum anderen auf Untersuchungen aus der Fachdidaktik, die das Interesse konkret für Gebiete der Chemie untersucht haben. In der Literatur finden sich zudem für das Konstrukt Interesse unterschiedliche theoretische Strukturmodelle. Diese wurden hinsichtlich ihrer Eignung für die Untersuchung der Forschungsfrage und des Forschungskontextes Studienvoraussetzungen reflektiert.

22.2.1 Interessenmodelle unter der Lupe

Ausgangspunkt fast aller Interessenmodelle ist die „*Person-Gegenstands-Beziehung*". „*Moderne Interessenstheorien [...] basieren direkt oder indirekt auf einer Person-Gegenstands-Konzeption, welche die psychischen Phänomene des Lernens und der Entwicklung als (permanente) Austauschbeziehung zwischen einer Person und ihrer sozialen und gegenständlichen*

Umwelt interpretiert.“ (Krapp 2006, S. 281). Für unsere Untersuchung haben wir dies auf die Auseinandersetzung der Studierenden mit den Inhalten der Vorlesung und der Einordnung innerhalb ihrer (je nach Studienrichtung unterschiedlichen) Fachkontexte bezogen.

Das Interesse einer Person ist weiterhin geprägt durch eine emotionale, eine wertbezogene und eine epistemische Komponente. Dies bedeutet, die Person erlebt positive Emotionen während einer Interessenhandlung, sie bringt dem Gegenstand eine hohe subjektive Wertschätzung entgegen und sie identifiziert sich mit verschiedenen Möglichkeiten der Auseinandersetzung (Krapp 2006; Prenzel 1988). Für eine Untersuchung von Studierenden haben wir daher zunächst mögliche Themengebiete und Tätigkeiten z. B. hinsichtlich unterschiedlicher persönlicher Bedeutungen in den unterschiedlichen Studiengängen oder der gegebenen Lernmöglichkeiten diskutiert.

Weiterhin unterscheidet Krapp (1993) das situationale Interesse sowie das individuelle Interesse. Das individuelle Interesse ist dauerhaft geprägt. Das situationale Interesse dagegen beschreibt die aktuelle Motivation an einem Lerngegenstand. Zu Studienbeginn haben die Studierenden sich bewusst für oder auch gegen ein Fach entschieden. Es ist anzunehmen, dass die Studierenden durch ihre bisherige Erfahrung, u. a. durch die Schulzeit, bereits Interessensschwerpunkte entwickelt haben. Für die Untersuchung der Eingangsvoraussetzungen der Studienanfänger haben wir daher das vorhandene individuelle Interesse in den Fokus gestellt. Insbesondere war es für uns von Bedeutung, die (z. B. durch Alltagserfahrungen oder Schulunterricht) ausgeprägten Interessensschwerpunkte der Probanden näher zu beschreiben, um diese dann für eine Konzeption einer adressatenbezogenen Lernumgebung im Rahmen einer Übung gezielt nutzen zu können.

Neben diesen fachunabhängigen Modellen zum Interesse ist auch der Blick in die fachdidaktische Literatur unverzichtbar. Für unsere Fragestellung konnte auf Arbeiten zum Interesse von Schülern am Fach Chemie aufgebaut werden. In der „IPN-Interessenstudie“ werden für die Inhalte oder Gegenstände drei Dimensionen unterschieden (Hoffmann und Lehrke 1986; Gräber 1992a,b):

- Interesse an Inhalten und Themengebieten des Fachwissens,
- Interesse an Situationen und Kontexten fachbezogener Problemstellungen und
- Interesse an Tätigkeiten, die im Rahmen der Auseinandersetzung mit den Inhalten verwendet werden.

In den Ergebnissen finden sich interessante Unterschiede zwischen Schülerinnen und Schülern sowie zwischen verschiedenen Gruppen von Schülern, die zur Formulierung von Hypothesen für die universitäre Eingangserhebung zu Rate gezogen werden können. Beispielsweise lassen sich in dieser Studie Kontexte zu chemischen Aspekten unterscheiden, die entweder eher für Mädchen (bspw. Kontexte mit persönlichen Bezügen) oder Jungen (technische Kontexte) interessant waren, oder auch beide Gruppen gleichermaßen angesprochen haben (gesellschaftlich-politische Kontexte). Für die Tätigkeiten wird ein sehr hohes Interesse von Lernenden am Durchführen chemischer Experimente festgestellt, dagegen ein geringeres Interesse an Tätigkeiten wie Lesen, Auswendiglernen und Rechnen.

Wir formulierten daraufhin das Ziel, das Interesse an Chemie ähnlich differenziert zu betrachten, wie es in der IPN-Studie gelungen war. Das in der IPN-Studie eingesetzte Instrument diente für uns als Orientierung für die Konzeption eines eigenen Fragebogens.

Für die Planung der Methodik und für die Ausgestaltung des Erhebungsinstruments ist nun bedeutend, konkrete Forschungsfragen und Hypothesen zu formulieren.

22.2.2 Konkretisierung der Forschungsfragen und Hypothesen

Aufgrund der Literaturarbeit wurden die Forschungsfragen zum Interesse weiter konkretisiert und Hypothesen dazu formuliert:

- Das Interesse von Studienanfängern kann durch die Dimensionen (1.) Interesse an Inhalten, (2.) Interesse an Tätigkeiten und (3.) Interesse an Kontexten beschrieben werden.
- Fach- und Lehramtsstudierende besitzen ein höheres Interesse an Inhalten der Chemie als Nebenfachstudierende.
- Nebenfachstudierende (in unserem Fall Studierende mit den Fächern Biologie und Umweltwissenschaften) besitzen ein hohes Interesse an Kontexten, die einen Bezug zum Studienfach (also z. B. Biologie, Medizin usw.) ausweisen.
- Fachstudierende interessieren sich eher für Kontexte, die einen Schwerpunkt in fachwissenschaftlichen Fragestellungen aufweisen (z. B. chemische Industrie).
- Studentinnen besitzen ein höheres Interesse an alltagsbezogenen Kontexten, während Studenten ein höheres Interesse an Kontexten mit technisch-industriellem Schwerpunkt besitzen.

Für die Prüfung solcher Hypothesen benötigt man Daten, die statistische Unterscheidungen ermöglichen (Kap. 23). Dazu haben wir eine Fragebogenstudie zu Beginn des Studiums (erste Vorlesung) durchgeführt. Interviews mit einer großen Anzahl an Probanden waren zeitlich nicht umsetzbar. Wie der Fragebogen auf Basis des ausgewählten Modells konzipiert wurde, wird nun erläutert.

22.3 Entwicklung des Fragebogeninstruments

Interesse kann als eine **latente Variable** aufgefasst werden. Dies bedeutet, dass eine direkte Messung nicht möglich ist. Man kann lediglich aus beobachteten Auswirkungen auf das unterstellte Merkmal rückschließen. Dazu legt man den Befragten Aussagen (so genannte **Items**) vor, und die Befragten geben an, inwieweit sie diesen Aussagen zustimmen oder sie ablehnen. Die einzelnen Items werden zu einer **Skala** (z. B. „Interesse an Inhalten") zusammengefasst und messen damit ein zugrunde liegendes Konstrukt.

Doch wie bildet man eine solche Skala? Dafür gibt es verschiedene Verfahren und Schritte (vgl. Schnell et al. 2011; Abschn. 22.4). Zunächst müssen die einzelnen Aussagen formuliert werden. Für die Formulierung von Aussagen gibt es Hilfen und Empfehlungen. Zum Beispiel sollen Formulierungen von Items vermieden werden,

- die als Tatsachenbeschreibung aufgefasst werden könnten (Suggestivfragen, z. B. „Chemie macht doch eigentlich jedem Spaß"), um eine Lenkung der Probanden zu einer Antwort hin zu vermeiden;
- die Wörter wie „nur", „alle", „immer" und „niemand" enthalten, da solche Formulierungen unter Umständen von Probanden pauschal abgelehnt werden (Bühner 2011, S. 136);
- bei denen zu erwarten ist, dass entweder immer *alle* Befragten oder *keiner* der Befragten zustimmen, da mit solchen Items lediglich Allgemeinaussagen getroffen werden können;
- bei denen keine genaue Zuordnung zum Konstrukt möglich ist, um eine möglichst gute Repräsentation der latenten Variablen durch das Item zu gewährleisten;
- die bei mehreren Items innerhalb eines Konstrukts sehr ähnliche, gleichlautende Formulierungen verwenden (Ausnahme: Überprüfung des Ankreuzverhaltens), da dieses zu Verzerrung und Überschätzung der Qualität der Skala führt;
- die zwei Aussagen innerhalb eines Items beinhalten.
- die doppelte Verneinungen (Ich finde Chemie *nicht un*interessant.), hohe Wortlängen oder Kürzel verwenden, da dieses die Lesbarkeit von Items negativ beeinflusst.

Als gute Formulierung von Aussagen gelten zum Beispiel solche,

- die klar, einfach und kurz formuliert sind;
- die eindeutig zu verstehen sind;
- die Sachverhalte konkret und direkt ansprechen.

In manchen Fällen kann es außerdem sinnvoll sein,

- besonders Wichtiges hervorzuheben z. B. durch kursive, fettgedruckte oder unterstrichene Schrift (Für *mich* ist von Bedeutung …);
- alle Items in der Länge ähnlich zu gestalten, da auch dies einen Einfluss auf das Antwortverhalten von Probanden haben kann.

Sicher stellt man sich beim Entwurf von Items die Frage, ob die gewählten Formulierungen diesen Anforderungen ausreichend entsprechen. Helfen können dann Gespräche mit Kollegen (auch um die theoretische Passung zum Konstrukt zu diskutieren) oder auch die vorhergehende Befragung von Probanden, die ähnlich zu der zu untersuchenden Stichprobe sind (z. B. um Eindeutigkeit und Verständlichkeit von Items zu überprüfen). Eine solche Validierung (Kap. 9) oder Präpilotierung der Items ist dringend zu empfehlen.

Um das Ankreuzen von Mustern zu vermeiden bzw. um solche Fragebögen gezielt aus der Untersuchung ausschließen zu können, kann man einen gewissen Teil der Items negiert formulieren. Es sollten daher nicht nur Items formuliert werden, bei denen eine Zustimmung eine positive Einstellung ausdrückt („Ich beschäftige mich gerne mit chemischen

Inhalten."), sondern auch solche, bei denen eine Ablehnung eine positive Einstellung ausdrückt („Ich beschäftige mich nicht gerne mit chemischen Inhalten."). Da solche Negierungen allerdings auch leicht überlesen oder gerade für jüngere Schüler schwer verständlich sein können, muss diese Entscheidung in Hinblick auf die Probandengruppe getroffen werden. Auch hier empfiehlt sich daher wiederum eine vorhergehende Testung der Formulierungen.

Aufgrund der Ergebnisse der IPN-Interessensstudie haben wir vermutet, dass sich die Unterteilung in das Interesse an Inhalten, Kontexten und Tätigkeiten auf die von uns zu untersuchende Fragestellung übertragen lässt. Wesentlich war für uns daher die Entscheidung für die Adaption des Fragebogens: Welche Inhalte, Kontexte und Tätigkeiten sollen im Fokus stehen? Ziel war es, diese sowohl auf die Vorlesungsthemen als auch auf die Studiengänge anzupassen. In der IPN-Studie wird bei der Item-Formulierung eine Differenzierung der Inhalte anhand konkreter chemischer Inhalte, wie zum Beispiel Seifen, Fette, Halogene verwendet. Da die Ergebnisse der Interessenserhebung mit dem Fachwissen der Studierenden in Beziehung gesetzt werden sollten, wurden analoge Inhaltsbereiche gewählt, aber auch die Basiskonzepte gezielt erfragt. Hier war das Ziel, die Ergebnisse mit dem Vorwissenstest in Beziehung setzen zu können, der nach den Basiskonzepten der Chemie („Stoff-Teilchen-Konzept", „Struktur-Eigenschafts-Beziehung", „chemische Reaktion" und „Energie"; KMK 2004b) strukturiert war. Um diese bei der Formulierung der Items möglichst gut abbilden zu können, haben wir in der Konstruktion der einzelnen Items auf die Formulierung der Basiskonzepte nach den Bildungsstandards zurückgegriffen.

Ebenso wurden die Items zum Interesse an Kontexten adaptiert. Hier war für uns die Forschungshypothese bedeutend, dass sich insbesondere in diesem Bereich Unterschiede zwischen den Studiengängen zeigen. Daher haben wir bei der Item-Formulierung solche Kontexte gewählt, die die jeweiligen Studienrichtungen berücksichtigen bzw. die die Anwendung der Chemie in den unterschiedlichen Studienbereichen aufzeigen (z. B. chemische Prozesse in Pflanzen, Chemie in der Medizin oder Chemie im Menschen). Außerdem haben wir ebenso Items zu chemischen Kontexten wie „chemische Industrie", „Chemiehistorie" sowie „Chemie im Alltag" formuliert.

Im Bereich „Interesse an Tätigkeiten" werden in der IPN-Studie die unterschiedlichen Phasen und Situationen des Chemieunterrichts berücksichtigt; dazu zählen das Beobachten von Versuchen, die Durchführung von Experimenten oder Rechnen. Im Unterschied zum schulischen Chemieunterricht ist eine Veranstaltung an der Universität aufgeteilt in verschiedene Veranstaltungsformen, wie Vorlesung, Übung oder Praktikum. Ebenso wichtig in der universitären Ausbildung ist die selbstständige Vor- und Nacharbeit der Studierenden. Im Bereich der Tätigkeiten bestand daher die Adaption des Fragebogens in der Anpassung der Items auf die unterschiedlichen Veranstaltungsformen. Wir haben Items formuliert, die auf Tätigkeiten in Vorlesungen, Übungen, aber auch das eigene Vor- und Nachbereiten ausgerichtet sind. Hierzu zählen z. B. das Recherchieren in Fachbüchern oder die Bearbeitung weiterer Übungsaufgaben.

Nach diesen Überlegungen zur Item-Formulierung folgt der nächste Schritt: Die Aussagen sollen von den Befragten eingeschätzt werden. Für eine solche Einschätzung verwendet man in der Regel Likert-Skalen. Diese Methode wird auch „Methode des summierten Ratings" genannt. Für eine **Likert-Skala** werden Items formuliert, von denen man theoriebasiert annimmt, dass sie ein Konstrukt gut wiedergeben. Bei der Beantwortung werden den Probanden unterschiedliche, gestufte Formulierungen zur Zustimmung bzw. Ablehnung vorgelegt, z. B. „ich stimme zu", „ich stimme eher zu", „ich stimme eher nicht zu", „ich stimme nicht zu" (weitere Abstufungsformulierungen siehe Bühner 2011, S. 113). Dabei kann eine unterschiedliche Anzahl der Abstufungen (z. B. vierstufige oder fünfstufige Skalen) verwendet werden. Häufig findet man Ratingskalen mit vier bis hin zu sieben Stufen. Ein größere Zahl an Abstufungen ermöglicht eine differenziertere Antwort der Probanden, kann gleichzeitig aber auch zu einer Unentschlossenheit führen: „Welche Tendenz ist denn nun für mich die Passende?" Ebenso muss geprüft werden, ob eine gerad- oder ungeradzahlige Ratingskala verwendet wird. Bei einer geradzahligen Skala ist eine Antwortmitte nicht möglich, während eine ungeradzahlige Skala diese mit einschließt. Empfohlen werden in Grundlagenwerken z. B. fünfstufige Likert-Skalen, da sich für diese – zumindest für bestimmte Abstufungsformulierungen – gezeigt hat, dass Probanden diese als nahezu äquidistal wahrnehmen (Bortz, Döring 2006, S. 177). Nur unter dieser Annahme darf für Ratingskalen von einer Intervallskalierung ausgegangen werden (Bühner 2011, S. 114). In unserer Untersuchung haben wir dennoch eine vierstufige Likert-Skala mit den Formulierungen „trifft zu", „trifft eher zu", „trifft eher nicht zu" und „trifft nicht zu" verwendet, um eine Ankreuztendenz zur Mitte auszuschließen.

Wenn es schließlich an die konkrete optische Gestaltung des Fragebogens geht, tauchen noch weitere Fragen auf. *Soll eine Aussage in einer Zeile stehen? Wie lasse ich den Text in der zweiten Zeile weiterlaufen, eingerückt oder nicht?* In Tab. 22.1 sind verschiedene Möglichkeiten von Aussagen dargestellt. Auf die Frage nach einer optimalen Formatierung kann man keine pauschale Empfehlung geben. Manchmal ist es sogar so, dass verschiedene Anforderungen sich gegenseitig widersprechen. In unserem Fragebogen haben wir die Aussagen möglichst kurz gehalten, indem wir den ersten Teil des Satzes im oberen Teil der Tabelle nennen und diesen dann nur noch fortführen. Der Nachteil, den wir damit in Kauf nehmen mussten, ist, dass wir negierte Aussagen nicht mehr einflechten konnten. Außerdem haben wir uns für ein zweizeiliges Format entschieden, um die Schriftgröße nicht zu klein wählen zu müssen. Damit Wörter nicht so leicht übersehen werden, sind im Fall einer zweizeiligen Darstellung die unteren Zeilen nicht passend eingerückt.

22.4 Datenerhebung, Pilotierung und Skalenbildung

Ein entwickeltes Instrument muss getestet (pilotiert) werden, um aus dem Pool an Items diejenigen zu identifizieren, die dazu geeignet sind, eine Skala zu bilden und das jeweilige Konstrukt zu repräsentieren. Man muss also den entwickelten Fragebogen zunächst in einer ersten (meist kleineren) Probandengruppe einsetzen. Dieses kann zum Beispiel in einer früheren Phase der Arbeit oder in einer Parallelgruppe (also z. B. einer vergleichba-

Tab. 22.1 Exemplarische Items zum Interesse an Kontexten

Ich finde es interessant, …	Trifft nicht zu	Trifft eher nicht zu	Trifft eher zu	Trifft zu
… chemische Vorgänge in Pflanzen zu betrachten.	□	□	□	□
… Chemie in der Medizin kennen zu lernen.	□	□	□	□
… etwas über die chemischen Vorgänge im Menschen zu erfahren.	□	□	□	□
… Chemie in der modernen Landwirtschaft zu betrachten.	□	□	□	□
… die Problematik „Klimawandel" aus chemischer Sicht zu betrachten.	□	□	□	□
… Treibstoffe der Zukunft mit Hilfe von Chemie zu diskutieren.	□	□	□	□

ren Gruppe an einer anderen Universität) erfolgen. Wir haben uns dazu entschieden, die **Pilotierung** mit Studienanfängern ein Jahr vor der Haupterhebung durchzuführen.

Bevor die Testung beginnt, müssen weitere Aspekte berücksichtigt werden.

22.4.1 Einflüsse auf die Erhebung

Bei der Erhebung von affektiven Merkmalen wie dem Interesse besteht die Gefahr, dass diese von weiteren Bedingungen wie einer **sozialen Erwünschtheit** beeinflusst werden (Bortz und Döring 2006). Darunter versteht man ein Antwortverhalten, dass nicht die eigene Einstellung wiedergibt, sondern auf vermutete Erwartungen von außen reagiert: „*Wenn ich Chemie studiere, erwartet man doch von mir, dass ich mich für alles interessiere.*" Falls bei einer Untersuchung ein Einfluss einer sozialen Erwünschtheit vermutet wird, gibt es verschiedene Wege, dieses im Rahmen der Untersuchung zu berücksichtigen. Zum Beispiel kann eine Aufforderung zu korrektem Antwortverhalten oder auch die Zusicherung der Anonymität einer Verfälschung des Ankreuzverhaltens entgegenwirken (Bortz und Döring 2006, S. 235). Ebenso ist eine Aufklärung der Probanden über die Ziele der Untersuchung empfehlenswert (Neuhaus und Braun 2007).

Neben der sozialen Erwünschtheit können ebenso weitere Tests oder Erfahrungen wie Prüfungen etc. Einfluss auf das Antwortverhalten von Probanden haben. In unserem Falle hätte zum Beispiel eine negative oder positive Erfahrung im Vorwissenstest die Einschätzung der eigenen Fähigkeiten und Interessen beeinflussen können. Daher haben wir den Fragebogen zum Interesse und Selbstkonzept getrennt vom Fachwissenstest eine Woche vorher erhoben. Außerdem fand die Befragung in der ersten Vorlesungswoche am Montagmorgen statt, um so eine Beeinflussung durch weitere Vorlesungen in der Chemie zu vermeiden.

Ferner muss das *Setting* der Untersuchung berücksichtigt werden, weil auch dies auf das Antwortverhalten einwirkt. In unserer Untersuchung wurde der Fragebogen bewusst nicht von dem Dozenten im Kurs ausgegeben, um die Prüfer im Kurs vom Untersuchenden in der Studie zu trennen. Bei der Ausgabe des Vorwissenstests hätte sich sonst eine ungewollte Angst- und Prüfungssituation bei den Befragten entwickeln oder sozial erwünschtes Antwortverhalten beim Äußern von Selbsteinschätzungen zu fachlichen Fähigkeiten und Interessensschwerpunkten gegenüber einem späteren Prüfer ausgelöst werden können.

Um diesem noch weiter entgegenzuwirken, haben wir vor der Ausgabe der Fragebögen außerdem erläutert, dass die Ergebnisse dazu dienen sollen, die Lernmaterialen für die Studierenden besser anzupassen. Daher wären ihre persönlichen, eigenen Einschätzungen besonders wichtig, da nur auf diese Weise ihre eigenen Bedürfnisse berücksichtigt werden können. Ein möglicher Text für solche Zwecke kann folgendermaßen lauten:

- **Liebe Studierende,** vielen Studierenden fällt der Einstieg ins Studium schwer. Wir möchten die Lehrveranstaltungen und Angebote mehr an Ihren Interessen und nach Ihrem Vorwissen ausrichten. Dazu brauchen wir Ihre Hilfe.
  Wir möchten Sie bitten, in dieser Sitzung einen Fragebogen auszufüllen, in dem es um Ihre Interessen und Selbsteinschätzung in Bezug auf das Fach Chemie geht. Bitte geben Sie in dem Fragebogen Ihre persönliche Einschätzung an. Nur wenn Sie uns Ihre persönlichen Einschätzungen rückmelden, können wir diese auch in die Entwicklung von Lernmaterialien mit einbeziehen.
  Die Daten werden selbstverständlich anonym erhoben.
  Vielen Dank für ihre Unterstützung!

Nach diesen Vorüberlegungen kann die Testung durchgeführt werden. Die Ergebnisse werden anschließend in eine Datenmaske eingegeben und ausgewertet (Kap. 23). Die Auswertung der Pilotierung dient dazu, die Güte des entwickelten Instruments zu testen.

22.4.2 Auswertung der Pilotierung

Die bei der Pilotierung erhobenen Daten wurden mit dem Programm IBM SPSS Statistics ausgewertet. Dazu wurden den Antworten (trifft zu, trifft eher zu, trifft eher nicht zu, trifft nicht zu) die Zahlen von 1 bis 4 zugeordnet und in SPSS eingegeben. Fehlende Werte wurden mit 99 gekennzeichnet. Ebenso können unklare Werte (wie zwei Kästchen oder zwischen den Kästchen angekreuzt) mit einer 88 kodiert werden. Vor den weiteren Analysen ist es in der Regel zunächst erforderlich, die „negierten Items" umzukodieren, sofern solche eingebunden wurden. Bei einer vierstufigen Skala wird hierbei aus einer 1 eine 4, einer 2 eine 3 usw., um auf diese Weise negierte und nicht negierte Items auf eine einheitliche Polung zu bringen. In SPSS kann dieses unter dem Punkt „Umkodieren" eingegeben werden. Außerdem kann man die Umkodierung auch durch eine einfache Rechnung durchführen (bei einer vierstufigen Skala: „Neuer Wert = 5 – Alter Wert").

Ein inhaltliches Ziel war es zu untersuchen, inwieweit das Interesse an Chemie auf einer eindimensionalen Skala abgebildet wird oder ob sich weitere Subskalen zeigen. Dies kann man z. B. mithilfe einer Faktorenanalyse prüfen. Eine Faktorenanalyse ist ein statistisches Verfahren zur Erschließung oder Überprüfung der latenten (verborgenen) Struktur eines Itempools. Mit Hilfe der messbaren Variablen (Items) wird damit eine bestimmte Anzahl latenter Variablen (Faktoren) festgestellt. Das Verfahren dient folglich auch der Datenreduktion.

Bei der Faktorenanalyse lassen sich prinzipiell die explorative sowie die konfirmatorische Faktorenanalyse unterscheiden. Beide Verfahren verwenden unterschiedliche statistische Annahmen und Methoden (Bühner 2011, S. 295 ff. und S. 379 ff.). Bei der explorativen Faktorenanalyse (lat.: *explorare*: erkunden) ermittelt man die Item-Gruppierungen nach Faktoren aus den Daten, ohne ein verwendetes Modell über die Item-Konstruktion in die Berechnung hineinzugeben. Bei der konfirmatorischen Faktorenanalyse wird theoretisch oder empirisch fundiert im Vorhinein ein Modell formuliert, das es ermöglicht, die Items a priori Faktoren zuzuordnen. Es wird dann geprüft, inwieweit diese Zuordnung haltbar ist (lat.: *confirmare*: bestätigen).

Bei der Adaptation der IPN-Interessensstudie für die Untersuchung des Interesses von Studienanfängern haben wir uns bei der Formulierung der Items vom ursprünglichen Fragebogen der IPN-Studie entfernt. Wir haben zudem vermutet, dass die drei Bereiche Inhalte, Kontexte und Tätigkeiten in noch weitere Subskalen unterteilt sein könnten. Der Bereich „Tätigkeiten" wurde sogar völlig umgestaltet, so dass hier keinerlei Ergebnisse als Ausgangsbasis vorlagen (*Lassen sich individuelle Tätigkeiten und Tätigkeiten, die mit Gruppenarbeit verbunden sind, unterscheiden? Oder sind Veranstaltungsformen wesentlich? Oder auch rezeptive vs. eigenaktive Tätigkeiten?*). Daher haben wir uns dazu entschlossen, eine explorative Faktorenanalyse durchzuführen.

Nachfolgend werden Nutzung und Aussagen dieser Faktorenanalyse aufgezeigt, die genauen statistischen Berechnungen können in grundlegenden Werken zur Forschungsmethodik nachgelesen werden (z. B. Bühner 2011, 295 ff).

Sind zwei Items Merkmale einer latenten Variablen, dann müssen beide eine gewisse Ähnlichkeit bzw. einen gewissen Zusammenhang in den Antworten der Befragten besitzen. Dieses wird über Korrelationen quantifiziert. Bei der Faktorenanalyse werden Faktoren bestimmt und für jedes Item Werte berechnet, die die jeweilige Faktorladung zu jedem Faktor angeben. Diese Ladung ist ein Maß dafür, wie gut ein Item zu einem Faktor passt. Die Faktorladung kann Werte zwischen −1 und 1 annehmen. Items, die betragsmäßig zu allen Faktoren eine geringe Faktorladung (in der Regel −0,3 bis 0,3) besitzen, werden aussortiert. Ebenso bieten Items keine eindeutige Zuordnung, wenn sie eine ähnliche mittlere Faktorladung auf zwei oder mehrere Faktoren besitzen.

In unserem Falle zeigten die Ergebnisse der explorativen Faktorenanalyse (Auszug dargestellt in Tab. 22.2), dass sich die drei Teilbereiche (Inhalte, Kontexte und Tätigkeiten) auch für die Studieneingangsphase als drei Dimensionen identifizieren ließen. Wir konnten auch eine weitere Differenzierung in Subskalen erkennen. Es zeigten sich die folgenden Facetten des Interesses:

Tab. 22.2 Auszug aus den Ergebnissen der Faktorenanalyse

	Faktorladung			
Item	V	VI	VII	VIII
… im Internet zu recherchieren	0,763			
… in Lehrbüchern zu lesen	0,691		0,330	
… in Fachzeitschriften zu recherchieren	0,624			
… etwas über die chemischen Vorgänge im Menschen zu erfahren		0,816		
… Chemie in der Medizin kennenzulernen		0,747		
… chemische Vorgänge in Pflanzen zu betrachten		0,591		
… zu rechnen			0,806	
… Aufgaben zu bearbeiten			0,783	
… Aufgaben gemeinsam in Gruppen zu lösen				0,746
… Ergebnisse zu präsentieren				0,637
Eigenwerte	1,857	1,847	1,604	1,52

Faktorladung < 0,3 unterdrückt.
Erklärte Gesamtvarianz: 66,131 %.

- Interesse an Inhalten:
  - Interesse am Stoff-Teilchen-Konzept und der Struktur-Eigenschafts-Beziehung
  - Interesse am Konzept der chemischen Reaktion und Energie
- Interesse an Kontexten:
  - Kontexte aus Industrie und Alltag
  - Kontexte zur Nachhaltigkeit und Gesellschaft
  - Kontexte der Medizin und Biologie
- Interesse an Tätigkeiten:
  - Tätigkeiten der Recherche

Probleme bei der Interpretation der berechneten Faktoren zeigten sich vor allem im Bereich der Tätigkeiten. Hier wurden Items nochmals neu formuliert bzw. umformuliert oder ergänzt. Nach einer solchen Änderung von Items ist es gut, eine zweite Pilotierung durchzuführen, um sicher zu sein, dass der überarbeitete Fragebogen nun alle intendierten Skalen gut abbildet.

Nach der Ausdifferenzierung verschiedener Skalen erfolgt die Überprüfung, wie konsistent diese Skalen durch die jeweiligen Items repräsentiert sind. Hierzu wird die Reliabilität der Skalen betrachtet sowie die **Trennschärfe** ermittelt. Bei der Trennschärfe wird der Zusammenhang des Kennwerts eines Items zum Gesamtwert seiner Skala berechnet. Für die Berechnung des Gesamtwerts wird zuvor das Item aus der Skala herausgenommen, um den Zusammenhang nicht künstlich zu erhöhen (Bortz und Döring 2006). Hat ein Item eine sehr niedrige Trennschärfe, sollte es herausgenommen oder überarbeitet werden.

Für die Bestimmung der Reliabilität kann man auf die Bestimmung des Alphakoeffizienten nach Cronbach (vgl. Bortz und Döring 2006; → Zusatzmaterial online) zurückgreifen. Der Alphakoeffizient nach Cronbach ist ein Maß für die interne Konsistenz des Tests. Dabei entspricht er „formal [...] der mittleren Testhalbierungsreliabilität eines Tests für alle möglichen Testhalbierungen." (Bortz und Döring 2006, S. 198). Je höher die Items miteinander korrelieren, desto größer ist der Alphakoeffizient. Ebenso steigt der Alphakoeffizient mit der Anzahl der Items. Allgemein findet man für die Reliabilität unterschiedliche Bewertungen der erhaltenen Werte. Bortz und Döring (2006, S. 199) fordern für nicht explorative Zwecke Werte von 0,8 und ordnen Werte von 0,8 bis 0,9 als mittelmäßig, Werte größer als 0,9 als hoch ein. Nach Bühner (2011, S. 80) sollte die Reliabilität einen Wert größer als 0,7 erreichen.

Bei der Pilotierung unseres Testinstrumentes zeigten sich vor allem im Bereich Interesse an Tätigkeiten und im Bereich Interesse an Kontexten zunächst wenig zufriedenstellende Kennwerte für die Reliabilität und die Trennschärfe der Items. Bei der Reliabilität lagen die Werte in einem Bereich von 0,4 bis 0,7. Daher haben wir in diesen beiden Bereichen die Item-Formulierungen noch einmal überarbeitet. Häufig sind es kleine Ausprägungen, Betonungen in der Item-Formulierung, die bei den Probanden andere Assoziationen wecken als ursprünglich intendiert. In dieser Phase ist es hilfreich, fachfremde oder nicht in die Thematik eingedachte Kollegen hinzuzuziehen und diese beschreiben zu lassen, was sie mit den jeweiligen Formulierungen verbinden bzw. assoziieren.

22.5 Ausblick: Ergebnisse der Hauptuntersuchung

In den weiterführenden Untersuchungen konnte unsere Hypothese, dass sich die drei Bereiche Interesse an Inhalten, Kontexte und Tätigkeiten auf das Interesse von Studienanfängern übertragen lassen, bestätigt werden. Mit den umfangreicheren Daten der Hauptstudie identifizierten wir sogar noch weitere Subskalen.

Mit den Daten wurden zudem weitere Tests durchgeführt, z. B. Gruppenvergleiche (Kap. 23). Die Ergebnisse zeigten, dass erwartungskonform Chemie-Studierende ein signifikant höheres Interesse an Inhalten der Chemie zeigten als Nebenfachstudierende (Busker et al. 2011). Daneben konnte auch festgestellt werden, dass im Bereich des Interesses an Kontexten aus dem Bereich Medizin und Biologie nicht nur Biologiestudierende eine hohe Ausprägung zeigten, sondern ebenfalls die Studierenden der Chemie.

Mit Hilfe des entwickelten Fragebogens konnten somit das Interesse von Studienanfängern im Fach Chemie charakterisiert und verschiedene Facetten des Interesses an Chemie auch für diese Probandengruppe identifiziert werden. Außerdem konnten Unterschiede zwischen verschiedenen Interessensbereichen sowie zwischen unterschiedlichen Studierendengruppen ermittelt werden.

Die Erkenntnisse über Interessen, Vorwissen und Selbstkonzept bildeten in diesem Projekt schließlich die Grundlage für die Entwicklung eines Tutoriums und eines Aufgabenpools, die die Heterogenität und Eingangsvoraussetzungen zielgerichteter aufgreifen. Erfolge dieses Ansatzes wurden in Erprobungen nachgewiesen (Busker et al. 2010).

Literatur zur Vertiefung

Bortz J, Döring N (2006) Forschungsmethoden und Evaluation für Human- und Sozialwissenschaftler, 4. Aufl. Springer, Berlin Heidelberg New York Tokyo (Gute Einführung in die Konstruktion eines Fragebogens sowie zu Ratingskalen.)

Bühner M (2011) Einführung in die Test- und Fragebogenkonstruktion, 3. Aufl. Pearson Studium, München (Gute Einführung zur klassischen Testtheorie, Faktorenanalyse und Reliabilität.)

Neuhaus B, Braun E (2007) Testkonstruktion und Testanalyse – praktische Tipps für empirisch arbeitende Didaktiker. In: Bayrhuber H, Elster D, Krüger D, Vollmer HJ (Hrsg) Kompetenzentwicklung und Assessment Studienverlag, Innsbruck, S 135–164 (Guter allgemeiner Überblick über Testkonstruktion.)

Vogt H (2007) Theorie des Interesses und Nicht-Interesses. In: Krüger D, Vogt H (Hrsg) Theorien in der biologiedidaktischen Forschung – Ein Lehrbuch für Lehramtsstudenten und Doktoranden Springer, Berlin Heidelberg New York Tokyo (Zusammenfassung der theoretischen Bezüge zum Interessenkonstrukt aus fachdidaktischer Perspektive.)

[illegible] 2010).

Literatur zur Vertiefung

Bortz, J., Döring, N. (2006). Forschungsmethoden und Evaluation für Human- und Sozialwissenschaftler. 4. Aufl. [illegible]

Huber, [illegible]

Wu[illegible]

Vogt, [illegible]

Die Fragebogenmethode, ein Klassiker der empirischen didaktischen Forschung

23

Rüdiger Tiemann und Caroline Körbs

Die Entwicklung von Fragebögen zur Erhebung von Persönlichkeitsmerkmalen, wie Überzeugungen oder Interessen, stellt einen wichtigen Bestandteil der empirischen didaktischen Forschung dar. Sollen objektive, reliable und valide Fragebögen entwickelt werden, sind Kenntnisse über adäquate Vorgehensweisen der Fragebogenkonstruktion und geeignete statistische Auswertungsmethoden unabdingbar. Dieser Beitrag beschreibt ein mögliches Vorgehen bei der Entwicklung und Auswertung von Fragebögen am Beispiel eines in der Fachdidaktik erprobten Instruments zum Thema „Standards im Chemieunterricht". Das grundsätzliche methodische Vorgehen ist auf andere Fragebogenkonstruktionen übertragbar.

23.1 Konzipieren eines Fragebogens

Die Fragebogenmethode ist ein Verfahren zur Erfassung verschiedener Variablen wie Interesse, Überzeugungen, Einstellungen und Meinungen zu einem bestimmten Sachverhalt (vgl. Mummendey und Grau 2008; Raab-Steiner und Benesch 2011; Rost 2004). Dabei geht es nicht, wie bei Leistungstests, um richtige oder falsche Antworten, sondern darum, persönliche Sichtweisen von Personen zu erfassen. Die Methode ist auch geeignet, wenn Probanden eigene Kompetenzen einschätzen sollen (vgl. Braun et al. 2012). In diesem Beitrag werden zunächst kurz die Grundzüge der Konstruktion eines Fragebogens aufgezeigt (Kap. 22); der Schwerpunkt liegt jedoch auf der Vorgehensweise bei der Auswertung von Fragebogendaten.

Prof. Dr. Rüdiger Tiemann ✉, Caroline Körbs
Institut für Chemie, Humboldt-Universität zu Berlin, Brook-Taylor-Str. 2,
12489 Berlin, Deutschland
e-mail: ruediger.tiemann@chemie.hu-berlin.de, koerbs.caroline@chemie.hu-berlin.de

D. Krüger, I. Parchmann und H. Schecker (Hrsg.), *Methoden in der naturwissenschaftsdidaktischen Forschung*, DOI 10.1007/978-3-642-37827-0_23,

Tab. 23.1 Item-Beispiele zur Expertenbefragung „Mindeststandards Chemie, 10. Klasse“

Die Schülerinnen und Schüler	trifft voll zu (1)	trifft teilweise zu (2)	trifft eher nicht zu (3)	trifft gar nicht zu (4)
1) stellen den Bau von Atomen mit Hilfe des Kern-Hülle-Modells dar.	□	□	□	□
2) stellen den Bau von Atomen mit Hilfe eines Kern-Hülle-Modells mit differenzierter Atomhülle dar.	□	□	□	□

23.1.1 Wählen von Frageformaten

Zu Beginn ist zu überlegen, wie das, was erfasst werden soll, am besten erfragt werden kann. Wenn die Befragten frei eine persönliche Meinung oder Wertung bekunden sollen, bieten sich offene Fragen an, für deren Beantwortung ein Text verfasst werden muss (Kap. 14). Einfacher zu handhaben und gut auszuwerten sind *Multiple-Choice*-Formate oder vorgegebene Aussagen, für die der Grad der Zustimmung (Rating) erfasst wird. Solche **Items** mit Antwortvorgaben haben eine hohe Auswertungsobjektivität, d. h. sie ermöglichen eine möglichst eindeutige Auswertung unabhängig davon, wer diese vornimmt (vgl. Bortz und Döring 2006; Bühner 2011; Moosbrugger und Kelava 2012). Für die Konstruktion der Antwortalternativen bzw. Statements werden oft in vorhergehenden Studien offene Aufgaben oder Fragen eingesetzt, aus denen dann Aussagen generiert werden.

Am Beispiel der Befragung von Interessengruppen zu ihren Einstellungen und Meinungen zum Thema Standards für den naturwissenschaftlichen Unterricht soll der Einsatz eines ratingskalierten Instruments (**Likert-Skala**) veranschaulicht werden. Unter Mindeststandards versteht man Standards, die in jedem Fall von Schülern am Ende der Pflichtschulzeit erreicht werden müssen, da sie essentiell sind für den Einstieg in das Berufsleben und die Bewältigung des alltäglichen Lebens (vgl. GFD 2009; KMK 2004a; Ralle 2009). Für die Einschätzung von Mindeststandards haben wir ein ratingskaliertes Frageformat mit einer mehrstufigen Skala von eins bis vier bzw. von „trifft voll zu“ bis „trifft gar nicht zu“ eingesetzt. Die Anordnung wird oftmals auch von „trifft gar nicht zu“ nach „trifft voll zu“ gewählt (Kap. 22). Auf Rating-Skalen wird diejenige Stufe der Skala angekreuzt, die dem subjektiven Empfinden am nächsten kommt (Kap. 25). Tabelle 23.1 zeigt eine solche Ratingskala für das hier vorgestellte Beispiel, wobei die Frage an die Beurteiler lautet: *„Inwiefern schätzen Sie Ihrer Meinung nach die folgend genannten Standards als so genannte Mindeststandards ein?“*.

Im Fragebogen wird eingangs erläutert, welche Aussage ein Kreuz an einer Stelle der Skala ausdrückt. In dem vorliegenden Beispiel gilt: Kreuzen Beurteiler „trifft voll zu“ an, geben sie zu verstehen, dass es sich bei dem genannten Standard ihrer Meinung nach auf jeden Fall um einen Mindeststandard handelt. Kreuzen sie hingegen „trifft gar nicht zu“ an, geben sie zu verstehen, dass sie den genannten Standard ausdrücklich nicht für einen Mindeststandard halten, also z. B. nicht bedeutsam für das Alltagsleben betrachten.

Tab. 23.2 Häufigkeitsverteilung der Vorstudie ($n = 31$, Lehramtsstudierende der Chemie am Ende des Bachelor-Studiums, vgl. Körbs und Tiemann 2012a)

	Die Schülerinnen und Schüler	trifft voll zu (1)	trifft teilweise zu (2)	trifft eher nicht zu (3)	trifft gar nicht zu (4)
1)	stellen den Bau von Atomen mit Hilfe des Kern-Hülle-Modells dar.	**10**	**13**	**07**	**01**
2)	stellen den Bau von Atomen mit Hilfe eines Kern-Hülle-Modells mit differenzierter Atomhülle dar.	**04**	**07**	**17**	**03**

Damit es im Rahmen von Fragebogenerhebungen nicht zu Missverständnissen kommt, müssen eindeutige Instruktionen gegeben werden, am besten mit ein oder zwei Beispielen für das Ausfüllen des Fragebogens. Auch ist es ratsam, eine Begriffserklärung voranzustellen – hier z. B. eine eindeutige Definition des Begriffs Mindeststandards –, sowie die Vorgehensweise des Ausfüllens zu erläutern. Dazu gehören auch Hinweise, wie eine einmal getroffene Entscheidung (z .B. ein angekreuztes Kästchen) eindeutig geändert werden kann.

Das hier vorgestellte Antwortformat ist immer dann geeignet, wenn zwischen abgestuften Alternativen entschieden werden soll, z. B.: „Kreuzen Sie bitte nach Grad der Zustimmung an: trifft völlig zu/trifft teilweise zu/trifft eher nicht zu/trifft überhaupt nicht zu", oder bei einer numerischen Skalierung: „1 – 2 – 3 – 4", wenn davon ausgegangen werden kann, dass die Bedeutungsabstände zwischen den Antwortmöglichkeiten vergleichbar groß sind (vgl. Bortz und Döring 2006). Bei ungerader Anzahl der Antwortoptionen (z. B. fünfstufig) kann es eine Tendenz zur Mitte geben, die besonders von unschlüssigen Personen oder Befragten ohne dezidiertes Urteil gerne angekreuzt wird. Zielt man auf eine polarisierte Meinung der Befragten ab, dann sollte daher eine „gerade" Skalierung (z. B. vierstufig) gewählt werden (vgl. Bortz und Döring 2006; Bühner 2009; Moosbrugger und Kelava 2012; Kap. 22). Dies bietet sich im Beispiel der Mindeststandards an, da mit einer vierstufigen Skala eine Grenzziehung zwischen Mindest- und Regelstandard eingefordert wird (Tab. 23.2). Die Anordnung (1 = trifft voll zu oder 4 = trifft voll zu) kann nach verschiedenen Kriterien gewählt werden. Wir haben uns dafür entschieden, in Anlehnung an Schulnoten die 1 als beste Bewertung (trifft voll zu) zu wählen; eine aufsteigende Anordnung wäre aber ebenso möglich gewesen.

23.1.2 Fragebogenstruktur

Neben der Formulierung sind die Reihenfolge der Fragen sowie die Abfolge der inhaltlich-thematischen Fragebogenkomplexe bedeutsam. Üblicherweise werden am Anfang des Fragebogens personenbezogene Angaben erhoben (vgl. Bortz und Döring 2006; Mummendy und Grau 2008). Da im Falle der Erhebung zu Mindeststandards drei Interessengruppen befragt wurden, war neben der Erhebung soziodemographischer Hintergrunddaten (z. B. Alter, Geschlecht, Wohnort) eine Erhebung berufsbezogener Daten notwendig, um die Befragten den jeweiligen Gruppen adäquat zuordnen zu können. Im vorliegenden Beispiel waren dies:

- Beruf/Tätigkeit (Student, Referendar, Lehrer, Wissenschaftlicher Mitarbeiter, Hochschullehrer, Mitarbeiter aus Industrie und Wirtschaft)
- Fachrichtung (1. Fach, 2. Fach und Schulart bei Student, Referendar, Lehrer)
- Unterrichtserfahrung in Jahren (wenn vorhanden)

Zusätzlich wurde eine Identifikationsnummer (ID) erfasst, um zur Wahrung der Anonymität dem jeweiligen Beurteiler eine Nummer zuordnen zu können, die für ihn kennzeichnend ist. Die ID kann sich z. B. aus Geburtstagsangaben (Tag oder Monat) und Vornamenbuchstaben z. B. der Mutter zusammensetzen. Die ID ist zwingend notwendig, wenn Beurteiler wiederholt befragt werden. So lassen sich ausgefüllte Fragebögen (z. B. im Prä- und Post-Test), die von demselben Beurteiler stammen, einfach und anonym einer Person zuordnen. Für die vorgestellte Erhebung zum Thema Mindeststandards war dies nicht erforderlich; sie wurde jedoch mit erhoben, um eventuelle Folgestudien anzuschließen bzw. zusätzliche Erhebungen (z. B. Interviews) durchzuführen.

Um das zu erhebende Konstrukt umfassend abzubilden und zu erfassen, werden mehrere Fragen (mindestens drei Items pro Themenfeld) zu einem inhaltlichen Teilaspekt formuliert. Diese Fragen werden zu thematischen Blöcken, so genannten Skalen, zusammengefasst (Kap. 22).

Es ist nun darauf zu achten, dass diese Fragebogenkomplexe in eine logische Reihenfolge gebracht werden, um inhaltliche Brüche zu vermeiden. Im Falle der Mindeststandards ergaben sich Frageblöcke zu den vier Kompetenzbereichen der Naturwissenschaften: „Fachwissen", „Erkenntnisgewinnung", „Kommunikation", „Bewertung" (vgl. KMK 2004b; SenBJS 2006).

23.2 Datenverwaltung und -analyse

Abhängig von verschiedenen Interessengruppen, also Chemielehrern, Lehrern anderer naturwissenschaftlicher Fächer, Hochschullehrern (Chemiedidaktik) und Chemikern aus Industrie und Wirtschaft (darunter auch Ausbilder), sollte die Studie einen Beitrag zur Formulierung von Kompetenzen liefern, über die Schüler am Ende der Pflichtschulzeit in Chemie mindestens verfügen sollten, um erfolgreich ins berufliche Leben einzusteigen (vgl. Körbs u Tiemann 2012a, b). Für solche Gruppenvergleiche müssen jedoch einige Voraussetzungen gegeben sein, die im Nachfolgenden näher erläutert werden.

23.2.1 Dateneingabe

Die Datenauswertung wird im vorliegenden Beispiel anhand einer Analyse mit Hilfe des Statistikpakets IBM SPSS Statistics aufgezeigt. Für die Datenanalyse werden die erhobenen Daten in SPSS eingegeben. Fehlende Werte sind speziell zu kodieren, ungültige Werte ebenso. Das **Skalenniveau** der Variablen (Intervall-, Ordinal-, Nominalskala) ist jeweils zu kennzeichnen. Die Gruppenzugehörigkeit kann in SPSS lediglich numerisch kodiert werden (z. B. 1 = Chemiker/innen aus Industrie und Wirtschaft, 2 = Chemielehrer/innen). Da bei der Dateneingabe Fehler auftreten können, werden etwa 10 % der Fragebögen auf korrekte Datenerfassung in SPSS kontrolliert.

Bevor nun jedoch die Gruppen miteinander verglichen werden können, sind die Daten auf Normalverteilung zu testen (Abschn. 23.2.2) sowie die Varianzhomogenität (Abschn. 23.2.3) zu überprüfen. Die Wahl der Verfahren für die weiteren statistischen Auswertungen, z. B. Tests auf Gruppenunterschiede, wird maßgeblich davon bestimmt.

23.2.2 Test auf Normalverteilung

Die Art der Verteilung der Daten ist ein Kriterium für die Entscheidung, ob für die Auswertung der Daten parametrische oder nichtparametrische Tests infrage kommen. Man gliedert statistische Tests nach der Art ihrer Voraussetzungen in eben diese beiden Gruppen: in verteilungsgebundene (parametrische) Tests und verteilungsfreie (nichtparametrische) Tests. Bei verteilungsgebundenen Tests wird immer das Vorliegen einer bestimmten Verteilung (z. B. Normalverteilung) vorausgesetzt (vgl. Bortz und Schuster 2010; Hartung et al. 2005). Im Gegensatz dazu stehen die verteilungsfreien oder nichtparametrischen Tests (z. B. Mann-Whitney-U-Test, Kruskal-Wallis-Test, Friedman-Test, etc.). Bei diesen wird keinerlei Annahme über das Vorliegen einer spezifischen Verteilung der Testgröße gemacht (vgl. Bühner und Ziegler 2009; Büning und Trenkler 1994; Zöfel 2003).

Von einer Normal- oder Gaußverteilung spricht man, wenn eine bestimmte symmetrische Form der Verteilung numerischer Daten vorliegt, bei der Median, Modus und Mittelwert identisch sind. Die Normalverteilung ist ein Verteilungsmodell der Statistik, bei dem ca. zwei Drittel aller Messwerte im Abstand einer Standardabweichung vom Mittelwert liegen (vgl. Bortz 2005; Bortz und Döring 2006). Zur Überprüfung der Daten auf Normalverteilung wird in SPSS der Kolmogorov-Smirnov-Test (KS-Test/Test auf Normalverteilung) durchgeführt (vgl. Field 2009; Leonhart 2010). Für die hier aufgeführte Studie konnte gezeigt werden, dass eine Normalverteilung der Daten vorliegt und zur weiteren Analyse parametrische Tests (z. B. Levené-Test bzw. ANOVA, t-Test etc.) herangezogen werden können.

Tab. 23.3 ANOVA-Ausgabe. (Die Kennwerte für den Effekt der Gruppenzugehörigkeit sind *fett* hervorgehoben)

Tests der Zwischensubjekteffekte						
Abhängige Variable: Sum_total						
Quelle	Quadratsumme vom Typ III	Df	Mittel der Quadrate	F	Sig.	Partielles Eta-Quadrat
Korrigiertes Modell	36.285,734[a]	3	12.095,245	6,572	0,000	0,161
Konstanter Term	3.432.358,360	1	3.432.358,360	1864,961	0,000	0,948
Gruppenzugehörigkeit	**36.285,734**	**3**	**12.095,245**	**6,572**	**0,000**	**0,161**
Fehler	189.565,892	103	1840,446			
Gesamt	4.413.159,000	107				
Korrigierte Gesamtvariation	225.851,626	106				

[a] *R*-Quadrat = 0,161 (korrigiertes *R*-Quadrat = 0,136)

23.2.3 Varianzanalysen

Bestimmte statistische Verfahren setzen neben einer Normalverteilung der Daten auch eine Homogenität der Varianzen voraus. Zur Prüfung der Varianzhomogenität stehen in SPSS mehrere Optionen zur Verfügung. Ein Beispiel ist die Durchführung des Levené-Tests anhand einer einfaktoriellen Varianzanalyse (ANOVA; → Zusatzmaterial online) (vgl. Bühl 2012; Eid et al. 2010; Field 2009). In der vorliegenden Studie war die Varianzhomogenität gegeben, so dass z. B. der Scheffé- oder Tukey-Test zur weiteren Analyse herangezogen werden konnten. Andernfalls wären nur z. B. der LSD- oder der Bonferroni-Test einsetzbar.

Die Aussage, dass die Daten hinsichtlich ihrer Varianz homogen sind, erlaubt jedoch keine Angaben darüber, ob sich die Gruppen in ihren Meinungen unterscheiden! Soll überprüft werden, welcher Anteil der Varianz durch den Effekt der Gruppenzugehörigkeit aufgeklärt wird, muss ein ANOVA-Globaltest durchgeführt werden. Dieser zeigt für das Beispiel, dass der Effekt der Gruppe signifikant bzw. höchstsignifikant ist. 16,1 % der Varianz werden durch die Gruppenzugehörigkeit aufgeklärt (Tab. 23.3, partielles Eta-Quadrat). Es sind also weitere Faktoren bedeutsam für die getroffene Entscheidung als der gemeinsame Erfahrungshintergrund einer bestimmten Gruppe.

Um weiter zu ermitteln, welche der Gruppen sich signifikant voneinander unterscheiden und inwiefern bestehende Unterschiede statistisch bedeutsam sind, sind zusätzlich Post-Hoc-Analysen erforderlich (Abschn. 23.2.5). Voraussetzung für Post-Hoc-Analysen ist die Annahme, dass Unterschiede zwischen mindestens zwei Gruppenmittelwerten existieren (vgl. Field 2009; Eid et al. 2010).

23.2.4 Häufigkeitsverteilung

Bei Ratingdaten bietet sich oftmals die Auswertung unter Angabe der relativen Häufigkeiten der Antwortkategorien an. Dies kann beispielsweise mit den Programmen Microsoft Excel (vgl. Jeschke et al. 2011), R (vgl. Ligges 2008) oder wiederum mit SPSS (vgl. Field 2009) erfolgen, die zudem auch verschiedene grafische Darstellungen, wie z. B. Häufigkeitsverteilungen (Histogramme), ermöglichen.

Die Auswertung in SPSS ist prinzipiell zu empfehlen, da die Kalkulationen in Excel mehreren statistischen Restriktionen unterliegen und zahlreiche Operationen mit SPSS schneller und einfacher durchführbar sind. Auch sind größere Datensätze, insbesondere für Anfänger, in SPSS tendenziell leichter zu organisieren.

23.2.5 Gruppenvergleich

Im vorliegenden Beispiel zeigt die einfaktorielle Varianzanalyse (Abschn. 23.2.3), dass ein Vergleich der vier Gruppen sinnvoll ist und weitere Aufschlüsse geben kann. Da die Gruppengrößen unterschiedlich sind, ist bei der Auswahl des Post-Hoc-Tests darauf zu achten, dass dieser relativ robust gegenüber solchen Unterschieden ist. Dies ist zum Beispiel beim Bonferroni-Test der Fall (der sogar nicht einmal Varianzhomogenität voraussetzt, wenngleich diese im vorliegenden Beispiel gegeben ist).

In Tab. 23.4 sind die Werte für die Gruppen hervorgehoben, die signifikante Unterschiede hinsichtlich ihrer Auffassung zu dem Thema Mindeststandards zeigen (Abschn. 23.3). Dabei werden die in Spalte 1 genannten Gruppen mit den anderen (Spalte 2) verglichen. Neben der mittleren Differenz und dem dazugehörigen Standardfehler ist das Signifikanzniveau angegeben, das für die spätere Diskussion bedeutsam ist (Auswahl der signifikanten Unterschiede).

Abschließende Betrachtungen zum Gruppenvergleich sind zulässig, wenn die **Effektstärken** für die einzelnen Gruppenunterschiede berechnet wurden, denn nur diese ermöglichen Aussagen über die Stärke der signifikanten Gruppenunterschiede. Die Effektstärken für die Unterschiede zwischen Gruppen lassen sich beispielsweise mit Hilfe des Programms G*Power (vgl. Erdfelder et al. 2004; Mayr et al. 2007; Prajapati et al. 2010) berechnen.

SPSS gibt Mittelwerte (*M*) und Standardabweichungen (SD) für die einzelnen Gruppen aus. Diese werden für die Berechnung der Effektstärken (Cohens *d*) für einzelne Gruppen z. B. in G*Power verwendet (Abschn. 23.3). Andere Programme geben zusätzlich den Korrelationskoeffizienten r aus, der im Gegensatz zu Cohens *d* nach oben durch den Wert „1“ beschränkt ist (Tab. 23.5). Je größer Cohens *d*, desto größer ist der Effekt des Gruppenunterschieds, d. h. umso stärker unterscheiden sich die verglichenen Gruppen in ihren Meinungen.

Tab. 23.4 Ausgabe Post-hoc-Test: Bonferroni

Multiple Comparisons

(I) Gruppe	(J) Gruppe	Mittlere Differenz (I–J)	Standardfehler	Sig.	95 %-Konfidenzintervall	
					Untergrenze	Obergrenze
Chemiker Industrie u. Wirtschaft	Chemielehrer	12,59	10,326	1,000	−15,19	40,37
	Chemiedidaktiker	−56,92*	14,998	**0,001**	−97,27	−16,57
	Lehrer anderer Naturwissenschaften	−1,87	10,844	1,000	−31,04	27,30
Chemielehrer	Chemiker Industrie u. Wirtschaft	−12,59	10,326	1,000	−40,37	15,19
	Chemiedidaktiker	−69,51*	15,804	**0,000**	−112,03	−27,00
	Lehrer anderer Naturwissenschaften	−14,46	11,934	1,000	−46,57	17,64
Chemiedidaktiker	Chemiker Industrie u. Wirtschaft	56,92*	14,998	**0,001**	16,57	97,27
	Chemielehrer	69,51*	15,804	**0,000**	27,00	112,03
	Lehrer anderer Naturwissenschaften	55,05*	16,147	**0,006**	11,61	98,49
Lehrer anderer Naturwissenschaften	Chemiker Industrie u. Wirtschaft	1,87	10,844	1,000	−27,30	31,04
	Chemielehrer	14,46	11,934	1,000	−17,64	46,57
	Chemiedidaktiker	−55,05*	16,147	**0,006**	−98,49	−11,61

Grundlage: beobachtete Mittelwerte.
Der Fehlerterm ist Mittel der Quadrate (Fehler) = 1840,446.
* Die mittlere Differenz ist auf dem 0,05-Niveau signifikant.

Tab. 23.5 Überblick über die Grenzwerte der Koeffizienten (vgl. Field 2009) (Man findet bei anderen Autoren bzw. Werken auch geringfügig andere Werte.)

Signifikanz (*p*)		Effektstärke (Cohen's *d*)		Korrelationskoeffizient (*r*)	
$p < 0{,}05$	signifikant*	kleiner Effekt	0,20	kleiner Effekt	0,10
$p < 0{,}01$	hochsignifikant**	mittlerer Effekt	0,50	mittlerer Effekt	0,30
$p < 0{,}001$	höchstsignifikant***	großer Effekt	0,80	großer Effekt	0,50

23.3 Teststärke (Power)

Ein weiterer wichtiger Aspekt bei der Fragebogenmethode sind Teststärkeanalysen bzw. Poweranalysen. Die Teststärke ist die Wahrscheinlichkeit, einen in der Population vorhanden Unterschied in einer statistischen Untersuchung zu finden. Die Teststärke bzw. „Power" eines Tests oder Fragebogens beschreibt die Aussagekraft, die diesem zugrunde liegt. Sie gibt an, mit welcher Wahrscheinlichkeit ein Signifikanztest für eine spezifische Alternativhypothese H_1 (z. B. „Es gibt einen Unterschied.") zutrifft, falls diese richtig ist. Die abzulehnende Hypothese ist dabei H_0 – die Nullhypothese.

Zwei wesentliche Fehler können bei statistischen Tests auftreten (Tab. 23.6).

Die Teststärke hat den Wert $1-\beta$, wobei β die Wahrscheinlichkeit bezeichnet, einen Fehler 2. Art zu begehen (Tab. 23.6). D. h. die Teststärke ist ein Maß für die Testempfindlichkeit des Fragebogens: Wie sicher wird ein tatsächlicher Unterschied (Tab. 23.6) auch gefunden? Um diesen Unterschied in einer Erhebung sichtbar, d. h. signifikant zu machen, werden bestimmte Stichprobengrößen benötigt.

Mit G*Power gibt es zwei Möglichkeiten der Bestimmung der Teststärke (vgl. Bausell und Li 2006; Erdfelder et al. 2004; Mayr et al. 2007; Prajapati et al. 2010): *A-priori-* (vor der Untersuchung) oder *Post-hoc*-Analyse (nach der Untersuchung) (Tab. 23.7)

Als Beispiel wird im Folgenden auf die *A-priori*-Analyse näher eingegangen. Wie kann die Stichprobengröße mit Hilfe von G*Power im Vorhinein bestimmt werden? Nach Öffnen des Programms stellt man „F tests" unter *Test family* ein, man wählt also die Art des Tests aus (Abb. 23.1).

In Abb. 23.1 wird bei *Number of Groups* 4 ausgewählt, da die anfangs genannten vier Interessengruppen miteinander verglichen werden sollen. Bei vier zu vergleichenden Grup-

Tab. 23.6 Fehlerarten statistischer Tests (vgl. Erdfelder et al. 2004; Prajapati et al. 2010)

Fehler 1. Art = α-Fehler	Fehler 2. Art = β-Fehler
Die Nullhypothese wird abgelehnt, obwohl sie gilt.	Die Nullhypothese wird beibehalten, obwohl die Alternativhypothese gilt.
Z. B. ein ungiftiger Pilz wird als giftig identifiziert und nicht gegessen (nicht fatal).	Z. B. ein giftiger Pilz wird als ungiftig identifiziert und gegessen (fatal).
Ein Unterschied wird angenommen, obwohl keiner vorhanden ist.	Es wird kein Unterschied angenommen, obwohl einer vorhanden ist.

Tab. 23.7 Arten der Teststärkebestimmung

	A-priori-Analyse (vorher)	*Post-hoc*-Analyse (nachher)
Gegeben	Effektstärke Alpha-Niveau (Signifikanzniveau) Teststärke	Effektstärke Alpha-Niveau (Signifikanzniveau) Stichprobenumfang
Gesucht	Optimaler Stichprobenumfang	Teststärke

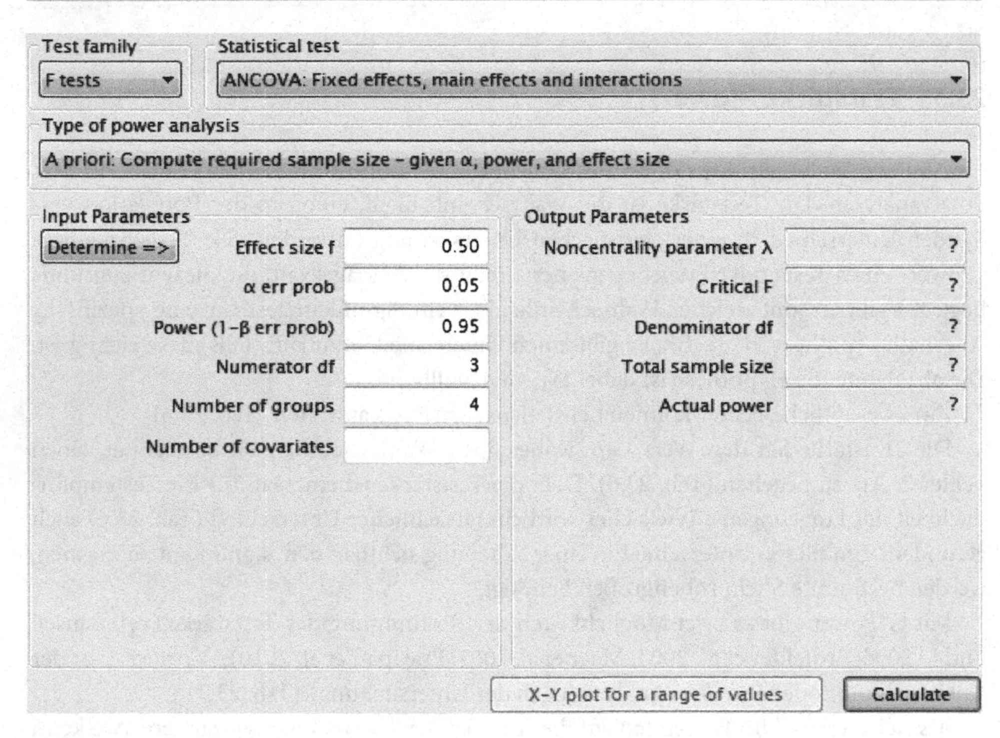

Abb. 23.1 Eingabefeld G*Power

pen ergibt sich ein df-Wert von 3 (*Number of groups* – 1 = df). Die Teststärke „Power" und das *Alpha*-Niveau „α err prob" werden normativ festgelegt: Eine Power von 95 % wird festgesetzt (je mehr Power ein Test hat, desto aussagekräftiger ist er); das *Alpha*-Niveau beschreibt das statistische Signifikanzniveau, hier 5 % ($p = 0{,}05$). Es wird also davon ausgegangen, dass die Wahrscheinlichkeit eines Irrtums im Test nur bei höchstens 5 % liegt. Die Effektstärke wurde mit 0,50 festgesetzt. Nach Cohens *d* handelt es sich dabei um einen mittleren Effekt (Tab. 23.5).

Man bekommt nun in der Ausgabe unter anderem die optimale Stichprobengröße *Total sample size* als auch die Teststärke *Actual Power* angezeigt (vgl. Abb. 23.2). In dem gewählten Beispiel sind insgesamt mindestens 73 Probanden nötig, um einen mittleren Effekt nachweisen zu können (Abb. 23.2).

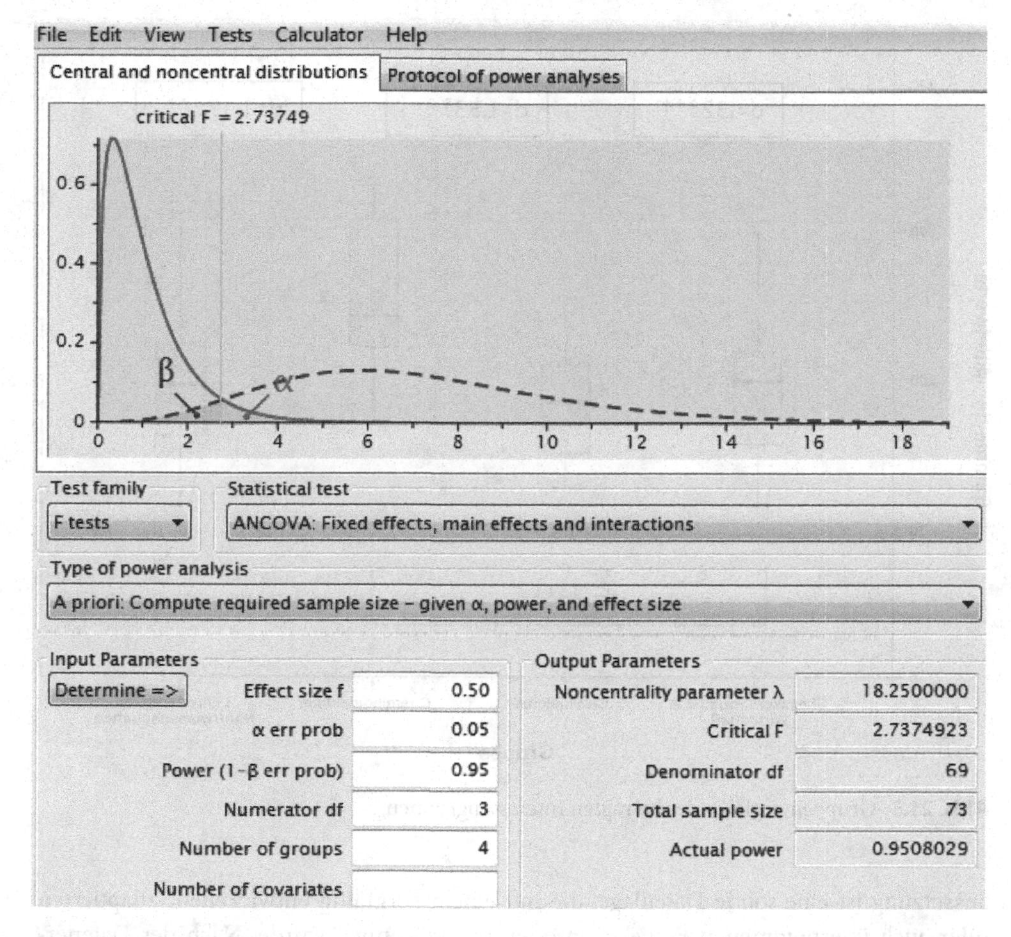

Abb. 23.2 Ausgabefeld G*Power

Es empfiehlt sich, die Berechnungen von Stichprobengrößen schon vor der geplanten Erhebung durchzuführen. Jedoch muss hier auch immer bedacht werden, dass sicherlich aus psychometrischen Gründen bestimmte Stichprobengrößen wünschenswert sind, die empirische fachdidaktische Forschung z. B. an Schulen oftmals aber auch auf Restriktionen trifft, die von den Forschern nicht beeinflussbar sind und damit weniger Teilnehmer, Unterrichtsstunden u. ä. in einer Untersuchung berücksichtigt werden können, als es ideal wäre.

23.4 Fazit und Ausblick

Die von uns beschriebene Vorgehensweise kann von ihren Grundzügen her auf die Auswertung quantitativer Daten aus vielen fachdidaktischen Studien übertragen werden. Vor-

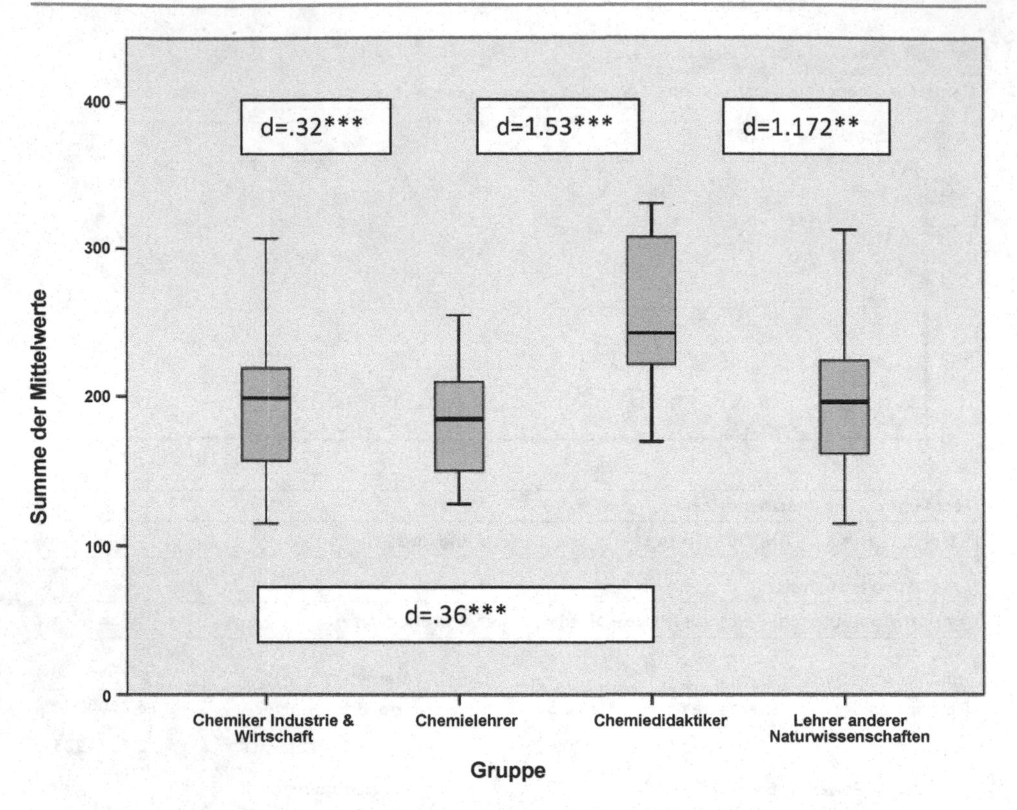

Abb. 23.3 Gruppenvergleich der befragten Interessengruppen

aussetzung ist eine solide Datenlage, die mit einem sorgfältig entwickelten, adaptierten oder auch übernommenen Fragebogen oder Test gewonnen wurde. Nach der Datenerfassung und gegebenenfalls erforderlichen Umkodierungen schaut man sich zunächst die Datentabelle an (z. B. *Gibt es viele fehlende Werte? Liegen alle Werte im möglichen Wertebereich?* etc.). Aus den Werten von Einzelvariablen, z. B. für die Beantwortung einzelner Fragen oder Lösung einzelner Testaufgaben, berechnet man geeignete zusammenfassende Werte (z. B. Summenwerte für angenommene Skalen) und erzeugt Diagramme, in denen die Verteilung der Werte veranschaulicht wird. Will man über solche Deskriptionen hinaus Zusammenhangs- oder Unterschiedsanalysen – z. B. zwischen bestimmten Probandengruppen – anstellen, ist für die Wahl der statistischen Testverfahren die Frage wichtig, ob eine Normalverteilung vorliegt oder nicht. Varianzanalysen können aufzeigen, welche Merkmale von Probanden dazu beitragen können, ein unterschiedliches Antwortverhalten in einem Leistungstest oder bei der Beantwortung eines Fragebogens zu erklären.

Die einfaktorielle ANOVA zeigt in unserem Beispiel im Globaltest, dass der Effekt der Zugehörigkeit zu einer bestimmten Berufsgruppe höchstsignifikant ist und 16,1 % der Varianz durch die Gruppenzugehörigkeit aufgeklärt werden (Tab. 23.3). Abbildung 23.3 zeigt eine grafische Darstellung der gruppenbezogenen Ergebnisse, wie man sie vielfach als

Boxplot-Diagramme findet. Gezeigt sind die Summen der Mittelwerte der untersuchten Gruppen (50 % der Fälle sind durch die grauen Boxen erfasst, die Linie in den Boxen zeigt den Median), statistisch bedeutsame Unterschiede zwischen Gruppen (als eckige Klammern) sowie die dazugehörigen Effektstärken (*d*). Die Darstellung wurde so gewählt, dass ein höherer Wert einer häufigeren Einschätzung eines genannten Bildungsstandards als Mindeststandard entspricht.

Die Daten der Studie können nun tiefergehend hinsichtlich konkreter inhaltsbezogener Meinungen untersucht werden; auch weitere Gruppenvergleiche wären denkbar. So könnte bei Vergleichen zwischen Referendaren und Lehrkräften höherer Dienstjahre der Einfluss der Berufserfahrung auf die Ansprüche von Lehrkräften an Schüler geprüft werden. Hier können wiederum Varianzanalysen oder auch Tests der Signifikanz von Mittelwertunterschieden herangezogen werden (t-Test für zwei unabhängige Stichproben, z. B. Bortz und Döring 2006).

Insgesamt betrachtet ist die Fragebogenmethode geeignet, um theoriegeleitet evidenzbasierte Ergebnisse für eine große Vielfalt von fachdidaktischen Forschungsfragen zu erhalten. Unter Beachtung einiger weniger Prinzipien ist die Umsetzung eines empirischen Forschungsprojekts möglich, welches statistisch belastbare Aussagen liefert.

Literatur zur Vertiefung

Bortz J (2005) Statistik für Human- und Sozialwissenschaftler, 6. Aufl. Springer, Berlin Heidelberg New York Tokyo (Kompaktes Überblickswerk für empirische Untersuchungen mit anschaulichen Praxisbeispielen.)

Bühner M (2011) Einführung in die Test- und Fragebogenkonstruktion, 3. Aufl. Pearson, München (Gute Einführung zur klassischen Testtheorie, Faktorenanalyse und Reliabilitätsanalysen.)

Mehrebenenanalyse am Beispiel der Lernwirkung von Aufgaben

24

Jochen Kuhn

Lernen in der Schule erfolgt im sozialen Austausch in ganz unterschiedlichen Beziehungsgruppen und auf unterschiedlichen Ebenen. Jede Lehrkraft macht die Erfahrung, dass Unterricht zu ein und demselben Thema in verschiedenen Klassen völlig verschieden ablaufen kann – und das obwohl doch die Klassen organisatorisch gleich sind (gleiche Altersgruppe, gleiches Vorwissen usw.). Dies hängt u. a. damit zusammen, dass Lernende innerhalb ein- und derselben Schulklasse oder Lerngruppe in Bezug auf bestimmte Merkmale (z. B. Schulleistung) oftmals einander ähnlicher sind als solche, die zu einer anderen Klasse gehören. Konventionelle statistische Verfahren (z. B. Varianz- oder Regressionsanalyse) vernachlässigen diese Zusammenhänge und bilden die vorliegende hierarchische Organisationsstruktur von Schulen (Lernende in Klassen, Klassen in Schulen usw.) gar nicht oder nur fehlerhaft ab. Fachdidaktische Forschung findet aber häufig im Feld statt, also im alltäglichen Unterricht, in verschiedenen Klassen mit unterschiedlichen Lehrkräften und Schulen. Dieser Beitrag stellt mit der Mehrebenenanalyse eine Methode am Beispiel der Lernwirkung von Aufgaben im Physikunterricht vor, die Analyseprobleme konventioneller statistischer Verfahren vermeidet und die hierarchische Mehrebenenstruktur in Schulen adäquat berücksichtigt.

24.1 Gründe für Mehrebenenanalysen

Das Schulleben ist in ganz unterschiedlichen Ebenen organisiert, die eine hierarchische Struktur aufweisen: Schüler lernen in einer Klasse, diese befindet sich in einer Schule, die wiederum einem bestimmten Schulbezirk zugeteilt ist usw. Dabei erfahren Lernende in ein und derselben Klasse bestimmte gemeinsame Einflüsse (gemeinsamer Unterricht, soziale

Prof. Dr. Jochen Kuhn ✉
Didaktik der Physik, Technische Universität Kaiserslautern, Erwin-Schrödinger-Str. 46, 67663 Kaiserslautern, Deutschland
e-mail: kuhn@physik.uni-kl.de

D. Krüger, I. Parchmann und H. Schecker (Hrsg.), *Methoden in der naturwissenschaftsdidaktischen Forschung*, DOI 10.1007/978-3-642-37827-0_24,

Interaktionen innerhalb der Klasse etc.), die sich wiederum von den Einflüssen in anderen Klassen und Schulen unterscheiden. Demnach kann man bei einer Untersuchung eines Lehrkonzeptes zur Verbesserung der Leistungsfähigkeit von Schülern in mehreren Klassen und Schulen nicht davon ausgehen, dass alle Lernenden unabhängig voneinander sind, d. h. nicht von Klassen- oder Schulspezifika beeinflusst werden.

Gerade aber diese Unabhängigkeit setzen viele statistische Verfahren voraus (z. B. Varianz- oder Regressionsanalyse; Cohen et al. 2003; Kap. 30; → Zusatzmaterial online). Verwendet man solche Verfahren und beachtet die vorliegenden Abhängigkeiten nicht, so kann dies zu verzerrten Ergebnissen führen. Insbesondere besteht die Gefahr der Unterschätzung der Standardfehler von Modellparametern (wie z. B. Regressionskoeffizienten), da durch die Abhängigkeiten in den Daten die effektive Stichprobengröße überschätzt wird (s. Cohen et al. 2003; Snijders und Bosker 1999). Dies hat u. a. zur Folge, dass man die Irrtumswahrscheinlichkeit (z. B. für Signifikanztests) zu gering schätzt. Dadurch werden Nullhypothesen häufiger verworfen, obwohl sie eigentlich zutreffen, und Parameter (z. B. angenommene Unterschiede im Fachwissen zweier Probandengruppen) häufiger unzutreffenderweise als signifikant angesehen.

Neben diesen Problemen ist es mit konventionellen statistischen Verfahren zudem nicht möglich, verschiedene inhaltlich interessante Variablen auf mehreren Ebenen zu untersuchen. So sind in vielen Fällen sowohl Daten auf *Schülerebene* (z. B. Geschlechtszugehörigkeit, Intelligenz) als auch Variablen auf der *Klassenebene* (z. B. bearbeiteter Themenbereich bzw. Kontext, Klassenklima) zur Vorhersage von Variablen auf der *Schülerebene* (z. B. Wissenszuwachs) von Interesse. Auch können Interaktionen zwischen Variablen auf verschiedenen Ebenen interessieren (Luke 2004).

Eine Analysemethode, die hierarchische Strukturen adäquat berücksichtigt, ist die Mehrebenenanalyse.

24.2 Hierarchische Datenstrukturierung

Mehrebenenanalysen entwickeln sukzessive Modelle von hierarchischen Daten- und Organisationsstrukturen und prüfen diese. Solche Mehrebenenmodelle (Synonyme: Multilevelmodelle, Hierarchische lineare Modelle [HLM], *Random Coefficient Models, Mixed Models*) dienen dazu, Daten mit einer hierarchischen Struktur auszuwerten. Datensätze dieser Art sind dadurch charakterisiert, dass sie eindeutig verschiedenen Ebenen zugeordnet werden können. Diese Ebenenstruktur weist ihrerseits wiederum eine bestimmte Ordnung auf. Man unterscheidet in diesem Zusammenhang zwischen Ebene-1-, Ebene-2- und Ebene-3-Einheiten (bzw. -Daten). Im o. g. Schülerbeispiel stellen die Lernenden die Ebene-1-Einheiten (Einheiten der unteren Ebene, der sog. Mikro- oder Individualebene) und die Schulklassen die übergeordneten Ebene-2-Einheiten (Einheiten der Makro- oder Kontextebene) dar. Je nach Untersuchungsdesign können weitere übergeordnete Ebenen (z. B. Lehrkräfte, Schulen, Stadtteile, Gemeinden, Kreise, Bundesländer, usw.) hinzukommen (Abb. 24.1).

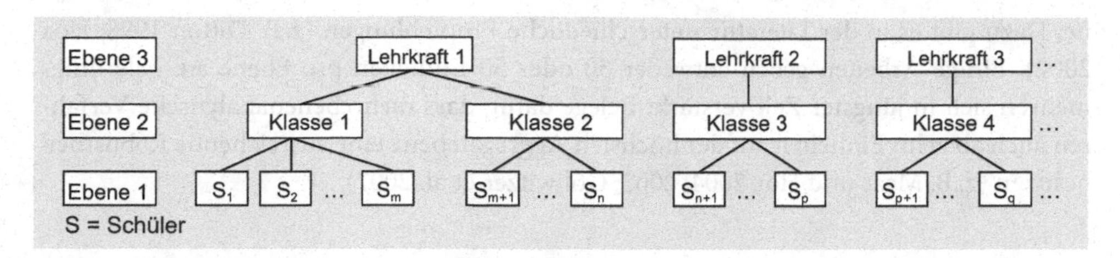

Abb. 24.1 Schematische Darstellung eines Beispiels für eine Drei-Ebenen-Struktur

Welche und wie viele Ebenen in ein Untersuchungsmodell eingeschlossen werden, hängt einerseits von der Fragestellung und andererseits von der Varianz ab, die bereits auf den jeweiligen Ebenen selbst erklärbar ist. In der Regel wird dies zunächst mit einem so genannten „Null-Modell" geprüft. Das Null-Modell beinhaltet noch keine möglichen **Prädiktoren**, sondern nur die **abhängige Variable** (z. B. Schülerleistung). Damit wird die Varianz der abhängigen Variable in die Anteile der unterschiedlichen Ebenen zerlegt. Zeigt sich z. B. nur ein geringer Varianzanteil auf der vierten Ebene, wird empfohlen, statt eines Vier-Ebenen-Modells ein Drei-Ebenen-Modell zu spezifizieren (Raudenbush und Bryk 2002). Eine Modellschätzung auf den vier Ebenen - Lernende, Klassen, Lehrkräfte und Schulen - teilt die Gesamtvarianz in der abhängigen Variablen in vier Komponenten auf:

1. zwischen Lernenden innerhalb der Klassen;
2. zwischen Klassen verschiedener Schulen und Schularten innerhalb der Gruppe der Lehrkräfte;
3. zwischen Lehrkräften insgesamt und innerhalb der Schule sowie
4. zwischen Schulen (vgl. Raudenbush und Bryk 2002).

Nun muss man entscheiden, ob als oberste Ebene die Lehrkräfte oder die Schulen in die Untersuchung einbezogen werden. Dazu wird getestet, welche Varianzkomponenten der unterschiedlichen Ebenen die maximalen Anteile an der Gesamtvarianz in der abhängigen Variablen angeben, die in dem Modell auf der jeweiligen Ebene durch mögliche Prädiktoren erklärbar sind. So kann z. B. ein Chi-Quadrat-Test (χ^2-Test) die Varianzanteile der höheren Ebenen auf **Signifikanz** bezüglich der Unterschiedlichkeit vom Wert Null prüfen (vgl. Raudenbush et al. 2004).

Im Fall von **Längsschnittuntersuchungen** bilden die verschiedenen Messzeitpunkte der betreffenden Variablen die erste Ebene. Die Lernenden stellen die zweite Ebene und die Klassen in verschiedenen Schulen und Schularten die dritte Ebene dar. Für die Mehrebenenanalyse eines Längsschnittdesigns sind dabei mindestens drei Messzeitpunkte erforderlich. Anderenfalls wären die dafür zu lösenden Zusammenhänge unterbestimmt und das Modell nicht eindeutig identifizierbar (Ditton 1998; Hox 2002, S. 74 ff.).

Ein weiteres Kriterium für die Anwendungsmöglichkeit mehrebenenanalytischer Verfahren ist die erforderliche Anzahl der Einheiten (Lernende, Klassen, Lehrkräfte) pro Ebene. Dazu gibt es in der Literatur unterschiedliche Empfehlungen (z. B. Ditton 1998; Hox 2002). Einige Arbeiten geben entweder 30 oder 50 Einheiten pro Ebene an. Allerdings mehren sich in jüngster Zeit verstärkt Belege dafür, dass mehrebenenanalytische Verfahren auch ab zehn Einheiten auf der höchsten Aggregatebene eine ausreichende Robustheit besitzen (z. B. Maas und Hox 2004; 2005; Gollwitzer et al. 2007).

24.3 Mehrebenenanalyse – Grundlagen

Bevor wir die Vorgehensweise bei der Mehrebenenmodellierung am konkreten Beispiel diskutieren (Abschn. 24.4), sollen formale Grundlagen sowie allgemeine Vorgehensweisen und Kenngrößen vorgestellt werden. Die hier vorgestellten mehrebenenanalytischen Berechnungen sind mit dem Programm HLM (Version 6.00) durchgeführt worden (Raudenbush et al. 2004).[1] Ausführlichere Darstellungen dieser Zusammenhänge sind in Kuhn (2010) und im online-Begleitmaterial zu finden.

24.3.1 Formale Darstellung

Für das formale Verständnis der Mehrebenenanalyse sind Kenntnisse über das Verfahren der linearen Regression erforderlich. Die Regressionsanalyse ist das Standardverfahren zur Beschreibung eines linearen Zusammenhangs zwischen einer oder mehreren unabhängigen und einer metrisch skalierten abhängigen Variablen (Kap. 30). Im einfachsten Fall beinhaltet das Modell nur eine unabhängige Variable (**Prädiktor**).

Die Mehrebenenanalyse unterscheidet sich von diesem einfachen Modell im Wesentlichen dadurch, dass die Regressionsparameter grundsätzlich variieren können – also nicht für alle Personen gleich sind – und eine Modellgleichung für jede Ebene formuliert wird. So könnte sich beispielsweise sowohl die mittlere Physikvorleistung als auch der Effekt der Experimentalbedingung (also Experimentalgruppe EG vs. Kontrollgruppe KG; in diesem Kapitel: Zeitungsaufgaben versus „traditionelle" Aufgaben; Abschn. 24.4) auf die Leistungsfähigkeit von Klasse zu Klasse, von Lehrkraft zu Lehrkraft oder von Schule zu Schule unterscheiden. Während in der einfachen Regression solche Unterschiede **konfundiert** bleiben, können mehrebenenanalytische Verfahren die Einflüsse der Ebenen aufdecken. Dazu werden Regressionskonstante und Regressionskoeffizient einer Ebene jeweils durch die Ergebnisse der Gleichungen auf der nächst höheren Ebene erklärt. In die Gleichungen aller Ebenen können jeweils mehrere Prädiktoren simultan eingefügt werden, sodass auf jeder Ebene eine multiple Regression vorliegen kann. Die Zahl der Gleichungen steigt entsprechend, da die Koeffizienten der Prädiktoren zu abhängigen Variablen auf der nächst höheren Ebene werden.

[1] Eine alternative Software zur Auswertung mehrebenenanalytischer Daten ist MPlus (Muthén und Muthén 2012).

Man ermittelt die Regressionskoeffizienten und Varianzen der Regressionsschätzungen auf allen Ebenen gleichzeitig (vgl. Bryk und Raudenbush 1992). Variiert nun die höhere Ebene nicht bedeutsam um die Parameter der unteren Ebene, werden die Zufallskomponenten der höheren Ebene null oder nahe null sein. Mit einem χ^2-Test erhält man Auskunft darüber, ob dort eine Zufallsvariation vorliegt. Wenn das der Fall ist, liegt eine Variation zwischen den Untersuchungseinheiten auf der jeweiligen Ebene vor, die nicht auf einen festen, als erklärende Variable in das Modell eingefügten Prädiktor zurückzuführen ist. Fällt der Test nicht signifikant aus, wird empfohlen, die entsprechende Zufallskomponente aus der Gleichung herauszunehmen, um die Stabilität der Schätzung zu erhöhen (vgl. Raudenbush et al. 2004). Variiert hingegen die höhere Ebene um die Parameter der unteren Ebene, geben die Zufallskomponenten zunächst an, welche Varianz auf der höheren Ebene erklärbar ist (dies wird mit dem so genannten „Null-Modell" vorgenommen, s. o.).

24.3.2 Vorgehensweise und wichtige Kenngrößen

Bei der praktischen Umsetzung von Mehrebenenanalysen ist es notwendig, bestimmte Regeln zu beachten und Entscheidungen zu treffen. Die wichtigsten Grundzüge werden an dieser Stelle überblicksartig zusammengestellt (zur Vertiefung s. Kuhn 2010). Wie in Abschn. 24.3.1 ausgeführt, beginnt die Modellierung von Mehrebenenstrukturen mit der Überprüfung der Verteilung der Varianzanteile der abhängigen Variablen auf die einzelnen Ebenen. Dies erfolgt mit dem Null-Modell. Dieses Modell zerlegt die Varianz der abhängigen Variablen in die Anteile der unterschiedlichen Ebenen. Die Verteilung der Varianzanteile auf die einzelnen Ebenen erfolgt dann auf der Grundlage der absoluten Varianzkomponenten durch Ermittlung der Intraklassenkorrelation[2] (vgl. Bortz und Döring 2006). Diese bestimmt die ebenenspezifisch vorliegenden relativen Anteile erklärbarer Varianz (in %) an der Gesamtvarianz ausgehend von den absoluten Varianzkomponenten.

Im Anschluss daran erfolgt in der Regel der Aufbau eines Modells auf der Individualebene (Ebene 1). Die zwei wesentlichen Aspekte hierbei sind die Testung der festen Effekte, d. h. die Prüfung der Signifikanz der in das Modell eingeführten Prädiktoren und die Ermittlung von klassenabhängig variierenden Regressionskoeffizienten. Die Effekte der Prädiktorvariablen werden dabei zunächst in Modellen getestet, in die nur der jeweilige Prädiktor und keine weitere andere Variable eingefügt wird (*Step-up*-Strategie nach Raudenbush und Bryk 2002). Auf Schulklassen- und Lehrerebene ist die Vorgehensweise prinzipiell die gleiche. Dabei stellt sich jedoch zusätzlich die Frage, welche Prädiktoren auf Individual- bzw. Schulklassenebene mit berücksichtigt werden müssen. Ist auf einer Ebene nur ein Prädiktor verfügbar, werden bei einer Modellierung auf Kontextebene (Ebene 2) alle signifikanten Individualeffekte, bei einer Modellierung auf Ebene 3 alle statistisch bedeutsamen Effekte auf dieser Ebene eingebaut. Zur Ermittlung signifikanter Prädiktoren, die zur schrittweisen Erweiterung der Modellbildung herangezogen werden sollen, können

[2] Der Begriff „Intraklassenkorrelation" bezieht sich auf statistische Klassen, nicht auf Schulklassen.

explorative Analysen aller beteiligten Prädiktoren bei der Auswertung jedes Submodells durchgeführt werden. Zeichnen sich in diesen Analysen Prädiktoren ab, die einen bedeutsamen Vorhersagegehalt besitzen, werden diese zur Modellerweiterung des Submodells in die entsprechende Modellebenengleichung eingefügt. Allerdings ist eine rein empirische Rechtfertigung für das Einfügen von Prädiktoren keinesfalls ausreichend. Der Einschluss von Prädiktoren muss stets mit den Forschungshypothesen vereinbar und theoretisch begründbar sein. Sofern nicht anders beschrieben, gilt dies auch für die Varianzkomponenten von Regressionskoeffizienten mit veränderlichen Werten.

Neben den Signifikanztests für Prädiktoren und Varianzkomponenten stehen zur Beurteilung von Modellen weitere Kennwerte zur Verfügung. Von besonderer Bedeutung ist die **Devianz** D. Sie kann als ein Maß der Gesamtmodellgüte angesehen werden, wobei eine Verringerung der Devianz durch Weiterentwicklung eines Modells M1 zu einem Modell M2 (z. B. durch Einfügen eines Prädiktors) auf eine Verbesserung des Erklärungswerts hinweist. Dabei ist der Betrag von D nicht absolut zu interpretieren. Vielmehr ermittelt man die Differenz der Devianzen ΔD zweier Modelle M1 und M2 und lässt diese Devianzdifferenz über eine χ^2-Verteilung auf statistische Bedeutsamkeit testen. Erreicht der Wert von ΔD statistische Signifikanz, so bedeutet dies, dass das umfangreichere Modell dem eingeschränkteren insgesamt überlegen ist. Voraussetzung für diesen Signifikanztest ist allerdings, dass die beiden Modelle geschachtelt sind. Das bedeutet, dass das spezifischere der Modelle durch Entfernen von Parametern aus dem allgemeineren abgeleitet werden kann (vgl. Hox 1995, S. 17). Die Vorgehensweise bei Verletzung dieser Bedingung ist umstritten. So nennen Kreft und De Leeuw (1998, S. 65) als Faustregel, dass die Veränderung der Devianz mindestens dem Doppelten der Differenz der Freiheitsgrade entsprechen soll. Hox (1995) empfiehlt für den Fall, dass ein Signifikanztest nicht möglich ist, dem Einfachheitsprinzip zu folgen und das Modell mit weniger Parametern bzw. Varianzkomponenten vorzuziehen. Beiden Ansichten soll Rechnung getragen werden, indem das Für und Wider im Einzelfall abgewogen wird.

Die Ermittlung der festen Effekte und der Varianzkomponenten erfolgt in Mehrebenenanalysen meist auf Basis einer Maximum-*Likelihood*-Schätzung (für Details s. Raudenbush und Bryk 2002).

24.4 Anwendungsbeispiel: Untersuchung zur Lernwirkung authentischer Aufgaben im Physikunterricht

Die unter Abschn. 24.3 beschriebene Vorgehensweise soll an dieser Stelle exemplarisch an einem Forschungsprojekt zu den Lernwirkungen authentischer Aufgaben im Physikunterricht verdeutlicht werden. Konkret geht es um einen Ansatz zum aufgabenorientierten Lernen mit kontextorientierten Aufgabenstellungen ausgehend von Zeitungsartikeln, so genannten *Zeitungsaufgaben*. Dieser basiert auf einer Modifizierung des theoretischen Rahmens von *Anchored Instruction* (AI), einem Ansatz des Situierten Lernens (CTGV 1990), der von Videogeschichten über reale Problemsituationen ausgeht. Während der ursprüngliche AI-Ansatz komplexe und langfristige Lehr-Lernumgebungen vorsieht, zeichnet sich unser modifizierter Ansatz durch größere Praktikabilität und Flexibilität für den Einsatz im Unterricht aus. Zeitungsaufgaben stellen als leicht zu erstellendes, variables und flexibles Unterrichtsmaterial ein in dieser Hinsicht geeignetes Lernmedium dar (leichte Anpassung an Themen, Niveau, Kompetenzen, Offenheitsgrad usw.; Kuhn 2010, Kuhn und Müller 2005).

24.4.1 Design und Treatment

Die schulartübergreifende Lerneffektivität von Zeitungsaufgaben und die Frage, in welchem Maße deren Wirksamkeit durch andere Faktoren beeinflusst wird (z. B. der Lernmotivation), untersuchten wir in einer breit angelegten Interventionsstudie im Vergleich zu der Lernwirkung von traditionellen Aufgaben (Abb. 24.2).

Wir konzentrieren uns im Folgenden auf die mehrebenenanalytische Prüfung der Annahme, dass die Leistungsfähigkeit in der Experimentalgruppe (EG), in der mit Zeitungsaufgaben gearbeitet wurde, größer ist als in der Kontrollgruppe (KG).

Im Zusammenhang mit dieser Hypothese wurden Forschungsfragen geprüft, die mögliche Einflüsse von Moderatorvariablen auf die Lerneffekte betreffen:

- Physik-Vorleistung, allgemeine Intelligenz, Textverständnis bzw. Sprachfähigkeit, Geschlecht (Ebene „Lernende“);
- Themenbereich, Schulart, Schulsystem, (Ebene „Schulklasse“);
- Lehrermerkmale (Ebene „Lehrkraft“).

Die **Interventionsstudie** wurde schulartübergreifend mit 15 Lehrkräften und 911 Lernenden in insgesamt 39 Schulklassen an zehn verschiedenen Schulen in den Themenbereichen Geschwindigkeit und elektrische Energie durchgeführt. Aus methodischen Gründen unterrichtete pro Themenbereich eine Lehrkraft mindestens zwei Parallelklassen, d. h. jede Lehrkraft unterrichtete sowohl eine EG als auch eine KG (Kontrolle des Einflussfaktors „Lehrkraft“; Kap. 6 und 3). Daraus wird auch deutlich, dass sowohl eine EG als auch eine KG jeweils einer kompletten Schulklasse entsprach. Somit lässt sich diese Stichprobe, hierarchisch betrachtet, in mehrere Ebenen verschiedener Ordnung unterteilen, die gleichzeitig den Gegenstand der Untersuchung bilden. So bilden die Schüler die Individualdatenebene, gefolgt von der Klassen- und Lehrerebene bis hin zur Ebene der Schulart und des Schulsystems (→ Begleitmaterial online).

Die beiden Unterrichtsthemen wurden im Rahmen dieser Studie mit den Aufgaben neu erarbeitet und waren zuvor kein Unterrichtsgegenstand in den einzelnen Klassen. Aus diesem Grund verzichteten wir auf einen themenspezifischen Vortest und erfassten die bis dahin in Physik benoteten Leistungen als **Kovariaten**. Dies hat zur Folge, dass wir auf ein Vortest-Nachtest-Design bei der Untersuchung der Leistungsfähigkeit verzichteten und in diese Mehrebenenanalyse nur der Nachtest als abhängige Variable, korrigiert um die

a) Zeitungsaufgabe

Transatlantik-Weltrekord

(*si/apa*) Der Amerikaner Steve Fossett und seine neunköpfige Mannschaft haben am Mittwoch einen Transatlantik-Weltrekord (von West nach Ost) für Segelboote aufgestellt. Mit einem 38-Meter-Katamaran legten sie die 5417 Kilometer zwischen New York und der Südwestküste Englands in 4 Tagen, 17 Stunden und 28 Minuten zurück. Der Millionär Fosset unterbot den Rekord des Franzosen Serge Madec aus dem Jahr 1990 (6 Tage, 13 Stunden und 3 Minuten) um mehr als 43 Stunden.

Neue Zürcher Zeitung, 11.10.2001

1. Welche Durchschnittsgeschwindigkeit erreichten Steve Fossett und seine Crew bei ihrem Transatlantik-Weltrekord?
2. Welche Durchschnittsgeschwindigkeiten hatte Serge Madec 1990 erreicht?
3. Wäre Madec gemeinsam mit Fossett gestartet und in der bisherigen Rekordzeit hinter ihm ins Ziel gekommen, um wie viele Kilometer hätte er zurückgelegen?

b) Traditionelle Aufgabe

Eine amerikanische Segelcrew legte die Strecke zwischen New York und der Südwestküste Englands mit einem 38 m langen Katamaran zurück. Sie benötigte für die 5417 Kilometer lange Strecke quer durch den Atlantischen Ozean 4 Tage, 17 Stunden und 28 Minuten und unterbot damit den bis dahin bestehenden Weltrekord (6 Tage, 13 Stunden und 3 Minuten) einer französischen Segelcrew um mehr als 43 Stunden.

1. Welche Durchschnittsgeschwindigkeit erreichte die amerikanische Segelcrew bei ihrem Transatlantik-Weltrekord?
2. Welche Durchschnittsgeschwindigkeit erreichten die Franzosen, als sie den bisherigen Weltrekord aufstellten?
3. Wäre die französische Crew gemeinsam mit der amerikanischen gestartet und in der bisherigen Rekordzeit hinter ihr ins Ziel gekommen, um wie viel Kilometer hätte sie zurückgelegen?

Abb. 24.2 Katamaranrennen. **a** Zeitungsaufgabe, **b** traditionelle Aufgabe im Themenbereich „Geschwindigkeit"

Vorleistung als Kofaktor, einbezogen wurde. Da somit für die Leistung nur zwei Messzeitpunkte vorlagen (Nachtest und verzögerter Nachtest weitere fünf Wochen später), war im Rahmen einer Mehrebenenanalyse (setzt mind. drei Messzeitpunkte voraus) keine Längsschnittuntersuchung möglich.

Die Interventionsstudie wies ein **quasi-experimentelles Untersuchungsdesign** auf. Das bedeutet, dass die Zuweisung der Lernenden zu den Experimental- und Kontrollgruppen nicht durch Zufallsmechanismen vorgenommen wurde, sondern aufgrund bestehender Zugehörigkeit zu den jeweiligen Schulklassen. Ein Überblick des Untersuchungsverlaufs gibt Tab. 24.1.

Tab. 24.1 Instruktions- und Testablauf

Woche	Kontrollgruppe (KG)	Experimental-Gruppe (EG)
1	Vor-Erhebung: Geschlecht, allgemeine Intelligenz, Lesekompetenz, Motivation, Noten in Physik-Tests	
2–4	*Intervention* mit konventionellen Aufgaben	*Intervention* mit Zeitungsaufgaben
5	Nach-Erhebung: Motivation, Leistung	
6–9	Konventioneller Unterricht in neuem Stoffgebiet	
10	Verzögerte Nacherhebung: Leistung	
11–13	Konventioneller Unterricht in neuem Stoffgebiet	
14	Verzögerte Nacherhebung: Motivation	

24.4.2 Mehrebenenstruktur

Aus der Organisationsstruktur stellen sich drei Ebenen heraus: Die erste Ebene bilden die Lernenden, die zweite Ebene die Klassen und die dritte Ebene die Lehrkräfte. Diese Ebenen eignen sich aus Sicht der Fragestellung sowie aus formaler Sicht unmittelbar für eine mehrebenenanalytische Betrachtung. Die dritte Ebene, die Lehrkräfte, war mit einer Einheitenanzahl von 15 ausreichend besetzt (Abschn. 24.2; vgl. Maas und Hox 2004; 2005; Gollwitzer et al. 2007).

Somit ergibt sich für die Untersuchung der Leistung in dieser Interventionsstudie folgende Mehrebenenstruktur mit den entsprechend zugeordneten Prädiktoren für die Leistung im Nachtest:

Ebene 1: Schüler (N = 816)

- Physik-Vorleistung: durchschnittlich vor der Intervention erbrachte schriftliche Leistungen im Fach Physik
- Motivations-Vortest
- allgemeine Intelligenz
- Lesekompetenz
- Geschlecht

Ebene 2: Klassen (*N* = 39)

- Experimentalbedingung (EG mit Zeitungsaufgaben vs. KG mit konventionellen Aufgaben)
- Thema („Geschwindigkeit“ vs. „Elektrische Energie“)
- Schulart (z. B. Realschule, Gymnasium)
- Schulform (differenziert vs. integriert)

Ebene 3: Lehrer ($N = 15$)

- Fachinteresse Physik (retrospektiv)
- Sachinteresse Physik
- Bedeutung von Physik
- Interesse am Unterrichten von Physik
- Selbstwirksamkeitserwartungen
- Lehr- und Lern-Verständnis (Unterkategorien „stark instruktiv"/„sehr offen"/„praktizistisch")
- Beachtung von Motivation als notwendige Voraussetzung für Lernen
- Eigene Ideen entwickeln lassen/individuelle Lernwege zulassen
- Berücksichtigung von „*Conceptual Change*"
- Berücksichtigung von Schülervorstellungen
- Ideen diskutieren lassen
- Berücksichtigung von situiertem Lernen

Die Daten der Lehrkräfte wurden mithilfe eines Fragebogens orientiert an Kleickmann et al. (2006) erfasst, mit dem die Vorstellungen der Lehrkräfte vom Lehren und Lernen sowie deren motivationalen und selbstbezogenen Daten erhoben wurden.

24.4.3 Modellentwicklung

Gemäß Abschn. 24.3.2 verläuft die Modellentwicklung grundsätzlich durch jeweils sukzessive Erweiterung eines Submodells basierend auf theoretisch-inhaltlichen Aspekten. Dazu werden solche Prädiktoren in die Erweiterung eines Modells miteinbezogen, die zunächst aus den **Hypothesen** und Forschungsfragen theoriegeleitet legitimiert werden können. Zudem geben explorative Analysen Hinweise auf die Auswahl statistisch bedeutsamer Prädiktoren, sofern z. B. die Wirkung einer unabhängigen Variablen auf die abhängige davon abhängt, auf welcher Stufe sich eine weitere unabhängige Variable befindet.

Aus dieser Vorgehensweise resultieren für die Untersuchung der Hypothese, dass die Lernwirkungen in der Experimentalgruppe mit Zeitungsaufgaben höher sind, acht Modellschritte für die Mehrebenenanalysen der Gesamtleistung (M1 bis M7 prüfen den jeweiligen Einfluss auf die Gesamtleistung):

- Modellserie M0 („Nullmodell"): Aufteilung der Gesamtvarianz auf die verschiedenen Ebenen
- M1: Prüfung des Einflusses der Experimentalbedingung (EG vs. KG)
- M2: Prüfung des Einflusses der Moderatorvariablen Physik-Vorleistung, allgemeine Intelligenz und Lesekompetenz sowie des Motivations-Vortests
- M3: Prüfung des Einflusses des Geschlechts
- M4: Prüfung des Einflusses des Themenbereichs

- M5: Prüfung des Einflusses der Schularten
- M6: Prüfung des Einflusses der Schulformen
- M7: Prüfung des Einflusses der Lehrermerkmale

Während die Entwicklung der Modellserie M1 aus der Hypothese zur Leistung resultierte, ergeben sich die Modellserien M2 bis M7 aus den beschriebenen weiteren Forschungsfragen. Die Reihenfolge des Einbaus der unterschiedlichen Prädiktoren in das Modell verläuft dabei erstens orientiert an den formulierten Hypothesen. Zweitens erfolgt die Berücksichtigung der Prädiktoren hinsichtlich der Untersuchung der Forschungsfragen hierarchisch sukzessive entsprechend der Prädiktor-Zugehörigkeit zur nächsthöheren Ebene. Dabei beginnt jede Modellserie mit der Einführung des entsprechenden Prädiktors als Haupteffekt (ohne Zufallskomponente) und dessen Prüfung auf Signifikanz. Zufallseffekte werden dann als Folgemodelle innerhalb dieser Modellserie eingefügt. Eine Übersicht über das Vorgehen sowie eine exemplarische Modellentwicklung für die Modellserien M0 bis M2 steht zur Verfügung (→ Begleitmaterial online).

Wesentliche Schritte der Modellentwicklung einschließlich ausgewählter Kenngrößen zeigt übersichtsweise Tab. 24.2.

Das Endmodell ist Modell M7h. Diese Erweiterung von M7 f prüft letztlich, ob ein spezifisches Zusammenwirken des Lehrermerkmals „Interesse am Unterrichten von Physik" und der Experimentalbedingung im Hinblick auf die Gesamtleistung im Leistungs-Nachtest besteht. Zu diesem Zweck wird die Interaktion zwischen dem Ebene-3-Merkmal „Interesse am Unterrichten von Physik" und dem Ebene-2-Prädiktor der Experimentalbedingung (Zeitungsaufgaben vs. konventionelle Aufgaben) hinsichtlich dessen Einfluss auf die Gesamtleistung modelliert.

In diesem Modell hat zusätzlich zu den in M7 f modellierten Effekten die Interaktion zwischen der Experimentalbedingung und dem Lehrermerkmal „Interesse am Unterrichten von Physik" einen signifikanten, positiven Einfluss auf die Gesamtleistung ($\beta = 0{,}42$; $df = 37$; $T = 2{,}160$; $p = 0{,}037$). Die Devianz D des Modells beträgt 1816.07 bei zehn geschätzten Parametern ($df_{7h} = 10$), sodass die Verbesserung der Modellgüte von M7 f nach M7h statistisch bedeutsam ist ($\Delta D_{7f7h} = 4{,}13$; $df_{7f7h} = 1$; $p = 0{,}042$).

Weitere durchgeführte Modellanpassungen (→ Begleitmaterial online) unter Berücksichtigung weiterer Ebenen übergreifender Effekte zwischen dem „Interesse am Unterrichten von Physik" und der Physik-Vorleistung (M7i) oder des Motivations-Vortest (M7j) bleiben nicht signifikant.

Da an dieser Stelle die explorative Datenanalyse zu M7h keine weiteren, potenziell signifikanten Prädiktoren in den Lehrermerkmalen mehr vorhersagt, kann dieses Modell als nicht mehr sinnvoll zu verbesserndes Gesamtmodell für die Beeinflussung der der Gesamtleistung angesehen werden.

Tab. 24.2 Übersicht über die Modellentwicklung zur Gesamtleistung (aus Gründen der Übersichtlichkeit sind nur die wichtigsten Schritte angegeben)

Modell-Nr. Feste Effekte	M1a β	M2a β	M2e β	M7a β	M7 f β	M7h β
Null-Modell	−0,34*	−0,34*	−0,34**	−1,46**	−2,01***	−2,10***
Experimentalbedingung (EG vs. VG)	0,74***	0,74***	0,74***	0,74***	0,74***	0,94***
Physik-Vorleistung		0,02***	0,02***	0,02***	0,02***	0,02***
Motivations-Vortest			0,01**	0,01**	0,01**	0,01**
Lehrermerkmal „Interesse am Unterrichten von Physik“				0,57**	0,67**	0,67**
Lehrermerkmal „Eigene Ideen entwickeln lassen“					0,67*	0,88**
Interaktion von Experimentalbedingung und „Interesse am Unterrichten von Physik“						0,42*
Restvarianz auf Ebene 1	0,597	0,517	0,510	0,511	0,511	0,511
Restvarianz auf Ebene 2	0,023	0,027	0,027	0,028	0,028	0,019
Restvarianz auf Ebene 3	0,245	0,245	0,245	0,134	0,080	0,083
Devianz D	1955,73	1843,46	1834,44	1826,61	1820,30	1816,07
ΔD	40,14***	112,27***	9,02**	7,83**	6,31*	4,13*

Anmerkungen: β = Regressionskoeffizient; *** $p < 0{,}001$; ** $p < 0{,}01$; * $p < 0{,}05$.

24.4.4 Ergebnisse

Damit wird gezeigt, dass *Zeitungsaufgaben* – gekennzeichnet durch den Prädiktor „Experimentalbedingung“ – die Gesamtleistung des Leistungs-Nachtests signifikant und positiv beeinflussen. Das heißt, die Gesamtleistung ist bei Lernenden in der EG statistisch bedeutsam größer als in der KG. Das bestätigt unsere Hypothese. Die Größe des Effektes der Experimentalbedingung lässt sich in diesem Fall zu einer **Effektstärke** Cohen’s $d = 1{,}3$ bestimmen.[3] Damit ist der Einfluss von *Zeitungsaufgaben* auf die Gesamtleistung des Leistungs-Nachtests positiv und groß. Dieser Effekt wird noch von dem Lehrermerkmal „Interesse am

[3] Die Größe eines Effektes ist bei Mehrebenenanalysen nicht direkt am Regressionskoeffizienten erkennbar, sondern zudem abhängig von den Standardabweichungen der jeweiligen Prädiktoren. Als Effektstärkemaß wird deshalb Cohen’s d verwendet, wodurch diese Zusammenhänge berücksichtigt werden (s. Kuhn 2010; Tymms et al. 1997; Tymms 2004).

Unterrichten von Physik" signifikant und positiv beeinflusst (positiver Regressionskoeffizient β). Demnach wird der gefundene Unterschied zwischen EG und KG sogar noch größer, wenn das Lehrkraftmerkmal „Interesse am Unterrichten in Physik" hoch ist. Allerdings kann der Einfluss dieser Interaktion als klein ($d < 0{,}23$) eingeordnet werden. Zudem beeinflussen die Lehrermerkmale „Interesse am Unterrichten von Physik" und „Eigene Ideen entwickeln lassen" als Haupteffekt global die Leistungsfähigkeit der Schüler positiv. Somit erhöhen Lehrkräfte per se – unabhängig vom Instruktionsmaterial – die Leistungsfähigkeit ihrer Lernenden, wenn sie selbst Interesse am Unterrichten von Physik haben (mittelgroßer Effekt; $d = 0{,}63$) oder wenn sie die Schüler eigene Ideen entwickeln lassen (kleiner Effekt; $d = 0{,}27$). Dabei beträgt die ebenenspezifische Varianzaufklärung R^2 durch den Prädiktor „Experimentalbedingung" auf Klassenebene (Ebene 2) 90,1 % und durch die Interaktion des Lehrermerkmals „Interesse am Unterrichten von Physik" mit der Experimentalbedingung 2,7 %. Das Lehrermerkmal „Eigene Ideen entwickeln lassen" klärt 24,7 % und das Merkmal „Interesse am Unterrichten von Physik" klärt 29,9 % der Varianz auf Lehrerebene (Ebene 3) auf.

24.5 Fazit

Dieser Beitrag stellt mit der Mehrebenenanalyse eine Methode vor, die die in Abschn. 24.1 genannten Probleme konventioneller statistischer Verfahren vermeidet und die hierarchische Mehrebenenstruktur in Schulen adäquat berücksichtigt. Sieht man von den unter Abschn. 24.1 genannten Analyseproblemen ab, so könnten die hier mithilfe der Mehrebenenanalyse untersuchten Daten technisch gesehen ebenso mit konventionellen statistischen Verfahren wie z. B. mittels einer (Ko-)Varianzanalyse ausgewertet werden. Nicht selten ist es sogar erforderlich, konventionelle Verfahren einzusetzen, obwohl hierarchisch geschachtelte Daten vorliegen, da die in Abschn. 24.2 genannten Voraussetzungen zur Anwendung von Mehrebenenanalysen nicht immer erfüllt werden können. Wird die in Abschn. 24.4 beschriebene Untersuchung zur Lernwirkung authentischer Aufgaben nun z. B. mittels einer Kovarianzanalyse (ANCOVA) ausgewertet, bildet der Nachtest zur Leistungsfähigkeit die abhängige Variable. Experimentalbedingung (EG vs. KG), Geschlecht, Thema, Schulart und Schulform bilden die unabhängigen Variablen. Kofaktoren sind die Physik-Vorleistung, der Motivations-Vortest, die allgemeine Intelligenz sowie die Lesekompetenz. Bei der Einbeziehung der Lehrkräfte ist bereits die erste Schwierigkeit bei der Verwendung einer ANCOVA zu erkennen: Es ist nicht möglich, die Lehrkraftmerkmale als Prädiktoren miteinzubeziehen, da es sich um metrische Daten handelt, die nicht von den Lernenden erhoben wurden. Die Lehrkräfte können nur als weitere unabhängige, nominale Variable einbezogen werden. Wird die ANCOVA mit dieser Datenkonstellation ausgeführt, so ist – analog zur Mehrebenenanalyse – ein großer Effekt durch die Experimentalbedingung (EG vs. KG) erkennbar. Dieser ist jedoch mit einer aufgeklärten Varianz (ω^2) von ca. 40 % deutlich überschätzt. Es zeigt sich auch, dass sich die Ergebnisse zwischen den einzelnen Lehrkräften unterscheiden sowie die Interaktion von Lehrkraft und Experimentalbedingung einen mittelgroßen Effekt aufweist. Es ist aber – im Gegensatz zur Mehrebenenanalyse – nicht feststellbar, weshalb sich die Lehrkräfte unterscheiden, welches Merkmal einer Lehrkraft also dazu führt, dass ein Schüler leistungsfähiger ist – ein Ergebnis, das gerade für die Lehrerbildung wichtig ist. Ebenso bleibt der Einfluss der Motivation (Motivations-Vortest) nicht signifikant. Es zeigt sich also, dass die Probleme von konventionellen Verfahren bei großen Effekten teils nicht so sehr ins Gewicht fallen. Allerdings werden Effekte überschätzt, mittelgroße und kleine Einflüsse teils nicht diagnostiziert. Der entscheidende Nachteil ist aber, dass bei Vernachlässigung hierarchischer Datenstrukturen wichtige Ergebnisse einer Untersuchung (hier: Einfluss von Lehrkraftmerkmalen) mit den vorliegenden Daten durch konventionelle Verfahren gar nicht erst analysiert werden können. Deshalb ist dazu anzuraten, zur Datenauswertung auf Mehrebenenanalysen zurückzugreifen, sobald die Daten die Voraussetzung zu deren Anwendung erfüllen.

Begleitmaterial online

- Stichprobenübersicht
- Erläuterung der hierarchischen Ebenenstruktur der Stichprobe inkl. mehrebenenanalytischen Berechnungen und Übersicht über das Vorgehen sowie eine exemplarische Modellentwicklung für die Modellserien M0 bis M2

Literatur zur Vertiefung

Hox JJ (2002) Multilevel Analysis: Techniques and Application. Erlbaum, Mahwah/NJ (Beschreibung formaler Vorgehensweisen und Zusammenhänge mit Anwendungsbeispielen zu Mehrebenenanalysen.)

Kreft I, De Leeuw J (1998) Introducing Multilevel Modeling. Sage, London (Beschreibung von Grundlagen zu Mehrebenenanalysen.)

Kuhn J (2010) Authentische Aufgaben im theoretischen Rahmen von Instruktions- und Lehr-Lern-Forschung: Effektivität und Optimierung von Ankermedien für eine neue Aufgabenkultur im Physikunterricht. Vieweg, Wiesbaden (In Kap. 3 erfolgt eine ausführliche Beschreibung zur Mehrebenenmodellierung allgemein sowie zur Umsetzung am konkreten Beispiel mit ausführlicher Beschreibung der Modellentwicklungsschritte sowohl zum Längsschnittdesign als auch zum Posttestvergleich.)

Raudenbush SW, Bryk AS (2002) Hierarchical linear models: Applications and Data Analysis Methods. Sage, Thousand Oaks/CA (Der Klassiker in überarbeiteter Auflage. Umfassende Darstellung von mehrebenenanalytischen Modellen und Vorgehensweise in verschiedenen Kontexten.)

Snijders T, Bosker R (1999) Multilevel Analysis: An Introduction to Basic and Advanced Multilevel Modeling. Sage, London Thousand Oaks New Delhi (Das Werk beschreibt die komplette Bandbreite von der Einführung von Mehrebenenanalysen an einfachen Beispielen für Einsteiger bis hin zu komplexen Mehrebenenmodellen für Fortgeschrittene.)

Entwicklung eines Testverfahrens zur Analyse fachdidaktischen Wissens

25

Oliver Tepner und Sabrina Dollny

Das Messen fachdidaktischen Wissens von Lehrkräften ist eine anspruchsvolle Aufgabe, da dieses Wissen domänenspezifisch und situationsbedingt ist. Im Gegensatz zu Aufgaben eines fachlichen Wissenstests lassen sich fachdidaktische Testaufgaben kaum als in jeder Unterrichtssituation eindeutig richtig oder eindeutig falsch beantworten. In diesem Kapitel wird ein Testverfahren vorgestellt, welches die objektive und effiziente Auswertung fachdidaktischer ***Large-Scale***-Tests ermöglicht. Dazu müssen Testentwicklung und -auswertung gut aufeinander abgestimmt sein. Wir gehen zunächst auf die Besonderheiten der Erfassung fachdidaktischen Wissens ein und behandeln im Schwerpunkt die systematische Entwicklung der Testaufgaben.

25.1 Fachdidaktisches Wissen von Lehrkräften

Eine für den Lehrberuf zentrale und zugleich spezifische Dimension des Professionswissens ist das fachdidaktische Wissen (Abell 2007; Park et al. 2011; Kap. 18 und 21). Dieses lässt sich in Anlehnung an Shulman (1987) als eine Kombination von Fachwissen und pädagogischem Wissen auffassen. Aktuelle Forschungsergebnisse deuten jedoch auf eine eigenständige Dimension des fachdidaktischen Wissens hin, die mit anderen Dimensionen – wie dem pädagogischen und dem fachlichen Wissen – mehr oder weniger stark verbunden ist (Baumert et al. 2010; Kirschner et al. 2012).

Allgemein werden das Wissen über bestimmte fachspezifische Schülerfehler und Schülervorstellungen und die fachspezifischen Instruktions- und Vermittlungsstrategien, also

Prof. Dr. Oliver Tepner ✉
Didaktik der Chemie, Universität Regensburg, Universitätsstr. 31, 93053 Regensburg, Deutschland
e-mail: oliver.tepner@chemie.uni-regensburg.de
Dr. Sabrina Dollny
Vestisches Gymnasium Kirchhellen, Schulstr. 25, 46244 Bottrop, Deutschland
e-mail: sabrina.dollny@uni-due.de

D. Krüger, I. Parchmann und H. Schecker (Hrsg.), *Methoden in der naturwissenschaftsdidaktischen Forschung*, DOI 10.1007/978-3-642-37827-0_25,

das Wissen über Erklären, Repräsentieren und Vermitteln von Fachinhalten, als besonders bedeutsame Facetten des fachdidaktischen Wissens aufgefasst (Krauss et al. 2011; Park und Oliver 2008).

25.1.1 Erfassung fachdidaktischen Wissens

Um sich für ein Verfahren zur Erfassung des fachdidaktischen Wissens als Teil des Professionswissens von Lehrkräften zu entscheiden, muss man sich zunächst einen Überblick über die verschiedenen in der Literatur zu findenden Zugänge verschaffen. Kunter und Klusmann (2010) teilen die bestehenden Zugänge in subjektiv und objektiv erhobene Daten ein (Kap. 18). Im ersten Fall nehmen die Lehrkräfte selbst eine Einschätzung z. B. ihres Lernerfolgs bei Aus- und Weiterbildungen vor, während objektive Verfahren externe Kriterien anlegen. Der objektive Ansatz lässt weiter in eine distale und proximale Erfassung des Wissens unterteilen (Alisch et al. 2009; Kunter und Klusmann 2010). Dabei werden die Indikatoren nach ihrem zeitlichen Bezug zu dem zu erfassenden Wissenszustand eingeteilt. Distale Indikatoren sind z. B. Examensnote, Abschlussart und Ausbildungsdauer. Sie lassen nur indirekt Rückschlüsse auf das zum Messzeitpunkt vorliegende Wissen zu (Kunter und Klusmann 2010) bzw. geben keine Auskunft über Inhalt, Struktur und Qualität (Abell 2007; Krauss et al. 2008). Proximale Indikatoren erfassen das Konstrukt z. B. über Wissenstests, Fragebögen, *Concept Maps* oder Interviews direkt (Baxter und Lederman 1999; Desimone 2009). Im Rahmen der COACTIV-R-Studie kommen Kunter und Klusmann (2010) aufgrund von Korrelationen verschiedener Indikatoren der professionellen Kompetenz zu dem Schluss, dass Selbstaussagen und distale Indikatoren nur in geringem Maße geeignet sind, um Kompetenz bzw. Wissen objektiv zu erfassen.

25.1.2 Aufgabenformate fachdidaktischer Wissenstests

Aufgabenformate, die Wissen im Rahmen bestimmter Unterrichtssituationen prüfen, sind geeignet, die Distanz zum tatsächlichen Unterrichtshandeln abzubauen. Dazu können so genannte Unterrichtsvignetten verwendet werden, die in einer meist fiktiven Unterrichtssituation Informationen zum pädagogischen Kontext bereitstellen und so die Gefahr verringern, „träges Wissen" zu messen (Schmelzing et al. 2009; Kap. 18). Dabei werden die Probanden (in diesem Fall Lehrkräfte) meist gebeten, eine beschriebene Unterrichtssituation fortzuführen oder diese zu bewerten.

Um das fachdidaktische Wissen mithilfe von Unterrichtsvignetten zu erheben, können offene Aufgaben (Kap. 14) verwendet werden, sodass die Probanden nicht durch zu konkrete Vorgaben beeinflusst werden. Insbesondere große Stichproben lassen sich auf diesem Wege jedoch nur schwer und mit großem Zeitaufwand erfassen. Geschlossen formulierte Aufgaben hingegen können die Auswertung erheblich vereinfachen. Da es in der Fachdidaktik jedoch schwierig ist, Antwortalternativen eindeutig als richtig oder falsch zu bewerten (Dewe et al. 1990; Seifert et al. 2009), erscheinen *Multiple-Choice*-Aufgaben ebenfalls nicht als Ideallösung (Borko und Shavelson 1983). Eine Alternative sind Ranking-Aufgaben. In ihnen müssen Handlungsmöglichkeiten hinsichtlich ihrer Eignung zur Lösung einer fachdidaktischen Anforderungssituation in eine Reihenfolge gebracht werden. Damit ist eine Unterscheidung in eindeutig korrekt und falsch nicht erforderlich (Aiken 1996; Jonkisz et al. 2007). Aufgrund des Abgleichs der Antwortmöglichkeiten untereinander (n Antwortalternativen erfordern $n \cdot (n - 1) / 2$ Abgleiche), ist dieses Aufgabenformat relativ zeitaufwändig und kognitiv anspruchsvoll. Rating-Scale-Aufgaben benötigen bei ähnlichem Format weniger Bearbeitungszeit, weil der Abgleich der Antwortalternativen untereinander entfällt. Jede Antwortalternative, z. B. eine mögliche Reaktion auf eine dargestellte Unterrichtssituation, wird über eine gestufte **Skala** separat bewertet. Diese Art von Aufgaben wird häufig zur Erfassung von Meinungen und Einstellungen verwendet, bei welchen keine richtigen und falschen Antworten existieren (Kap. 22 und 23). Soll nun das Format der Rating-Scale-Aufgaben auf einen Leistungstest übertragen werden, benötigt man eindeutige Referenzwerte, die z. B. aufgrund von Expertenurteilen entstanden sind und die reliable und objektive Auswertung der Aufgaben ermöglichen (Artelt et al. 2009; Thillmann 2008). Im Folgenden werden die Methode und die Entwicklung der Auswertungskriterien im Rahmen der Aufgabenkonzeption vorgestellt.

25.2 Aufgabenentwicklung

Unserer Aufgabenentwicklung liegt ein dreidimensionales Modell fachdidaktischen Wissens zugrunde (Tepner et al. 2012):

- *Wissensarten*: Inhalts-, Handlungs- und Begründungswissen;
- *Themenbereiche:* Atombau und Periodensystem, Chemische Bindungen sowie Säuren und Basen (als Schnittmenge der für Hauptschul- und Gymnasiallehrkräfte relevanten Lehrpläne);
- *Facetten des fachdidaktischen Wissens*: Schülervorstellungen, Umgang mit Modellen, Experimente im Chemieunterricht.

Vor dem Hintergrund der Ausführungen unter Abschn. 25.1 haben wir uns für geschlossene Aufgaben im Rating-Scale-Format entschieden. Unter Bezug auf die Stichprobe, hier Lehrkräfte, wird eine vertraute Bewertungsskala in Form von Schulnoten verwendet.

25.2.1 Erster Aufgabenentwurf: Offenes Antwortformat

Für einen ersten Schritt der Aufgabenentwicklung eignet sich zunächst die Verwendung eines offenen Antwortformats. Aus den frei formulierten Antworten kann man dann praxisnahe und damit inhaltlich valide Testaufgaben erstellen. Dabei ist es grundsätzlich ratsam,

In einer Unterrichtsstunde Ihrer Referendarin in der Sekundarstufe I erklärt eine Schülerin die Volumenzunahme beim Erhitzen eines Stoffes folgendermaßen:

„Stoffe dehnen sich beim Erhitzen aus, weil sich die Teilchen ausdehnen."

Wie sollte der Unterricht fortgeführt werden?

____

____

____

Abb. 25.1 Aufgabenversion mit offenem Antwortformat

erfahrene Lehrkräfte in möglichst viele Schritte der Aufgaben- und Kriteriumskonstruktion einzubeziehen – auch um die Akzeptanz dieses ungewohnten Testinstruments auf Seiten der Lehrkräfte zu erhöhen. Den Stamm (Einführungstext) unserer Aufgaben bildet die kurze Beschreibung einer Unterrichtssituation, in der anstelle einer vollständig ausgebildeten Lehrkraft ein Referendar oder eine Referendarin eine aktive Rolle spielt. Die später getesteten Lehrkräfte sollen als Mentoren bzw. Experten das Verhalten der Referendare beurteilen (Blömeke et al. 2008; Swanson et al. 1990). Durch diese Rollenübernahme soll die Situation, selbst getestet zu werden, weniger bewusst und somit der emotionale Bezug verringert werden, um die Aktivierung von professionellen Wissensstrukturen zu erleichtern (Schwindt 2008).

Die anschließende Frage soll einer der drei Wissensarten – Inhalts-, Handlungs- oder Begründungswissen – zugeordnet werden (Abb. 25.1).

25.2.2 Prä-Pilotierung und Entwicklung geschlossener Antwortalternativen

Die offenen Aufgaben werden dann im Rahmen einer Prä-**Pilotierung** an Lehrkräfte, also Personen, für die der Test konstruiert wird, getestet (Bühner 2011). Diese schätzen die inhaltliche Relevanz und Eindeutigkeit der Formulierung anhand einer **Likert-Skala** ein und ergänzen gegebenenfalls Anmerkungen. Bei größerem Aufwand empfiehlt es sich, nicht jede Lehrkraft alle Aufgaben (bei uns 41) bearbeiten zu lassen, sondern diese auf mehrere Lehrkräfte zu verteilen. Bearbeitungszeiten von über zwei Stunden ermutigen nicht gerade zur Teilnahme an zukünftigen Projekten. Insgesamt wurden die 41 Aufgaben von elf Lehrkräften bewertet. Jede Lehrkraft bearbeitete zwischen 16 und 25 Aufgaben, sodass jede Aufgabe etwa fünfmal bearbeitet wurde. Aufgaben, die nach den Rückmeldungen nicht eindeutig formuliert sind und nicht überarbeitet werden können, bzw. deren Inhalte für den Schulalltag irrelevant sind, werden aus dem Pool entfernt. Im vorliegenden Fall erreichten die fachdidaktischen Aufgaben in Bezug auf die inhaltliche Relevanz mit zwei

Ausnahmen eine hohe bis sehr hohe Zustimmung. Die Eindeutigkeit wurde ebenfalls weitgehend positiv beurteilt.

Als Maß kann der exakte Median (Clauß et al. 2004) aus den Lehrerbewertungen verwendet werden. Gegenüber der mittelwertbasierten hat die medianbasierte Auswertung den Vorteil, die **Ordinalskalierung** und damit die potenziell unterschiedlichen Abstände der Likert-Skala angemessen zu berücksichtigen. Eine Berechnung von arithmetischen Mittelwerten setzt bei einer Skala streng betrachtet intervallskalierte Daten voraus (Kap. 22). Der Median lässt sich als der „angepasste Mittelwert bei ordinalen qualitativen Merkmalen" auffassen (Clauß et al. 2004, S. 31).

Bei schwacher oder sehr schwacher Zustimmung zur Relevanz und Eindeutig der Aufgabenstellung sollen die Aufgaben aus dem Aufgabenpool entfernt werden. Somit kann die inhaltliche Validität in einem frühen Stadium der Aufgabenkonstruktion sichergestellt werden (Riese 2010).

Die Prä-Pilotierung dient insbesondere der Sammlung von erfahrungsbasierten Antworten. Auf Basis der offen formulierten Antworten werden die Antwortalternativen für das Rating-Scale-Format formuliert und die Aufgaben somit „geschlossen". Um eine ausreichend hohe Varianz bei den Antworten zu erhalten, werden Aufgaben, die im Rahmen der Prä-Pilotierung durch die Lehrkräfte zu wenige unterschiedliche Antworten erhalten haben (in unserem Fall weniger als vier), ebenfalls aus dem Aufgabenpool entfernt. Das Ziel war, **Items** mit jeweils vier Antwortalternativen zu generieren. Dabei stellen vier Alternativen einen guten Kompromiss aus zeitlichem Aufwand, Reduzierung der Ratewahrscheinlichkeit und dem Problem, möglichst geeignete Distraktoren zu finden, dar. Insgesamt konnten 24 Aufgaben mit mindestens jeweils vier Antwortalternativen weiter verwendet werden.

25.2.3 Bewertung der Antwortalternativen durch Experten

Um die fachdidaktische Qualität einer Probandenantwort aus dem offenen Antwortformat zu bewerten, wird im Rahmen empirischer Studien häufig auf Expertenurteile zurückgegriffen (Carlson 1990; Krauss et al. 2006). In unserem Fall wurde jede Antwort der Lehrkräfte von acht Fachdidaktikern mittels einer vierstufigen Likert-Skala eingeschätzt, um schließlich vier geeignete Antwortalternativen für die später geschlossenen Aufgaben zu wählen (Abb. 25.2). Im Folgenden wird beschrieben, wie die einzelnen Antwortalternativen ausgewählt werden.

Zunächst wird wiederum anhand einer Likert-Skala der Modus (die von den Experten am häufigsten gewählte Bewertung) zu jeder Antwortalternative ermittelt. Ergänzend werden die vom Modus abweichenden Werte betrachtet. Sind die Abweichungen einzelner Expertenurteile vom Modus größer als 1, werden sie als starke Abweichungen interpretiert und die einzelne Antwortalternative verworfen, um sich auf ein möglichst einheitliches Expertenurteil zu beziehen. Abweichungen größer als 1 sind bei einer „nur" 4-stufigen Likert-Skala substanziell und deuten darauf hin, dass sich die Experten uneins sind. Auch

Aufgabe (PAS1)

In einer Unterrichtsstunde Ihrer Referendarin in der Sekundarstufe I erklärt eine Schülerin die Volumenzunahme beim Erhitzen eines Stoffes folgendermaßen:

„Stoffe dehnen sich beim Erhitzen aus, weil sich die Teilchen ausdehnen."

Wie sollte der Unterricht fortgeführt werden?

Die vorgeschlagene Reaktion....	...ist aus fachdidaktischer Sicht...			
	falsch	eher falsch	eher richtig	richtig
Frage der Schülerin zur Diskussion an die Klasse geben.	▢	▢	▢	▢
SuS spielen Aggregatzustände (jeder S stellt ein Teilchen dar) und erkennen so, dass der Aggregatzustand mehr Platz benötigt.	▢	▢	▢	▢
1. Teilaussage als zutreffend werten 2. Teilaussage richtig stellen: Es dehnen sich nicht die Teilchen aus, sondern der Zusammenhang der Teilchen ist weniger stark als im festen Zustand.	▢	▢	▢	▢
Überprüfen der These der Schülerin durch Aufschmelzen eines definierten Volumens Eis. Da sich hier ein Widerspruch ergibt, ist die These nicht aufrecht zu erhalten.	▢	▢	▢	▢
zeichnen lassen	▢	▢	▢	▢
Teilchenbewegung thematisieren	▢	▢	▢	▢
Lehrerdemonstrationsexperiment: Parfüm	▢	▢	▢	▢
Impuls: Warum geschieht die Volumenzunahme so plötzlich?	▢	▢	▢	▢
Es bliebe die Frage, warum sich plötzlich der Aggregatzustand verändert: Bindungskräfte, kin. Energie	▢	▢	▢	▢

Abb. 25.2 Aufgabenversion mit Rating-Scale-Antwortformat für die Expertenbefragung

Antworten, die aufgrund gleich häufig angegebener Modi nicht eindeutig zu interpretieren sind, werden bei genügend Alternativen aus der weiteren Wertung genommen (z. B. vier Fachdidaktiker entschieden sich für richtig und vier für eher falsch).

Die verbleibenden Antwortalternativen werden anhand der Modi in vier möglichst unterschiedliche Gruppen aufgeteilt. Möglichst meint hier, dass es nicht immer verschiedene Modi zur Auswahl der Antwortalternativen gibt. Das Ziel ist, jeweils die Antwort aus der Gruppe mit gleichem Modus auszuwählen, die bezogen auf die mittlere Bewertung die geringsten Abweichungen aufweist. Wir empfehlen, sich aus Gründen der statistischen Korrektheit bei der mittleren Bewertung auf den exakten Median (Clauß et al. 2004) zu beziehen. Es werden dann die Antwortalternativen gewählt, bei denen die einzelnen Expertenmeinungen am wenigsten vom Median abweichen.

Ferner kann bei der Auswahl der Antwortalternativen die grundsätzliche Tendenz der Abweichung vom Modus berücksichtigt werden. Damit ist gemeint, die Werte 1 und 2 gedanklich zu einer Kategorie „falsch" und die Werte 3 und 4 gedanklich zur Kategorie „richtig" zusammenzufassen, sodass eine dichotome Einteilung in richtig und falsch resultiert. Dabei werden nun Abweichungen vom Modus in der gleichen Kategorie (in unserer Studie z. B. von 2 nach 1 oder von 3 nach 4) geringer gewichtet als Abweichungen, welche die dichotome Bewertungsgrenze zwischen falsch (2) und richtig (3) überschreiten. Dieses Vorgehen funktioniert hier nur, weil auch für die Probanden ersichtlich deutlich zwischen falsch und richtig unterschieden wird. Bei einer ungeraden oder feiner abgestuften Skala kann die vorgenommene Dichotomisierung nicht als ergänzendes Kriterium herangezogen werden, weil keine klare Grenze ersichtlich ist. (Für Experten: Alternativ könnten man auch dann z. B. anhand des Medians dichotomisieren, allerdings bräuchte man dann eine größere Stichprobe (Tepner et al. 2010).).

Das Ergebnis dieses Verfahrens (Abb. 25.3) sind vier Antwortalternativen pro Aufgabe, die in Bezug auf ihre fachdidaktische Richtigkeit jeweils von mehreren Expertinnen möglichst übereinstimmend eingeschätzt werden. Die vier Antwortmöglichkeiten sollten – untereinander verglichen – jedoch möglichst unterschiedlich bewertet worden sein. So ist beispielsweise der Modus der Antwortalternative b in Abb. 25.4 gleich 4, sodass die meisten Rater voll zustimmen bzw. die Alternative als richtig einschätzen, während die meisten Experten die Antwortalternative c mit dem Modus gleich 1 als falsch erachten und gar nicht zustimmen.

Die bisher vorgestellten „Bausteine" einer Aufgabe werden schließlich sprachlich aufeinander abgestimmt und zu kompletten Aufgaben kombiniert (Abb. 25.4). Auch hier kann es noch vorkommen, dass einige offene Aufgaben nicht geschlossen werden können (in unserem Fall vier), sodass diese dann ebenfalls aus dem Aufgabenpool entfernt werden. Insgesamt sind in unserem Fall von den ehemals 41 Aufgaben 20 geschlossene Aufgaben hervorgegangen.

25.3 Aufgabenentwicklung für Fortgeschrittene

Um die konzipierten Aufgaben zum fachdidaktischen Wissen objektiv und reliabel auswerten zu können, wird ein weiteres Expertenrating durchgeführt. Dieses berücksichtigt zum einen die sprachlichen Anpassungen der Antwortalternativen und die Umstellung der vierstufigen auf eine sechsstufige Likert-Skala (den Schulnoten entsprechend). Zum anderen dient es dazu, jeder einzelnen Antwortalternative einen Referenzwert für die Bewertung der Antworten der Testteilnehmer zuzuordnen.

Um bei dem Expertenrating den Bezug zur Unterrichtspraxis weiterhin sicherzustellen, sollen neben Professoren der Chemiedidaktik auch Chemiefachleiter die geschlossenen Aufgaben bearbeiten. Die erhaltenen Werte werden dann nach dem im Folgenden aus-

Auswertungsverfahren Expertenrating 1

1. Ausschluss aller Antworten, deren Bewertungen stark vom Modus abweichen (Abweichung > 1)

Beispiel für eine auszuschließende Antwort:

Modus: richtig (4) Häufigkeiten: 2 · falsch (1)
2 · eher richtig (3)
4 · richtig (4)

2. Ausschluss aller Antworten, deren Modus nicht ganzzahlig ist

Beispiel für eine auszuschließende Antwort:

Modus: eher richtig/richtig (3,5) Häufigkeiten: 4 · eher richtig (3)
4 · richtig (4)

3. Sortierung aller Alternativen pro Aufgabe in die vier Bewertungskategorien anhand des Modus

4. Bei genügend Alternativen pro Bewertungskategorie: Ausschluss aller Antworten, deren Abweichungen die Tendenz „richtig" oder „falsch" ändern

Beispiel für eine auszuschließende Antwort:

Modus = Bewertungskategorie: eher richtig (3) Häufigkeiten: 1 · falsch (1)
4 · eher richtig (3)
3 · richtig (4)

5. Auswahl der Alternative pro Bewertungskategorie, welche die wenigsten/geringsten Abweichungen vom Modus aufweist

➔ Ziel: 4 Antwortalternativen pro Aufgabe, welche von den Experten jeweils möglichst einheitlich und bezogen auf alle 4 Alternativen möglichst unterschiedlich bewertet werden

Die grau hinterlegten Werte geben jeweils die Merkmale an, welche zum Ausschluss der jeweiligen Antwort führen. In den Klammern sind die Rohwerte angegeben: 1 = falsch, 2 = eher falsch, 3 = eher richtig, 4 = richtig

Abb. 25.3 Vorgehensweise bei der Auswahl von Antwortalternativen für eine geschlossene Testaufgabe

führlich dargestellten Verfahren – über so genannte Quasi-Paarvergleiche – in Anlehnung an Artelt et al. (2009) bzw. Thillmann (2008) ausgewertet. In einem ersten Schritt wird die Übereinstimmung zwischen allen Experten berechnet. Zu diesem Zweck werden die

In einer Unterrichtsstunde Ihrer Referendarin in der Sekundarstufe I erklärt eine Schülerin die Volumenzunahme beim Erhitzen eines Stoffes folgendermaßen:

„Stoffe dehnen sich beim Erhitzen aus, weil sich die Teilchen ausdehnen."

Wie sollte der Unterricht fortgeführt werden?

(PAS1)

Beurteilen Sie bitte die aufgelisteten Fortsetzungsmöglichkeiten unter dem Aspekt des Umgangs mit Schülervorstellungen. Geben Sie hierzu Noten von 1 („sehr gut") bis 6 („ungenügend").

		Noten					
		1	2	3	4	5	6
a)	SuS spielen Aggregatzustände (jeder S stellt ein Teilchen dar) und erkennen so, dass sie mehr Platz benötigen, wenn sie sich bewegen.	■	■	■	■	■	■
b)	Die erste Teilaufgabe wird von der Lehrkraft als zutreffend gewertet und die zweite Teilaussage richtig gestellt.	■	■	■	■	■	■
c)	Die These wird durch ein Schülerdemonstrations-experiment, in dem ein definiertes Volumen Eis geschmolzen wird, überprüft.	■	■	■	■	■	■
d)	Die Teilchenbewegung wird im Unterrichtsgespräch thematisiert.	■	■	■	■	■	■

Abb. 25.4 Aufgabenversion mit Rating-Scale-Antwortformat für den finalen Test

Daten zunächst transponiert, sodass die Fälle (Experten) als Variablen und die bisherigen Variablen (Antwortalternativen) als Fälle ausgegeben werden. Die neue Darstellungsart ermöglicht die Bestimmung von Cronbachs α (→ Zusatzmaterial online) über alle Experten, um zu prüfen, ob alle Experten mit in die weiteren Analysen einfließen können oder ob einzelne in ihren Bewertungen der Antwortalternativen zu stark von den anderen abweichen. Die in unserem Fall ermittelte Reliabilität als Maß für die Übereinstimmung der befragten 13 Expertinnen war so groß ($\alpha = 0{,}91$), dass alle Experten mit in die folgende Auswertung eingehen konnten. Zuvor wurden die Benotungen aller Experten standardisiert (z-Standardisierung), um ihre Vergleichbarkeit zu gewährleisten (Bortz 2005). Im Rahmen der **z-Standardisierung** werden die ordinal skalierten Benotungen hinsichtlich Spanne (Verteilungsbreite) und Standardabweichung angepasst. Anschließend bildet man den exakten Median (Clauß et al. 2004) über alle standardisierten Bewertungen jeder Antwortalternative. Der Median über alle Experteneinschätzungen kann als aggregierter Experte bezeichnet werden und dient als Vergleichsmaß für die Bepunktung (s. u.).

Als Ergebnis der Experten erscheint die Antwortalternative d („Die Teilchenbewegung wird im Unterrichtsgespräch thematisiert.") als beste Wahl, während c („Die These wird durch ein Schülerdemonstrationsexperiment, in dem ein definiertes Volumen Eis geschmolzen wird, überprüft.") am schlechtesten beurteilt wird (Abb. 25.5; schwarze Kreuze).

In einer Unterrichtsstunde Ihrer Referendarin in der Sekundarstufe I erklärt eine Schülerin die Volumenzunahme beim Erhitzen eines Stoffes folgendermaßen:

„Stoffe dehnen sich beim Erhitzen aus, weil sich die Teilchen ausdehnen.“

Wie sollte der Unterricht fortgeführt werden?

(PAS1)

Beurteilen Sie bitte die aufgelisteten Fortsetzungsmöglichkeiten unter dem Aspekt des Umgangs mit Schülervorstellungen. Geben Sie hierzu Noten von 1 („sehr gut“) bis 6 („ungenügend“).

		Noten					
		1	2	3	4	5	6
a)	SuS spielen Aggregatzustände (jeder S stellt ein Teilchen dar) und erkennen so, dass sie mehr Platz benötigen, wenn sie sich bewegen.	☐	☒☒	☐	☐	☐	☐
b)	Die erste Teilaufgabe wird von der Lehrkraft als zutreffend gewertet und die zweite Teilaussage richtig gestellt.	☐	☐	☒	☒	☐	☐
c)	Die These wird durch ein Schülerdemonstrationsexperiment, in dem ein definiertes Volumen Eis geschmolzen wird, überprüft.	☐	☐	☐	☐	☒	☒
d)	Die Teilchenbewegung wird im Unterrichtsgespräch thematisiert.	☐	☒	☒	☐	☐	☐

Abb. 25.5 Gegenüberstellung der Einschätzungen der Experten (*schwarze Kreuze*) und der Lehrkräfte (*graue Kreuze*)

Zudem ist in der Abbildung ersichtlich, dass sich Experten und die in der ergänzenden Pilotierung befragten 62 Lehrkräfte (Abb. 25.5; graue Kreuze) weitgehend einig sind.

Nachdem nun dargestellt worden ist, wie aus den verschiedenen Expertenmeinungen ein Bezugswert pro Antwortalternative (hier als aggregierter Experte bezeichnet) errechnet worden ist, wird nachfolgend erläutert, wie diese Werte für die Bepunktung verwendet werden.

Zunächst werden die vier Antwortalternativen einer Aufgabe jeweils paarweise miteinander verglichen und so genannte Relationen gebildet (Artelt et al. 2009; Thillmann 2008). Es wird also verglichen, ob die Antwortalternative a von den Experten besser, gleich oder schlechter bewertet wird als Alternative b. Analog wird mit den weiteren Relationen verfahren (ac, ad, bc, bd und cd, siehe Tab. 25.1).

In einem weiteren Schritt werden nun die entsprechenden Relationen der Probandenantworten gebildet. Die Bepunktung erfolgt dann über den Vergleich mit den Relationen der Experten. Stimmt eine Relation mit der Relation des aggregierten Experten überein, wird diese mit einem Punkt bewertet. Widerspricht sie dieser, erhält sie 0 Punkte. Alternativ kann eine trichotome Bepunktung vorgenommen werden, bei der es 0 Punkte gibt, wenn eine Lehrkraft zwei Antwortalternativen gleich bewertet. Insgesamt werden die Punkte in

Tab. 25.1 Bepunktung aller möglichen Relationen pro Aufgabe

Relation	Experte	Lehrkraft	Punkte der Lehrkraft
ab	<	>	0
ac	<	<	1
ad	>	=	0
bc	<	<	1
bd	>	<	0
cd	>	>	1

diesem Fall dann wie folgt vergeben: Widerspruch zum aggregierten Experten = −1 Punkt; Gleichwertung zweier Antwortalternativen = 0 Punkte; Übereinstimmung mit dem aggregierten Experten = 1 Punkt (Thillmann 2008; Witner und Tepner 2011). Wir empfehlen, dichotom auszuwerten, weil die anschließenden Analysen aus testtheoretischer Sicht einfacher sind und der Bezug zu den Expertenrelationen größer ist (schließlich fehlen die von Lehrkräften gleich bewerteten Alternativen, die es bei den aggregierten Experten ohnehin nicht gibt).

Anhand der folgenden Beispielrechnung soll das Verfahren veranschaulicht werden: Eine Lehrkraft, welche die Antwort a der aufgeführten Aufgabe (Abb. 25.5) mit 2, die Antwort b mit 1, c mit 6 und d mit 2 benotet hat, erzielt für die Relationen „ab", „ad" und „bd" jeweils 0 Punkte, da diese Relationen der Reihenfolge des aggregierten Experten widersprechen (Tab. 25.1). Die Relationen „ac", „bc" und „cd" hingegen werden aufgrund der Übereinstimmung mit den Relationen des aggregierten Experten mit jeweils einem Punkt bewertet.

Insgesamt resultieren bei vier Antwortalternativen sechs Relationen pro Aufgabe und damit bei 20 Aufgaben insgesamt 120 Relationen. Für die weitere Auswertung werden jedoch nicht alle Relationen einer Aufgabe berücksichtigt, sondern nur die, die sich in der Pilotierung als reliabel herausstellen. Dabei sind beispielsweise **Trennschärfen** ab 0,5 wünschenswert; in vielen Fällen lassen sich reliable Tests bereits mit Trennschärfen ab 0,3 realisieren.

Um die für die spätere Auswertung geeigneten Relationen zu ermitteln, können alternativ auch die Experten selbst herangezogen werden. Dazu wird die Einigkeit eines einzelnen Experten mit allen befragten Experten (also dem aggregierten Experten) untersucht: es werden also wie bei den Lehrkräften zuvor beschrieben die Punktwerte und anschließend die relativen Häufigkeiten der Relationen (Artelt et al. 2009) berechnet. Es kann das Kriterium angelegt werden, nur Relationen beizubehalten, bei denen mindestens 50 Prozent der Experten einen Punkt erzielen. Für die oben aufgeführte Aufgabe (Abb. 25.5) ergab sich beispielsweise, dass die Relation „ad" nicht in weitere Auswertungen einfließt, da lediglich 18,2 Prozent der Experten diese übereinstimmend mit dem aggregierten Experten einschätzten.

Beide zuletzt vorgestellten Verfahren dienen dazu, nicht trennscharfe oder uneindeutige Relationen zu eliminieren. Damit werden auch die Relationen ausgeschlossen, deren

Einschätzungen nicht eindeutig unterschiedlich und damit zu ähnlich sind (wie bei a und d). Insgesamt unterscheiden sich die Aufgaben nun bezüglich ihrer jeweils zu erreichenden Gesamtpunktzahl. Es kann aber gewährleistet werden, dass die für die weiteren Auswertungen herangezogenen Relationen den Ansichten der Experten entsprechen. Diesem Aspekt sollte bei der Konzeption und Auswertung der Aufgaben Priorität eingeräumt werden (Dollny 2011).

Im Folgenden wird noch ein Hinweis zur Validität (Kap. 9) der ausgewählten Aufgaben gegeben, da die Auswahl der Aufgaben/Relationen das Ausmaß der festgestellten Wissensunterschiede beeinflusst. Um unterschiedlich ausgebildete Substichproben (z. B. Gymnasial- und Nichtgymnasiallehrende) mit dem gleichen Test erfassen und vergleichen zu können, muss der Test für beide Substichproben geeignet sein, und damit müssen den Nicht-Gymnasiallehrenden, wie in unserem Fall, genügend faire Aufgaben bzw. Relationen gestellt werden.

Dies wird im Rahmen einer *Pilotierungsstudie* sichergestellt, in der die entwickelten Testinstrumente hinsichtlich ihrer Eignung an den Probanden getestet werden, für die sie konzipiert sind (hier Chemielehrkräfte verschiedener Schulformen). Dazu werden die Berechnungen der Schwierigkeitsindizes sowohl auf Basis der gesamten Stichprobe als auch basierend auf den Substichproben (hier „Gymnasium" und „Nicht-Gymnasium") durchgeführt. Ausgeschlossen werden nur diejenigen Aufgaben/Relationen, die nach beiden Berechnungen eine Lösungswahrscheinlichkeit von unter 20 oder über 80 Prozent aufweisen. Die präsentierten Werte sind übliche Grenzen für die Item-Schwierigkeit und dienen dazu, Decken- und Bodeneffekt zu vermeiden (Bühner 2011; Lienert und Eye 1994). Eine bloße Verwendung der Aufgaben bzw. Relationen, welche bezogen auf die gesamte Stichprobe einen Schwierigkeitsindex zwischen 20 und 80 Prozent haben, würde wahrscheinlich zu einer ausgeprägteren Differenz zwischen beiden Substichproben führen, da mehr schwierige Aufgaben aufgrund des gymnasialen Anteils in der Stichprobe einbezogen werden. Gleichzeitig wäre jedoch die Validität bzw. Eignung der Testinstrumente bezüglich einzelner Substichproben (hier nicht-gymnasialer Lehrkräfte) infrage zu stellen. Auf Basis der Pilotierungsdaten können dann weitere Aufgaben bzw. Relationen, welche sich als nicht trennscharf bzw. reliabel erweisen, ausgeschlossen werden.

Die Reliabilität des Testinstruments wurde anhand von 62 Chemielehrkräften bestimmt. Cronbachs α (→ Zusatzmaterial online) beträgt für die final ausgewerteten 65 Paarvergleiche 0,83. Wird die Reliabilität auf Ebene der letztendlich 19 Aufgaben ermittelt, ergibt sich ein Cronbachs α von 0,71. Beide Werte sind – vor dem Hintergrund, Wissen in einem sehr weiten Bereich zu testen – als gut zu interpretieren.

25.4 Fazit

In diesem Kapitel wurde ein Verfahren vorgestellt, wie Testaufgaben zur Erfassung des fachdidaktischen Wissens von Lehrkräften in einem geschlossenen Format konzipiert werden können. Dieses wird primär aus zeitökonomischen Gründen und zur Gewährleistung der Auswertungsobjektivität verwendet. Das vorgestellte Rating-Scale-Format dient dazu, das Problem zu umgehen, Antworten bei geschlossenen Aufgaben in einem Test zum fachdidaktischen Professionswissen eindeutig als richtig oder falsch bewerten zu müssen. Zudem helfen die Paarvergleiche, sich nicht pro Antwortalternative konkret auf einen bestimmten Referenzwert (hier den aggregierten Experten) zu beziehen, sondern lediglich Relationen zu berücksichtigen, welche Fehler oder Abweichungen eher tolerieren lassen.

Literatur zur Vertiefung

Artelt C, Beinicke A, Schlagmüller M, Schneider W (2009) Diagnose von Strategiewissen beim Textverstehen. Zeitschrift für Entwicklungspsychologie und Pädagogische Psychologie 41(2):96–103 (Empfehlung: nachvollziehbare Erklärung der Auswertung über Paarvergleiche.)

Baumert J, Kunter M, Blum W, Brunner M, Voss T, Jordan A et al (2010) Teachers' Mathematical Knowledge, Cognitive Activation in the Classroom, and Student Progress. American Educational Research Journal 47(1):133–180 (Grundlegender Überblick über Forschung zum Professionswissen von Mathematiklehrkräften in Deutschland.)

Bortz J (2005) Statistik für Human- und Sozialwissenschaftler, 6. Aufl. Springer, Berlin Heidelberg New York Tokyo (Kompaktes Überblickswerk für empirische Untersuchungen mit anschaulichen Praxisbeispielen.)

Bühner M (2011) Einführung in die Test- und Fragebogenkonstruktion, 3. Aufl. Pearson Studium, München (Sehr gutes Grundlagenwerk zur Einführung in die Testkonstruktion mit vielen Beispielen.)

Clauß G, Finze FR, Partzsch L (2004) Statistik für Soziologen, Pädagogen, Psychologen und Mediziner, 5. Aufl. Harri Deutsch, Frankfurt/M (Statistischer Hintergrund zur Berechnung des „exakten Medians" für ordinale Daten.)

Concept Mapping als Diagnosewerkzeug 26

Dittmar Graf

Unter dem Terminus *Concept Mapping* werden verschiedene Forschungsinstrumente zusammengefasst, mit deren Hilfe u. a. die subjektiven Vorstellungen von Lernenden differenziert erfasst werden können. Dies geschieht, indem die persönliche Wissensstruktur eines Inhaltsbereiches netzwerkartig visualisiert wird. In Abhängigkeit von der wissenschaftlichen Fragestellung eignen sich unterschiedliche *Concept-Mapping*-Verfahren. Im Beitrag werden vier verschiedene Varianten vergleichend vorgestellt und eine Entscheidungshilfe für die Auswahl gegeben.

26.1 Einführung und Hintergrund

In den 1980er-Jahren begannen sich in der fachdidaktischen Lehr- und Lernforschung konstruktivistische Sichtweisen von Lernen durchzusetzen. Nach dieser Lerntheorie konstruiert sich jeder Mensch auf der Grundlage seiner bisher gesammelten Erfahrungen und Lernerlebnisse individuell subjektive Bedeutungseinheiten und in der Gesamtheit eine kognitive Struktur. Jedes neue Ereignis, mit dem man konfrontiert wird, wird mit der vorhandenen kognitiven Struktur abgeglichen. Wie ein Mensch neue Lerninhalte versteht, durchdringt und verarbeitet, hängt also entscheidend von seiner aktuellen kognitiven Struktur ab.

Es ist daher sehr sinnvoll zu erfassen, welche Vorstellungen jeder einzelne Lernende zu einem Gegenstandsbereich zu Beginn einer Lernsequenz besitzt. Wie aber ist es möglich, individuelle konzeptuelle Wissens- und Verständnisstrukturen bei Lernenden valide, umfassend und differenziert abzubilden? Vor dieser bedeutenden Frage stehen Schulpraktiker

Prof. Dr. Dittmar Graf ✉
Institut für Biologiedidaktik, Justus-Liebig-Universität Gießen, Karl-Glöckner-Str. 21c,
35394 Gießen, Deutschland
e-mail: dittmar.graf@uni-giessen.de

D. Krüger, I. Parchmann und H. Schecker (Hrsg.), *Methoden in der naturwissenschaftsdidaktischen Forschung*, DOI 10.1007/978-3-642-37827-0_26,

sowie vermutlich viele Promovierende am Anfang ihres Dissertationsvorhabens, wenn sie Lernendenvorstellungen erfassen wollen.

Geschlossene Formate, wie z. B. *Multiple-Choice*-Aufgaben, erfassen nur dasjenige Wissen, das durch die spezifische Fragestellung und die Antwortoptionen bereits impliziert wird. Darüber hinausgehendes Wissen bzw. Konzeptverständnis oder auch Verständnisschwierigkeiten bleiben dann unbemerkt, wenn sie nicht explizit in den Antwortoptionen enthalten sind. Offene Aufgabenformate sind oft schwierig valide auszuwerten, und auch hier bleibt die Frage offen, ob tatsächlich alles, was gewusst bzw. gedacht wurde, auch präsentiert wurde (Kap. 14).

Als Alternative zu den konventionellen Ansätzen kamen so genannte *Strukturlegetechniken* in den Fokus. Mit deren Hilfe sollen individuelle konzeptuelle kognitive Strukturen visualisiert werden. Grundidee dabei ist, dass Begriffe und ihre Beziehungen nicht linear wie in einem Text dargestellt werden, sondern netzwerkartig in zwei Dimensionen miteinander in Beziehung gesetzt werden. Dies kann z. B. mit Kärtchen oder in Kästchen (Begriffe) auf einem Blatt Papier oder einem Computerbildschirm und verbindenden Linien (Relationen zwischen Begriffen) realisiert werden. Die Abb. 26.1, 26.2 und 26.3 sind Beispiele für solche Darstellungen. Die Begriffe in solchen Netzen werden in Anlehnung an die Graphentheorie auch als Knoten und die Linien als Kanten bezeichnet (s. Bonato 1990). Graphische Verfahren zur Informationsdarstellung sind nicht grundsätzlich neu; z B. werden Flussdiagramme schon seit langer Zeit dazu verwendet, um Programmabläufe graphisch darzustellen. Schon seit vielen Jahrzehnten sind graphische Darstellungen von Beziehungen in der Genealogie oder auch in der biologischen Systematik üblich. Auch die durch das Internet bekannt gewordenen Hypertexte besitzen formal Ähnlichkeiten mit *Concept Maps*. Nur werden hier nicht Begriffe mit anderen Begriffen vernetzt, sondern Begriffe mit größeren Informationseinheiten (Websites, Simulationsprogrammen und vielem mehr).

26.2 *Concept Mapping* – begriffliche Klärung

Konkurrierten in den 1980er-Jahren noch zahlreiche Darstellungsvarianten miteinander, so hat sich im Laufe der 1990er-Jahre die Technik des *Concept Mapping* (anfangs auch einfach *Mapping* genannt; vgl. Pflugradt 1985) weitgehend durchgesetzt. Der Terminus *Concept Mapping* kann einfach definiert werden als der Prozess des graphischen Darstellens von Wissensbeständen bzw. Beziehungen zwischen Begriffen (s. Graf 2009). Das entstehende Produkt ist eine *Concept Map*. Im allgemeinen deutschen Sprachgebrauch wird anstatt des Femininums auch gelegentlich das Neutrum verwendet: das *Concept Map*. *Concept* heißt im Englischen Begriff und *Map* Landkarte. Es werden also Begriffslandkarten erstellt. Abweichend davon spricht man im deutschen Sprachraum für den gleichen Sachverhalt auch bisweilen von Begriffsnetzen.

Concept Mapping orientiert sich an Überlegungen des amerikanischen Biologiedidaktikers und Erziehungswissenschaftlers Joseph D. Novak. Seine Vorschläge zum *Concept*

Mapping als Werkzeug zur Verbesserung sinnstiftenden Lernens wurden zum ersten Mal in dem 1984 gemeinsam mit Bob Gowin veröffentlichten Buch *„Learning how to learn"* systematisch entfaltet (Novak und Gowin 1984). Neben dieser ursprünglich intendierten Verwendung als Lernhilfe wurde *Concept Mapping* bald darauf auch als ein für Lehr- und Lernforschung sowie Schulpraxis nützliches Verfahren zur Diagnose von Schülervorstellungen bzw. -kompetenzen erkannt.

Concept Maps nach Novak sollen sinnvolle Beziehungen zwischen Begriffen darstellen. Dabei wird jeder relevante Begriff über gerichtete und benannte Relationen mit allen anderen Begriffen verknüpft, mit denen er in Beziehung steht. Dies sei an dem Beispiel in Abb. 26.1 erläutert. Jeder Begriff wird durch ein Kästchen dargestellt. Die Beziehungen zwischen den Begriffen werden durch beschriftete Linien spezifiziert. Die Leserichtung wird durch die Pfeile bestimmt. Alle Begriffe stehen (zumindest indirekt) miteinander in Beziehung, sind also miteinander vernetzt.

Zwei über Relationen verbundene Begriffe können formal als Aussagen oder Propositionen angesehen werden. Beispiele für Aussagen aus Abb. 26.1 sind: „Eine *Concept Map* repräsentiert organisiertes Wissen." oder „Organisiertes Wissen besteht aus Begriffen, Relationen und Aussagen.". Aussagen können richtig oder falsch sein und stehen somit Auswertungsprozessen zur Verfügung. Hierauf wird noch eingegangen werden.

Die Begriffe werden beim Verfahren von Novak hierarchisch geordnet, da er davon ausgeht, dass eine solche Organisation der kognitiven Struktur entspricht (Darstellung in Abb. 26.1) und Lernen fördert. Entsprechend spricht man in diesem Fall von hierarchischen *Concept Maps*. Ausgangspunkt dabei ist jeweils ein allgemeiner Begriff bzw. ein Oberbegriff (Oberbegriffe entstehen durch die Zusammenfassung von Begriffen zu neuen Begriffen). Novak bezeichnet den allgemeinsten Begriff in einer *Map* als *root concept*, was als Wurzel-, oder wohl passender, als Haupt- oder Schlüsselbegriff bezeichnet werden kann. Dieser wird an die Spitze der *Map* gestellt und dann mit den anderen untergeordneten Begriffen durch Relationen in Verbindung gesetzt. Im Beispiel aus Abb. 26.1 ist *„Concept Map"* der Schlüsselbegriff. Eine fertiggestellte hierarchische *Concept Map* sieht oft aus wie ein umgekehrter Baum oder Busch. Durch Quervernetzungen können auch Äste wieder vereinigt werden, wodurch natürlich die Baumstruktur aufgehoben wird.

Hiervon zu unterscheiden sind nichthierarchische *Concept Maps*, die sich bei der Darstellung von Ursache-Wirkungszusammenhängen oder andersgearteten, z. B. zeitlichen, Abfolgen ergeben. Man erhält dann keine Bäume, sondern Ketten, oder bei komplexeren, miteinander in Wechselwirkung stehenden Strukturen, Netze bzw. kreis- oder sternförmige Anordnungen.

Beachtet werden muss, dass beim *Concept Mapping* zwei – letztlich ungeprüfte – Annahmen gemacht werden:

- Die nichtlineare Struktur der Darstellung in *Concept Maps* korrespondiert mit der Struktur von Wissen in unserem Gehirn.
- Die eigene mentale Wissensstruktur kann in *Concept Maps* transformiert werden (Gerdes 1997).

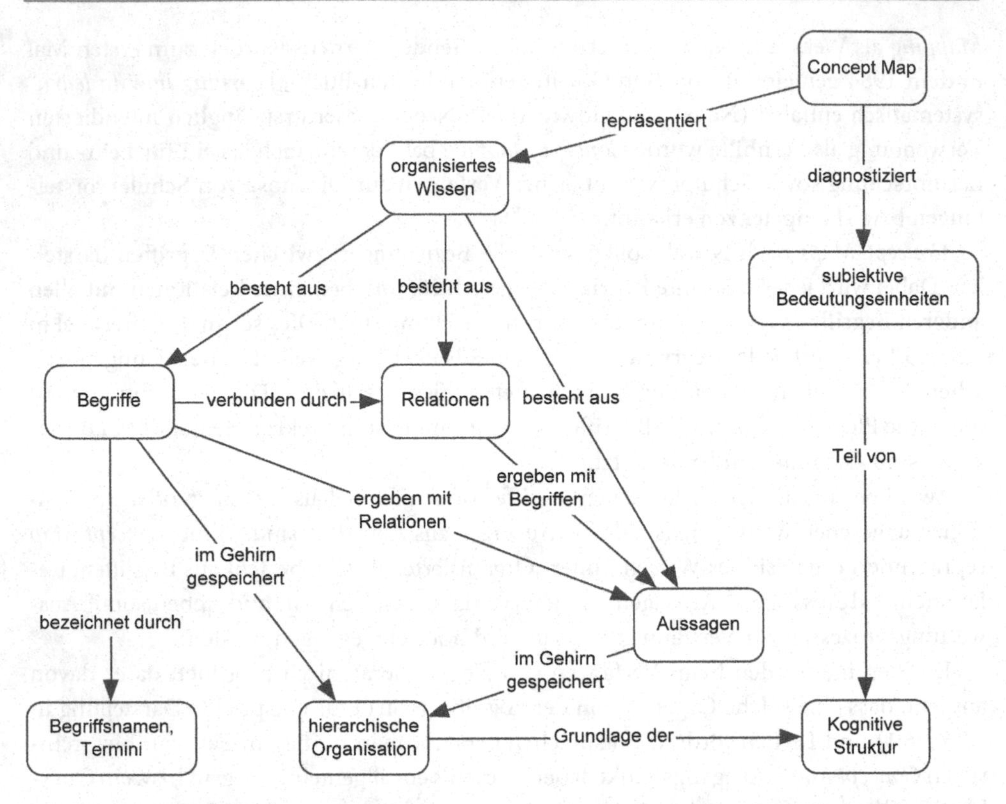

Abb. 26.1 *Concept Map* aus Knoten für Begriffe und beschrifteten, durch *Pfeile* mit einer Leserichtung versehenen Kanten für die Relationen zwischen Begriffen. Sie fasst inhaltlich wesentliche Eigenschaften des Terminus *Concept Map* zusammen (Graf 2009)

Von *Concept Mapping* streng unterschieden werden muss das vom englischen Psychologen und Journalisten Tony Buzan entwickelte *Mind Mapping* (2005). Die beiden Verfahren haben auf den ersten Blick gewisse Ähnlichkeiten und werden in Publikationen gelegentlich durcheinandergebracht. *Mind Mapping* ist im schulischen Umfeld weit verbreitet und stellt eine Methode zum Brainstorming, zum Visualisieren von Gedanken, Assoziationen oder Ideen dar. In Form eines zweidimensionalen Netzes werden beliebige Assoziations-Strukturen zu einem vorgegebenen, zentralen Begriff verdeutlicht. Die Gedankenverknüpfungen werden dabei auf von dem zentralen Begriff ausgehende Linien geschrieben. Es gibt keine beschrifteten Relationen. Wenn man die Relationen beschriften würde, müssten diese heißen „ist assoziativ verknüpft mit".

Das Verfahren wird im Unterschied zum *Concept Mapping* in der Regel nicht dazu verwendet, sachlogische Zusammenhänge graphisch darzustellen oder konzeptuelle Vorstellungen von Personen zu erfassen. Dies ist auch kaum möglich, da es sich um rein assoziative Verbindungen handelt.

Tab. 26.1 Einsatzmöglichkeiten von *Concept Mapping* bei der Diagnose und bei der Verbesserung von Lernprozessen

Ebene der Lernenden
1. Individuelle Prüfung von Wissensbeständen und Wissenserwerb
a. Individualdiagnose von Wissensstrukturen vor Beginn des Unterrichts
b. Wissenserwerb durch Unterricht (Vorher-Nachher-*Maps*)
c. *Conceptual-Change*-Vorgänge durch Unterricht
d. Bewertung von Leistungen
e. Selbstevaluation Lernender
2. Organisationshilfe beim Erwerb konzeptbezogener Kompetenzen
a. Strukturierte Darstellung komplexer Begriffsbeziehungen
b. Analyse von Sachtexten und Unterrichtsmaterialien
3. Anregung fachbezogener Kommunikationskompetenz (gemeinsame Erstellung von *Maps* in Gruppen)
Ebene der Lehrenden
4. Strukturanalyse und -darstellung von Inhaltsbereichen (Erstellen eines Experten-*Maps*)
5. Hilfe bei Lehrplanentwicklung und Unterrichtsplanung
6. Evaluation des eigenen Unterrichts

Vgl. Graf 2009.

Concept Mapping wird heute bei der wissenschaftlichen Analyse und Steuerung von Lernprozessen in verschiedenen Zusammenhängen verwendet (Tab. 26.1).

Im Folgenden soll auf die Verwendung von *Concept Mapping* als Diagnoseinstrument im Rahmen empirischer Untersuchungen eingegangen werden (Punkte 1a und 1c in Tab. 26.1). Der Aspekt der Untersuchung der Lernwirksamkeit von Strukturierungsübungen durch *Concept Mapping*, der ebenfalls ein interessantes und fruchtbares Forschungsfeld darstellt, wird hier nicht thematisiert. Hierzu haben Nesbit und Adespope (2006) eine Metaanalyse vorgelegt, bei der mehr als 120 Studien berücksichtigt wurden. Aus dem deutschen Sprachraum gibt es an jüngeren Arbeiten z. B. die Dissertation von Dunker zur Lernwirksamkeit des Instruments im Sachunterricht (2010) oder die Untersuchung von Effekten kooperativen *Concept Mappings* auf Wissenserwerb und Behaltensleistung im Biologieunterricht (Haugwitz und Sandmann 2009).

26.3 *Concept Mapping* als Instrument zur Diagnose der Wissensstruktur

26.3.1 Voraussetzungen für einen sinnvollen Einsatz

Beachtet werden muss, dass mit Hilfe von *Concept Maps* Begriffsbedeutungen oder Definitionen nicht direkt ermittelt bzw. dargestellt werden. Vielmehr wird auf das Begriffsverständnis einer Person indirekt dadurch geschlossen, dass die Aussagen analysiert werden, die sich aus den Begriffen und die sie verbindenden Relationen ergeben.

Grundsätzlich muss sehr deutlich betont werden, dass die Methode des Vernetzens von Begriffen in einer Probandengruppe sehr gut etabliert sein muss, bevor sie als Erhebungsinstrument sinnvoll eingesetzt werden kann (McCagg und Dansereau 1991; Fischer et al. 2013). Es ist nicht damit getan, die Methode kurz vorzustellen. Lernende sollten einige *Maps* selbst aktiv gestaltet haben. Ein gut geeignetes Trainingsprogramm zum *Concept Mapping* wurde von Sumfleth et al. (2010) entwickelt. Wenn die Probanden die Methode nicht sicher anwenden können, sind die erzielten Ergebnisse grundsätzlich nicht valide. Versucht man beispielsweise den Lernfortschritt mit *Concept Mapping* zu erheben und die Versuchsgruppe beherrscht das Verfahren vor Beginn der Intervention noch nicht hinreichend, wird nicht nur der Lernfortschritt, sondern auch der Fortschrift in der Beherrschung des Verfahrens gemessen. Man hat also zwei Variablen, die **konfundiert** sind. Wie bei jeder guten Interventionsuntersuchung soll mit einer Kontrollgruppe gearbeitet werden. Diese soll alle *Concept-Mapping*-Übungen der Experimentalgruppe mitmachen und – ohne Intervention – Vor- und Nachtest absolvieren. Dann kann der Einfluss des Fortschritts im Umgang mit der Methode berücksichtigt werden.

Insgesamt stimmt die Einschätzung von Ruiz-Primo und Shavelson (1996) immer noch, dass Reliabilität und Validität der Methode zu wenig untersucht wurden. Dabei muss bei der Validitätsbeurteilung auf die Schwierigkeit der Auswahl der Referenzmethode hingewiesen werden. Schließlich wurde *Concept Mapping* ja erdacht, weil man mit den traditionellen Verfahren zur Bestimmung des Begriffsverständnisses unzufrieden war. Insofern muss eine mangelnde Übereinstimmung mit herkömmlichen Maßen nicht unbedingt gegen *Concept Mapping* sprechen (Schecker und Klieme 2000).

Concept Mapping ist zur Diagnose subjektiver Vorstellungen für Lerngruppen ab der Grundschule (4. Klasse; Dunker 2010) bis hin zur Universität geeignet. Auf die Art und Weise, wie *Concept Maps* am sinnvollsten vorgestellt und eingeführt werden, kann an dieser Stelle nicht näher eingegangen werden. Hierzu wurden zahlreiche Anleitungen veröffentlicht (z. B. White und Gunstone 1992; Graf 2009; Novak 2010).

26.3.2 Vorbereitung der Untersuchung

Die erste methodische Entscheidung, die bei der Untersuchungsplanung zu treffen ist, besteht darin, einen *Concept-Mapping*-Typ auszuwählen. Beim *offenen Typ* werden weder Begriffe noch Relationen vorgegeben. Die Probanden überlegen sich selbst diejenigen Begriffe und Relationen, die sie zu einer gegebenen Fragestellung verwenden wollen. Der Vorteil besteht darin, dass die Begriffsstruktur, die man erhält, vermutlich gut dem vorhandenen aktiven Wissen zu einem Inhaltsbereich entspricht. Der Nachteil besteht in der geringen Vergleichbarkeit der unterschiedlichen *Maps*, die von verschiedenen Probanden erzeugt werden. Beim *halboffenen Typ* werden diejenigen Begriffe und Relationen vorgegeben, die in einer *Map* verwendet werden sollen. In diesem Fall sind die entstehenden *Maps* besser vergleichbar. Es besteht allerdings die Gefahr, dass Begriffe ad hoc eingebaut werden, zu denen eigentlich gar keine Vorstellungen existieren. Beim *geschlossenen Typ* wird die gesamte Struktur der *Map* vorgegeben. Es müssen ebenfalls vorgegebene Begriffe und Relationen an die dafür vorgesehene Stelle eingesetzt werden. Man spricht in diesem Fall auch von Lücken-*Maps*. Gelegentlich ist auch schon ein Teil der Begriffe bzw. Relationen eingetragen. Für dieses Verfahren spricht die leichte und schnelle Auswertung. Für die Probanden ist die Möglichkeit zum freien Konstruieren allerdings sehr eingeschränkt. Dieser Typ sollte dann ins Auge gefasst werden, wenn im Vorfeld wenig Zeit ist, *Concept Mapping* zu üben.

Wie aber können *Concept Maps* zu diagnostischen Zwecken sinnvoll ausgewertet werden? Dazu gibt es verschiedene Strategien der quantitativen Analyse, die nachfolgend vorgestellt werden sollen. Manche Autoren raten grundsätzlich von der quantitativen Auswertung von *Concept Maps* ab (Zusammenfassung bei Kinchin 2001). Diese Einschätzung ist sicher zu pauschal. Eine quantitative Auswertung von *Concept Maps* hat sich für viele wissenschaftliche Fragestellungen als nützlich erwiesen; flankierend ist es aber in vielen Fällen sinnvoll, qualitative Analysen ergänzend durchzuführen, um die individuelle Begriffsstruktur von Lernenden weitergehend zu erfassen.

26.3.3 Globale Auswertungsstrategie nach Novak

Novak hat ein eigenes Beurteilungssystem für die Qualität von *Concept Maps* entwickelt (Novak und Gowin 1984). Das Verfahren beurteilt die Gesamtqualität bzw. -reichhaltigkeit einer *Map* – einzelne Begriff werden nicht gesondert beachtet. Zwingende Voraussetzung für den Einsatz dieser Methode ist, dass sich die zu analysierenden Begriffsbestände sinnvoll in Hierarchien mit einem Schlüsselbegriff darstellen lassen. Dies ist nicht in allen Kontexten zweckmäßig oder möglich, wie in Abschn. 26.2 deutlich gemacht wurde.

Anhand von Abb. 26.2 soll erläutert werden, wie die *Maps* beurteilt werden. Jede Hierarchiestufe unterhalb des Schlüsselbegriffs wird gezählt. Für jede dieser Stufen werden 5 Punkte vergeben, also in diesem Fall $5 \cdot 2 = 10$. Für jede sinnvolle Relation zwischen zwei Begriffen wird ein Punkt vergeben: 6. Für jede angemessene Quervernetzung werden 10 Punkte vergeben, also 10, da es eine einzige Quervernetzung gibt. Zahl der angemessenen Beispiele (in der *Map* als Ereignis bezeichnet): 1. Jetzt wird die Punktsumme gebildet: Für die Beispiel-*Map* in Abb. 26.2 werden also insgesamt 27 Punkte $(10 + 6 + 10 + 1)$ vergeben. Man erkennt, dass besonders *Vernetztheit* (Quervernetzungen) und *Strukturiertheit* (Zahl der Hierarchiestufen) als wertvoll (= punkteträchtig) angesehen werden. Eine große Zahl an Hierarchiestufen steht für ein gut strukturiertes, gegliedertes begriffliches Wissen. Quervernetzungen dokumentieren, wie der Name schon sagt, die Vernetztheit zwischen den verschiedenen Ästen der hierarchisch organisierten Wissensbestände.

Es gibt eine ganze Reihe an Derivaten dieses Verfahrens, die aber im Grundprinzip mit dem hier vorgestellten übereinstimmen. Ein Überblick über solche Varianten findet sich bei Edmondson (2005).

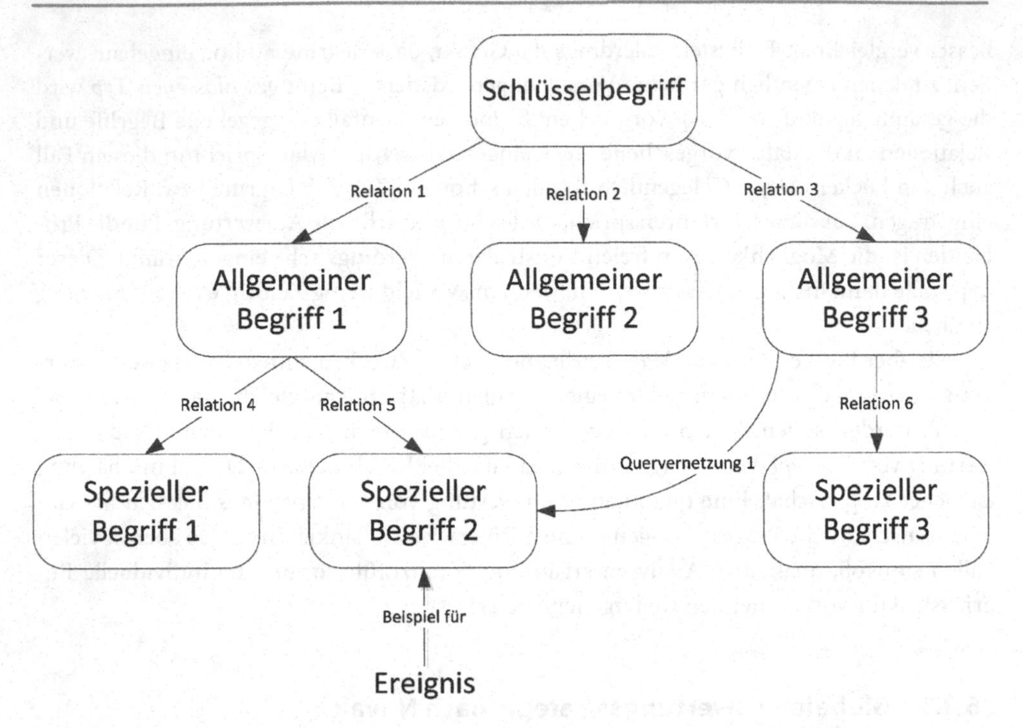

Abb. 26.2 Modell für eine hierarchische *Concept Map*. „Ereignis" stellt keinen Begriff dar, sondern ein individuelles Beispiel. Deswegen wurde es nicht in ein Kästchen gesetzt

Das von Novak eingeführte Verfahren ist dazu geeignet, die konzeptuelle Struktur eines ganzen Inhaltsbereichs global zu beurteilen. Es ist nicht brauchbar zur Diagnose der Verwendung einzelner Begriffe. Dem Verfahren wird gelegentlich vorgeworfen, es würde über die kritischen Stellen im Lernprozess hinwegsehen, da es nur die fachlich korrekten bzw. sinnvollen Relationen registriert und die nicht korrekten nicht beachtet (Kinchin 2001). In vielen Fällen sind es jedoch gerade die genauen Kenntnisse über spezifische Verständnisschwierigkeiten, die zur gezielten Steuerung schulischen Lernens bedeutsam sind.

26.3.4 Differentialdiagnose einzelner Begriffe

Bei diesem Auswertungsverfahren wird jede Aussage (die sich ja aus einer Relation, die von dem Begriff und dem damit verbundenen Begriff ergibt = zwei Knoten, die durch eine Kante verbunden sind), die zu einem Begriff in einer *Map* gestaltet wurde, auf ihre sachliche Korrektheit geprüft (vgl. Graf 1989). Korrekte und falsche Aussagen werden gesondert gezählt und notiert. Das Vorgehen soll an dem Beispiel aus Abb. 26.3 erläutert werden.

Mit dem Begriff „Nährstoff" wurden sechs Aussagen gebildet (Kreise mit den Ziffern 1–6 in Abb. 26.3). Alle Aussagen sind fachlich korrekt. Dies kann wie folgt notiert werden:

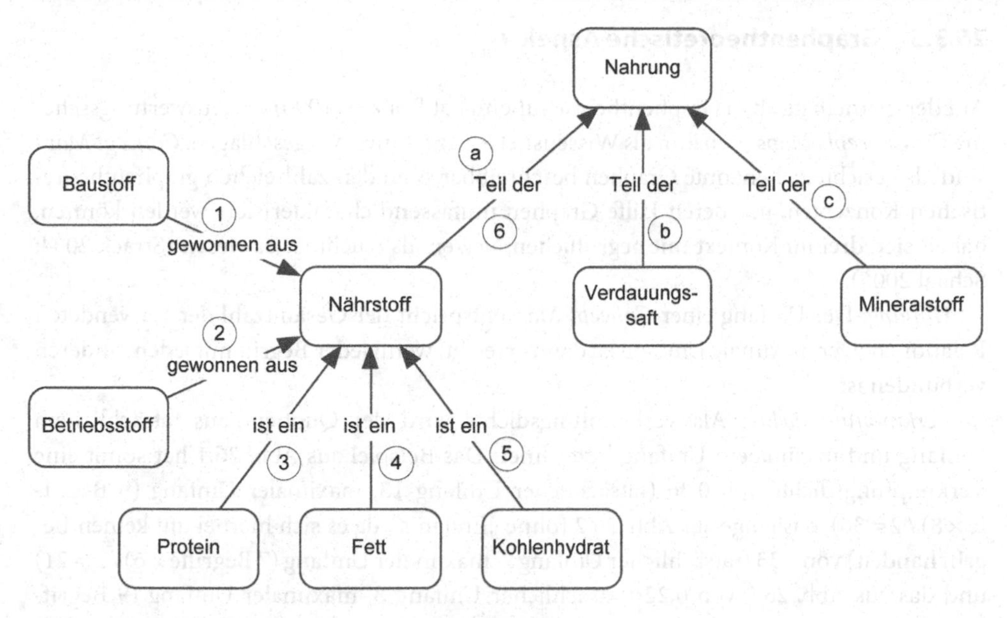

Abb. 26.3 Beispiel-*Map* mit einer Fehlvorstellung, die sich als falsche Aussage manifestiert (b: Verdauungssaft ist ein Teil der Nahrung)

„Nährstoff: 6-0". Zur Erläuterung: Zunächst wird der Begriff aufgeführt. Nach dem Doppelpunkt folgt die Zahl der fachlich richtigen Aussagen und schließlich nach dem Minuszeichen die Zahl der fachlich falschen. Mit dem Begriff „Nahrung" wurden drei Aussagen gebildet (Kreise mit den Buchstaben a–c in Abb. 26.3), von denen eine fachlich nicht korrekt ist (b). Der Proband ist anscheinend der Auffassung, dass Verdauungssaft Teil der Nahrung sei. Verdauungssäfte werden jedoch vom Verdauungssystem produziert. Dies wird dann entsprechend notiert als: „Nahrung: 2-1". Man erhält bei diesem Auswertungsverfahren für jeden Begriff den *Vernetzungsgrad*, der der Zahl aller Aussagen mit einem Begriff (Nährstoff 6 und Nahrung 3) entspricht und das Verhältnis zwischen fachlich angemessenen und fachlich unangemessenen Vorstellungen. Die *Reichhaltigkeit* einer *Concept Map* ergibt sich für jeden Probanden aus der Summe aller mit sämtlichen verwendeten Begriffen gebildeten Aussagen. Die Angabe entspricht dem *Map*-Umfang in graphentheoretischer Betrachtung (Abschn. 26.3.5).

Das Verfahren liefert wertvolle lernrelevante Informationen zu jedem einzelnen in die *Map* eingebauten Begriff – insbesondere auch im Hinblick auf Verständnisschwierigkeiten – hat aber den Nachteil, dass bei der Auswertung Informationen über die Strukturiertheit einer *Map* verloren gehen.

26.3.5 Graphentheoretische Aspekte

Auf der mathematischen Graphentheorie fußend hat Bonato (1990) ein Auswertungsschema für *Concepts Maps* (von ihm als Wissensnetze bezeichnet) vorgeschlagen. *Concept Maps* sind als gerichtete, benannte Graphen beschreibbar. Von den zahlreichen graphentheoretischen Konzepten, mit deren Hilfe Graphen umfassend charakterisiert werden können, haben sich drei im Kontext mit begrifflichen Netzen als fruchtbar erwiesen (Strack 2004; Schaal 2006):

Umfang: Der Umfang einer *Concept Map* entspricht der Gesamtzahl der verwendeten Relationen. Der maximale Umfang ist dann erreicht, wenn jeder Begriff mit jedem anderen verbunden ist.

Verknüpfungsdichte: Als Verknüpfungsdichte wird der Quotient aus tatsächlichem Umfang und maximalem Umfang bezeichnet. Das Beispiel aus Abb. 26.1 hat somit eine Verknüpfungsdichte von 0,36 (tatsächlicher Umfang 13, maximaler Umfang (9 Begriffe × 8) / 2 = 36), dasjenige aus Abb. 26.2 (ohne „Ereignis", da es sich hierbei um keinen Begriff handelt) von 0,33 (tatsächlicher Umfang 7, maximaler Umfang (7 Begriffe × 6) / 2 = 21) und das aus Abb. 26.3 von 0,22 (tatsächlicher Umfang 8, maximaler Umfang (9 Begriffe × 8) / 2 = 36).

Zerklüftetheit: Die Anzahl der unverbundenen *Teil-Maps* – also der in einer *Map* auftretenden Begriffscluster, die nicht miteinander durch Linien verknüpft sind. Alle Beispiel-*Maps* (Abb. 26.1 bis 26.3) sind minimal zerklüftet, da sämtliche Begriffe jeweils zumindest mittelbar miteinander verbunden sind. Eine hohe Zerklüftetheit weist auf eine geringe Integration der Wissensstruktur hin.

Die graphentheoretischen Konzepte lassen alle inhaltlichen Aspekte außer Acht: sie beschreiben vielmehr eine *Concept Map* rein formal. Eine *Map* mit einer hohen Verknüpfungsdichte ist keineswegs automatisch besser als eine mit einer geringen. Es gibt in vielen Fällen eine optimale Dichte, die sich aber nur bei inhaltlicher Analyse der Begriffe und der Relationen ausmachen lässt. In den meisten Fällen wird eine minimale Zerklüftetheit angestrebt werden – aber auch hier können Fälle auftreten, in denen es wenig sinnvoll ist, Teilnetze zu verknüpfen. Weiterhin ist darauf hinzuweisen, dass bei einer derartigen Auswertung Information darüber verloren geht, ob eine Relation zwischen zwei Begriffen sinnvoll ist oder nicht. Es wird nur registriert, ob zwei Begriffe miteinander verbunden sind oder nicht.

Eine Auswertung auf der Basis der Graphentheorie kann aber trotzdem nützlich sein, da Novizen in aller Regel wenig dichte und zerklüftete *Maps* erstellen. Bei **Interventionsstudien** kann ermittelt werden, ob und wie weit sich zwischen Vor- und Nachtest die Verknüpfungsdichte erhöht und die Zerklüftetheit reduziert hat.

Da es sich bei dieser Auswertung um einen reinen Formalismus handelt, sind automatisierte Analysen möglich. Eine solche ist z. B. realisiert in der Software „Mannheimer Netzwerk Elaborations Technik" MaNET. Das Produkt wurde bereits in einigen fachdidaktischen Forschungsarbeiten, die *Concept Mapping* als Diagnoseinstrument verwenden, eingesetzt (z. B. Stracke 2004; Schaal 2006, Schaal et al. 2010). Stracke (2004) beschreibt weitere, ähnliche Softwareprodukte, die aber zum Teil nicht (mehr) verfügbar sind.

26.3.6 Vergleich mit einer Experten-Map

Eine weitere Möglichkeit zur Analyse besteht darin, die von Lernenden erstellten *Concept Maps* mit einer von einem Experten angefertigten zu vergleichen. Mathematisch kann dies mit Hilfe einer Korrespondenzanalyse bewerkstelligt werden. Es wird davon ausgegangen, dass die Qualität einer *Map* umso besser ist, je weniger sie von der Experten-*Map* abweicht. Die Übereinstimmung zwischen den beiden *Maps* wird mit Hilfe eines Korrespondenzkoeffizienten quantifiziert. Hierzu muss bestimmt werden, wie viele übereinstimmende bzw. nicht übereinstimmende Relationen in den zu vergleichenden *Maps* existieren. Das genaue Verfahren ist ausführlich bei Eckert (1998) beschrieben. Auch in diesem Fall ist eine automatisierte, computergestützte Auswertung möglich. Die oben erwähnte Software MaNET besitzt auch hierzu ein Auswertungsmodul. Basale Auswertungsfunktionen bietet auch die im Internet kostenlos verfügbare Software CmapTools[1]. Sie kann beim Vergleich zwischen zwei *Concept Maps* die prozentuale Übereinstimmung in der Verwendung von Relationen, Aussagen und Begriffen berechnen.

Der Einsatz eines computergestützten Verfahrens mit Referenz-*Map* ist dann angemessen, wenn der abzubildende Inhaltsbereich klar strukturiert ist und sich eindeutig fachlich korrekte bzw. fachlich falsche Aussagen ergeben. Der Einsatz des Vergleichsverfahrens ist nicht sinnvoll, wenn mehrere schlüssige Lösungen existieren, die von der Experten-*Map* abweichen. Unterschiede würden dann zu unrecht negativ vermerkt. Bedacht werden muss weiterhin, dass selbst Experten in vielen Fällen nicht zu übereinstimmenden *Maps* kommen.

Mit einer computerbasierten Auswertung lässt sich eine große Zahl an *Maps* schnell und effektiv auswerten. Man kann die Daten an Statistikprogramme weiterreichen, wo sie tiefergehend analysiert werden können, z. B. um Typisierungen der erstellten *Maps* vorzunehmen.

26.4 Zusammenfassung

Mit *Concept Mapping* steht der Lehr- und Lernforschung ein interessantes und mächtiges Instrumentarium zur Verfügung, das bei der hochauflösenden Diagnose des Begriffsverständnisses verwendet werden kann.

Bei genauerer Betrachtung verbirgt sich hinter dem Terminus *Concept Mapping* eine ganze Reihe unterschiedlicher Methoden- und Auswertungsvarianten. Je nach Forschungsfrage eignet sich die eine Variante besser als die andere. In Tab. 26.2 findet sich ein zu-

[1] http://cmap.ihmc.us/download/. Zugegriffen: 9. November 2012.

Tab. 26.2 Vergleich der verschiedenen *Concept-Mapping*-Verfahren anhand von Kenngrößen: 1: Hierarchische Organisation; 2: Vernetztheit; 3: Strukturiertheit: 4: Vernetzungsgrad; 5: Umfang/Reichhaltigkeit; 6: Verknüpfungsdichte; 7: Zerklüftetheit; 8: Korrespondenzkoeffizienten; 9: Fokus auf der Gesamtbeurteilung der *Map*; 10: Fokus auf der Analyse der verwendeten Begriffe. Erläuterungen der Kenngrößen im Text. Das jeweils relevante Unterkapitel ist angegeben

	1	2	3	4	5	6	7	8	9	10
Abschnitt 26.3.3 Novak	x	x	x		(x)[2]				x	
Abschnitt 26.3.4 Differenzialdiagnose				x	x					x
Abschnitt 26.3.5 Graphentheoretische Betrachtung					x	x	x		x	
Abschnitt 26.3.6 Experten-*Map*								x	x	(x)[3]

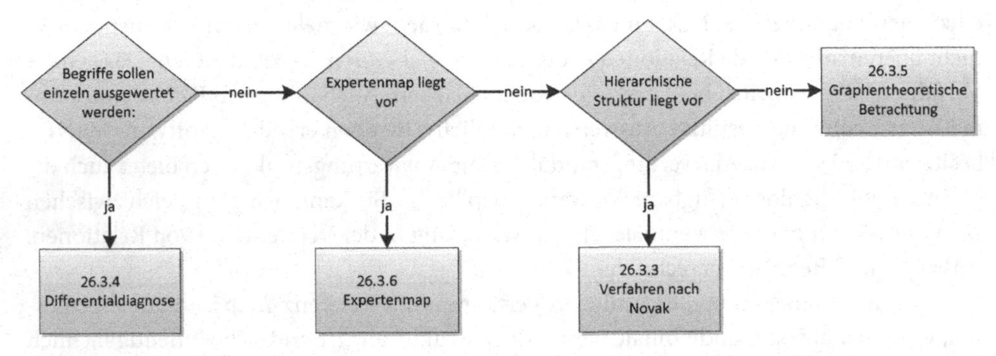

Abb. 26.4 Entscheidungshilfe bei der Auswahl des *Concept-Mapping*-Verfahrens. Das jeweils relevante Unterkapitel ist angegeben

sammenfassender Vergleich. Das Flussdiagramm in Abb. 26.4 kann bei der Auswahl der geeigneten Variante helfen. Da es unter dem Konstruktivismus-Paradigma beim Lernen vor allem auch auf die für jeden einzelnen Lernenden verständniskritischen Begriffe ankommt, sollte eine quantitative Auswertung abgerundet werden durch qualitative Analysen der Aussagen in den erstellten *Maps*.

Literatur zur Vertiefung

Fischler H, Peuckert J (2000) Concept mapping in fachdidaktischen Forschungsprojekten der Physik und Chemie. Logos, Berlin (Neben grundlegenden Bemerkungen zur Methode des Concept Mappings werden verschiedene Beispiele ihrer Anwendung in der physik- und chemiedidaktischen Forschung gegeben.)

[2] Bei Novak werden nur die korrekten Relationen gezählt.

[3] Es wird für jeden einzelnen Begriff ermittelt, ob er mit der Verwendung des Experten übereinstimmt oder nicht.

Mandl H, Fischer F (2000) Wissen sichtbar machen. Wissensmanagement mit Mapping-Techniken. Hogrefe, Göttingen (In diesem Buch werden theoretische Grundlagen des Concept Mappings erläutert sowie empirische Befunde thematisiert. Darüber hinaus werden konkrete Beispiele für den Einsatz von Mapping-Techniken in verschiedenen Wissenschaften gegeben.)

Mintzes JJ, Wandersee JH, Novak JD (2005) Assessing Science Understanding: A Human Constructivist View. Academic Press, Burlington/MA (Diese Veröffentlichung beschäftigt sich mit Möglichkeiten der Diagnose von Verstehensprozessen in den Naturwissenschaften unter konstruktivistischer Lerntheorie. Dabei kommt Concept Mapping eine zentrale Rolle zu.)

Moon BM, Hoffman RR, Novak JD, Cañas AJ (2011) Applied Concept Mapping: Capturing, Analyzing, and Organizing Knowledge. CRC, Raton (Es wird ein historischer Überblick über die Entwicklung von Concept-Mapping-Techniken gegeben. Zahlreiche Fallstudien geben einen Überblick über verschiedene Einsatzszenarien in unterschiedlichen Wissenschaften.)

Teil IV
Probabilistisches Testen

Entwicklung eines Rasch-skalierten Leistungstests

27

Alexander Kauertz

Ein Test kann je nach Einsatzkontext unterschiedliche Funktionen und Bedeutungen haben. Lehrkräfte nutzen Tests, um zu überprüfen, ob die Lernenden Inhalte der letzten Unterrichtseinheit wiedergeben oder anwenden können. Auf dieser Grundlage geben sie Noten und planen weitere Lernunterstützung. Psychologen nutzen Tests, um Persönlichkeitsmerkmale zu erfassen und so z. B. grundlegende kognitive Verarbeitungsweisen zu beschreiben. Die Fachdidaktiken entwickeln fachbezogene Tests, um z. B. die Wirkungen bestimmter Merkmale der Gestaltung von Lernumgebungen auf fachliches Lernen zu untersuchen oder die Vorstellungen der Lernenden zu erfassen.

Der Beitrag zeigt, wie – ausgehend von der Überlegung, was genau gemessen werden soll – Testaufgaben entwickelt und hinsichtlich ihrer Güte überprüft werden. Dabei geht es speziell um Tests mit dem besonderen Merkmal der Rasch-Skalierbarkeit. Das Beispiel einer Studie zum physikalischen Fachwissen von Schülern veranschaulicht die zentralen Zusammenhänge zwischen Konstrukt, Aufgabenmerkmalen, Aufgabenschwierigkeit und Interpretation des Testergebnisses.

27.1 Rasch-Skalierung und Validität von Tests

Die verschiedenen Arten und Funktionen von Tests stellen unterschiedliche Ansprüche an die Aussagekraft ihrer Ergebnisse. Bei Klassenarbeiten macht man sich (meist intuitiv) vorrangig Gedanken um die Passung zum Unterricht („Hab ich das auch so unterrichtet?"), während man in der empirischen Forschung weitergehende Anforderungen stellt. Diese Ansprüche drücken sich in Testgütekriterien aus (vgl. Lienert und Raatz 1998). Gütekriterien betreffen den Test als Ganzes. In diesem Beitrag geht es um Gütekriterien für

Prof. Dr. Alexander Kauertz ✉
Physikdidaktik, Campus Landau, Universität Koblenz-Landau, Fortstr. 7,
76829 Landau, Deutschland
e-mail: kauertz@uni-landau.de

D. Krüger, I. Parchmann und H. Schecker (Hrsg.), *Methoden in der naturwissenschaftsdidaktischen Forschung*, DOI 10.1007/978-3-642-37827-0_27,

Tests im **probabilistischen Ansatz**. Zu den probabilistischen Testauswertungen zählt die Rasch-Skalierung (Kap. 28). In der probabilistischen Sicht drückt sich ein **latentes**, d. h. nicht direkt beobachtbares, aber dem Schüler unterstelltes Merkmal (z. B. sein Verständnis der Mechanik) im Lösungsverhalten entsprechender Testaufgaben aus. Das Maß der Schülerfähigkeit bestimmt in Wechselwirkung mit der Aufgabenschwierigkeit die *Wahrscheinlichkeit* einer korrekten Aufgabenlösung. Aus dieser Wahrscheinlichkeit wird dann auf die Ausprägung des latenten Merkmals geschlossen.

Aber auch jede einzelne Aufgabe eines Tests hat insbesondere aus fachdidaktischer Perspektive große Bedeutung für die Qualität des Tests. Die Kernfrage ist dabei, wie gut die Aufgabe das widerspiegelt, was der Test erfassen soll (Validität; Kap. 9).

27.1.1 Rasch-Skalierung und ihre Anforderungen

Wesentliches Merkmal Rasch-skalierter Tests ist die Möglichkeit, sowohl die Aufgabenschwierigkeit als auch die Fähigkeit des Bearbeiters auf derselben Skala anzugeben. In den PISA-Studien kennt man die Skalen mit einem Mittelwert von 500 Punkten. Kann ein Bearbeiter eine Aufgabe lösen, die bei 500 Punkten auf der Skala liegt, so kann er mit hoher Wahrscheinlichkeit auch alle Aufgaben lösen, die unterhalb von 500 Punkten auf der Skala liegen, und mit geringer Wahrscheinlichkeit alle Aufgaben, die darüber liegen. Diese Hierarchie der Aufgabenschwierigkeit ist eine Besonderheit der probabilistischen Testtheorie. Sie wird bei der klassischen Testtheorie zwar implizit angenommen, aber nicht geprüft. Ein weiterer Vorteil besteht in der Möglichkeit, Aufgaben aus einem Rasch-skalierten Aufgabenpool auszuwählen und für einen Test zu kombinieren, bzw. aus der Schülerstichprobe beliebige Teilstichproben auszuwählen, ohne dass der Test seine Eigenschaften ändert (Kap. 28).

Die Rasch-Skalierung wird als probabilistische Testauswertung bezeichnet, da die „wahre“ Fähigkeit eines Probanden mit Hilfe wahrscheinlichkeitsbasierter Schätzverfahren (z. B. dem Maximum-*Likelihood*-Verfahren; Rost 2004) aus den empirischen Daten der Aufgabenbearbeitung ermittelt wird. Dabei gilt die Grundannahme, dass es eine latente Fähigkeit gibt, die unterschiedlich stark ausgeprägt sein kann. Ist sie gering ausgeprägt, löst der Proband nur wenige Aufgaben sicher, ist sie hoch ausgeprägt, löst er viele. Bei Rasch-skalierten Tests kommt es nicht darauf an, welche Aufgaben ein Proband im Einzelnen löst.

Das bedeutet auch, dass mit Hilfe der Rasch-Skalierung ebenfalls gezeigt werden kann, wie gut die einzelnen Aufgaben ein gemeinsames **Konstrukt** (also die latente Fähigkeit) widerspiegeln. Grundlage für diese Interpretation ist, dass alle Aufgaben auf einer Skala (der Rasch-Skala) angeordnet werden können. Für die Testkonstruktion folgt daraus die Notwendigkeit, dass sich die Aufgaben hinsichtlich des Konstrukts ähnlich genug sind, also die gleiche Fähigkeit zum Lösen erfordern, allerdings auf unterschiedlichen Niveaus.

Diese Merkmale sind nicht nur praktisch, wenn große Stichproben (***Large Scale Assessment***) und Stichproben mit sehr breitem Fähigkeitsspektrum untersucht werden (etwa bei PISA; OECD 1999). Ein Rasch-skalierter Test bietet auch fachdidaktisch interessante

Möglichkeiten. Eine Möglichkeit ist der Nachweis, dass für bestimmte Aufgabeninhalte gleiche Fähigkeiten notwendig sind. Es lässt sich aber auch untersuchen, ob bestimmte Anforderungen schwieriger sind als andere. Das ist dann der Fall, wenn sich bei Kontrolle möglichst aller anderen schwierigkeitserzeugenden Merkmale die Aufgaben auf der gleichen Skala anordnen lassen, aber sich Aufgaben einer bestimmten Anforderung weiter oben auf der Skala einordnen als die mit anderen Anforderungen. Auf diese Weise lassen sich intuitive Annahmen empirisch prüfen, beispielsweise ob Aufgaben, in denen die zur Lösung notwendigen Informationen vorgegeben sind, einfacher sind als solche, bei denen diese Informationen aus dem Gedächtnis abgerufen werden müssen (Kap. 30).

Oft wird die Möglichkeit Rasch-skalierter Tests genutzt, um ein facettenreiches und vielschichtiges theoretisches Konstrukt – wie z. B. „Umgang mit Fachwissen" – zu erfassen, ohne den für einen einzelnen Probanden zumutbaren Testaufwand zu überschreiten. Dabei können die Aufgaben aus verschiedenen Inhaltsbereichen stammen sowie unterschiedliche Fähigkeiten testen, die zusammengenommen den Umgang mit physikalischem Fachwissen ausmachen (wie Hypothesen aufstellen, Diagramme interpretieren oder Argumentieren). Da in einer Aufgabe nicht alle Fähigkeiten und Inhaltsbereiche vorkommen können, muss meist ein großer Aufgabenpool erstellt werden. Man legt Teilstichproben dann jeweils unterschiedlich zusammengestellte Testhefte vor. So müssen nicht alle Probanden alle Aufgaben bearbeiten. Die beschriebenen Eigenschaften einer Rasch-Skalierung erlauben es dennoch, die Ergebnisse des Probanden auf das theoretische Konstrukt zu beziehen, also etwas über seine Fähigkeit zum adäquaten Umgang mit Fachwissen auszusagen.

Wie das untersuchte Konstrukt inhaltlich zu beschreiben ist, ergibt sich aber aus der Rasch-Skalierung nicht direkt. Dieser Nachweis ist im Wesentlichen eine fachdidaktische Frage. Das Konstrukt wird durch die Aufgaben bzw. die Anforderungen, die diese Aufgaben stellen, bestimmt. Daher muss das Konstrukt systematisch in Aufgaben übersetzt werden. Dazu muss das Konstrukt in Form von Aufgabenmerkmalen beschrieben werden (**Operationalisierung**). Das macht es erforderlich, vorab (*a priori*) theoretische Annahmen über die Beziehung zwischen bestimmten Aufgabenmerkmalen (z. B. der Komplexität der richtigen Lösung) und der durch das Konstrukt beschriebenen Fähigkeit des Bearbeiters (z. B. zur Anwendung physikalischen Fachwissens) zu haben oder zu vermuten. Grundsätzlich gibt es aber auch die Möglichkeit, im Nachhinein auf ein potenziell zugrundeliegendes Konstrukt zu schließen (*post hoc*). Bei diesem Vorgehen werden alle Aufgaben bzw. **Items**, die nicht zum Rasch-Modell passen, aus dem Aufgabenpool entfernt. Die Rasch-Skala wird dann in Bereiche unterteilt, die Aufgaben mit ähnlicher Schwierigkeit enthalten. Anschließend versucht man zu identifizieren, welche Anforderung diese ähnlich schwierigen Aufgaben an den Bearbeiter stellen. Man kann dann über die verschiedenen Schwierigkeitsbereiche hinweg eine Fähigkeit identifizieren, mit der die zunehmenden Anforderungen zusammenhängen könnten. Auch dieser Zusammenhang soll theoretisch fundiert oder aufgrund theoretischer Erwägungen (z. B. der Bloomschen Taxonomie) plausibel sein. Dieses Vorgehen lässt sich nur schwer standardisieren, da zahlreiche Interpretationen erforderlich sind. Die Validität eines Tests hinsichtlich des zugrundeliegenden Konstrukts profitiert daher davon, wenn das Konstrukt systematisch *a priori* in Aufgaben überführt wird.

27.1.2 Optimierung und Validierung von Tests

Für einen aussagekräftigen Test ist es nötig, dass mehrere Aufgaben zur Bearbeitung vorgelegt werden, deren richtige Beantwortung bei einer idealen Testkonstruktion nur mit der theoretisch beschriebenen Fähigkeit möglich ist (Validität; Kap. 9). An drei Stellen kann bei der Testentwicklung die Qualität des Tests (Reliabilität, Validität, Objektivität) diskutiert und optimiert werden (Abb. 27.1):

1. beim Übergang vom theoretischen Konstrukt zu den Aufgaben;
2. bei der Frage, wie zusammenhängend die Aufgaben von den Probanden bearbeitet werden;
3. bei der Interpretation der Bearbeitungen.

An der ersten Stelle ist zu klären, ob die Aufgaben geeignet sind, das theoretische Konstrukt (z. B. „Umgang mit Fachwissen") abzubilden. Dies betrifft die Frage nach Konstrukt- und Inhaltsvalidität. Hierzu gehören Entscheidungen darüber, ob bestimmte Fähigkeiten, Wissensbestände etc. zum Konstrukt gehören und angemessen erfasst werden. An der zweiten Stelle ist die empirische Frage zu klären, ob die Aufgaben grundsätzlich skalierbar sind, z. B. zum Rasch-Modell passen, mehrere Skalen bilden oder klassisch eine hohe interne Konsistenz im Sinne von Cronbachs α zeigen (→ Zusatzmaterial online) und die gewünschten psychometrischen Eigenschaften (Trennschärfe, Schwierigkeit, Passung zum Rasch-Modell) aufweisen (Fragen der Reliabilität). An dritter Stelle ist eine Diskussion notwendig, ob sich die Ergebnisse nicht auch über andere Konstrukte (z. B. allgemeine Intelligenz, Lesefähigkeit) erklären ließen (diskriminante Validität) und inwieweit die Interpretation der Ergebnisse objektiv ist.

27.2 Vom theoretischen Konstrukt zu den Aufgabenmerkmalen

Grundlage jeden Tests ist eine theoretische Beschreibung der abzubildenden Fähigkeit – das theoretische Konstrukt. Für wissenschaftliche Tests muss dieses Konstrukt möglichst explizit beschrieben und gerechtfertigt bzw. in einen größeren theoretischen Zusammenhang gestellt werden. Für das Beispielkonstrukt „Umgang mit (physikalischem) Fachwissen" ist etwa ein Bezug zur Definition von Kompetenz nach Weinert (2001) sinnvoll, um zu klären, was mit fachbezogenen Fähigkeiten im schulischen Kontext gemeint ist. Eine Berücksichtigung von PISA und der dort beschriebenen *Scientific Literacy* (OECD 1999) erlaubt es, die dort genutzten Aufgaben als Referenz heranzuziehen. Eine Berücksichtigung der Bildungsstandards der Kultusministerkonferenz (KMK 2005) stellt die Anbindung an die normative Basis der schulischen Arbeit sicher. Fachdidaktisch ist zu klären, welche Inhalte, fachinhaltlichen und didaktischen Strukturierungen (Basiskonzepte, Leitideen, Schülervorstellungen, didaktische Rekonstruktionen), Arbeitsweisen und damit verbundene Fähigkeiten für Physik im jeweiligen Bildungsbereich bestimmend sind.

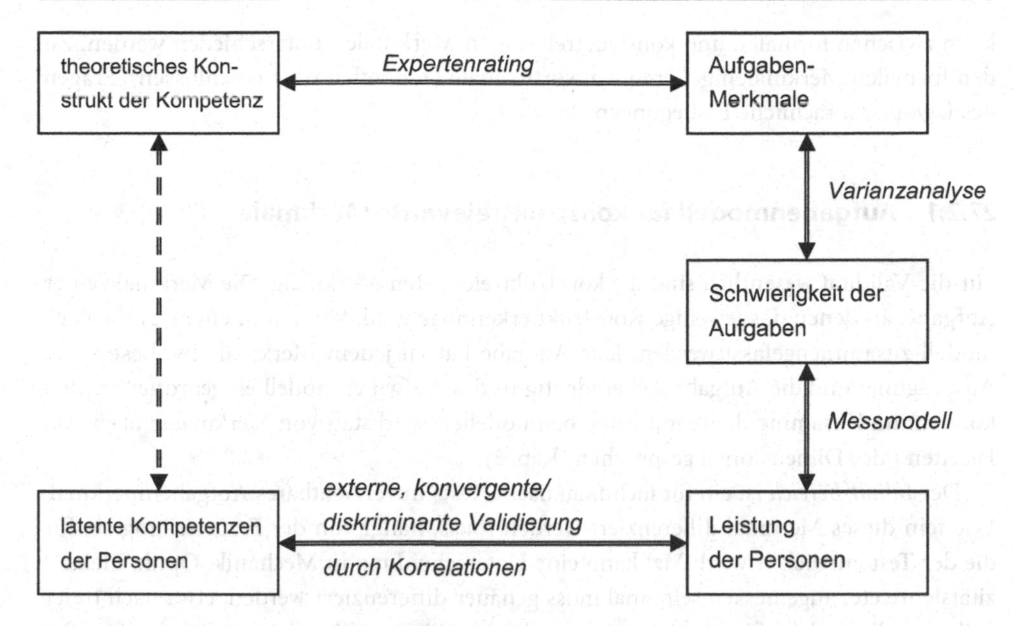

Abb. 27.1 Die Prüfung der Qualität des Tests erfolgt an mehreren Stellen (nach Kauertz 2008)

Wenn es sich um ein neues Konstrukt handelt oder bislang kein Test dazu existiert, muss die damit bezeichnete Fähigkeit zunächst genau beschrieben werden (Kap. 2 und 29). Dabei bestimmt man verschiedene Niveaustufen, die ein Spektrum der Fähigkeitsausprägung aufspannen. Dann definiert man mögliche Merkmale, an denen diese Niveaus bei der Bearbeitung von Testaufgaben festgemacht werden können. Schließlich muss die eigentliche Bewertung einer Aufgabenbearbeitung als richtig oder falsch festgelegt werden, indem eine eindeutige Beziehung zwischen den Fähigkeitsausprägungen und den Merkmalen der Lösung hergestellt wird (vgl. Wilson 2005).

Zentrales Element der Aufgabenentwicklung ist die Verknüpfung der Aufgaben mit dem theoretischen Konstrukt (Schritt 1 in Abb. 27.1). Im Grunde muss für jede einzelne Aufgabe gezeigt und gerechtfertigt werden, dass sie das Konstrukt angemessen repräsentiert, d. h. idealerweise nur mit der im Konstrukt beschriebenen Fähigkeit gelöst werden kann. Nur dann kann eine eindimensionale Rasch-Skalierung des Tests gelingen (Kap. 28). Diese Verknüpfung von Aufgaben und Konstrukt kann etwa über eine Expertenbefragung erfolgen. Dabei ist sicherzustellen, dass die Experten das theoretische Konstrukt kennen und nach Möglichkeit auch über Erfahrung mit der Bearbeitung entsprechender Aufgaben durch die Zielpopulation verfügen (Kap. 25).

Um einen größeren Aufgabenpool zielgerichtet erstellen zu können, bietet es sich an, mit einer Anleitung zur Aufgabenentwicklung zu arbeiten. Die Grundidee basiert darauf, dass Aufgaben durch Merkmale beschrieben und klassifizierbar sind (Fischer und Draxler 2007). Die Anleitung legt solche Merkmale von Aufgaben fest, die bei der Aufgabenentwicklung systematisch berücksichtigt werden. Bei den zu berücksichtigenden Merkmalen kann zwischen formalen und konstruktrelevanten Merkmalen unterschieden werden. Zu den formalen Merkmalen gehören Antwortformate (z. B. offen oder geschlossen), Fragen des Layouts, sprachliche Festlegungen etc.

27.2.1 Aufgabenmodell für konstruktrelevante Merkmale

Für die Validität wesentlich sind die konstruktrelevanten Merkmale. Die Merkmale einer Aufgabe, an denen das jeweilige Konstrukt erkennbar wird, können in einem Aufgabenmodell zusammengefasst werden. Jede Aufgabe hat zu jedem Merkmal eine bestimmte Ausprägung, und die Aufgabe soll eindeutig in das Aufgabenmodell eingeordnet werden können. Im Zusammenhang mit Aufgabenmodellen wird statt von Merkmalen auch von Facetten oder Dimensionen gesprochen (Kap. 2).

Der *Inhaltsbereich* ist ein für fachdidaktische Tests unverzichtbares Aufgabenmerkmal. Wie fein dieses Merkmal differenziert werden muss, hängt von der Fragestellung ab, für die der Test entwickelt wird: Mal kann eine Unterscheidung in Mechanik, Optik, Elektrizitätslehre etc. angemessen sein, mal muss genauer differenziert werden, etwa nach freier Fall, geradlinig gleichförmiger Bewegung, gleichmäßig beschleunigter Bewegung etc. Bei Bezugnahme auf die nationalen Bildungsstandards ist es üblich geworden, Inhalte im Hinblick auf Basiskonzepte zu unterscheiden (Energie, Materie etc.).

Neben der Frage, was der Inhaltsbereich der Aufgabe ist, wird eine Aufgabe durch die *kognitiven Anforderungen* charakterisiert, die sie stellt. Eine Anforderung lässt sich oft an dem Verb ablesen, mit dem die Aufgabe den Bearbeiter zur Bearbeitung auffordert (den Operatoren), z. B. bestimme, berechne, stelle dar, begründe. Je nach Fragestellung der Untersuchung, für die der Test gedacht ist, muss jeder Operator genauer definiert werden, oder es werden Operatoren zu größeren Einheiten gebündelt, z. B. reproduzierende oder explorierende Tätigkeiten. Es ist möglich, dass zur Lösung einer Aufgabe mehrere Einzelanforderungen kombiniert werden müssen, so dass man Aufgaben auch danach unterscheiden kann, wie viele dieser Einzelanforderungen für eine vollständige Lösung bewältigt werden müssen. Art und Anzahl der Anforderungen können schwierigkeitserzeugende Merkmale (Kap. 30) sein und eine hierarchische Facette im Aufgabenmodell bilden.

Neben diesen beiden zentralen Merkmalen jeder Aufgabe lassen sich je nach Fragestellung der Untersuchung weitere Merkmale finden und beschreiben. So kann es etwa relevant sein, wie komplex die **Sachstruktur** (Kap. 16) der erwarteten Lösung ist, welche Art von Abbildung einer Aufgabe beigefügt ist, ob die Aufgabentexte alltäglichen Texten ähnlich sind (Kap. 20) oder ob Aufgaben am Bildschirm oder auf Papier gelöst werden müssen.

Jede Aufgabe wird dann so entwickelt (oder eine bestehende Aufgabe ins Aufgabenmodell eingeordnet), dass sie zu jedem Merkmal eine bestimmte Ausprägung hat; man könnte auch von einem Merkmalsvektor sprechen. Eine übliche Darstellung von Aufgabenmodellen ist daher die Form eines Koordinatensystems, wobei jedes Aufgabenmerkmal bzw. jede Facette des Modells eine eigene Koordinatenachse zugewiesen bekommt (Kap. 2). Auf der Inhaltsbereichsachse sind dann die Inhaltsbereiche als Kategorien aufgeführt, die Anforderung als hierarchische Kategorienachse usw. Jede Aufgabe entspricht einem Punkt in diesem Koordinatensystem. Auf diese Weise lässt sich z. B. prüfen, ob alle Kombinationen aus Merkmalen im Test vorkommen oder ob eine Auswahl von Aufgaben auch alle Merkmale angemessen berücksichtigt. Zudem kann so das zu erfassende Konstrukt prägnant und übersichtlich dargestellt werden.

27.2.2 Aufgabenentwicklung

Es empfiehlt sich, von Anfang an die Entwicklungsschritte jeder Aufgabe zu dokumentieren. Insbesondere bei übernommenen oder adaptierten Aufgaben, Aufgabenteilen, Graphiken, Abbildungen, Textausschnitten etc. müssen die Quellenangaben festgehalten und ggf. Rechte Dritter beachtet werden.

Zunächst muss eine Rohversion der Aufgabe gefunden werden. Dazu gibt es im Wesentlichen drei Wege, die im Regelfall alle genutzt werden:

- Aufgaben aus anderen Tests neu zusammenstellen,
- Aufgaben aus anderen Verwendungszusammenhängen (z. B. Lernaufgaben, Aufgaben aus anderen Fächern oder für andere Zielgruppen) adaptieren und
- Aufgaben ohne Vorlage selbst entwickeln.

Diese Rohfassung wird nun mit der Anleitung für die Aufgabenentwicklung bearbeitet. Dabei werden die dort beschriebenen Merkmale gezielt in die Aufgabe eingearbeitet oder deutlicher herausgearbeitet. Je nach Konstrukt kann es sinnvoll sein, dazu eine Reihenfolge der Merkmale vorzusehen, z. B. die formalen Merkmale erst am Ende einzuarbeiten. Es sollte in jedem Fall geprüft werden, ob es verzichtbare Elemente in der Aufgabe gibt.

Testaufgaben sollen ausschließlich Informationen enthalten, die im direkten Zusammenhang mit der Bearbeitung stehen. Wenn Begriffe oder Abbildungselemente sich nicht über die in der Anleitung definierten Merkmale oder sprachliche Notwendigkeit rechtfertigen lassen, soll man auf sie verzichten. Andernfalls können dadurch Fähigkeiten für die Bearbeitung relevant werden, die nichts mit dem intendierten Konstrukt zu tun haben (z. B. Leseverständnis).

Ein auf diese Weise erzeugter Test orientiert sich sehr eng am Konstrukt. Auch wenn im Idealfall eine Expertenbeurteilung der Aufgaben hinsichtlich der Passung zum Konstrukt trivial erscheint, soll man aus Gründen der Validierung darauf nicht verzichten. Es gibt somit zwei, sich ergänzende Möglichkeiten einen validen Test zu entwickeln: durch eine möglichst umfassende und objektivierte Konstruktionsanleitung und durch ein **Expertenpanelling** fertiger Aufgaben.

27.2.3 Fachliche Angemessenheit

Bei naturwissenschaftlichen Tests ist hinsichtlich der fachlichen Angemessenheit stets genau zu prüfen, ob die im Test gegebenen Informationen für die Bearbeitung ausreichen, um die Aufgabe eindeutig erfassen und lösen zu können. So gelten physikalische Gesetzmäßigkeiten meist nur unter bestimmten Rand- und Anfangsbedingungen, z. B. gilt der lineare Zusammenhang zwischen Ausdehnung und Spannkraft bei einer Feder nur, solange man im elastischen Bereich bleibt. Aber wie weit soll man bei den Informationen im Aufgabentext gehen? Insbesondere für Leistungstests in Schulen stellt sich die Frage, ob alle Rand- und Anfangsbedingungen, die physikalisch prinzipiell zu beachten sind, für eine aus Schülersicht eindeutige Bearbeitung der Aufgabe auch tatsächlich notwendig sind. Die Einschränkung auf den Normaldruck bei Angabe der Siedetemperatur könnte eher verwirren. Oft sind solche Einschränkungen aufgrund vorherigen Unterrichts als Konvention bekannt und werden von den Schülern gar nicht hinterfragt.

Ein Zuviel an Bedingungen und Einschränkungen kann den Bearbeiter auf die falsche Spur locken. Außerdem erhöht sich der Textumfang und damit der Leseaufwand (Kap. 20). Ein Zuwenig verhindert die fachlich eindeutige Bearbeitung und Lösung. In beiden Fällen wäre dann nicht mehr das eigentlich intendierte Konstrukt für die richtige Beantwortung der Aufgabe relevant, sondern die Fähigkeit, sich von einem Zuviel an Information nicht verwirren zu lassen oder bei einem Zuwenig zufällig die Antwort der Musterlösung zu treffen. Für die Rasch-Skalierung hat das zur Folge, dass die Aufgabe vermutlich einen schlechteren Qualitätsparameter erhält und ausgeschlossen werden müsste oder die Validität des Tests infrage stellt.

Die Lösung liegt in einer fachdidaktischen Analyse des Inhalts der Aufgabe (Kap. 28). Bei der Entwicklung der Aufgaben werden Schülervorstellungen zum Inhalt und zur Lösung mit der fachlich angemessenen Lösung abgeglichen und gegebenenfalls im Rahmen von **Pilotierungen** sogar diskursiv mit Schülern herausgearbeitet. Das Ergebnis ist eine den (meisten) Schülern verständliche, eindeutige inhaltliche Beschreibung und Lösung.

Umgesetzt wird dies durch Erprobung erster Aufgabenversionen an kleineren Stichproben. Dabei können z. B. zunächst offene Antwortformate verwendet werden. Man kann ***Stimulated-Recall***-Interviews mit den Bearbeitern führen, bei denen die bereits bearbeitete Aufgabe als Stimulus für das Nachgespräch dient. Methoden des lauten Denkens beim Bearbeiten der Aufgabe (Kap. 15) können genutzt werden, oder es können Feedbackbögen hinsichtlich Verständlichkeit, Bekanntheit etc. zum Einsatz kommen. Ein wesentliches Ziel solcher Validierungsschritte liegt darin sicherzustellen, dass Schüler die Intention der Aufgabe verstehen und bei ihrer (falschen oder korrekten) Bearbeitung die zu untersuchenden Fähigkeiten im Vordergrund stehen.

Die psychometrische Randbedingung der Rasch-Skalierung zwingt dazu, Aufgaben mit eindeutigen Lösungswegen zu entwickeln. Das bedeutet auch, dass nur Schüler, die über ein bestimmtes Fähigkeitsniveau verfügen, die Aufgaben mit hoher Wahrscheinlichkeit lösen können. Schülern, die unter diesem Niveau bleiben, soll das nur sehr selten gelingen.

27.2.4 Aufgabenüberarbeitung und -auswahl

Im Allgemeinen gelingt es nicht gleich im ersten Entwicklungsschritt, eine Aufgabe zu erhalten, die der Konstruktionsanleitung ideal genügt und somit eindeutig dem Konstrukt entspricht, das getestet werden soll. Der Prozess ist iterativ, und nach jeder Veränderung an der Aufgabe muss abgeglichen werden, ob alle Bedingungen der Konstruktionsanleitung erfüllt sind. Idealerweise sollen Aufgaben in einem konsensuellen Prozess zwischen Experten bewertet werden (vgl. Mullis und Martin 1998). Über ein Experten-Übereinstimmungsmaß (z. B. Cohens-Kappa; → Zusatzmaterial online) lässt sich für die Iteration von Aufgabenüberarbeitung und Einschätzung der Aufgabenpassung dann ein Abbruchkriterium definieren.

Die Endversion der Aufgabe muss letztlich der Konstruktionsanleitung genügen und gleichzeitig angemessene psychometrische Kennwerte haben (Beispiel im Begleitmaterial online). Zu diesen zählen im Fall der Rasch-Skalierung mindestens die **Trennschärfe**, der Aufgaben-Fit zum Rasch-Modell und üblicherweise auch die Einschränkung, dass die Anforderungen nicht in einem extremen Randbereich der Skala liegen. Die große Mehrzahl der Aufgaben soll im Bereich von zwei Standardabweichungen um die mittlere Schwierigkeit bzw. mittlere Bearbeiterfähigkeit liegen, die ja bei der Rasch-Skalierung auf der gleichen Skala abgetragen werden (bei PISA ist das der Bereich von 300 bis 700 Punkten). Ermittelt werden diese Kennwerte durch eine Pilotierung der Aufgaben an einer ausreichend großen Stichprobe (Kap. 28).

Die in der Pilotierung erhaltenen psychometrischen Kennwerte dienen der Auswahl von Aufgaben, die in der eigentlichen Untersuchung genutzt werden können. Teilweise treten dabei Grenzfälle auf, d. h. Aufgaben, die in einzelnen Kennwerten akzeptabel, in anderen aber inakzeptabel sind. Sieht man sich die Passung der Aufgaben zur Konstruktionsanleitung an, lassen sich diese Grenzwerte manchmal durch einen Vergleich mit Aufgaben interpretieren, die eine ähnliche Zuordnung zum Aufgabenmodell haben. Die Grenzfälle können dann „gerettet", d. h. entsprechend angepasst werden.

Haben besonders viele Aufgaben (z. B. mehr als ein Drittel) inakzeptable psychometrische Kennwerte, so kann das ein Hinweis darauf sein, dass die Umsetzung der Konstruktionsanleitung nicht gut gelungen ist oder das Aufgabenmodell selbst nicht ausreicht, ein gemeinsames Konstrukt zu definieren. Lässt sich auch mit einer angepassten **Operationalisierung** kein Erfolg erzielen, muss gegebenenfalls in Betracht gezogen werden, dass das Konstrukt dieser Art der Beobachtung nicht zugänglich ist (d. h. nicht testbar ist). Eine Ursache dafür kann dann z. B. eine ungenügende theoretische Klarheit sein.

27.2.5 Überblick über den Aufgabenentwicklungsprozess

Die Entwicklung guter Aufgaben für einen Rasch-skalierten Test orientiert sich an folgenden Bedingungen:

- Die Aufgabe muss das Konstrukt möglichst eindeutig und ausschließlich widerspiegeln.
- Die Aufgabe muss ausreichende Gemeinsamkeiten zu den anderen Aufgaben im Test haben.
- Die Aufgabe muss mindestens ein definiertes schwierigkeitsgenerierendes Merkmal aufweisen.

Sind diese Bedingungen erfüllt, lässt sich erwarten, dass die Aufgaben des Tests dem Rasch-Modell genügen, d. h. der Test Rasch-skalierbar ist. Ein Aufgabenmodell als Grundlage für die Aufgabenentwicklung hat dabei die Vorteile, dass

- die Entwicklung zielgerichteter erfolgen kann und so ein hoher Ausschuss nicht Rasch-kompatibler Aufgaben vermieden wird;
- die Abdeckung des gesamten Fähigkeitsspektrums, das durch das theoretische Konstrukt definiert ist, dokumentiert und geprüft werden kann;
- sich empirisch prüfen lässt, inwieweit die Operationalisierung des Konstrukts im Aufgabenmodell zur quantifizierenden Beschreibung des Konstrukts geeignet ist.

Die Prüfung der Qualität der Operationalisierung des Konstrukts und seiner Umsetzung in Aufgaben ist unter den Gesichtspunkten der Qualität des Tests und seiner Validität unverzichtbar. Ein gutes Aufgabenmodell muss daher:

- empirisch unterscheidbare Ausprägungen und Facetten haben, zu denen sich die Aufgaben eindeutig zuordnen lassen;
- ein hierarchisches Aufgabenmerkmal definieren, über das unterschiedliche Schwierigkeiten der Aufgaben erklärbar werden;
- nachvollziehbare Bezüge zum theoretischen Konstrukt ausweisen.

Es stehen für die empirische Überprüfung der Qualität der Operationalisierung auf der Basis eines Aufgabenmodells verschiedene Ansätze zur Verfügung:

- Experteneinschätzungen und entsprechende Übereinstimmungsmaße, mit denen die Einordnung und fachliche Angemessenheit der Aufgaben bewertet werden kann (Kap. 25),
- Rasch-Skalierung, mit der die Annahme, dass es sich um *ein* Konstrukt handelt, das geprüft wird (Kap. 28),
- Untersuchung der Aufgabenmerkmale im Aufgabenmodell hinsichtlich (latenter) Korrelationen und der Zusammenhänge zwischen hierarchischen Merkmalen und der Aufgabenschwierigkeit (Kap. 30).

Alle drei Ansätze sind notwendig, um einschätzen zu können, ob der Test zuverlässig interpretierbar ist. Dabei ist die hier angegebene Reihenfolge sinnvoll. Zunächst soll allein aus ökonomischen Gründen geklärt sein, ob die Aufgaben das Konstrukt angemessen repräsentieren. Die Konstruktionsanleitung erleichtert das Expertenrating (Kap. 25) erheblich und kann es im Idealfall ersetzen, wenn die Aufgaben ohne Interpretation aus der Anleitung abgeleitet werden können. Die beiden folgenden Ansätze erfordern die Bearbeitung des Tests durch eine ausreichend große Stichprobe (Kap. 28).

27.3 Konstruktanalysen

Bislang wurde das *eindimensionale* Rasch-Modell unterstellt, um zu zeigen, dass zur Lösung der Aufgaben die mehr oder weniger ausgeprägte Beherrschung *eines* Fähigkeitskonstrukts genügt. Gleichzeitig wird durch das Aufgabenmodell eine Unterscheidung von Aufgaben vorgenommen, die sich in diesem Modell unterschiedlichen Facetten zuordnen lassen. Fachdidaktisch kann die Frage nach dieser inneren Struktur interessant sein, selbst wenn die **Psychometrie** nahelegt, dass es sich um sehr ähnliche Sub-Fähigkeiten handelt.

Erstens kann im wahrscheinlichen Fall, dass der Nachweis der Eindimensionalität nur mit einer gewissen Unschärfe gelingt, ggf. durch Analyse der Korrelationen zwischen verschiedenen Aufgabenmerkmalen eine empirisch fundierte Feinstruktur abgebildet werden. Diese kann eine neue fachdidaktische Erkenntnis beinhalten – etwa die Nähe zwischen zwei Fähigkeiten, die fachdidaktisch sehr verschieden erscheinen, oder umgekehrt die Auftrennung einer als homogen gedachten Fähigkeit in zwei eigenständige Fähigkeiten.

Zweitens können die unterschiedlichen Aufgabenmerkmale aus fachlicher Sicht (z. B. Strukturierung des Fachs durch Inhaltsbereiche wie Mechanik oder Elektrizitätslehre) oder aus fachdidaktischer Sicht (z. B. nach lebensweltnahen und -fernen Aufgaben) notwendig und gerechtfertigt erscheinen. Die Feinstruktur ist dann nicht psychometrisch, aber aus fachdidaktischen Gründen sinnvoll.

Korrelieren die Aufgabenmerkmale nur gering untereinander, ist es naheliegend von einem *mehrdimensionalen* Konstrukt auszugehen und entsprechende Rasch-Analysen durchzuführen. Für jede Bearbeitung gibt es dann nicht mehr nur einen Wert, der die Fähigkeit angibt, sondern für jede Dimension bzw. Teilfähigkeit je einen Wert.

Für die Interpretation eines Rasch-skalierten Tests ist insbesondere der Zusammenhang von hierarchischen Aufgabenmerkmalen (z. B. der Komplexität bei Neumann et al. 2007) und der Aufgabenschwierigkeit interessant. Gelingt der Nachweis eines Zusammenhangs, beispielsweise zwischen einer Facette in einem Kompetenzmodell und der Schwierigkeit (vgl. Senkbeil et al. 2005), so ist dies ein Hinweis darauf, was genau (in dieser Operationalisierung) eine höhere Kompetenz ausmacht. Im Fall des Kompetenzmodells von Neumann et al. (2007) ließ sich ein Zusammenhang zwischen Komplexität und Aufgabenschwierigkeit nachweisen (Kauertz 2008). In diesem Modell drückt sich eine höhere Fähigkeit im Umgang mit Fachwissen also darin aus, komplexere Probleme mit Hilfe der Basiskonzepte Energie, Materie, System und Wechselwirkung lösen zu können. Überraschenderweise ließ sich dagegen ein Zusammenhang zwischen den kognitiven Prozessen und der Aufgabenschwierigkeit nicht nachweisen. Eine mögliche Ursache war die Umsetzung dieser Facette in den verwendeten Aufgaben. In einer späteren Studie wurde dieser Frage weiter nachgegangen (Kauertz et al. 2010).

27.4 Zusammenfassung

Die Entwicklung eines Rasch-skalierten Leistungstests berücksichtigt zum einen das zu messende Konstrukt aus fachdidaktischer Sicht, zum anderen unterliegt sie den psychometrischen Anforderungen des Rasch-Modells. Der Vorteil eines Rasch-skalierten Tests ist die Möglichkeit, Annahmen über die Operationalisierung des Fähigkeitskonstrukts (Facetten, Hierarchien) empirisch prüfen zu können und so zu verlässlicheren Interpretationen zu kommen. Die Operationalisierung des Konstrukts in einem Aufgabenmodell bzw. einer Aufgaben-Konstruktionsanleitung erfordert verschiedene fachdidaktische Entscheidungen hinsichtlich der Strukturierung von Inhalten, der Beschreibung fachlicher Fähigkeiten oder der Berücksichtigung von Schülervorstellungen und -perspektiven bei der Item-Formulierung. Der Erfolg dieser Entscheidungen lässt sich aus empirischen Studien mit quantitativen Kennwerten zu den Aufgaben selbst und zum Konstrukt insgesamt bewerten. Dadurch wird die Qualität der Entwicklung Rasch-skalierter Leistungstests objektivierbar und optimierbar.

Begleitmaterial online

- Beispielaufgabe mit erläuterter Einordung in ein Aufgabenmodell
- Checkliste zur Entwicklung und Optimierung von Testaufgaben

Literatur zur Vertiefung

Baumert J, Klieme E, Neubrand M, Prenzel M et al. Internationales und nationales Rahmenkonzept für die Erfassung von naturwissenschaftlicher Grundbildung in PISA. OECD PISA Deutschland. http://www.mpib-berlin.mpg.de/Pisa/KurzFrameworkScience.pdf (Der Text stellt das von PISA gemessene Konstrukt und die nationale Erweiterung dar und erläutert sehr konkret und mit einem Beispiel das Aufgabenmodell von PISA und die Umsetzung in Aufgaben. Es fehlt zwar weitgehend die theoretische Begründung der Facetten, aber der Text beschreibt die Facetten detaillierter als andere Veröffentlichungen, so dass deutlich wird, wie die Aufgaben dieses für die deutsche Bildungslandschaft sehr wichtigen Tests entstanden sind.)

Rost J (2004) Lehrbuch Testtheorie – Testkonstruktion, 2. Aufl. Huber, Bern (Das Buch gilt als Standardlehrwerk für probabilistische Testtheorie und stellt den gesamten Konstruktionsprozess unter dem psychometrischen Gesichtspunkten dar. Hier werden auch die Formeln für das Rasch-Modell und seine Parameter hergeleitet und erläutert.)

Wilson M (2005) Constructing measures: An item response modeling approach. Erlbaum, Mahwah/NJ (Das Buch gibt eine Anleitung, wie man einen Test valide entwickelt und von der Idee eines zu messenden Konstrukts zu Aufgaben und der Punktvergabe kommt. Es beschreibt ebenfalls die Ideen und Verfahren der probabilistischen Testtheorie, so dass es sowohl als Hintergrundliteratur als auch für eine Art Anleitung zur Testentwicklung verstanden werden kann.)

Rasch-Analyse naturwissenschaftsbezogener Leistungstests

28

Knut Neumann

Empirische naturwissenschaftsdidaktische Forschung beruht wie die Forschung in den Naturwissenschaften zu einem beträchtlichen Teil auf der Auswertung von Messdaten. Typische Messgrößen sind kognitive Merkmale, wie z. B. das Wissen über die Natur der Naturwissenschaften, aber auch affektive Merkmale, wie das Interesse an den Naturwissenschaften. Im Gegensatz zu vielen Messgrößen bei naturwissenschaftlichen Untersuchungen entzieht sich die überwiegende Zahl der Messgrößen in der naturwissenschaftsdidaktischen Forschung einer direkten Messung. So lässt sich das Wissen über Mechanik als solches nicht messen, sondern nur anhand der Bearbeitung entsprechender Aufgaben abschätzen. Daher spricht man in Anlehnung an die Sozialwissenschaften statt von Messgrößen auch von *latenten Konstrukten*. Als Instrumente zur Messung kognitiver Konstrukte (z. B. Fachwissen) werden üblicherweise Tests verwendet und zur Erfassung affektiver Konstrukte (z. B. Interesse) Fragebögen. Bei der inhaltlichen Entwicklung von Tests und Fragebögen geht die naturwissenschaftsdidaktische Forschung mit äußerster Sorgfalt vor. Die Prüfung der psychometrischen Qualität der Instrumente findet allerdings erst in jüngerer Zeit mehr Beachtung. Dieser Beitrag beschreibt, wie sich die Rasch-Analyse nutzen lässt, um einen vorliegenden Leistungstest zu analysieren, Verbesserungsmöglichkeiten zu identifizieren und zu einem standardisierten Instrument weiterzuentwickeln.

28.1 Einführung

Die Qualität naturwissenschaftsdidaktischer Schlussfolgerungen ist eng mit der **psychometrischen** Qualität der verwendeten Messinstrumente verknüpft. So wird bei der Auswertung von Tests üblicherweise jeder Person die Zahl der richtig gelösten Aufgaben als

Prof. Dr. Knut Neumann ✉
Didaktik der Chemie, Leibniz-Institut für die Pädagogik der Naturwissenschaften und Mathematik (IPN) an der Christian-Albrechts-Universität zu Kiel, Olshausenstr. 62, 24118 Kiel, Deutschland
e-mail: neumann@ipn.uni-kiel.de

D. Krüger, I. Parchmann und H. Schecker (Hrsg.), *Methoden in der naturwissenschaftsdidaktischen Forschung*, DOI 10.1007/978-3-642-37827-0_28,

Maß ihrer Fähigkeit zugeordnet. Dieser Vorgehensweise liegt die Annahme zugrunde, dass es sich bei den einzelnen Aufgaben um unabhängige Messungen handelt, die die jeweilige Fähigkeit in gleicher Weise erfassen – ähnlich wie man bei der mehrfachen Messung einer Spannung in der Physik davon ausgeht, dass Schwankungen in den Messwerten zufällig bedingt sind. Ob die Aufgaben die jeweilige Fähigkeit in gleicher Weise messen, wird jedoch im Allgemeinen nicht geprüft. Eine solche Annahme wäre in vielen Fällen wohl auch nicht zutreffend. Realistischer ist, dass Aufgaben eines Leistungstests unterschiedliche Schwierigkeiten besitzen. Schlussfolgerungen über die Fähigkeit zweier Personen, die gleich viele, aber unterschiedlich schwierige Aufgaben richtig bearbeitet haben, sind ohne weitere Berücksichtigung der Schwierigkeiten der jeweiligen Aufgaben problematisch.

Entsprechende Verfahren zur Berücksichtigung der Schwierigkeit der Aufgaben bei der Bestimmung der Fähigkeit von Personen bietet die *Item-Response-Theory* (IRT). Die Rasch-Analyse ist ein Verfahren der IRT. Sie kann nicht nur zu Auswertung von Leistungstests (Kap. 27, 29 und 30), sondern auch zur Auswertung von Fragebögen und sogar zur Auswertung von Daten aus der Analyse von Unterrichtsvideos eingesetzt werden.

28.2 Grundlagen der Rasch-Analyse

Der dänische Mathematiker Georg Rasch beschäftigte sich mit der Frage, inwieweit sich die Ergebnisse von Lesefähigkeitstests, die auf unterschiedlich schweren Texten beruhen, miteinander vergleichen lassen (Rasch 1977). Die Lesefähigkeit definierte er über die Zahl falsch gelesener Worte, die Schwierigkeit der Texte über die von einer größeren Stichprobe im Durchschnitt falsch gelesenen Worte. Die Fähigkeit von Personen, die unterschiedliche Tests bearbeitet haben, lässt sich vergleichen, indem man die Fähigkeit der Probanden mit einem Faktor multipliziert, der der Schwierigkeit des jeweiligen Texts entspricht.

Diesen Ansatz versuchte Rasch auf Leistungstests zu übertragen. Ein Problem war es jedoch, ein geeignetes Maß für die Fähigkeit einer Person zu finden. Bei Lesetests ist die Zahl der fehlerhaft gelesenen Worte üblicherweise klein gegenüber der Gesamtzahl der gelesenen Worte. Zudem ist nicht zu erwarten, dass sich das Verhältnis der fehlerhaft gelesenen Worte zur Zahl der gelesenen Worte verändert, wenn ein Text in angemessenem Rahmen verlängert oder gekürzt wird. Bei Leistungstests ist dies anders: Hat eine Person sechs von zehn Aufgaben gelöst, müsste eine doppelt so fähige Person schon zwölf Aufgaben lösen (es gibt aber nur zehn). Zudem ist es im Allgemeinen leichter, bei sechs gelösten Aufgaben noch eine weitere zu lösen, als bei bereits neun gelösten Aufgaben (von insgesamt zehn).

Bei seinem Versuch, ein geeignetes Maß für die Fähigkeit einer Person zu finden, arbeitete Rasch daher mit dem Wettquotienten: Für die *Personenfähigkeit* ist dies das Verhältnis von richtig zu falsch bearbeiteten Aufgaben, für die *Aufgabenschwierigkeit* die Zahl der Personen, die eine Aufgabe richtig bearbeitet haben, geteilt durch die Zahl der Personen, die sie falsch bearbeitet haben. Der Wettquotient kann Werte zwischen null und unendlich annehmen. Damit kann für jede beliebige Person eine noch fähigere beschrieben werden. Eine untere Fähigkeit von null ist inhaltlich jedoch problematisch. Denn obwohl der eine oder andere Leser hier widersprechen mag, ist davon auszugehen, dass sich für jeden Lernenden, der scheinbar nichts über Physik weiß, ein anderer finden lässt, der noch weniger weiß. Rasch (1977) wendete daher auf den Wettquotienten jeweils zusätzlich den Logarithmus an und erhielt so Maße für Personenfähigkeit und Aufgabenschwierigkeit zwischen minus unendlich und plus unendlich.

Ist nun die Fähigkeit einer Person viel größer als die Schwierigkeit einer Aufgabe, sollte die Person die Aufgabe mit hoher Wahrscheinlichkeit lösen. Ist die Fähigkeit deutlich kleiner als die Schwierigkeit, sollte die Wahrscheinlichkeit einer richtigen Lösung gering sein. Die Wahrscheinlichkeit $P_{x\_\text{löst}\_i}$, dass eine Person x mit der Fähigkeit F_x eine Aufgabe i mit der Schwierigkeit S_i löst, lässt sich also als Funktion der Differenz zwischen Fähigkeit F_x und Schwierigkeit S_i ausdrücken (vgl. Wright und Stone 1979):

$$P_{x\_\text{löst}\_i} = f(F_x - S_i)\,. \tag{28.1}$$

Rasch (1977) experimentierte mit verschiedenen Funktionen und formulierte den Zusammenhang zwischen der Wahrscheinlichkeit $P_{x\_\text{löst}\_i}$ der Fähigkeit F_x und der Schwierigkeit S_i schließlich wie folgt:

$$P_{x\_\text{löst}\_i} = \frac{e^{(F_x - S_i)}}{1 + e^{(F_x - S_i)}}\,. \tag{28.2}$$

Eine graphische Darstellung dieses Zusammenhangs findet sich in Abb. 28.1. Wie sich der Darstellung entnehmen lässt, nähert sich für eine gegebene Aufgabe i die Wahrscheinlichkeit, dass eine Person x die Aufgabe löst, mit zunehmender Fähigkeit F_x eins und mit abnehmender Fähigkeit F_x null. Entspricht die Fähigkeit F_x einer Person x der Schwierigkeit S_i einer Aufgabe i, so ist die Wahrscheinlichkeit $P_{x\_\text{löst}\_i}$ gerade 50 Prozent[1]. Für eine Person x mit gegebener Fähigkeit F_x ist die Wahrscheinlichkeit, Aufgabe $i + 1$ mit höherer Schwierigkeit S_{i+1} zu lösen, geringer; die Kurve ist also nach rechts verschoben. Umgekehrt ist die Wahrscheinlich, dass die Person x eine Aufgabe $i - 1$ mit geringer Schwierigkeit S_{i-1} löst, höher; die Kurve ist entsprechend nach links verschoben (Abb. 28.1).

Die zentrale Leistung von Rasch (1977) bestand allerdings nicht (alleine) darin, den in Gl. 28.2 beschriebenen Zusammenhang zu finden, sondern vielmehr darin zu zeigen, dass sich – unter der Annahme, dass Gl. 28.2 erfüllt ist – Aufgabenschwierigkeiten und Personenfähigkeiten allein aus der Zahl der Personen, die eine Aufgabe richtig gelöst haben, bzw. der Zahl der Aufgaben, die eine Person gelöst hat, bestimmen lassen. Man muss also nicht wissen, *welche* Aufgaben die Person x im Einzelnen gelöst hat, um die Fähigkeit der Person x zu bestimmen. Genauso wenig muss man wissen, welche Personen eine Aufgabe i

[1] Da in Gl. 28.2 nur die Differenz zwischen Personenfähigkeit F_x und Aufgabenschwierigkeit S_i eingeht, kann die Aufgabenschwierigkeit durch Hinzufügen einer Konstanten, d. h. Substitution von S_i durch $S_i + \Delta S$, auch auf einen Wert festgelegt werden, bei dem eine Person eine höhere oder niedrigere Lösungswahrscheinlichkeit besitzt (bei PISA z. B. 60 Prozent).

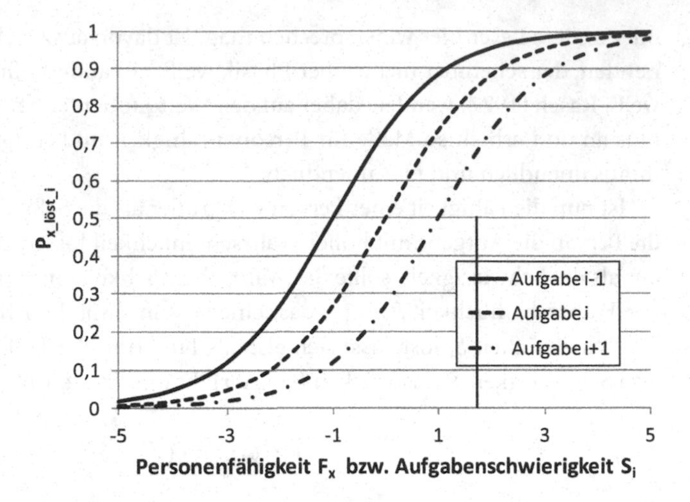

Abb. 28.1 Grafische Darstellung der der Rasch-Analyse zugrunde liegenden Modellgleichung (Gl. 28.2) für drei hypothetische Aufgaben $i-1$, i und $i+1$

gelöst haben, um deren Schwierigkeit zu bestimmen[2]. Wie oben bereits erwähnt, hängt die Fähigkeit einer Person nicht von den konkreten Aufgaben, sondern nur von der Anzahl der gelösten Aufgaben ab. Gleichzeitig gilt, dass der Fähigkeitsunterschied zwischen zwei Personen x und y sich einfach über die Zahl der Aufgaben N_{xy}, die zwar Person x nicht aber Person y und die Zahl der Aufgaben N_{yx}, die zwar Person y nicht aber Person x gelöst hat, bestimmen lässt (Wright und Stone 1999):

$$F_x - F_y = \log N_{xy} - \log N_{yx} \,. \tag{28.3}$$

Diese Eigenschaft wird von Rasch (1977) als „spezifische Objektivität" bezeichnet. Aus ihr folgt, dass für Aufgaben, die sich für eine Stichprobe als Rasch-konform erwiesen haben (d. h. die Gl. 28.2 erfüllen), die Fähigkeit F_x einer beliebigen Person (aus der Stichprobe) nicht davon abhängt, welche Aufgaben dieser Person zur Bearbeitung vorgelegt wurden. Das ist deshalb von besonderer Bedeutung, weil damit so genannte Multi-Matrix-Designs möglich werden, bei denen nicht alle Personen die gleichen Aufgaben bearbeiten (Frey et al. 2009). In diesem Kontext wird häufig auch davon gesprochen, dass Rasch-konforme Tests stichprobenunabhängig seien. Dies gilt jedoch nur für Stichproben von Aufgaben und Personen aus Mengen von Aufgaben und von Personen, für die das Rasch-Modell auch tatsächlich erfüllt ist (Rasch 1977).

Da bei der Rasch-Analyse die Parameter für Aufgabenschwierigkeit und Personenfähigkeit unter der Annahme bestimmt werden, dass die Daten das Rasch-Modell erfüllen, muss unbedingt geprüft werden, inwieweit dies tatsächlich der Fall ist. Dies schließt neben der Prüfung, ob die Daten das Rasch-Modell erfüllen, auch eine Prüfung der verschiedenen Voraussetzungen des Rasch-Modells ein.

[2] Ein schönes Beispiel für die Bestimmung von Aufgabenschwierigkeit und Personenfähigkeit findet sich unter http://www.eddata.com/resources/publications/EDS_Rasch_Demo.xls.

Eine wesentliche Voraussetzung für die Gültigkeit des Rasch-Modells ist die lokale stochastische Unabhängigkeit der Aufgaben. Das heißt, ob eine Aufgabe gelöst wird oder nicht, darf nur vom zu erfassenden **Konstrukt** abhängen. Für zwei Aufgaben, bei denen die Lösung der einen Voraussetzung für die Bearbeitung der anderen ist, ist dies zum Beispiel nicht erfüllt. Hinsichtlich der Passung der Daten auf das Rasch-Modell, ist zu prüfen, inwieweit sich die einzelnen Aufgaben und Personen modellkonform verhalten – ob also Personen einer bestimmten Fähigkeit, eine Aufgabe im Mittel mit der durch Gl. 28.2 vorhergesagten Wahrscheinlichkeit lösen. Auch die Eigenschaft der spezifischen Objektivität ist zu prüfen, z. B. indem untersucht wird, inwieweit sich für zufällig gezogene Teilstichproben von Personen und Aufgaben die gleichen Personenfähigkeiten und Aufgabenschwierigkeiten wie in der Gesamtstichprobe ergeben. Gerade die spezifische Objektivität ist schnell verletzt, wenn das Fähigkeitsspektrum der befragten Personen nicht gut genug durch die eingesetzten Aufgaben abgedeckt ist, also z. B. in einem Test aus einem verfügbaren Gesamtpool von Aufgaben nur zu schwierige oder zu leichte Aufgaben eingesetzt wurden.

An dieser Stelle mag das Missverständnis entstehen, dass die Rasch-Analyse auf (zu) vielen Voraussetzungen beruht, die in diesem Umfang gar nicht alle erfüllt sein können, und man sich daher besser auf die klassische Testtheorie besinnen sollte. Allerdings beruht die Analyse von Leistungstests mit Hilfe der klassischen Testtheorie ebenfalls auf einer Reihe von Annahmen – unter anderem darauf, dass alle Aufgaben eines Tests gleich schwer sind (vgl. Rost 2004, S. 108 ff.). Die Entscheidung zwischen IRT und klassischer Testtheorie sollte vielmehr davon abhängig sein, welche Annahmen über das Konstrukt bestehen und welche Methode unter diesen Annahmen besser zur Analyse geeignet ist. Wird das Konstrukt z. B. als eine latente Fähigkeit verstanden, die bei den Testpersonen in unterschiedlicher Ausprägung vorliegt, und soll das Messinstrument diese Fähigkeit möglichst gut abdecken, kann die Rasch-Analyse wichtige Hinweise liefern, inwieweit das Instrument unterschiedliche Ausprägungen des Konstrukts tatsächlich erfasst. Da in naturwissenschaftlichen Leistungstests (Kap. 27) häufig **latente** Fähigkeiten (wie z. B. das Verständnis des Energiekonzepts) in unterschiedlicher Ausprägung (z. B. von der Kenntnis einzelner Fakten hin zu konzeptuellem Verständnis) abgebildet werden sollen, eignet sich die Rasch-Analyse entsprechend besser als die klassische Testtheorie zur Analyse derartiger Tests.

28.3 Rasch-Analyse dichotomer Leistungstests

Die Durchführung einer Rasch-Analyse gliedert sich in mehrere Schritte. Zunächst müssen die Daten in ein für das zur Auswertung verwendende Programm verständliches Format überführt werden. Dann muss ein Skript zur Steuerung des Programms erstellt werden. Anschließend folgt die Bestimmung der Parameter für Aufgabenschwierigkeiten und Personenfähigkeiten. Daran schließt sich die gründliche Prüfung an, inwieweit die vorliegenden Daten tatsächlich dem Rasch-Modell genügen. Erst danach sollten weitere Analysen vorgenommen werden. Im Folgenden wird dieser Prozess am Beispiel eines physikalischen Leistungstests dargestellt. Als Software wird Acer ConQuest in der Version 2.0 verwendet (vgl. Wu et al. 2007). Zur Vorbereitung der Daten dient IBM SPSS Statistics 19. Im Prinzip kann jedoch jede andere Software verwendet werden, z. B. das freie Statistikpaket R, das auch Module für die Rasch-Analyse enthält (z. B. Mair und Hatzinger 2007) oder die Software WinSteps in Kombination mit einem Tabellenkalkulationsprogramm wie Microsoft Excel. Es ergeben sich je nach verwendetem Programm Unterschiede, die in spezifischen Anwendungsfällen durchaus Relevanz besitzen (Vergleich unter http://www.rasch.org/software.htm).

28.3.1 Vorbereitung

Im Vorfeld einer Rasch-Analyse ist zunächst zu klären, welches Konstrukt erhoben werden soll. Dann ist ein entsprechendes Instrument auszuwählen oder zu entwickeln (Kap. 21, 22, 27, 29 und 30). Anschließend ist dieses Instrument einer Stichprobe zur Bearbeitung vorzulegen. Im Grunde kann eine Rasch-Analyse unabhängig von der Stichprobengröße durchgeführt werden. Eine zu kleine Stichprobe kann jedoch zu verzerrten Parametern führen. Als minimale Stichprobengröße werden gemeinhin 100 Personen pro Aufgabe angesehen. Für eine Bestimmung von Aufgabenschwierigkeiten, die das Kriterium der spezifischen Objektivität erfüllen, werden minimal 400 Personen empfohlen.

Zur Veranschaulichung des Vorgehens bei der Rasch-Analyse wird im Folgenden der *Force Concept Inventory* (FCI) verwendet. Dieser Test wurde von Hestenes et al. (1992) zur Erfassung des Vorwissens von Studierenden im Rahmen der Einführungsveranstaltung zur Mechanik im Rahmen des Physikstudiums entwickelt. Inzwischen wird er weltweit zur Erfassung des Verständnisses von Mechanik – auch im Prä-Post-Vergleich – eingesetzt. Der FCI ist ein **dichotomer** Leistungstest. Unabhängig davon, ob ein geschlossenes, halboffenes oder offenes Antwortformat verwendet wird, wird bei einem dichotomen Test die Bearbeitung einer Aufgabe durch einen Schüler eindeutig als falsch (0) oder richtig (1) bewertet. Der FCI in seiner ursprünglichen Version umfasst insgesamt 29 *Multiple-Choice*-Aufgaben. Neben der richtigen Antwortmöglichkeit werden jeweils vier falsche Antwortoptionen in Form gängiger Alltagsvorstellungen angeboten (Abb. 28.2). Eine ausführliche Beschreibung von Aufbau und Struktur des FCI findet sich bei Gerdes und Schecker (1999).

Der FCI wurde 222 Studierenden der Physik in der ersten Woche der Vorlesung zur Mechanik im ersten Studiensemester an der Christian-Albrechts-Universität zu Kiel zur Bearbeitung vorgelegt. Die Daten wurden in SPSS eingegeben und mit Hilfe eines Skripts in ein für ConQuest verständliches Format überführt (→ Begleitmaterial online).

Aufgabe 1

Zwei Metallkugeln werden gleichzeitig vom Dach eines Gebäudes fallengelassen. Beide Kugeln haben dieselbe Größe, aber eine der beiden ist doppelt so schwer wie die andere.

Was gilt für die Zeit bis zum Auftreffen der Kugeln auf dem Boden?

- ☐ Die schwere Kugel braucht etwa die halbe Zeit.
- ☐ Die leichte Kugel braucht etwa die halbe Zeit.
- ☒ Beide Kugeln brauchen etwa die gleiche Zeit.
- ☐ Die schwere Kugel braucht deutlich weniger Zeit, aber nicht unbedingt die halbe Zeit.
- ☐ Die leichte Kugel braucht deutlich weniger Zeit, aber nicht unbedingt die halbe Zeit.

Abb. 28.2 Beispielaufgabe aus dem FCI nach Hestenes et al. (1992), adaptiert nach der Übersetzung von Gerdes und Schecker (1999)

28.3.2 Durchführung

Im nächsten Schritt muss ein Skript zur Steuerung von ConQuest erstellt werden (→ Begleitmaterial online). Darin sind Informationen über den Aufbau des Datensatzes und Anweisungen, wie damit umzugehen ist, zusammengefasst. Für die einfache Rasch-Analyse eines dichotomen Leistungstests wie z. B. des FCI sind zunächst nur wenige Entscheidungen zu treffen. Darunter die Entscheidung, ob der Mittelwert der Verteilung der Personenfähigkeit oder der Verteilung der Aufgabenschwierigkeit als Referenz dienen soll. In der Rasch-Analyse lassen sich die Parameter für Personenfähigkeit und Aufgabenschwierigkeit lediglich relativ zueinander bestimmen. Es gibt keinen absoluten Bezugspunkt. Durch Festlegung des Mittelwerts der Personenfähigkeits- oder Aufgabenschwierigkeitsverteilung auf null wird der Bezugspunkt für die jeweilige Analyse festgelegt. Fachdidaktisch relevant ist diese Frage z. B. dann, wenn man wissen möchte, inwieweit sich Aufgaben in vergleichbaren Stichproben unterschiedlich verhalten. Dann setzt man den Mittelwert der Personenfähigkeiten fest und kann (unter der Annahme, dass sich die Stichproben in ihrer Fähigkeit nicht unterscheiden) das Verhalten der Aufgaben vergleichen. Eine ausführliche Beschreibung, wie das Steuerungsskript abhängig von der gewünschten Analyse aufzubauen ist, findet sich im Handbuch zu ConQuest (Wu et al. 2007).

Zum Start der Analyse wird das Steuerungsskript in ConQuest aufgerufen. Das Programm beginnt nun mit der Anpassung des Rasch-Modells an die Daten. Dazu werden zunächst initiale Parameter für die Schwierigkeit der Aufgaben und die Fähigkeit der Personen bestimmt. Diese werden anschließend iterativ so lange variiert, bis entweder für die Wahrscheinlichkeit des Auftretens der Daten unter Annahme der Gültigkeit des Rasch-Modells keine deutliche Verbesserung mehr oder eine maximale Zahl von Iterationen erreicht wird.

28.3.3 Auswertung

Auf die Anpassung des Modells folgt die formale und inhaltliche Analyse der Ergebnisse. Die Grundlage für diesen mehrschrittigen Prozess bilden verschiedene Informationen, die ConQuest (auf Anweisung im Steuerungsskript hin) in einer Datei gespeichert hat (→ Begleitmaterial online). Im ersten Schritt wird überprüft, ob die Anpassung des Modells erfolgreich abgeschlossen wurde (Abschn. 28.3.3 „Prüfung der Modellanpassung"). Anschließend wird die Güte der Parameter für die Aufgabenschwierigkeit analysiert (Abschn. 28.3.3 „Analyse der Aufgabenparameter"). Auffällige **Items** sind noch einmal genauer – mit fachdidaktischer Expertise – zu begutachten (Abschn. 28.3.3 „Analyse auffälliger Aufgaben"). Schließlich sind die Parameter für die Personenfähigkeiten mit Blick auf die Verteilung innerhalb der Stichprobe und im Vergleich zum eingesetzten Testinstrument zu untersuchen (Abschn. 28.3.3 „Analyse der Personenfähigkeiten"). Im Folgenden werden diese Schritte am Beispiel des auf die mit dem FCI erhobenen Daten angepassten Rasch-Modells erläutert.

Prüfung der Modellanpassung

Zur Prüfung, ob die Anpassung des Modells erfolgreich abgeschlossen wurde, empfiehlt es sich zum einen zu prüfen, ob die Anpassung wie im Steuerungsskript spezifiziert erfolgte, und zum anderen, ob sie innerhalb der maximalen Zahl von Iterationen abgeschlossen wurde. Die grundlegenden Informationen zur Modellanpassung sind gleich zu Beginn der von ConQuest erzeugten Datei zusammengefasst. Es empfiehlt sich, diese gründlich mit den Angaben im Steuerungsskript abzugleichen, um sicherzustellen, dass die Analyse wie intendiert durchgeführt wurde. Um abzusichern, dass tatsächlich ein Satz von Parametern gefunden wurde, der unter Annahme der Gültigkeit des Modells maximale Wahrscheinlichkeit hat, sollte geprüft werden, ob der Programmablauf innerhalb der maximalen Zahl von Iterationen endete. Bei einem ergebnislos abgebrochen Programmlauf wären alle weiteren Auswertungen und Schlussfolgerungen auf Basis der erhaltenen Parameter ungültig. Da bei der Analyse der FCI-Daten (→ Begleitmaterial online) nach 122 Iterationen keine Verbesserung mehr erreicht wird, und zudem alle weiteren Informationen den ursprünglichen Angaben entsprechen oder im Rahmen der Erwartungen liegen, sowie keine weiteren Warnungen oder Fehlermeldungen auftreten, kann zunächst angenommen werden, dass die eigentliche Anpassung eines Raschmodells an die Daten erfolgreich war. Damit kann der nächste Schritt der Analyse in Angriff genommen werden, der für die fachdidaktische Analyse einer der bedeutsamsten ist.

Analyse der Aufgabenparameter

Die Tabelle zu den Parametern des Antwortmodells (Abb. 28.3) enthält Informationen zu den einzelnen Aufgaben. Für jede Aufgabe ist neben der Bezeichnung der Aufgabe (*Item*) der Schätzer (*Estimate*) der Aufgabenschwierigkeit sowie der entsprechende Fehler angegeben, dazu die so genannten *Mean-Square-*(MNSQ)*-Fit-*Statistiken: einmal ungewichtet (*Unweighted Fit*, auch als *Outfit* bezeichnet) und einmal gewichtet (*Weighted Fit*,

```
================================================================================
Raschanalyse FCI                                         Sun Apr 08 19:36 2012
TABLES OF RESPONSE MODEL PARAMETER ESTIMATES
================================================================================
TERM 1: item
------------------------------------------------------------------------------------
   VARIABLES                            UNWEIGHTED FIT          WEIGHTED FIT
---------------                     -----------------------  ----------------------
     item        ESTIMATE  ERROR^   MNSQ      CI        T    MNSQ      CI         T
------------------------------------------------------------------------------------
 1  1             0.214    0.115    1.36 ( 0.81, 1.19)  3.5  1.24 ( 0.88, 1.12)  3.6
 2  2             1.584    0.128    1.13 ( 0.81, 1.19)  1.3  0.97 ( 0.80, 1.20) -0.2
[...]
15  15            2.198    0.137    2.57 ( 0.81, 1.19) 11.5  1.20 ( 0.72, 1.28)  1.4
[...]
28  28            0.918    0.121    1.11 ( 0.81, 1.19)  1.1  1.02 ( 0.84, 1.16)  0.3
29  29           -1.677*   0.651    1.39 ( 0.81, 1.19)  3.6  1.10 ( 0.82, 1.18)  1.1
------------------------------------------------------------------------------------
```

Abb. 28.3 Parameter des Antwortmodells

auch als *Infit* bezeichnet). Diese Statistiken beruhen auf einer Analyse der Abweichung der beobachteten Bearbeitung der Aufgabe durch die Personen von dem auf Basis des Rasch-Modells (Gl. 28.2) erwarteten Werts. Hat eine Person nach dem Rasch-Modell eine 30-prozentige Wahrscheinlichkeit eine bestimmte Aufgabe zu lösen, dann ist der erwartete Wert 0,3. Gelingt dieser Person, die Aufgabe zu lösen, ist der beobachtete Wert 1. Die Abweichung beträgt 0,7. Die Berechnung der MNSQ-Werte erfolgt nun für jede Aufgabe über alle Probanden. Der *Infit* berechnet sich als Quotient aus dem Mittelwert der quadrierten beobachteten Abweichungen und dem Mittelwert der erwarteten Abweichungen (d. h. der mittleren Varianz der beobachteten Abweichungen, Wright und Stone 1999, S. 53). Während der *Infit* so konzipiert ist, dass er deutliche Abweichungen zwischen erwarteter und beobachteter Lösung weniger stark berücksichtigt, werden diese beim *Outfit* stärker berücksichtigt. Ideal ist für beide Kriterien ein Wert von 1,0. Aufgrund seiner Anlage zeigt der *Outfit* tendenziell stärkere Abweichungen von diesem Wert. Häufig wird daher ausschließlich der *Infit* herangezogen. Für diesen werden im Allgemeinen Abweichungen im Bereich von 0,8 bis 1,2 als akzeptabel erachtet (Bond und Fox 2007). Starke Abweichungen im Outfit können jedoch ebenfalls auf Probleme mit Aufgaben hinweisen. Zur Einschätzung, inwieweit *Infit* und *Outfit* signifikant von 1,0 abweichen, werden häufig auch noch entsprechende ***z*-standardisierte** Werte (ZSTD) oder *T*-Werte angegeben. Werte von $T > 2{,}0$ oder $T < -2{,}0$ signalisieren einen signifikant zu guten bzw. zu schlechten *Fit*. Zur Identifikation problematischer Aufgaben müssen alle genannten Kriterien gründlich geprüft werden. Keinesfalls sollten Aufgaben nur aufgrund einzelner Kriterien ausgeschlossen oder für Rasch-konform befunden werden. Vielmehr sollen für alle Aufgaben die jeweiligen Kriterien geprüft und die Aufgaben bei Abweichung fachdidaktisch analysiert werden.

Analyse auffälliger Aufgaben

Nach Durchsicht der vollständigen Tabelle (Abb. 28.3) erscheinen die meisten Aufgaben unauffällig. Eine offensichtlich mangelhafte Rasch-Konformität weist Aufgabe 1

Aufgabe 15

Wenn ein Flummi senkrecht auf den Boden fallengelassen wird, kehrt sich seine Bewegungsrichtung beim Auftreffen auf den Boden um.

Was ist, physikalisch gesehen, die Ursache dafür?

- [ ] Die Energie des Flummis bleibt erhalten.
- [ ] Der Impuls des Flummis bleibt erhalten.
- [x] Der Boden übt eine Kraft auf den Flummi aus, die dessen Fall abbremst und ihn dann nach oben treibt.
- [ ] Der Boden ist im Weg, aber der Flummi muss seine Bewegung fortsetzen.
- [ ] Keine der vorherigen Aussagen trifft zu.

Abb. 28.4 Aufgabe 15 des FCI nach Hestenes et al. (1992), adaptiert nach der Übersetzung von Gerdes und Schecker (1999)

(Abb. 28.2) auf, Aufgabe 15 (Abb. 28.4) wäre nach den üblichen Kriterien für den *Infit* noch als Rasch-konform einzustufen, der auffällig hohe *Outfit* deutet jedoch auf Probleme mit der Aufgabe hin.

Eine fachdidaktische Analyse von Aufgabe 1 lässt keine offensichtlichen Probleme erkennen. Eine Ursache der mangelnden Rasch-Konformität könnte sein, dass die Aufgabe nur unzureichend zwischen Studierenden mit unterschiedlichen Fähigkeiten unterscheidet, weil das Experiment einigen Studierenden bekannt und anderen eben gerade nicht bekannt ist. Dann werden die beobachteten Abweichungen groß gegenüber den erwarteten Abweichungen, weil Erfolg oder Misserfolg bei der Bearbeitung der Aufgabe nicht mehr vom eigentlich zu messenden Konstrukt „Verständnis der Mechanik" abhängen, sondern von der Bekanntheit des Experiments.

Die fachdidaktische Analyse von Aufgabe 15 (Abb. 28.4) lässt vermuten, dass die Studierenden sich womöglich für die fachlich zwar richtige Aussage entscheiden, dass die Energie des Flummis erhalten bleibt, dabei aber übersehen, dass dies nicht die Ursache für die Umkehr der Bewegungsrichtung ist. Zur weiteren Analyse dieser Vermutung bietet ConQuest die Möglichkeit, das Verhalten von Personen bei der Wahl der Antwortoptionen grafisch darzustellen (Abb. 28.5). In dieser Darstellung wird für jede Antwortoption die Wahrscheinlichkeit (*Probability*), dass diese Antwortoption gewählt wird, in Abhängigkeit von der Personenfähigkeit (*Latent Trait in Logits*) angegeben. Zu diesem Zweck wird die Personenfähigkeit in Bereiche eingeteilt (z. B. 1 bis 2 *Logits*) und für die Personen in diesem Bereich der Anteil der Personen bestimmt, die die jeweilige Antwortoption gewählt haben. Daraus ergeben sich die in Abb. 28.5 dargestellten Kurven für jede Antwortoption. Daraus lässt sich ableiten, für welche Antwortoptionen sich Studierende mit welcher Fähigkeit entschieden haben.

Abbildung 28.5 zeigt, dass sich selbst im oberen Fähigkeitsbereich nur ein kleinerer Teil der Studierenden für die richtige Antwortoption 3 entscheidet und die Mehrheit für die Antwortoptionen 1 und 2. Dies legt nahe, dass die Studierenden in der Tat übersehen, dass Antwortoption 1 zwar in sich fachlich richtig, aber nicht die richtige Antwort auf die Frage ist. Alternativ scheinen die Studierenden zu übersehen, dass zwar grundsätzlich Impulserhaltung gilt, sich die Richtung des Impulses des Flummis aber wegen der Geschwindigkeitsänderung umkehrt. Hier stellt sich entsprechend die Frage, inwieweit diese Aufgabe wirklich ein Verständnis von Kraft und Bewegung oder vielmehr die Gründlichkeit bzw. Konzentration der Studierenden beim Lesen von Aufgabe und Antwortoptionen abfragt.

Analyse der Personenfähigkeiten

Im Anschluss an die Analyse auffälliger Aufgaben ist nun zu prüfen, wie sich der Test in Bezug auf die getestete Stichprobe verhält, und damit inwieweit der Test als Ganzes geeignet ist, das gewählte Konstrukt zu messen. Neben der Analyse der auffälligen Aufgaben ist auch dieser Teil der Analyse aus fachdidaktischer Sicht von zentraler Bedeutung, weil er die Gültigkeit der fachdidaktischen Schlussfolgerungen betrifft. Dazu sind zunächst die Parameter des Populationsmodells zu untersuchen. ConQuest verwendet bei der Schätzung die so genannte *Marginal-Maximum-Likelihood-Estimation*-(MMLE-)Methode. Diese Methode wurde ausgehend von der Erkenntnis entwickelt, dass eine gleichzeitige Schätzung von Aufgabenschwierigkeiten und Personenfähigkeiten zu verzerrten Schätzern führen kann. Sie beruht auf einem mathematischen Ansatz, bei dem nur die generelle Verteilung der Personenfähigkeiten berücksichtigt wird (d. h. Mittelwert und Varianz). Diese sind in der Tabelle der Parameter des Populationsmodells angegeben (Abb. 28.6).

Unter *Regression Coefficients* finden sich normalerweise Informationen, wie die Personenfähigkeit von Regressionsvariablen im Sinne einer linearen **Regression** abhängen (ConQuest erlaubt die Schätzung von Regressionsvariablen als Teil des Populationsmodells, vgl. dazu Wu et al. 2007). Der mit *Constant* bezeichnete Wert stellt den Achsenabschnitt und damit – wenn keine Regressionkoeffizienten spezifiziert wurden und *Constraints* auf Items gesetzt wurde – die mittlere Personenfähigkeit dar. Eine negative Personenfähigkeit signalisiert, dass die mittlere Personenfähigkeit kleiner ist als die mittlere Aufgabenschwierigkeit. Der Test ist damit für die untersuchte Population (etwas) zu schwer. Die *Variance* gibt die Varianz der Personenverteilung an. Eine zu kleine Varianz deutet darauf hin, dass der Test nicht deutlich zwischen Personen unterscheidet. Als erstrebenswert gelten hier Werte größer als eins. Die fachdidaktischen Bemühungen im Bereich der Entwicklung fachdidaktischer Leistungstests weisen darauf hin, dass eine hohe Varianz nur bei einer Testung verschiedener Inhaltsbereiche zu erwarten ist (z. B. Kauertz 2008). Die Unterschiede zwischen Personen innerhalb einzelner Inhaltsbereiche scheinen selbst über Jahrgänge hinweg gering auszufallen (z. B. Viering et al. 2010). Gerade bei einer zu kleinen Varianz gilt es zu prüfen, inwieweit der Test das Fähigkeitsspektrum der Personen abdeckt. Es kann sein, dass die Aufgaben überwiegend deutlich zu einfach oder zu schwer sind und damit eine Unterscheidung von Personen in der Mitte des Fähigkeitsspektrums nicht

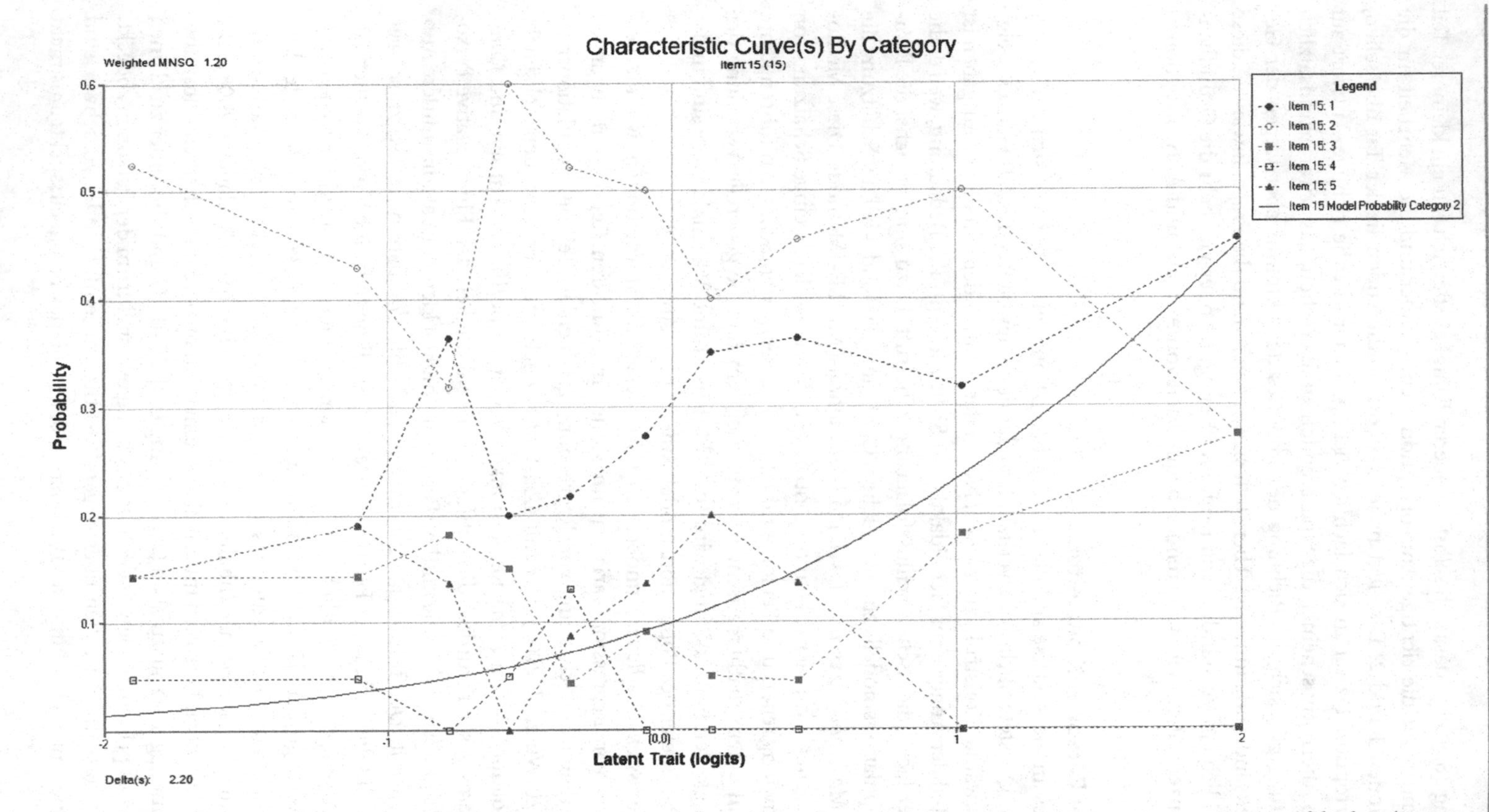

Abb. 28.5 Distraktorenanalyse für Aufgabe 15 des FCI nach Hestenes et al. (1992). Die Abb. zeigt für Personen mit einer Personenfähigkeit (*Latent Trait*) in bestimmten Bereichen, mit welcher Wahrscheinlichkeit (*Probability*) diese Personen welche Antwortoption gewählt haben. Daraus lassen sich Informationen über die Qualität der Distraktoren gewinnen (s. Text; zur Distraktorenanalyse: Kap. 30)

```
================================================================================
Raschanalyse FCI                                          Sun Apr 08 19:36 2012
TABLES OF POPULATION MODEL PARAMETER ESTIMATES
================================================================================
REGRESSION COEFFICIENTS
Regression Variable
CONSTANT                          -0.112 ( 0.075)
-----------------------------------------------
An asterisk next to a parameter estimate indicates that it is constrained
===============================================
COVARIANCE/CORRELATION MATRIX
Dimension
 Dimension 1
---------------------------------
Variance                     1.246
---------------------------------
An asterisk next to a parameter estimate indicates that it is constrained
==================================
RELIABILITY COEFFICIENTS
-----------------------
Dimension: (Dimension 1)
-----------------------
EAP/PV RELIABILITY:                         0.823
-----------------------
```

Abb. 28.6 Parameter des Populationsmodells

möglich ist. Zur Untersuchung dieser Tatsache wird häufig die *Wright Map* herangezogen. Sie zeigt eine Gegenüberstellung von Aufgabenschwierigkeiten und Personenfähigkeiten (Abb. 28.7).

Die Analyse der *Wright Map* zeigt, dass die Aufgaben des FCI das Spektrum der Personenfähigkeiten und damit das Konstrukt „Verständnis der Mechanik" im Großen und Ganzen gut abdecken. Mit Aufgabe 19 gibt es eine Aufgabe, die auch von Testpersonen mit einer geringen Fähigkeit bearbeitet werden kann, und mit den Aufgaben 15 und 18 liegen Aufgaben vor, die nur von den besten Testpersonen erfolgreich bearbeitet werden. Auch zwischen diesen Aufgaben ist das Fähigkeitsspektrum gleichmäßig abgedeckt. Nur in der Mitte des Fähigkeitsspektrums häufen sich einige Aufgaben, was aber durchaus günstig ist, weil hier viele Testpersonen lokalisiert sind, die es zu unterscheiden gilt. Teilweise zeigen sich allerdings Lücken in der Abdeckung des Fähigkeitsspektrums; so z. B. im unteren Fähigkeitsspektrum zwischen Aufgabe 19 und 20, und mit Blick auf die Zahl der Personen in diesem Fähigkeitsbereich auch zwischen den Aufgaben 21 und 1. Unterschiede zwischen Personen in diesem Bereich lassen sich demnach inhaltlich nicht charakterisieren. Zu große Lücken könnten zudem die Reliabilität des Messinstruments beeinträchtigen, weil sich eine größere Menge an Personen (mit möglicherweise unterschiedlichen Fähigkeiten) nicht unterscheiden lässt.

Die *Wright Map* ermöglicht eine inhaltliche Charaktersierung der latenten Fähigkeit – hier des Verständnisses von Kraft und Bewegung. Ein basales Verständnis von Kraft und Bewegung scheint sich in der erfolgreichen Bearbeitung von Aufgabe 19 auszudrücken, die sich auf die Zerlegung von Kräften bezieht. Die nächste Ebene im Verständnis wäre dann durch eine erfolgreiche Bearbeitung der Aufgaben 10, 27 und 29 gekennzeichnet, die sich

```
================================================================================
Raschanalyse FCI                                            Sun Apr 08 19:36 2012
MAP OF LATENT DISTRIBUTIONS AND RESPONSE MODEL PARAMETER ESTIMATES
================================================================================
                                               |
                                              X|
   3                                          X|
                                             XX|
                                               |
                                             XX|
                                           XXXX|
                                        XXXXXXX|15 18
   2                                   XXXXXXXX|
                                          XXXXX|9
                                  XXXXXXXXXXXXX|5
                                       XXXXXXXX|2 13
                                XXXXXXXXXXXXXXX|22
                                XXXXXXXXXXXXXXX|
                               XXXXXXXXXXXXXXXX|3
   1                           XXXXXXXXXXXXXXXX|11
                            XXXXXXXXXXXXXXXXXXX|28
                                XXXXXXXXXXXXXXX|
                        XXXXXXXXXXXXXXXXXXXXXXX|12
               XXXXXXXXXXXXXXXXXXXXXXXXXXXXXXXX|7
        XXXXXXXXXXXXXXXXXXXXXXXXXXXXXXXXXXXXXXX|1
           XXXXXXXXXXXXXXXXXXXXXXXXXXXXXXXXXXXX|
   0     XXXXXXXXXXXXXXXXXXXXXXXXXXXXXXXXXXXXXX|
                XXXXXXXXXXXXXXXXXXXXXXXXXXXXXXX|21
            XXXXXXXXXXXXXXXXXXXXXXXXXXXXXXXXXXX|14 16 24 25
            XXXXXXXXXXXXXXXXXXXXXXXXXXXXXXXXXXX|
         XXXXXXXXXXXXXXXXXXXXXXXXXXXXXXXXXXXXXX|26
       XXXXXXXXXXXXXXXXXXXXXXXXXXXXXXXXXXXXXXXX|
  -1             XXXXXXXXXXXXXXXXXXXXXXXXXXXXXX|4 6
               XXXXXXXXXXXXXXXXXXXXXXXXXXXXXXXX|8 23
                               XXXXXXXXXXXXXXXX|17 20
                            XXXXXXXXXXXXXXXXXXX|
                            XXXXXXXXXXXXXXXXXXX|
                               XXXXXXXXXXXXXXXX|29
                                       XXXXXXXX|27
  -2                                  XXXXXXXXX|10
                                       XXXXXXXX|
                                           XXXX|
                                             XX|
                                            XXX|
                                             XX|
                                              X|19
  -3                                           |
                                              X|
                                              X|
========================================================================================
Each 'X' represents    0.3 cases
========================================================================================
```

Abb. 28.7 *Wright Map* (Erläuterungen im Text)

auf die gleichförmige Bewegung verschiedener Objekte bezieht, auf die keine Kraft (mehr) wirkt. Es wäre daher denkbar, das Verständnis, dass ein Körper, auf den keine Kraft wirkt, sich geradlinig gleichförmig weiter bewegt, als nächste Stufe im Verständnis von Kraft und Bewegung zu postulieren. So kann schrittweise eine inhaltliche Beschreibung der latenten Fähigkeitsdimension erreicht werden. Besser ist es jedoch, wenn die Stufung einer zuvor entwickelten Theorie entstammen und im Rahmen der Rasch-Analyse lediglich geprüft wird (Kap. 27; vgl. Viering et al. 2010).

28.4 Ausblick

In diesem Beitrag wurde am Beispiel der Rasch-Analyse eines dichotomen Leistungstests dargestellt, wie sich Verfahren der IRT zur Analyse von Instrumenten zur Erfassung kognitiver Fähigkeiten nutzen lassen. Dabei muss die Analyse mit der dargestellten Vorgehensweise nicht abgeschlossen sein. Die Software ConQuest bietet weitergehende Möglichkeiten zur Analyse von Leistungstests, wie z. B. die Möglichkeit, mehrdimensionale Modelle anzupassen, Regressionen der Personenfähigkeit auf andere Personenmerkmale wie Alter oder Geschlecht mitzuschätzen oder zu untersuchen, inwieweit sich die Aufgaben des untersuchten Tests über verschiedene Gruppen hinweg in ähnlicher Weise verhalten (Wu et al. 2007). Neben Leistungstests werden in der fachdidaktischen Forschung häufig auch Fragebögen (Kap. 22) oder gänzlich andere Verfahren wie z. B. die kategorienbasierte Videoanalyse eingesetzt (Kap. 16). Auch zur Analyse von Daten, die mit diesen Instrumenten gewonnen wurden, lassen sich Verfahren der IRT nutzen. Diese beruhen teilweise auf Erweiterungen des Rasch-Modells, wie z. B. dem *Rating-Scale*-Modell oder dem *Partial-Credit*-Modell zur Analyse polytom skalierter Instrumente (vgl. Neumann et al. 2011; Kap. 29). *Multi-Facet*-Modelle bieten die Möglichkeit, Ratereffekte bei der kategorienbasierten Videoanalyse zu untersuchen.

Begleitmaterial online

- SPSS Datendatei „Rohdaten.sav"
- SPSS Skript „Datenexport.sps"
- Datendatei „RaschanalyseFCI.dat"
- Conquest Steuerungsskript „RaschanalyseFCI.cqc"
- Conquest Ausgabedatei „ErgebnisseFCI.shw"

Literatur zur Vertiefung

Bond TG, Fox CM (2007) Applying the Rasch model: Fundamental measurement in the human sciences, 2. Aufl. Erlbaum, Mahwah/NJ (Einführung in die Rasch-Analyse.)

Liu X (2010) Using and developing measurement instruments in science education: A Rasch modeling approach. Information Age Pub, Charlotte/NC (Einführung in die (Weiter-)Entwicklung von Instrumenten mit Hilfe der Rasch-Analyse inklusive einer Übersicht über erprobte Instrumente der Naturwissenschaftsdidaktik.)

Liu X, Boone WJ (Hrsg) (2006) Applications of Rasch Measurement in Science Education. JAM Press, Maple Grove (Anwendungen von Rasch-Analysen in der naturwissenschaftsdidaktischen Forschung.)

28.4 Ausblick

[illegible]

[illegible]

Literatur zur Vertiefung

[illegible]

Entwicklung eines Testinstruments zur Messung von Schülerkompetenzen 29

Sabina Eggert und Susanne Bögeholz

Wie gelange ich von der Idee, einen Kompetenztest zu entwickeln, zu einem reliablen und validen Testinstrument? Welche fachdidaktischen bzw. pädagogisch-psychologischen Theorien lege ich zugrunde? Wie sollte die Entwicklung von Testaufgaben für ein Instrument zur Kompetenzmessung erfolgen? Wodurch sind eine gelungene Kompetenzmodellierung und Testinstrumententwicklung gekennzeichnet? Zu diesen Fragen gibt der folgende Beitrag – illustriert am Beispiel der Messung von Bewertungskompetenz beim Bearbeiten komplexer Umweltproblemsituationen – Antworten.

Die Messung von Kompetenzen gehört seit Verabschiedung der Bildungsstandards und dem Beschluss über deren Evaluation zu den aktuellen Forschungsschwerpunkten bildungswissenschaftlicher und fachdidaktischer Forschung. Naturwissenschaftsdidaktische Forschung konzentriert sich zudem auf die Einbindung des Kompetenzerwerbs in relevante Kontexte. Auch bei der Messung von Kompetenzen spielen spätestens seit PISA Kontexte mit Bezug zur Lebenswelt der Heranwachsenden – wie Umwelt und Gesundheit – international eine zentrale Rolle. Die geforderten Bewertungskompetenzen sollen es den (künftigen) Bürgern ermöglichen, zu gesellschaftlichen Fragen an der Schnittstelle zwischen Biologie bzw. Naturwissenschaften und Gesellschaft begründet Stellung nehmen zu können. Entsprechend dem gesellschaftlichen Handlungsbedarf, wie er beispielsweise durch den Verlust der Biodiversität gegeben ist, greifen wir in unserem Beispiel bei der Testinstrumententwicklung für Bewertungskompetenz auf realweltliche Umweltproblemsituationen zurück.

Dr. Sabina Eggert ✉, Prof. Dr. Susanne Bögeholz
Albrecht-von-Haller-Institut für Pflanzenwissenschaften/Didaktik der Biologie,
Georg-August-Universität Göttingen, Waldweg 26, 37073 Göttingen, Deutschland
e-mail: seggert1@gwdg.de, sboegeh@gwdg.de

D. Krüger, I. Parchmann und H. Schecker (Hrsg.), *Methoden in der naturwissenschaftsdidaktischen Forschung*, DOI 10.1007/978-3-642-37827-0_29,

29.1 Entwicklungsprozess eines Testinstruments

Die Entwicklung eines Testinstruments erfolgt stets in mehreren Schritten. Die konkrete Aufgabenentwicklung ist dabei nur ein Baustein. Wilson (2005) beschreibt die Konstruktion eines Messinstruments mit Hilfe eines „Entwicklungskreislaufs". Dabei folgen vier Bausteine aufeinander, die jedoch wiederholt bearbeitet werden sollten (Abb. 29.1). Der „Entwicklungskreislauf" wird an dieser Stelle zunächst nur kurz umrissen, bevor jeder einzelne Baustein im Detail erläutert wird.

Direkt nach Klärung der Frage „Für welche Zwecke ist ein Testinstrument erforderlich?" muss das zugrunde liegende theoretische **Konstrukt** beschrieben werden (erster Baustein *construct map*, siehe Wilson 2005; Abb. 29.1). Dazu gehört eine umfassende Literaturrecherche zu existierenden Theorien und empirischen Studien, die für die Entwicklung des Testinstruments hilfreich sein können. Dabei soll man prüfen, inwiefern existierende Testinstrumente (ggf. adaptiert) verwendbar sind.

Kann man nicht auf bestehenden Testinstrumenten aufbauen, müssen Aufgaben neu entwickelt werden (zweiter Baustein *item design*, siehe Wilson 2005). Auf eine erste Aufgabenentwicklung folgen in der Regel vielfache Überarbeitungs- und Optimierungsschritte. Dabei soll immer wieder kritisch reflektiert werden, inwieweit die entwickelten Aufgaben das zugrunde liegende theoretische Konstrukt angemessen **operationalisieren** und es „letztendlich in adäquater Weise repräsentieren" (Wilson 2005, S. 10).

An die Aufgabenentwicklung schließt sich die Betrachtung des Ergebnisraums an (dritter Baustein *outcome space*, siehe Wilson 2005). Dazu gehört die Beschreibung eines Erwartungshorizonts. Je nach Aufgabenformat fällt dessen Beschreibung unterschiedlich detailliert aus. Während bei geschlossenen Aufgaben lediglich die richtige(n) und/oder falsche(n) Antwortmöglichkeit(en) benannt werden muss/müssen, erfordern offene Aufgabenformate ausführliche Beschreibungen zu den erwarteten Antworten auf Basis theoretischer Überlegungen und empirisch gewonnener Aufgabenbearbeitungen (Abschn. 29.4). Dabei reicht es nicht aus, nur die maximal erwartete Leistung zu beschreiben. Vielmehr sollen mehrere qualitativ unterschiedliche Antworten von einer minimalen

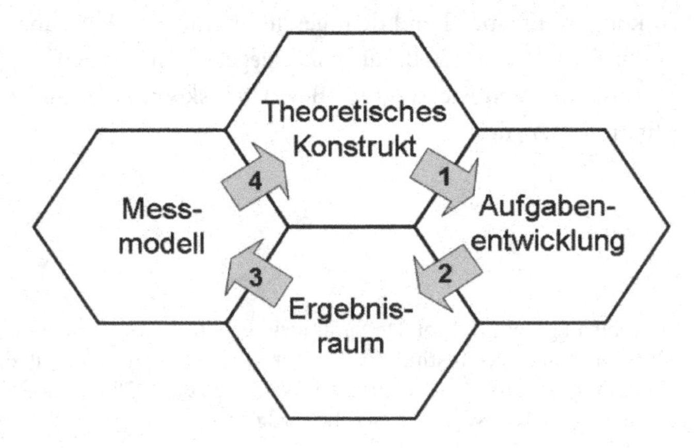

Abb. 29.1 Vorgehensweise bei der Testinstrumententwicklung (vgl. „Entwicklungskreislauf" in Wilson 2005, S. 19)

Bearbeitung der Aufgabe über eine Antwort auf mittlerem Leistungsniveau hin zu einer maximalen Aufgabenbearbeitung unterschieden werden. Eine Codieranleitung zur Auswertung der Aufgabenbearbeitungen auf Basis eines Erwartungshorizonts mit entsprechenden Punktzuordnungen für qualitativ unterschiedliche Antwortkategorien wird als *scoring guide* bezeichnet. Dabei werden die Antworten der Befragten in Antwortkategorien eingeordnet (gescort) und damit für sich anschließende Modellierungen aufbereitet.

Der vierte Baustein bezieht sich auf die Auswahl des Messmodells (*measurement model*, Wilson 2005). Messmodelle sind statistische Modelle, welche geeignet sind, das Antwortverhalten von Testpersonen auf die entwickelten Aufgaben zu erklären und mit dem theoretischen Konstrukt in Verbindung zu bringen. Im Folgenden werden diese vier Bausteine beispielhaft für die Entwicklung eines Messinstruments zur Bewertungskompetenz präzisiert.

29.2 Das Theoretische Konstrukt: Bewertungskompetenz

29.2.1 Kompetenzen im Umgang mit *socioscientific issues*

Bewertungskompetenz wird in den Standards für das Fach Biologie als die Fähigkeit verstanden, „biologische Sachverhalte in verschiedenen Kontexten erkennen und bewerten zu können" (KMK 2004, S. 7) und sich „neue Sachverhalte in Anwendungsgebieten der modernen Biologie erschließen zu können, um sich dann am gesellschaftlichen, z. T. kontrovers geführten Diskurs beteiligen zu können" (KMK 2004, S. 14). Derartige curriculare Vorgaben können als Ausgangspunkt für die Beschreibung eines theoretischen Konstrukts bzw. einer Kompetenz dienen. Sie liefern wichtige Ansatzpunkte: Bewertungskompetenz baut auf der Aneignung biologischen *Fachwissens* auf, ist notwendig für das Verständnis *moderner* Biologie und ist Voraussetzung für eine *Beteiligung* an gesellschaftlichen Diskussionen. Darüber hinaus ist jedoch die Analyse des Forschungsstandes unerlässlich.

Themen moderner Biologie bzw. Naturwissenschaften sind beispielsweise die Bio- und Medizintechnik, der Umwelt- und Naturschutz sowie Fragen einer nachhaltigen Entwicklung unseres Planeten. Zum letztgenannten Themenfeld gehören Probleme wie Klimawandel oder Rückgang der biologischen Artenvielfalt. Derartige Herausforderungen können nicht ausschließlich auf Basis naturwissenschaftlichen Wissens gelöst werden (z. B. Ratcliffe und Grace 2003; Sadler 2011). Im internationalen Diskurs werden diese Themen als *socioscientific issues* bezeichnet. *Socioscientific issues* werden als komplexe Probleme charakterisiert, die keine eindeutige Lösung haben. Vielmehr existieren mehrere legitime Lösungsansätze bzw. Handlungsoptionen (Eggert und Bögeholz 2010). Bei der Entwicklung von Lösungsansätzen müssen nicht nur komplexe Sachinformationen verarbeitet, sondern auch Bedürfnisse beteiligter Personengruppen berücksichtigt werden (z. B. Sadler et al. 2007). *Socioscientific issues* sind somit faktisch und ethisch komplex (Bögeholz und Barkmann 2005). Des Weiteren basieren *socioscientific issues* und deren Lösungsansätze oftmals auf unsicherem und/oder widersprüchlichem Wissen (z. B. Kolstø 2001; Sadler et al. 2007).

Neben der Verarbeitung komplexen (naturwissenschaftlichen) Fachwissens benötigen Lernende Argumentations- und Bewertungskompetenz, um sich an gesellschaftlichen Diskussionen zu beteiligen und dabei auch begründete Entscheidungen im Sinne einer nachhaltigen Entwicklung treffen zu können (z. B. Bögeholz 2007; Ratcliffe und Grace 2003).

In der psychologischen Forschungstradition gibt es zahlreiche Ansätze, Argumentations- und Bewertungsprozesse zu beschreiben. Geeignete theoretische Ansätze zur Erklärung von Argumentationsprozessen sind beispielsweise das Argumentationsmodell von Toulmin (1958), das *reflective judgment model* (King und Kitchener 2002) oder das *developmental model of critical thinking* (Kuhn 1991; 1992). Bewertungs- und Entscheidungsprozesse werden oftmals auf Basis von Modellen der psychologischen Entscheidungstheorie erklärt (z. B. Betsch und Haberstroh 2005; Jungermann et al. 2004). Der letztgenannte Ansatz wurde für die Entwicklung eines Kompetenzmodells zum Umgang mit komplexen Umweltproblemsituationen aufgegriffen. An diesem Modell zur Bewertungskompetenz soll exemplarisch der „Entwicklungskreislauf" nach Wilson (2005) veranschaulicht werden.

29.2.2 Ein Kompetenzmodell für den Kompetenzbereich Bewertung

Das Kompetenzstrukturmodell zur Bewertungskompetenz (Bögeholz 2011; Eggert und Bögeholz 2006) wurde aus einem Metamodell aus der psychologischen Entscheidungstheorie hergeleitet (Betsch und Haberstroh 2005). Die für Bewertungskompetenz spezifizierten Teilkompetenzen werden im Folgenden dargestellt (Abb. 29.2).

Während das „Verstehen und Reflektieren von Werten und Normen im Kontext Nachhaltiger Entwicklung" auf das erforderliche gesellschaftswissenschaftliche Wissen fokussiert, werden in den beiden anderen Teilkompetenzen zentrale Phasen in Entscheidungsfindungsprozessen aufgegriffen: die präselektionale (Informationssuche und -verarbeitung) und die selektionale Phase (Bewertung und Entscheidung; Betsch und Haberstroh 2005). Angelehnt an die präselektionale Phase erfordert das „Generieren und Reflektieren von Sachinformationen" das Beschreiben eines komplexen Umweltproblems und das Entwickeln von nachhaltigen Handlungsoptionen (Gausmann et al. 2010). In Anlehnung an die selektionale Phase geht es beim „Bewerten, Entscheiden und Reflektieren"

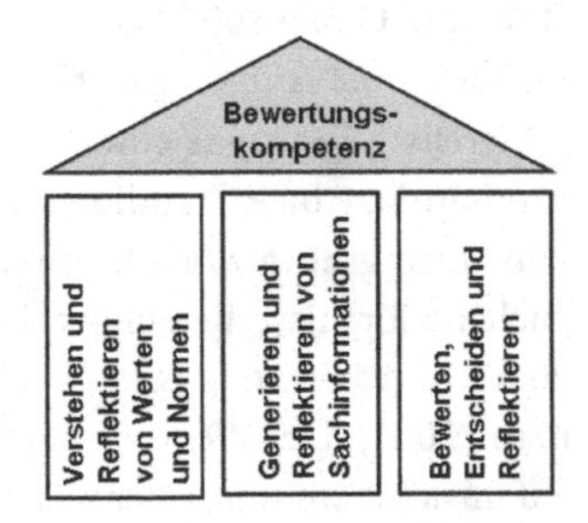

Abb. 29.2 Göttinger Modell der Bewertungskompetenz im Kontext Nachhaltiger Entwicklung (Bögeholz 2011, S. 35; vgl. Eggert und Bögeholz 2006)

darum, gleich legitime Handlungsoptionen miteinander zu vergleichen und gegeneinander abzuwägen, um schließlich zu einer begründeten Entscheidung für eine möglichst nachhaltige Option zu gelangen (Eggert und Bögeholz 2006). Für beide Teilkompetenzen ist darüber hinaus die Fähigkeit zur Reflexion über Bewertungs- und Entscheidungsprozesse notwendig (Eggert und Bögeholz 2010; Gausmann et al. 2010).

29.3 Aufgabenentwicklung

Auf Basis der theoretischen Struktur des entwickelten Modells zur Bewertungskompetenz stellt sich zunächst eine grundsätzliche Frage: Soll man Aufgaben entwickeln, die die Fähigkeiten von Lernenden für jede Teilkompetenz getrennt erfassen, oder soll man Aufgaben entwickeln, zu deren Bearbeitung Fähigkeiten bezüglich aller Teilkompetenzen notwendig sind? Beide Ansätze sind möglich. Im ersten Fall geht man davon aus, dass für die Bearbeitung von Aufgaben immer nur eine Personenfähigkeit notwendig ist und der Test eindimensional modellierbar ist. Diese Vorgehensweise wird als *between-item-multidimensionality*-Ansatz bezeichnet und ist bei der Entwicklung von Kompetenztests weit verbreitet (Wu et al. 2007). Demgegenüber steht der *within-item-multidimensionality*-Ansatz, bei dem zur Bearbeitung von Kompetenzaufgaben mehrere latente Fähigkeiten notwendig sind (Rost et al. 2005). Diese Vorgehensweise kann die Komplexität einer Kompetenz besser abbilden, stellt den Testentwickler jedoch vor größere Herausforderungen bezüglich der statistischen Modellierung. Bei der Entwicklung des Messinstruments für Bewertungskompetenz wurde der *between-item-multidimensionality*-Ansatz gewählt. In unserem Beispiel haben wir folglich insgesamt drei Subtests für die drei Teilkompetenzen entwickelt.

Im Folgenden werden zentrale Schritte bei der Aufgabenentwicklung exemplarisch für die Teilkompetenz „Bewerten, Entscheiden und Reflektieren" konkretisiert. Zunächst wurden offene Aufgaben entwickelt, das heißt Aufgaben, bei denen Lernende einen längeren Antworttext (*extended response*) schreiben. Dieses Aufgabenformat hat mehrere Vorteile. Zum einen ermöglicht es eine bessere Abbildung von Argumentationsprozessen. Zum anderen liefern offene Aufgabenformate Probandenantworten, die in weiteren Entwicklungsschritten für eine Entwicklung von Aufgaben mit geschlossenem Aufgabenformat (*Multiple-Choice*-Aufgaben) genutzt werden können. Zu den Nachteilen offener Aufgaben zählen mögliche Schwierigkeiten bei der Formulierung genauer Aufgabenstellungen, um aussagekräftige Probandenantworten zu erhalten. Darüber hinaus sind testökonomische Gründe, wie die im Vergleich zu geschlossenen Aufgaben hohe Auswertungsdauer sowie die damit verbundenen erhöhten Kosten, zu berücksichtigen (z. B. Bühner 2011).

Die Aufgabenkontexte werden so gewählt, dass sie die Charakteristika von *socioscientific issues* aufweisen. Dazu gehören insbesondere Komplexität und Multiperspektivität. Bei Umweltproblemen im Kontext Nachhaltiger Entwicklung bedeutet dies, dass die Aufgaben nicht nur die biologische bzw. ökologische Dimension, sondern auch die ökonomische und soziale Dimension ansprechen. Weiterhin werden in den Aufgaben verschiedene Personengruppen (z. B. nachhaltige und nicht-nachhaltige Nutzer) sowie Gerechtigkeitsaspekte einbezogen. Die Aufgaben binden Gerechtigkeitsfragen zwischen den jetzt auf der Erde lebenden Menschen (intragenerationelle Gerechtigkeit) ein sowie zwischen den jetzt lebenden und den zukünftigen Generationen (intergenerationelle Gerechtigkeit). Neben den Charakteristika von *socioscientific issues* werden bei der Aufgabenentwicklung curriculare Anforderungen auf Bundes- und ggf. Länderebene berücksichtigt (KMK 2004; BMZ-KMK 2007; z. B. Niedersächsisches Kultusministerium 2007). Welche Curricula konkret einbezogen werden, hängt letztendlich vom jeweiligen Zweck der Messinstrumententwicklung ab, z. B. nationale Überprüfung der Bildungsstandards oder Lernstandserhebungen der Länder.

Zudem sind Überlegungen erforderlich, wie die Anforderungen der Teilkompetenzen geeignet in verschiedenen Aufgabentypen aufgegriffen werden können. Für das „Bewerten, Entscheiden und Reflektieren" bot es sich an, zwei Aufgabentypen zu entwickeln: Aufgaben zum Bewerten von Handlungsoptionen und Treffen einer begründeten Entscheidung (Abb. 29.3, Spalte „Bewerten, Entscheiden" unter „Theoretisches Konstrukt") und Aufgaben zum Reflektieren über derartige Bewertungs- und Entscheidungsprozesse (Abb. 29.3, Spalten zum „Reflektieren"). Die Entscheidung für zwei Aufgabentypen resultierte aus Erkenntnissen von Vortestungen, die in Abschn. 29.6 unter Ansätzen zur Optimierung näher ausgeführt werden.

Die anhand dieser Vorüberlegungen entwickelten Aufgaben wurden dann im Rahmen von qualitativen Studien mit Hilfe der Methode des **Lauten Denkens** getestet (Ericsson und Simon 1993). Typischerweise werden bei dieser Methode Testpersonen dazu aufgefordert, ihre Gedanken bei der Bearbeitung einer Aufgabe zu verbalisieren (Kap. 15). Dabei ist es ein Ziel, Verständnisschwierigkeiten der Testaufgaben zu identifizieren und für eine anschließende Aufgabenoptimierung zu nutzen. Bevor die Aufgaben in einer quantitativen **Pilotstudie** getestet werden, bietet es sich an, die Aufgaben mit ausgewiesenen Personen im Rahmen eines **Expertenpanellings** zu diskutieren (vgl. Wilson 2005). Ein Expertenpanelling dient der Qualitätssicherung sowie einer Überprüfung der Angemessenheit der Aufgaben im Hinblick auf z. B. Klassenstufe und Klassenkontext.

29.4 Ergebnisraum

Mit der Aufgabenentwicklung ist die Entwicklung einer Codieranleitung verbunden, welche das Produkt des Ergebnisraums darstellt. Sie ist vergleichbar mit einem Erwartungshorizont, geht aber darüber hinaus. In der Codieranleitung werden alle Aufgaben eines Tests zusammengestellt und beschrieben. Eine Aufgabe wird dabei als eine inhaltliche Einheit verstanden, zu der mehrere Fragestellungen gehören können. Ein **Item** stellt die kleinste bewertbare Einheit eines Tests dar. Alle Items, die dieselbe Personenfähigkeit messen, können zu einer Skala zusammengefasst werden (z. B. Bühner 2011; Kap. 23). Zu jedem Item muss die Anzahl und Qualität der Antwortkategorien beschrieben werden. Die Antwortkategorien sollen dabei bestimmten Anforderungen genügen: Sie sollen eindeutig formuliert und nach Schwierigkeit geordnet sein. Zudem sollen sie eine Einordnung aller möglichen Antworten von Testpersonen erlauben, Bezüge zum Kontext der jeweiligen Aufgabe bzw. des jeweiligen Items aufweisen und durch empirisch gewonnene Erkenntnisse (z. B. durch Lautes Denken) untermauert werden (Wilson 2005, S. 62 ff.).

Die Qualität von Probandenantworten lässt sich im einfachsten Fall in die Kategorien „richtig" oder „falsch" einordnen. Bei mehreren Antwortkategorien kann es dazwischen unterschiedliche Abstufungen geben, wie z. B. „falsch", „teilweise richtig" und „richtig". Im ersten Fall würde man den Antwortkategorien die *Scores* 0 und 1 zuordnen (dichotomes Codieren). Im zweiten Fall die *Scores* 0, 1 und 2 (polytomes Codieren, *partial credits*). Es ist hierbei zu beachten, dass durch das *Scoring* der Antwortkategorien bereits Vorentscheidungen für die spätere Auswahl des Messmodells getroffen werden (Abschn. 29.5). Veranschaulicht wird die Beschreibung der Antwortkategorien durch so genannte Ankerbeispiele. Ankerbeispiele unterstützen die Forschenden bei der Datenauswertung, insbesondere im Hinblick auf schwer interpretierbare Probandenantworten. Damit ist die Entwicklung einer detaillierten Codieranleitung Voraussetzung für eine möglichst gute Auswertungsobjektivität (z. B. Bühner 2011). Des Weiteren ist die Codieranleitung Voraussetzung für die Berechnung der Übereinstimmung zwischen mehreren auswertenden Personen (Interrater-Reliabilität).

Die finale Codieranleitung ist idealerweise ein Produkt eines iterativen Prozesses. Dabei sind einerseits Rückbezüge zum theoretischen Konstrukt notwendig (Abb. 29.3) und andererseits muss die Entwicklung einer Codieranleitung schon bei der Aufgabenentwicklung mit bedacht werden. In Bezug auf die hier vorgestellte Testentwicklung stellte sich die Frage, inwiefern Aufgaben, die nur zwischen „richtig" und „falsch" unterscheiden, geeignet sind, die Kompetenzen von Lernenden im Hinblick auf Bewertungs- und Argumentationsprozesse abzubilden. Insbesondere im Hinblick auf die Entwicklung von Argumenten in Bewertungsprozessen scheint eine „richtig"- oder „falsch"-Codierung von Probandenantworten vergleichsweise kurz zu greifen.

Abbildung 29.3 zeigt exemplarisch für „Bewerten, Entscheiden und Reflektieren" eine vereinfachte, idealtypische Darstellung der wechselseitigen Bezüge zwischen dem theoretischen Konstrukt „Bewerten, Entscheiden und Reflektieren" und dem Ergebnisraum samt Codieranleitung für zwei ausgewählte Beispiel-Items „Bewerten" und „Reflektieren" (Abschn. 29.3). So lassen sich auf Basis von Erkenntnissen aus der psychologischen Entscheidungstheorie verschiedene Vorgehensweisen beim Bewerten und Entscheiden über Handlungsoptionen unterscheiden: intuitives sowie non-kompensatorisches, mischstrategisches und kompensatorisches Vorgehen (Jungermann et al. 2004; Abb. 29.3 unter „Theoretisches Konstrukt"). Die Entscheidungsstrategien werden in der Codieranleitung des Ergebnisraums in Items mit verschiedenen Antwortkategorien „übersetzt". So ist beispielsweise eine non-kompensatorische Vorgehensweise (Abb. 29.3, Niveau 1 unter „Theoretisches Konstrukt") durch das Entwickeln von Kontra-Argumenten beim Item-Beispiel „Bewerten" von Handlungsoptionen gekennzeichnet (Abb. 29.3, *Score* 1 bei „Ergebnisraum"). Eine kompensatorische Vorgehensweise ist demgegenüber durch das Entwickeln von Pro-

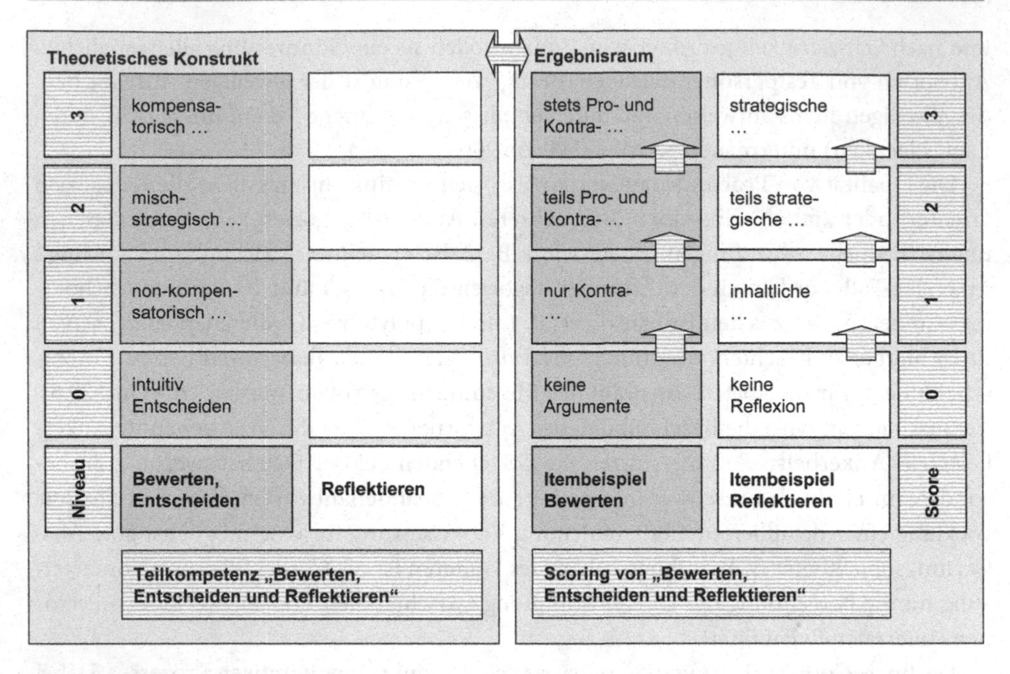

Abb. 29.3 Vereinfachte Darstellung zur wechselseitigen (theoretischen und empirischen) Fundierung der Bausteine „Theoretisches Konstrukt" und „Ergebnisraum"

und Kontra-Argumenten bei Betrachtung aller Handlungsoptionen charakterisiert (*Score* 3; Eggert und Bögeholz 2010).

Oftmals sind zum Zeitpunkt der Aufgabenentwicklung das theoretische Konstrukt sowie mögliche Niveaugraduierungen noch nicht ausreichend beschrieben (Abb. 29.3, weiße Felder zum Prozess „Reflektieren"), sodass die empirisch gewonnenen Erkenntnisse zur Präzisierung des theoretischen Konstrukts beitragen.

29.5 Das Messmodell

Das Messmodell stellt eine Beziehung zwischen dem codierten Antwortverhalten auf die entwickelten Aufgaben und dem theoretischen Konstrukt her (Wilson 2005, S. 85). Kompetenzmodellierungen werden in der Regel mit Messmodellen der *Item-Response*-Theorie bzw. der **probabilistischen Testtheorie** durchgeführt (Kap. 28).

Für die Modellierung von Bewertungskompetenz wurde das Rasch-*Partial-Credit*-Modell, das Rasch-Modell für die Modellierung polytomer Daten, verwendet (Masters 1982; für einen Einstieg siehe Bond und Fox 2007). Das Rasch-*Partial-Credit*-Modell bietet sich insbesondere dann an, wenn ein Test sowohl Aufgaben mit dichotomem als auch mit polytomem Aufgabenformat aufweist. Des Weiteren müssen bei Aufgaben mit mehreren Antwortkategorien – anders als bei Aufgaben mit Likert-Skalen – nicht gleiche

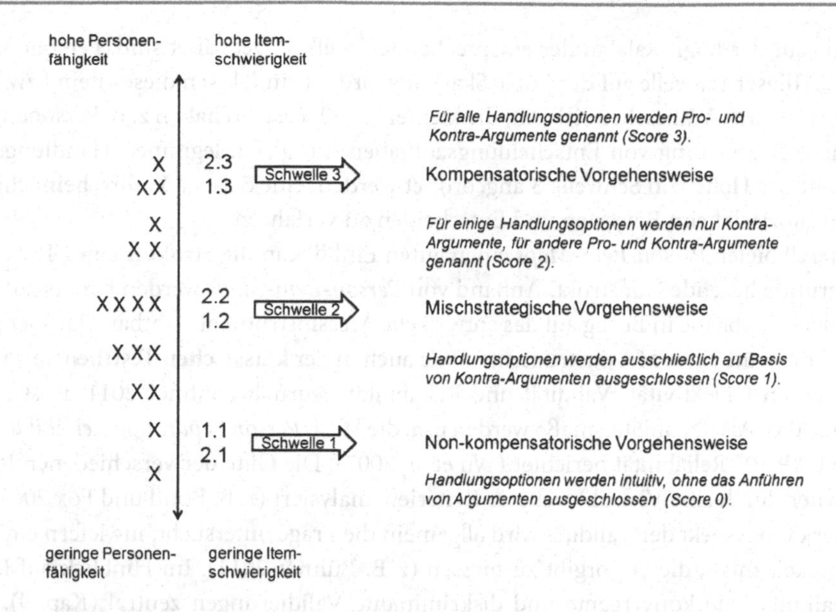

Abb. 29.4 Vereinfachte und abstrahierte *Person-Item-Map* (verändert nach Bögeholz 2011, aufbauend auf Eggert und Bögeholz 2010)

Abstände zwischen den Antwortkategorien angenommen werden (Bond und Fox 2007). Nach dem von uns verfolgten *between-item-multidimensionality*-Ansatz (Wu et al. 2007) werden die Fähigkeiten der Lernenden für jede Teilkompetenz getrennt modelliert. Mögliche Zusammenhänge zwischen den Teilkompetenzen werden dann mittels **Korrelationen** analysiert.

Grundsätzlich lassen sich mit Messmodellen der *Item-Response*-Theorie, so auch mit dem Rasch-*Partial-Credit*-Modell, Personenfähigkeiten und Itemschwierigkeiten auf einer eindimensionalen, logarithmierten Skala (Logitskala) abbilden und damit kriteriumsorientiert vergleichen (Kap. 28). Grafisch lässt sich die Beziehung zwischen Personenfähigkeiten und Itemschwierigkeiten mittels einer so genannten *Person-Item-Map* darstellen (z. B. Wilson 2005; Abb. 29.4 und 29.5). Bei Modellierungen mit dem Rasch-*Partial-Credit*-Modell beziehen sich die Itemschwierigkeiten auf die jeweiligen *Itemsteps* eines mehrstufigen, polytomen Items (Abb. 29.4).

Die in Abb. 29.4 abstrahiert dargestellte *Person-Item-Map* für „Bewerten, Entscheiden und Reflektieren" veranschaulicht vereinfacht die Anordnung von Itemschwierigkeiten und Personenfähigkeiten (mehrere Personen sind jeweils durch ein Kreuz dargestellt) für zwei polytome Items mit vier unterschiedlichen Antwortkategorien (*Scores* 0–3; Eggert und Bögeholz 2010; Bögeholz 2011).

Für beide Items sind jeweils drei Schwellen abgebildet; polytome Items weisen immer eine Schwelle weniger als die Anzahl von Antwortkategorien auf (z. B. Bond und Fox 2007). Die Schwellen geben jeweils den Ort an, an dem das dichotome Item bzw. der *Itemstep* bei polytomen Items mit einer 50 %igen Wahrscheinlichkeit von denjenigen Personen gelöst wird, die auf der Logitskala an der entsprechenden Stelle angeordnet sind. Personen, die unterhalb dieser Schwelle auf der Logit-Skala angeordnet sind, lösen dieses Item bzw. den *Itemstep* mit einer Wahrscheinlichkeit, die kleiner als 50 % ist. So haben z. B. Personen, die durch ihre Bearbeitung von Entscheidungsaufgaben mit gleich legitimen Handlungsoptionen auf der Höhe von Schwelle 3 angeordnet werden, eine 50%ige Wahrscheinlichkeit, kompensatorisch beim Bewerten und Entscheiden zu verfahren.

Generell bieten *Person-Item-Maps* einen guten Einblick in die Struktur eines Tests und das zugrunde liegende Konstrukt. Anhand von *Person-Item-Maps* werden bereits auf den ersten Blick Probleme in Bezug auf das entwickelte Messinstrument sichtbar. Darüber hinaus wird die Güte eines Messinstruments – wie auch in der **klassischen Testtheorie** – nach den Kriterien Objektivität, Validität und Reliabilität beurteilt (Bühner 2011; Rost 2004; Wilson 2005). Als Reliabilitätsmaße werden u. a. die WLE *Person Separation Reliabilität* sowie die EAP/PV-Reliabilität berichtet (Wu et al. 2007). Die Güte der verschiedenen Items wird ferner durch eine Vielzahl weiterer Kriterien analysiert (z. B. Bond und Fox 2007).

Unter dem Aspekt der Validität wird allgemein die Frage untersucht, inwiefern ein Test die Fähigkeit misst, die er vorgibt zu messen (z. B. Bühner 2011). Im Hinblick auf Konstruktvalidität sind konvergente und diskriminante Validierungen zentral (Kap. 9). Für die Untersuchung von „Bewerten, Entscheiden und Reflektieren" wurde zur Analyse der konvergenten Validität ein Test zum argumentativen Schreiben[1] im Deutschunterricht eingesetzt. Damit verbunden ist die Annahme, dass bei der Bearbeitung beider Instrumente die Fähigkeit zum Argumentieren, und dabei insbesondere die Entwicklung von Pro- und Kontra-Argumenten, notwendig ist. Zur Abgrenzung – also zur diskriminanten Validierung – von kognitiven, kontextualisierten Kompetenzen, wie beispielsweise Bewertungskompetenz im Kontext Nachhaltiger Entwicklung, gegenüber Intelligenz werden oftmals Tests eingesetzt, die allgemeine kognitive Fähigkeiten messen (z. B. der Kognitive Fähigkeitstest [KFT] von Heller und Perleth 2000). Damit wird kontrolliert, dass es sich bei Bewertungskompetenz nicht eigentlich um allgemeine Intelligenz handelt. Des Weiteren werden im Rahmen von Validitätsanalysen mögliche Zusammenhänge zwischen der zu messenden Kompetenz und weiteren Kriterien, wie beispielsweise Schulnoten untersucht (vgl. Kriteriumsvalidität, z. B. Bühner 2011).

[1] Der Test wurde zur Verfügung gestellt vom Institut zur Qualitätsentwicklung im Bildungswesen (IQB). Er wurde vom IQB für die Überprüfung des Erreichens der länderübergreifenden Bildungsstandards entwickelt.

29.6 Ansätze zur Optimierung einer Instrumententwicklung für Kompetenzmessung

Obschon Wilson (2005) von einem „Entwicklungskreislauf" (*development cycle*, Abb. 29.1) spricht, in dem die vier Bausteine Theoretisches Konstrukt, Aufgabenentwicklung, Ergebnisraum und Messmodell nacheinander durchlaufen werden, liegen zahlreiche Beziehungen zwischen den Bausteinen vor. Im Folgenden werden exemplarisch zwei Optimierungsansätze bei der Testentwicklung näher erläutert, die aufgrund einer vernetzten Sichtweise der vier Bausteine möglich wurden.

Wie unter Abschn. 29.2.2 zum Kompetenzmodell und Abschn. 29.3 zur Aufgabenentwicklung dargestellt, wurden die Teilkompetenzen für Bewertungskompetenz zunächst *a priori* theoretisch beschrieben. Dabei wurden für die Teilkompetenz „Bewerten, Entscheiden und Reflektieren" auch mögliche Niveaugraduierungen anhand der Verwendung unterschiedlicher Entscheidungsstrategien formuliert. Inwiefern sich die Reflexionsfähigkeit im Hinblick auf diese Teilkompetenz graduell unterscheidet, konnte *a priori* jedoch nicht spezifiziert werden (Abb. 29.3, weiße Felder beim theoretischen Konstrukt). Zunächst wurden in einem ersten Schritt Aufgaben entwickelt, die Lernende dazu auffordern, Handlungsoptionen zu bewerten, und in einem zweiten Schritt über ihren Bewertungs- und Entscheidungsprozess zu reflektieren. Die Ergebnisse einer Pilotstudie zeigten, dass zum einen die Performanz der Lernenden im Hinblick auf das Reflektieren stark von der vorher gezeigten Performanz beim Bewerten abhängt. Zum anderen wurde das Reflektieren über einen Bewertungs- und Entscheidungsprozess, nachdem er bereits abgeschlossen war, als künstlich empfunden, was sich wiederum negativ auf die Performanz auswirkte. Auf Basis dieser Erkenntnisse wurden daraufhin neue Aufgaben entwickelt, bei denen Lernende über die Entscheidungsprozesse Dritter reflektieren. Letztendlich führten dann die empirischen Ergebnisse zu einer Präzisierung des theoretischen Konstrukts. Es konnten unterschiedliche Herangehensweisen beim Reflektieren über Bewertungs- und Entscheidungsprozesse identifiziert werden: ein Reflexionsprozess, der sich (ausschließlich) an den inhaltlichen Aspekten der Entscheidungsaufgaben orientiert, ein Reflexionsprozess, der teilweise strategische Überlegungen zur Entscheidungsfindung einbezieht und ein Reflexionsprozess, der die strategische Vorgehensweise fokussiert (Abb. 29.3, vgl. Item-Beispiel „Reflektieren" im Ergebnisraum).

Der zweite Optimierungsaspekt bezieht sich auf die Verbesserung der Reliabilität des Testinstruments. Dazu wurde die Codieranleitung modifiziert. Anstatt für alle nicht gewählten Handlungsoptionen zusammen einen Score für die Verwendung von Pro- und Kontra-Argumenten zu scoren (Abb. 29.3 und 29.4 mit *Score* 0–3, Eggert und Bögeholz 2010), wurde jede nicht gewählte und jede gewählte Handlungsoption einzeln gescort (Eggert et al. 2010). Dabei wurden drei Antwortkategorien unterschieden: keine Argumente genannt (*Score* 0), nur Pro- oder nur Kontra-Argumente (1) sowie Pro- und Kontra-Argumente genannt (2). Abbildung 29.5 zeigt einen Ausschnitt einer *Person-Item-Map*, die als *Output* direkt der statistischen Software entnommen ist. Auch in dieser *Person-Item-Map* sind Personenfähigkeiten und Itemschwierigkeiten auf einer gemein-

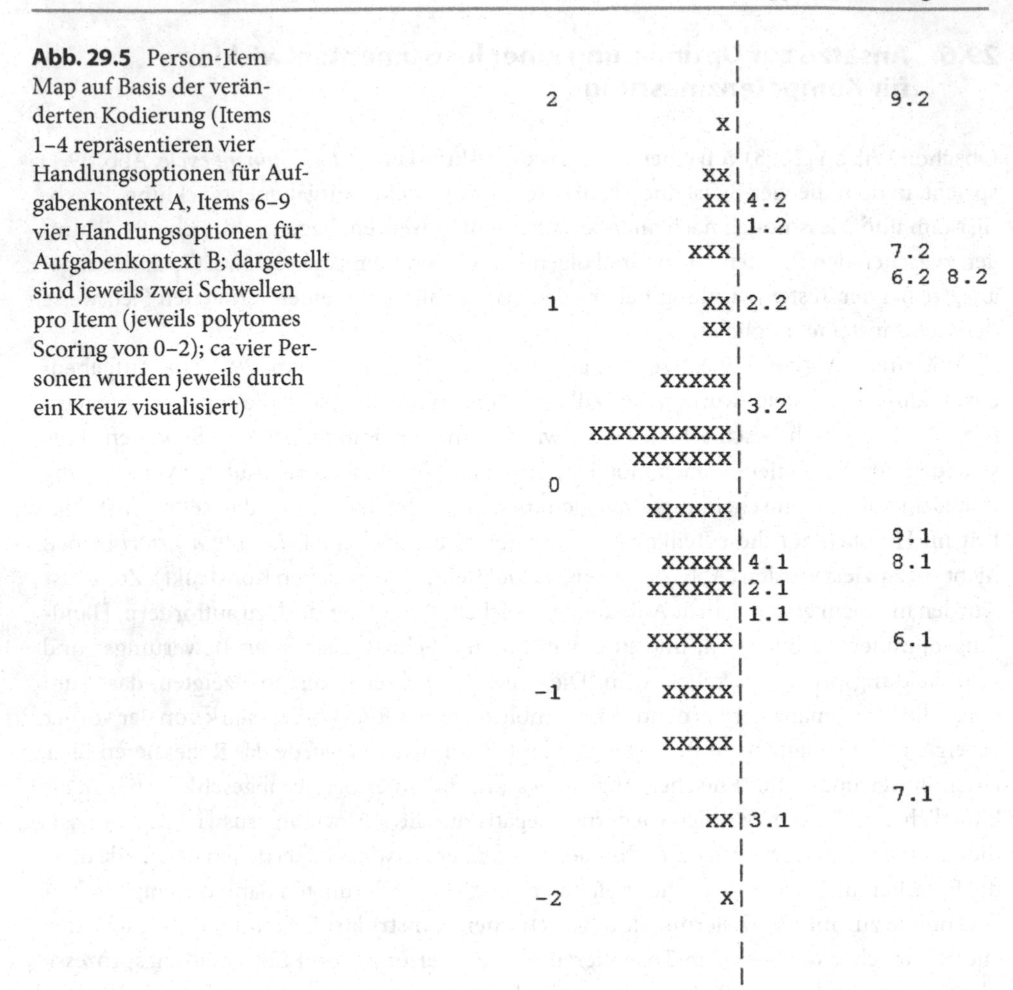

Abb. 29.5 Person-Item Map auf Basis der veränderten Kodierung (Items 1–4 repräsentieren vier Handlungsoptionen für Aufgabenkontext A, Items 6–9 vier Handlungsoptionen für Aufgabenkontext B; dargestellt sind jeweils zwei Schwellen pro Item (jeweils polytomes Scoring von 0–2); ca vier Personen wurden jeweils durch ein Kreuz visualisiert)

samen Logit-Skala aufgetragen. Die Items 1 bis 4 bzw. 6 bis 9 beziehen sich auf die unterschiedlichen Aufgabenkontexte A und B mit je vier Handlungsoptionen. Durch die neue Codieranleitung, die jede Option für jeden Aufgabenkontext in den Blick nimmt, konnte einerseits die Item-Anzahl des Testinstruments – und damit einhergehend die Reliabilität – erhöht werden (Eggert et al. 2010).

Andererseits ging dadurch jedoch eine Antwortkategorie verloren, mit der ursprünglich die mischstrategische Vorgehensweise bei der Bewertung von Handlungsoptionen gescort wurde (Antwortkategorie: teils Kontra-, teils Pro- und Kontra-Argumente, Abb. 29.3, 29.4, jeweils Score 2). Somit können mit dieser veränderten Kodieranleitung die Entscheidungsstrategien weniger differenziert operationalisiert werden.

Die beiden beschriebenen Optimierungsansätze sind beispielhaft für eine Weiterentwicklung von Messinstrumenten. Generell lassen sich bei der Betrachtung der Beziehungen zwischen den einzelnen Bausteinen des Entwicklungsprozesses (Abb. 29.1) zahlreiche wei-

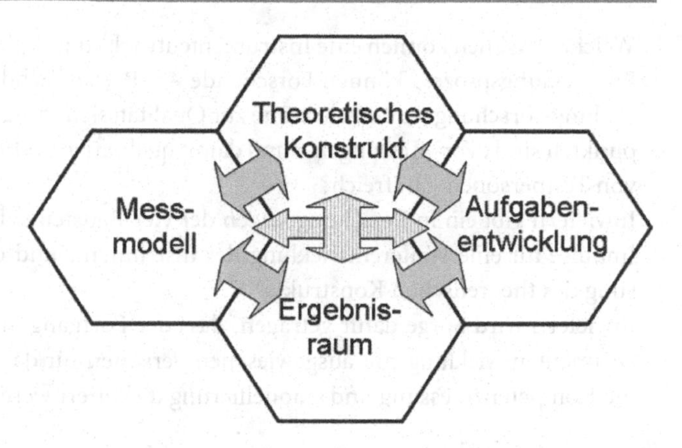

Abb. 29.6 Messinstrumententwicklung mit seinen Bausteinen und deren gegenseitiger Beeinflussung im Rahmen eines iterativen Prozesses (vgl. Wilson 2005, S. 19)

tere Ansätze identifizieren. Die jeweiligen Optimierungsmöglichkeiten sind jedoch für jede Messinstrumententwicklung unterschiedlich und wenig übertragbar, da sie hoch kontext- und theoriegebunden sind. Jede Messinstrumententwicklung steht daher vor jeweils eigenen Herausforderungen – aber auch gleichen Herausforderungen.

Das Potential eines iterativen Vorgehens bei der Instrumententwicklung – und damit verbunden ein systematisches und gezieltes Aufeinanderbeziehen aller Bausteine des „Entwicklungskreislaufs" (Abb. 29.6) – sollte in jedem Fall so weit wie möglich ausgeschöpft werden. Erst eine derartige Betrachtungsweise erlaubt die Entwicklung eines möglichst reliablen und validen Testinstruments – und damit eine möglichst gute Messung der untersuchten (Teil-)Kompetenz.

Damit kann allgemein für die Entwicklung von Kompetenztests festgehalten werden: Messinstrumententwicklung sollte als intensiver, vernetzter Konstruktions-, empirischer Erprobungs- und Reflexionsprozess verstanden werden.

29.7 Leitfragen für die Entwicklung eines Testinstruments

Auf Basis der Entwicklung von Testinstrumenten für Bewertungskompetenz zum Umgang mit komplexen Umweltproblemsituationen empfehlen wir abschließend für die Entwicklung von Kompetenztests eine Auseinandersetzung mit folgenden Leitfragen (vgl. Wilson 2005):

- Für welche Zwecke ist ein Messinstrument erforderlich?
- Welches Konstrukt soll gemessen werden? Mit welchen Ansätzen lässt sich das Konstrukt theoretisch fundieren und inwiefern ist es von ähnlichen Konstrukten abgrenzbar?
- Inwiefern liegen für das theoretische Konstrukt bereits Messinstrumente vor? Inwiefern sind diese verwendbar bzw. adaptierbar oder für die eigenen Zwecke ungeeignet?

- Welche Personen können eine Instrumententwicklung begleiten? An welchen Stellen im Entwicklungsprozess können Forschende – z. B. der Fachdidaktiken oder empirischen Bildungsforschung – und Lehrkräfte zur Qualitätssicherung beitragen? Zu welchen Zeitpunkten sind (Vor-)Testungen – und damit qualitative und/oder quantitative Antworten von Testpersonen – hilfreich?
- Inwiefern gibt ein in Beziehung setzen der vier Bausteine des „Entwicklungskreislaufs" Impulse für eine Weiterentwicklung des Instruments und/oder für die weitere Fundierung des theoretischen Konstrukts?
- Inwiefern wird Sorge dafür getragen, dass der Fortgang und die Probleme bei der Instrumententwicklung mit ausgewiesenen Personen für das theoretische Konstrukt, für die Kompetenzmessung und -modellierung diskutiert werden?

Der in diesem Beitrag verwendete – auf Wilson (2005) aufbauende – Ansatz ist zwar anhand der Kompetenzmessung veranschaulicht worden, er ist aber in seinen Grundzügen übertragbar und fruchtbar für allgemeine Testinstrumententwicklung in den Fachdidaktiken der naturwissenschaftlichen Fächer.

Literatur zur Vertiefung

Wilson M (2005) Constructing measures: an item response modeling approach. Erlbaum, Mahwah NJ (Das Buch ist die Grundlage für eine fundierte und reflektierte Messinstrumententwicklung. Die vorgeschlagene Vorgehensweise vertieft jeden der im Beitrag (s. o.) präsentierten Bausteine des „Entwicklungskreislaufs". Es ist sehr empfehlenswert für Anregungen zur Qualitätssicherung im Rahmen von Messinstrumententwicklungen.)

Bond TG, Fox CM (2007) Applying the Rasch model: Fundamental measurement in the human sciences. Erlbaum, Mahwah NJ (Das Werk erlaubt einen praxisorientierten Einstieg in die Auseinandersetzung mit dem Rasch Modell sowie weiteren Modellen aus der Item-Response Familie. Dabei werden viele verschiedene Beispiele aus unterschiedlichen Anwendungskontexten präsentiert und erläutert.)

Eggert S, Bögeholz S (2010) Students' Use of Decision-Making Strategies With Regard to Socioscientific Issues – An Application of the Rasch Partial Credit Model. Sci Ed 94(2):230–258. doi:10.1002/sce.20358 (Der Artikel beschreibt die Modellierung einer Teilkompetenz des Göttinger Modells der Bewertungskompetenz mit dem Rasch Partial Credit Modell und präsentiert ein valides und reliables Messinstrument. Dazu wurde der „Entwicklungskreislauf" (s. o.) kontextualisiert durchlaufen und die Kompetenzmodellierung und -messung erläutert.)

Statistische Verfahren für die Analyse des Einflusses von Aufgabenmerkmalen auf die Schwierigkeit

30

Maik Walpuski und Mathias Ropohl

Für fachdidaktische Forschungsprojekte werden häufig Kompetenztests benötigt, die im Hinblick auf das Forschungsziel und die Aussagekraft der Forschungsergebnisse verschiedene Anforderungen erfüllen müssen. Einige dieser Anforderungen sind allgemeine Gütekriterien. Andere Anforderungen sind abhängig vom Forschungsziel und damit beispielsweise fachspezifisch.

Im Mittelpunkt der Kompetenztestentwicklung und -auswertung stehen stets die Schwierigkeit der Testaufgaben und mögliche Einflussfaktoren. Doch was beeinflusst die Schwierigkeit einer Testaufgabe und wie lässt sich dieser Einfluss statistisch messen? Zur methodischen Betrachtung der beiden Fragen werden zunächst Aufgabenmerkmale sowie Merkmalsarten vorgestellt, die in empirischen Studien bei der Aufgabenanalyse bzw. Aufgabenkonstruktion berücksichtigt wurden. Teilweise konnte ihr Einfluss auf die Aufgabenschwierigkeit empirisch belegt werden. Anschließend wird am Beispiel eines Kompetenztests erläutert, wie der Einfluss von Aufgabenmerkmalen auf die Aufgabenschwierigkeit untersucht bzw. wie der Einfluss von Aufgabenmerkmalen auf die Aufgabenschwierigkeit möglichst gering gehalten werden kann.

30.1 Was beeinflusst die Schwierigkeit einer Testaufgabe?

Bei der Entwicklung von Kompetenztests (Kap. 2, 27 und 29) und ihrer Auswertung (Kap. 28) stehen die einzelnen Testaufgaben im Fokus. Ihre Qualität bestimmt die Qualität

Prof. Dr. Maik Walpuski ✉
Didaktik der Chemie, Universität Duisburg-Essen, Schützenbahn 70, 45127 Essen, Deutschland
e-mail: maik.walpuski@uni-due.de
Prof. Dr. Mathias Ropohl
Abteilung Didaktik der Chemie, Leibniz Institut für die Pädagogik der Naturwissenschaften und Mathematik, Olshausenstr. 62, 24118 Kiel, Deutschland
e-mail: ropohl@ipn.uni-kiel.de

D. Krüger, I. Parchmann und H. Schecker (Hrsg.), *Methoden in der naturwissenschaftsdidaktischen Forschung*, DOI 10.1007/978-3-642-37827-0_30,

der Testergebnisse. Daher ist es von großem Nutzen, sich vor der Aufgabenkonstruktion mit den Merkmalen von Testaufgaben und deren Einfluss auf die Aufgabenschwierigkeit auseinanderzusetzen.

Prenzel et al. (2002) unterscheiden bei der Analyse von PISA-2000-Aufgaben drei Arten von Aufgabenmerkmalen: formale Merkmale, kognitive Anforderungen sowie Merkmale der für das Lösen einer Aufgabe erforderlichen Wissensbasis.

Formale Merkmale bestimmen das äußere Erscheinungsbild einer Aufgabe. Sie ergeben sich aus dem für die Untersuchung festgesetzten Aufgabendesign. Ein Beispiel sind die Aufgabenformate, welche einen empirisch belegten Einfluss auf die Schwierigkeit einer Aufgabe haben. So sind in der TIMS-Studie offene Aufgaben mit kurzen und ausführlichen Antworten im Mittel **signifikant** schwieriger als geschlossene Aufgaben mit Mehrfachwahlantworten (Klieme 2000; Klieme et al. 2000). Des Weiteren erhöht beispielsweise die Länge der erwarteten offenen Antwort die Schwierigkeit, wohingegen Grafiken und bildliche Informationen das Gegenteil bewirken (Prenzel et al. 2002). Einen Überblick über verschiedene Aufgabenformate und ihre Einsatzmöglichkeiten gibt unter anderem Haladyna (2004). Im Hinblick auf die Kompetenzmessung sind formale Aufgabenmerkmale eine zu berücksichtigende Randbedingung. Sie beeinflussen unbeabsichtigt den Schwierigkeitsgrad des Tests. Daher sollte ihr Einfluss möglichst gering oder zumindest konstant gehalten werden.

Der Einfluss kognitiver Anforderungen beim Lösen einer Aufgabe ist bisher kaum empirisch validiert worden (Haladyna 2004). Häufig können verschiedene kognitive Prozesse bei der Analyse von Aufgabenschwierigkeiten statistisch nicht voneinander unterschieden werden oder erklären nur einen relativ geringen Teil der Aufgabenschwierigkeit (z. B. Kauertz 2008; Ropohl 2010; Schmiemann 2010).

Die dritte Art von Aufgabenmerkmalen sind Merkmale der für das Lösen einer Aufgabe erforderlichen Wissensbasis (Prenzel et al. 2002). Dazu zählen beispielsweise Kenntnisse von Definitionen und Sätzen, das Überwinden von Fehlvorstellungen und das Verständnis funktionaler Zusammenhänge. Alle drei Merkmale haben für physikalische TIMSS-Aufgaben einen signifikanten Einfluss auf deren Schwierigkeit. Im Vergleich zum Merkmal „Offenheit der Aufgabenstellung" ist er allerdings deutlich geringer (Klieme 2000).

Im Zusammenhang mit der Entwicklung von Kompetenzmodellen wurde insbesondere an der Ausdifferenzierung dieser dritten Merkmalsart geforscht. Die Schwierigkeit von Testaufgaben wird hier über die „Komplexität des Fachinhaltes" gesteuert. Für die Bearbeitung einfacher Aufgaben wird wenig komplexes Wissen benötigt, für schwere Aufgaben hingegen komplexe Zusammenhänge. Die Ergebnisse verschiedener Forschungsprojekte belegen, dass die Komplexität des Inhalts ein schwierigkeitserzeugendes Merkmal ist (Bernholt 2010; Kauertz 2008; Ropohl 2010).

Manche Aufgabenmerkmale lassen sich mehreren Merkmalsarten zuordnen. Ein Beispiel ist der „Sprachstil" (Kap. 20), der in den Aufgaben verwendet wird. Alltags- und Fachsprache sind zum einen formale Aufgabenmerkmale, da Testaufgaben sowohl in Alltags- als auch in Fachsprache formuliert werden können.

Neben den beschriebenen drei Merkmalsarten werden in der fachdidaktischen Forschung weitere Aufgabenmerkmale wie die „curriculare Validität" angeführt (Fischer und Draxler 2007). Hervorzuheben ist hier die Aufführung des Merkmals „Lesekompetenz". Grund dafür sind die hohen latenten Korrelationen zwischen Lesekompetenz und naturwissenschaftlicher Kompetenz, die zum Beispiel in der PISA-2003-Studie (Leutner et al. 2004) festgestellt wurden.

30.2 Wie wird die Schwierigkeit einer Testaufgabe gemessen?

Die Aufgabenschwierigkeit kann empirisch entweder nach der **probabilistischen** oder der klassischen **Testtheorie** bestimmt werden. Der Hauptunterschied liegt in der Art der Berechnung der Aufgabenschwierigkeit.

Im Falle der klassischen Testtheorie wird die Schwierigkeit einer Aufgabe mithilfe ihrer Lösungshäufigkeit bestimmt (Bortz und Döring 2006). Sie entspricht demnach dem Anteil der Probanden, die die Aufgabe richtig gelöst haben. Im Gegensatz dazu nimmt die probabilistische Theorie eine auf Wahrscheinlichkeiten beruhende Beziehung zwischen der Fähigkeitsausprägung einer Person und der Aufgabenschwierigkeit an (Kap. 28).

Nach welcher Theorie die Aufgabenschwierigkeit bestimmt wird, hängt im Wesentlichen von der Testdurchführung ab. Die probabilistische Testtheorie wird häufig dann genutzt, wenn die Schüler jeweils nur einen Teil von Testaufgaben aus einem umfangreichen Aufgaben-Pool für einen Kompetenztest bearbeiten. Dies ist insbesondere in groß angelegten Vergleichsstudien der Fall. Welche Vorzüge die probabilistische im Vergleich zur klassischen Testtheorie im Hinblick auf die Analyse des Einflusses von Aufgabenmerkmalen auf die Aufgabenschwierigkeit hat, wird in Kap. 28 erläutert. Weitergehende Vergleiche findet man unter anderem bei Boone und Rogan (2005).

30.3 Warum wird der Einfluss von Aufgabenmerkmalen auf die Aufgabenschwierigkeit untersucht?

In den vergangenen zwei Jahrzehnten sind die Kompetenzen von Schülern in den Mittelpunkt des fachdidaktischen und bildungspolitischen Interesses gerückt. Die Fähigkeiten und Fertigkeiten von Schülerpopulationen werden auf internationaler oder nationaler Ebene in schriftlichen Kompetenztests verglichen. Jedoch wird häufig die Inhaltsvalidität solcher Tests angezweifelt, da die Testaufgabeninhalte nur eine Annäherung an tatsächliche Unterrichtsinhalte sein können (Riffert 2005). Grund sind die unterschiedlichen Voraussetzungen der Schüler, die an solch einem Test teilnehmen. Im Schuljahr 2007/08 galten beispielsweise im gesamten Bundesgebiet allein in den Fächern Chemie und Naturwissenschaften 46 verschiedene Lehrpläne von sehr unterschiedlichem Aufbau und mit teils unterschiedlichen Inhaltsvorgaben (Ropohl 2010).

Im Zusammenhang mit der Evaluation der nationalen Bildungsstandards für den mittleren Schulabschluss in den naturwissenschaftlichen Fächern (Kauertz et al. 2010) – also einem Vergleich auf nationaler Ebene – stellt sich die Frage, wie dem Problem unterschiedlicher Inhaltsvorgaben begegnet werden kann. Die Bildungsstandards beschreiben die zu erreichenden Kompetenzen in den einzelnen Standards weitgehend unabhängig von konkreten Inhaltsbeispielen. Kompetenzen werden jedoch an konkreten Inhaltsbeispielen erworben (Hartig 2008) und können auch nur mit ihnen in Testaufgaben abgefragt werden. Daraus folgt, dass eine Aufgabe, die eine bestimmt Kompetenz überprüfen soll, mit großer Wahrscheinlichkeit für einen Probanden leichter ist, der die getestete Kompetenz am gleichen Inhaltsbeispiel erworben hat, als für einen Probanden, der die Kompetenz an einem anderen Beispiel erworben hat.

Im Hinblick auf die Aufgabenschwierigkeit bedeutet dies, dass die Schwierigkeit weniger von der tatsächlichen Kompetenz der Schüler als vielmehr von den gewählten Inhaltsbeispielen in den Testaufgaben abhängig ist. Daraus resultiert folglich ein ungewollter Einfluss auf die Aufgabenschwierigkeit. An diesem Problem setzt ein Forschungsprojekt an, dessen Methodik im folgenden Abschnitt erklärt wird.

30.4 Beispielstudie zum Einfluss von Aufgabenmerkmalen auf die Aufgabenschwierigkeit

Die Schwierigkeit einer Testaufgabe kann durch die Testbedingungen ungewollt beeinflusst werden. Im Fall des obigen Beispiels sind für dieses Problem grundsätzlich zwei Lösungsmöglichkeiten denkbar:

- Inhaltsbereiche, die in möglichst vielen Lehrplänen vertreten sind, werden ermittelt und als bekannt vorausgesetzt. Der Nachteil dieses Verfahrens ist, dass unter Umständen nur relativ wenige Inhaltsbereiche für den Kompetenztest zur Verfügung stehen. Dies würde die Validität verringern. Zusätzlich wird bei einer Betrachtung der Testaufgaben nach der Durchführung die Bedeutung dieser Inhaltsbereiche weiter erhöht.
- Der Einfluss des inhaltsspezifischen Vorwissens wird durch die Aufnahme möglichst vieler zur Lösung relevanter Fachinformationen in den Aufgabenstamm (Einführungstext) minimiert. Ein Nachteil dieses Vorgehens ist ein vermutlich größerer Einfluss der Lesekompetenz auf das Testergebnis. Zudem wäre „Fachwissen haben" weniger bedeutsam als „Fachwissen anwenden", was im Sinne einer Kompetenzmessung weniger bedeutsam ist. Auch dieser Ansatz kann kontrovers diskutiert werden, da die Lesekompetenz wahrscheinlich einen höheren Einfluss gewinnt.

Zur Lösung des Problems wurde in dem hier exemplarisch zugrunde gelegten Forschungsprojekt die zweite der beiden Möglichkeiten ausgewählt (Ropohl 2010; Walpuski et al. 2011). Dabei wurde der Einfluss der Vorgabe des inhaltsspezifischen Vorwissens auf die Aufgabenschwierigkeit systematisch untersucht, indem zwei Aufgabentypen miteinander verglichen wurden. An diesem Beispiel sollen Analysemöglichkeiten für Leistungstests im Weiteren diskutiert werden.

Der einzige Unterschied zwischen den beiden eingesetzten Aufgabentypen ist der Aufgabenstamm. In diesem werden den Schülern Fachinformationen gegeben (Aufgabentyp A). Der zweite Aufgabentyp gibt keine Fachinformationen vor (Aufgabentyp B). Der Aufgabenstamm ist ein formales Aufgabenmerkmal, das der eigentlichen Aufgabenstellung vorangestellt wird. Alle anderen formalen Aufgabenmerkmale sind identisch. Damit kann die Frage beantwortet werden, welchen Einfluss die Vorgabe von chemischen Fachinformationen, die für die Lösung der Testaufgabe relevant sind, auf die Schwierigkeit dieser Aufgabe hat.

Neben dem Merkmal Aufgabenstamm wurden für die Aufgaben vor der Aufgabenkonstruktion weitere Aufgabenmerkmale festgelegt. So sollte die Schwierigkeit der Aufgaben vor allem durch die Komplexität des Inhalts und durch kognitive Prozesse, die bei der Lösung der Aufgaben angewendet werden müssen, bestimmt werden. Ausgangspunkt hierfür ist das Kompetenzstrukturmodell, das der Evaluation der nationalen Bildungsstandards zugrunde liegt (Kauertz et al. 2010; Kap. 2).

Um überprüfen zu können, ob die im Kompetenzstrukturmodell beschriebenen Merkmale wirklich schwierigkeitserzeugend sind, ist es wichtig, insbesondere formale Aufgabenmerkmale wie das Antwortformat (Walpuski und Ropohl 2011) konstant zu halten. Daher wurden hier alle Aufgaben im *Multiple-Choice Single-Select*-Format entwickelt.

30.5 Testdesign

Um die Ausführungen zu den statistischen Verfahren der Aufgabenanalyse nachvollziehen zu können, ist es notwendig, wichtige Details der zugrunde liegenden Untersuchung zu kennen. Diese werden in diesem Abschnitt gekürzt berichtet und können bei Bedarf bei Ropohl (2010) nachgelesen werden, während die allgemeinen Schritte der Kompetenztestentwicklung von Kauertz (Kap. 27) ausführlich erklärt werden.

Für die Untersuchung wurden 80 Aufgaben mit Aufgabenstamm (Aufgabentyp A) zu den verschiedenen Zellen eines Kompetenzstrukturmodells entwickelt (Tab. 30.1). Anschließend wurden in einem zweiten Schritt aus diesen 80 Aufgaben durch Entfernen des Aufgabenstamms 80 weitere Aufgaben (Aufgabentyp B) generiert.

Während bei klassischen Testverfahren ein Proband üblicherweise alle Aufgaben eines Tests bearbeitet, ist dieses Vorgehen bei 160 Aufgaben nicht sinnvoll umsetzbar. Um dennoch Aussagen zur Güte des gesamten Tests machen zu können, und um ferner die Schwierigkeit der einzelnen Aufgaben zueinander in Beziehung setzen zu können, wurde auf die probabilistische Testtheorie und hier auf das Rasch-Modell im Speziellen zurückgegriffen (Kap. 28).

Da ein Proband nicht alle Aufgaben bearbeitet, gilt der Zusammenstellung von Testaufgaben zu Testheften besondere Aufmerksamkeit. Folgende Faktoren sind zu beachten:

Tab. 30.1 Zellenbesetzung der Aufgabenmatrix (vgl. Ropohl 2010)

	Komplexität					
Kognitive Prozesse	1 Fakt	2 Fakten	1 Zusammenhang	2 Zusammenhänge	Übergeordnetes Konzept	Gesamt
Integrieren	–	–	16	12	12	40
Organisieren	–	2	14	10		34
Selegieren	14	12	10	2	–	38
Reproduzieren	12	14	14	8	–	48
Gesamt	26	28	54	32	20	160

- Die Testhefte müssen durch das Überlappen von Aufgabenblöcken von Testheft zu Testheft oder durch Ankeraufgaben, die in allen Testheften vorkommen, miteinander verbunden werden (so genanntes *Multi-Matrix-Design*).
- Im Hinblick auf ein *Multi-Matrix-Design* empfehlen Wright und Stone (1999) eine Stichprobe von mindestens 200 Probanden sowie die Verwendung von zehn guten Aufgaben für die Überlappung zwischen den Testheften. Dadurch können Aufgabenschwierigkeiten und Personenfähigkeiten ausreichend genau geschätzt werden.

Um Aussagen zur Güte des Kompetenzmodells machen zu können, müssen die Aufgabenschwierigkeiten und die Schülerfähigkeiten hinreichend genau gemessen werden. Dies ermöglicht die zuverlässige Bestimmung von **Korrelationen** zu Kontrollvariablen, z. B. zur Lesekompetenz. Jede Zelle des Kompetenzmodells (Tab. 30.1) wurde daher mit mindestens zehn Aufgaben gefüllt – fünf mit und fünf ohne Aufgabenstamm.

Zusätzlich wurden folgende Kontrollvariablen erhoben:

- Zeugnisnoten in Chemie und Deutsch;
- Leseverständnis;
- kognitive Fähigkeiten (Heller und Perleth 2000);
- fachbezogenes Vorwissen (eigene Entwicklung).

Mithilfe der Kontrollvariablen kann die Validität des Tests abgeschätzt werden. Die Zeugnisnote in Chemie steht dabei zum Beispiel als Indikator für das Fachwissen im Fach Chemie, die Zeugnisnote in Deutsch als Indikator für Lesekompetenz. Man muss dabei natürlich berücksichtigen, dass beide Noten weitere Leistungen erfassen. Da Zeugnisnoten jedoch einfach und zeitsparend erhoben werden können, kann ihre Abfrage zumindest zu einer groben Einschätzung der Validität herangezogen werden.

Bezogen auf die hier zugrunde liegende Untersuchung wird angenommen, dass die Chemienote höher mit der Testleistung korreliert als die Deutschnote. Der größere Unterschied wird bei den Aufgaben ohne Aufgabenstamm erwartet. Ferner sollten die Schülerfähigkeiten nicht höher mit der Lesekompetenz korrelieren als mit dem fachspezifischen Vorwissen.

Kognitive Fähigkeiten wurden erhoben, weil sie allgemein ein guter Indikator für Leistung sind - hier wird mindestens eine mittlere Korrelation zur Testleistung im neu entwickelten Test erwartet, die aber nicht höher liegen sollte als beispielsweise die zwischen PISA-Naturwissenschaftsaufgaben und kognitiven Fähigkeiten. Folgt man der Kompetenzdefinition nach Weinert (2001), so müssen Schüler in der Lage sein, ihr Wissen in variablen Situationen anwenden zu können. Es wäre also zu erwarten, dass die Schülerfähigkeiten mit dem Vorwissen und den kognitiven Fähigkeiten zumindest in mittlerer Höhe korrelieren und - da die Aufgaben schriftlich gestellt werden - auch mit der Lesekompetenz. Erwartet wird, dass die Lesekompetenz das Vorwissen und die kognitiven Fähigkeiten nicht dominiert. Diese grundsätzliche Problematik wird bei Rindermann (2006) und bei Prenzel et al. (2007) diskutiert.

30.6 Wie lässt sich der Einfluss von Aufgabenmerkmalen auf die Aufgabenschwierigkeit statistisch analysieren?

Der Einfluss von Aufgabenmerkmalen auf die Aufgabenschwierigkeit lässt sich anhand verschiedener statistischer Analyseverfahren untersuchen. Im Folgenden werden drei Verfahren vorgestellt:

1. Distraktorenanalyse
2. *Differential Item Functioning (DIF)*
3. Korrelations- und Regressionsanalyse

Als Voraussetzung (zumindest für die Verfahren 1 und 2) müssen die Aufgaben Rasch-skaliert sein und den allgemeinen Gütekriterien der probabilistischen Testtheorie genügen (Kap. 28). Als Ergebnis erhält man Parameter für die Aufgabenschwierigkeit und die Personenfähigkeit.

30.6.1 Distraktorenanalyse

Die Qualität von *Multiple-Choice*-Aufgaben lässt sich über die Analyse der Antwortalternativen genauer einschätzen. Die Software Winsteps (Linacre 2010) gibt für jede Antwortmöglichkeit einer Aufgabe neben der absoluten auch die relative Antworthäufigkeit im Verhältnis zur mittleren Personenfähigkeit an. Wenn Aufgaben Distraktoren enthalten, die sehr selten angekreuzt wurden, sollten die betroffenen Distraktoren überarbeitet werden. Problematisch sind zudem Distraktoren mit ungünstigen *Option Probability Curves* (OPC). Diese stellen die Auswahlwahrscheinlichkeit für eine bestimmte Antwortmöglichkeit in Abhängigkeit von der Personenfähigkeit dar (Haladyna 2004; Linacre 2010). Da jede Aufgabe vier Antwortmöglichkeiten bietet, werden folglich vier Graphen berechnet. Im Idealfall nimmt die Wahrscheinlichkeit, dass die richtige Antwort gewählt wird, mit

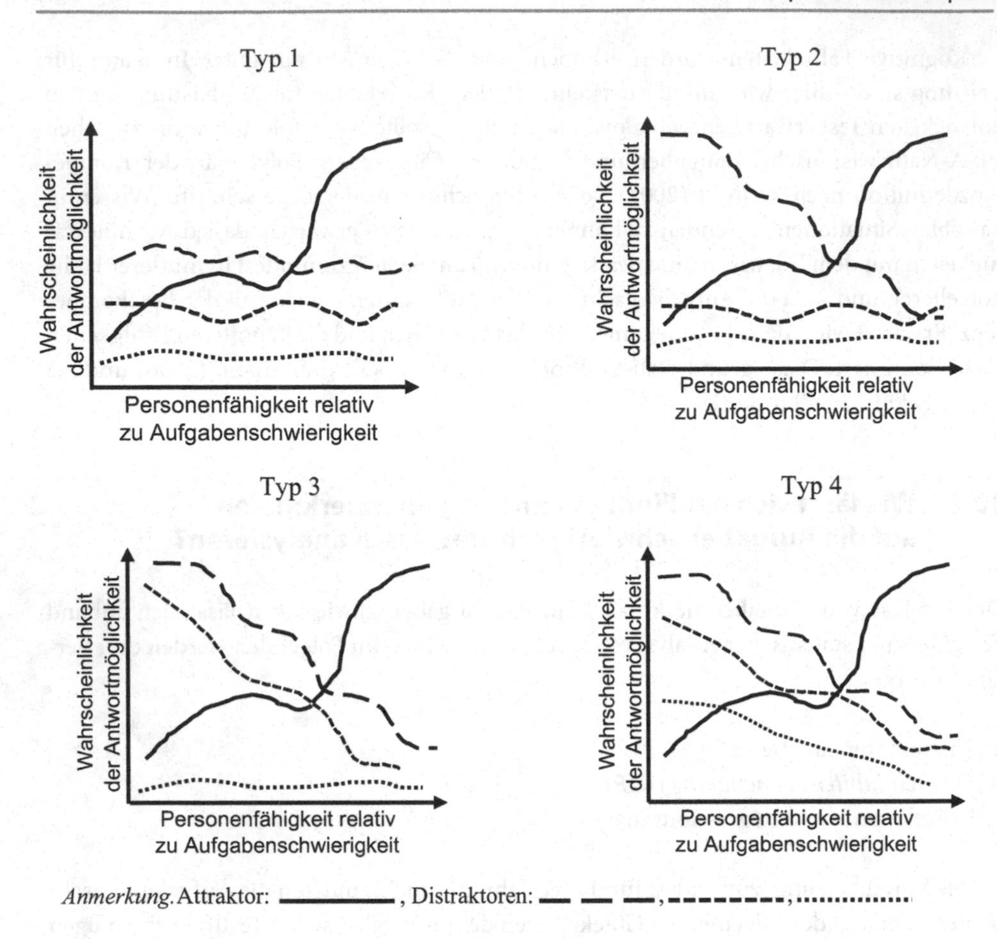

Anmerkung. Attraktor: ———, Distraktoren: — — —, - - - - - -, ...

Abb. 30.1 Modellhafte *Option Probability Curves*

steigender Personenfähigkeit zu, während die Wahrscheinlichkeit für die drei Distraktoren abnimmt. Möglich ist auch, dass ein Distraktor oder mehrere Distraktoren in der Wahrscheinlichkeit gleich bleiben. In diesem Fall verlaufen die Graphen horizontal. Dies ist ein Hinweis auf eine geringe **Trennschärfe**. Mindestens die richtige Lösung sollte aber ein ansteigendes Profil aufweisen. In Abb. 30.1 sind modellhaft verschiedene Typen von OPCs dargestellt, die im Hinblick auf die Aufgabenqualität akzeptabel sind. Dabei erfüllt Typ 1 die Mindestvoraussetzung: die Auswahlwahrscheinlichkeit für die richtige Antwortmöglichkeit (Attraktor) steigt mit zunehmender Personenfähigkeit an, während sie für die falschen Antwortmöglichkeiten (Distraktoren) konstant bleibt. Die Typen 2 und 3 stellen Mischformen dar, bei denen ein oder zwei Distraktoren zusätzlich ein abfallendes Profil aufweisen. Typ 4 stellt den Idealfall dar: die Auswahlwahrscheinlichkeit für den Attraktor steigt mit zunehmender Personenfähigkeit an, während sie für alle drei Distraktoren abfällt. Aufgaben mit anderen Antwortmustern sollten überarbeitet werden.

30.6.2 Differential Item Functioning

Bei DIF-Analysen wird untersucht, ob Aufgaben bei einer Gruppe von Probanden verglichen mit einer anderen Gruppe ungewöhnlich leicht bzw. schwierig sind (Baranowski et al. 2006). Dabei werden die Fähigkeitsunterschiede zwischen den Probandengruppen kontrolliert und nur die relativen Positionen der Aufgaben auf der Schwierigkeitsskala miteinander verglichen. Das bedeutet, dass eine lineare Verschiebung der Aufgabenschwierigkeit unproblematisch sein kann. So wäre es z. B. erwartungskonform, wenn alle Aufgaben eines Leistungstest für Hauptschüler schwieriger sind als für Gymnasiasten. In diesem Fall liegt kein DIF vor. Liegt DIF vor, kann die Lösungswahrscheinlichkeit einer Aufgabe nicht vollständig durch die Personenfähigkeit und die Aufgabenschwierigkeit erklärt werden (Adams und Wu 2002). In diesem Fall müssen die Aufgaben auf mögliche Ursachen überprüft werden.

Wenn DIF nur bei wenigen Aufgaben auftritt und DIF nicht systematisch zu Gunsten oder Ungunsten bestimmter Teilpopulationen vorliegt, gilt es als unproblematisch (Bond und Fox, 2007). Unproblematisch ist DIF zudem, wenn es hypothesenkonform ist. Angenommen, in einem Schuljahr werden drei Themen A, B und C unterrichtet und zu allen drei Themen werden Aufgaben mit drei Schwierigkeitsstufen 1, 2 und 3 entwickelt. Im Idealfall sind nun die Aufgaben zu A1, B1 und C1 ähnlich schwer, ebenso die Aufgaben zu A2, B2, C2 usw. Ferner wird angenommen, dass an den meisten Schulen die Themen in der Reihenfolge A, B, C unterrichtet werden und nur an einer Schule in der Reihenfolge B, C, A. Nun werden mit hoher Wahrscheinlichkeit Aufgaben zwischen den Schulen DIF aufweisen, weil sich die Schüler der Schule, die Thema A zuletzt unterrichtet hat, besser an diese Inhalte erinnern und die Aufgaben zu A daher im Vergleich zu den anderen Schülern häufiger lösen. Da dieselben Schüler in den anderen Themenbereichen leichte Nachteile haben sollten, wäre dieses DIF unproblematisch, wenn die Anzahl der Aufgaben gleichmäßig auf die Themen verteilt ist.

Anders sieht es aus, wenn DIF mit anderen Variablen **konfundiert** ist. So konnte z. B. gezeigt werden, dass sich Jungen und Mädchen in den Naturwissenschaften für unterschiedliche Kontexte interessieren (Holstermann und Bögeholz 2007). Durch den Kontext einer Testaufgabe kann unter Umständen über das Interesse des Probanden an diesem Kontext DIF entstehen. Auch hier gilt: handelt es sich um wenige Aufgaben und ist das DIF zwischen den Geschlechtern gleich verteilt, ist es nicht problematisch. Wird jedoch eine Gruppe systematisch benachteiligt, müssen die Aufgaben überarbeitet werden. Liegen ausreichend viele Aufgaben vor und nur wenige weisen DIF auf, können diese im einfachsten Fall gestrichen werden. Ansonsten müssen die Aufgaben auf gemeinsame Merkmale untersucht werden, mit denen DIF erklärt werden kann, um diese Merkmale durch Überarbeitung der Aufgaben zu entfernen.

Die Frage, welche Aufgaben DIF aufweisen, kann unter anderem durch die Größe des DIF-Werts im Verhältnis zu seinem Standardfehler beantwortet werden. Liegt der Wert 0 außerhalb des Konfidenzintervalls um den DIF-Wert, so ist dieser als signifikant zu betrachten oder aber auch anhand seiner absoluten Größe auf der Logit-Skala. Verschiedene

Ansätze werden u. a. im CONQUEST®-Handbuch (Wu et al. 2007) oder bei Osterlind und Everson (2009) diskutiert.

30.6.3 Korrelationsanalyse und Regressionsanalyse

Eine **Korrelation** spiegelt den Zusammenhang zwischen zwei Variablen oder Merkmalen wider. Im vorliegenden Fall wurden die Korrelationen der Testergebnisse beider Aufgabentypen zu den Ergebnissen der anderen Testinstrumente berechnet. Beim Vergleich Rasch-skalierter Daten werden in der Regel latente Korrelationen berechnet, für den Vergleich intervallskalierter Daten Korrelationen nach Pearson und für **ordinalskalierte Daten** der Korrelationskoeffizient Spearmans rho. Vertiefende Beschreibungen verschiedener Koeffizienten findet man z. B. bei Bühner und Ziegler (2009).

In erster Näherung kann darüber hinaus die Korrelation zwischen den Stufungen der Dimensionen des Kompetenzmodells zur empirisch gefundenen Aufgabenschwierigkeit als Indikator für die Validität des Modells herangezogen werden. Ein genaueres Bild erhält man, wenn man zusätzlich varianzanalytisch prüft, inwiefern signifikante Unterschiede zwischen einzelnen Stufen bestehen.

Zusätzlich zu den Korrelationsanalysen können Regressionsanalysen Auskunft darüber geben, wie viel Varianz durch die vorgegebenen Faktoren aufgeklärt wird. Multiple lineare Regressionen legen die Annahme zugrunde, dass eine abhängige Variable (hier z. B. die Aufgabenschwierigkeit) durch eine Anzahl von unabhängigen Variablen (hier Komplexitätsstufen, kognitive Prozesse) vorhergesagt werden kann. Diese unabhängigen Variablen werden daher auch als Prädiktoren bezeichnet. Der in der Regressionsanalyse berechnete R^2-Wert gibt Auskunft darüber, wie viel Prozent der Varianz durch die gewählten Prädiktoren vorhergesagt werden können. Dabei sind sowohl die durch jeden einzelnen Prädiktor vorhergesagten Varianzanteile berücksichtigt, als auch die durch Korrelation der Prädiktoren untereinander bedingten gemeinsamen Varianzanteile (Moosbrugger 2002). Der spezifische Anteil der einzelnen Prädiktoren wird hingegen durch den β-Koeffizienten ausgedrückt (Hartig 2007). Merkmale mit hohen β-Werten tragen demnach mehr zur Aufklärung der Schwierigkeitsvarianz bei als Merkmale mit vergleichsweise kleinen β-Werten. Außerdem werden die unstandardisierten Regressionsgewichte B ausgegeben. Sie geben absolute Logit-Differenzen an (Isaac et al. 2008). Das bedeutet, dass eine Aufgabe mit einem bestimmten Merkmal auf der Kompetenzskala im Mittel um den B-Wert schwieriger bzw. leichter ist als eine Aufgabe ohne dieses Merkmal.

30.7 Wie sind die Ergebnisse im Hinblick auf die Fragestellung zu analysieren?

Das Kernanliegen der hier für die Methodik der Testentwicklung herangezogenen Untersuchung besteht in der Prüfung, ob Aufgaben mit und ohne Aufgabenstamm zur Kompetenzmessung im Kompetenzbereich Fachwissen geeignet sind. Dabei ist von Interesse, inwieweit sich die Aufgabenschwierigkeiten der beiden Aufgabentypen unterscheiden und welche Aufgabenmerkmale einen Einfluss auf die Aufgabenschwierigkeit haben.

Die Analysen erfolgten anhand von 1365 Datensätzen. Im Mittel wurde jede Aufgabe des Fachwissenstests von 171 Probanden bearbeitet. Nach der Berechnung eines Rasch-Modells wurden die 160 Aufgaben einzeln analysiert.

30.7.1 Distraktorenanalyse

In einem ersten Schritt wurden die Antwortmöglichkeiten mit der Software Winsteps (Linacre, 2010) einer Distraktorenanalyse unterzogen. Basis für die Analyse bildeten zum einen die *OPC* und zum anderen die prozentuale Verteilung der Distraktorenwahl. Elf Aufgaben mit ansonsten guten statistischen Kennwerten liefern dabei Hinweise auf Verbesserungsmöglichkeiten hinsichtlich der Distraktoren. In diesem Fall haben sich nur wenige Probanden für einen bestimmten Distraktor entschieden, was ein Hinweis darauf ist, dass der Distraktor den Probanden nicht plausibel erscheint. Wird ein Distraktor fast gar nicht gewählt, trägt er nicht zur Unterscheidung von starken und schwachen Probanden bei und sollte daher verworfen werden. Außerdem wurden 14 Aufgaben als problematisch angesehen, die ungewöhnliche Antwortmuster in den OPCs aufweisen. Diese können ein Hinweis auf missverständliche Attraktoren bzw. Distraktoren sein. Zum Beispiel erschienen bei genauerer Betrachtung der Aufgabe mehrere Antwortmöglichkeiten als richtig. In diesem Fall wird die Auswahl zwischen beiden richtigen Antworten nicht durch die Personenfähigkeit, sondern durch andere Faktoren bedingt.

30.7.2 Differential Item Functioning

Anschließend wurden die einzelnen Aufgaben hinsichtlich *Differential Item Functioning* untersucht. Dazu wurde die Stichprobe in einer ersten Analyse nach dem Geschlecht in zwei Gruppen eingeteilt. Entsprechend der von Winsteps ausgegebenen Mantel-Haenszel-Statistik weisen 17 Aufgaben *Differential Item Functioning* auf. Das heißt, das DIF ist sowohl von bedeutsamer Größe (> 0,5 logits) als auch signifikant ($t > 2{,}0$). Acht Aufgaben sind für weibliche und neun für männliche Probanden signifikant schwieriger. Es gibt jedoch keinen Schwerpunkt hinsichtlich des Aufgabentyps oder bestimmter Aufgabenmerkmale. Lediglich bei einem Aufgabenpaar weisen beide Aufgaben DIF auf. Diese geringen Zahlen sind kein Grund für einen Ausschluss der Aufgaben, da in dem Test offensichtlich kein Geschlecht systematisch benachteiligt bzw. bevorteilt wird. Auch bei Analyse des DIF hinsichtlich der Schulformen zeigten sich bei den Aufgabentypen und -merkmalen keine Auffälligkeiten.

Insgesamt wurden nach diesen beiden Analyseschritten zehn verschiedene Aufgabenpaare aus dem Datensatz entfernt, weil ein oder mehrere Kriterien nicht erreicht werden

Tab. 30.2 Regressionskoeffizienten

	Aufgabentyp A			Aufgabentyp B		
Dummy-Variable	B	s.e.	β	B	s.e.	β
Regressionskonstante	−0,59	0,17	–	0,29	0,22	–
2 Fakten	0,39	0,21	0,21	0,40	0,27	0,22
1 Zusammenhang	0,34	0,21	0,23	0,46	0,26	0,32
2 Zusammenhänge	0,80	0,25	0,45**	0,77	0,32	0,45*
Übergeordnetes Konzept	1,17	0,29	0,56***	1,06	0,37	0,52**
selegieren	0,13	0,17	0,08	0,19	0,22	0,12
organisieren	0,27	0,22	0,15	−0,07	0,28	−0,04
integrieren	0,55	0,21	0,34*	−0,09	0,27	−0,06
R^2		0,52			0,16	

* $p \leq 0{,}05$, ** $p \leq 0{,}01$, *** $p \leq 0{,}001$.

konnten. Letztlich verblieben 140 Testaufgaben (70 Paare) in der weiteren Analyse. Für diese ist die in der Rasch-Analyse berechnete Aufgabenreliabilität mit 0,95 sehr gut, während die Personenreliabilität mit 0,60 zufriedenstellend ist. Alle *Infit-Mean-Square*-Werte liegen innerhalb des zulässigen Intervalls von $0{,}80 \leq \text{MNSQ} \leq 1{,}20$ (Kap. 28).

30.7.3 Korrelations- und Regressionsanalyse der Aufgabenmerkmale

Welchen Einfluss die einzelnen Aufgabenmerkmale der Dimensionen Komplexität und kognitive Prozesse auf die Aufgabenschwierigkeit haben, lässt sich mit einer linearen Regressionsanalyse modellieren. Nach Hartig (2007) und Field (2009) werden die Komponenten der einzelnen Dimensionen dazu in so genannte „Dummy-Variablen" überführt, deren Werte nur 0 (Merkmal liegt nicht vor) und 1 (Merkmal liegt vor) annehmen. Sie übersetzen auf diese Weise mehrstufige Merkmale in mehrere **dichotome** Variablen. Das fünfstufige Merkmal Komplexität wird beispielsweise in vier Dummy-Variablen der Komponenten 2 Fakten, 1 Zusammenhang, 2 Zusammenhänge und übergeordnetes Konzept umcodiert. Dies ermöglicht die Bestimmung schwierigkeitsbestimmender Aufgabenmerkmale, die für die Vorhersage von Aufgabenschwierigkeiten genutzt werden können. Die Ergebnisse dieser Analyse sind in Tab. 30.2 dargestellt.

Für Aufgabentyp A hat R^2 den Wert 0,52. Damit erklären die beiden Aufgabenmerkmale gut die Hälfte der Unterschiede in der Aufgabenschwierigkeit. Bei Aufgabentyp B sind dies nur 16 %. Für den Aufgabentyp A lässt sich die Aufgabenschwierigkeit also über die untersuchten Merkmale deutlich besser vorhersagen, als für den Aufgabentyp B. Das leuchtet insofern ein, als dass z. B. die Bearbeitung eines Fakts aus dem Aufgabenstamm weniger komplex ist als die eines Zusammenhangs. Bei Aufgabentyp B ist hingegen eine starke Abhängigkeit vom Vorwissen zu vermuten. Wenn die zur Lösung der Aufgabe nötige Fachinformation dem Probanden nicht bekannt ist, ist die Aufgabe unlösbar und damit eine schwere Aufgabe, unabhängig davon, ob nach Fakten-, Zusammenhangs- oder Konzeptwissen gefragt wird.

Berechnet man die Korrelationen zwischen den einzelnen Komplexitäten und der Aufgabenschwierigkeit, so findet man für den Typ A eine mittlere Korrelation, $r_s = 0{,}66$, $p \leq 0{,}01$, für Typ B jedoch eine geringe, $r_s = 0{,}35$, $p \leq 0{,}01$, was diese Hypothese weiter unterstützt. Um darüber hinaus Aussagen über die Unterschiede zwischen den einzelnen Stufen machen zu können, wurden Kontraste berechnet und auf signifikante Unterschiede geprüft. Bei Kontrasten handelt es sich um eine spezielle Form der Varianzanalyse, die verwendet werden kann, wenn vorgegebene Unterschiedsmuster (z. B. 1 Fakt < 2 Fakten < 1 Zusammenhang) zwischen mehreren Merkmalsausprägungen untersucht werden sollen.

Für den Aufgabentyp A sind 8 von 10 Kontrasten signifikant, für den Aufgabentyp B nur drei. Die gleichen Analysen wurden für die kognitiven Prozesse wiederholt – hier zeigt sich ein ähnliches Bild. Für Aufgabentyp A ist der Zusammenhang zwischen Aufgabenparameter und kognitivem Prozess deutlich stärker ausgeprägt, $r_s = 0{,}59$, $p \leq 0{,}01$, als für Aufgabentyp B, $r_s = 0{,}18$, $p = \text{ns}$. Für Typ A werden 4 von 6 Kontrasten signifikant, bei Typ B keiner.

Die Daten zeigen, dass die Aufgaben beider Typen im Wesentlichen im Sinne des Rasch-Modells zu den Annahmen des Kompetenzmodells „passen". Bei Typ A gelingt es aber, die Aufgabenschwierigkeit über die Merkmale Komplexität und kognitive Prozesse vorherzusagen.

30.7.4 Korrelations- und Regressionsanalyse der Personenmerkmale

Mithilfe der Korrelationsanalyse kann zudem geprüft werden, inwieweit die Aufgaben eine chemische Fachkompetenz messen. Dazu wurden die Korrelationen zwischen den in dem Kompetenztest berechneten Personenfähigkeiten zu den Werten der Kontrollvariablen untersucht. Im Sinne der zugrunde gelegten Kompetenzdefinition (Weinert 2001) sollten Schüler – wie oben bereits beschreiben – ihre allgemeinen kognitiven Fähigkeiten beim Bearbeiten einer Testaufgabe auf ein fachliches Problem anwenden können. Es ist folglich zu erwarten, dass eine Korrelation zum deklarativen Fachwissen vorhanden ist, die mindestens so groß ist wie die zu den allgemeinen kognitiven Fähigkeiten. Bei einem schriftlichen Test ist immer eine Korrelation zum Leseverstehen zu erwarten. Diese sollte jedoch möglichst kleiner sein als die beiden zuvor genannten Werte.

Die Analyse zeigt, dass die Bedingung für beide Aufgabentypen erfüllt ist, dennoch sind Unterschiede zwischen den Aufgabentypen festzuhalten. Der Zusammenhang zwischen der Zeugnisnote im Fach Chemie und der errechneten Personenfähigkeit auf Basis von Aufgabentyp A ist mit $r_S = -0{,}28$, $p \leq 0{,}001$ geringfügig höher als auf Basis von Aufgabentyp B, $r_S = -0{,}22$, $p \leq 0{,}001$. Die Korrelationen zur Deutschnote liegen jeweils unterhalb der Korrelationen zur Chemienote, $r_S = -0{,}23$, $p \leq 0{,}001$ bzw. $r_S = -0{,}15$, $p \leq 0{,}01$. Die Korrelationen zwischen den Personenfähigkeiten der beiden Aufgabentypen und den

Schulnoten in den Fächern Chemie und Deutsch sind in Bezug auf beide Aufgabentypen jeweils deutlich geringer als alle anderen berechneten Zusammenhänge. Im Vergleich der beiden Aufgabentypen ist der Zusammenhang zu Aufgabentyp A für die Deutschnote höher. Dies ist auf den Aufgabenstamm zurückzuführen, der von den Schülern gelesen und verstanden werden muss. Doch auch der Zusammenhang zur Chemienote ist nach der Korrelationsanalyse für Aufgabentyp A höher als für B. Letzterer liegt auf ähnlichem Niveau wie zwischen dem Vorwissen und der Chemienote, $r = -0{,}21$, $p \leq 0{,}001$. Dies zeigt vor allem, dass die Aufgaben des Typs B statistisch näher an den Aufgaben des Vorwissenstests liegen. Zudem liegen die Korrelationen knapp unterhalb des in der PISA-2006-Studie analysierten Niveaus. Berichtet wird eine hoch signifikante Korrelation von $r = -0{,}35$ zwischen den Noten der Schüler im Fach Chemie und der naturwissenschaftlichen Kompetenz (Schütte et al. 2007).

Die latenten Korrelationen zwischen dem Fachwissen und dem Leseverständnis, $r_{\text{TypA}} = 0{,}66$ bzw. $r_{\text{TypB}} = 0{,}54$, liegen deutlich unter dem Wert von $r = 0{,}87$, der in der PISA-2003-Studie (Leutner et al. 2004) festgestellt wurde. Daher kann davon ausgegangen werden, dass beide Aufgabenformate im Sinne einer diskriminanten Validierung (Kap. 9) eine andere latente Variable messen als die Aufgaben des Leseverständnistests. Trotzdem muss hervorgehoben werden, dass die Korrelation für Aufgabentyp A höher ist als für Aufgabentyp B. Dies belegt einen vergleichsweise höheren Einfluss des Leseverständnisses auf die Testleistung dieses Aufgabentyps. Da die naturwissenschaftlichen PISA-2003-Aufgaben jeweils einen langen Einleitungstext umfassen, ist deren Format tendenziell mit dem des Aufgabentyps A vergleichbar.

Literatur zur Vertiefung

Bühner M (2004) Einführung in die Test- und Fragebogenkonstruktion. Pearson Studium, München

Haladyna TM (2004) Developing and Validating Multiple-Choice Test Items. Erlbaum, Mahwah

Lienert G, Raatz U (1998) Testaufbau und Testanalyse. Psychologie Verlags Union, Weinheim

Rost J (2004) Lehrbuch Testtheorie – Testkonstruktion. Hans Huber, Bern (Alle vier Bücher beschreiben Grundlagen der Testkonstruktion sowie Verfahren der Item-Analyse im Allgemeinen.)

Glossar

Aufgabenfacetten	Merkmale einer Aufgabe, die formalen (z. B. Antwortformat, Textlänge, graphischer oder numerischer Output), wissensbezogenen (z. B. Fachinhalt, Konzepte) und kognitiven Anforderungen (z. B. wiedergeben, strukturieren, anwenden) beim Lösen einer Aufgabe entsprechen. Der Einfluss insbesondere der wissensbezogenen Merkmale auf das Antwortverhalten gibt Hinweise auf das zu untersuchende Kompetenzkonstrukt.
Boden- und Deckeneffekt	Von einem Boden- oder Deckeneffekt spricht man, wenn sich die gegebenen Antworten überwiegend entweder im unteren (Bodeneffekt) oder im oberen (Deckeneffekt) Bereich des Antwortspektrums sammeln. Dies kann zum Beispiel auftreten, wenn ein Test deutlich zu leicht oder zu schwer ist oder ein Personenmerkmal wie Interesse in der gesamten Stichprobe nur positiv ausgeprägt ist.
Devianz	fr.: *dévier* = abweichen. Die Devianz stellt in der probabilistischen Testtheorie ein Maß für die Güte des Testmodells dar. Sie gibt an, wie gut ein Testmodell (z. B. das Rasch-Modell) auf die Daten (z. B. die Bearbeitung der Aufgaben eines Leistungstests durch Schüler) passt. Sie entspricht (bis auf einen Vorfaktor) dem logarithmierten Verhältnis der Wahrscheinlichkeit für die Gültigkeit des gewählten Modells zur Wahrscheinlichkeit für die Gültigkeit des so genannten saturierten Modells, bei dem jede Beobachtung (d. h. jedes einzelne Antwortmuster) durch einen Parameter repräsentiert ist.
drop-out	Verlustquote von Teilnehmern an einer mehrstufigen Befragung oder einer Längsschnittstudie. An späteren Befragungs- oder Messzeitpunkten nehmen nicht mehr alle Teilnehmer der ersten Befragung oder Messung teil. Bei Schülern liegen die Ursachen z. B. in einem Schulwechsel, Klassenwechsel oder Krankheit am Untersuchungszeitpunkt.
Effektstärke	Statistisches Maß für die Größe einer Wirkung oder die Relevanz eines Unterschieds in quantitativen Untersuchungen. In der empirischen fachdidaktischen Forschung interessiert nicht nur, *ob* zwei Gruppen sich hinsichtlich eines Merkmals (z. B. Fachleistung) signifikant unterscheiden oder ob ein Lernzuwachs vorliegt, sondern auch *wie relevant* der Unterschied oder Zuwachs ist. Die Effektstärke ist nicht identisch mit der statistischen Signifikanz eines Tests, hängt aber mit ihr zusammen: Bei geringen Effektstärken benötigt man größere Versuchsgruppen, damit die Ergebnisse statistisch signifikant werden.

D. Krüger, I. Parchmann und H. Schecker (Hrsg.), *Methoden in der naturwissenschaftsdidaktischen Forschung*, DOI 10.1007/978-3-642-37827-0,

Evidenz	lat.: *videre* = sehen, engl.: *evidence* = Beweis, Hinweis. In wissenschaftlichen Untersuchungen gewonnene Erkenntnisse (Indizien, Anzeichen oder Hinweise), die bestimmte Behauptungen stützen. Es handelt sich um offensichtliche Einsichten oder stützende Belege, aber keine abschließenden Beweise.
Expertenpanelling	Ein Expertenpanelling dient in der fachdidaktischen Forschung oft der inhaltlichen bzw. Überprüfung von entwickelten Testaufgaben. Zu einem Expertenpanelling werden ausgewiesene Personen sowohl aus Forschung als auch aus der (Schul-)Praxis eingeladen. Sie geben Feedback bezüglich der Eignung der entwickelten Aufgaben und dabei zur Passung zu bestehenden Curricula.
hermeneutische Textanalyse	gr.: *hermēneuō* = erkläre, lege aus. Hermeneutik ist eine Theorie über die Auslegung von Texten und über das Verstehen. Es geht in der qualitativen Sozialforschung um die Sinnexplikation von Protokollen, Interviewtranskripten, Berichten, Tagebüchern etc. Dabei wird zwischen dem wörtlichen Sinn eines Textes und einem tieferen, verborgenen Sinn unterschieden, der zu erschließen ist. Zum konkreten Vorgehen gibt es verschiedene Vorschläge, z. B. aus der objektiven Hermeneutik, der dokumentarischen Methode oder der Diskursanalyse.
Hypothese	Theoretisch untermauerte Erwartung über die Form eines Zusammenhangs zwischen bestimmten Größen, Ursache-Wirkungs-Beziehungen, Relationen oder den Ausgang eines Experiments. Hypothesen sind zu unterscheiden von reinen Vermutungen, für die keine Grundlagen angegeben werden (können).
Inferenz *hoch* *niedrig*	Unter Inferenz versteht man den Grad an zusätzlicher Information, den man für Schlussfolgerungen aus Daten benötigt. Ein Schluss ist *hoch inferent*, wenn er eine Aussage beinhaltet, die auf zusätzlichen Informationen als den direkt beobachteten und/oder auf zusätzlichen Annahmen beruht (z. B. Experimentierkompetenz eines Schülers). *Niedrig inferent* ist ein Schluss, wenn er direkt aus den Daten abgelesen werden kann (Mitarbeit beim Experimentaufbau eines Schülers).
Item	Als Item (Testitem) wird in einem Test eine einzelne als Aufgabe, Frage oder Urteil formulierte Aussage bezeichnet, zu der eine Person Stellung beziehen soll, z. B. durch Zustimmung oder Ablehnung, auch in unterschiedlicher Intensität. Meist sind mehrere Items einem bestimmten zu messenden Merkmal zugeordnet. Bei umfangreicheren Aufgaben bezeichnet man auch die Unter- bzw. Teilaufgaben als Items.
kommunikative Validierung	Ergebnisse bzw. Schlussfolgerungen aus Daten aus einer fachdidaktischen Untersuchung werden den Untersuchungspersonen selbst zur Prüfung im Dialog rückgespiegelt, woraus wiederum wichtige Erkenntnisse zur Absicherung der Ergebnisse gewonnen werden können. Die Schlussfolgerungen des Forschers können dann als gültig eingestuft werden, wenn sie von den untersuchten Personen bestätigt werden. Die Analyse von Daten gilt damit aber nicht als abgeschlossen, denn auch die kommunikative Validierung liefert letztlich nur subjektive Urteile zur Bedeutungskonstruktionen. Diese Maßnahme macht allerdings deutlich, dass Untersuchte nicht nur Datenlieferanten sind, sondern als kompetente und (mit-)denkende Subjekte wahrgenommen werden.

Konfundierung	lat.: *confundere* = verwechseln, vermischen. Sind die Werte einer Variablen potenziell durch andere Variablen beeinflusst, ist eine klare Zuweisung oder Interpretation der Ergebnisse nicht möglich. Personen weisen Eigenschaften wie Geschlecht und Alter auf; diese können als Einflussfaktoren (z. B. auf Fachleistungen) wirken, so dass sich Effekte nicht mehr eindeutig interpretieren lassen. Beispiel: Eine bestimmte Schulform weist deutlich mehr Schülerinnen auf – ist nun eine möglicherweise höhere Durchschnittsleistung in dieser Schulform auf die Schulform oder das Geschlecht zurückzuführen? Eine Maßnahme, Konfundierungen zu minimieren, ist die Randomisierung, d. h. die zufällige Aufteilung der Versuchspersonen auf die experimentellen Bedingungen.
Konstrukt	Bestandteile von Theorien, mit denen die zu messende Kompetenz beschrieben und erklärt werden kann (z. B. Verständnis der Wärmelehre). Da theoretische Konstrukte nicht direkt beobachtbar sind, werden sie in psychometrischen Modellen durch latente Variablen repräsentiert und über Indikatoren bzw. manifeste Variablen, z. B. mit dem Antwortverhalten auf Testaufgaben, erklärt.
Korrelation	Statistisches Maß zur Beschreibung von Zusammenhängen zwischen zwei Variablen. Liegt ein perfekter Zusammenhang vor, liegt der Wert bei 1, existiert kein Zusammenhang, liegt der Wert bei Null, existiert ein perfekt gegenläufiger Zusammenhang, liegt der Wert bei −1.
Kovariate	Als Kovariaten bezeichnet man solche Variablen, von denen bekannt ist bzw. von denen vermutet wird, dass sie einen Einfluss auf die in der Untersuchung wesentlichen, zentralen Variablen besitzen. Eine Erhebung von Kovariaten dient der gezielten Berücksichtigung in der statistischen Auswertung. Das heißt: Man kann auf diese Weise den Einfluss von unerwünschten Variablen auf die wesentlichen Variablen in der Auswertung herausrechnen.
large-scale assessment	engl.: *large-scale assessment* = großskalige Bewertung. Leistungserhebungen, bei denen eine große Zahl von Personen ($N > 2000$) und oft mit einer hohen Anzahl von Aufgaben untersucht wird, wie z. B. in nationalen oder internationalen Schulleistungsvergleichen (TIMSS, PISA).
nomologisches Netz	Die Aussagekraft bzw. Sinnhaftigkeit eines Konstrukts wird durch ein Netzwerk verschiedener Messverfahren überprüft, indem die Beziehungen zwischen dem Konstrukt und den korrespondierenden Variablen untersucht werden.
ökologische Validität	Übertragbarkeit und Bewährung von Erkenntnissen aus der fachdidaktischen Forschung in einem „natürlichen" Lehr-Lernkontext außerhalb kontrollierter Untersuchungsbedingungen. Ökologische Validität kann sich auf die Untersuchungsdurchführung, die Aufgabenstellungen und/oder die subjektive Wahrnehmung der Untersuchungssituation durch die Untersuchungsteilnehmer beziehen. Ökologische Validität wird eher in Feld- als in Laborstudien erreicht.

Operationalisierung	Mit Operationalisierung ist die Übersetzung eines theoretischen Konstrukts in eine beobachtbare, meist quantifizierbare Beschreibung gemeint. Ergebnisse von Operationalisierungen in der Fachdidaktik sind etwa Aufgaben, aus deren Bearbeitung man z. B. auf das Konstrukt *Verständnis der Mechanik* schließen kann, oder Kategorienbeschreibungen, mit deren Hilfe über das Auftreten einer Kategorie möglichst eindeutig entschieden werden kann.
Pilotierung	In einer Pilotierung werden Fragebögen, Tests aber auch geplante Interventionen (Maßnahmen in der Praxis, z. B. in Form von Unterrichtseinheiten) im kleineren Umfang erprobt, bevor sie zur eigentlichen Untersuchung eingesetzt werden. Ziel der Pilotierung ist es, die Tauglichkeit und Qualität der Instrumente und Maßnahmen nachzuweisen.
Prädiktor	Prädiktoren sind Einflussgrößen, die genutzt werden, um andere Größen (abhängige Variablen) vorhersagend abzuschätzen. Beispiel: Prädiktor: Intelligenz, abhängige Variable: Leistung in einem Mathematiktest.
Psychometrie	Teildisziplin psychologischer Forschung, die sich mit der Theorie und Methode des Messens bildungswissenschaftlicher und psychologischer Forschungsgegenstände befasst. Hierzu gehört neben der Quantifizierung von Werten, Einstellungen und Überzeugungen auch die Messung schulischer Kompetenzen. Die Psychometrie beschäftigt sich mit Messinstrumenten, mathematischen und statistischen Modellen und Methoden zur Datenzusammenfassung, -beschreibung und -interpretation.
quasi-experimentelles Design	Untersuchungsmethode, bei der die Probanden nicht zufällig auf zwei verschiedene Treatments (z. B. Unterrichtskonzeptionen) verteilt werden können, sondern die Untersuchung unter nur begrenzt beeinflussbaren Rahmenbedingungen durchgeführt werden kann, weil z. B. die Klassenverbände beibehalten werden müssen.
Regressionsanalyse	Regressionsanalysen dienen dazu, den Wert einer abhängigen Variablen (z. B. Leistungszuwachs) möglichst zutreffend über eine mathematische Funktion aus den Werten – meist mehrerer – unabhängiger Variablen zu berechnen (z. B. Intelligenz, Vorwissen).
retrospektives lautes Denken (*stimulated recall*)	Beim retrospektiven lauten Denken wird die Versuchsperson nach der Denkhandlung aufgefordert, diese noch einmal selbst zu verbalisieren. D. h. die Versuchsperson beschreibt, interpretiert und erklärt nach Ende einer Lernsitzung möglichst detailliert ihr Tun. Video- oder Tonaufzeichnungen können dabei zu Hilfe genommen werden.
Sachstruktur	Die sachliche, unter logischen und systematischen Gesichtspunkten gegliederte Struktur der fachlichen Inhalte für den Unterricht (Konzepte, Modelle, Prinzipien, Methoden, Denk- und Arbeitsweisen, Vorstellungen über die Natur der Naturwissenschaften).

Sampling *statistical* *theoretical*	Das *statistical Sampling* ist ein Auswahlverfahren, das die Repräsentativität der Stichprobe (*Sample*) für die gesamte, ein Vorhaben betreffende Personengruppe gewährleistet. Das Verfahren wird in quantitativen querschnittlichen Studien angewandt. Die Stichprobe ausreichenden Umfangs wird unter Berücksichtigung der für die Untersuchungsergebnisse als relevant erachteten Personenmerkmale wesentlich durch Zufallsauswahl realisiert. Beim *theoretical Sampling* wird in qualitativen, längsschnittlichen Studien die Stichprobe kriteriengeleitet gewählt. Die Probanden sollen unter theoretischen und methodischen Aspekten bestmöglich geeignet sein, den Erkenntnisstand voranzubringen. Erste Datenanalysen können auf die Auswahlkriterien für die Stichprobe rückwirken. Die Stichprobe muss gegebenenfalls verändert werden. Beim *theoretical Sampling* ist die Entwicklung der Stichprobe Teil der Untersuchungsergebnisse.
signifikant	Ein Ergebnis ist statistisch signifikant (bedeutsam), wenn die Wahrscheinlichkeit, dass es zufällig zustande gekommen ist, klein ist. Das Signifikanzniveau muss definiert werden. Häufig gelten Aussagen, bei denen mit einem Signifikanztest eine Irrtumswahrscheinlichkeit unter 5 % gefunden wird, als signifikant.
Skala *Nominal-* *Ordinal-* *Intervall-* *Verhältnis-* *Likert-*	Bezugssystem, in dem Werte gemessen werden. Das Skalenniveau in der Statistik wird aufsteigend nach folgenden Eigenschaften festgelegt: Zuordnung zu Kategorien (*Nominalskala*), Vorhandensein einer Rangfolge (*Ordinalskala*), messbare Abstände zwischen den Werten (*Intervallskala*) und Vorhandensein eines natürlichen Nullpunktes (*Verhältnisskala*). Die *Likert*-Skala (nach Rensis Likert) ist ein Verfahren zur Messung persönlicher Einstellungen. Die Items sind positiv oder negativ formulierte Aussagen über einen Sachverhalt, zu dem die Befragten Zustimmung oder Ablehnung in mehreren, vorgegebenen Abstufungen äußern können. Bei einer Likert-Skala, die man als intervallskaliert betrachten möchte (z. B. für die Berechnung arithmetischer Mittelwerte), muss man die vorgegebenen Antwortmöglichkeiten so konstruieren, dass der Abstand zwischen den Antwortmöglichkeiten möglichst gleich empfunden wird.
soziale Erwünschtheit	Ein Antwortverhalten von Versuchspersonen (z. B. bei Fragebogenerhebungen), welches darauf orientiert ist, mit der gegebenen Antwort den vermeintlichen Erwartungen des Durchführenden der Befragung oder gesellschaftlich eher akzeptierten Positionen zu entsprechen. Ein solches Antwortverhalten kann Forschungsergebnisse verzerren und ihre Aussagekraft mindern.
sozio-demografische Merkmale	Darunter versteht man bei Schülern Merkmale der Person und des familiären und sozialen Hintergrunds (z. B. Alter, Geschlecht des Schülers; Schulbildung, Berufsfeld und Einkommensniveau der Eltern; Migrationsstatus etc.).

Studie *explorative* *Feld-* *Interventions-* *Labor-* *Längsschnitt-* *Querschnitt-* *Quasi-Längsschnitt*	*Explorative Studien* erkunden (explorieren) ein Untersuchungsgebiet, über das bisher keine oder nur wenige Erkenntnisse vorliegen. Im Unterschied zu hypothesenprüfenden Studien geht es bei explorativen Studien eher um die ersten – oftmals qualitativen – Beschreibungen des Gebiets oder um die Ausschärfung von Fragestellungen. Als *Feldstudie* bezeichnet man in der Fachdidaktik Untersuchungen in natürlichen Lehr-Lernumgebungen, insbesondere im Unterricht, aber z. B. auch in naturwissenschaftlichen Museen (vgl. Laborstudien). Greift man in die Abläufe im Feld gezielt ein, z. B. zur Erprobung eines bestimmten Unterrichtskonzepts, spricht man auch von Feldexperimenten. Als *Interventionsstudie* bezeichnet man eine Untersuchung, die mit Methoden der empirischen Sozialforschung die Wirkungen und Folgen bestimmter Maßnahmen (Interventionen) erfasst, z. B. einer neuen Unterrichtskonzeption oder eines Medieneinsatzes. Fachdidaktische *Laborstudien* finden in der Regel in Lehr-Lernlaboren statt. Dafür werden Schüler z. B. in die Universität eingeladen, um dort Aufgaben zu bearbeiten oder zu experimentieren. Laborstudien vereinfachen es gegenüber Feldstudien, die Rahmenbedingungen der Untersuchung zu kontrollieren und gemäß der Forschungshypothese gezielt zu variieren. *Längsschnittstudie* bezeichnet ein Forschungsdesign zur Untersuchung von sozialen Wandlungsprozessen oder Veränderungen von Kompetenzen. Dieselbe Befragung wird hierbei zu mehreren Zeitpunkten durchgeführt, z. B. wird eine Schülergruppe über mehrere Jahre wiederholt befragt. Von einer *Querschnittstudie* spricht man, wenn eine Befragung einmalig durchgeführt wird. Befragt man an einem Zeitpunkt verschiedene Klassenstufen gleichzeitig, so spricht man von einem *Quasi-Längsschnitt* – „quasi" deshalb, weil nicht dieselben Schüler über mehrere Jahre verfolgt werden.
***Teaching* Experiment**	Gezielte Erprobung von Lehrkonzeptionen hinsichtlich ihrer Lernwirksamkeit unter möglichst kontrollierten Bedingungen. Ein *Teaching* Experiment kann in einer Laborstudie mit einem Lehrer und einzelnen Schülern als Lehr-Lerninterview durchgeführt werden, aber auch als Feldstudie mit ganzen Klassen über einen längeren Zeitraum. Der Lehrende ist dabei gleichzeitig Forschender, der die Reaktionen der Schüler auf das Lehrangebot methodisch vorstrukturiert erfasst. Er wird bei der Datenerfassung und -analyse von weiteren Forschenden unterstützt.
Testtheorie *klassische* *probabilistische*	Die Testtheorie dient dem Zweck, aus dem beobachteten Verhalten (z. B. den Antworten auf die Fragen eines Leistungstests) auf die Fähigkeiten von Testpersonen (z. B. das Wissen über Physik) zu schließen. Im Gegensatz zur *klassischen Testtheorie* beruht die *probabilistische Testtheorie* auf der Annahme, dass der Zusammenhang zwischen Fähigkeit und beobachtetem Verhalten nicht deterministisch, sondern stochastisch ist, d. h. dass man bei einer bestimmten Schülerfähigkeit nur mit einer gewissen Wahrscheinlichkeit annehmen kann, dass der Schüler Aufgaben löst, für die dieses Fähigkeitsniveau ausreicht.
Treatment	engl.: *treatment* = Maßnahme, Behandlung. In Untersuchungen, in denen die Wirksamkeit von Maßnahmen erforscht wird, spricht man von einer behandelten Treatment-Gruppe und einer nicht behandelten Kontroll-Gruppe.

Trennschärfe	Die Trennschärfe gibt an, wie gut ein einzelnes Item mit dem Gesamtergebnis eines Tests korreliert. Die Trennschärfe ermöglicht eine Einschätzung, wie gut ein Item zwischen Personen mit niedriger und hoher Merkmalsausprägung trennt. Die Trennschärfe liegt zwischen −1 und 1. Bei einer hohen positiven Trennschärfe (ab 0,3) erfasst das Item etwas Ähnliches wie der Gesamttest. Bei einer Trennschärfe nahe 0 hat das Item kaum etwas mit dem restlichen Test gemeinsam. Negative Trennschärfen weisen darauf hin, dass Personen mit hoher Merkmalsausprägung im Test dieses Item falsch verstanden haben.
Triangulation	Vorgehensweise, bei der für einen Untersuchungsgegenstand Daten aus verschiedenen Quellen herangezogen werden oder Daten mit mehr als einer empirischen Methode erhoben und ausgewertet werden. Ziel ist es, die Aussagekraft der Untersuchungsergebnisse zu verbessern und systematische Fehler zu vermeiden. In der Lehr-Lernforschung werden häufig qualitativ und quantitativ erhobene Daten herangezogen.
Variable *dichotome* *latente* *manifeste* *unabhängig,* *abhängig,* *Einflussvariable*	Variablen werden als *dichotom* oder binär bezeichnet, wenn sie nur zwei Ausprägungen (Werte) besitzen, also keine Zwischenstufen existieren, sondern es nur ein entweder oder gibt. Das Geschlecht wird i. d. R. dichotom erfasst: weiblich oder männlich. Hinter *latenten* Variablen verbergen sich Merkmale von Probanden, die nicht direkt beobachtbar oder messbar sind, sondern die man dem Probanden unterstellt. Auf latente Variablen (z. B. Intelligenz) schließt man auf Grundlage *manifester* (beobachtbarer) Variablen (z. B. das Lösungsverhalten bei entsprechenden Testaufgaben). Zur Untersuchung von kausalanalytischen Zusammenhängen (A ist die Ursache von B) werden bei wissenschaftlichen Experimenten verschiedene Variablen unterschieden. Die *unabhängige* Variable wird beim Experiment systematisch variiert. Der Effekt der Variation auf die *abhängige* Variable wird beobachtet, dokumentiert und ausgewertet. Die Untersuchung kann durch *Einflussvariablen* beeinflusst werden, für die man auch die Bezeichnung „Störvariable" findet. Diese sollten konstant gehalten werden. Eine andere Möglichkeit, mit Einflussvariablen umzugehen, ist Randomisierung.
z-Standardisierung	Die z-Standardisierung (oder z-Transformation) dient dazu, unterschiedlich verteilte Zufallsvariablen miteinander zu vergleichen. Dazu werden die einzelnen Abweichungen vom Mittelwert auf die Unterschiedlichkeit aller Werte im jeweiligen Kollektiv (die Standardabweichung) bezogen. Eine z-transformierte Verteilung weist den Mittelwert 0 und eine Streuung von 1 auf.

Literatur

Abell SK (2007) Research on science teachers' knowledge. In: Abell SK, Lederman NG (Hrsg) Handbook of research on science education Lawrence Erlbaum Associates, Mahwah, New Jersey, S 1105–1149

Adams R, Wu M (2002) PISA 2000 Technical report. OECD, Paris

Aiken LR (1996) Rating scales and checklists. Evaluating behavior, personality, and attitudes. Wiley, New York

Alisch LM, Hermkes R, Möbius K (2009) Messen von Lehrprofessionalität I: Grundlagen. In: Zlatkin-Troitschanskaia O, Beck K, Sembill D, Nickolaus R, Mulder R (Hrsg) Lehrprofessionalität. Bedingungen, Genese, Wirkungen und ihre Messung Beltz, Weinheim, S 249–262

Altrichter H, Posch P (1998) Lehrer erforschen ihren Unterricht. Julius. Klinkhardt, Bad Heilbrunn

AAER, American Psychological Association and National Council on Measurement in Education (2002) Standards for educational and psychological testing. American Educational Research Association, Washington DC

Ammon U (2009) Delphi-Befragung. In: Kühl S, Strodtholz P, Taffertshofer A (Hrsg) Handbuch Methoden der Organisationsforschung VS Verlag für Sozialwissenschaften, Wiesbaden, S 458–476

Anastasi A (1986) Evolving concepts of test validation. Annual Review of Psychology 37:1–15

Apolin M (2002) Die Sprache in Physikschulbüchern unter besonderer Berücksichtigung von Texten zur speziellen Relativitätstheorie. Dissertation, Universität Wien

Artelt C (1998) Lernstrategien und Lernerfolg – Ein Methodenvergleich. LLF-Berichte 18:4–50

Artelt C (1999) Lernstrategien und Lernerfolg. Eine handlungsnahe Studie. Zeitschrift für Entwicklungspsychologie und Pädagogische Psychologie 31(2):86–96

Artelt C, Beinicke A, Schlagmüller M, Schneider W (2009) Diagnose von Strategiewissen beim Textverstehen. Zeitschrift für Entwicklungspsychologie und Pädagogische Psychologie 41(2):96–103

Artelt C, Stanat P, Schneider W, Schiefele U (2001) Lesekompetenz: Testkonzeption und Ergebnisse. In: PISA 2000 Basiskompetenzen von Schülerinnen und Schülern im internationalen Vergleich Leske & Budrich, Opladen

Atteslander P (2010) Methoden der empirischen Sozialforschung, 13. Aufl. Schmidt, Berlin

von Aufschnaiter S, Welzel M (2001) Nutzung von Videodaten zur Untersuchung von Lehr-Lern-Prozessen. Waxmann, Münster

Aufschnaiter C, von Aufschnaiter S (2001) Prozessbasierte Analysen kognitiver Entwicklung. In: von Aufschnaiter S, Welzel M (Hrsg) Nutzung von Videodaten zur Untersuchung von Lehr-Lern-Prozessen Waxmann, Münster, S 115–128 von Aufschnaiter C, von Aufschnaiter S (2005) Über den Zusammenhang von Handeln, Wahrnehmen und Denken. In: Voss R (Hrsg) Unterricht aus konstruktivistischer Sicht: Die Welten in den Köpfen der Kinder, 2. Aufl. Beltz, Weinheim Basel, S 234–248

von Aufschnaiter C, Buchmann K, Kraus ME, Sohns N (2008) Hä? Der dreht sich ja andersrum! Ein phänomenorientierter Einstieg in die Elektrizitätslehre. Naturwissenschaften im Unterricht Physik 19(108):10–17

Backhaus K, Erichson B, Plinke W, Weiber R (2008) Multivariate Analysemethoden. Eine anwendungsorientierte Einführung, 12. Aufl. Springer, Berlin Heidelberg New York Tokyo

Baer M, Buholzer A (2005) Analyse der Wirksamkeit der berufsfeldorientierten Ausbildung für den Erwerb von Unterrichts- und Diagnosekompetenzen. Beiträge zur Lehrerbildung 2:243–248

Baer M, Dörr G, Fraefel U, Kocher M, Küster O, Larcher S, Müller P, Sempert W, Wyss C (2007) Werden angehende Lehrpersonen durch das Studium kompetenter? Unterrichtswissenschaft 1:15–47

Bamberger R, Vanacek E (1984) Lesen-Verstehen-Lernen-Schreiben. Jugend und Volk, Wien

Baranowski T, Allen DD, Mâsse LC, Wilson M (2006) Does participation in an intervention affect responses on self-report questionnaires? Health Education Research. Theory 21(1):98–109

Baumert J, Bos W, Lehmann R (Hrsg) (2000) TIMSS/III. Dritte Internationale Mathematik- und Naturwissenschaftsstudie – Mathematische und naturwissenschaftliche Bildung am Ende der Schullaufbahn: Mathematische und physikalische Kompetenzen am Ende der gymnasialen Oberstufe, Bd 2. Leske & Budrich, Opladen

Baumert J, Kunter M (2006) Stichwort: Professionelle Kompetenz von Lehrkräften. Zeitschrift für Erziehungswissenschaften 9(4):469–520

Baumert J, Kunter M, Blum W, Brunner M, Voss T, Jordan A et al (2010) Teachers' mathematical knowledge, cognitive activation in the classroom, and student progress. American Educational Research Journal 47(1):133–180

Bausell RB, Li YF (2006) Power analysis for experimental research: A practical guide for the biological, medical and social sciences, 1. Aufl. Cambridge Univ Press, Cambridge

Baxter JA, Lederman NG (1999) Assessment and measurement of pedagogical content knowledge. In: Gess-Newsome J, Lederman NG (Hrsg) Examining pedagogical content knowledge Kluwer, Dordrecht, S 147–161

Bayraktar S (2001) A meta-analysis of the effectiveness of computer-assisted instruction in science education. Journal of Research on Technology in Education 34:173–188

Bayrhuber H, Harms U, Muszynski B, Rothgangel M, Schön LH, Vollmer HJ, Weigand HG (Hrsg) (2012) Formate fachdidaktischer Forschung. Empirische Projekte – historische Analysen – theoretische Grundlegungen, Bd 2. Waxmann, Münster

Benesch T (2013) Schlüsselkonzepte der Statistik: Die wichtigsten Methoden, Verteilungen, Tests anschaulich erklärt. Springer, Berlin Heidelberg New York Tokyo

Bernholt S (2010) Kompetenzmodellierung in der Chemie – Theoretische und empirische Reflexion am Beispiel des Modells hierarchischer Komplexität. Studien zum Physik- und Chemielernen, Bd 98. Logos, Berlin

Bethge T (1988) Aspekte des Schülervorverständnisses zu grundlegenden Begriffen der Atomphysik. Eine empirische Untersuchung in der Sekundarstufe II. Universität Bremen, Bremen

Betsch T, Haberstroh S (2005) The routines of decision making. Erlbaum, Mahwah NJ

Billmann-Mahecha E (2005) Social processes of negotiation in childhood – qualitative access using the group discussion method. Childhood, Philosophy, 1. http://www.filoeduc.org/childphilo/n1/conteudo_ing.html

Billmann-Mahecha E, Gebhard U (2009) „If we had no flowers ..." Children, nature, and aesthetics. Journal of Developmental Processes 4(1):24–42. http://www.psych.utah.edu/people/people/fogel/jdp/journals/6/journal06-04.pdf

Billmann-Mahecha E, Gebhard U, Nevers P (1998) Anthropomorphe und mechanistische Naturdeutungen von Kindern und Jugendlichen. In: Theobald W (Hrsg) Integrative Umweltbewertung. Theorie und Beispiele aus der Praxis Springer, Berlin Heidelberg New York Tokyo, S 271–293

Blömeke S, Kaiser G, Lehmann R (Hrsg) (2008) Professionelle Kompetenz angehender Lehrerinnen und Lehrer – Wissen, Überzeugungen und Lerngelegenheiten deutscher Mathematikstudierender und -referendare – Erste Ergebnisse zur Wirksamkeit der Lehrerausbildung. Waxmann, Münster

Blömeke S, Seeber S, Lehmann R, Felbrich A, Schwarz B, Kaiser G et al (2008) Messung des fachbezogenen Wissens angehender Mathematiklehrkräfte. In: Blömeke S, Kaiser G, Lehmann R (Hrsg) Professionelle Kompetenz angehender Lehrerinnen und Lehrer. Wissen, Überzeugungen und Lerngelegenheiten deutscher Mathematikstudierender und -referendare Waxmann, Münster, S 49–88

Blomberg G, Seidel T, Prenzel M (2011) Neue Entwicklungen in der Erfassung pädagogisch-psychologischer Kompetenzen von Lehrpersonen. Unterrichtswissenschaft 2:98–101

Blüthmann I, Lepa S, Thiel F (2008) Studienabbruch und -wechsel in den neuen Bachelorstudiengängen. Zeitschrift für Erziehungswissenschaft 11(3):406–429

BMZ-KMK (Hrsg) (2007) Orientierungsrahmen Globale Entwicklung. Orientierungsrahmen für den Lernbereich Globale Entwicklung im Rahmen einer Bildung für eine nachhaltige Entwicklung. Bonn, Berlin http://www.bne-portal.de/coremedia/generator/unesco/de/Downloads/Hintergrundmaterial__national/Orientierungsrahmen_20f_C3_BCr_20den_20Lernbereich_20Globale_20Entwicklung.pdf

Bögeholz S (2007) Bewertungskompetenz für systematisches Entscheiden in komplexen Gestaltungssituationen Nachhaltiger Entwicklung. In: Krüger D, Vogt H (Hrsg) Theorien in der biologiedidaktischen Forschung Springer, Berlin Heidelberg New York Tokyo, S 209–220

Bögeholz S (2011) Bewertungskompetenz im Kontext Nachhaltiger Entwicklung: Ein Forschungsprogramm. In: Höttecke D (Hrsg) Naturwissenschaftliche Bildung als Beitrag zur Gestaltung partizipativer Demokratie. Gesellschaft für Didaktik der Chemie und Physik. Jahrestagung in Potsdam 2010 LIT, Münster, S 32–46

Bögeholz S, Barkmann J (2005) Rational choice and beyond: Handlungsorientierende Kompetenzen für den Umgang mit faktischer und ethischer Komplexität. In: Klee R, Sandmann A, Voigt H (Hrsg) Lehr- und Lernforschung in der Biologiedidaktik, Bd 2. Studien, Innsbruck, S 211–224

Bogner A, Littig B, Menz W (2005) Das Experteninterview. Theorie, Methode, Anwendung. Springer, Berlin Heidelberg New York Tokyo

Bohnsack R (1999) Rekonstruktive Sozialforschung. Einführung in die Methodologie und Praxis qualitativer Sozialforschung. Leske, Opladen

Bohnsack R (2007) Die dokumentarische Methode und ihre Forschungspraxis, 2. Aufl. VS Verlag für Sozialwissenschaften, Wiesbaden

Bohnsack R (2008) Rekonstruktive Sozialforschung. Einführung in qualitative Methoden, 7. Aufl. Leske, Opladen

Bolte C (1996) Analyse der Schüler-Lehrer-Interaktion im Chemieunterricht. Ergebnisse aus empirischen Studien zum Interaktionsgeschehen und Lernklima im Chemieunterricht. IPN, Kiel

Bolte C (2003) Konturen wünschenswerter chemiebezogener Bildung im Meinungsbild einer ausgewählten Öffentlichkeit – Methode und Konzeption der curricularen Delphi-Studie Chemie sowie Ergebnisse aus dem ersten Untersuchungsabschnitt. Zeitschrift für Didaktik der Naturwissenschaften 9:7–26

Bonato M (1990) Wissensstrukturierung mittels Struktur-Lege-Techniken – eine graphentheoretische Analyse von Wissensnetzen. Lang, Frankfurt/M

Bond TG, Fox CM (2007) Applying the Rasch model: Fundamental measurement in the human sciences, 2. Aufl. Lawrence Erlbaum Associates, Mahwah/NJ

Boone WJ, Rogan J (2005) Rigour in quantitative analysis: The promise of Rasch analysis techniques. African Journal of Research in SMT Education 9(1):25–38

Borko H, Shavelson RJ (1983) Speculations on teacher education: Recommendations from esearch on eachers' ognition. Journal of Education for Teaching 9(3):210–224

Born B (2007) Lernen mit Alltagsphantasien: Zur expliziten Reflexion impliziter Vorstellungen im Biologieunterricht. VS Verlag für Sozialwissenschaften, Wiesbaden

Bortz J (2005) Statistik für Human- und Sozialwissenschaftler, 6. Aufl. Springer, Berlin Heidelberg New York Tokyo

Bortz J, Döring N (2006) Forschungsmethoden und Evaluation für Human- und Sozialwissenschaftler, 4. Aufl. Springer, Berlin Heidelberg New York Tokyo

Bortz J, Schuster C (2010) Statistik für Human- und Sozialwissenschaftler, 7. Aufl. Springer, Berlin Heidelberg New York Tokyo

Braun E, Woodley A, Richardson JTE, Leidner B (2012) Self-rated competences questionnaires from a design perspective. Educational Research Review 7(1):118

Braun I (2012) Fachliche Analyse und Schülervorstellungen zur Klonierung als biotechnisches Verfahren sowie als bioethische Herausforderung. Masterarbeit an der Leibniz Universität Hannover

Brell C (2008) Lernmedien und Lernerfolg – reale und virtuelle Materialien im Physikunterricht. Dissertation, Universität Bremen

Brell C, Schecker H, Theyßen H, Schumacher D (2005) Computer trifft Realexperiment – besser lernen mit Neuen Medien? In: Nordmeier V, Oberländer A (Hrsg) CD zur Frühjahrstagung des Fachverbandes Didaktik der Physik in der Deutschen Physikalischen Gesellschaft – Berlin 2005 Lehmanns, Berlin

Brell C, Theyßen H (2007) Die Smiley-Skala – Ein effizientes Messinstrument für die Interessantheit des Unterrichts. Der mathematische und naturwissenschaftliche Unterricht 60(8):476–479

Brell C, Theyßen H, Schecker H (2007) Experimentieren mit einem Augenmodell. Eine Unterrichtseinheit mit realen und virtuellen Medien. Der mathematische und naturwissenschaftliche Unterricht 60:30–35

Brell C, Theyßen H, Schecker H, Schumacher D (2008) Computer vs. Realexperiment – empirische Ergebnisse zum Lernerfolg. In: Höttecke D (Hrsg) Kompetenzen, Kompetenzmodelle, Kompetenzentwicklung LIT, Münster, S 32–34

Britton B, Gülgöz S (1991) Using Kintsch's computational model to improve instructional text: Effects of repairing inference calls on recall and cognitive structures. Journal of Educational Psychology 83(3):329–345

Brophy JE, Good TL (1986) Teacher behaviour and student achievement. In: Wittrock MC (Hrsg) Handbook of research on teaching Macmillan, New York, S 328–375

Brovelli D, Bölsterli K, Rehm M, Wilhelm M (2013) Erfassen professioneller Kompetenzen für den naturwissenschaftlichen Unterricht – ein Vignettentest mit authentisch komplexen Unterrichtssituationen und offenem Antwortformat. Unterrichtswissenschaft (im Druck)

Brovelli D, Kauertz A, Rehm M, Wilhelm M (2011) Professionelle Kompetenz und Berufsidentität in integrierten und disziplinären Lehramtsstudiengängen der Naturwissenschaften. Zeitschrift für Didaktik der Naturwissenschaften 17:57–87

Brückmann M (2009) Sachstrukturen im Physikunterricht: Ergebnisse einer Videostudie. Studien zu Physik- und Chemielernen, Bd 94. Logos, Berlin

Brückmann M, Duit R, Tesch M, Reyer T, Kauertz A, Fischer HE et al (2007) The potential of video studies in research on teaching and learning science. In: Pinto R, Couso D (Hrsg) Contributions from science education research Springer, Dordrecht, S 77–89

Bruner J (1996) The Culture of education, 2. Aufl. Harvard Univ Press, Cambridge/MA London

Bruno JE, Dirkzwager A (1995) Determining the optimal number of alternatives to multiple-choice test item. An information theoretic perspective. Educational and Psychological Measurement 55:959–966

Bryk AS, Raudenbush SW (1992) Hierarchical linear models in social and behavioral research: applications and data analysis methods, 1. Aufl. Sage, Newbury Park/CA

Bühl A (2012) SPSS 20: Einführung in die moderne Datenanalyse, 13. Aufl. Pearson Studium, München

Bühler K (1907) Tatsachen und Probleme einer Psychologie der Denkprozesse. Archiv für Psychologie 9:297–305

Bühner M (2011) Einführung in die Test- und Fragebogenkonstruktion, 3. Aufl. Pearson Studium, München

Bühner M, Ziegler M (2009) Statistik für Psychologen und Sozialwissenschaftler, 1. Aufl. Pearson Studium, München

Burkard U (2009) Quantenphysik in der Schule: Bestandsaufnahme, Perspektiven und Weiterentwicklungsmöglichkeiten durch die Implementation eines Medienservers. Logos, Berlin

Burkard U, Schecker H (2004) Status Quo des Quantenphysik-Unterrichts. Der mathematische und naturwissenschaftliche Unterricht 57(5):279–284

Busker M, Klostermann M, Herzog S, Huber A, Parchmann I (2011) Nicht nur Schulwissen auffrischen: Vorkurse in Chemie. Nachrichten aus der Chemie 59(6):684–687

Busker M, Wickleder M, Parchmann I (2010) Eingangsvoraussetzungen von Studienanfängern im Fach Chemie: Welches Vorwissen und welche Interessen zeigen Studierende? Chemie konkret 17(4):163–168

Buzan T (2005) The Ultimate book of mind maps. Thorsons, London

Carlson RE (1990) Assessing teachers' pedagogical content knowledge: Item development issues. Journal of Personnel Evaluation in Education 4:157–173

Carnegie Corporation (1986) A nation prepared: Teachers for the 21st century. Report of the task force on teaching as a profession. Carnegie Forum on Education and the Economy, Hyattsville

Chi MTH, Bassok M (1989) Learning from examples via self-explanations. In: Knowing, learning, and instruction: Essays in honour of Robert Glaser Erlbaum, Hillsdale/NY

Clausen M (2002) Unterrichtsqualität. Pädagogische Psychologie und Entwicklungspsychologie, Bd 29. Waxmann, Berlin

Clauß G, Finze FR, Partzsch L (2004) Statistik für Soziologen, Pädagogen, Psychologen und Mediziner, 5. Aufl. Harri Deutsch, Frankfurt/M

Cognition and Technology Group at Vanderbilt (1990) Anchored instruction and its relationship to situated cognition. Educational Researcher 19(6):2–10

Cohen J (1960) A coefficient agreement for nominal scales. Educational and Psychological Measurement 20:37–46

Cohen J, Cohen P, West SG, Aiken LS (2003) Applied multiple regression/correlation analysis for the behavioral sciences. Erlbaum, Hillsdale/NJ

Colby A, Kohlberg L (1987) The measurement of moral judgment. Cambridge Univ Press, Cambridge

Combe A, Gebhard U (2012) Verstehen im Unterricht. Die Rolle von Phantasie und Erfahrung. Springer VS, Wiesbaden

Crossley A (2012) Untersuchung des Einflusses unterschiedlicher physikalischer Konzepte auf den Wissenserwerb in der Thermodynamik der Sekundarstufe I. Logos, Berlin

Dahncke H (1985) Probleme und Perspektiven fachdidaktischer Forschung – dargestellt aus Sicht eines Physikdidaktikers. In: Mikelskis HF (Hrsg) Zur Didaktik der Physik und Chemie: Probleme und Perspektiven. Vorträge auf der Tagung für Didaktik der Physik und Chemie in Hannover 1984 Leuchtturm, Alsbach, S 13–39

Demuth R, Parchmann I, Gräsel C, Ralle B (2008) Chemie im Kontext: Von der Innovation zur nachhaltigen Verbreitung eines Unterrichtskonzepts. Waxmann, Münster

Derry SJ, Pea RD, Barron B, Goldman R, Erickson F, Engle RA et al (2010) Conducting video research in the learning sciences: Guidance on selection, analysis, technology, and ethics. Journal of the Learning Sciences 19(1):3–53

Design-based research collective (2003) Design-based research: an emerging paradigm for educational inquiry. Educational Researcher 32:5–8

Desimone LM (2009) Improving impact studies of teachers' professional development: Toward better conceptualizations and measures. Educational Researcher 38(3):181–199

Dewe B, Ferchhoff W, Radtke FO (1990) Die opake Wissensbasis pädagogischen Handelns: Einsichten aus der Verschränkung von Wissensverwendungsforschung und Professionalisierungstheorie. In: Alisch LM, Baumert J, Beck K (Hrsg) Professionswissen und Professionalisierung. Braunschweiger Studien zur Erziehungs- und Sozialarbeitswissenschaft, Bd 28. Technische Universität Braunschweig, Braunschweig, S 291–320

Di Fuccia DS (2007) Schülerexperimente als Instrument der Leistungsbeurteilung. uni-edition, Berlin

Di Fuccia DS (2011) Sich selbst beobachten – Diagnose im Kontext von Schülerexperimenten. Naturwissenschaften im Unterricht Chemie 22(4+5):36–42

Di Fuccia DS, Ralle B (2009) Schülerexperimente und Leistungsbeurteilung. Der mathematische und naturwissenschaftliche Unterricht 62(2):72–78

Dittmer A, Gebhard U (2012) Stichwort Bewertungskompetenz: Ethik im naturwissenschaftlichen Unterricht aus sozial-intuitionistischer Perspektive. Zeitschrift für Didaktik der Naturwissenschaften 18:81–98

Ditton H (1998) Mehrebenenanalyse. Grundlagen und Anwendungen des hierarchisch linearen Modells. Juventa, Weinheim

Dollny S (2011) Entwicklung und Evaluation eines Testinstruments zur Erfassung des fachspezifischen Professionswissens von Chemielehrkräften. Logos, Berlin

Duit R (1994) Empirische Forschung in der Physikdidaktik – Versuch einer Standortbestimmung. In: Behrendt H (Hrsg) Zur Didaktik der Physik und Chemie, Probleme und Perspektiven. Vorträge auf der GDCP-Jahrestagung in Kiel 1993 Leuchtturm, Alsbach, S 87–105

Duit R (2008) Zur Rolle von Schülervorstellungen im Unterricht. Geographie heute 30:2–6

Duit R (2009) Bibliography – STCSE: Students' and teachers' conceptions and science education. Leibniz-Institut für die Pädagogik der Naturwissenschaften, Kiel

Duit R, Häußler P, Kircher E (1981) Unterricht Physik: Materialien zur Unterrichtsvorbereitung. Aulis, Köln

Duit R, Niedderer H, Schecker H (2007) Teaching Physics. In: Abell SK, Lederman NG (Hrsg) Handbook of Research on Science Education Erlbaum, Hillsdale, S 599–629

Duncker K (1935) Zur Psychologie des produktiven Denkens. Springer, Berlin

Dunker N (2010) Concept Maps im naturwissenschaftlichen Sachunterricht. Beiträge zur didaktischen Rekonstruktion. Didaktisches Zentrum, Universität Oldenburg

Echterhoff G, Straub J (2003/2004) Narrative Psychologie: Facetten eines Forschungsprogramms. Erster Teil: Handlung Kultur Interpretation 12(2):317–342; zweiter Teil: Handlung Kultur Interpretation 13(1):151–186

Eckert A (1998) Kognition und Wissensdiagnose – Die Entwicklung und empirische Überprüfung des computerunterstützten wissensdiagnostischen Instrumentariums. Netzwerk-Elaborierungs-Technik NET, Lengerich

Edelmann W (2000) Lernpsychologie, 6. Aufl. Beltz, Weinheim

Edmondson KE (2005) Assessing science understanding through concept maps. In: Mintzes JJ, Wandersee JH, Novak JD (Hrsg) Assessing science understanding A Human Constructivist View. Elsevier, Burlington, MA

Eggert S, Bögeholz S (2006) Göttinger Modell der Bewertungskompetenz – Teilkompetenz „Bewerten, Entscheiden und Reflektieren" für Gestaltungsaufgaben Nachhaltiger Entwicklung. ZfDN 12:177–199

Eggert S, Bögeholz S (2010) Students' use of decision-making strategies with regard to socioscientific issues – An application of the Rasch partial credit model. Sci Ed 94(2):230–258

Eggert S, Bögeholz S, Watermann R, Hasselhorn M (2010) Förderung von Bewertungskompetenz im Biologieunterricht durch zusätzliche metakognitive Strukturierungshilfen beim kooperativen Lernen – Ein Beispiel für Veränderungsmessung. ZfDN 16:299–314

Eid M, Gollwitzer M, Schmitt M (2010) Statistik und Forschungsmethoden. Beltz, Weinheim Basel

Eid M, Nussbeck FW, Lischetzke T (2006) Multitrait-multimethod-analyse. In: Petermann F, Eid M (Hrsg) Handbuch der psychologischen Diagnostik Hogrefe, Göttingen, S 332–345

Eilks I, Markic S (2011) Effects of a long-term participatory action research project on science teachers' professional development. Eurasia Journal of Mathematics, Science, Technology Education 7(3):149–160

Eilks I, Ralle B (2002) Partizipative Fachdidaktische Aktionsforschung. Ein Modell für eine begründete und praxisnahe curriculare Entwicklungsforschung in der Chemiedidaktik. Chemkon 9(1):13–18

Elliott J (1978) What is action-research in schools? Journal of Curriculum Studies. Deakin Univ Printery 10(4):355–357

Elliott J (2005) Using narrative in social research: Qualitative and quantitative approaches. Sage, London

Embretson S (1998) A cognitive design system approach to generating valid tests: Application to abstract reasoning. Psychological Methods 3(3):380–396

Emden M, Sumfleth E (2012) Prozessorientierte Leistungsbewertung. Zur Eignung einer Protokollmethode zur Bewertung von Experimentierprozessen. Der mathematische und naturwissenschaftliche Unterricht 65(2):68–75

Erdfelder E, Buchner A, Faul F, Brandt M (2004) GPOWER: Teststärkeanalysen leicht gemacht. In: Erdfelder E, Funke J (Hrsg) Allgemeine Psychologie und Deduktivistische Methodologie Vandenhoeck & Ruprecht, Göttingen, S 148–166

Ericsson KA, Simon HA (1993) Protocol analysis: Verbal reports as data, 2. Aufl. MIT, Cambridge/MA

Ericsson KASHA (1980) Verbal reports as data. Psychological Review 87(3):215–251

Fatke R (2010) Fallstudien in der Erziehungswissenschaft. In: Friebertshäuser B, Langer A, Prengel A (Hrsg) Handbuch Qualitative Forschungsmethoden in der Erziehungswissenschaft, 3. Aufl. Juventa, Weinheim München, S 159–172

Feldman A, Minstrell J (2000) Action research as a research methodology for the study of the teaching and learning of science. In: Kelly AE, Lesh RA (Hrsg) Handbook of research design in mathematics and science education Erlbaum, Mahwah, S 429–455

Feldner P (1997) Zur Sprachgestaltung in Physikschulbüchern. Tagungsband zur Frühjahrstagung des Fachverbandes Didaktik der Physik in der DPG Berlin, S 200–205

Fend H (2011) Die Wirksamkeit der Neuen Steuerung – theoretische und methodische Probleme ihrer Evaluation. Zeitschrift für Bildungsforschung 1:5–24

Field A (2009) Discovering statistics using SPSS, 3. Aufl. Sage, Washington/DC

Fischer F, Waibel M, Wecker C (2005) Nutzenorientierte Grundlagenforschung im Bildungsbereich. Argumente einer internationalen Diskussion. Zeitschrift für Erziehungswissenschaften 8(3):427–442

Fischer HE, Draxler D (2007) Konstruktion und Bewertung von Physikaufgaben. In: Kircher E, Girwidz R, Häußler P (Hrsg) Physikdidaktik. Theorie und Praxis Springer, Berlin Heidelberg, New York, S 639–655

Fischer S, Jelemenska P, Graf D (2013) Concept-Maps und multiple-choice Aufgaben im Lehramtsstudium und im Biologieunterricht. In: Diagnose und individuelle Förderung in der MINT-Lehrerbildung Das Projekt dortMINT, Dortmund

Fischler H (2001) Verfahren zur Erfassung von Lehrer-Vorstellungen zum Lehren und Lernen in den Naturwissenschaften. Zeitschrift für Didaktik der Naturwissenschaften 7:105–120

Fischler H, Peuckert J (Hrsg) (2000) Concept Mapping in fachdidaktischen Forschungsprojekten der Physik und Chemie. Logos, Berlin

Flick U (2007) Qualitative Sozialforschung: Eine Einführung. Rowohlt, Reinbek

Flick U (2010) Gütekriterien qualitativer Forschung. In: Mey G, Mruck K (Hrsg) Handbuch Qualitative Forschung in der Psychologie VS Verlag für Sozialwissenschaften, Wiesbaden, S 395–407

Flick U, v Kardorff E, Steinke I (Hrsg) (2010) Qualitative Forschung – Ein Handbuch. Rowohlt, Reinbek

Freienberg J, Krüger W, Lange G, Flint A (2001) „Chemie fürs Leben" auch schon in der Sekundarstufe I – geht das? CHEMKON 2:67–75

Freienberg J, Krüger W, Lange G, Flint A (2002) „Chemie fürs Leben" auch schon in der Sekundarstufe I – geht das? Teil II. CHEMKON 1:19–24

Frey A (2008) Kompetenzstrukturen von Studierenden in der ersten und zweiten Phase der Lehrerbildung. Eine nationale und internationale Standortbestimmung. Empirische Pädagogik, Landau

Frey A, Hartig J, Rupp AA (2009) An NCME instructional module on booklet designs in large-scale assessments of student achievement: Theory and practice. Educational measurement: Issues and Practice 28(3):39–53

Frey A, Taskinen P, Schütte K, Prenzel M, Artelt C, Baumert J, Blum W, Hammann M, Klieme E, Pekrun R (Hrsg) (2006) Pisa 2006 Skalenhandbuch. Dokumentation der Erhebungsinstrumente. Waxmann, Münster

Funke J, Spering M (2006) Methoden der Denk- und Problemlöseforschung. In: Funke J (Hrsg) Enzyklopädie der Psychologie. Denken und Problemlösen. Kognition, Bd C/II/8. Hogrefe, Göttingen, S 647–726

Gausmann E, Eggert S, Hasselhorn M, Watermann R, Bögeholz S (2010) Wie verarbeiten Schülerinnen und Schüler Sachinformationen in Problem- und Entscheidungssituationen Nachhaltiger Entwicklung – Ein Beitrag zur Bewertungskompetenz. ZfPäd Beiheft 56:204–215

Gebhard U (2007) Intuitive Vorstellungen bei Denk und Lernprozessen: Der Ansatz der „Alltagsphantasien". In: Krüger D, Vogt H (Hrsg) Theorien in der biologiedidaktischen Forschung Springer, Berlin Heidelberg New York Tokyo, S 117–128

Gebhard U (2009) Alltagsmythen und Alltagsphantasien. Wie sich durch die Biotechnik das Menschenbild verändert. In: Dungs S, Gerber U, Mührel E (Hrsg) Biotechnologie in Kontexten der Sozial- und Gesundheitsberufe. Professionelle Praxen – Disziplinäre Nachbarschaften – Gesellschaftliche Leitbilder Lang, Frankfurt/M, S 191–220

Gebhard U, Nevers P, Billmann-Mahecha E (2003) Moralizing trees: Anthropomorohism and identity in children's relationship to nature. In: Clayton S, Opotow S (Hrsg) Identity and the natural environment MIT Press, Cambridge/MA, S 91–111

Geller C, Olszewski J, Neumann K, Fischer HE (2008) Unterrichtsqualität in Finnland, Deutschland und der Schweiz: Merkmale der Tiefenstruktur von Physikunterricht und der Zusammenhang zur Leistung. In: Höttecke D (Hrsg) Kompetenzen, Kompetenzmodelle, Kompetenzentwicklung. Jahrestagung der GDCP in Essen 2007 LIT, Berlin, S 396–398

Gerdes H (1997) Lernen mit Text und Hypertext. Pabst Science Publishers, Lengerich

Gerdes J, Schecker H (1999) Der Force Concept Inventory. Der mathematische und naturwissenschaftliche Unterricht 52(5):283–288

GFD (2009) Mindeststandards am Ende der Pflichtschulzeit. Erwartungen des Einzelnen und der Gesellschaft – Anforderung an die Schule. Zeitschrift für Didaktik der Naturwissenschaften 15:371–377

Glaser BG, Strauss AL (1979) Die Entdeckung gegenstandsbezogener Theorie: Eine Grundstrategie qualitativer Sozialforschung. In: Hopf C, Weingarten E (Hrsg) Qualitative Sozialforschung Klett-Cotta, Stuttgart

Gollwitzer M, Banse R, Eisenbach K, Naumann A (2007) Effectiveness of the Vienna social competence training on explicit and implicit aggression – Evidence from an aggressiveness-IAT. European Journal of Psychological Assessment 3(3):150–156

Gott R, Duggan S (1998) Understanding scientific evidence – Why it matters and how it can be taught. In: Ratcliffe M (Hrsg) ASE Guide to secondary science education Association for Science Education, Hatfield, S 92–99

Gräber W (1992) Untersuchungen zum Schülerinteresse an Chemie und Chemieunterricht. Chemie in der Schule 39(7/8):270–273

Gräber W (1992) Interesse am Unterrichtsfach Chemie, an Inhalten und Tätigkeiten. Chemie in der Schule 39(10):354–358

Graf D (1989) Begriffslernen im Biologieunterricht der Sekundarstufe I – Empirische Untersuchungen und Häufigkeitsanalysen. Dissertation, Universität Frankfurt/M

Graf D (2009) Concept Mapping als Instrument zur Wissensdiagnostik. Unterricht Biologie 347(348):66–69

Greve W, Wentura D (1997) Wissenschaftliche Beobachtung: Eine Einführung. PVU/Beltz, Weinheim

Groeben N (1982) Leserpsychologie: Textverständnis, Textverständlichkeit. Aschendorff, Münster

Gropengießer H (2003) Wie man Vorstellungen der Lerner verstehen kann. Lebenswelten, Denkwelten, Sprechwelten. Beiträge zur Didaktischen Rekonstruktion, Bd 4. Didaktisches Zentrum, Oldenburg

Gropengießer H (2005) Qualitative Inhaltsanalyse in der fachdidaktischen Lehr-Lernforschung. In: Mayring P, Glaeser-Zikuda M (Hrsg) Die Praxis der Qualitativen Inhaltsanalyse Beltz, Weinheim Basel, S 172–189

Gropengießer H (2007a) Didaktische Rekonstruktion des „Sehens". Wissenschaftliche Theorien und die Sicht der Schüler in der Perspektive der Vermittlung. Didaktisches Zentrum, Oldenburg

Gropengießer H (2007b) Theorie des erfahrungsbasierten Verstehens. In: Krüger D, Vogt H (Hrsg) Theorien in der biologiedidaktischen Forschung Spektrum, Berlin, S 105–116

Gropengießer H (2008) Qualitative Inhaltsanalyse in der fachdidaktischen Lehr-Lernforschung. In: Mayring P, Gläser-Zikuda M (Hrsg) Die Praxis der Qualitativen Inhaltsanalyse Beltz, Weinheim Basel, S 172–189

Gropengießer H, Kattmann U, Krüger D (2010) Biologiedidaktik in Übersichten. Aulis, Köln

Grube C (2011) Kompetenzen naturwissenschaftlicher Erkenntnisgewinnung. Untersuchung der Struktur und Entwicklung des wissenschaftlichen Denkens bei Schülerinnen und Schülern der Sekundarstufe I. https://kobra.bibliothek.uni-kassel.de/handle/urn:nbn:de:hebis:34-2011041537247

Haidt J (2001) The emotional dog and its rational tail: A social intuitionist approach to moral judgement. Psychological Review 108:814–834

Haladyna TM (2004) Developing and validating multiple-choice test items, 3. Aufl. Erlbaum, Mahwah/NJ

Hammann M (2004) Kompetenzentwicklungsmodelle. Der mathematische und naturwissenschaftliche Unterricht 57(4):196–203

Hammann M (2007) Das scientific discovery as dual search-modell. In: Krüger D, Vogt H (Hrsg) Theorien in der biologiedidaktischen Forschung – Ein Handbuch für Lehramtsstudenten und Doktoranden Springer, Berlin Heidelberg New York Tokyo, S 187–196

Hammann M, Phan TTH, Ehmer M, Bayrhuber H (2006) Fehlerfrei Experimentieren. Der mathematische und naturwissenschaftliche Unterricht 59(5):292–299

Hammerness K, Darling-Hammond L (2002) Toward expert thinking: How curriculum case-writing prompts the development of theory-based professional knowledge in student teachers. Teaching Education 13(2):219–243

Harrington HL (1995) Fostering reasoned decisions: Case-based pedagogy and the professional development of teachers. Teaching, Teacher Education 11(3):203–214

Hartig J (2007) Skalierung und Definition von Kompetenzniveaus. In: Beck B, Klieme E (Hrsg) Sprachliche Kompetenzen. Konzepte und Messung. DESI-Studie (Deutsch Englisch Schülerleistungen International) Beltz, Weinheim, S 83–99

Hartig J (2008) Kompetenzen als Ergebnisse von Bildungsprozessen. In: Bundesministerium für Bildung und Forschung (BMBF) (Hrsg) Kompetenzerfassung in pädagogischen Handlungsfeldern. Theorien, Konzepte und Methoden Bundesministerium für Bildung und Forschung (BMBF), Bonn Berlin, S 13–24

Hartig J, Frey A, Jude N (2008) Validität. In: Moosbrugger H, Kelava A (Hrsg) Testtheorie und Fragebogenkonstruktion Springer, Berlin Heidelberg New York Tokyo, S 135–163

Hartig J, Höhler J (2010) Modellierung von Kompetenzen mit mehrdimensionalen IRT-Modellen. In: Klieme E, Leutner D, Kenk M (Hrsg) Kompetenzmodellierung: Zwischenbilanz des DFG-Schwerpunktprogramms und Perspektiven des Forschungsansatzes. Beiheft der Zeitschrift für Pädagogik, Bd 56. Beltz, Weinheim Basel, S 189–198

Hartig J, Jude N (2007) Empirische Erfassung von Kompetenzen und psychometrische Kompetenzmodelle. In: Hartig J, Klieme E (Hrsg) Möglichkeiten und Voraussetzungen technologiebasierter Kompetenzdiagnostik. Eine Expertise im Auftrag des Bundesministeriums für Bildung und Forschung Bundesministerium für Bildung und Forschung, Bonn Berlin, S 17–36

Hartig J, Klieme E (2006) Kompetenz und Kompetenzdiagnostik. In: Schweizer K (Hrsg) Leistung und Leistungsmessung. Springer, Berlin, S 127–143

Hartmann S (2004) Erklärungsvielfalt. Logos, Berlin

Hattie J (2010) Visible learning: A synthesis of over 800 meta-analyses relating to achievement. Routledge, London

Haugwitz M, Sandmann A (2009) Kooperatives Concept Mapping in Biologie: Effekte auf den Wissenserwerb und die Behaltensleistung. Zeitschrift für Didaktik der Naturwissenschaften 15:89–107

Häußler P, Frey K, Hoffmann L, Rost J, Spada H (1988) Physikalische Bildung für heute und morgen – Ergebnisse einer curricularen Delphi-Studie. IPN, Kiel

Heijnk S (1997) Textoptimierung für Printmedien. Theorie und Praxis journalistischer Textproduktion. Westdeutscher, Opladen

Heine L (2005) Lautes Denken als Forschungsinstrument in der Fremdsprachenforschung. Zeitschrift für Fremdsprachenforschung 16(2):163–185

Heine L, Schramm K (2007) Lautes Denken in der Fremdsprachenforschung: Eine Handreichung für die empirische Praxis. In: Vollmer HJ (Hrsg) Synergieeffekte in der Fremdsprachenforschung Lang, Frankfurt, S 167–206

Helfferich C (2009) Die Qualität qualitativer Daten. VS Verlag für Sozialwissenschaften, Wiesbaden

Heller KA, Perleth C (2000) Kognitiver Fähigkeitstest für 4. bis 12. Klassen, Revision. Beltz, Göttingen

Helmke A (2009) Unterrichtsqualität und Lehrerprofessionalität. Kallmeyer. Klett, Seelze

Helsper W (2010) Pädagogisches Handeln in den Antinomien der Moderne. In: Krüger HH, Helsper W (Hrsg) Einführung in die Grundbegriffe und Grundfragen der Erziehungswissenschaft Leske, Opladen, S 15–34

Hestenes D, Wells M, Swackhamer G (1992) Force concept inventory. The Physics Teacher 30(3):141–166

Hilton A, Armstrong R (2006) Stat note 6: Post hoc ANOVA tests. Microbiologist 7:34–36

Hoffmann L, Häußler P, Lehrke M (1998) Die IPN-Interessenstudie Physik. IPN, Kiel

Hoffmann L, Lehrke M (1986) Eine Untersuchung über Schülerinteressen an Physik und Technik. Zeitschrift für Pädagogik 32(2):189–204

Hoffmann-Riem C (1980) Die Sozialforschung einer interpretativen Soziologie. Kölner Zeitschrift für Soziologie und Sozialpsychologie 32:339–372

Hofstein A, Lunetta V (2004) The laboratory in science education: Foundations for the twenty-first century. Science Education 88:28–54

Holstermann N, Bögeholz S (2007) Interesse von Jungen und Mädchen an naturwissenschaftlichen Themen am Ende der Sekundarstufe I. Zeitschrift für Didaktik der Naturwissenschaften 13:71–86

Hopf C (1995) Qualitative Interviews in der Sozialforschung. Ein Überblick. In: Flick U, v Kardorff E, Keupp H, v Rosenstiel L, Wolff S (Hrsg) Handbuch Qualitative Sozialforschung. Grundlagen, Konzepte, Methoden und Anwendungen Beltz, Weinheim, S 177–185

Hopf M, Wiesner H (2008) Design-based research. In: Höttecke D (Hrsg) Kompetenzen, Kompetenzmodelle, Kompetenzentwicklung. Jahrestagung der GDCP in Essen 2007. Gesellschaft für Didaktik der Chemie und Physik, Bd 28. LIT, Münster, S 68–70

Hox JJ (1995) Applied multilevel analysis. TT-Publikaties, Amsterdam

Hox JJ (2002) Multilevel analysis: Techniques and application. Erlbaum, Mahwah/NJ

Huber GL, Mandl H (1994) Verbale Daten. Eine Einführung in die Grundlagen und Methoden der Erhebung und Auswertung. Psychologie Verlags Union, Weinheim

Isaac K, Eichler W, Hosenfeld I (2008) Ein Modell zur Vorhersage von Aufgabenschwierigkeiten im Kompetenzbereich Sprache und Sprachgebrauch untersuchen. In: Hofmann B, Valtin R (Hrsg) Checkpoint Literacy Tagungsband 2 zum 15. Europäischen Lesekongress 2007 in Berlin Deutsche Gesellschaft für Lesen und Schreiben, Berlin, S 12–27

Jacobs J, Kawanaka T, Stigler JW (1999) Integrating qualitative and quantitative approaches to the analysis of video data on classroom teaching. International Journal of Educational Research 31:714–724

Jahn G, Prenzel M, Stürmer K, Seidel T (2011) Varianten einer computergestützten Erhebung von Lehrerkompetenzen: Untersuchungen zu Anwendungen der Tools. Unterrichtswissenschaft 2:136–153

James EA, Milenkiewicz MT, Bucknam A (2008) Participatory action research for educational leadership: Using data-driven decision making to improve schools. Sage, Los Angeles

Janík T, Seidel T (Hrsg) (2009) The power of video studies in investigating teaching and learning in the classroom, 1. Aufl. Waxmann, Münster

Jatzwauk P, Rumann S, Sandmann A (2008) Einfluss des Aufgabeneinsatzes im Biologie-unterricht auf die Lernleistung – Ergebnisse einer Videostudie. Zeitschrift für Didaktik der Naturwissenschaften 14:263–282

Jeschke E, Pfeifer E, Reinke H, Unverhau S, Fienitz B, Bock J (2011) Microsoft Excel: Formeln und Funktionen, 2. Aufl. Microsoft Press Deutschland, Köln

Johnstone CJ, Bottsford-Miller NA, Thompson SJ (2006) Using the think aloud method (cognitive labs) to evaulate test design for students with disabilities and English language learners Technical Report, Bd 44. University of Minnesota, Minneapolis, MN. http://education.umn.edu/NCEO/OnlinePubs/Tech44/

Jonkisz E, Moosbrugger H, Brandt H (2007) Planung und Entwicklung von psychologischen Tests und Fragebogen. In: Moosbrugger H, Kelava A (Hrsg) Testtheorie und Fragebogenkonstruktion Springer, Berlin Heidelberg New York Tokyo, S 27–72

Jungermann H, Pfister HR, Fischer K (2004) Die Psychologie der Entscheidung. Spektrum, Heidelberg

Kane MT (2001) Current concerns in validity theory. Journal of Educational Measurement 38(4):319–342

Kattmann U (2005) Lernen mit anthropomorphen Vorstellungen. Zeitschrift für Didaktik der Naturwissenschaften 11:165–174

Kattmann U (2007) Didaktische Rekonstruktion – eine praktische Theorie. In: Theorien in der biologiedidaktischen Forschung Springer, Berlin Heidelberg New York Tokyo

Kattmann U, Duit R, Gropengießer H, Komorek M (1997) Das Modell der Didaktischen Rekonstruktion – Ein theoretischer Rahmen für naturwissenschaftliche Forschung und Entwicklung. Zeitschrift für Didaktik der Naturwissenschaften 3(3):3–18

Kauertz A (2008) Schwierigkeitserzeugende Merkmale physikalischer Leistungstestaufgaben Studien zum Physik- und Chemielernen, Bd 79. Logos, Berlin

Kauertz A, Fischer HE, Mayer J, Sumfleth E, Walpuski M (2010) Standardbezogene Kompetenzmodellierung in den Naturwissenschaften der Sekundarstufe I. Zeitschrift für Didaktik der Naturwissenschaften 16:135–153

Kauertz A, Fischer HE (2006) Assessing students' level of knowledge and analysing the reasons for learning difficulties in physics by Rasch analysis. In: Liu X, Boone J (Hrsg) Applications of Rasch measurement in science education Maple, Grove/MN, S 212–246

Kelly AE, Lesh RA, Baek JY (2008) Handbook of design research methods in education. Routledge, New York

Kerres M (2001) Multimediale und telemediale Lernumgebungen. Konzeption und Entwicklung. Oldenbourg, München

Kinchin IM (2001) If Concept Mapping is so helpful to learning biology, why aren't we all doing it? International Journal of Science Education 23:1257–1269

King PM, Kitchener KS (2002) The reflective judgment model: Twenty years of research on epistemic cognition. In: Hofer BK, Pintrich PR (Hrsg) Personal epistemology: The psychology of beliefs about knowledge and knowing Erlbaum, Mahwah/NJ, S 37–61

Kintsch W, van Dijk T (1978) Toward a model of text comprehension and readability in educational practice and psychological theory. Psychological Review 85:363–394

Kiper H, Mischke W (2006) Einführung in die Theorie des Unterrichts. Beltz, Weinheim Basel

Kirschner S, Borowski A, Fischer HE (2012) Das Professionswissen von Physiklehrkräften – Ergebnisse der Hauptstudie. In: Bernholt S (Hrsg) Konzepte fachdidaktischer Strukturierung für den Unterricht. Gesellschaft für Didaktik der Chemie und Physik Physik, Berlin, S 209–211

Kirstein J (1999) Interaktive Bildschirmexperimente: Technik und Didaktik einer neuartigen Methode zur multimedialen Abbildung physikalischer Experimente. Dissertation, TU Berlin

Klahr D (2000) Exploring science: The cognition and development of discovery processes. MIT, Cambridge

Kleickmann T, Möller K, Jonen A (2006) Die Wirksamkeit von Fortbildungen und die Bedeutung von tutorieller Unterstützung. In: Hinz R, Pütz T (Hrsg) Professionelles Handeln in der Grundschule – Entwicklungslinien und Forschungsbefunde Schneider, Hohengehren, S 121–128

Kleinfeld J (1991) Changes in problem solving abilities of students taught through case methods. Paper presented at the annual meeting of the American Educational Research Association, Chicago

Kleinfeld J (1992) Learning to think like a Teacher: The study of cases. In: Shulman JH (Hrsg) Case methods in teacher education Teachers College Press, New York London, S 33–49

Klieme E (2000) Fachleistungen im voruniversitären Mathematik- und Physikunterricht: Theoretische Grundlagen, Kompetenzstufen und Unterrichtsschwerpunkte. In: Baumert J, Bos W, Lehmann R (Hrsg) Mathematische und physikalische Kompetenzen am Ende der gymnasialen Oberstufe. Dritte Internationale Mathematik- und Naturwissenschaftsstudie – Mathematische und naturwissenschaftliche Bildung am Ende der Schullaufbahn, Bd 2. Leske, Opladen, S 57–128

Klieme E, Baumert J, Köller O, Bos W (2000) Mathematische und naturwissenschaftliche Grundbildung: Konzeptuelle Grundlagen und die Erfassung und Skalierung von Kompetenzen. In: Baumert J, Bos W, Lehmann R (Hrsg) Dritte Internationale Mathematik- und Naturwissenschaftsstudie – Mathematische und naturwissenschaftliche Grundbildung am Ende der Schullaufbahn, Bd 1. Mathematische und naturwissenschaftliche Grundbildung am Ende der Pflichtschulzeit Leske, Opladen, S 85–133

Klieme E, Leutner D (2006) Kompetenzmodelle zur Erfassung individueller Lernergebnisse und zur Bilanzierung von Bildungsprozessen. Beschreibung eines neu eingerichteten Schwerpunktprogramms der DFG. Zeitschrift für Pädagogik 52(6):876–903

KMK (Hrsg) (2004) Bildungsstandards im Fach Biologie für den Mittleren Schulabschluss: Jahrgangsstufe 10. http://www.kmk.org/fileadmin/veroeffentlichungen_beschluesse/2004/2004_12_16-Bildungsstandards-Biologie.pdf

KMK (Hrsg) (2004a) Bildungsstandards für den Hauptschulabschluss für die Fächer Deutsch, Mathematik, erste Fremdsprache. Beschluss vom 15.10.2004. Luchterhand, Neuwied

KMK (Hrsg) (2004b) Bildungsstandards im Fach Chemie für den Mittleren Schulabschluss. Beschluss vom 16.10.2004. Luchterhand, Neuwied

KMK (Hrsg) (2004c) Einheitliche Prüfungsanforderungen in der Abiturprüfung. Biologie. Beschluss vom 01.12.1989. Luchterhand, München Neuwied

KMK (Hrsg) (2005) Bildungsstandards im Fach Physik für den Mittleren Schulabschluss. Beschluss vom 16.12.2004. Luchterhand, Neuwied

Knoblich G, Ollinger M (2006) Die Methode des Lauten Denkens. In: Funke J, Frensch PA (Hrsg) Handbuch der Allgemeinen Psychologie. Kognition Hogrefe, Göttingen, S 691–696

Kölbl C, Billmann-Mahecha E (2005) Die Gruppendiskussion. Schattendasein einer Methode und Plädoyer für ihre Entdeckung in der Entwicklungspsychologie. In: Mey G (Hrsg) Handbuch Qualitative Entwicklungspsychologie Kölner Studien, Köln, S 321–350

Köller O (2008) Bildungsstandards – Verfahren und Kriterien bei der Entwicklung von Messinstrumenten. Zeitschrift für Pädagogik 54(2):163–173

König J, Blömeke S (2009) Pädagogisches Wissen von angehenden Lehrkräften. Erfassung und Struktur von Ergebnissen der fächerübergreifenden Lehrerausbildung. Zeitschrift für Erziehungswissenschaften 12(3):499–527

Körbs C, Tiemann R (2012a) Beitrag zur Formulierung von Mindeststandards am Ende der Pflichtschulzeit im Fach Chemie. In: Bernholt S (Hrsg) Konzepte fachdidaktischer Strukturierung für den Unterricht LIT, Münster, S 509–511

Körbs C, Tiemann R (2012b) Minimum standards in chemistry education. Revista Chimica nella Scuola. Speciale n. 3, pp 183–186. http://www.didichim.org/cns-la-rivista/rivista-cns-speciale-3-2012/

Kolstø SD (2001) Scientific literacy for citizenship: Tools for dealing with the science dimension of controversial socioscientific issues. Sci Ed 85:292–310

Komorek M (1999) Lernprozessstudie zum deterministischen Chaos. Zeitschrift für Didaktik der Naturwissenschaften 5(3):3–22

Konrad K (2010) Lautes Denken. In: Mey G, Mruck K (Hrsg) Handbuch Qualitative Forschung in der Psychologie VS Verlag für Sozialwissenschaften, Wiesbaden, S 476–490

Kortland K, Klaassen K (Hrsg) (2010) Designing theory-based teaching-learning sequences for science education. FSME, Utrecht

Krapp A (1993) Die Psychologie der Lernmotivation. Zeitschrift für Pädagogik 2(39):187–205

Krapp A (2006) Interesse. In: Handwörterbuch Pädagogische Psychologie, 3. Aufl. Beltz, Weinheim

Krapp A, Ryan RM (2002) Selbstwirksamkeit und Lernmotivation. Zeitschrift für Pädagogik 44:54–82

Krauss S, Baumert J, Blum W, Neubrand M, Jordan A, Brunner M (2006) Die Konstruktion eines Tests zum fachlichen und zum fachdidaktischen Wissen von Mathematiklehrkräften. In: Cohors-Fresenborg E, Schwank I (Hrsg) Beiträge zum Mathematikunterricht 2006. Vorträge auf der 40. Tagung für Didaktik der Mathematik vom 6.–10. März 2006 in Osnabrück

Krauss S, Blum W, Brunner M, Kunter M, Baumert J, Neubrand M et al (2011) Konzeptualisierung und Testkonstruktion zum fachbezogenen Professionswissen von Mathematiklehrkräften. In: Kunter M, Baumert J, Blum W, Klusmann U, Krauss S, Neubrand M (Hrsg) Professionelle Kompetenz von Lehrkräften. Ergebnisse des Forschungsprogramms COACTIV Waxmann, Münster, S 135–161

Krauss S, Neubrand M, Blum W, Brunner M, Kunte M, Baumert J et al (2008) Die Untersuchung des professionellen Wissens deutscher Mathematik-Lehrerinnen und -Lehrer im Rahmen der COACTIV-Studie. Journal für Mathematik-Didaktik 29(3/4):223–258

Kreft I, De Leeuw J (1998) Introducing Multilevel Modeling. Sage, London

Kroß A, Lind G (2001) Einfluss des Vorwissens auf Intensität und Qualität des Selbsterklärens beim Lernen mit biologischen Beispielaufgaben. Unterrichtswissenschaft 1:5–25

Krüger D, Vogt H (Hrsg) (2007) Theorien in der biologiedidaktischen Forschung. Ein Handbuch für Lehramtsstudenten und Doktoranden. Springer, Berlin Heidelberg New York Tokyo

Kubiszyn T, Borich G (2007) Educational testing and measurement: Classroom application and practice. Wiley, London New York

Kubli F (2005) Mit Geschichten und Erzählungen motivieren. Beispiele für den mathematisch-naturwissenschaftlichen Unterricht. Aulis Deubner, Köln

Kuckartz U, Dresing T, Rädiker S, Stefer C (2008) Qualitative Evaluation. Der Einstieg in die Praxis, 2. Aufl. VS Verlag für Sozialwissenschaften, Wiesbaden

Kuhn D (1991) The skills of argument. Cambridge Univ Press, Cambridge

Kuhn D (1992) Thinking as argument. Harv Educ Rev 62(2):155–178

Kuhn J (2010) Authentische Aufgaben im theoretischen Rahmen von Instruktions- und Lehr-Lern-Forschung: Effektivität und Optimierung von Ankermedien für eine neue Aufgabenkultur im Physikunterricht. Vieweg, Wiesbaden

Kuhn J, Müller A (2005) Ein modifizierter „Anchored instruction"-Ansatz im Physikunterricht: Ergebnisse einer Pilotstudie. Empirische Pädagogik 19(3):281–303

Kulgemeyer C (2009) PISA-Aufgaben im Vergleich: Strukturanalyse der Naturwissenschaftsitems aus den PISA-Durchläufen 2000 bis 2006. BoD, Norderstedt

Kulgemeyer C, Schecker H (2007) PISA 2000 bis 2006 – Ein Vergleich anhand eines Strukturmodells für naturwissenschaftliche Aufgaben. Zeitschrift für Didaktik der. Naturwissenschaften 13:199–220

Kulgemeyer C, Schecker H (2012) Physikalische Kommunikationskompetenz – Empirische Validierung eines normativen Modells. Zeitschrift für Didaktik der Naturwissenschaften 18:55–79

Kulik JA (1994) Meta-analytic studies of findings on computer-based instruction. In: Baker EL, O'Neil HF (Hrsg) Technology assessment in education and training Erlbaum, Hillsdale/NJ, S 9–33

Kunter M, Klusmann U (2010) Kompetenzmessung bei Lehrkräften – Methodische Herausforderungen. Unterrichtswissenschaft 38(1):68–86

Kunter M, Baumert J, Blum W, Klusmann U, Krauss S, Neubrand M (Hrsg) (2011) Professionelle Kompetenz von Lehrkräften – Ergebnisse des Forschungsprogramms COACTIV. Waxmann, Münster

Labov W (1977) Language in the inner city: Studies in the black english vernacular. Blackwell, Oxford

Labov W, Valetzky J (1973) Erzählanalyse: Mündliche Versionen persönlicher Erfahrung. In: Ihwe J (Hrsg) Literaturwissenschaft und Linguistik, Bd 2. Athenäum, Frankfurt/M

Lammek S (2010) Qualitative Sozialforschung. Lehrbuch, 5. Aufl. Beltz, Weinheim Basel

Langer I, von Schulz Thun F, Tausch R (1974) Verständlichkeit in Schule, Verwaltung, Politik, Wissenschaft – mit einem Selbsttrainingsprogramm zur Darstellung von Lehr- und Informationstexten. Reinhardt, München

Leonhart R (2010) Datenanalyse mit SPSS, 1. Aufl. Hogrefe, Göttingen

Leutner D, Klieme E, Meye K, Wirth J (2004) Problemlösen. In: Prenzel M, Baumert J, Blum W, Lehmann R, Leutner D, Neubrand M, Pekrun R, Rolff HG, Rost J, Schiefele U (Hrsg) PISA 2003. Der Bildungsstand der Jugendlichen in Deutschland – Ergebnisse des zweiten internationalen Vergleichs Waxmann, Münster New York, S 147–175

Levi P (2005) Kohlenstoff. In: Das periodische System, Bd 48. Süddeutsche Zeitung Bibliothek, München

Levin BB (1995) Using the case method in teacher education: The role of discussion and experience in teachers' thinking about cases. Teaching, Teacher Education 11(1):63–79

Lewin K (1948) Aktionsforschung und Minderheitenprobleme. In: Lewin K (Hrsg) Die Lösung sozialer Konflikte Christian, Bad Nauheim, S 278–298

Lichtfeldt M (1992) Schülervorstellungen in der Quantenphysik und ihre möglichen Veränderungen durch Unterricht. Westarp, Essen

Lienert GA, Eye A (1994) Erziehungswissenschaftliche Statistik. Eine elementare Einführung für den pädagogischen Beruf. Beltz, Weinheim

Lienert GA, Raatz U (1998) Testaufbau und Testanalyse, 6. Aufl. Beltz, Weinheim

Ligges U (2008) Programmieren in R. Statistik und ihre Anwendungen, 3. Aufl. Springer, Berlin Heidelberg New York Tokyo

Linacre JM (2010) Winsteps® Rasch measurement. Version 3.69.1.3. Beaverton, Oregon. http://winsteps.com

Lind G, Friege G, Kleinschmidt L, Sandmann A (2004) Beispiellernen und Problemlösen. Zeitschrift für Didaktik der Naturwissenschaften 10:29–49

Lind G, Sandmann A (2003) Lernstrategien und domänenspezifisches Wissen. Zeitschrift für Psychologie 211(4):171–192

Lind VR (2001) Designing case studies for use in teacher education. Journal of Music Teacher Education 10(2):7–13

Lindner M (2011) Gute Frage! Lehrerfragen als pädagogische Schlüsselkompetenz Marburger Schriften zur Lehrerbildung, Bd 5. Tectum, Marburg

Lipowsky F (2006) Auf den Lehrer kommt es an – Empirische Evidenzen für Zusammenhänge zwischen Lehrerkompetenzen, Lehrerhandeln und dem Lernen der Schüler. In: Allemann-Ghionda C (Hrsg) Kompetenzen und Kompetenzentwicklung von Lehrerinnen und Lehrern. Beiheft der Zeitschrift für Pädagogik Beltz, Weinheim, S 47–70

Loos P, Schäffer B (2001) Das Gruppendiskussionsverfahren. Theoretische Grundlagen und empirische Anwendung. Leske, Opladen

Luke DA (2004) Multilevel modeling. Sage, Newbury Park/CA

Maas CJM, Hox JJ (2004) The influence of violations of assumptions on multilevel parameter estimates and their standard errors. Computational Statistics and Data Analysis 46(3):427–440

Maas CJM, Hox JJ (2005) Sufficient sample sizes for multilevel modeling. Methodology 1(3):85–91

Mackensen-Friedrichs I (2004) Förderung des Expertiseerwerbs durch das Lernen mit Beispielaufgaben im Biologieunterricht der Klasse 9. Dissertation, Christian-Albrechts-Universität Kiel

Mackensen-Friedrichs I (2009) Die Rolle von Selbsterklärungen aufgrund vorwissensangepasster, domänenspezifischer Lernimpulse beim Lernen mit biologischen Beispielaufgaben. Zeitschrift für Didaktik der Naturwissenschaften 15:173–193

Magnusson S, Krajcik L, Borko H (1999) Nature, sources and development of pedagogical content knowledge. In: Gess-Newsome J, Lederman NG (Hrsg) Examining pedagogical content knowledge Kluwer Academic Publishers, Dordrecht, S 95–132

Mair P, Hatzinger R (2007) Extended Rasch modeling: The eRm package for the application of IRT models in R. Journal of Statistical Software 20(9):1–20

Martinez M, Scheffel M (2012) Einführung in die Erzähltheorie, 9. Aufl. Beck, München

Marton F (1981) Phenomenography – describing conceptions of the world around us. Instructional Science 10:177–200

Masters GN (1982) A Rasch model for Partial Credit Scoring. Psychometrika 47:149–174

Mayer J (2007) Erkenntnisgewinnung als wissenschaftliches Problemlösen. In: Kruger D, Vogt H (Hrsg) Handbuch der Theorien in der biologiedidaktischen Forschung – Ein Handbuch für Lehramtsstudenten und Doktoranden Springer, Berlin Heidelberg New York Tokyo, S 178–186

Mayer J, Grube C, Möller A (2008) Kompetenzmodell naturwissenschaftlicher Erkenntnisgewinnung. In: Harms U, Sandmann A (Hrsg) Ausbildung und Professionalisierung von Lehrkräften. Lehr- und Lernforschung in der Biologiedidaktik, Bd 3. Studien, Innsbruck, S 63–79

Mayr S, Erdfelder E, Buchner A, Faul F (2007) A short tutorial of GPower. Tutorials in Quantitative Methods for Psychology 3:51–59

Mayring P (2000) Qualitative Inhaltsanalyse. Forum Qualitative Sozialforschung, Forum: Qualitative Social Research 1(2) Art. 20 http://nbn-resolving.de/urn:nbn:de:0114-fqs0002204

Mayring P (2010) Qualitative Inhaltsanalyse. Grundlagen und Techniken, 11. Aufl. Beltz, Weinheim

Mayring P, Gläser-Zikuda M (2008) Die Praxis der qualitativen Inhaltsanalyse, 2. Aufl. Beltz, Weinheim Basel

McCagg EC, Dansereau DF (1991) A convergent paradigm for examining knowledge mapping as a learning strategy. Journal of Educational Research 84:317–324

Merkel R, Upmeier zu Belzen A (2011) Die Fallmethode in der Lehrerausbildung. In: Krüger D, Upmeier zu Belzen A, Schmiemann P, Sandmann A (Hrsg) Erkenntnisweg Biologiedidaktik, Bd 10. Universitätsdruckerei Kassel, Kassel, S 7–22

Merkel R, Upmeier zu Belzen A (2012) Vernetzung im Bereich des fachdidaktischen Lehrerprofessionswissens in der Ausbildung von Biologielehrern – Einsatz der Fallmethode. In: Harms U, Bogener FX (Hrsg) Lehr- und Lernforschung in der Biologiedidaktik Studien, Innsbruck Wien Bozen, S 153–170

Merseth KK (1991) The early history of case-based instruction: Insights for teacher education today. Journal of Teacher Education 42(4):243–249

Merton R (1946) The focused interview. American Journal of Sociology 51:541–557

Merzyn G (1994) Physikschulbücher, Physiklehrer und Physikunterricht. Beiträge auf der Grundlage einer Befragung westdeutscher Physiklehrer. IPN, Kiel

Messick S (1989) Validity. In: Linn RL (Hrsg) Educational measurement American Council on Education and National Council of Measurement in Education, Washington/DC, S 13–103

Messick S (1995) Validity of psychological assessment. American Psychologist 50(9):741–749

Michel L, Conrad W (1982) Theoretische Grundlagen psychometrischer Tests. In: Groffmann KJ, Michel L (Hrsg) Grundlagen psychologischer Diagnostik Hogrefe, Göttingen, S 1–129

Möller D (1999) Hamburg London Förderung vernetzten Denkens im Unterricht. Grundlagen und Umsetzung am Beispiel der Leittextmethode. Paderborner Beiträge zur Unterrichtsforschung und Lehrerbildung, Bd 3. LIT, Münster

Moosbrugger H (2002) Lineare Modelle. Regressions- und Varianzanalysen. Methoden der Psychologie, Bd 14. Hans Huber, Bern

Moosbrugger H, Kelava A (2012) Testtheorie und Fragebogenkonstruktion, 2. Aufl. Springer, Berlin Heidelberg New York Tokyo

Müller CT, Duit R (2004) Die unterrichtliche Sachstruktur als Indikator für Lernerfolg: Analyse von Sachstrukturdiagrammen und ihr Bezug zu Leistungsergebnissen im Physikunterricht. ZfDN 10:147–161

Mullis IVS (1998) Item Analysis and Review. In: Martin MO (Hrsg) TIMSS Technical Report Volume III: Implementation and Analysis International Association for the Evaluation of Educational Achievement (IEA), Chestnut Hill, S 81–89

Mummendey HD, Grau I (2008) Die Fragebogen-Methode, 5. Aufl. Hogrefe, Göttingen

Murphy KR, Davidshofer CO (1998) Psychological testing. Principles and applications. Prentice-Hall, Upper Saddle River/NJ

Muthén LK, Muthén BO (2012) Mplus User's guide, 7. Aufl. Muthén, Los Angeles

Nehm RH, Ha M, Rector M, Opfer J, Perrin L, Ridgway J, Mollohan, K (2010) Scoring guide for the open response instrument (ORI) and evolutionary gain and loss test (EGALT). Technical report of national science foundation REESE project 0909999

Nerdel C (2003) Die Wirkung von Animation und Simulation auf das Verständnis von stoffwechselphysiologischen Prozessen. Dissertation, Universität Kiel. http://eldiss.uni-kiel.de/macau/receive/dissertation_diss_00000727. Accessed 2. November 2012

Nesbit JC, Adesope OO (2006) Learning with concept and knowledge maps: A meta analysis. Review of Educational Research 76:413–448

Neuhaus B, Braun E et al (2007) Testkonstruktion und Erhebungsstrategien – praktische Tipps für empirisch arbeitende Didaktiker. In: Bayrhuber H (Hrsg) Kompetenzentwicklung und Assessment Studien, Innsbruck, S 135–165

Neumann I, Neumann K, Nehm R (2011) Evaluating instrument quality in science education: Rasch-based analyses of a nature of science test. International Journal of Science Education 33(10):1373–1405

Neumann K, Fischer HE, Labudde P, Viiri J (2009) Physikunterricht im Vergleich: Unterrichtsqualität in Deutschland, Finnland und der Schweiz. In: Höttecke D (Hrsg) Chemie- und Physikdidaktik für die Lehramtsausbildung. Gesellschaft für Didaktik der Chemie und Physik. Jahrestagung in Schwäbisch Gmünd 2008 LIT, Berlin, S 357–359

Neumann K, Kauertz A, Lau A, Notarp H, Fischer HE (2007) Die Modellierung physikalischer Kompetenz und ihrer Entwicklung. Zeitschrift für Didaktik der Naturwissenschaften 13:103–123

Niebert K (2010) Den Klimawandel verstehen. Eine didaktische Rekonstruktion der globalen Erwärmung. Didaktisches Zentrum Oldenburg, Oldenburg

Niedderer H (2001) Analyse von Lehr-Lernprozessen beim elektrischen Stromkreis aus Videodaten. In: von Aufschnaiter S, Welzel M (Hrsg) Nutzung von Videodaten zur Untersuchung von Lehr-Lernprozessen. Aktuelle Methoden empirischer pädagogischer Forschung Waxmann, Münster, S 89–100

Niedderer H, Cassens H, Petri J (1994) Anwendungsorientierte Atomphysik in der S II. Zustände und Orbitale von Atomen, Molekülen, Festkörpern. Physik in der Schule 32:266–270

Niederer H, Goldberg F, Duit R (1992) Towards learning process studies. A rewiew of the workshop on research in physics learning. In: Duit R, Goldberg F, Niedderer H (Hrsg) Research in physics learning. Theoretical issues and empirical studies. Proceedings of an international workshop in Bremen IPN, Kiel, S 10–28

Niedersächsisches Kultusministerium (2007) Kerncurriculum für das Gymnasium Schuljahrgänge 5–10. Naturwissenschaften. http://www.cuvo.nibis.de

Novak JD (2010) Learning, creating, and using knowledge: Concept maps as facilitative tools in schools and corporations. Erlbaum, Mahwah/NY

Novak JD, Gowin DB (1984) Learning how to learn. Cambridge Univ Press, Cambridge

NRC (National Research Council) (2000) Inquiry and the national science education standards. National Academy Press, Washington/DC

Obendrauf V (2003) Gewichtige „Abluft". Chemie und Schule 4:12–19

OECD (1999) Measuring student knowledge and skills. A new framework for assessment. OECD Publication Service, Paris

OECD (2006) Assessing scientific, reading and mathematical literacy. A framework for PISA 2006. OECD Publishing Service, Paris

Oevermann U (1993) Die objektive Hermeneutik als unverzichtbare methodologische Grundlage für die Analyse von Subjektivität. Zugleich eine Kritik der Tiefenhermeneutik. In: Jung T, Müller-Dohm S (Hrsg) Wirklichkeit" im Deutungsprozess: Verstehen und Methoden in den Kultur- und Sozialwissenschaften Suhrkamp, Frankfurt/M, S 106–189

Olszewski J, Neumann K, Fischer HE, Höttecke D (2010) Fachdidaktisches Wissen von Physiklehrkräften und dessen Einfluss auf Unterrichtsqualität. In: Entwicklung naturwissenschaftlichen

Denkens zwischen Phänomen und Systematik. 30. Jahrestagung der Gesellschaft für Didaktik der Chemie und Physik 2009 LIT, Münster, S 374–376

Oser F, Curcio G-P, Düggeli A (2007) Kompetenzmessung in der Lehrerbildung als Notwendigkeit – Fragen und Zugänge. Beiträge zur Lehrerbildung 1:14–25

Oser F, Heinzer S, Salzmann P (2010) Die Messung der Qualität von professionellen Kompetenzprofilen von Lehrpersonen mit Hilfe der Einschätzung von Filmvignetten. Unterrichtswissenschaft 38:5–28

Osterlind SJ, Everson HT (2009) Differential item functioning, 2. Aufl. Sage, Thousand Oaks/CA

Oswald H (2010) Was heißt qualitativ forschen? Warnungen, Fehlerquellen, Möglichkeiten. In: Friebertshäuser B, Langer A, Prengel A (Hrsg) Handbuch Qualitative Forschungsmethoden in der Erziehungswissenschaft, 3. Aufl. Juventa, Weinheim München, S 183–201

Pant HA, Tiffin-Richards SP, Köller O (2010) Standard-Setting für Kompetenztests im Large-Scale-Assessment. Projekt Standardsetting. Zeitschrift für Pädagogik 56:175–188

Parchmann I (2013) Wissenschaft Fachdidaktik – eine besondere Herausforderung. Beiträge zur Lehrerbildung 31:1

Parchmann I, Gräsel C, Baer A, Nentwig P, Demuth R, Ralle B (2006) „Chemie im Kontext": A symbiotic implementation of a context-based teaching and learning approach. International Journal of Science Education 28(9):1041–1062

Park S, Jang JY, Chen YC, Jung J (2011) Is pedagogical content knowledge (PCK) Necessary for reformed science teaching?: Evidence from an empirical study. Research in Science Education 41(2):245–260

Park S, Oliver SJ (2008) Revisiting the conceptualisation of pedagogical content knowledge (PCK): PCK as a conceptual tool to understand teachers as professionals. Research in Science Education 38(3):261–284

Petri J (1996) Der Lernpfad eines Schülers in der Atomphysik. Eine Fallstudie in der Sekundarstufe II. Mainz, Aachen

Petri J, Niedderer H (1998a) A learning pathway in high-school level quantum atomic physics. Int J Sci Educ 20(9):1075–1088

Petri J, Niedderer H (1998b) Die Rolle des Weltbildes beim Lernen von Atomphysik. Eine Fallstudie zum Lernpfad eines Schülers. Zeitschrift für Didaktik der Naturwissenschaften 4(3):3–18

Pfeffer JA (1975) Grunddeutsch. Erarbeitung und Wertung dreier deutscher Korpora. Narr, Tübingen

Pfeifer P, Lutz B, Bader HJ (2002) Konkrete Fachdidaktik Chemie. Oldenbourg, München, S 402–405

Pflugradt N (1985) Förderung des Verstehens und Behaltens von Textinformation durch „Mapping". Tübingen

Piaget J (1980) Das Weltbild des Kindes. Klett-Cotta, Frankfurt/M

Prajapati B, Dunne M, Armstrong R (2010) Sample size estimation and statistical power analyses. Optometry Today, July 16

Prediger S, Link M (2012) Die fachdidaktische Entwicklungsforschung – Ein Lernprozessfokussierendes Forschungsprogramm mit Verschränkung fachdidaktischer Arbeitsbereiche. In: Vorstand der Gesellschaft für Fachdidaktik (Hrsg) Formate Fachdidaktischer Forschung. Empirische Projekte – historische Analysen – theoretische Grundlegungen Waxmann, Münster

Prenzel M (1988) Die Wirkungsweise von Interesse – Ein Erklärungsversuch aus pädagogischer Sicht. Westdeutscher Verlag, Opladen

Prenzel M, Duit R, Euler M, Lehrke M, Seidel T (Hrsg) (2001) Erhebungs- und Auswertungsverfahren des DFG-Projekts „Lehr-Lern-Prozesse im Physikunterricht – eine Videostudie“. IPN, Kiel

Prenzel M, Häußler P, Rost J, Senkbeil M (2002) Der PISA-Naturwissenschaftstest: Lassen sich die Aufgabenschwierigkeiten vorhersagen? Unterrichtswissenschaft 30(1):120–135

Prenzel M, Rost J, Senkbeil M, Häußle P, Klopp A (2001) Naturwissenschaftliche Grundbildung. Testkonzeption und Ergebnisse. In: Baumert J, Klieme E, Neubrand M, Prenze M, Schiefele U, Schneider W, Stanat P, Tillmann KJ, Weiß M (Hrsg) PISA 2000. Basiskompetenzen von Schülerinnen und Schülern im internationalen Vergleich Leske, Opladen, S 191–248

Prenzel M, Walter O, Frey A (2007) PISA misst Kompetenzen: Eine Replik auf Rindermann (2006) Was messen internationale Schulleistungsstudien? Psychologische Rundschau 58:128–136

Priemer B (2011) Was ist das Offene beim offenen Experimentieren? Zeitschrift für Didaktik der Naturwissenschaften 17:339–355

Przyborski A, Riegler J (2010) Gruppendiskussion und Fokusgruppe. In: Mey G, Mruck K (Hrsg) Handbuch Qualitative Forschung in der Psychologie VS Verlag für Sozialwissenschaften, Wiesbaden, S 436–448

Raab-Steiner E, Benesch M (2011) Der Fragebogen. Von der Forschungsidee zur SPSS/PASW-Auswertung, 2. Aufl. UTB, Stuttgart

Rabe T (2007) Textgestaltung und Aufforderung zur Selbsterklärung beim Physiklernen mit Multimedia. Logos, Berlin

Rabe T, Starauschek E, Mikelskis HF (2005) Textkohärenz und Selbsterklärung beim Lernen mit Texten im Physikunterricht, Ergebnisse einer Vorstudie zur lokalen Textkohärenz. In: Nordmaier V (Hrsg) CD zur DPG-Tagung 2004 Lehmanns, Düsseldorf Berlin

Ralle B (2009) Brauchen wir Mindeststandards? Der mathematische und naturwissenschaftliche Unterricht 62(5):259

Rasch G (1977) On specific objectivity: An attempt at formalizing the request for generality and validity of scientific statements. Danish Yearbook of Philosophy 14:58–94

Rasch G (1980) Probabilistic models for some intelligence and attainment tests, 2. Aufl. The Univ of Chicago Press, Chicago London

Ratcliffe M, Grace M (2003) Science education for citizenship. OUP, Maidenhead

Raudenbush SW, Bryk AS (2002) Hierarchical linear models: Applications and data analysis methods. Sage, Thousand Oaks

Raudenbush SW, Bryk AS, Cheong Y, Congdon RT (2004) HLM 6: Hierarchical linear and non-linear modeling. Scientific Software. International, Chicago

Reinisch H (2009) „Lehrerprofessionalität“ als theoretischer Term. In: Zlatkin-Troitschanskaia O, Beck K, Sembill D, Nickolaus R, Mulder R (Hrsg) Lehrprofessionalität. Bedingungen, Genese, Wirkungen und ihre Messung Beltz, Weinheim, S 33–43

Riemeier T (2005) Biologie verstehen: Die Zelltheorie Beiträge zur Didaktischen Rekonstruktion, Bd 7. Didaktisches Zentrum, Oldenburg

Riemeier T (2005) Schülervorstellungen von Zellen, Teilung und Wachstum. Zeitschrift für Didaktik der Naturwissenschaften 11:57–72

Riese J (2009) Professionelles Wissen und professionelle Handlungskompetenz von (angehenden) Physiklehrkräften. Dissertation. Logos, Berlin

Riese J (2010) Empirische Erkenntnisse zur Wirksamkeit der universitären Lehrerbildung. Indizien für notwendige Veränderungen der fachlichen Ausbildung von Physiklehrkräften. Physik und Didaktik in Schule und Hochschule 9(1):25–33

Riese J, Reinhold P (2010) Empirische Erkenntnisse zur Struktur professioneller Handlungskompetenz von angehenden Physiklehrkräften. Zeitschrift für Didaktik der Naturwissenschaften 16:167–187

Riffert F (2005) The use and misuse of standardized testing: A whiteheadian point of view. Interchange 36:231–252

Rindermann H (2006) Was messen internationale Schulleistungsstudien? Schulleistungen, Schülerfähigkeiten, kognitive Fähigkeiten, Wissen oder allgemeine Intelligenz? Psychologische Rundschau 57(2):69–86

Rindermann H (2007) Die Bedeutung der mittleren Klassenfähigkeit für das Unterrichtsgeschehen und die Entwicklung individueller Fähigkeiten. Unterrichtswissenschaft 35(1):68–89

Rönnebeck S, Schöps K, Prenzel M, Hammann M (2008) Naturwissenschaftliche Kompetenz im Ländervergleich. In: Prenzel M, Artelt C, Baumert J, Blum W, Hammann M, Klieme E, Pekrun R (Hrsg) PISA 2006 in Deutschland: Die Kompetenzen der Jugendlichen im dritten Ländervergleich Waxmann, Münster, S 67–94

Rogge C (2010) Entwicklung physikalischer Konzepte in aufgabenbasierten Lernumgebungen. Logos, Berlin

Ropohl M (2010) Modellierung von Schülerkompetenzen im Basiskonzept Chemische Reaktion. Entwicklung und Analyse von Testaufgaben Studien zum Physik- und Chemielernen, Bd 107. Logos, Berlin

Rossow M, Flint A (2009) Die „Erweiterung" des Redox-Begriffs mit Stoffen aus dem Alltag. CHEMKON 2:83–89

Rost DH (2007) Interpretation und Bewertung pädagogisch-psychologischer Studien, 2. Aufl. Beltz, Weinheim Basel

Rost J (2004) Lehrbuch Testtheorie – Testkonstruktion, 2. Aufl. Hans Huber, Göttingen

Rost J, Walter O, Carstensen CH, Senkbeil M, Prenzel M (2005) Der nationale Naturwissenschaftstest PISA 2003. Der mathematische und naturwissenschaftliche Unterricht 58(4):196–204

Roth KJ, Druker SL, Garnier HE, Lemmens M, Chen C, Kawanaka T, Rasmussen D, Trubacova S, Warvi D, Okamoto Y, Gonzales P, Stigler J, Gallimore R (2006) Teaching science in five countries: Results from the TIMSS 1999 Video Study (NCES 2006-11). U.S Department of Education, National Center for Education Statistics. U.S Government Printing Office, Washington/DC

Ruiz-Primo M, Shavelson R (1996) Problems and issues in the use of concept maps in science assessment. Journal of Research in Science Teaching 33:569–600

Sacher W (2001) Leistung entwickeln, überprüfen und beurteilen. Klinkhardt, Bad Heilbrunn

Sadler T (2011) Situating socio-scientific issues in classrooms as a means of achieving goals of science education. In: Sadler T (Hrsg) Socio-scientific Issues in the classroom – teaching, learning and research Springer, Berlin Heidelberg New York Tokyo, S 1–10

Sadler T, Barab SA, Scott B (2007) What do students gain by engaging in socioscientific inquiry? Res Sci Educ 37(4):371–391

Schaal S (2006) Fachintegratives Lernen mit digitalen Medien – Die theoriegeleitete Entwicklung und Evaluation einer hypermedialen Lernumgebung für den naturwissenschaftlichen Unterricht in der Realschule. Kovacs, Hamburg

Schaal S, Boger FX, Girwidz R (2010) Concept Mapping assessment of media assisted learning in interdisciplinary science education. Research in Science Education 40:339–352

Schecker H (1985) Das Schülervorverständnis zur Mechanik. Universität Bremen, Bremen

Schecker H, Klieme E (2000) Erfassung physikalischer Kompetenz durch Concept-Mapping-Verfahren. In: Concept Mapping in fachdidaktischen Forschungsprojekten der Physik und Chemie Logos, Berlin

Schecker H, Parchmann I (2006) Modellierung naturwissenschaftlicher Kompetenz. Zeitschrift für Didaktik der Naturwissenschaften 12:45–66

Schecker H, Ralle B (2009) Naturwissenschaftsdidaktik und Lehrerbildung – Chancen und Risiken aktueller Entwicklungen. Physik und Didaktik in Schule und Hochschule 8(2):73–83

Schermelleh-Engel K, Schweizer K (2003) Diskriminante Validität. In: Kubinger KD, Jäger RS (Hrsg) Schlüsselbegriffe der Psychologischen Diagnostik Beltz, Weinheim, S 103–110

Schmelzing S, Wüsten S, Sandmann A, Neuhaus B (2009) Evaluation von zentralen Inhalten der Lehrerbildung: Ansätze zur Diagnostik des fachdidaktischen Wissens von Biologielehrkräften. Lehrerbildung auf dem Prüfstand 1(2):641–663

Schmelzing S, Wüsten S, Sandmann A, Neuhaus B (2010) Fachdidaktisches Wissen und Reflektieren im Querschnitt der Biologielehrerbildung. Zeitschrift für Didaktik der Naturwissenschaften 16:189–207

Schmidkunz H, Heege R (1997) Zur wahrnehmungsaktiven Gestaltung visueller Darstellungen. Naturwissenschaften im Unterricht - Chemie 8(38):10–14

Schmidkunz H, Lindemann H (2003) Das Forschend-entwickelnde Unterrichtsverfahren. Westarp, Hohenwarsleben, S 23–34

Schmidt C (1997) Am Material: Auswertungstechniken für Leitfadeninterviews. In: Friebertshäuser B (Hrsg) Handbuch Qualitative Forschungsmethoden in der Erziehungswissenschaft. Juventa, Weinheim München, S 544–568

Schmiemann P (2010) Modellierung von Schülerkompetenzen im Bereich des biologischen Fachwissens. Logos, Berlin

Schmitt R (2011) Systematische Metaphernanalyse als qualitative sozialwissenschaftliche Forschungsmethode. In: http://www.metaphorik.de 21/2011, 47–82. http://www.metaphorik.de/21/schmitt.pdf

Schnell R, Hill PB, Esser E (2011) Methoden der empirischen Sozialforschung, 9. Aufl. Oldenbourg, München

Schnotz W (1994) Aufbau von Wissensstrukturen. Untersuchungen zur Kohärenzbildung beim Wissenserwerb mit Texten. Beltz, Weinheim

Schnotz W (2011) Pädagogische Psychologie kompakt. Beltz, Weinheim

Schrader FW, Helmke A (2002) Alltägliche Leistungsbeurteilung durch den Lehrer. In: Weinert FE (Hrsg) Leistungsmessungen in Schulen Beltz, Weinheim, S 45–58

Schroder HM, Driver MJ, Streufert S (1975) Menschliche Informationsverarbeitung. Beltz, Weinheim Basel

Schröder E (1989) Vom konkreten zum formalen Denken. Hans Huber, Bern

Schründer-Lenzen A (2010) Triangulation – ein Konzept zur Qualitätssicherung von Forschung. In: Friebertshäuser B, Langer A, Prengel A (Hrsg) Handbuch Qualitative Forschungsmethoden in der Erziehungswissenschaft, 3. Aufl. Juventa, Weinheim München, S 149–158 von Schulz Thun F, Göbel G, Tausch R (1973) Verbesserung der Verständlichkeit von Schulbuchtexten und Auswirkungen auf das Verständnis und Behalten verschiedener Schülergruppen. Psychologie in Erziehung und Unterricht 20:223–234

Schütte K, Frenzel AC, Asseburg R, Pekrun R (2007) Schülermerkmale, naturwissenschaftliche Kompetenz und Berufserwartung. In: Prenzel M, Artelt C, Baumert J, Blum W, Hammann M, Klieme E, Pekrun R (Hrsg) PISA 2006. Die Ergebnisse der dritten internationalen Vergleichsstudie Waxmann, Münster, S 125–146

Schütze F (1977) Die Technik des narrativen Interviews in Interaktionsfeldstudien, dargestellt an einem Projekt zur Erforschung von kommunalen Machtstrukturen. Mimeo, Bielefeld

Schwindt K (2008) Lehrpersonen betrachten Unterricht. Kriterien für die kompetente Unterrichtswahrnehmung. Empirische Erziehungswissenschaft, Bd 10. Waxmann, Münster

Scott PH (1992) Pathways in learning science. A case study of the development of one student's ideas relating to the structure of matter. In: Duit R, Goldberg F, Niedderer H (Hrsg) Research in physics learning. theoretical issues and empirical studies. Proceedings of an international workshop in Bremen IPN, Kiel, S 203–224

Seidel T, Prenzel M (2007) Wie Lehrpersonen Unterricht wahrnehmen und einschätzen – Erfassung pädagogisch-psychologischer Kompetenzen bei Lehrpersonen mit Hilfe von Videosequenzen. Zeitschrift für Erziehungswissenschaft, Sonderheft 8:201–216

Seidel T, Prenzel M, Duit R, Lehrke M (2004) Technischer Bericht zur Videostudie „Lehr-Lern-Prozesse im Physikunterricht". IPN, Kiel. http://www.ipn.uni-kiel.de/aktuell/buecher/buch_videostudie2.html

Seidel T, Prenzel M, Kobarg M (Hrsg) (2005) How to run a video study: Technical report of the IPN video study. Waxmann, Münster

Seidel T, Rimmele R, Prenzel M (2003) Gelegenheitsstrukturen beim Klassengespräch und ihre Bedeutung für die Lernmotivation. Unterrichtswissenschaft 31(2):142–165

Seifert A, Hilligus AH, Schaper N (2009) Entwicklung und psychometrische Überprüfung eines Messinstruments zur Erfassung pädagogischer Kompetenzen in der universitären Lehrerbildung. Lehrerbildung auf dem Prüfstand 2(1):82–103

SenBJS (Hrsg) (2006) Rahmenlehrplan für die Sekundarstufe I. Chemie. Berlin

Senkbeil M, Rost J, Carstensen CH, Walter O (2005) Der nationale Naturwissenschaftstest PISA 2003. Entwicklung und empirische Überprüfung eines zweidimensionalen Facettendesigns. Empirische Pädagogik 19(2):166–189

Shulman JH (1991) Revealing the mysteries of teacher-written cases: Opening the black box. Journal of Teacher Education 42(4):250–262

Shulman LS (1986) Those who understand: Knowledge growth in teaching. Educational Researcher 15(4):4–14

Shulman LS (1987) Knowledge and teaching: Foundations of the new reform. Harvard Educational Review 57(1):1–21

Shulman LS (1992) Toward a pedagogy of cases. In: Shulman JH (Hrsg) Case methods in teacher education Teachers College Press, New York London, S 1–30

Shulman LS (2004) Just in case. Reflections on learning from experience. In: Shulman LS (Hrsg) The wisdom of practice. Essays on teaching, learning, and learning to teach Jossey-Bass, San Francisco, S 463–482

Shulman LS, Wilson SM (2004) The wisdom of practice. Essays on teaching, learning, and learning to teach. Jossey-Bass, San Francisco

Sieke F (2005) Wie Pflanzen mit Wasser umgehen Oldenburger VorDrucke, Bd 491. Didaktisches Zentrum, Oldenburg

Snijders T, Bosker R (1999) Multilevel analysis: An introduction to basic and advanced multilevel modeling. Sage, Thousand Oaks

Starauschek E (1998) Zur Sprache im Karlsruher Physikkurs. Praxis der Naturwissenschaften – Physik 47:24–28

Starauschek E (2001) Physikunterricht nach dem Karlsruher Physikkurs. Logos, Berlin

Starauschek E (2005) Daten zur Lage der Chemie- und Physikdidaktik in Deutschland. Physik und Didaktik in Schule und Hochschule 4(1):1–9

Starauschek E (2006) Der Einfluss von Textkohäsion und gegenständlichen externen piktoralen Repräsentationen auf die Verständlichkeit von Texten zum Physiklernen. Zeitschrift für Didaktik der Naturwissenschaften 12:127–157

Starauschek E (2011) Hat die physikalische Sachstruktur einen Einfluss auf das Lernen von Physik. In: Bayrhuber H, Harms U, Muszynski B, Ralle B, Rothgangel M, Schön L, Vollmer H, Weigand H (Hrsg) Empirische Fundierung in den Fachdidaktiken Waxmann, Münster, S 217–239

Stark T (2010) Lautes Denken in der Leseprozessforschung. Kritischer Bericht über eine Erhebungsmethode. Didaktik Deutsch 16(29):58–83

Steinke I (2010) Gütekriterien qualitativer Forschung. In: Flick U, v Kardorff E, Steinke I (Hrsg) Qualitative Forschung. Ein Handbuch, 8. Aufl. Rowohlt, Reinbek, S 319–331

Stigler JW, Gonzales P, Kawanaka T, Knoll S, Serano A (1999) The TIMSS videotape classroom study: Methods and findings from an exploratory research project on eighth-grade mathematics instruction in Germany, Japan and the United States. National Center for Education Statistics, Washington/DC

Stracke I (2004) Einsatz computerbasierter Concept Maps zur Wissensdiagnose in der Chemie. Waxmann, Münster

Strauss A, Corbin J (1996) Grounded theory: Grundlagen Qualitativer Sozialforschung. Psychologie Verlags Union, Weinheim

Sumfleth E, Kummer T (2001) Lernen mit Hypertexten zur Einführung in einen Themenbereich. Zeitschrift für Didaktik der Naturwissenschaften 7:212–145

Sumfleth E, Neuroth J, Leutner D (2010) Concept Mapping – eine Lernstrategie muss man lernen. CHEMKOM 17:66–70

Sutton-Smith B (1981) The Folkstories of Children. Univ of Pennsylvania Press, Philadelphia

Swanson HL, O'Connor JE, Cooney JB (1990) An Information processing analysis of expert and novice teachers' problem solving. American Educational Research Journal 27(3):533–556

Sykes G, Bird T (1992) Chapter 10: Teacher education and the case idea. Review of Research in Education 18(1):457–521

Tamir P, Zohar A (1991) Anthropomorphism and teleology in reasoning about biological phenomena. Science Education 75(1):57–67

Tepner O, Borowski A, Dollny S, Fischer HE, Jüttner M, Kirschner S, Leutner D, Neuhaus BJ, Sandmann A, Sumfleth E, Thillmann H, Wirth J (2012) Modell zur Entwicklung von Testitems zur Erfassung des Professionswissens von Lehrkräften in den Naturwissenschaften. Zeitschrift für Didaktik der Naturwissenschaften 18:7–28

Tepner O, Roeder B, Melle I (2010) Effektivität von Aufgaben im Chemieunterricht der Sekundarstufe I. Zeitschrift für Didaktik der Naturwissenschaften 16:209–234

Terhart E (1991) Unterrichten als Beruf. Neuere amerikanische und englische Arbeiten zur Berufskultur und Berufsbiographie von Lehrern und Lehrerinnen. Böhlau, Köln Wien

Terhart E (2007) Erfassung und Beurteilung der beruflichen Kompetenz von Lehrkräften. In: Lüders M (Hrsg) Forschung zur Lehrerbildung Waxmann, Münster, S 37–62

Tesch M (2005) Das Experiment im Physikunterricht: Didaktische Konzepte und Ergebnisse einer Videostudie Studien zum Physik- und Chemielernen, Bd 42. Logos, Berlin

Tesch M, Duit R (2004) Experimentieren im Physikunterricht – Ergebnisse einer Videostudie. ZfDN 10:51–69

Thillmann, H(2008) Selbstreguliertes Lernen durch Experimentieren: Von der Erfassung zur Förderung. Dissertation, Universität Duisburg-Essen

Tobias V (2010) Newton'sche Mechanik im Anfangsunterricht. Die Wirksamkeit einer Einführung über zweidimensionale Dynamik auf das Lehren und Lernen Studien zum Physik- und Chemielernen, Bd 105. Logos, Berlin

Toulmin S (1958) The Uses of Argument. Cambridge Univ Press, Cambridge

Treagust DF, Duit R (2008) Conceptual change: a discussion of theoretical, methodological and practical challenges for science education. Cultural Studies of Science Education 3(2):297–328

Tymms PB (2004) Effect sizes in multilevel models. In: Schagen I, Elliott K (Hrsg) But what does it mean? The use of effect sizes in educational research National Foundation of Educational Research, Slough, S 55–66

Tymms PB, Merrell C, Henderson B (1997) The First year at school: A quantitative investigation of the attainment and progress of pupils. Educational Research and Evaluation 3(2):101–118

Urban D, Mayerl J (2008) Regressionsanalyse Theorie, Technik und Anwendung, 3. Aufl. VS Verlag für Sozialwissenschaften, Wiesbaden

Urhahne D, Prenzel M, von Davier M, Senkbeil M, Bleschke M (2000) Computereinsatz im naturwissenschaftlichen Unterricht – Ein Überblick über die pädagogisch-psychologischen Grundlagen und ihre Anwendung. Zeitschrift für Didaktik der Naturwissenschaften 6:167–186

Van den Akker J (1998) The science curriculum: Between ideals and outcomes. In: Fraser BJ, Tobin KG (Hrsg) International handbook of science education Springer, Berlin Heidelberg New York Tokyo, S 421–447

Viering T, Fischer HE, Neumann K (2010) Die Entwicklung physikalischer Kompetenz in der Sekundarstufe. In: Klieme E (Hrsg) Kompetenzmodellierung. Beiheft der Zeitschrift für Pädagogik, Bd 56. Beltz, Weinheim, S 92–103

Vogt H (2007) Theorie des Interesses und des Nicht-Interesses. In: Krüger D, Vogt H (Hrsg) Theorien in der biologiedidaktischen Forschung Springer, Berlin Heidelberg New York Tokyo, S 9–20

Vollstädt W (2003) Steuerung von Schulentwicklung und Unterrichtsqualität durch staatliche Lehrpläne? Recht – Erziehung – Staat. Beltz, Weinheim, S 194–214

Voss T, Kunter M (2011) Pädagogisch-psychologisches Wissen von Lehrkräften. In: Kunter M, Baumert J, Blum W, Klusmann U, Krauss S, Neubrand M (Hrsg) Professionelle Kompetenz von Lehrkräften. Ergebnisse des Forschungsprogramms COACTIV Waxmann, Münster, S 193–214

Wadsworth YJ (1998) What is participatory action research? Action research international, paper 2. http://www.aral.com.au/ari/p-ywadsworth98.html

Wagner AC, Uttendorfer-Marek I, Weidle R (1977) Die Analyse von Unterrichtsstrategien mit der Methode des „Nachträglichen Lauten Denkens" von Lehrern und Schülern zu ihrem unterrichtlichen Handeln. Unterrichtswissenschaft 5:244–250

Waldis M, Grob U, Pauli C, Reusser K (2010) Der schweizerische Mathematikunterricht aus der Sicht von Schülerinnen und Schülern und in der Perspektive hoch-inferenter Beobachterurteile. In: Unterrichtsgestaltung und Unterrichtsqualität. Ergebnisse einer internationalen und schweizerischen Videostudie zum Mathematikunterricht Waxmann, Münster

Walpuski M, Kampa N, Kauertz A, Wellnitz N (2008) Evaluation der Bildungsstandards in den Naturwissenschaften. Der mathematische und naturwissenschaftliche Unterricht 61(6):323–326

Walpuski M, Ropohl M (2011) Einfluss des Testaufgabendesigns auf Schülerleistungen in Kompetenztests. Naturwissenschaften im Unterricht Chemie 22:82–86

Walpuski M, Ropohl M, Sumfleth E (2011) Students' knowledge about chemical reactions – development and analysis of standard-based test items. Chemistry Education Research and Practice 12:174–183

Wassermann S (1993) Getting down to cases: Learning to teach with case studies. Teachers College Press, New York

Webster L, Mertova P (2007) Using narrative inquiry as a research method. Routledge, Abingdon

Wegener B (1983) Wer skaliert? Die Meßfehler-Testtheorie und die Frage nach dem Akteur. In: ZUMA (Hrsg) ZUMA-Handbuch sozialwissenschaftlicher Skalen Informationszentrum Sozialwissenschaften, Bonn, S 1–110

Weidle R, Wagner AC (1994) Die Methode des Lauten Denkens. In: Huber GL, Mandl H (Hrsg) Verbale Daten. Eine Einführung in die Grundlagen und Methoden der Erhebung und Auswertung Psychologie Verlags Union, Weinheim, S 81–103

Weinert FE (2001) Concept of competence: A conceptual clarification. In: Rychen DSSalganik LH (Hrsg) Defining and selecting key competencies Hogrefe, Huber, Göttingen, S 45–65

Weinert FE (2001) Leistungsmessungen in Schulen. Beltz, Weinheim Basel

Weise G (1975) Psychologische Leistungstests. Ein Handbuch für Studium und Praxis. Hogrefe, Göttingen

Weitzel H (2006) Biologie verstehen: Vorstellungen zu Anpassung. Didaktisches Zentrum, Oldenburg

Well N (1999) Theorie und Praxis der Lehramtsausbildung. Fallorientierte Beispiele. Praxishilfen Schule: Pädagogik. Luchterhand, Neuwied

Wellenreuther M (2005) Lehren und Lernen – aber wie? Empirisch-experimentelle Forschung zum Lehren und Lernen im Unterricht. Schneider, Hohengehren

Wellnitz N (2012) Kompetenzstruktur und -niveaus von Methoden naturwissenschaftlicher Erkenntnisgewinnung. Logos, Berlin

Wellnitz N, Fischer HE, Kauertz A, Mayer J, Neumann I, Pant HA, Sumfleth E, Walpuski M (2012) Evaluation der Bildungsstandards – eine fächerübergreifende Testkonzeption für den Kompetenzbereich Erkenntnisgewinnung. Zeitschrift für Didaktik der Naturwissenschaften 8:261–291

Wenger E (2006) Communities of practice – a brief introduction. http://www.ewenger.com/theory/communities_of_practice_intro.htm

Wernet A (2009) Einführung in die Interpretationstechnik der Objektiven Hermeneutik, 3. Aufl. VS Verlag für Sozialwissenschaften, Wiesbaden

White RT, Gunstone RF (1992) Probing understanding. Falmer Press, London

Whyte WF, Grennwood DJ, Lazes P (1989) Participatory action research: Through practice to science in social research. American Behavioral Scientist 32(5):513–551

Widodo A, Duit R (2004) Konstruktivistische Sichtweisen vom Lehrern und Lernen und die Praxis des Physikunterrichts. Zeitschrift für Didaktik der Naturwissenschaften 10:233–255

Wiesner H, Wodzinski R (1996) Akzeptanzbefragungen als Methode zur Untersuchung von Lernschwierigkeiten und Lernverläufen. In: Duit R, Rhöneck CV (Hrsg) Lernen in den Naturwissenschaften IPN, Kiel

Wilhelm M (2007) Was ist guter Naturwissenschafts-Unterricht? Chimica et ceterae artes rerum naturae didacticae 33(98):67–86

Wilhelm O, Kunina O (2009) Pädagogisch-psychologische Diagnostik. In: Wild E, Möller J (Hrsg) Pädagogische Psychologie Springer, Berlin Heidelberg New York Tokyo, S 307–331

Wilhelm T (2005) Verständnis der newtonschen Mechanik bei bayerischen Elftklässlern – Ergebnisse beim Test „Force Concept Inventory" in herkömmlichen Klassen und im Würzburger Kinematik-/Dynamikunterricht. PhyDid 2(4):47–56

Wilhelm T, Tobias V, Waltner C, Hopf M, Wiesner H (2012) Design-based research am Beispiel der zweidimensional-dynamischen Mechanik. In: Bernholt S (Hrsg) Konzepte fachdidaktischer Strukturierung, Jahrestagung der GDCP in Oldenburg 2011. Gesellschaft für Didaktik der Chemie und Physik, Bd 32. LIT, Münster, S 31–47

v Wilpert G (1989) Sachwörterbuch der Literatur, 7. Aufl. Kröner, Stuttgart

Wilson M (2005) Constructing measures: An item response modeling approach. Erlbaum Associates, Mahwah/NJ

Wirtz M, Caspar F (2002) Beurteilerübereinstimmung und Beurteilerreliabilität: Methoden zur Bestimmung und Verbesserung der Zuverlässigkeit von Einschätzungen mittels Kategoriensystemen und Ratingskalen. Hogrefe, Göttingen

Wissenschaftsrat (2001) Empfehlungen zur künftigen Struktur der Lehrerbildung, Drs. 5065/01, Berlin, 16.11.01. Bericht

Witner S, Tepner O (2011) Entwicklung geschlossener Testaufgaben zur Erhebung des fachdidaktischen Wissens von Chemielehrkräften. Chimica et ceterae artes rerum naturae didacticae 37(104):113–137

Witzel A (1989) Das problemzentrierte Interview. In: Jüttemann G (Hrsg) Qualitative Forschung in der Psychologie. Grundfragen, Verfahrensweisen, Anwendungsfelder Asanger, Heidelberg, S 227–256

Woest V (1995) Offener Chemieunterricht – Konstruktion, Erprobung, Bewertung. Leuchtturm, Alsbach

Wright BD, Stone MH (1979) Best test design. Atlantic Books, London

Wright BD, Stone MH (1999) Measurement essentials, 2. Aufl. Wide Range, Wilmington

Wu ML, Adams RJ, Wilson MR, Haldane SA (2007) Acer ConQuest. Version 2.0. Generalised item response modelling software. Australian Council for Educational Research, Camberwell

Wüsten S, Schmelzing S, Sandmann A, Neuhaus B (2010) Sachstrukturdiagramme – Eine Methode zur Erfassung inhaltsspezifischer Merkmale der Unterrichtsqualität im Biologieunterricht. ZfDN 16:23–39

Yin RK (2012) Applications of case study research, 3. Aufl. Sage, Washington/DC

Zabel J (2006) Die unsichtbare Abwehr: Wissen narrativ und naturwissenschaftlich darstellen. In: Gropengießer H, Hötteke D, Nielsen T, Stäudel L (Hrsg) Mit Aufgaben lernen. Unterricht und Material Friedrich, Seelze, S 5–10

Zabel J (2009) Biologie verstehen: Die Rolle der Narration beim Verstehen der Evolutionstheorie. Didaktisches Zentrum, Oldenburg

Zabel J (2010) Geschichten für das Lernen nutzen. In: Spörhase U, Ruppert W (Hrsg) Biologie Methodik Cornelsen Scriptor, Berlin

Zabel J, Gropengießer H (2011) Darwin's mental landscape: Mapping students' learning progress in evolution theory. Journal of Biological Education 45(3):143–149

Zeyer A (2005) Integrierte Naturlehre in der Zentralschweiz. PHZ-Info 19:5

Zöfel P (2003) Statistik für Psychologen. Pearson, München

Zollman DA, Rebello S, Hogg K (2002) Quantum mechanics for everyone: Hands-on activities integrated with technology. American Journal of Physics 70(3):252–259

Zwingenberger A (2009) Wirksamkeit multimedialer Lernmaterialien. Kritische Bestandsaufnahme und Metaanalyse empirischer Evaluationsstudien. Waxmann, Münster

Sachverzeichnis